普通高等教育“十三五”规划教材

绿色化工工艺导论

（第2版）

U0608247

主　编　朱　宪　张　彰
副主编　郭晓亚　徐　毅　刘　红　鄢　浩等

中国石化出版社

内 容 提 要

本书包括了绿色化学清洁生产和绿色工艺技术的最新内容，以及化工模拟、新能源、新材料和高分子加工及农、林、牧、副、渔业绿色工艺方法，并且将这些内容组合、编排，使其中60%成为主要面向大学本科生的学科基础必修课程，40%属于提高、深化和前沿性课程。

本书适合作为硕士生的学位必修课教材，同时对从事化工、材料、纺织、印染、制药、轻化工、精细化工、环保生产的工程技术人员具有参考价值。

图书在版编目(CIP)数据

绿色化工工艺导论 / 朱宪，张彰主编. —2版. —北京：中国石化出版社，2019.1
普通高等教育"十三五"规划教材
ISBN 978-7-5114-5213-9

Ⅰ. ①绿… Ⅱ. ①朱… ②张… Ⅲ. ①化学工业—无污染技术—生产工艺—高等学校—教材 Ⅳ. ①X78

中国版本图书馆 CIP 数据核字(2019)第 019430 号

未经本社书面授权，本书任何部分不得被复制、抄袭，或者以任何形式或任何方式传播。版权所有，侵权必究。

中国石化出版社出版发行
地址：北京市朝阳区吉市口路9号
邮编：100020 电话：(010)59964500
发行部电话：(010)59964526
http://www.sinopec-press.com
E-mail:press@sinopec.com
北京科信印刷有限公司印刷
全国各地新华书店经销
*
787×1092毫米 16开本 22.5印张 522千字
2019年3月第1版 2019年3月第1次印刷
定价：65.00元

《绿色化工工艺导论(第2版)》

编 委 会

主　编　朱　宪　张　彰

副主编　郭晓亚　徐　毅　刘　红　鄢　浩

　　　　　王　勇　陈晋阳　戴　扬

各章编写人员

朱宪	教授、博士、博导	第1、2、8章
张彰	副教授、博士、硕导	第1、7章
徐毅	副教授、博士、硕导	第3章
王勇	教授、博士、博导	第4章
郭晓亚	副教授、博士、硕导	
戴扬	副教授、博士、硕导	
刘红	副教授、博士、硕导	第5章
陈晋阳	教授、博士、硕导	第6章
鄢浩	副教授、博士、硕导	

第 2 版前言

《化学工艺学》是化工专业本科生必修的一门专业基础课程。上海大学化工系起源于 1958 年，我们在长期的教学实践过程中，逐年对《化学工艺学》的内容进行补充、修改、精简、完善，并及时融入最新的科研和生产成果，在长期积累的基础上编写了《绿色化工工艺导论》新教材，用作化工专业本科生和研究生的教学用书，并被高等院校专业教材协作组列为普通高等院校"十一五"规划教材，于 2009 年 2 月正式出版。

本教材出版后，除上海大学化工系选为本科生和研究生的专业基础课的教材外，还被国内一些院校和科研院所及工程生产单位选作教材和参考用书。该书出版后反映良好，应市场需求又加印三次还供不应求，同时我们根据近十年来教学过程中发现的问题和有关院校反馈的建议及意见，认为有必要对本教材进行修订，以适应本学科发展和教学需要，遂组织编写了《绿色化工工艺导论》第 2 版。

本教材的第 2 版章节安排仍沿用第 1 版，在原有的基础上，对内容、编排作进一步的增补与完善，如在第 1 章绪论中增加了化学工艺的基本概念，为本教材的后续章节的教学打下基础；在第 3 章中删除了一些数学基础要求较高的内容以及超出教学大纲要求的内容，使教材更适合本科生的课堂教学。同时又增加了人工智能的基本概念，以适应当前化工生产智能化的趋势；在第 4 章中考虑到目前汽车工业中大量引入油电混动和纯电驱动技术，增补了"超级电容器"技术及应用的内容。除此之外，每一章都增补了最新报道的相关内容及最新发表的文献资料。这些删减和增补使本教材的内容与时俱进，也更趋合理。

限于编者水平，错误和不妥之处在所难免，敬请读者予以指正。

编　者

目　录

第1章 绪 论

1.1 引言

自18世纪以来，工业革命使社会生产力迅速向前发展，但水平仅处于物质文明的初级阶段。西方世界开拓的传统工业化发展道路，其原则为“人类统治自然，人类征服自然”，采取的手段为向大自然贪婪地索取、恣意地掠夺，其后果是人与自然的对抗，并不断受到自然界的严厉报复，引发出一系列全球性问题——人口膨胀、资源枯竭、环境恶化、气候异常、生态破坏……颇具讽刺意味的是，掌握先进科学、技术、文化的人类，恰恰是自然生态环境的最大破坏者，同时也是最大的受害者。非但如此，传统工业的发展并没有解决人类社会的共同富裕问题，反而使两极分化更趋激化，贫富差异日趋悬殊，社会矛盾日益激化。因此，世界各国政府都已清醒地认识到，环境问题是人类共同的问题，是全球性问题。不管是发达国家或是发展中国家，都必需彻底改变发展战略，与自然和谐共处，协调发展，走可持续发展道路，共同面对全球性的环境问题，才有可能减缓或防止全球性的环境恶化，拯救我们共同的地球。

1970年，科学家组织发起了第一个世界地球日，向全世界提出警告，人类工业活动正在破坏地球的自然生态系统的稳定性，呼吁人们保护地球。1972年，罗马俱乐部发表第一个研究报告《增长的极限》，对高增长、高消费提出警告，用系统动力学方法全面阐述了人口问题、粮食问题、自然资源问题和环境污染问题(生态平衡问题)等一系列全球性问题及相互关系，产生了广泛而深远的影响。1972年6月，联合国在斯德哥尔摩召开了人类环境会议，宣读了《只有一个地球》的庄严宣言，向全世界呼吁，控制人口增长，节约能源和资源，改变盲目破坏生态环境的行为，绿化环境等，并第一次提出“贫穷是一切污染中最坏的污染”。1981年，莱斯特·布朗出版了《建设一个可持续发展的社会》，书中引用了联合国环境方案中一句话：“我们不只是继承了父辈的地球，而且还借用了儿孙的地球”，因此要求人类自觉地改变价值观念，从传统工业模式转换到可持续发展的模式。1990年，美国国会通过了《污染防止条例》，指出最佳的环境保护方法是在污染源头防止污染产生，1992年6月，联合国又在里约热内卢召开了世界环境与发展大会，各国政府要员几乎全部参加，期望在全球范围内采取统一行动，解决环境问题。大会通过了《里约热内卢环境与发展宣言》《21世纪议程》和《关于森林问题的原则声明》等重要文件，并签署了联合国《气候变化框架公约》、联合国《生物多样性公约》，为世界各国制定和实施可持续发展战略提供了范式。同年，世界各国3500位科学家又签署了《全球科学家对人类的警告》，它指出，世界上大部分重要生态系统已处于崩溃状态，全球现有人口已3倍于地球的长期承受能力，臭氧层已形成2个巨大的空洞，整个地球温度上升，气候变暖，导致自然灾害大增，世界已进入一个危机四伏的新时期。1993年，我国政府制定了《中国21世纪议程——中国21世纪人口、环境与发展白皮书》，规定了我国经济持续发展的总体目标和实施清洁生产的战略步骤。2007年12月12日，联合国气候变化大会高级别会议在印度尼西亚巴厘岛开幕，与会的联合国秘书长潘基文等在开幕式上呼吁，国际社会共同制订启动新一轮气候变化谈判的路线图，并希望在2009年达成最终协议。大会决议草案要求发达国家在2020年前，将温室气体减排25%~40%，并要求所有国家遵循"共同但有区别的责任"原则，有效参与应对气候变化带来的挑战。联合国秘书长潘基文在开幕式上说，气候变化是"显而易见并且是全球性的"，所有国家，要将应对气候变化问题置于"高度优先"的地位，而任何推延都可能使我们超过"引爆点"，这意味着生态、经济等代价将急剧增加。与全球变暖作斗争是"对我们这一代人的道德挑战"，让"气候危机变成气候协议"，发达国家应带头减排温室气体，发展中国家也需得到鼓励以控制排放，从而"迎来一个绿色经济的新时代、一个建立在清洁技术和低排放技术基础上的真正可持续发展的时代"，"这不是一场战斗的结束，而是一场战斗的开始。"然而，人们也可以在此次气候变化会议上看到，发达国家和发展中国家围绕温室气体减排、技术转让等问题的争议仍然不少，但不论在目前和今后还会对气候变化有怎样的争议，有一点必须明确，气候变化与环境恶化都属于发展中的问题，必须通过持续的经济发展和不间断的技术进步来解决。而在解决这一问题的过程中，发达国家和发展中国家都必须根据《联合国气候变化框架公约》，承担起"共同但有区别的责任"。在温室气体减排问题上，中国的立场非常明确，强调长期坚持《联合国气候变化框架公约》及《京都议定书》所确立的目标、原则、承诺和合作模式，并要求发达国家向发展中国家提供资金和技术支持，帮助发展中国家提高应对气候变化的能力。中国政府已于2007年6月4日发布了《中国应对气候变化国家方案》，提出了一系列应对气候变化的相关政策和措施，通过提高能源利用效率和调整能源结构，减少二氧化碳排放，从而确保经济持续而健康地增长。这一兼顾科学与发展的态度，得到了广大发展中国家的认同和支持。2008年，是联合国大会确定的国际环境卫生年，也是《京都议定书》承诺期的开启年。不管是"路线图"，还是《欧洲原子能共同体条约》，大都显现出全球气候变化的背景。其实，环境仅是我们人类赖以生存的自然空间，但各国面对的挑战可谓林林总总，无论内政还是外交，各种问题的解决都需要一个和平、和谐的氛围，这是一种更高、更广、更深层次的环境。

近年来，要求实施清洁生产呼声最高的是化学工业，据美国Toxics Release Inventory(有毒化学品目录)在1994年发表的统计结果，世界上排放废弃物最多的十类工业中，化学工业名列榜首，而且化学工业每年排放的废弃物是其余九个工业行业的总和。化学工业是基础工业，已渗透到各行各业，特别是高新技术的发展，依赖于化学工业的发展，但是化学工业也给人类赖以生存的生态环境带来了严重的破坏。

为了彻底改变化学工业对环境造成的污染，必需彻底改变"先生产，后治理"的传统观念，代之以可持续发展的新理念。为此，在1996年，美国设立"总统绿色化学挑战奖"，以表彰在绿色化学与技术研究领域取得卓越成就的美国环境科学家。1998年，美国成立绿色化学研究所，专门从事化学工业绿色化的研究。1992~2001年，有关绿色化学与技术的国际会议召开了近20次。2002年以来，化学、化工、材料、能源、环境等领域的国际国内学术会议，都专门开设了绿色化学与技术主题。1998年，我国主持召开了第一届“国际绿色化学高级研讨会”，以后每年举行1次，目前已举办了10次。

化学工业是目前城市生态环境最大的破坏因素，必须实施绿色化学工艺才能彻底改变传统化学工业对环境的污染，形成清洁生产。而要形成化学工业的清洁生产，其关键在于研究和开发“绿色化学工艺”，“绿色化学工艺”的基础是绿色技术，核心则是构筑能量和物质的闭路循环。可以这么说，如果把化学工艺的绿色化看成是一门科学或技术的话，那么不如把它看作是一门高超的科学艺术更为确切。因为，只有深刻理解和熟练掌握了有关化学化工各领域的基础知识和先进技术，并做到融会贯通和灵活运用，才有可能创造出“绿色化学工艺”这门艺术。

本书参照目前高校中本科生使用的《化学工艺学导论》的编排，进一步强调化学工艺的“绿色化”，在完成《化学工艺学导论》教学大纲要求的基础上，介绍“绿色化学工艺”主要研究领域的最新研究进展及比较成功的一些实例，可供大学本科生及研究生作教材使用，使读者在阅读本书后，能够掌握化学工艺学的基础理论知识和基本技能，并对“绿色化学工艺”形成初步概念，对今后的实际工作有所启迪和帮助。

1.2 化学工艺基本概念

1.2.1 化工生产过程和工艺流程

化学工业，即生产、制造各类化学品(或化合物)的产业部门的总称。任何一个化工产品的加工过程(Chemical Process)通常可概括为三个主要步骤：①原料处理，目的是为了使原料符合进行化学反应所要求的状态和规格。常用的有混合、乳化或(固体原料)粉碎等多种不同的预处理手段。②化学反应，它是化工生产过程的核心步骤。经预处理的原料，在一定的(温度、压力等)条件下进行化学反应，获得目标产物，并达到所要求的反应转化率和产物收率。③产品精制。将化学反应后得到的混合物进行分离，去除副产物或杂质，以获得符合组成、规格的产品。

图1-1描述了聚氯乙烯(PVC)产品的生产加工的全过程。整个过程中加成、裂解、氧氯化与聚合工序为(单元)化学反应过程；而原料提纯、反应物精制、分离以及脱水干燥等均为物理过程，也就是俗称的各种“单元操作”，它是化学加工过程中必不可少的组成部分。任何一个化工产品的生产(加工)过程，就是交替使用三个步骤，且以化学反应为中心，将反应单元与分离单元进行有机地组织与衔接，以达到所需的目标与要求。

从原料开始，按加工顺序将每个单元步骤有机地“协调”衔接，就构成了(化工)生产工艺流程，当用图例、符号等形式来表示，即为“生产工艺流程图”(process flow diagram/sheet)，如图1-1所示。它清晰地反映出整个过程主要物料的流向、经历的单元步骤和顺序及能量传递等情况，这对了解生产全过程十分有效。另外，流程图的描述可以是部分或全部阶段的工作，同样应清晰地表明工艺流程中各部分原件的结构及工艺的运行过程。图1-2是合成氨生产过程中的部分工艺流程，即吸收法脱硫(单元)工艺流程。

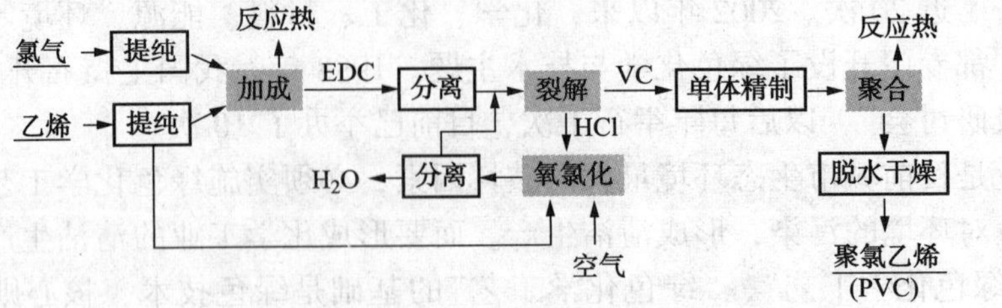

图1-1　平衡法生产聚氯乙烯(PVC)的工艺流程示意图

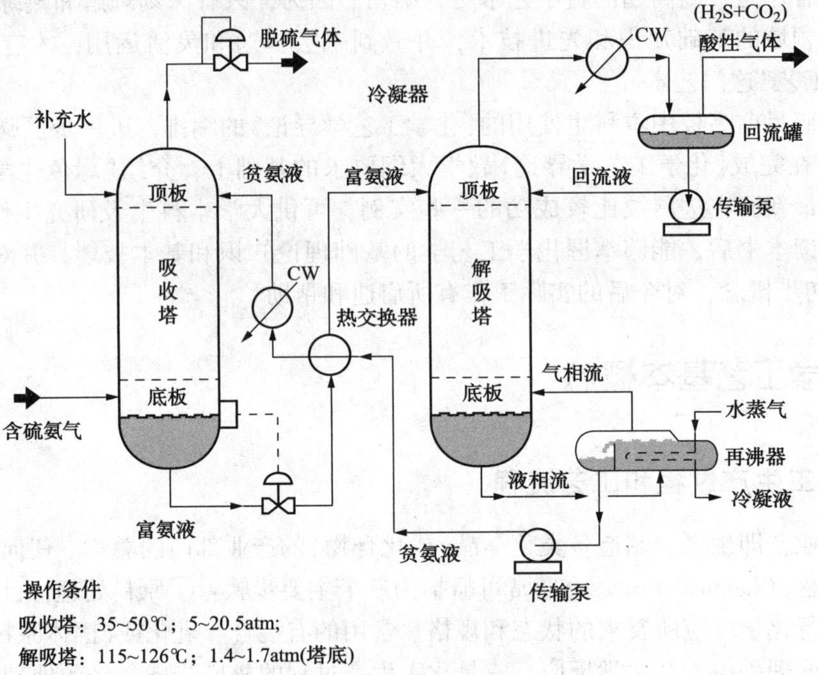

图1-2　氨混合气的吸收脱硫工艺流程图

所谓"化学工艺"，即化工生产技术。是指将原料(主要经过化学反应)转变为产品的方法和过程，包括实现这一转变的全部措施。它主要涉及：①原料的选择和预处理；②生产方法的选择及方法原理；③设备的作用、结构和操作；④操作条件的影响和选定；⑤流程组织、生产控制以及能量的回收和利用；⑥不同工艺路线与流程的技术经济评价等多方面的内容。化学反应种类很多，加之原料的选择、处理方法的不同，故即使同一个化工品的生产/制造也可以有不同的合成路线或加工方法。以聚氯乙烯生产为例，单体原料—氯乙烯(VC)，可以采用电石水解、氯化氢加成方法制得氯乙烯(VC)的传统生产工艺；也可以乙烯为原料，采用平衡法制备氯乙烯(VC)的新工艺路线；进一步地，单体氯乙烯(VC)的聚合工艺也有多种方法可作选择，如悬浮法、本体法、乳液法等不同的技术处理手段。因此，化学工艺所涉及的内容十分广泛，且呈多样化特点。

简而言之，化学工艺学就是研究由(化工)原料加工成为产品这一生产过程中的一门应用性学科，其内容包括生产原理、方法、流程和设备。它与化学工程学不同(研究过程的共性)，化学工艺学是以研究过程为目的，解决整个(生产)过程的组织、优化；换句话说，它是在以产品为目标的前提下，“协调解决”各单元之间的匹配与衔接；在保证产品质量的条件下，实现系统的物料、能量与环境影响的最优化，带有明显的“个性化”特征。

创立“技术先进、生产安全、经济合理、环境友好”的绿色化工生产过程，是化学工程师终生为之而努力的目标。

1.2.2　化学反应与生产过程的效率指标

化学反应是化工生产过程中的核心单元，故化学反应效率对整个(化工)生产过程起着决定性的作用。反应转化率、产物选择性、收率等是描述化学反应效率的主要参数。对于任何一个反应(系统)而言，其化学反应过程均可表示为如图 1-3 所示。

$$\underset{\text{（原料）}}{R_1+R_2+\cdots+R_n}\xrightarrow{\text{（化学）反应}}\underset{\text{（产物）}}{P_1+P_2+\cdots+P_n}$$

图 1-3　(化学)转化过程示意图

根据反应系统的物料衡算有：

$$\sum_{i=1}^{n}\nu_i\cdot R_i=\sum_{j=1}^{m}\mu_j\cdot P_j$$

式中：R、P 分别代表反应物与产物；ν_i、μ_j 为化学计量系数。

1. 转化率(Conversion)

转化率(X)是以原料的转化(程度)来衡量反应效率的一个参数，具体表达式：

$$X_i=\frac{\text{反应原料}(i)\text{转化量}}{\text{反应原料}(i)\text{起始用量}}=\frac{R_{i,t=0}-R_{i,t=\tau}}{R_{i,t=0}}\times100\% \tag{1-1}$$

式中：$R_{i,t=0}$、$R_{i,t=\tau}$分别代表 $t=0$ 与 $t=\tau$ 时，反应原料(i)的摩尔量。

式(1-1)清楚地表明：转化率(X_i)越高，体系中残留的原料量($R_{i,t=\tau}$)越少，即意味着原料(i)的转化程度越高；但需注意，当以不同(原料)组分为计算基准时，得到的反应转化率值可能不同。这在一些过量添加某原料组分的反应体系中，就显得十分明显。

2. 选择性(Selectivity)

对于复杂(反应)体系而言，转化过程中往往包含着多个化学反应(或生成多个反应产物)。此时仅用反应转化率(X)来衡量反应的效率，显然是不够充分的。为此，需引入“选择性”概念来描述过程的实效问题。化学反应的选择性，一般用 S 表示，具体表达式如下：

$$S=\frac{\text{目标产物量}}{\text{全部产物之量}}\times100\%\text{或 }S=\frac{\text{目标产物量}}{\text{（其余）副产物量}}\times100\%$$

由此可知，选择性(S)的物理含义：是“目标产物”与副产物量的相对比值。显然，S 值越大，目标产物量越大，也意味着副产物量就少。换句话说，“选择性”真实地反映了化学转换过程中，原料利用的有效程度。

因产物是反应物经化学反应转化而来，且依据反应方程式，选择性(S)也可表示为：

$$S=\frac{\text{目标产物量}}{\text{全部产物之量}}=\frac{\text{转化为目标产物所需的反应物量}}{\text{反应物的转化量}}\cdot C\times100\% \tag{1-2}$$

(注：$C=\nu_i/\mu_i$，化学反应的计量系数比值，由反应方程式决定。)

3. 产率(收率, Yield)

与转化率相对应,产率/收率(以 Y 表示)是从产物的角度出发,考察反应(过程)效率:

$$Y\% = \frac{\text{转化为目标产物所需的反应物量}}{\text{反应原料}(i)\text{起始用量}} \times 100\% \tag{1-3}$$

式(1-3)表示原料经化学转化后,有多少转化为目标产物的量。显然,Y 值越大,原料的产出率(转化为产物的量)越高。

另外,产率/收率也有另一种表达方式,即:

$$Y\% = \frac{(\text{实际})\text{目标产物量}}{(\text{理论})\text{目标产物量}} \times 100\% \tag{1-3a}$$

它反映了转化过程中,实际获得的目标产物量与理论产物量(假定转化率100%,生成的目标产物量)之间的"偏离度"。Y 越大,表明实际反应(过程)与理论反应越接近,实际的(目标)产物量,越接近于理论产物量。

综合比较(1-1)、(1-2)、(1-3)式知:产物收率=转化率×选择性,即 $Y=X \cdot S$。

【例1-1】 已知一(连续)反应器物料的进、出情况如下:反应物A的起始量为100mol,经反应后,测得离开反应器的物流中:反应物A(10mol),目标产物B(70mol)与副产物C(40mol),试计算反应过程的转化率、产物B、C的收率与选择性。假定过程的转化,按平行反应模式进行:即 A⇒B(TM);A⇒2C(副产物)

解:根据定义有:

$$X_A = \frac{\text{反应原料 A 转化量}}{\text{反应原料 A 起始量}} = \frac{100-10}{100} \times 100\% = 90\%$$

$$S_B = \frac{\text{目标产物量(B)}}{\text{反应原料 A 转化量}} \cdot C = \frac{70}{100-10} \times \left(\frac{1}{1}\right) \times 100\% = 77.8\%$$

$$Y_B\% = \frac{\text{生成目标产物的量}(P_{TM})}{\text{反应原料 A 起始量}} = \frac{70}{100} \times 100\% = 70\%$$

$$S_C = \frac{\text{副产物量(C)}}{\text{反应原料 A 转化量}} \cdot C = \frac{40}{100-10} \times \left(\frac{1}{2}\right) \times 100\% = 22.2\%$$

$$Y_C\% = \frac{\text{生成目标产物的量}(P_{TM})}{\text{反应原料 A 起始量}} = \frac{40}{100} \times \left(\frac{1}{2}\right) \times 100\% = 20\%$$

显然:$Y_B = X_A \times S_B = 90\% \times 77.8\% = 70.02\%$;同理:$Y_C = X_A \times S_C = 19.98\%$

当选择性 $S=1$,意味着无副反应发生,此时,$Y=X$(即反应转化率=产物收率)。但对于多数的实际反应体系,一般 $S<1$。需要提醒的:在许多情况下,能促使转化率(X)提高的反应条件,则往往会使产物的选择性(S)下降;反之亦然。因此,反应转化率与选择性的提高是一个系统的优化问题,需要两者兼顾。

4. 绿色化学反应效率

随着"绿色化"概念的不断提升,绿色化学反应的目标也十分明确,就是要从源头消除副反应,避免副产物(或废物)的生成。目前,有两个技术指标,即"原子经济性"与"环境因子"常用来衡量化学反应或生产加工过程的绿色化程度。

(1)原子经济性(Atom Economy) 由 Barry M. Trost(美国斯坦福大学的教授)于1995年首次提出，是绿色化学中的一个重要概念。其基本表达式：

$$原子经济性(A.E)=\frac{目标产物的原子总质量}{反应物的原子总质量}\times 100\% \tag{1-4}$$

它清晰地描述了化学反应过程中，“原子的有效利用率”。当 A. E＝100%，即意味着原料中的所有原子均被利用，并转化为目标产物(分子)。

需要注意，原子经济性(A. E)与产物收率(Y)是两个不同的(定义)概念。“原子经济性”是强调反应前后原子的有效利用率；而(产物)收率则反映实际产物量与理论产物量的“差距”。换句话说，当产物收率为100%时，并不意味着 A. E＝100%。如下述氧化反应：

$$CH_3—CH═CH_2+H_2O_2 \rightarrow C_3H_6O+H_2O$$

假定丙烯氧化(反应)合成环氧丙烷的(产物)收率为100%，即丙烯按理论值，全部转化为目标产物——环氧丙烷。而根据 A. E 定义式，上述丙烯氧化反应的“原子经济性”为：

$$A.E=\frac{目标产物的原子总质量}{反应物的原子总质量}=\frac{12\times3+6\times1+16}{12\times3+6\times1+2\times1+2\times16}=\frac{58}{76}=76.3\%$$

这里水是反应“废物”(非目标产物)，说明过程中一定有原子的“损耗”，故 A. E<1。

(2)环境因子 绿色化学领域内“环境因子”，是衡量生产过程对环境影响程度的一个参量，最早由 Roger A. Sheldon(荷兰代尔夫特理工大学教授)提出，定义表达式：

$$(绿色化学)环境因子=\frac{废物质量}{目标产物质量}\times 100\% \tag{1-5}$$

其物理含义：化学转化过程中，形成的废物量与目标产物量的百分比。“环境因子”值越小，表明过程产生的“废物”量越少，对环境的影响就越小。

比较二个参数可知，“原子经济性(A. E)”值越大，即化学转化过程中原子的利用率越高；副产物就越少，相应的“环境因子”就越小。当 A. E＝1，则对应“环境因子”为零，真正的“绿色反应”，转化过程中无废物产生。

5. 化工生产(效率)指标

①生产能力(Production Capacity)——有时也称“产能”。系指某一单元，在计划期内所能生产的最大产品数量(或能够处理的最大原材料数量)，这里的单元可以是单一设备、(一套)装置、(一个)生产车间/或工厂，它的物理单位：kt/a、t/d、kg/h 等。

显然，生产能力是反映企业拥有加工能力的一个技术参数。它反映了企业的生产规模(如生成量/年)与能够生产的可能性。企业规模越大，生产技术性越高，生产的能力就越大。但需指出：生产能力须顺应市场的需求：当需求旺盛时，应考虑如何增加生产能力，以满足需求的增长；当需求不足时，需要考虑如何缩小规模，避免产能过剩，尽可能减少损失。

②生产强度(Production Strength)——系指单位尺寸(或几何特征量)下的生产能力，故其物理单位：千吨/(年·厂)、吨/(天·套)(装置)、kg/(h·m^3)(或 m^2)等，在描述化工生产的具体装置、设备的生产能力方面更为有效。例如有 A、B 两企业，生产同一化工产品，A 使用5套生产装置，生产能力100t/a；B 使用2套生产装置，产能60t/a。显然，生产能力是 A 高于 B，但生产强度则是 B[30t/(a·套)]大于 A[20t/(a·套)]，它表明 B

的设备生产效率要高于A。

再者，当处理物料量和要求达到的最终转化率一定时，对于不同型式的反应器，所需容积的大小，也表明了该反应器生产强度的大小。如活塞流反应器内因物料无返混，反应物的浓度高，化学反应的平均推动力大，反应速率快，故所需反应器容积小；而全混流反应器的返混程度最大，反应物浓度低，化学反应平均推动力小、速率慢，故所需反应器容积就大。

总之，生产能力仅考虑设备、装置投入生产的时间效应；而生产强度则同时考虑了生产的时、空效应。比较而言，后者对生产效率的描述更加“完善”。

1.2.3 反应过程物料与热量衡算

物料与热量衡算是化工生产过程中必要的使用手段，也是化学工艺学的基础知识。通过此计算可以为设计、选择反应器或其他设备的尺寸、类型及数量提供必要的定量依据，也能为反应系统的最优化提供必要的理论数据。

1. 反应过程的物料衡算

在运用物料衡算前，须明确一特定的考察范围(或对象)，并称它为“衡算系统”。衡算系统可大可小，如一生产厂家(或车间)、某一过程(或设备)，甚至某一节点，一切按实际需求。根据质量守恒原理，对某一衡算系统的“物料衡算”式均可描述为：

(物料)输入总量=(物料)输出总量+系统内累积的(物料)量

对于间歇式操作过程，以反应器为衡算系统，输入量为每一批投入反应器内的所有物料(包括反应原料、溶剂、催化剂等)的总质量，输出量则是卸出反应器的所有物料总量(包括目标产物、副产物、剩余原料、溶剂、催化剂等)，两者之差为残存于反应器内的物料量和客观性的损失。若以每批获得的目标产量(W)除以每批操作所耗时间(t)(W/t)即为该间歇反应器的生产能力；若再除以反应器的容积V，便可算得反应器的生产强度[$W/(t\cdot V)$]。由此可知，每一批循环操作的时间越短，则反应器的生产能力就越大。所以，缩短间歇式单批操作的时间，就意味着生产能力和生产强度的提高。

对于稳态的连续过程，则衡算系统内物质无累积量，此时，输入量=输出量。由于物质的化学反应按化学计量比进行，反应物的物质量并不一定等于产物的物质质量。但我们知道，化学反应前后，物质的原子总量是恒等的，故可采用“原子衡算”方式来建立化学反应过程的物料衡算式：

输入物料中原子的总量=输出物料中原子的总量

它对于复杂反应体系的定量计算十分方便。

【例1-2】 工业上生产氢气的常用方法之一，是在镍催化剂的作用下，将天然气与水蒸气发生反应，生成H_2、CO、CO_2等气体，随后经脱除CO、CO_2与剩余水蒸气后，就可得到氢气(H_2)。现已知天然气组成(体积%)：CH_4(97.2%)，C_2H_6(1.2%)，CO_2(0.2%)，N_2(1.0%)，Ar(0.4%)；原料混合气的配比(n/n)，即水蒸气/天然气=3.3/1；混合气的进口温度为370℃，转化气的出口的温度780℃(注：反应在恒压下进行，反应器出口压力为3.0MPa)，此时反应达到平衡：$CO+H_2O \rightleftharpoons H_2+CO_2$，$K_p=1.175$；主反应式：$CH_4+H_2O \rightleftharpoons H_2+CO$试根据物料衡算，计算氢气($H_2$)的产气量及转化气的组成。

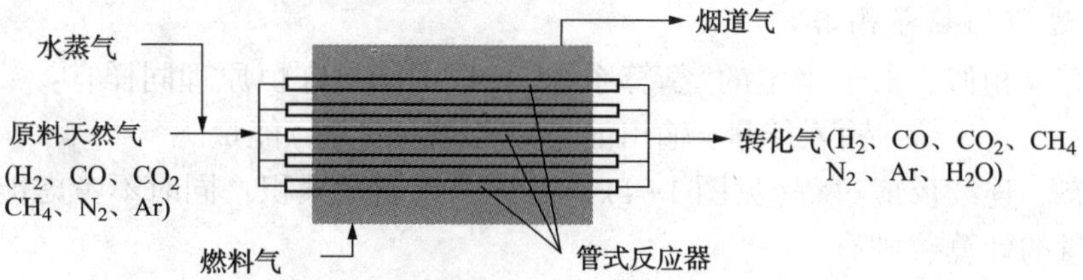

例题1-2 附图-天然气制备氢气的大致流程及衡算系统示意图

解：首先以100kmol天然气原料作计算基准，故由题意知：水蒸气用量为330kmol。

参照附图，所谓“干气”，即不含水蒸气的(出口)转化气。

假设出口转化气(干基)的量Xkmol，其中H_2、CO、CO_2的摩尔数分别是a，b，c；根据题意知，CH_4的含量是11% $X(0.11X)$，N_2、Ar为惰性气体，过程中其量恒定。故有：

$$X=a+b+c+0.11X+(1.0+0.4)$$

$$\Rightarrow 0.89\cdot X=a+b+c+1.4 \cdots\cdots\cdots\cdots \quad (1)$$

又设参加反应的水蒸气量：Ykmol，则剩余的水蒸气量：(330-Y)kmol

对反、应前后的原子作物料衡算：

$$C:97.2+(1.2\times2)+0.2=b+c+0.11X\Rightarrow b+c+0.11X=99.8 \cdots\cdots \quad (2)$$

$$H:97.2\times4+(1.2\times6)+330\times2=2a+(0.11X\times4)+(330-d)\times2\cdots$$

$$\Rightarrow a+0.22X-d=198 \cdots\cdots\cdots\cdots \quad (3)$$

$$O:0.2\times2+330=b+2c+(330-d)\Rightarrow b+2c-d=0.4 \quad \cdots\cdots\cdots\cdots \quad (4)$$

最后，根据化学反应的平衡常数K_p：

$$K_p=\frac{a\cdot c}{b\cdot(330-d)}=1.175 \cdots\cdots\cdots\cdots \quad (5)$$

解方程组(1)~(5)得：$X=326.1$，$Y=98.7$，$a=224.9$，$b=28.8$，$c=35$

下表列出天然气、水蒸气转化过程前后物料衡算的结果。

组分	输入物料		输入物料		
	进气量	进气组成	出气量	出气组成(mol)/%	
	kmol	(mol)/%	kmol	干气	湿气
CH_4	97.2	22.6	35.87	11	6.43
C_2H_6	1.2	0.28	0	0	0
CO			28.8	8.83	5.17
CO_2	0.2	0.047	35.13	10.77	6.3
H_2			224.91	68.97	40.35
N_2	1.0	0.236	1.0	0.3	0.178
Ar	0.4	0.094	0.4	0.13	0.072
H_2O	330	76.7	231.3	/	41.5
合计	430	100	557.5	100	100

2. 反应过程的热量衡算

与物料衡算相似，对于确定的“衡算系统”，根据能量守恒原理同样有：

输入能量=输出能量+(系统内累积)能量

对于稳态、连续反应过程(见图1-4)，系统中无能量累积；同时不考虑能量之间的转换，仅作热量的计算，则有：

$$\sum(H_i)_{in}+Q_p=\sum(H_i)_{out} \tag{1-6}$$

式(1-6)中：$(H_i)_{in}$，$(H_i)_{out}$——分别代表进、出口物料的热焓；

Q_p——系统与环境的热交换。

图1-4 稳态、连续反应过程热量衡算框图

众所周知，化学反应多半伴随着热量(也称“反应热”)的产生，有放热与吸热反应。工艺上为使反应顺利进行，往往需维持反应温度，这就需要对反应系统作热量(Q_p)传递。若反应器与环境无热量交换，$Q_p=0$；称为“绝热反应”。此时，$\sum(H_i)_{in}=\sum(H_i)_{out}$。

热焓(H)虽是热力学状态参数，但其绝对值难以测定，通常以相对值(ΔH)表示之，故需要选定一个基态作为计算标准。对于化学反应，通常以1atm，0℃(273K)或25℃(298K)为基准态。另一方面，多数的化学反应并非在此“基准态”下进行，为此，需要作相应的转换后进行热焓的计算，图1-5表示了典型化学反应过程焓变(ΔH_R)的转换框图。

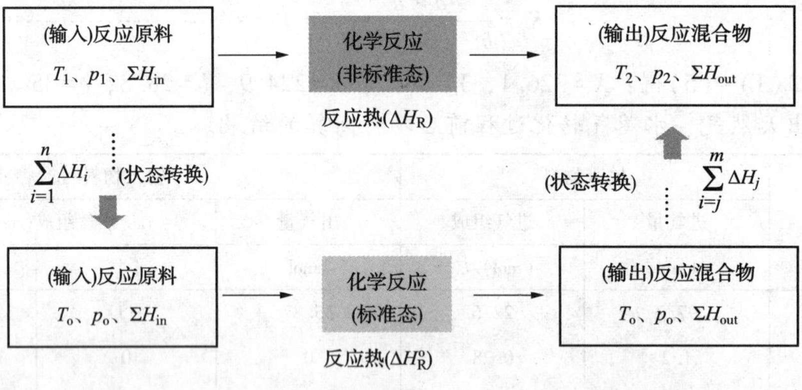

图1-5 典型化学反应热焓(ΔH_R)的转换过程框图

这样，非标状态下的化学反应热焓(ΔH_R)，就可通过标准态下的反应热(ΔH_R^o，可简单查手册等获得)与状态转换过程总的热焓变化之代数和求得，具体热焓等式为：

$$\Delta H_R=\sum H_{out}-\sum H_{in}=\sum_{i=1}^{n}\Delta H_i+\Delta H_R^o+\sum_{j=1}^{m}\Delta H_j \tag{1-7}$$

根据反应热(焓)定义可知：当为放热反应，$\sum H_{out}<\sum H_{in}$，故$\Delta H_R<0$；反之吸热反应，则$\Delta H_R>0$。另外，标准反应热(ΔH_R^o)也可通过物质标准生成焓变(即生成热)求得：

$$\Delta H_R^o = \sum_{i=1}^{n} (\nu_i \cdot \Delta H_{F_i}^o)_{生成物} - \sum_{i=1}^{n} (\nu_i \cdot \Delta H_{F_i}^o)_{反应物} \tag{1-8}$$

式中　$\Delta H_{F_i}^o$——组分 i 的标准生成热；

ν_i——化学反应的计量系数。

与物料衡算相比，化学反应过程的热量衡算相对复杂。因为过程的热量衡算是以热焓的变化(ΔH)来衡量，而物料的焓变(ΔH)包括：1)物质之相变(等温、等压下物质相态变化)所引起的热焓变化；2)(化学)反应热焓；3)显热焓变，即由温度差导致的热焓变化值。有关热量衡算的计算例题，可参考有关的专业书籍、工艺手册及相关的文献报道等。

习　题

1. 工业原料油中的有机硫(元素)，常采用催化加氢使其转化为 H_2S 的方法将其脱除，但同时原料油中的不饱和烃也加氢变为饱和烃。现已知原料油的进料速率 160m^3/h，油密度 900kg/m^3，氢气(标准状况)进料速率 10800m^3/h；并测得原料油、成品油的化学组成如下：

组分	$C_{11}H_{23}S$	$C_{11}H_{24}$	$C_{10}H_{20}{=}CH_2$
原料油(mol%)	5%	70%	25%
成品油(mol%)	0.1%	96.8%	3.1%

试求：1)过程所消耗的氢气总量；2)分离后气体的摩尔分数。

2. 假设某天然气全部是甲烷(CH_4)，将其燃烧用以加热一管式炉，燃烧后烟道气的组成(干基，mol%)为 N_2(86.4%)、O_2(4.2%)、CO_2(9.4%)。试计算天然气与空气的摩尔比。

3. 今有一种工业乙烷气体，其组成为 C_2H_6(98%)、C_2H_4(1.0%)、C_3H_6(1.0%)，将其裂解制取乙烯。已知在冷却、冷凝前，(出口)裂解气的组成如下：(注：所有百分数均为体积%)

H_2	CH_4	C_2H_4	C_2H_6	C_3H_6	C_3H_8	C_4H_8	C_5H_{12}
32.97%	3.63%	32，2%	29.44%	0.71%	0.27%	0.47%	0.31%

试求：1)若裂解气冷却、冷凝后，C_5H_{12}为冷凝液，计算混合气(干基)的组成；

2)乙烷的转化率、乙烯的选择性和乙烯的收率；

3)每 100kg 工业原料气，可获得多少乙烯(kg)？

参 考 文 献

[1]黄仲九编著．化学工艺学概论．浙江：浙江大学出版社，2006

[2]米镇涛主编．化学工艺学．第二版．北京：化学工业出版社，2006

[3]黄仲九，房鼎业，单国荣 主编．化学工艺学．第三版．北京：高等教育出版社，2016
[4]刘代俊，蒋文伟，张昭编著．化学过程工艺学．北京：化学工业出版社，2014
[5]陈敏恒，丛得滋，方图南，齐鸣斋编．化工原理．第三版(上册)．北京：化学工业出版社，2006
[6]https：//en. wikipedia. org
[7]https：//www. baidu. com/

第2章　绿色化学与清洁生产

2.1　环境保护与可持续发展

保护人类生存环境，实施可持续发展战略，是21世纪国际社会“环境与发展”与“和平与发展”两个同等重要主题的内容之一。人类只有了解和掌握环境保护与可持续发展的基本思想和整体概念时，才会主动、自觉地在生产、管理、设计及研究等工作中把环境保护放在重要地位。北京申办2008年奥运会提出的“科技奥运”、“绿色奥运”、“人文奥运”，也把环境保护提到了极其重要的位置。

当今世界，和平与发展已成为主要潮流，世界范围的经济复苏，特别是发展中国家的迅速崛起，更促进了全球经济的高速持续增长，但随之也带来了对自然资源的无限制消耗及严重的环境污染和生态平衡的破坏，特别是人类对自然客观规律认识的局限性、滞后性以及生产方式、技术水平的相对落后性，使地球环境不断恶化，生态环境遭到日益严重的破坏，人类生存环境已受到前所未有的威胁。为此，世界各国政府在“保护地球生存环境”的原则下统一起来，召开了多次由政府首脑出席的“世界环境与发展大会”，专门研讨世界范围内的环境保护问题。世界经济发展规律及教训都已证明，“三废治理”或“先发展，后治理”是一种低层次的治标不治本的行为，只有从产生污染的源头杜绝污染发生，才是主动的、高层次的治本举措。据此，1992年《里约热内卢宣言》正式提出了“可持续发展”和“绿色科技”的全球化发展战略。环境科学家的任务不再局限于环境污染的治理，而是要求对环境污染进行有效控制和对污染环境进行修复，以及从污染源头开始杜绝环境污染的发生。美国环境保护署(EPA)专门设立绿色化学机构，在美国正式启动“绿色化学”计划，并称之为“21世纪最重要的研究领域”。改革开放以来，我国的经济走上了快速发展轨道，经济增长率连续多年保持在15%左右。最近几年，即使国家采取宏观调控政策，以防止全国性经济发展过热，全国平均经济增长率还是连续保持在10%以上。但随之而来的环境污染也呈几何级数上升，特别是化学工业部门。近年来，我国政府正逐年加大环境治理的力度，国家与地方政府每年用于“三废”治理的资金投入超过GDP1%，上海市已超过GDP3%，也即每年至少投入120亿元以上。但是与世界上发达国家，甚至和发展中国家相比，仍处于落后地位。环境保护已成为世人瞩目的热点问题，是世界公认的21世纪最重要的研究领域之一。

据调查研究，对城市生态系统破坏最严重的是化学工业以及与化学工业相关的工厂企业，而化学工业又是国民经济的支柱产业，渗透在各行各业，它的产品是人类衣、食、住、行赖以生存的原料，化学品是制药、汽车、纺织、造纸、电子、建材、机械、农业和日用工业品等行业的重要基础，也是高新技术领域如计算机、通信和生物技术不可缺少的产品。化学工业的总产值，一般占国民经济总产值10%~30%，是21世纪的基础工业。由此可见，绿色化学将成为21世纪最重要的科学技术之一，已是显而易见的事实。

2.2 绿色化学概念

绿色化学(Green Chemistry)又称环境友好化学(Environmental Benign Chemistry)，在其基础之上发展出来的技术又被称为环境友好技术(Environmental Friendly Technology)或清洁生产技术。清洁生产技术(Clean Technology)的主要内容就是把传统的化学绿色化，即设计环境友好的化学反应路线，物质和能量构成闭路循环的化学工艺流程以及绿色产品，将传统的化学工业改造成可持续发展的绿色化学工业，使化学反应和化工过程从源头起就不产生环境污染。目前，得到国际认可和被大多数人接受的“绿色化学”定义，可表述如下：

绿色化学是更高层次的化学，是一种新的创造性的思想。它将整体预防的环境战略持续地应用于化工生产过程、产品和服务中，以增加生态效率和减少人类社会及环境的风险。对化工生产过程，要求节约原材料，合理利用能源，不用对人类有毒、对环境有害、对生态系统有不良影响的原料，降低成本，降低消耗，减少废弃物的排量和毒性；对产品，要求符合绿色产品标准，产品与生态系统相容，对环境无污染，对人类无害，尽量减少从原材料提炼到产品最终处置的全生命周期的不良影响；对服务，要求将环境因素纳入设计和所提供的优质服务中去。其主要特点如下：

①化学反应的原子经济性。化学反应路线的设计，保证了化学反应的原料中每个原子都参与了反应，并全部转变成产物，无副反应发生，无有害物质生成。既充分利用了资源，又不污染环境

②化学反应的清洁性。化学反应的原料，都选用对环境无污染，对人无害的物质。化学反应的媒介、化学反应的技术也对环境友好，如采用电子束、离子束、高能射线和超临界物质作反应媒体。化学反应的产物对环境和人类无害，与生态系统相容，是绿色产品。

③化学工艺的循环性和闭路性。化学工艺的设计，使原料、副产物、媒介物和能源均处于闭路循环之中，整个工艺流程只有原料和必需的能量输入，除了产出的产品，其余的物质和能量在工艺过程的内部进行循环，对环境无影响，或者说对环境做到“零排放”。

④化学反应技术的可持续性。采用高新技术，特别是生物技术、基因技术、酶技术来开发新的化学反应和合成新的化合物。

⑤化学生产的可持续性。充分利用自然界可再生的自然资源代替不可再生的资源来作为化学反应的原料；充分利用自然界可再生的能源来代替不可再生的能源。如利用可再生的植物资源代替矿物资源生产化工原料；利用太阳能、沼气、水能和风能代替石油和煤炭，使化工生产能持续发展。

绿色技术的实施，彻底改变了过去被动的、滞后的污染控制观念和手段，强调在污染产生之前就加强预防、管理和控制并予以清除，即在产品的设计、生产以及服务的全过程

中，将污染物的产生和对生态系统的不利影响降低到最小。绿色化学的另一重要任务是采用绿色技术，将自然界取之不尽、用之不竭的可再生的物质和能源来代替储量有限，渐趋枯竭的不可再生的矿产资源和能源，生产化工原料和化工产品。例如，地球上种类繁多的植物，它们利用太阳能不断地进行光合作用，将水和二氧化碳转化成各种有机物，并放出氧气。目前，地球上的植物大约有 2 亿亿吨，这些植物是可再生的天然资源，每年的再生量约 1640 亿吨，主要是淀粉和植物纤维，它们都是葡萄糖的高聚物，属于碳水化合物。植物中也含有少量的蛋白质及含磷、硫、氮等元素的有机化合物。淀粉和低聚糖能被人类消化吸收，是人类的主要粮食来源。但是，世界上的绝大多数植物由纤维组成，而纤维是不能被人类消化吸收的。植物纤维是一种葡萄糖基的线型大分子，目前，除了造纸和当作燃料外，还远远没有对它加以开发利用。主要困难在于还没有找到一种方便、有效、价廉而且又是绿色的方法，将植物纤维中的纤维素、半纤维素和木质素分开，进而再将它们降解为葡萄糖单体，通过发酵生成酒精，进而合成其他有机化工原料。可以预言，一旦人类掌握了植物纤维绿色化转化的技术，人类就拥有了一座巨大的食物、能源和有机化工原料的仓库，在很大程度上解决了人口和资源的全球性危机。

2.3　典型绿色化学反应

过氧化氢合成：

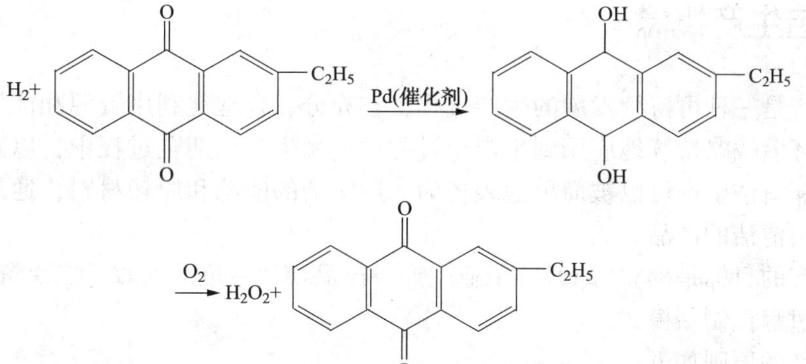

在这里，乙基蒽醌是一个中介循环剂，可反复使用，由于它的中介作用，使原来很难直接反应的 H_2 和 O_2，变成容易反应，生成过氧化氢。该反应需在有机溶剂中进行，选择绿色溶剂是关键，目前选择聚芳烃作溶剂，使该工艺成为绿色化学工艺。

二茂铁的绿色化学合成：

$$HCl+(C_2H_5)_2NH \longrightarrow (C_2H_5)_2NH \cdot HCl$$

$$Fe+2(C_2H_5)_2NH \cdot HCl \longrightarrow FeCl_2+H_2+2(C_2H_5)_2NH$$

$$FeCl_2+2(C_2H_5)_2NH+2C_5H_6 \longrightarrow Fe(C_5H_5)_2+2(C_2H_5)_2NH \cdot HCl$$

草酸酯的绿色化学工艺：

乙酸绿色化学合成：

$$2CO + 2CH_3CH_2ONO \longrightarrow 2NO + (CH_3CH_2COO)_2$$

$$2CH_3CH_2OH + 1/2O_2 + 2NO \longrightarrow 2CH_3CH_2ONO + H_2O$$

$$CH_3OH + CO \xrightarrow{Rh,\ CH_3I} CH_3COOH$$

甲醇羰基化法合成乙酸是一个典型的原子经济反应，它的原子经济性达到100%。

环氧丙烷绿色化学合成：

$$CH_3—CH=CH_2 + H_2O_2 \xrightarrow{TS\text{-}1\ 催化剂} CH_3—\overset{O}{CH—CH_2} + H_2O$$

新工艺使用的TS-1分子筛催化剂无腐蚀性，无环境污染，反应条件温和，温度40~50℃，压力低于0.1MPa，氧化剂采用30%过氧化氢水溶液，安全易得，反应几乎按化学计量关系进行。因此是一个低能耗、无污染的绿色化学过程。此反应的原子经济性虽然只有76.3%，但生成的副产物仅是水，对环境是友好的，因此具有很好的工业应用前景。

2.4 清洁生产概念

清洁生产是一种可持续发展的生产过程，它充分、合理地利用资源和能源，并把整个预防污染的环境战略持续地应用到生产全过程和产品生命周期全过程中，以减少对人类和环境的危害。清洁生产可以被简单地表述为：用清洁的能源和原辅材料，通过清洁的生产过程，生产出清洁的产品。

清洁生产的目标是确立“原料—工业生产—产品使用—废品回收—二次资源”这种仿生态系统的全过程控制新模式。

清洁生产的原则如下：

①采用清洁能源，大力开发可再生能源，提高能源利用率。

②尽量提高原材料的转化率和选择性，充分、合理地利用物质资源，尽量采用可再生资源。

③废弃物最小化，即最大限度地削减有害物质的产生量和排放量。

④污染源头预防，也就是说将污染消灭在产生污染地方。

⑤无害化工艺，即实施生产全过程控制，形成能量和物质的闭路循环，充分利用资源和能源，整个过程只有原料和能量的输入和产品的输出，对环境没有污染。

⑥环境相容，即原料和产品与环境相容，对生态系统的平衡没有不良影响。

2.5　化工清洁生产实施

一个工厂企业，要实现清洁生产，也即符合绿色化学原则，必须经过严格的科学的工作程序，其过程如下：

2.5.1　基本概念

清洁生产审计是对工厂企业目前的以及将来的生产计划和生产过程、生产工艺、产品及服务实行全生命周期的预防分析和评估，特别是对生命周期全过程中的重点环节或“瓶颈”，主要工序产生的污染进行定量监测，对全过程的物料和能量进行衡算，找出高物耗、高能耗的环节及原因。在此基础上，以绿色化学和技术为原则，提出对策，制定方案，构成清洁生产框架。

2.5.2　程序

清洁生产的工作程序，一般有如下七个阶段：

(1)筹划和组织　在企业内部进行清洁生产思想和清洁生产审计工作的宣传、教育。建立清洁生产审计工作领导班子，制定审计工作计划，并落实资金和人员。

(2)预评估　对企业内部生产全过程进行现场调查、摸底，重点了解原辅料、主要产品、能源、用水及废弃物在生产过程中的流入、流出和去向，并了解设备水平、设备管理和设备维修保养情况，尤其要了解污染物排量、毒性、目前处理方法、效果、废弃物年处理费用、“三废”综合利用情况以及存在的主要问题，从中找出审计的重点工序，发现污染严重、消耗大、环境压力大、但有明显清洁生产机会的车间、工段或工序，作为重点整治对象，并针对重点审计对象，设置清洁生产目标。

清洁生产的目标设置是依据国家有关部门的标准和企业本身的条件，并参照国内外同行业同规模、有类似生产过程的厂家水平，进行定量化。不但要有减污、降耗的绝对量，而且还有相对量指标，必须实行目标责任制和目标管理。

在预评估中发现的一些问题，如果马上可以解决的，应该立即解决；如果投入少量资金能解决的，应该近期抓紧解决；对那些重点问题，难题，必须组织力量、资金，认真研究解决方案，边审计，边解决。

(3)评估　评估工作的基本流程见图 2-1。评估的全过程即正式对整个生产流程进行物料和能量的实际测量，并进行衡算，从中找出废弃物产生的原因，找出原材料浪费和“跑，冒，滴，漏”的环节及原因。发现物料流通、生产过程、质量管理、废物排放和产品服务各个环节存在的问题及不足，为实施清洁生产提供基本数据。这里要特别强调的是，重点资料应包括工艺资料，原材料和产品及生产管理资料，废弃物管理，处理及排污费等资料和国内外同行业资料。

(4)方案的产生和筛选　图 2-2 为该项工作的操作流程。在评估的基础上，制定清洁生产初步方案。初步方案可以具有一定数量，各具特色，各有优点，供进一步筛选用。表 2-1、表 2-2 和表 2-3 是一些方案的实例，仅供参考。

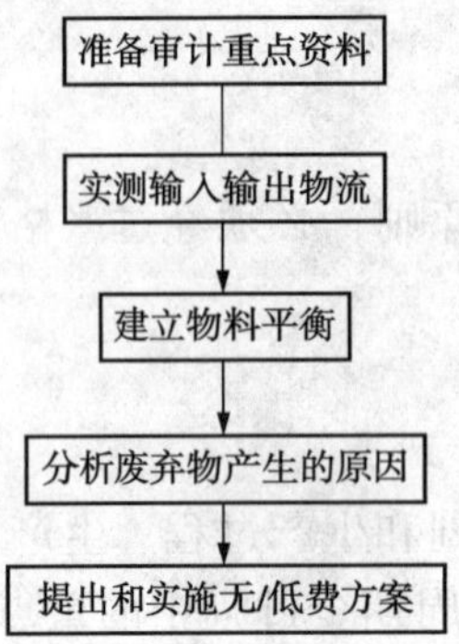

图2-1　评估工作的基本流程

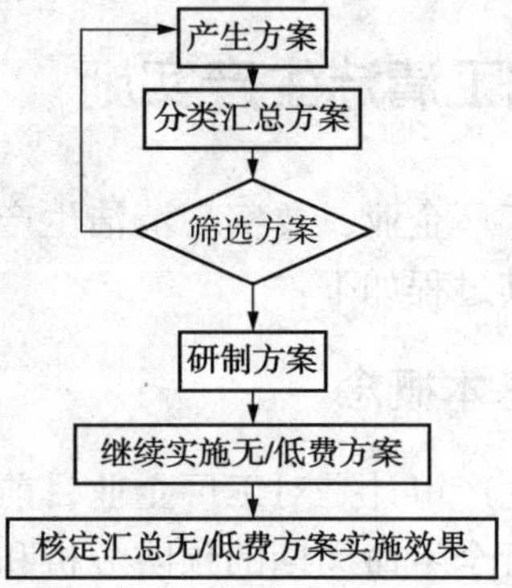

图2-2　方案的产生和筛选流程

表2-1　清洁生产核对清单

良好操作	内　容
废物分离	●防止有害废物与无害废物的混合 ●恰当分组存放材料 ●将不同类溶剂分开 ●将液体废物同固体废物分开
预防性维护计划	●建立设备履历卡，注明设备所在位置、特性及维护情况 ●建立总体预防性维护进度表 ●将制造厂发的设备维护手册置于手边 ●建立人工或计算机操作的设备修理履历档案
培训和意识树立的计划	提供下述培训 ●设备操作，将能源使用及材料浪费减至最小程度 ●妥善的物料搬运，减少浪费和溅洒 ●阐明有害废料的生成和处置在经济和环境方面的影响，强调污染预防的重要性 ●查明并减少产生在空气、土地和水中的物料损失 ●发生事故时尽量减少物料损失的紧急措施
有效监督	●领导层承诺一项积极的污染预防计划 ●严密监督可提高生产率并减少无意中产生的废物 ●集中废物管理。各部门指定一位安全及废物管理负责人 ●教育职工了解污染预防的效益 ●建立污染预防目标 ●进行污染预防评估
职工参与	●将企业各方面和各部门都组合到污染预防工作中来 ●“质量小组”(职工和检验人员之间的自由座谈会)可确定出减少废物的途径 ●征求并奖励职工对减少废物的建议

续表

良好操作	内　容
生产进度计划	• 尽量增大批量，以减少清除废物 • 将设备用于一种单一产品 • 变更批量次序以降低清除频率(如由浅浴至深浴次序)
成本会计、费用分配	• 将空气、地面和水中的全部排放物的直接和间接成本均计人特定的产品加工中去 • 将废物处理和处置费用分摊到产生废物的操作中去 • 将水、电费摊入规定的产品加工中去 • 凡涉及化学性应用或排放的资金和财产购置计划，均需经事先批准

资料来源：①企业污染预防指南，美国国家环境保护局，1992年5月，EPA/600/R-92/088。
②航空工业废物消减清单，加利福尼亚州卫生服务部替代技术处。

表2-2　通用工业污染预防核对清单

废物来源	废物类型	污染预防和回收利用方法
材料验收	容器底部 沉积物 不合规格 材料 过剩材料 泄漏残渣 泵、阀、罐 管道渗漏物 受损容器 空容器	• 采用"即时"订货制(对原材料采用"即需即订"的办法) • 建立集中采购计划 • 指定专人负责订货、检查、粘贴标签(注明采购日期、内装何物)和负责发放有害物料 • 指定专人验收化学样品，并向供货方退回未用的样品 • 按确定需要数量订购化学试剂 • 鼓励化学品供货方成为负责的合作者(如接受退还过期的供货) • 建立库存控制计划、以便自始至终跟踪化学物品 • 循环使用库存化学物品 • 实行先进先出的物料使用方针 • 研究一项由其他部门使用留滞化学物品的流动库存办法 • 物品验收前，要进行检验/试验 • 审核物料采购规格说明 • 在容器上注明采购日期，优先使用旧存 • 确认库存搁置失效日期 • 试验过期物料的有效性 • 对稳定的化合物不做库存搁置寿命要求 • 定期检查库存物品 • 采用计算机辅助工厂存货管理制度 • 实行定期物料跟踪 • 所有容器均应粘贴标签 • 建立管理站以发放化学物品和收集废弃物 • 在可能条件下，对泄漏物采用干式代替湿式清除法(如用扫帚而不用软管) • 采购纯净的材料 • 为不合规格物料寻找适合的不太重要的用途(否则只能加以处置) • 成批采购物料，并成批存放

续表

废物来源	废物类型	污染预防和回收利用方法
材料验收	空容器	• 改用可重复使用的运输集装箱 • 改为使用低害原料 • 使用同出厂说明书相一致的高性能、耐耗的原材料(如油类) • 减少化学物品不同牌号、等级的数目 • 使用一种多功能溶剂或化学清洗剂，而不用多种不同的溶剂 • 在可能情况下，采用能提供新物料，也能接受已用过材料进行回收的供货商的供货 • 使用已回收及可回收的产品 • 使用可清洗或可回用的桶容器
原材料及产品储存		• 制定防止、控制和对付泄漏的计划(SPCC) • 带有标记的罐体、容器等只能用于指定目的 • 全部罐体、容器均应装置溢流报警器 • 保持所有罐体、容器外形完整 • 液体储存罐应装置泄漏探测系统 • 对所有装、卸、运输作业均应规定书面操作程序 • 设置辅助库区 • 教育操作人员未经授权不得跨越连锁点、警戒线或重要转运点 • 隔离有泄漏或处于非工作状态的设备或生产线 • 使用无密封泵 • 使用波纹管密封阀 • 使用重力塞栓或泵，在运送液体物料时防止泄漏 • 转运液体时，使用喷嘴或漏斗 • 使用滴漏捕集器 • 可能条件下，使用干式泄漏清除法 • 记录所有泄漏以供将来采取预防措施 • 实验全面物料平衡，并估算物料在数量和金额上的损失 • 使用双密封浮顶罐，进行 VOC 的控制 • 在固定顶罐体上做保护孔 • 应用蒸汽回馏系统(保持蒸汽平衡) • 将产品存放于能保持其搁置寿命的场所或条件下 • 保持容器的盖、塞等处的紧密密封(即使是空容器) • 存放容器时，用肉眼观察其有无腐蚀、泄漏 • 存放容器时，减少倾斜、穿刺、破裂的机会 • 妥善存放包装物等，防止损坏、污染、保护室外存放物品免受高温、低温、雨、雪、风等的侵蚀 • 防止将桶等搬离垫板而受潮(即所谓水泥地“出汗”) • 建立物料安全资料册，确定泄漏的处理 • 存放场地要有充分照明 • 运输区路面应清洁、平整 • 保持通道畅通无阻 • 性质不相容的化学物品要保持距离

续表

废物来源	废物类型	污染预防和回收利用方法
原材料及产品储存		• 不同类型的化学物品要保持距离，以防止交互污染 • 避免将容器堆靠在加工设备上 • 搬运、使用物料时，要遵守制造厂的说明书 • 电气线路要有妥善绝缘，定期检查腐蚀和潜在的打火可能 • 可能条件下，对批量物料的储存，要使用大型容器 • 使用高度和直径相等的容器，以减少受潮面积 • 塞紧和盖紧容器(不论空、实) • 清洗或处置前，要将桶和容器彻底放空 • 碎纸可用作笔记本；回收纸张
实验室	试剂 不合规格化学物品 样品 空样品和化学物品容器	• 应用微量或半微量分析技术 • 增大使用仪器容积 • 实验室实验中减少或消除高度有害化学品的使用 • 重用或回用已用过的溶剂 • 从催化剂中回收金属 • 作为实验最后一步，处理或销毁有害废弃物 • 将有害废物流加以分离，将有害与无害废弃物分开，将可回用与不可回用的废弃物分开 • 确保所有化学物品和废弃物在所装容器上清楚地加以标明 • 调查研究汞的回收和利用
操作和加工变更	溶剂 清洗剂 脱脂油泥 喷砂废物 苛性物 金属碎屑 油类 设备清洗后的油脂	• 提高设备的利用率 • 清洗前用橡皮滚子回收产品上的剩余液体 • 应用密封式储存和运输系统 • 要使液体有足够的排干时间 • 合理安排设备流水线，减少液体阻塞 • 采用避免或减少使用溶剂的清洗系统，且只在需要时进行清洗 • 采用两级清洗，或在清洗前先用碎布擦拭污处，以延长溶剂寿命 • 采用逆流清洗法 • 采用就地清洗系统 • 设备使用后，立即清洗 • 重复使用净化后溶剂 • 将净化后溶剂再加工为有用产品 • 利用不同类型溶剂分离废弃物 • 将溶剂的使用标准化 • 用蒸馏法回收溶剂 • 合理安排生产以降低清洗频率 • 采用样品小型试验，而不是在生产过程中进行

续表

废物来源	废物类型	污染预防和回收利用方法
操作和加工变更	热交换器清洗后的污泥和废酸	•在调节时采用旁路控制或加压再循环以保持湍流状态 •使用光滑的热交换面 •使用“在线”清洗技术 •在可能情况下，使用高压水清洗，以代替化学物质清洗 •使用低压流

表 2-3　化学工业清洁生产核对清单

废物来源	废物类型	污染预防和回收利用方法
材料的购入、储存和搬运	搁置过期陈旧或受污染的材料 反应过的/聚合过的或不合规格的化学品 粉尘排出物 空容器 加(运)油剩余物	•实行“先进先出”的用料原则控制存货 •首先对材料进行试验，以决定其是否可用于当前生产 •将陈旧材料退还给供货商 •隔离废物流 •包装物品避免日晒雨淋 •与供应厂家合作或安装提纯设备以提高供料质量 •慎重考虑对新材料的需要(如修改工艺或改进控制，以减少或取消对新材料的需要) •尽量使用合规格材料 •使用阻化剂以防止不良副反应或聚合物的生成 •将粉状产品重新制为粒状产品 •当冲洗固体搬运设备时，重用惰性组分 •改用可重复使用的容器、装运箱或成批运输 •回收罐车中的物品 •使用泵或管道转运液体材料
反应器	不合规格材料 副产品	•通过安装隔板，采用高速搅拌马达，不同搅拌叶片设计、多层轮翼、泵激反复循环或一台串联固定式搅拌器，来改进反应器中的物理拌合 •用较好的进料投入，以获得较好的产品产出 •改善反应剂投入反应器的方法(在投入反应器前，先将反应剂充分浓缩) •改进催化剂，并不断加以提高 •为回用物流，另外设置反应器 •改进反应器的加热和冷却技术 •考虑设计不同的反应器(如用插塞流动代替罐内搅拌混合) •改进控制，使反应器处于最佳状态。(如经常稳定运行状态，采用先进的计算机控制等) •保证橡胶垫片无破裂、磨损

续表

废物来源	废物类型	污染预防和回收利用方法
热交换器	不合格产品(如对温度敏感的产品	• 降低管壁温度 • 用低压蒸汽流 • 降低过热蒸汽流 • 安装热压缩器 • 采用分级加热(先用余热，次用低压蒸汽流，再用降低高热后的高压蒸汽流) • 采用列式清洗技术(循环海绵球和逆反刷) • 对黏性流，可使用内壁经刮擦过的交换器 • 监控交换器污垢 • 使用不腐蚀管道
泵		• 在可能条件下修复密封或购买新泵，以继续作业 • 使用无密封泵(罐型或磁力驱动)
炉子		• 更换盘管，研究其他设计类型 • 用中间交换器代替炉子，或使用高温导热液 • 利用现有的过热蒸汽
蒸馏塔	不纯产品 聚合废料 管孔或漏斗排出的产品	• 如塔的容量充足可增大流量比 • 增加塔身节(如采用不同直径、塔盘或高效密封包层) • 重新做塔盘或重新做密封包层 • 更换进料塔盘，达到更好的分馏 • 绝热 • 改进进料分布，对密封包层塔更应如此 • 预热进料(如与另一束流交叉交换热量) • 从塔顶部附近的塔盘中，将塔顶馏出的产品去掉 • 增大蒸汽管道尺寸 • 修改再蒸馏锅设计(改为向下流动液膜或泵式再循环蒸馏锅，高通量管道) • 降低再蒸馏锅的温度(如使用低压蒸汽、低过热蒸汽、安装热压缩机、用中间传导液体等) • 确保管道无阻塞 • 降低塔内压力 • 改进塔顶流出物冷凝器(更换导管、更换冷凝器、增设管口辅助冷凝器) • 将塔顶流出蒸汽引至下一个塔(使用分冷凝器，并将蒸汽流引导至后续加工塔)
管道	泄露或挥发物 副产品 排出物 低等级产品	• 更换泄漏的阀、泵和密封件 • 监控主要管孔(储存罐、罐车)及漏斗系统，回收管孔排出产品(安装冷凝器或管孔压缩机) • 避免将热物料送去储存 • 改变冶炼法或使用里衬 • 避免管线过热，缠绕容器或为其加套 • 分离废物并将其回收

续表

废物来源	废物类型	污染预防和回收利用方法
产品加工	不合规格产品 受污染产品 溢出物排出的粉尘蒸发损失	• 按要求或需要的数量生产产品 • 使用毒性较小或无毒的原料 • 改进联机控制(如采用计算机控制系统) • 优化逐级操作 • 自动启动、关闭和进行产品转换 • 给车间生产编制程序，以处理意外的翻转及跳闸等事故 • 调整设备位置，改变管道走向布置，以避免其他污染源 • 为废品寻找市场 • 安装可重复使用的隔热装置
产品加工	质量控制试验样品	• 重新设计或修改加工工序和工艺，以回收产品和不可利用的原材料 • 重新配制产品(如生产颗粒状化学品而不是粉末状化学品，以减少粉尘排出物) • 分离并回用生产过程中产生的粉尘排出物 • 将批量生产改为连续生产 • 更新催化剂 • 审查抽样频率和程序，以减少次数和样品数量 • 回用样品 • 如反应器圆盘断裂，可考虑分流到中性罐中去
设备清洗和转换	废品 用过的清洗剂洗涤液	• 提高设备利用率 • 改进使用同一条生产线生产不同化工产品的日程安排 • 回收更多的产品(通过刮扫罐体或吹扫管道) • 冲洗转运固体物料的设备，回收惰性沉淀物质 • 避免不必要的设备清洗，探讨取消批量间清洗的可行性 • 考虑采用其他清洗方法(如塑料介质喷丸等机械清洗法等) • 考虑使用危害较小的清洗剂(如用具有更好生物降解性能的清洗剂的超声波清洗法) • 使所用的清洗产品标准化 • 减少清洗剂的使用(如改用高压喷雾、压缩空气流和热清洗浴等) • 在可行条件下，回收并回用清洗剂 • 回用清洗水 • 在可能条件下，用生产过程中的液体清洗加工设备

(5)可行性分析　对筛选出来的方案进行分析和评估，从中选出最佳的清洁生产方案，重点应在方案的可实施性、技术的先进性、生态系统的相容性和方案实施的经济性四个方面，进行分析、比较和评估。

用新方案生产的研究开发周期，产品市场的近期及远期发展变化趋势，与同类产品比较，本产品的价格性能比的优势，也即市场竞争力或进入市场的能力，这些都反映方案的实施可能性。为了对方案的可实施性作出评价，必须开展大量的市场调研和收集大量的资料。在此基础上，有可能会发现方案的一些不足之处，应及时作出调整，包括技术方案、生产规模和服务设施等各个方面。

技术的先进与否是直接关系到新方案是否成立的根本问题，也就是说，新方案必须由先进的技术作支撑。技术的先进性，包括采用的工艺流程是否符合绿色化学的原则，操作系统是否合理，技术和设备的成熟程度，整个方案的经济性、可靠性和安全性。

生态系统的相容性就是指环境评估，是衡量方案是否成为清洁生产的重要标准，也是整个方案的核心。清洁生产必须有显著的环填效益和社会效益，同时也必须产生经济效益。在 21 世纪，环境保护与经济效益是成线性关系的，越是环境保护做得好的工厂企业，越是利润高，效益好。生态系统相容性评价，包括资源循环和能量利用的完善程度，废弃物减量化程度的提高，污染物毒性，原料和产品的毒性降低情况，以及废弃物资源化实施技术的运用百分比。

方案实施的经济性评价是指原料选用的经济性、工艺技术的经济性及产品成本的经济性评价，也就是说，方案实施产生的经济效益。在清洁生产的前提下，选择经济效益最好的方案。

有人提出下列经济评估方法，其分析内容主要为现金流量和财务动态获利，见图 2-3。

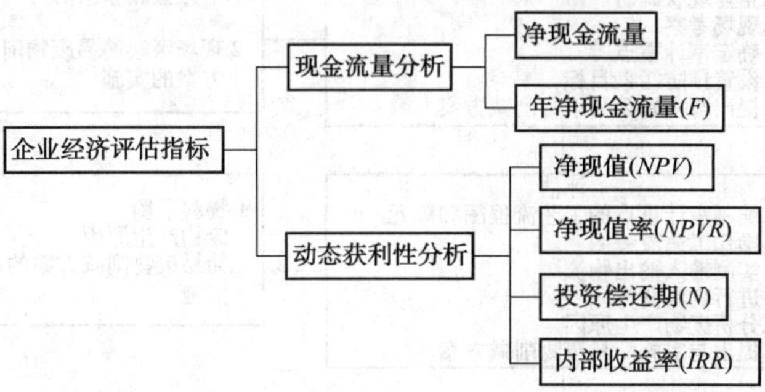

图 2-3　经济评估方法

其中：F=年净利润-年折旧；$N=I/F$(年)；I=总投资-补贴。

$NPV=\sum F/(1+i)^j-I$，$j=1, 2, 3\cdots\cdots n$；式中　i 为贴现率；j 为年份，$(1, 2, 3, \cdots, n)$；N 为项目折旧年限。$NPVR=NPV/I\times100\%$。$NPV=\sum F/(1+IRR)^j-I=0$，$j=1, 2, 3, \cdots, n$。

为了简化计算，可采用试差法：$IRR=i_1+NPV_1(i_2-i_1)/(NPV_1+|NPV_2|)$；式中　i_1 为 NPV_1 接近零的正值时的贴现率；I_2 为 NPV_2 接近零的负值时的贴现率。

经济评估标准：

①计算的投资偿还期小于预定的投资偿还期；

②净现值率大于或等于零，并选净值率最大的方案；

③内部收益率大于基准收益率或银行贷款利率。

比较各投资方案的实施条件以及技术、环境、经济评估结果，确定最佳方案。

(6)方案实施　将经过严格审计后推荐出来的最佳方案，组织和协调各部门进行具体落实，在方案实施过程中实现技术进步，获得经济效益和社会效益，实现清洁生产。在方案实施的全过程中，更为重要的是通过新旧生产过程的产值、原料消耗、能源节约、污染物控制和排放、生态环境保护以及总利润的增长率对比，可以大大激发工厂企业的领导和广大职工对实施清洁生产的积极性和自觉性。通过审计，也可以发现还存在的问题和不足以及和先进单位的差距，以便在更高层次进一步来实施清洁生产。

(7)清洁生产制度化　通过清洁生产审计，将实施清洁生产的必要措施和条件制度化，确保清洁生产在工厂企业内部能长期、持久地推广应用。为达到此目标，必须做四件事。

①建立和完善清洁生产领导班子；

②建立和完善实施清洁生产的目标管理制度；

③制定持续清洁生产的保障机制；

④编制清洁生产审计报告。

整个实施清洁生产工作的流程见图2-4。清洁化工生产的工作程序主要包括准备、审

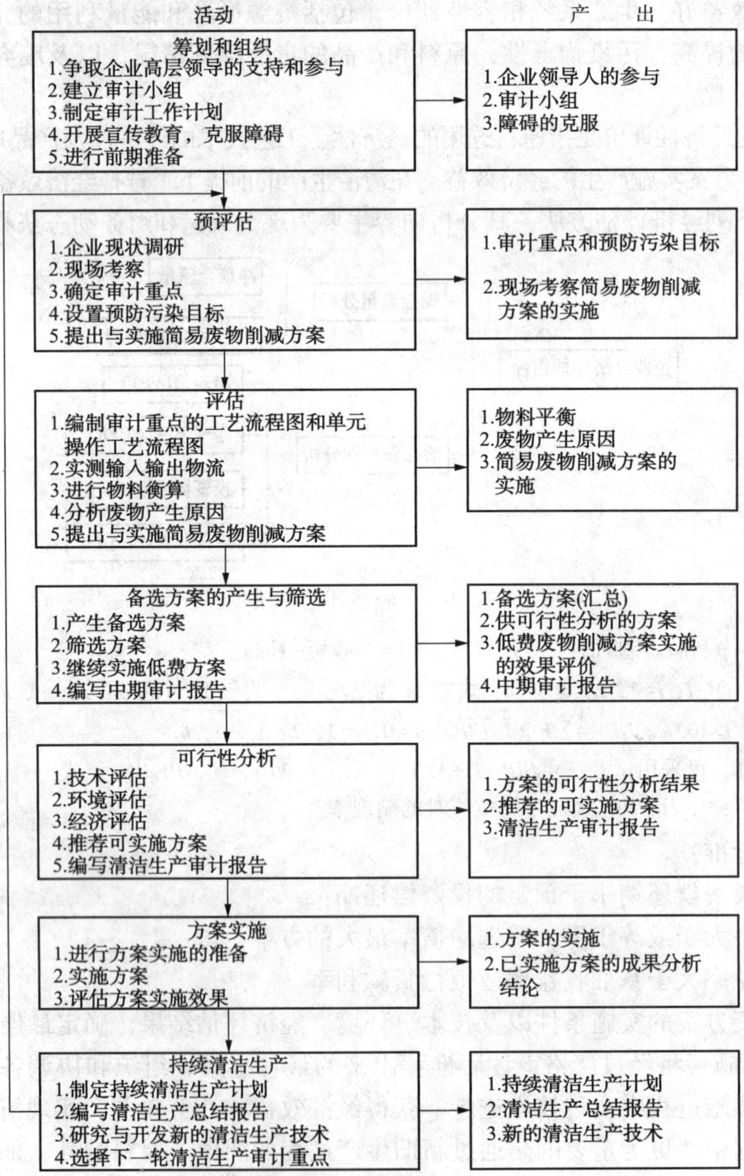

图2-4　清洁生产审计流程

计、方案制定和方案实施 4 个基本阶段，其中绿色生产是企业实施清洁生产的必要条件，是一套完整、严密的科学方法，它不但能给企业带来显著的经济利润，而且能产生不可估量的环境效益和社会效益。通过清洁生产审计，还能大大提高企业的管理水平，促进企业的技术进步，增强企业的市场竞争能力。

2.6　化工清洁生产实例

2.6.1　清洁生产审核实例

某尿素生产厂采用水溶液全循环法生产尿素产品，主要污染物是氨氮，每年的排放量在 2000t 左右。其中，尿素车间每年氨氮排放量在 700t 左右，占了全厂的 35%以上。为此，该厂决定选择尿素生产单元作为推行清洁生产的试点，以期获得清洁生产工作的实践经验。

2.6.1.1　清洁生产审核准备工作

为使清洁生产审核工作顺利进行，该厂成立了由主管厂长及有关部门人员组成的清洁生产审核小组，并制定了清洁生产审核工作计划。

2.6.1.2　预评估

1. 尿素生产现状调研和分析

(1)现场工艺过程查定　审核组收集尿素生产的有关技术资料，主要有：

①工艺流程图、操作法和物料平衡；

②历年来尿素生产工艺技改资料；

③历年来污染物排放测定数据；

④排污产生的原因，污染物的排放量和组成；

⑤生产条件变化对产污情况的影响；

⑥生产日报、月报、年报；

⑦污染物排放标准及有关原辅材料和公用工程消耗定额。

(2)现场考察　审核组按尿素生产流程进行现场调查，并向车间工艺员、操作工等进行了解，开展全面仔细的调查，核对有关岗位的记录，并注意了解异常情况的发生原因。

现场考察的重点是：

①产污量大的操作单元；

②工艺落后、设备陈旧的操作单元；

③操作困难、生产波动大的操作单元。

现场考察的主要内容是：

①岗位操作规程的执行情况；

②污染物产生情况；

③工艺、设备管理情况；

④物料平衡情况。

2. 确定审核重点

(1)尿素产品的生产消耗及排污情况调查

①尿素生产氨损失情况调查。调查结果见图2-5。

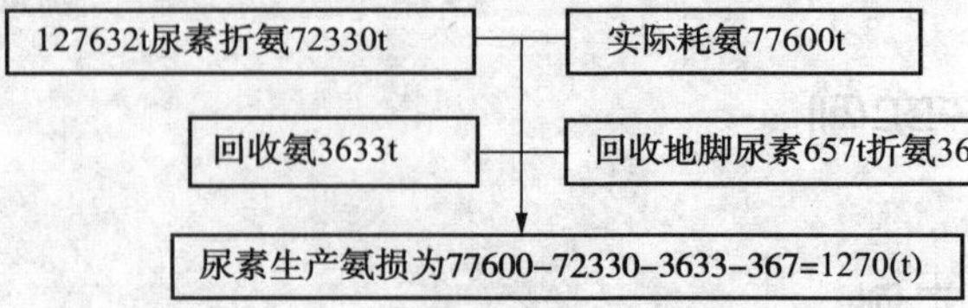

图2-5 尿素生产氨损失情况

①尿素产量为127632t；②吨尿素产品氨耗为608kg；③尿素含氮量以46.6%计。

②氨损失情况调查(污染调查)。通过调查了解到，尿素生产过程中损失的氨主要以废水、废气的污染物形式排放到环境中，另外有一部分以固态的形式损失在机械输送及尿素包装过程中。尿素生产过程的污染调查情况绘制成表2-4。

表2-4 尿素生产过程的污染调查表

序号	污染源名称	废水(气)排放量	污染物名称	污染物浓度	年排放量/t	折算成氨/t
1	氨泵密封水	13525t/a	氨氮	6612mg/L	89.43	108.59
2	解吸废液	52000t/a	氨氮	6055mg/L	314.86	382.33
3	泵房地沟水	20t/d	氨氮	800mg/L	5.31	6.45
4	造粒塔冲洗水	1600t/a(间断)	尿素	尿素平均含量10%	160	89.4
5	尿素二段蒸发水封排水	4000t/a	氨氮	6000mg/L	24.0	29.14
6	造粒塔排放气	$2.6\times10^9m^3$(标准状态)/a	尿素 粉尘氨	$41.35mg/m^3$(标准状态) $46.36mg/m^3$(标准状态)	107.51 120.54	130.55 146.37
7	尾吸塔惰性气体放空	$1.55\times10^7m^3$(标准状态)/a	氨	$14413mg/m^3$(标准状态)	223.40	271.27
8	机械输送及包装损失	年损失尿素约150t，折氨为55.9t				
9	无组织排放	设备的泄漏等原因造成的无组织排放，年氨损约为50t				

数据来源：①生产统计报表；②环保统计报表；③生产工艺设计数据。

(2)确定审核重点　利用权重总和计分法，将尿素生产各操作单元列于表2-5进行排序。

权重评分的结果，分解循环、氨泵和造粒的得分最高，并和其他操作单元得分情况相差悬殊。审核组认为，尿素清洁生产的审核重点为氨泵、分解循环、造粒三个操作单元。

表2-5　尿素生产各操作单元审核重点权重总和计分表

标准		权重 W（1~6）	分数 R（1~10）						
			压缩	氨泵	合成	分解循环	蒸发	造粒	包装
排污量	水	6	1	10	1	9	2	5	1
	气		1	1	1	8	6	10	4
	能耗		1	10	1	9	6	8	2
废物毒性	水	1	1	10	1	9	2	5	1
	气		1	1	1	8	6	10	4
环境代价	水	4	1	8	1	6	2	5	1
	气		1	1	1	8	6	9	3
	能耗		8	6	5	7	9	4	3
清洁生产潜力		5	1	8	1	9	2	8	2
车间关心与合作		3	1	9	2	10	3	7	2
总分 $\sum R\times W$			68	264	59	332	179	286	92

3. 确定审核后污染物的削减目标。

根据尿素车间的氨氮排放情况并通过生产过程预评估找出污染削减方案，确定本次清洁生产审核污染物削减的目标：氨氮排放量削减175t。

2.6.1.3　审核阶段

1. 编制尿素生产工艺流程图

(1)尿素生产工艺流程图　如图2-6所示。

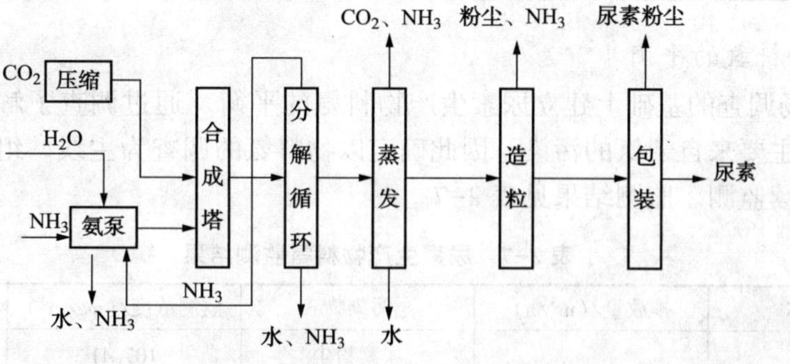

图2-6　尿素生产工艺流程图

(2)审核重点操作单元的工艺流程图　氨泵操作单元工艺流程如图2-7所示。造粒单元工艺流程如图2-8所示。分解循环操作单元工艺流程如图2-9所示。

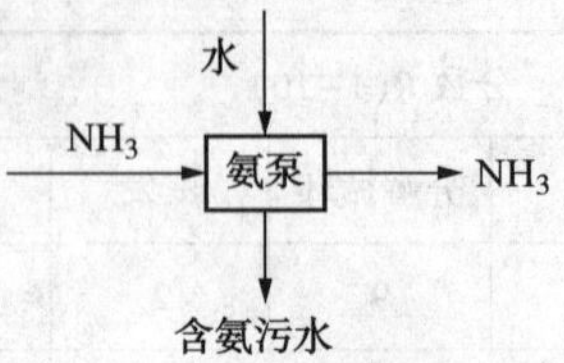

图2-7　氨泵操作单元工艺流程

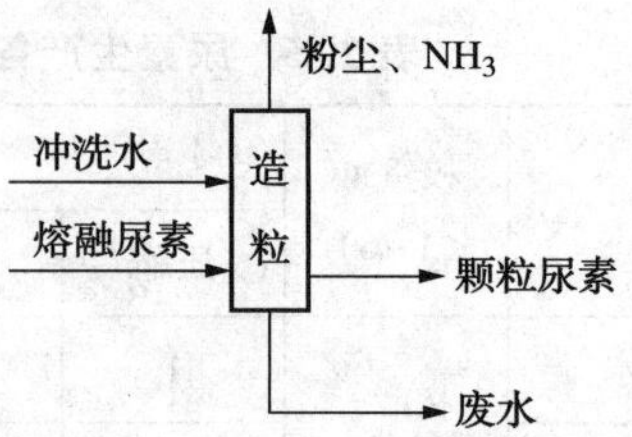

图2-8　造粒单元工艺流程

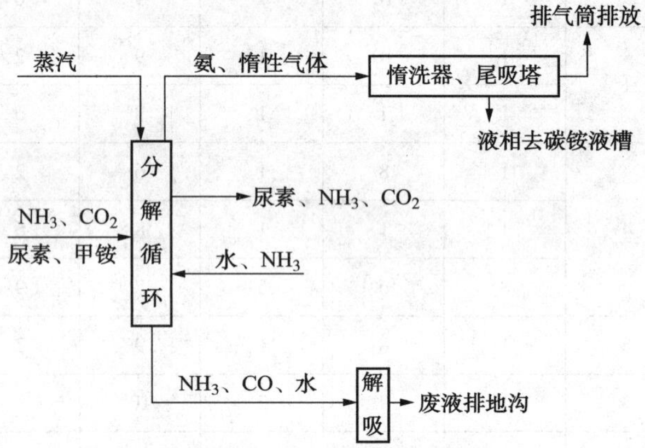

图2-9　分解循环操作单元工艺流程

2. 审核重点操作单元及功能

审核重点操作单元及功能如表2-6所示。

表2-6　审核重点操作单元及功能

操作单元	功能
氨泵	将液氨压力从1.6MPa提升到20.0MPa
分解循环	把NH_3、CO_2分段回收后返回系统
造粒	熔融尿素变成颗粒尿素

3. 建立物料氨的平衡

(1)在现场调查的基础上建立尿素生产物料氨的平衡　通过调查了解到，尿素生产过程产生的污染主要来自于氨的污染，因此确定以物料氨的调查为主线。组织了对尿素生产的48h现场连续监测。监测结果见表2-7。

表2-7　尿素生产物料氨监测结果

污染源名称		排放量/(m^3/h)	污染物	监测浓度/(mg/m^3)	氨排放量/(kg/h)
废气	造粒塔排放气	334000	尿素粉尘	107.41	20.3
			氨	64.6	21.6
	惰性气体	2166	氨	15550	33.7

续表

污染源名称		排放量/(m^3/h)	污染物	监测浓度/(mg/m^3)	氨排放量/(kg/h)
废水		kg/h		mg/L	kg/h
	氨泵密封水	3000	氨氮	6052	22.1
	解吸废液	8000	氨氮	4620	44.9
	泵房地沟水	1670	氨氮	1200	2.0
	造粒塔冲洗水	200	氨氮	含尿素 10%	11.4
	二段蒸发排水	1500	氨氮	5820	8.8

①氨耗和尿素产量每班测定 1 次，共测 6 次，取平均值。

②以整个尿素装置为中心做氨的平衡测定

a. 废气中损失的氨的测定：由表 2-7 中，因废气排放损失的氨合计为：20.3+21.6+33.7=75.6(kg/h)。

b. 废水中损失的氨的测定：由表 2-7 中，因废水排放损失的氨合计为：22.1+44.9+2.0+11.4+8.8=89.2(kg/h)。

c. 回收利用：由表 2-7 中，回收利用的氨的总量为：404.5+50=454.5(kg/h)。

d. 其他氨损失：设其他损失(包括机械运输及包装、无组织排放)为 X，则：

$$10472=75.6+89.2+454.5+9845.8+X$$

$$X=6.9(\text{kg/h})$$

(2)绘制尿素生产氨平衡图　根据现场测定数据绘制氨平衡图，如图 2-10 所示。

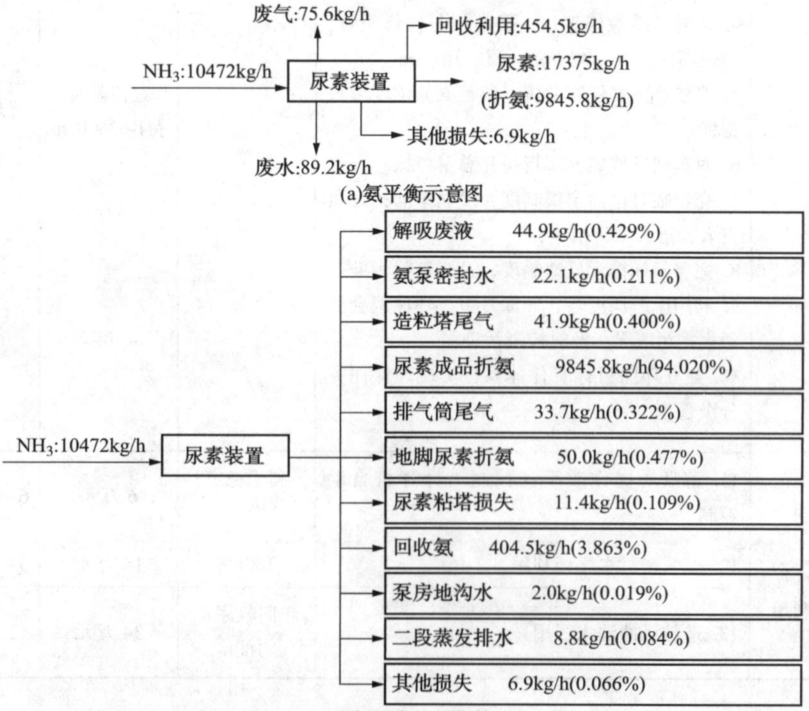

图 2-10　尿素生产氨平衡图

根据现场测定情况，审核小组对污染产生的原因进行了初步的分析：

①工艺控制手段落后，解吸操作靠手工控制，工艺控制不稳定。

②现有解吸塔的结构不合理，物料转化率低，造成资源浪费。

③氨泵密封水、造粒塔冲洗水中污染源没有控制，污染物浓度居高不下。

④设备的维护、检修不及时。

⑤在机械输送及包装过程中产生的尿素粉尘以及洒落的尿素等未能回收利用。

⑥造粒塔排放气、惰性气体排放气等因无合适的治理技术一直未能得到有效控制。

⑦职工的技术素质不高。

2.6.1.4 备选方案的产生、筛选和可行性分析

1. 备选方案的产生

在听取广大员工合理化建议的基础上，审核小组经过集中研究，共提出17条方案。汇总情况见表2-8。

表2-8 废物削减备选方案汇总

序号	项目名称	实施方案	预计削减量	投资费用	实施计划
1	加强内部管理	1. 加强对职工进行清洁生产的教育，树立清洁生产思想，增加操作责任心； 2. 加强环保基础知识培训和环保法制教育，提高职工的环保意识和技能，营造环保氛围； 3. 加强对职工的技术培训，提高操作水平； 4. 及时安排检修工作，提高设备检修质量，加强巡回检查，减少跑、冒、滴、漏； 5. 严格经济责任制考核，调整氨氮浓度考核指标； 6. 对车间排放氨氮实行每月总量考核； 7. 完善临时排污申报制度，设立车间排污负责人，落实减污措施； 8. 完善超标排污反馈制度，及时消除污染； 9. 利用生产调度会、环保月报、环保例会等通报排污情况，及时控制污染； 10. 建立环保目标责任体系，实现环保任务分级管理		宣传教育费用3600元	边审核边实施，管理措施在10月前实施
2	改进工艺控制	11. 解吸塔操作改手动控制为计算机自动控制	利于稳定操作	6万元	6~11月
3	综合利用	12. 氨泵密封水循环利用	100t/a	14万元	9~11月已实施
		13. 造粒塔冲洗水回用	年回收尿素160t	34万元	12月~次年5月

续表

序号	项目名称	实施方案	预计削减量	投资费用	实施计划
4	设备改造	14. 原解吸塔塔板改造，提高效率	年削减氨氮 40t	6 万元	备改进 8～11 月实施
		15. 增设解吸塔出塔气相水冷器	控制塔顶温度	8 万元	
5	末端治理	16. 尿素排气筒尾气治理 17. 尿素造粒塔尾气治理，回收粉尘	(1)治理技术不成熟且存在安全隐患； (2)投资太大，暂不能实施		

2. 方案的筛选

贯彻边审核边实施的原则，首先实施了低费无费的管理措施：

①利用多种宣传媒介进行环保基础知识和环保法制教育，营造环保氛围。

②举办清洁生产培训班，在全厂职工中开展"节能、降耗、减污，提合理化建议的活动"。

③加强职工的技术培训和教育，增强责任心，提高技术素质。

④制定《合成氨厂环保巡回检查制度》，同时加强对检修工的教育培训。

⑤完善了《环保经济责任制考核办法》，出台了《合成氨厂内部排污收费制度》，实行浓度和排污总量考核并举。

⑥与车间签订《环保目标责任书》，明确其环保任务和奖惩方法，车间又分别与班组、工段、个人签订协议，充分调动提高职工参与清洁生产的主动性和积极性。

⑦建立及时顺畅的反馈通道，建立早调会排放情况通报制度。

⑧严格执行临时排污申报制度，并在车间设立排污负责人。

对需投资的技改项目用权重总和计分法进行筛选和排序，列于表 2-9。

表 2-9　方案筛选确定表

项　目	权重 W (1～10)	方案得分 R(1～10)				
		方案 1	方案 2	方案 3	方案 4	方案 5
环保	10	9	10	8	6	7
技术可行	6	9	10	8	1	8
经济可行	8	8	10	7	1	1
管理	3	10	9	7	1	2
易于实施	5	7	10	8	1	1
空间	5	10	9	7	1	1
总分 $\sum R\times W$		323	362	280	87	142
排序		2	1	3	5	4

1. 解吸塔改造；2. 氨泵密封水循环利用；3. 造粒塔冲洗水循环利用 ；4. 造粒塔排放气粉尘回收；5. 尿素排气筒尾气治理。

通过权重计分，从技术、经济、环境可行性等多方面考虑，方案2(氨泵密封水回收项目)得分最高，其他依次为方案1(解吸塔改造项目)、方案3(造粒塔冲洗水回收利用项目)、方案5和方案4。

2.6.1.5 方案的评估

1. 技术评估

(1)解吸塔改造　与有关科研单位协作，对原有解吸塔塔板进行技术改造，并增设解吸塔自动控制系统和塔顶气相冷凝器。改造后可达到较先进的工艺控制水平，并可增加解吸操作弹性负荷、大大减少废液中的氨含量、降低解吸操作的蒸汽耗量等。

(2)氨泵密封水回收利用　审核小组对尿素生产现场进行了多次勘查，因地制宜，在氨泵房和碳铵液槽之间设置回收水槽，从而解决了循环水槽的位置问题，使这个方案的实施成为可能。

(3)造粒塔冲洗水回收利用　为确保造粒塔冲洗水的水质，决定将造粒塔底部进行全面的整修和改造，并明确在每次冲洗前必须将塔底清理干净，从而保证了冲洗水符合回用的要求。

2. 环境评估

(1)解吸塔改造　根据设计计算，方案实施后，解吸废液的排放浓度可降低到0.03%以下，每年的氨氮排放量可削减200t以上。

(2)氨泵密封水回收利用　氨泵密封水回收利用后，实现污染物的零排放。根据工艺推算，每年可削减氨氮排放100t以上。

(3)造粒塔冲洗水回收利用　造粒塔冲洗水回用后，每年可减少向水体排放尿素160t。

这三个项目均有明显的环境效益。

3. 经济评估

经济评估以方案的投资、效益为评估内容，主要的指标为：增加的年现金流量和投资偿还期。

经济指标由财务部门进行评估(经济评估见表2-10)。

经济评估的结果，以上三个方案的投资回收期短(均在2年内)，经济上可行。

表2-10　方案经济评估汇总表

方案名称	氨泵密封水回收	解吸塔改造	造粒塔冲洗水回用
总投资/万元	14	20	34
年增加现金流量/万元	12.9	49.6	19.4
投资偿还期/a	1.09	0.603	1.753

2.6.1.6 方案实施阶段

实施情况：

①根据三个方案的投资大小和实施的难易程度，首先实施了氨泵密封水的回收项目，运行以来情况良好。

②尿素解吸塔改造项目包括生产工艺操作自动化、解吸塔塔板的技术改造、塔顶增加

冷凝器。工艺部分、自动操作部分委托北京化工研究院设计，设备改造部分由工厂自己完成，运行以来情况很好。

③造粒塔冲洗水回用项目建成投人使用，运行情况达到预期效果。

实施效果：

根据建成项目的运行情况，对清洁生产的实施取得了显著的环境效益和经济效益，见表2-11。

表2-11　清洁生产实施效果

项目名称	氨泵密封水回收	解吸塔改造	造粒塔冲洗水回收利用	合　计
回收氨/t	174.60	332.36		506.96
节约用水/t	23760.00			23760.00
回收尿素/t			160.00	160.00
节约蒸汽/t		2138.00		2138.00
产生经济效益/万元	22.08	56.22	16.0	94.60
减少污染物排放量/t	143.79	273.71		417.50

注：1. 以年为计算时间，1年的生产时间以8000h计。

2. 氨以1250元/t、水以0.11元/t、蒸汽以70元/t、尿素以1000元/t为计算依据。

此次清洁生产方案的实施，削减的污染物主要是废水中的氨氮，审核小组对项目实施前后尿素车间外排废水中的氨氮测定情况进行了统计对比，其结果如表2-12。

表2-12　清洁生产项目实施前后尿素生产外排废水中氨氮含量　　mg/L

时　间		尿素南沟	1#大沟氨厂段
项目实施前	1998年8~12月	36.72	32.25
	1999年1~2月	30.55	28.8
项目实施后	1999年11~12月	9.69	5.24
	2000年5~7月	2.76	6.92

2.6.1.7　总结及持续清洁生产

通过开展尿素生产单元的清洁生产审核，实施了清洁生产方案，尿素生产的氨氮排放总量每年可削减417.5t，回收尿素160t以上，节约蒸汽2138t，产生经济效益94.6万元，达到了减污增效的目的。同时，通过开展清洁生产审核，提高了职工的清洁生产意识，改变了传统的环保管理模式，提升了企业的管理水平。以此为起点，开展了持续清洁生产工作，现已实施了尿素排气筒尾气治理项目，实现了尾气中氨的达标排放，估计每年可回收氨100t以上。今后还将在全厂范围内有针对性地开展清洁生产审计工作，实施清洁生产方案，为企业的节能降耗减污工作继续努力。

2.6.2　清洁生产技术实例

现代农业的发展已越来越依赖高效、低毒化肥的开发和生产，现代化肥工业已经成为最大的无机化工工业之一。在化肥工业中，磷肥、氮肥和氮磷复合肥占化肥的80%以上，而氮磷复合肥又占复合肥的90%以上，其中主要是磷铵。复合肥料是现代化肥的发展方向，而磷铵是复合化肥中最主要、最受欢迎的高浓度氮磷复合化肥，它适合于各种不同类型的作物和土壤。但传统的磷铵生产工艺主要是采用硫酸分解磷矿来制备磷酸，再用氨来中和得到的，硫酸耗量大，同时，每生产1t磷酸就会产生4~7t磷石膏废渣，对环境污染极大，已经成为主要的污染源之一，同时对农业生态系统和城市生态系统也构成极大威胁，已被列入重点整治对象。因此，磷铵生产的绿色化已经被提到议事日程，在这方面，我国四川联合大学做了很多卓有成效的工作。磷铵生产中主要排放的"三废"有含氟废气、含磷和氟的酸性废水及磷石膏。对"三废"的处理主要是采取物料、能源循环和利用、构筑循环工艺，具体内容如下。

(1)含氟废气　用水吸收，生成氟硅酸，再与硫酸钠反应，生成氟硅酸钠和硫酸。硫酸可以返回磷酸萃取工序，循环利用，基本反应如下：

$$2HF+SiF_4+H_2O \longrightarrow H_2SiF_6+H_2O$$

$$H_2SiF_6+Na_2SO_4 \longrightarrow Na_2SiF_6\downarrow+H_2SO_4$$

(2)含磷酸性废水　磷铵生产过程产生的酸性废水主要来自硫酸分解磷矿工序，另外也有冲盘水。废水中主要含有氟化氢、氟硅酸钾钠、铁铝镁硫酸盐、残余的硫酸和磷酸等十多种有害物质。传统工艺有废弃法和石灰中和法，这些方法都不是可持续的技术，而是对环境和生态系统造成了污染和破坏。但是，由于技术上的原因，国外的一些企业，如美国和前苏联，基本上都采用了简单的废弃法，国内工厂一般采用石灰中和法，即用石灰乳中和沉淀酸性废水中的有害物质，工艺虽简单，但设备投资高，占地多，废水中一些有用物质，如P_2O_5等不能利用。目前，在我国磷铵生产厂家推广应用的"磷酸污水封闭循环处理工艺和装置"，运用固液分离基本原理和技术，组成了"旋流分离，絮凝，重力沉降，过滤"四个过程的两级分离封闭循环系统，使污水处理系统融入磷酸生产系统，成为一个回收工段，实现了废水的"零排放"。工艺简单，生产流程短，物料消耗低，占地少，在治理废水的同时还能节约用水与回收P_2O_5，使磷得率提高2%~4%，封闭循环流程见图2-11。

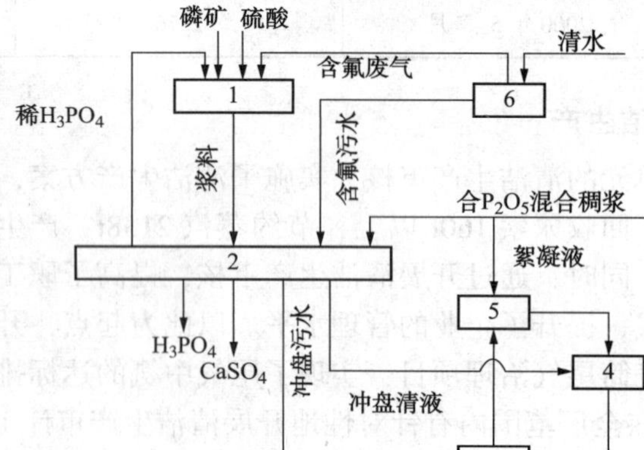

图2-11　封闭循环流程

1—磷酸萃取槽；2—过滤器；3—旋流分离器；4—重力沉降槽；5—混合槽；6—吸氟洗涤槽

(3)磷石膏处理　磷石膏主要成分为 $CaSO_4 \cdot 2H_2O$，现设计一系列反应，实现用磷石膏生产硫酸钾铵和水泥，变废为宝。基本反应如下：

$$CaSO_4 \cdot 2H_2O+(NH_4)_2CO_3 \longrightarrow (NH_4)_2SO_4+CaCO_3\downarrow +2H_2O$$

$$2(m+1)KCl+(m+1)(NH_4)_2SO_4 \longrightarrow mK_2SO_4 \cdot (NH_4)_2SO_4+2(mNH_4Cl \cdot KCl)$$

硫酸钾铵是另一种用于烟草、水果等经济作物的优良钾氮肥，氯化钾铵与磷铵料浆混合后，即制得含氮、磷、钾三大营养元素的优质复合肥。碳酸钙经分析，是合适的水泥原料。绿色化磷铵生产流程见图2-12。

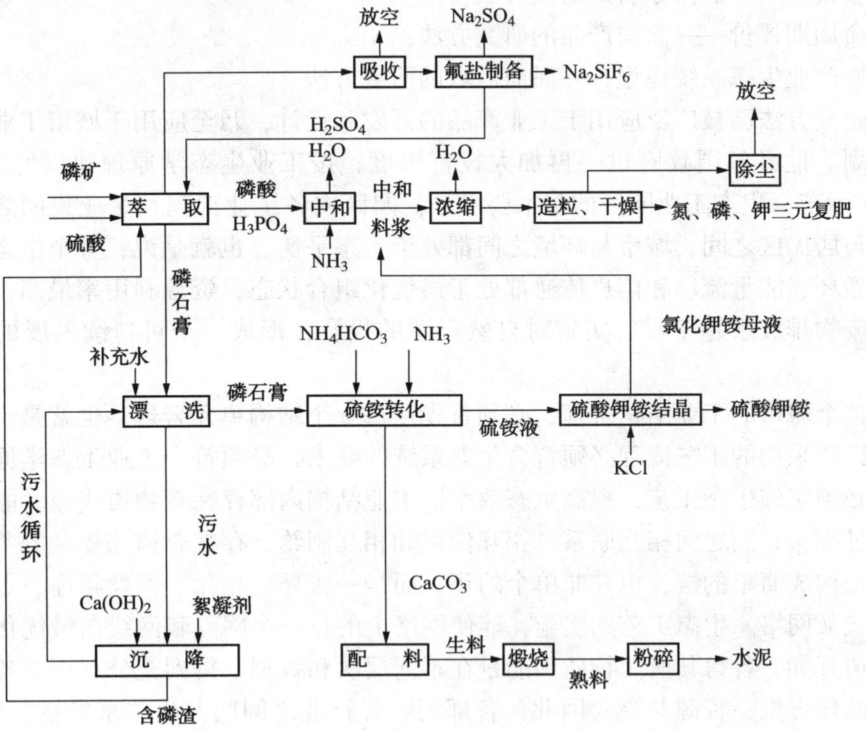

图2-12　绿色化磷铵生产流程

磷石膏的另一种利用途径是与钾长石热分解制备硫酸钾。一方面，我国可溶性钾资源匮乏，因此，我国90%钾肥依赖进口。另一方面，我国不溶性钾资源丰富，如含钾硅酸盐，俗称钾长石。根据热力学分析，在氧化钙存在下，磷石膏能与钾长石进行高温热分解反应，生成硫酸钾，反应历程如下：

$$CaCO_3 \longrightarrow CaO+CO_2$$

$$K_2O \cdot Al_2O_3 \cdot 6SiO_2+4CaO \longrightarrow K_2O \cdot Al_2O_3 \cdot 2SiO_2+4CaO \cdot SiO_2$$

$$K_2O \cdot Al_2O_3 \cdot 2SiO_2+2CaO \longrightarrow CaO \cdot Al_2O_3+K_2O \cdot SiO_2+CaO \cdot SiO_2$$

$$K_2O \cdot SiO_2+CaSO_4 \longrightarrow K_2SO_4+CaO \cdot SiO_2$$

由工艺优化实验得到最佳生产条件为：磷石膏：钾长石：石灰石(质量比)=1∶1∶3；焙烧温度1050℃；焙烧时间2.5h。在此条件下，钾的得率为84%。

2.7 生态工业园区

城市生态系统中的生态环境保护，催生了一门崭新的交叉边缘学科——工业生态学(Industria Ecology)。工业生态学研究工业生产过程中环境影响因素对城市生态系统的综合效应。工业生态学要综合考察工业生产过程的工业代谢、环境设计、生命循环、绿色化学、污染防治、环境友好制造及可持续发展性。工业生态学研究一般由三大方法组成：

①工业代谢——面向原料的研究方法；

②生命周期评价——面向产品的研究方法；

③区域产业生态系统建设——面向区域的研究方法。

这些研究方法已被广泛应用于工业产品的开发和设计，乃至应用于城市工业布局和工业园区规划。世界各国政府也一再加大投资力度，按工业生态学原理建设"工业生态园区"，以作示范。生态工业园区的基本要求是：园区内各工业部门和企业集团之间，以及工业部门与居民区之间，城市与环境之间都处于生态平衡。也就是说，整个生态工业园区内的物质循环、能量流动和信息传递都处于最优化组合状态，资源利用率最高，能源消耗量最少，废物排放量趋于零，实施对自然资源的投资，形成一个可持续发展的区域综合体系。

要使整个城市的工业结构合理，必须首先使每一个结构单元合理，也就是说，每一个具体的工厂所采用的工艺流程必须符合生态系统的要求，必须符合工业生态学原理，即每一个工厂必须实施生态工艺，提高生态效率。工业结构内部存在着物质代谢、能量流动和信息传递过程，它们之间相互联系、相互依存和相互制约，存在着错综复杂的关系。这些关系并不是构成简单的链，也并非单个的环，而是一张环环相扣、丝丝相连、点点相通的三维立体交叉网络。生态工艺的实施，能使网络上的每一个网点和网线在最优化组合的条件下，各司其能，各得其所。物质和能量在不同层次和级别上得到充分利用。各过程排放的废弃物循环再生，资源共享。因此，各部门、各行业之间的共生关系发达，平衡协调，使得工业结构内部输入资源最少，能量损耗最小，基本无污染物排放，物质利用率最高，整个工业结构与生态环境相容性最好。实施生态工艺的关键是构成循环和共生，图2-13为某化工厂实施生态工艺改造前后的情况。

从图2-13可知，该厂原来的生活区、生产区和周围环境之间没有考虑生态建设，缺乏生态规划。物质和能量没有分层次分级别循环利用，而且废弃物的处理不完善，主要是水污染，也有有机物和重金属的污染。用生态工艺对原来化工厂进行改造后，将附近郊区与生产区、居民区划为一个功能整体统筹规划，增加了几个工艺环节：一是废热利用系统，在工厂附近建造不同温度梯度的温室，利用冷却水的余热种植蔬菜和瓜果以及养殖水生生物等，并对生活区供热。二是重点工序改造，在一些排放不能被生物净化的有毒物质工段，增加必要的处理工序，回收合成原料及副产品，最后排出可被生物净化的废水。三是外部污水处理工序，在污水处理池中引用光合细菌、小球藻、水风信子等逐次降低污水中的BOD、COD及重金属等的含量。污水池中经过净化的水分别按质回收作灌溉及工业、生活用水。四是农副业综合利用，从养殖的菌、藻及水风信子等水生生物中提炼食物蛋白

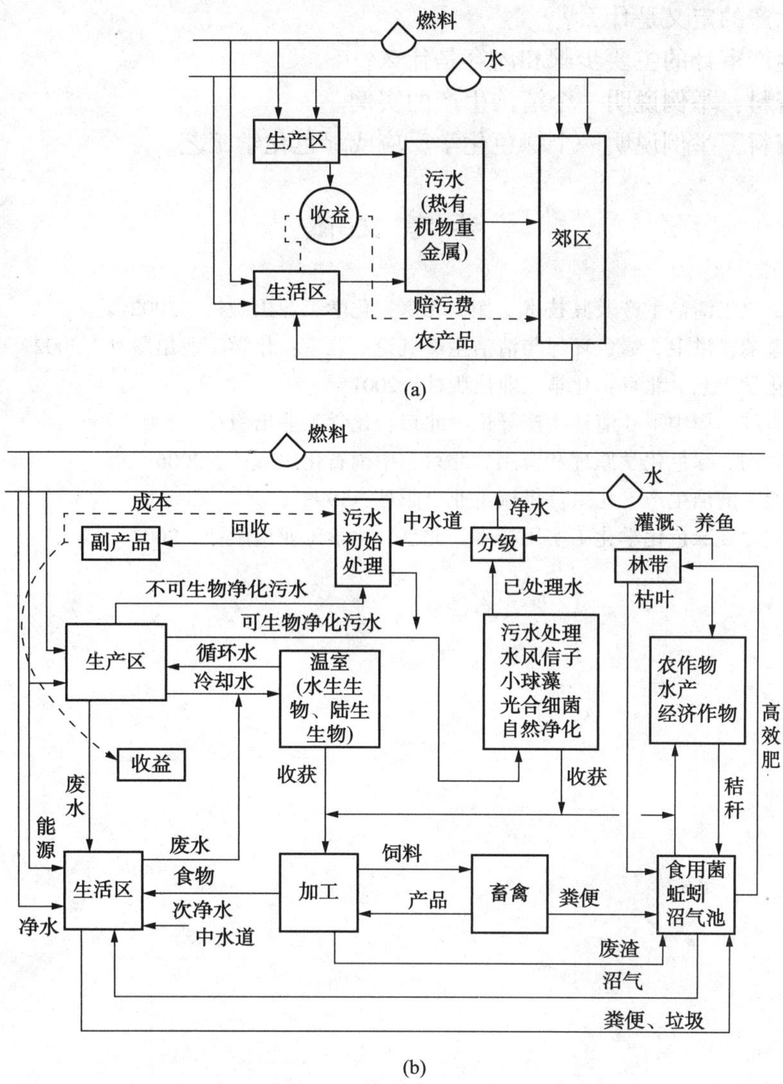

图 2-13　某化工厂实施生态工艺改造的前后情况

(a)改造前；(b)改造后

加工食物或饲料，饲养禽畜。粪便、秸秆、秸叶经食用菌、蚯蚓、沼气池等逐级发酵，分解后可变成高效肥料，并获得沼气等副产品供生活区使用。这样一来，在投资、设备增加极少的情况下，降低了该复合系统的能量和水的消耗，整个工厂内部形成了物质循环和能量的合理流动，资源得到充分利用，同时又增加了经济收益，减少了环境污染，促进了生态系统的良性循环，获得了社会效益。

思　考　题

1. 什么是环境？什么是环境问题？当今世界存在哪些主要环境问题？
2. 绿色化学的原则是什么？

3. 清洁生产的定义是什么?
4. 清洁生产审计的主要步骤和内容是什么?
5. 查阅资料，举例说明一个清洁生产的实例。
6. 查阅资料，举例说明一个绿色化学反应或绿色化学工艺。

参 考 文 献

[1]钱汉卿主编. 化工清洁生产及其技术实例. 北京：化学工业出版社，2002
[2]熊文强，郭孝菊，洪卫. 绿色环保与清洁生产概论. 北京：化学工业出版社，2002
[3]朱宪. 绿色化学工艺. 北京：化学工业出版社，2001
[4]朱慎林，赵毅红，周中平. 清洁生产导论. 北京：化学工业出版社，2001
[5]胡常伟，李贤均. 绿色化学原理和应用. 北京：中国石化出版社，2006
[6]汪应洛，刘旭. 清洁生产. 北京：机械工业出版社，1998
[7]贡长生，张克立. 绿色化学化工实用技术. 北京：化学工业出版社，2002

第3章 化工模拟与人工智能

3.1 基本概念

3.1.1 化工模拟

化学工程是研究化学工业和其他过程工业生产中所进行的化学过程与物理过程共同规律的一门工程学科。所谓化学过程，是指物质发生化学变化的反应过程，如柴油的催化裂化；而物理过程则是指物质不经化学反应而发生的组成、性质、状态、能量的变化过程，如原油的蒸馏分离。工业生产中的各种过程都是由化学过程与物理过程所组成。实际上，化学过程往往和物理过程同时发生。例如催化裂化是一个典型的化学过程，但却伴随有加热、冷却和分离；此外，在反应进行过程中，也必定伴有流动、传质和传热。这些过程都可以通过化学工程的研究来认识和阐释其规律性，并将其应用于生产过程和装置的开发、设计与操作，以达到优化过程与提高效率的目的。

一般而言，化学工程的研究对象较为复杂，主要表现为：①过程本身既包括化学的，又包含物理的，并且两者时常同时发生，相互影响；②物系中存在气体、液体与固体三种相态，且时常多相共存，气体与液体(流体)的性质可能出现大幅度变化，如低黏度和高黏度、牛顿型和非牛顿型等。有时，在过程进行中物性可能发生显著改变，如聚合过程中反应物系从低黏度向高黏度的转变；③塔板、搅拌桨、挡板等设备的几何形状是多变的，催化剂、填料等填充物的外形也是多变的，从而造成流动边界复杂且难以确定和描述。

化学工程研究对象的特殊性使得解析方法在化学工程研究中往往失效，从而促使了化学工程自身研究方法的出现。早期，化学工程的主要研究方法是经验放大，通过多层次的试验探索放大的规律。这种经验方法耗资大、费时长、效果差，人们一直努力试图摆脱这种困境。但时至今日，对于一些特别复杂且人们认识不够深入的过程，还是需要求助于或部分求助于此法。到20世纪初，相似论与量纲分析逐渐盛行，其主要特点是将影响过程的众多变量通过相似变换或因次分析等手段归纳成为数量较少的无量纲数(无因次)群的形式，然后设计模型试验，求得这些数群的关系。用以上两种方法归纳实验结果非常有效。而对于反应过程，逐级的经验方法沿用了很长时间。由于在满足几何相似与物理量相似的同时不可能再满足化学相似条件，因此，用无量纲数群关联实验结果以获得反应过程规律的方法不可行。直到20世纪50年代，化学反应工程研究领域才开始关注利用数学模型方法来模拟化工过程系统的性能，即化工过程模拟技术。经过半个多世纪的发展，化工过程模拟已成为一种广泛应用于化工过程的研发、设计、生产操作的控制与优化等领域的常规手段。随着计算机技术的跨越式发展，计算机硬件的性价比不断提高，软件环境日益改善丰富，过程模拟技术的发展如火如荼。

每一种化工过程都是由若干单元过程(或设备)按一定流程组成的。人们对于化工生产过程的认识也在不断深化，从20世纪20年代至今已发生了三次大的飞跃，最终促使了“化工系统工程”边缘学科的诞生。目前，化工系统工程在各个领域的发展极为迅速。随着化工行业的生产过程日趋大型化、集中化和连续化，对生产过程的优质、高产、低消耗以及环境等方面提出了更高的要求，特别是在当今能源紧张、自然资源短缺的情况下，如何实现生产过程的最优化，最大限度的提高生产效率，是工业上亟待解决的问题。

从系统工程角度来看，一个大型化工厂由一些不同层次的子系统组成，因此，就化工过程模拟而言，也就有不同层次的过程模拟，如图3-1所示。一个化工厂流程模拟的对象在十几米至上百米的规模范围，而其单元过程子系统则为几厘米至几米大小。进一步深入模拟每个单元过程设备的内部传递过程和反应过程，则模拟对象小到毫米至微米级。而在计算分子物性或研制新的药品时，要模拟分子的性能，这时模拟对象可小到纳米级。本章将重点介绍分子模拟与流程模拟，分别对应于化工过程模拟中的最低与最高层次。

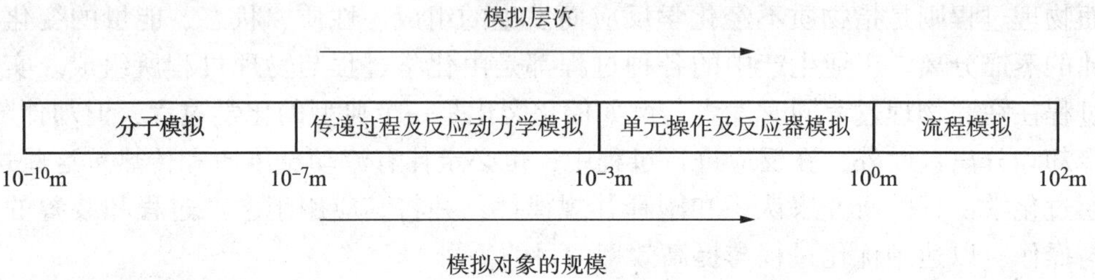

图3-1　化工过程模拟的层次

3.1.2 人工智能

人工智能(Artificial Intelligence，AI)是计算机科学的一个分支，旨在研究利用人工的方法和技术，模拟、延伸和扩展人的智能，实现机器智能。此概念诞生于1956年，当年8月，在美国达特茅斯学院(Dartmouth College)中，约翰·麦卡锡(John McCarthy，人工智能之父)、马文·闵斯基(Marvin Minsky，人工智能与认知学专家)、克劳德·香农(Claude Shannon，信息论的创始人)、艾伦·纽厄尔(Allen Newell，计算机科学家)、赫伯特·西蒙(Herbert Simon，诺贝尔经济学奖得主)等科学家共同讨论着一个主题：利用机器来模仿人类学习以及其他方面的智能。会议持续了两个月，大家虽然最终并未达成普遍的共识，但将会议讨论的内容命名为：人工智能。因而，1956年也就成为了人工智能的元年。

目前，人工智能领域的研究已走过半个多世纪，主要包括机器人、语言识别、图像识别、自然语言处理和专家系统等，相关的理论和技术日益成熟，应用领域也不断扩大。然而，对于人工智能，至今尚无统一严格的定义。顾名思义，人工智能就是利用人工的方法在机器(计算机)上实现的智能，故又可称之为机器智能，即利用计算机来表示和执行人类的智能活动。没有了计算机，人工智能便无法得到应用。

将作为机器思维的人工智能与作为人类思维的人类智能进行对比，我们不难发现有以下几点区别：

①人类智能的物质载体是人脑，而人工智能的物质载体则是计算机。

②人脑的活动按照高等生物的高级神经活动规律进行，而计算机则按照机械的、物理的和电子的活动规律进行。两者的差别并非程度上，而是本质上。

③人类认识世界和改造世界的活动具有目的性，并且能够根据外部环境的变化不断调整自身，具有适应性。而人工智能则无意识、无目的性、无主观能动性和适应性，只能按照人为制定的程序运行，机械地模拟人的智力活动，却对此毫不理解，更不会主动提出新问题并予以解决。

④人类智能或人类的认识能力，只是人类意识的一个因素。人的认识的产生和形成不只是人的认识能力所致，还包括情感、情绪、意志及性格等因素的综合作用。人工智能仅对人的认识能力中的逻辑和理性进行模拟，不具备其他因素。

简而言之，人类智能的局限性正是人工智能的优越性所在，而人工智能的局限性恰为人类智能的优越性，二者互为补充，相辅相成。

3.2　分子模拟

人类认识客观世界是通过各种实践活动来进行的。长期以来，人们主要通过理论分析与实验测定这两种方法来认识自然科学的真理。理论分析方法是人们通过选用一定的物理模型和假定一些数学关系来描述客观事物的变化规律；而实验测定方法则是人们通过观测特定体系在一定的内部与外部各种条件下的变化的结果，说明一定的客观规律。这两种用于科学研究的主要方法早已被人们熟知和掌握。20 世纪 90 年代以来，由于计算机科学和技术的飞速发展，模拟计算的地位日渐突显。由于它既不用假定数学关系，也不用观测真实的客观事物，而是凭借着合理的分子结构模型与物理原理，按部就班地计算出客观事物变化的过程与结果，因此，它在本质上不同于传统的理论分析与实验测定方法，而是人类认识客观世界的第三种方法，或人类的第三种科学研究方法。在化工新产品及新材料的研究和开发中，采用分子模拟技术，从分子的微观性质推算及预测产品及材料的介观乃至宏观性质，已成为一个新兴的学术方向。目前，国内外已有多个研究组在积极从事分子模拟方面的研究，并取得了非常可喜的成绩。这足以显示出分子模拟正处于一个蓬勃发展的阶段。

用于计算机分子模拟的方法主要有以下四种：量子力学方法、分子力学方法、蒙特卡罗方法和分子动力学方法。其中，用量子力学方法可以描述电子结构的变化，而分子力学方法则可以描述基态原子结构的变化。严格来讲，这两种方法所描述的都是绝对零度下的分子结构。蒙特卡罗方法是通过玻耳兹曼因子的引入来描述系统在各种温度下的平均结构，而分子动力学方法则是通过粒子的动力学演化来实现这一点的。与其他三种确定性模拟方法不同，蒙特卡罗方法是一种随机性的模拟方法，它常被用来获取系统的平衡态性质，在这一点上，它往往要比分子动力学方法更加有效；而在研究系统的非平衡态性质方面，分子动力学方法就具有不可替代的优势。下面主要介绍蒙特卡罗方法与分子动力学方法。

3.2.1 蒙特卡罗 Monte Carlo(MC)模拟方法

Monte Carlo 方法是一种随机抽样求统计平均的方法。作为计算数学的一个分支，这一方法是在第二次世界大战末期由 von Newmann，Ulam 和 Metropolis 等研究中子在裂变物质中的扩散时提出的。由于模拟中经常使用随机数，所以取名为 Monte Carlo(摩纳哥一赌城名)。这一方法常用于解决一些常规方法所无法解决的复杂问题，如计算高维积分。设某个多维积分限的体积为 V，在其中随机选取 N 个均匀分布的点，记为 x_1，…，x_N。根据 Monte Carlo 方法的基本定理，函数 f 在该多维体内的积分值可以按下式来估算：

$$\int f\mathrm{d}V \approx V < f > \pm V\sqrt{\frac{< f^2 > - < f >^2}{N}} \tag{3-1}$$

式中的尖括号表示对 N 个样本点取算术平均，即

$$< f > \equiv \frac{1}{N}\sum_{i=1}^{N} f(x_i) \qquad < f^2 > \equiv \frac{1}{N}\sum_{i=1}^{N} f^2(x_i) \tag{3-2}$$

式(3-1)中的正负项是积分值的标准误差的估计值。由式可见，这一标准误差与样本数的平方根成反比，但与积分的维数无关。正因为积分误差与问题的维数无关，使得 Monte Carlo 方法特别适合于计算复杂的高维积分。统计力学中的配分函数，以及各种系综平均的表达式，都是复杂的高维积分(其维数高达 $3N$，这里 N 为系统的粒子数)。用常规的积分方法无法计算这些复杂的积分，而 Monte Carlo 方法则为解决这个复杂的计算问题提供了一条可行的途径。

但是，Monte Carlo 方法的标准误差与样本数的平方根成反比的性质却是一个不利的因素，它意味着如果要把计算的精度提高一个数量级，样本容量就必须增加 100 倍。所以，如何提高收敛速度和降低方差是 Monte Carlo 方法中一个重要的研究课题。

3.2.1.1 重要性抽样

在 Monte Carlo 方法中，重要性抽样是一种降低方差加速收敛的有效方法。重要性抽样实质上是一种积分变量的替换，仍用上面的例子，如果函数 f 可以表示为两个函数 g 和 h 的乘积，则原积分可变换为

$$\int f\mathrm{d}V = \int (f/g)g\mathrm{d}V = \int hg\mathrm{d}V \tag{3-3}$$

其中 $\int g\mathrm{d}V = 1$。若进一步定义 $\mathrm{d}G = g\mathrm{d}V$，则上式相当于将积分变量替换为 G。在新的积分变量上应用式(3-1)，则该积分的 Monte Carlo 估计值为

$$\int f\mathrm{d}V = \int \frac{f}{g}\mathrm{d}G \approx \left\langle \frac{f}{g} \right\rangle \pm \sqrt{\frac{< f^2/g^2 > - < f/g >^2}{N}} \tag{3-4}$$

经过这样变换以后，积分的估计值不会改变，但是标准误差却会改变。可以证明，当取

$$g = \frac{|f|}{\int |f|\mathrm{d}V} \tag{3-5}$$

时，将具有最小的标准误差。事实上，式(3-3)也可以解释为以几率密度 $g\mathrm{d}V$ 在积分空间

内进行取样，而式(3-5)则是一种最优的样本几率分布。在这种几率分布下，对积分贡献较大的区域，即重要的区域中样本点分布得比较稠密，而对积分贡献小的区域内样本点比较稀疏，所以称为重要性抽样。

3.2.1.2　Metropolis 抽样方法

现在考虑应用上述重要性抽样方法来计算位形积分

$$Q = \int \exp[-\beta U(r^N)]\, \mathrm{d}r^N \tag{3-6}$$

按上面的介绍，当样本点的分布正好是系综分布，即

$$g(r^N) = \frac{\exp[-\beta U(r^N)]}{\int \exp[-\beta U(r^N)]\, \mathrm{d}r^N} \tag{3-7}$$

时，计算的方差将最小。问题是如何产生正好满足这一几率分布的样本点，采用一般的方法需要预先知道式(3-6)中的归一化因子，而这一因子又正好就是我们所要计算的量。这样，问题又回到了我们的出发点。1953 年，Metropolis 等人通过在位形空间中构作一个 Markov 链，成功地避开了这个归一化因子的问题。所谓 Markov 链，是指满足下列两个条件的样本序列：

①链上每一个样本点都属于一个有限的样本集合$\{\Gamma_1, \Gamma_2, \cdots \Gamma_m, \Gamma_n \cdots\}$，这一集合称为状态空间；

②链上任何一个样本点的出现几率仅与前一个样本点有关。

在 Markov 链中，任何两个状态 Γ_m 和 Γ_n 之间通过转移概率 π_{mn} 相联系。转移概率是指样本点从状态 m 转变为状态 n 的概率，根据概率的归一化条件，可知

$$\sum_n \pi_{mn} = 1 \tag{3-8}$$

如果链上某个样本点的分布密度为 $\rho^{(1)}$，则经过一步状态转移后，其分布密度函数将变为 $\rho^{(2)} = \rho^{(1)} \pi$，其中 π 是以 π_{mn} 为元素的矩阵。当 Markov 链无限增长时，链上的样本几率分布将趋向于一个极限分布，这个极限分布满足

$$\rho = \rho \pi \tag{3-9a}$$

或

$$\rho_n = \sum_m \rho_m \pi_{mn} \tag{3-9b}$$

这是一个特征值为 1 的特征方程。从式中还可以看到，这一极限分布与初始样本点的几率分布无关，而仅与转移概率矩阵 π 有关。

现在重新考虑流体的模拟问题。我们的目标是要设计一个转移概率矩阵 π，使得 Markov 链的极限分布正好就是系综分布式(3-7)。显然，这个转移概率矩阵 π 应该同时满足式(3-8)和式(3-9)，但是这两个约束条件并不能唯一确定转移矩阵。为此引入一个更强的所谓微观可逆性条件：

$$\rho_m \pi_{mn} = \rho_n \pi_{nm} \tag{3-10}$$

不难验证，满足式(3-8)和式(3-10)的转移矩阵必定满足式(3-9)。1953 年，Metropolis 等首先提出了一个能满足上述条件的转移矩阵，即现在所称的 Metropolis 抽样法。在这个方法中，他们引入了一个对称的预选矩阵 α(也称为基底矩阵)，链中的两个状态

Γ_m 和$_n$ 之间首先通过预选矩阵进行转移，然后由转移的结果来决定这一转移的取舍，具体地说，

$$\begin{aligned} \pi_{mn} &= \alpha_{mn} & \rho_n \geqslant \rho_m \quad m \neq n \\ \pi_{mn} &= \alpha_{mn}(\rho_n/\rho_m) & \rho_n < \rho_m \quad m \neq n \\ \pi_{mm} &= 1 - \sum_{m \neq n} \pi_{mn} \end{aligned} \tag{3-11}$$

容易验证，按上式定义的转移矩阵确定满足微观可逆性条件。由于该式在形式上是不对称的，所以有时也称为不对称解。

在上述抽样方法中，预选矩阵的选择是任意的，其唯一的约束条件就是必须满足对称性。在 Metropolis 等人的工作中，采用了以下基本步骤来实现这一抽样方法：

①从 N 个分子中随机地挑选一个分子(也可以轮流)；

②让这个分子试着挪动一步，即将分子的质心坐标和方向坐标改变为：

$$\begin{aligned} x' &= x+\delta_1\xi_1, \quad y' = y+\delta_1\xi_2, \quad z' = z+\delta_1\xi_3 \\ \theta' &= \theta+\delta_2\xi_4, \quad \varphi' = \varphi+\delta_2\xi_5, \quad \chi' = \chi+\delta_2\xi_6 \end{aligned} \tag{3-12}$$

式中 x、y、z——分子质心的空间位置坐标；

θ、φ、χ——分子空间取向的 Euler 角；

ξ_1，…，ξ_6——[-1，1]上均匀分布的随机数；

δ_1，δ_2——允许的最大位移与最大旋转角度。

③计算新位形下的位能 E'_{p}；

④若 $E'_{\mathrm{p}}<E_{\mathrm{p}}$，则接受新的位形作为 Markov 链上的一个状态点；

⑤若 $E'_{\mathrm{p}}>E_{\mathrm{p}}$，则以几率 $\exp[-\beta(E'_{\mathrm{p}}-E_{\mathrm{p}})]$ 接受新的位形。具体地说，就是将 $\exp[-\beta(E'_{\mathrm{p}}-E_{\mathrm{p}})]$ 与一个[0，1]上均匀分布的随机数进行比较，如果前者大于后者，则接受新的位形；反之则放弃新位形，而将原位形再次作为 Markov 链的一个新的状态点。

在上述过程中，参数 δ_1 和 δ_1 的选择非常重要。如果这两个参数选得太小，新位形的接受几率固然较高，但因为每次分子的挪动量太小，有限的样本未必能统计代表整个位形空间；反之，如果参数选得太大，则大多数的挪动会因系统的能量变化太大而被拒绝，因而为数可观的样本实际上只不过是少数样本的重复计数，同样没有代表性。通常的做法是，在模拟程序中根据接受几率动态地调节这两个参数的大小。至于多大的接受几率最佳，目前尚无统一的标准。Wood 和 Jocobson 经过研究流体分子在单位时间内的均方根位移后认为，当接受几率为 0.1 时具有最高的统计效率。但是大部分研究者都没有勇气把接受几率调节到如此低的程度，而是取接受几率在 0.3~0.5。另外还需要注意的是，这种步长的调节不能进行得太频繁，因为调节步长相当于不断地改变预选矩阵，如果这种调节太频繁，预选矩阵将不再是一个对称矩阵，从而违背了微观可逆性条件。

由于 Markov 链的极限分布与初始分布无关，所以原则上讲模拟可以从任何一个初始位形出发。为简便起见，对于小分子流体，通常采用规整排列的面心立方晶体作为初始位形。对于高分子流体，由于分子的构型非常复杂，很难构作这种面心立方晶格，需采用另外的方法构筑初始位形。

值得指出的是，在构筑 Markov 链的转移矩阵时，不一定非采用对称的预选矩阵 α 不

可。事实上，如果通过某种途径可以预先知道哪些状态具有较低的位形能，则完全可以采用非对称的预选矩阵，使得每次状态转移偏向于较低能态的位形，这样往往可以得到较高的接受几率，从而有效地提高模拟的统计效率。这种倾向性的取样技术，在模拟复杂系统时得到了广泛的应用。但是，为了仍能满足微观可逆性条件，接受几率必须重新推导。设从状态 Γ_m 和 Γ_n 的预选几率为 α_{mn}，接受几率为 p_{mn}，显然转移几率为 $\pi_{mn}=\alpha_{mn}p_{mn}$，则微观可逆性条件相应地变为

$$\rho_m\alpha_{mn}p_{mn}=\rho_n\alpha_{nm}p_{nm} \tag{3-13}$$

类似于 Metropolis 的不对称解，通常取接受几率为

$$p_{mn}=\min\left\{1,\ \frac{\rho_n\alpha_{nm}}{\rho_m\alpha_{mn}}\right\} \tag{3-14}$$

Metropolis 抽样技术只产生那些对系综平均贡献较大的样本，因而特别适用计算内能、压力等热力学量。但是这一方法不能用于计算配分函数本身，因而无法计算与配分函数本身的数值有关的量，如自由能、化学位和熵等。要计算这些性质，必须采用一些特殊的方法。

3.2.2　分子动力学 Molecular Dynamics(MD)模拟方法

分子动力学方法是一种用来计算经典多体系统的平衡和传递性质的方法。它通过建立系统的分子运动方程，用适当的格式对方程进行近似，利用计算机来对其进行数值求解，得到每一时刻每个分子的坐标和动量，从而得到系统在相空间中的运动轨迹，再利用统计方法来得到系统的静态和动态性质。自 Alder 和 Wainwright 第一次成功地利用分子动力学模拟方法研究了硬球系统的相转变开始，分子动力学模拟方法已经发生了巨大的变化。研究的对象由原子流体到高分子流体，研究的系统包括平衡系统和非平衡系统，并且建立起了正则系综(NVT)、巨正则系综(μVT)和恒温恒压系综(NpT)等不同系综的模拟方法。一个简单的分子动力学程序应包括以下几个基本步骤：

①读入指定运算条件的参数(如初始温度、粒子数、密度、时间等)；

②系统初始化(即选定初始位置和速度)；

③计算作用于所有粒子上的力；

④解牛顿运动方程；

⑤中心循环完成之后，计算并输出测定量的平均值，模拟结束。

其中③、④两步构成了模拟的核心，需要重复执行直至模拟系统演化到指定的时间长度。以下部分将重点介绍与之相关的内容。

3.2.2.1　模拟系统中分子间的相互作用力

在模拟系统中，分子间的相互作用理论上可以用量子力学方法计算，而实际上则是更多地采用近似的势能函数模型，以便于计算机数值计算。迄今已发展了多种势能函数模型，它们适用于不同的分子间相互作用和应用领域。

(1)硬球模型　最简单的势能函数模型是硬球模型，它将分子看成是没有吸引力的不可穿透的硬球，其势能函数可以表示为：

$$u(r)=\begin{cases}\infty & r\leqslant\sigma\\ 0 & r>\sigma\end{cases}\tag{3-15}$$

其中 σ 为分子的碰撞直径。大量研究结果表明，流体的结构(如径向分布函数等)主要决定于分子间的排斥作用，而能量则主要取决于分子间的吸引作用。硬球势能够很好地近似分子间的排斥作用，它常常作为构作更符合实际的流体模型的参考流体，在统计力学理论的发展中有着举足轻重的作用。

(2)软球模型　实际分子在相互靠近时，它们的电子云会有一定程度的重叠，因此相互间可以有一定的穿透。更为符合实际情况的软球排斥势能函数可以表示为：

$$u(r)=\begin{cases}\varepsilon(^{\sigma}/r)n & r\leqslant\sigma\\ 0 & r>\sigma\end{cases}\tag{3-16}$$

n 为常数，其值在 8~14；ε 是分子间相互作用强度的度量。

硬球模型和软球模型均缺乏对分子间相互吸引作用的考虑，因此不能用于模拟真实流体，因为硬球流体和软球流体既不存在汽液平衡也不存在液液平衡。但它们可以用于对液固平衡的模拟，用于考察排斥作用对流体结构和液固平衡的影响。

(3)硬球+吸引模型　要模拟实际流体的性质，必须具有吸引作用，一个比较简单的方法是在硬球模型的基础上再加入吸引项。最简单也是实际中应用非常多的是方阱势能模型：

$$u(r)=\begin{cases}\infty & r\leqslant\sigma\\ -\varepsilon & \sigma<r\leqslant\lambda\sigma\\ 0 & r>\lambda\sigma\end{cases}\tag{3-17}$$

ε 是吸引作用强弱的度量，称为阱深；λ称为阱宽，其值一般取 1.5。

类似的硬球+吸引项的势能模型还有很多，如三角势能模型、Sutherland 势能模型和 Yukawa 势能模型等。

(4)非极性分子的排斥+色散模型　一般分子间既有排斥作用又有吸引作用。对于非极性分子，通常可以用色散作用近似吸引作用。最常用的势能函数模型是 Lennard-Jones 模型，它可以表达为：

$$u(r)=\varepsilon\left[\left(\frac{m}{n-m}\right)\left(\frac{r_m}{r}\right)^n-\left(\frac{n}{n-m}\right)\left(\frac{r_m}{r}\right)^m\right]\tag{3-18}$$

其中 m 和 n 为常数，r_m 是对应于最低势能时分子间的距离，它与硬球直径的关系为：

$$\sigma=r_m(m/n)^{1/(n-m)}\tag{3-19}$$

m 和 n 通常取为 6 和 12，则 L-J 势能函数可以表示为：

$$u(r)=4\varepsilon\left[\left(\frac{\sigma}{r}\right)^{12}-\left(\frac{\sigma}{r}\right)^{6}\right]\tag{3-20}$$

L-J 势能函数是计算机模拟中使用最为广泛的分子间相互作用模型。有时截断的 L-J 势能也被用于描述分子间的排斥作用：

$$u(r)=\begin{cases}4\varepsilon\left[\left(\frac{\sigma}{r}\right)^{12}-\left(\frac{\sigma}{r}\right)^{6}\right]+\varepsilon & r\leqslant2^{1/6}\sigma\\ 0 & r>2^{1/6}\sigma\end{cases}\tag{3-21}$$

在 L-J 势能函数的基础上还发展了一个 Kihara 模型，它相当于有一个不可穿透的硬核的 L-J 势能函数：

$$u(r)=\begin{cases}\infty & r\leqslant d\\ 4\varepsilon\left[\left(\dfrac{\sigma-d}{r-d}\right)^{12}-\left(\dfrac{\sigma-d}{r-d}\right)^{6}\right] & r>d\end{cases} \tag{3-22}$$

(5)静电(长程)作用势能　空间相互作用衰减慢于 r^{-d} 的势能被称为长程作用势能，其中 d 是系统的维数。按照这个定义，电荷间的静电作用势[$u(r)\sim r^{-1}$]应属于长程作用，其作用范围一般情况下要比模拟盒子的一半大得多，从而会给模拟过程带来比较复杂的问题。要解决这个问题，可以采用非常大的模拟盒子，然而其代价是计算花费大幅度增加，一般情况下可能会承受不了。因此，不同学者为此发展了一些特殊的方法来解决这个问题，其中 Ewald 加和就是一种特别重要的解决手段。

Ewald 加和是考虑离子间以及与它们的周期影像间的相互作用的叠加计算的一种技巧，它最初是在离子晶体研究中发展起来的。考虑模拟盒子和它的周期影像，系统的静电势能可以表示为：

$$E=\frac{1}{2}\sum_{n=0}^{\infty}{}'\sum_{i=1}^{N}\sum_{j=1}^{N}\frac{q_iq_j}{|r_{ij}+n|} \tag{3-23}$$

上式中 q_i 表示第 i 种离子的电荷，$n=(n_xL,\ n_yL,\ n_zL)$，其中 n_x，n_y 和 n_z 是整数，求和遍及所有模拟立方盒子和它的影像，求和符号中的“′”表示对于中心盒子即 $n=0$ 时忽略 $i=j$ 间的相互作用。但上式直接求和的收敛速度很慢，不能直接使用。

如果将带电粒子在空间的分布看成是电荷在空间的分布，则上面的电荷分布可以函数形式表示为：

$$\rho(r)=\sum_{i=1}^{N}q_i\delta(r-r_i) \tag{3-24}$$

设想 i 电荷被一电性相反、在空间具有一定分布的电子云所屏蔽，这个屏蔽电子云具有高斯分布，则系统的点电荷分布可以重新写为：

$$\rho(r)=\sum_{i=1}^{N}q_i\delta(r-r_i)+\sum_{i=1}^{N}\rho_{i(\mathrm{Gauss})}(r)-\sum_{i=1}^{N}\rho_{i(\mathrm{Gauss})}(r) \tag{3-25}$$

$$\rho_{i(\mathrm{Gauss})}(r)=-q_i\,(\alpha/\pi)^{3/2}\exp(-\alpha r^2) \tag{3-26}$$

前两项电荷相互作用引起的势能函数称为实空间的贡献，其势能可表示为：

$$E_{\mathrm{real-s}}=\frac{1}{2}\sum_{n=0}^{\infty}{}'\sum_{i=1}^{N}\sum_{j=1}^{N}\frac{q_iq_j\mathrm{erfc}(\sqrt{\alpha}\,|r_{ij}+n|)}{|r_{ij}+n|} \tag{3-27}$$

其中 erfc 为误差余函数，定义为：

$$\mathrm{erfc}(x)=2\,(\pi)^{1/2}\int_x^{\infty}\exp(-t^2)\,\mathrm{d}t \tag{3-28}$$

后一项电荷分布对势能的贡献需要在倒易空间中求取，称为倒易空间的贡献，其结果可以表示为：

$$E_{\mathrm{recip-s}}=\frac{1}{2}\sum_{k\neq0}\sum_{i=1}^{N}\sum_{j=1}^{N}\frac{4\pi q_iq_j\exp(-k^2/4\alpha)}{k^2L^3}\cos(k\cdot r_{ij}) \tag{3-29}$$

其中 $k=2\pi n/L^2$。则相应的分子 i 所受到的作用力为：

$$f_i = q_i \sum_n{}' \sum_{j=1}^{N} q_j \left[\frac{\mathrm{erfc}\left(\sqrt{\alpha}\,|r_{ij}+n|\right)}{|r_{ij}+n|} + 2\sqrt{\frac{\alpha}{\pi}}\exp(-\alpha|r_{ij}+n|) \right] \frac{r_{ij}+n}{|r_{ij}+n|^2} +$$
$$\frac{4\pi}{L^3}\sum_{k\neq 0} q_i \frac{k}{k^2}\exp(-k^2/4\alpha)\left[\sin(k\cdot r_i)\sum_{j=1}^{N} q_j\cos(k\cdot r_i) - \cos(k\cdot r_i)\sum_{j=1}^{N} q_j\sin(k\cdot r_i)\right] \tag{3-30}$$

在实空间的贡献部分中的高斯函数部分包含了每个高斯函数之间的相互作用，它对能量的影响为：

$$E_{\mathrm{Gauss}} = -\sqrt{\alpha/\pi}\sum_{i=1}^{N} q_i^2 \tag{3-31}$$

围绕模拟盒子的介质的影响也应该在计算中予以考虑。如果介质是良导体，其介电常数为∞，不必校正；如果介质是真空，介电常数为1，其校正项为：

$$E_{\mathrm{corr}} = \frac{2\pi}{3L^3}\left|\sum_{i=1}^{N} q_i r_i\right|^2 \tag{3-32}$$

则系统总的静电势能为：

$$E = E_{\text{real-s}} + E_{\text{recip-s}} + E_{\mathrm{Gauss}} + E_{\mathrm{corr}} \tag{3-33}$$

利用上述表达式计算系统的静电势能和粒子的静电力时，必须先确定参数 α。如果 α 选取得足够大，则在实空间贡献部分只需计及 $n=0$ 的贡献而不必计算周期性影响。但是，如果 α 的取值越大，倒易空间选取的 k 矢量就越多。实际模拟中需要在倒易空间作用和实空间作用之间取得平衡。对于一般的模拟过程，可选取 $\alpha=25/L^2$，其中 L 为模拟盒子边长。此时实空间计算中的截断距离 $r_c \leqslant L/2$，而倒易空间加和中 k 矢量的取值只需在100~200范围内即可。

3.2.2.2 牛顿运动方程

对于一个质点，牛顿第二运动定律表示为

$$f = m\ddot{r} \tag{3-34}$$

其中 f 是粒子上所受的总的作用力，m 是粒子的质量，$\ddot{r}$ 是粒子位置关于时间的二阶导数即粒子的加速度。一个有趣的现象是牛顿第二运动定律只是力的定义式，而在物理学领域中一门学科仅以一个定义式为主要基础恐怕也是绝无仅有的。

力场对运动粒子做功，如果所做的功与粒子的运动路径无关，则称这种力为保守力。根据向量分析原理，保守力可以表示为某一势能函数的梯度，

$$f = -\nabla u(r) \tag{3-35}$$

在保守力系统中，每一个质点的总能量是守恒的。

物理学上还有一类力，它所做的功与路径有关，如摩擦力，一般被称之为耗散力。

在一个由多质点组成的多系统统中，必须严格区分系统内质点间的作用力和作用于质点上的外力。在这样的一个系统中，第 i 个质点的运动方程可以表示为

$$\sum_j f_{ji} + f_i^{(e)} = m_i\ddot{r}_i \tag{3-36}$$

其中 f_{ji} 是系统中第 j 个质点对于第 i 个质点的作用力，$f_i^{(e)}$ 是第 i 个质点所受到的外力。

假设f_{ji}遵循牛顿第三运动定律，即两质点间作用力大小相等方向相反。通过对所有的质点进行累加，可以得到

$$\sum_{j} f_i^{(e)} + \sum_{\substack{i,\ j \\ i \neq j}} f_{ji} = \sum_{i} m_i \ddot{r}_i \tag{3-37}$$

根据作用力与反作用力定律，上式第二项为0，故有

$$F^{(e)} = \sum_{i} m_i \ddot{r}_i \tag{3-38}$$

其中$F^{(e)}$是质点系所受到的总的外力。

3.2.2.3　运动方程积分格式

对于一个由N个粒子组成的经典流体，它的运动方程可由牛顿力学、Lagrangian 动力学或是 Hamilton 动力学来表述。由于模拟中一般采用的是立方型模拟盒子，选取的坐标系通常是笛卡儿坐标系，因此，在大部分情况下可以简单地采用牛顿运动方程。由于它是一组初值的二阶微分方程，原则上可以通过对运动方程进行两次积分运算来得到系统中各粒子的空间位置随时间的变化关系。但是，这仅仅适用于含有极少粒子的系统，而对于由大量粒子所组成的复杂系统是不可行的。求解常微分方程组的通用方法是使用数值积分方法。对于具有连续作用势的情形，一般采用有限差分方法，如 Adams 方法、Euler 方法和 Runge-Kutta 方法等。在分子动力学中应用最多的是 Gear 型预报——校正算法和 Verlet 型算法。下面简单介绍一下与本课题相关的 Verlet 型算法。

Verlet 型算法最早是由 Verlet 提出的，之后在此基础上又发展出了许多种不同的格式，并且这些格式均可以利用 Taylor 级数展开获得。考虑t时刻粒子在向前或向后一个时间步长Δt的空间坐标，其级数展开如下：

$$r(t+\Delta t) = r(t) + \Delta t v(t) + \frac{1}{2}\Delta t^2 a(t) + \cdots \tag{3-39}$$

$$r(t-\Delta t) = r(t) - \Delta t v(t) + \frac{1}{2}\Delta t^2 a(t) + \cdots \tag{3-40}$$

其中r、v、a分别为粒子的位置、速度、加速度。由以上两式相加可得：

$$r(t+\Delta t) = 2r(t) - r(t-\Delta t) + \Delta t^2 a(t) + O(\Delta t^4) \tag{3-41}$$

式(3-41)就是所谓的 Verlet 型算法(不含最后一项误差阶)，其中粒子位置关于时间的误差阶数是4。由此表达式可以看出，它关于时间是可逆的。该算法本身是不必计算速度的，但由于模拟系统的动能和温度是由速度决定的，故实际模拟过程中仍然需要计算出粒子的速度，它可以通过(3-39)、(3-40)两式相减来获得：

$$v(t) = \frac{r(t+\Delta t) - r(t-\Delta t)}{2\Delta t} + O(\Delta t^2) \tag{3-42}$$

式(3-42)就是 Verlet 算法的速度计算式(忽略误差阶)。Verlet 算法的速度关于时间的误差阶是2阶。由此可见，如果要计算粒子在t时刻的速度，必须先获得其在$t+\Delta t$时刻的位置，即速度的计算比位置的计算要慢一个时间步。相对于 Gear 型预报—校正算法，Verlet 型算法有着不少优点。首先，它关于位置和速度的计算是一步完成的；其次，该算法本身更为简洁，因而更加容易实现；而且，该算法关于时间是可逆的。

Verlet 算法最大的不足之处就在于它不是自启动的，即在启动时刻 $t=0$ 时需要知道 $t=-\Delta t$时刻的有关信息。因此，在模拟起始时刻必需作出适当的假定，这对粒子位置来说影响不大，而对于粒子速度，由于其关于时间只是二阶精度的，因此任何一个不合理的假定都会严重影响粒子的运动轨迹。

基于 Verlet 型算法的一个修正就是 Hockney 提出的蛙跳型算法，其积分格式如下：

$$r(t+\Delta t)=r(t)+\Delta t v\left(t+\frac{1}{2}\Delta t\right) \tag{3-43}$$

$$v\left(t+\frac{1}{2}\Delta t\right)=v\left(t-\frac{1}{2}\Delta t\right)+\Delta t a(t) \tag{3-44}$$

在此算法中，利用当前时刻的加速度和前半个时间步的速度，通过式(3-44)可以获得下半个时间步粒子的速度，从而再利用式(3-43)计算出下一个时间步粒子的位置。下一个时间步粒子的速度则可以通过下式来进行计算：

$$v(t)=\frac{v(t+\Delta t/2)+v(t-\Delta t/2)}{2} \tag{3-45}$$

蛙跳型算法的主要优点是提高了计算的精确度。然而该算法仍然不是自启动的，在 $t=0$时刻需要 $t=-\Delta t/2$ 时刻的速度值，不过这个困难可以通过后向 Euler 方法进行估计：

$$v\left(-\frac{1}{2}\Delta t\right)=v(0)-\frac{1}{2}a(t)\Delta t \tag{3-46}$$

无论是 Verlet 算法的最初形式还是之后的蛙跳改进形式，它们的位置和速度都不在同一时刻获得，这对某些分子动力学模拟是不利的。如正则系综分子动力学模拟，由于它需要对当前的温度进行标度，所以它要获得当前粒子的速度以计算系统的动能。为此，Swope 等提出了 Velocity Verlet 算法：

$$r(t+\Delta t)=r(t)+\Delta t v(t)+\frac{1}{2}\Delta t^2 a(t) \tag{3-47}$$

$$v(t+\Delta t)=v(t)+\frac{1}{2}\Delta t[a(t)+a(t+\Delta t)] \tag{3-48}$$

由式(3-47)和式(3-48)可以看出，Velocity Verlet 算法也是关于时间对称的，它具有一般 Verlet 型算法的优点，而且，它的位置和速度是同步计算出来的，所以它在 Verlet 型算法中应用最为广泛。

3.2.3 耗散粒子动力学 Dissipative Particle Dynamics(DPD)模拟方法

传统的计算机模拟方法主要集中在微观尺度(分子、原子水平)和宏观尺度(连续介质模拟)，而用这些方法对介观系统进行研究就显得有些力不从心。为此，近年来科学工作者始终致力于此方面的探索，并已取得了突破性的进展，开发出了能够适用于介观尺度系统的计算机模拟方法，从而填补了宏观计算机模拟和微观计算机模拟之间的空白领域，有助于解决高分子科学及化学工程中的许多复杂问题。介观层次上的计算机模拟方法发展迅速，是目前计算化学的前沿领域。现在比较成熟的模拟方法主要有两种：动态平均场密度泛函法和耗散粒子动力学法，其中后者较之前者更为受到人们的关注与重视。下面就对此方法作一详细介绍。

3.2.3.1　DPD 方法的基本原理

DPD 方法是由 Hoogerbrugge 和 Koelman 首次提出的，之后经过他人的多次完善，现已成功应用于高分子熔体和表面活性剂溶液等具有介观结构的系统的模拟。与传统的分子模拟方法不同，DPD 中的模型粒子是一种软粒子，相互之间可以重叠和穿透。它不再对应于真实原子或几个原子组成的基团，而是对应于流体中的微小区域，或者是高分子的数个链段，是系统在一定的时间和空间上的平均效果，即它们是粗粒化的粒子。在该方法中，假设所有粒子在保守力 F^C、耗散力 F^D 与随机力 F^R 的共同作用下做牛顿运动(为简化计，令所有粒子的质量 $m=1$)：

$$\frac{dr_i}{dt}=v_i,\ \frac{dv_i}{dt}=f_i \tag{3-49}$$

$$f_i=\sum_{j\neq i}(F_{ij}^C+F_{ij}^D+F_{ij}^R) \tag{3-50}$$

其中 r_i、v_i 和 f_i 分别代表第 i 个粒子的位移、运动速度与它所受到的合外力。

保守力是一种沿粒子中心作用的软排斥力：

$$F_{ij}^C=\begin{cases}a_{ij}(1-r_{ij})\hat{r}_{ij} & (r_{ij}<r_c=1)\\ 0 & (r_{ij}\geqslant r_c=1)\end{cases} \tag{3-51}$$

其中 a_{ij}是粒子 i 与粒子 j 之间的最大排斥力；$r_{ij}=r_i-r_j$；$r_{ij}=|r_{ij}|$；$\hat{r}_{ij}=|r_{ij}|$。粒子间的距离 r 由截断半径 r_c 作为长度单位。

耗散力正比于粒子间的相对速度，从而将能量从系统中移走，而随机力则相应地将能量注入系统，它们共同作用的结果是作为调温器，以保证系统的(角)动量守恒以对应于正则系综的统计力学性质。它们之间必须满足一定的关系，可分别表示为：

$$F_{ij}^D=-\gamma\omega^D(r_{ij})(\hat{r}_{ij}\cdot v_{ij})\hat{r}_{ij} \tag{3-52}$$

$$F_{ij}^R=\sigma\omega^R(r_{ij})\zeta_{ij}\Delta t^{-1/2}\hat{r}_{ij} \tag{3-53}$$

其中，ω^D 和 ω^R 是与粒子间距离有关的权重函数；$v_{ij}=v_i-v_j$；ζ_{ij}是一个随机涨落变量，满足如下条件：

$$\langle\zeta_{ij}\rangle=0,\ \langle\zeta_{ij}^2\rangle=1 \tag{3-54}$$

Español 和 Warren 通过进一步研究指出，为了得到 Gibbs 系综的运动方程稳定解以及满足耗散涨落理论，两个权重函数 ω^D 和 ω^R 中的一个可以任意选取，另一个则由它所决定。一个最简单的选择是：

$$\omega^D(r)=[\omega^R(r)]^2=\begin{cases}(1-r)^2 & (r<r_c=1)\\ 0 & (r\geqslant r_c=1)\end{cases} \tag{3-55}$$

耗散力和随机力中的系数及温度之间存在以下关系：

$$\sigma^2=2\gamma k_BT \tag{3-56}$$

其中，σ 是随机力的标准差，或称为噪声振幅；γ 是黏滞系数，也被称作摩擦因子；k_B 为 Boltzmann 因子；T 为系统的绝对温度。由此，一个 DPD 系统的哈密顿量可以表示为

$$H(r,\ p)=\sum_i\frac{p_i^2}{2m_i}+U^C \tag{3-57}$$

其中 p_i 和 m_i 分别为第 i 个粒子的动量和质量，U^C 为系统的总保守势能。由于系统的结构和静态性质主要决定于系统的哈密顿量，因此一个 DPD 系统的平衡结构和静态性质应该与耗散力和随机力无关。

与传统的分子动力学模拟方法类似，DPD 模拟方法也是通过求解牛顿运动方程来获得系统的微观构象和分子聚集状态的变化，从而得到不同的宏观性质和微观分离结构及其变化。在求解过程中，积分方法对于模拟的效率和结果的可靠性有着非常重要的影响。DPD 耗散力中的速度项会给积分过程带来一定的困难，所以分子动力学模拟中常用的 Verlet 方法在 DPD 模拟中并不适用，对此有许多学者对其进行了改进。在这些方法中，Groot 与 Warren 提出的所谓“修正的”velocity-Verlet 方法被证明是效率相对较高的，因此其应用也最为广泛。它的积分过程可分为以下四步进行：

$$
\begin{aligned}
r_i(t+\Delta t) &= r_i(t)+\Delta t v_i(t)+\frac{1}{2}(\Delta t)^2 f_i(t) \\
\tilde{v}_i(t+\Delta t) &= v_i(t)+\lambda\Delta t f_i(t) \\
f_i(t+\Delta t) &= f_i(r(t+\Delta t),\ \tilde{v}(t+\Delta t)) \\
v_i(t+\Delta t) &= v_i(t)+\frac{1}{2}\Delta t(f_i(t)+f_i(t+\Delta t))
\end{aligned} \tag{3-58}
$$

该积分过程中的第一步是在 t 时刻通过 Taylor 二阶展开获取粒子在 $t+\Delta t$ 时刻的位置；为了力的计算，第二步对粒子在 $t+\Delta t$ 时刻的速度进行了预测；第三步则是利用粒子在 $t+\Delta t$ 时刻的位置和预测速度计算出了该时刻的受力；第四步是对速度进行的一个校正。在此算法中，所有依赖于坐标差异的物理措施均在第二步之后采取，而系统温度则是在最后一步进行完之后才测定的。其中的 λ 为步长调节参数，当其取值为 1/2 时上面的积分格式即还原为 Verlocity-Verlet 格式。

与其他模拟方法一样，DPD 模拟中的物理量必须进行对比化处理。在绝大多数情况下，选择粒子的实际质量 m 和直径 r_c(实际上是粒子之间的相互作用范围)分别作为系统的质量和长度单位，以 k_BT 作为系统的能量单位，即 $m=r_c=k_BT=1$。其他物理量均可以通过与它们的组合项进行对比来实现无量纲化。例如，物理单位的长度 r、速度 v 和时间 t 可通过以下关系转换为模拟中的对比量：

$$
r_{DPD}=r/r_c,\quad v_{DPD}=v/\sqrt{k_BT/m},\quad t_{DPD}=t/\sqrt{mr_c^2/k_BT} \tag{3-59}
$$

因此，单一的 DPD 模拟结果可以对应于许多系统，这主要决定于粒子的质量、直径、和温度等相关参数的取值。

3.2.3.2 时间步长和噪声振幅的选择

如上所述，耗散力和随机力之间是通过耗散涨落定理相关联的，即它们两者中只有一个是不确定。通常情况下，选取耗散力为自由参数。Groot 和 Warren 在研究中发现，均匀噪声与高斯噪声对整个系统的模拟过程而言几乎不存在统计差别，既然与高斯噪声相比，产生均匀噪声所占用的 CPU 时间更少，因此自然而然地选择了后者。模拟过程最初是在噪声振幅 $\sigma=3$ 以及步长调节参数 $\lambda=0.5$ 的情况下进行的。当 σ 减小时，使系统处于稳态的积分时间步长 Δt 的取值范围并未发生太大的变化，但此时系统对于温度变化的反映速度却降低了。在密度$\rho=3$和$\Delta t=0.04$的情况下，系统温度从$k_BT=10$以指数律弛豫到$k_BT=1$，弛豫时间大约为$10\Delta t$。然而，当$\sigma=1$时，弛豫时间大约为$90\Delta t$，因为后者的摩擦因子是前者的1/9。一但噪声振幅超过$\sigma\approx8$，系统温度就会快速增长，模拟本身将会变得不稳定了。由此，$\Delta t=0.04$和$\sigma=3$自然成为首选的模拟参数，此时$\lambda=0.5$。它们较为合理地兼顾了快速的温度平衡和模拟进程，并且产生了一个较为稳定与合理的物理系统。此外，通过细致调节参数，Groot 和 Warren 还发现在$\lambda=0.65$的情况下，即使采用较大积分步长($\Delta t=0.06$)，系统的温度稳定效果依然较好。

3.2.3.3　粒子间相互排斥作用参数的选取

DPD 模拟方法中所采用的软势模型是基于粒子所代表的微区之间在介观层次上可以相互重叠这一事实。粒子在相空间中的运动轨迹可以通过对运动方程进行积分而得到，由此便可以计算出系统的密度场、序参量、相关函数和拉伸张量等热力学可观测量。然而，这种势能毕竟是一种理想化的模型，如何得到它与实际分子系统间的对应关系是 DPD 模拟中的核心问题。为此，Groot 和 Warren 从简单 DPD 系统的状态方程入手，建立起了一套行之有效的模拟系统软粒子与实际系统原子、分子之间的对应关系。他们对一个大小为8×5×5的单组分粒子系统进行了一系列的模拟，其中排斥参数a分别选取为15，25和30，系统的数密度从$\rho=1$一直到$\rho=8$。将模拟得到的系统过量压力($p-\rho k_BT$)除以排斥参数a和数密度的平方ρ^2后所得数值对数密度ρ作图，发现当数密度较高时($\rho>2$)所有数据点均落在同一条曲线上，且该比值接近于一个常数$\alpha=0.101\pm0.001$，如图3-2所示。

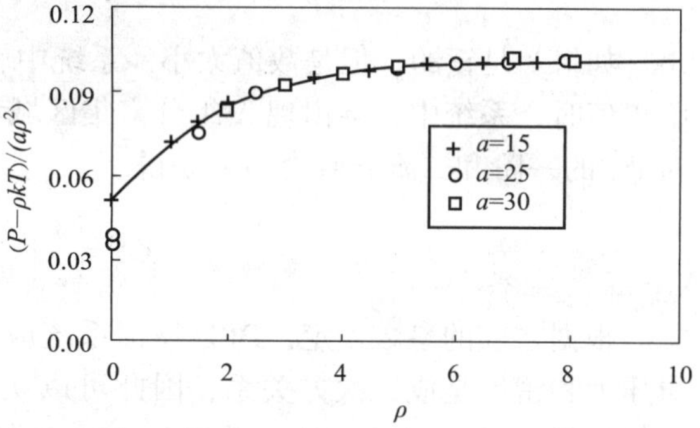

图3-2　三个不同排斥参数下过量压力与排斥参数和数密度平方乘积的商关于数密度的标度曲线

因此，在较高密度下简单 DPD 流体的状态方程可以表示为

$$p=\rho k_BT+\alpha a\rho^2 \tag{3-60}$$

其对应的无因次压缩因子为

$$\kappa^{-1}=\frac{1}{k_BT}\left(\frac{\partial p}{\partial \rho}\right)_T=1+\frac{2\alpha a\rho}{k_BT} \tag{3-61}$$

在一个标准大气压(0.1MPa)和室温(300K)条件下，水的无因次压缩因子约为16。将其与式(3-61)相关联后可得：

$$\frac{a\rho}{k_BT}\approx75 \tag{3-62}$$

原则上模拟系统的数密度是一个自由参数，但由于每个粒子的相互作用数都随着密度线性增加，因此，每个步长以及每个体积单元的计算所需 CPU 时间都随着密度的二次方增加。出于对计算效率的考虑，在模拟中应选择能够维持比例关系的尽可能低的密度。由图3-2可见，$\rho=3$应该是一个合理的选择，此时水的排斥参数为$a_{ww}=25k_BT$。

由于DPD流体的状态方程中缺少ρ^3项，该软粒子模型就不能够对汽液平衡现象进行模拟，但它却可以模拟液-液平衡和液-固平衡。从这个角度来考虑，DPD方法与聚合物的FLORY-HUGGINS理论较为相似，可以将其看成是这个晶格模型的一个延伸。

对于一个双组分的FLORY-HUGGINS晶格系统，每一个格点由单体A或B占据，其自由能可以表示为

$$\frac{F}{k_B T}=\frac{\phi_A}{N_A}\ln\phi_A+\frac{\phi_B}{N_B}\ln\phi_B+\chi\phi_A\phi_B \tag{3-63}$$

其中ϕ_A和ϕ_B分别是A、B组分的体积分率，N_A和N_B分别为每个A分子和B分子的聚合度。当所有格子都被充满时，应有$\phi_A+\phi_B=1$，此时$\phi_B=1-\phi_A$，ϕ_A是系统中唯一的自由度。χ是组分A、B间相互作用强弱的度量。当A和B互不相溶时，χ为正；当它们更倾向于互溶时，χ为负。混合系统的平衡态对应于自由能最低点，此时应有

$$\chi N_A=\frac{\ln[(1-\phi_A)/\phi_A]}{1-2\phi_A} \tag{3-64}$$

如果χ是正的，但是数值太小，系统中就不会发生相分离现象。但是，当χ达到一个临界值时，系统中就会出现A组分富集区域和B组分富集区域。该临界值可以通过化学势对ϕ_A的一阶和二阶导数为零来获得

$$\chi^{\text{crit}}=\frac{1}{2}\left(\frac{1}{\sqrt{N_A}}+\frac{1}{\sqrt{N_B}}\right)^2 \tag{3-65}$$

根据之前的参数设定，DPD模拟系统应该具有相当的不可压缩性($\kappa^{-1}=16$)，并且过量压力和密度是成二次方关系，因此可以认为该软球模型与FLORY-HUGGINS晶格模型非常接近。根据式(3-60)，单组分DPD流体的压力所对应的自由能密度为：

$$\frac{f_V}{k_B T}=\rho\ln\rho-\rho+\frac{\alpha a\rho^2}{k_B T} \tag{3-66}$$

因此，对于一个两组分系统，其自由能密度应为如下形式：

$$\frac{f_V}{k_B T}=\frac{\rho_A}{N_A}\ln\rho_A+\frac{\rho_B}{N_B}\ln\rho_B-\frac{\rho_A}{N_A}-\frac{\rho_B}{N_B}+\frac{\alpha(a_{AA}\rho_A^2+2a_{AB}\rho_A\rho_B+a_{BB}\rho_B^2)}{k_B T} \tag{3-67}$$

如果选择$a_{AA}=a_{BB}$，并假定$\rho_A+\rho_B$为常数，就可以得到

$$\frac{f_V}{(\rho_A+\rho_B)k_B T}\approx\frac{x}{N_A}\ln x+\frac{(1-x)}{N_B}\ln(1-x)+\chi x(1-x)+\text{constants} \tag{3-68}$$

其中$x=\rho_A/(\rho_A+\rho_B)$。通过对比，不难发现如下关系的存在

$$\chi=\frac{2\alpha(a_{AB}-a_{AA})(\rho_A+\rho_B)}{k_B T} \tag{3-69}$$

由此可以看出，当FLORY-HUGGINS格子模型中的χ参数能够正比于DPD软势模型中的排斥参数a时，这两种模型的描述是彼此相符的。为了验证这个关系，Groot和Warren对一个大小为8×8×20的二元单粒子混合系统进行了模拟，密度分别为$\rho=\rho_A+\rho_B=3$和$\rho=5$，排斥参数分别为$a=a_{AA}=a_{BB}=25$和$a=15$。他们从中发现，系统的过量压力的确和$x(1-x)$成正比。对于其比例常数χ，它在足够大的情况下能够与$\Delta a=a_{AB}-a_{AA}$建立起如下的正比关系：

$$\begin{cases}\chi=(0.286\pm0.002)\Delta a & \rho=3\\ \chi=(0.689\pm0.002)\Delta a & \rho=5\end{cases} \tag{3-70}$$

值得注意的是，χ 对密度是非线性的。尽管如此，在实际模拟过程中仍可以通过设制一个固定的密度值来将其与 DPD 中的排斥参数相关联。

在同样条件下，Groot 和 Warren 还对二元聚合物混合系统进行了研究，其中聚合物链节之间通过简谐弹性力 $F_{ij}^{\mathrm{S}}=Cr_{ij}$ 相连，弹性参数 C 可以通过相邻链节之间的平均距离与之前单粒子系统中粒子间相关函数最大峰值处的距离相吻合来选取。通过对不同链长 N 的聚合物在不同的过量排斥参数 Δa 情况下的模拟，他们发现了如下对应关系：

$$\frac{\chi N k_{\mathrm{B}} T}{\Delta a}=(0.306\pm0.003)N \qquad 2<N<10 \tag{3-71}$$

通过此关系式可以方便地模拟真实聚合物的各类性质。

3.2.4　周期性边界条件和最小映像约定

由于计算机运行速度和存储容量的限制，一个模拟盒子所包含的分子通常只有几百或几千个，最多也就是几万个分子，而一个实际系统所包含的分子数都在 10^{23} 数量级。如何保证在这么小的系统中统计出来的热力学性质能够与真正的热力学性质相符合就成为摆在模拟工作者面前的一个问题，而周期性边界条件则为这个问题提供了一个很好的解决方法。

由于模拟系统的分子数很少，其体积也很小，从而使得系统具有极大的表面。这种过分的表面效应将导致所有分子都趋向于盒子表面，这与宏观系统的实际情况是不一样的。周期性边界条件的解决办法是将模拟盒子设计成立方体，在模拟盒子的周围放置虚拟的映像并无限外延，“映像盒子”完全是“中心盒子”的复制品，这样系统就不存在表面了。当有一个分子离开中心盒子，必定相应有一个分子从“像盒子”在相应位置进入中心盒子，如图 3-3 所示。

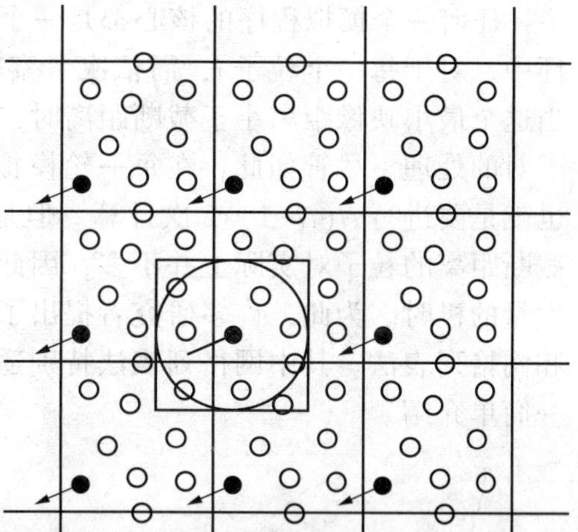

图 3-3　周期性边界条件的平面示意图

在模拟高分子系统时，周期性边界条件可能会带来一些问题。如果模拟盒子的边长取得较小，则对于某些比较舒展的构型，一条分子链有可能跨越几个模拟盒子范围。在这种情况下，一个分子有可能与其映像分子非常靠近，甚至发生重叠，从而会给模拟结果带来一定的偏差。所以，原则上讲，在模拟链状流体时，模拟盒子的边长至少应取为链长的一半。但是，这样就无形中增大了模拟系统，从而造成计算量大大增加。所幸的是，舒展链出现的机会并不多，即使在一个无热溶液中，分子链的均方末端距也只是与链长的平方根成正比。而对于分子链节间有相互作用的系统，链的尺度更小。因此，在实际工作中，将模拟盒子边长取为不小于链长的平方根即可。

对链状分子模拟的另一个问题与统计量有关。由于盒子的边长通常小于链长，一个分子往往在中心盒子中被折叠了好几次，这就会给相关构形信息的统计带来偏差。为此，在对链状分子系统进行模拟时，需要把分子链展开，即在统计构形性质之前，对于每一个链状分子，从其第一个链节出发，计算连接各链节的键矢。若发现某个键矢的长度大于模拟盒子边长的一半，则采用对面映像盒子中的链节来计算键矢。这样，所得的键矢长度总是小于模拟盒子边长的一半。然后再用这一系列键矢重新计算各链节的位置，得到链状分子被折叠前的构形，进而获取正确的信息。

在使用周期性边界条件时，还有一个值得关注的问题，那就是中心盒子与映像盒子中的分子间相互作用的计算。对于形如 L-J 势能这样的短程相互作用，一个比较适用的方法是截断到适当的距离，远程分子间的相互作用或者忽略不计，或者用简化的方法加以补偿。最为常用的方法是采用最小映像近似。如图 3-3 中的虚线所示，假设在一个由 N 个分子组成的模拟系统中，某分子位于一个与模拟盒子同样大小的盒子的中心，则有且仅有 $N-1$ 个近邻分子位于该盒子的内部。这些分子可以是中心盒子中的分子，也可以属于映像盒子，它们是中心分子的紧邻分子，称为最小映像集。在最小映像近似中只需计及中心分子与相应最小映像集中的分子之间的相互作用，从而为这一问题的解决提供了一个好的途径。

3.2.5 网格列表法

任何一个模拟程序的核心都是一个计算系统中粒子间相互作用的双重循环。在此循环中，对于每一个粒子 i，需依次考察其余各粒子 j，并计算它们之间的最小映像距离。当这个最小映像距离小于截断距离时，可以跳过这一粒子对的计算而直接进入对下一粒子对的处理。尽管如此，在每一轮模拟中仍然需要计算所有可能的粒子对之间的距离，也就是要进行 $N(N-1)/2$ 次计算。但是，当系统中的粒子数较多时，最小映像距离小于截断距离的粒子对实际上并不多，因此，大部分的距离计算是毫无用处的，但却浪费了大量的机时。为此，许多研究者提出了很多优化的算法，其中最为典型的是近邻列表法和网格列表法。其中网格列表法特别适用于粒子数很多的大系统的模拟，下面就对其作一简单介绍。

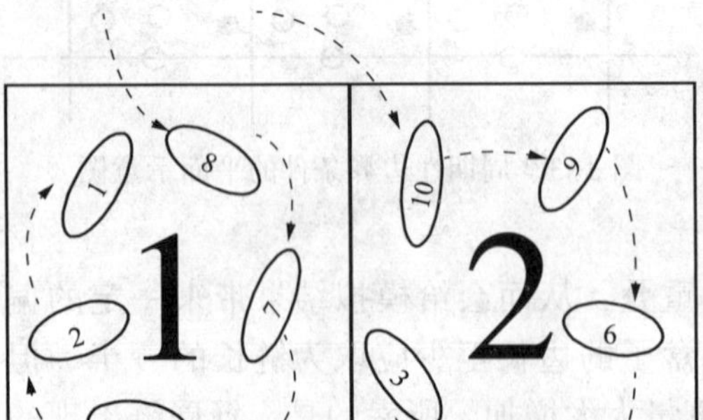

图 3-4　网格列表法示意图

网格列表法最早是为分子动力学模拟而设计的(图 3-4)。在此方法中，设想模拟在一个边长为 L 的立方形盒子中进行。为了避免计算那些相距很远的粒子之间的距离，可以把模拟盒子平均分为 $M \times M \times M$ 个规整的小格子，其中每个小格子的边长 $l=L/M$ 必须大于所选的相互作用截断距离。若以粒子 i 所在的小格子为中心，则只有那些落在中心格子及其紧邻的 26 个小格子中的粒子，其最小映像距离才可能小于截断距离。平均来说，每个小格子中的粒子数为 N/M^3，则需要计算的总的粒子对数只有 $27N$

$(N-1)/2M^3$，从而大大节省了机时。

在模拟过程中，系统的粒子总数是确定的，而每个小格子中的粒子数则是可变的。因此，链式数据结构特别适合于记录每个小格子中的粒子。在计算相互作用之前，首次将个粒子进行分类，落在同一小格子中的粒子属于同一类。在分类过程中，需要创建两个数组。第一个数组称为链头数组(HEAD)，用来记录每个小格子中的第一个粒子的索引值，也就是各链表的表头。第二个数组是链表本身(LIST)，共有个元素，每个元素对应一个粒子，它指出同一小格子中下一个粒子的索引值。若同一格子已没有其他粒子，则该元素为零。例如，在图 3-4 所示的两个小格子中，共有 10 个粒子，则相应的链表结构如下：

位置：	1	2	3	4	5	6	7	8	9	10
HEAD：	8	10								
LIST：	0	1	0	3	2	4	5	7	6	9

对于第二个格子，由 HEAD(2) = 10 可知第 10 号粒子落在这个格子中；然后，由 LIST(10) = 9 可知第 9 号粒子也归属于这个格子；依次类推，直到发现 LIST(3) = 0，说明已经穷尽这个格子中的所有粒子了。

3.3　单元模拟

过程工业的处理过程是以质量、动量和能量的连续流动为特征。传统手段对这一过程的处理在很大程度上是依靠经验以及一些宏观参数表达的经验关系式。现代过程工业普遍使用的流程模拟技术尽管更系统化和普遍地描述这一过程，使工艺工程师更深入地了解工艺链中的关联关系，但在流程模拟技术中，绝大部分单元过程仍被处理为“黑箱”模型。对流动、传质、热、反应比较敏感的单元过程的设计、放大，需要了解有关质量、动量、能量流更多微观和深入的信息，单元模拟技术即是为了解决这一问题而产生的。

在单元模拟中，质量、动量、能量之间的关系利用纳维-斯托克斯方程这一牛顿第二定律在不可压缩黏性流动中的表达式来描述。求解该方程组需采用离散原理，将单元设备划分为许多微元，并在微元上用代数方程近似偏微分方程，然后联立求解所有微元代数方程以及边界方程，最终得到各个微元上的速度、温度、压力、浓度等参数。

在实际过程中，单元内部的介质基本是多组分或多相的，传质、传热、反应过程相互耦合。为模拟这些复杂过程，可以对介质的每一相或每一组分分别求解纳维-斯托克斯方程、各相或各组分通过各组纳维-斯托克斯方程之间质量、力、能量的相互传递、相互影响。同样，单元模拟技术通过离散方法求解这一耦合体系，以获得空间和时间的速度分布、温度分布、压力分布、浓度分布、相分数分布等。

单元模拟技术可以提供传统手段难以获得的大量信息，如单元过程内部所有参数的空间分布和动态变化，通过这些信息可以深入理解单元过程内部的机理，在发生异常时亦有助于分析原因。因此，它是一种低成本的调优手段，当结构形式或结构参数变化后，单元过程内部随工艺参数或操作参数而变化的过程，可以在计算机上很方便地进行试验，直接用于优化和改造手段。而且单元模拟的计算不是经验性的，比较可靠。

单元模拟的过程一般可以分为前处理、求解计算和后处理三个步骤。

3.3.1 前处理

前处理包括确定计算域、生成网络、设定初始条件和边界条件、选择求解模型以及设定求解参数。

3.3.2 确定计算域

确定计算域即给出所模拟问题的几何结构。各种商业软件都有自己的创立几何结构的功能模块，也可以通过专业的CAD作图软件对几何形状建模然后导入。

3.3.3 生成网络

网格生成的目标是离散流动区域，流体力学基本方程组就在这些离散化后的网格单元上求解，网格生成的质量直接关系到计算精度与计算稳定性。

网格分为结构型和非结构型两大类。对于较复杂的求解域，构造结构型网格时要根据其拓扑性质分成若干子域，各子域间采用分区对接或分区重叠技术来连接。非结构网格不受求解域的拓扑结构与边界形状限制，构造起来非常方便，而且便于生成自适应网格，能根据流场特征自动调整网格密度，对提高局部区域计算精度十分有利。然而，非结构网格所需内存量和计算工作量都比结构型网格大得多，有些流场解法和模型不适用于非结构网格，如目前常用的一些代数湍流模型和壁面函数等就有这样的问题，此外多层网格技术用于非结构网格也有较多困难，因此，结构型网格和非结构型网格两者结合的复合型网格是网格生成技术的发展方向。

目前，FLURENT、STAR-CD与CFX都已具有非结构网格功能。除了CFD软件自带的网格生成模块，还可采用专门的网格生成软件，如Patran、Hypermesh、CFD-Geom、EAGLE、GRIDGEN等生成网格。

3.3.4 设定初始条件和边界条件

根据所处理问题的不同，单元模拟技术在求解计算前还要给定不同类型的初始条件和边界条件。边界条件包括进出口边界条件、壁面边界条件、内部单元区域边界条件和内部表面边界条件。初始条件和各种边界条件包含的具体内容随商业CFD软件的不同而各不相同。

3.3.5 选择求解模型

前面已经提到，CFD中涉及的模型包括各种流动模型、传热模型、多相流模型、燃烧模型、化学反应模型以及自由面流模型等模型。

单元过程中的流动有很多不同的特征，对每一种流动特征CFD又有一种到多种模型可以选择。流动特征按不同着眼点又有不同的描述方法。

(1)介质性质不同　根据流体剪切力与速度梯度是否为线性关系分为牛顿流体与非牛

顿流体，根据介质密度是否为常数分为不可压流体、弱可压流体、完全可压流体。

(2)流体形态不同　根据流动中是否有速度脉动分为层流与湍流，根据空间各点上流体质点的速度及其他表示流动的参数是否随时间变化分为定常流动和非定常流动。

(3)其他特征　除上述特征外，还有其他一些特征，如根据流场的几何特征有多孔介质中的流动，根据是否考虑浮力有浮力驱动流动等。

CFD中涉及的传热模型包括温差或密度差驱动的自然对流传热模型、流固体耦合传热模型、灰体或非灰体系统辐射模型。

3.3.6　设定求解参数及求解

求解参数的设定是为了控制求解的收敛速度和精度。求解参数包括差分格式的选择、时间步长的设定等。

求解计算即调用求解器进行计算及根据计算进程调整求解参数。

3.3.7　后处理

后处理就是对计算结果的可视化以及对模拟结果的定性和定量化分析。

CFD商业软件的流动显示模块都具有三维显示功能来展现这种流动特性，有的还能以动画功能演示非定常过程。

单元模拟主要有以下四方面的应用。

(1)工程放大　由于单元模拟技术采用机理性模型，原则上不限制结构形式、结构尺寸、工艺参数、操作参数，因此通过单元模拟技术可以跳过“实验室—小试—中试—工业”传统放大过程的某些环节，例如经过小试后直接进行工业装置放大验证。单元模拟技术作为一种工程放大手段，可以大量节省资金和时间，而且由于掌握了大量数据，放大的可靠性也高。

(2)技术创新，优化设计　在传统开发环境中，大量的创新思路或创新设想无法或难以验证，而在单元模拟技术辅助的开发环境中，新设想的验证变得容易，因此有助于进行技术创新，此外，由于极低的重复成本，单元模拟技术使包含大量设计循环的优化设计成为可能。

(3)诊断及扩能改造　通过单元模拟技术不仅可获得对过程机理的深入理解，而且可判断过程的故障原因、关键部分以及扩能潜力，进一步可验证各种改造和扩能方案的效能。

(4)生产调优以及控制　用单元模拟技术建立核心装置仿真模型，用于操作调优验证或用于控制系统数据采集，可有效降低运行风险，提高装置效能。

3.4　流程模拟

将一个由许多单元过程组成的化工流程用数学模型表现，并在计算机上作物料及能量衡算，且进一步计算各单元设备尺寸及成本的模拟称之为流程模拟。就其数学模型的表述及解算方法而言，已发展了两类模型化方法：序贯模块法和联立方程法。

3.4.1 序贯模块法

序贯模块法的基本思想是：对化工流程中的每一类单元设备编写计算模块，利用这些模块，可按实际流程的顺序由各单元设备的输入流和有关设备及操作参数计算其输出流；对流程中的循环流必须切断，并提供所有循环流的初始估计值，然后通过迭代计算使之收敛。

3.4.1.1 简单流程的序贯模块法

序贯模块法是一种逐模块计算的方法。而各种单元操作模块，通常都是按照相应的单元操作正常运行的情况设计的，即输入物流的变量为进行计算所需的各项设备参数，以其作为已知数据提供给模块，模块根据这些输入信息进行计算，得出输出物流数据及其他各项计算结果即输出信息。显然，对于系统结构逐单元向后传送且既无物流又无能流反向传递的简单流程情况，采用序贯模块法进行模拟是非常合适的。

3.4.1.2 含回路复杂流程的序贯模块法

实际工业生产中具有如此简单系统结构的过程系统是不多见的。大多数过程系统中都会有一些反向流动传递的物流或能流存在。其特点为：由于循环流的存在，这类单元组中位于前面的单元要受到从后面单元传送过来的物流的影响。在循环单元组中，也必定有某些物流，通过有关单元，形成首尾相接之势。这就称作形成了一个循环回路(简称回路)。

当流程中含有几个循环单元组时，为了解算方便，必须预先识别出来，也就是把整个流程分成各自只含有一个循环单元组的几部分或几块。这一步称为流程的分块(隔)。分块后，又存在一个序贯求解的先后顺序问题，称为排序。实际上，前面所讲的流程的分块(流程中循环单元组的识别)，如果流程比较复杂，光凭信息流图进行直接观察来实现分块，有时会感到困难，需有一套方法。特别是在通用过程模拟系统中，流程结构是以过程矩阵形式通过程序输入计算机的，这时，如果要求计算机代替人工去自动执行分块和切割的任务，那就更需要有一套分块算法，把它们也编入程序，来实现这一目的。

在流程的循环单元组中，无法直接地、简单地采用逐模块计算的做法。因为，在循环单元组中，必然有这样的模块，其输入物流是后面的模块的输出物流。这样，在后面的模块尚未进行计算前，其输出信息尚未得出，前面的模块将无法着手计算。即处于循环单元组中各个单元的模块，原则上需要同时进行求解。然而，在序贯模块法中，真正要同时去求解几个模块，是不可能的，需另想解决办法。

以一个最简单的典型情况为例，设有一仅有A、B两个单元组成的循环单元组，其信息流如图3-5(a)所示。物流1代表已知的进料物流，物流3由单元B返回单元A，代表了循环流。这样，物流2、3(通过单元A、B)就形成了一个循环回路。如果要对单元A进行求解，就首先必须使物流3传送给单元A的也是已知数据。为此，即可采取以下做法：先为物流3的数据估设一初始值，造成可以对单元A进行求解的条件。在用单元A模块解出物流2的数据后，随即可对单元B进行求解，而得到物流3及物流4的计算值。在经过这样一轮逐模块的计算之后所得出的物流3数据的计算值，当然未必会与前面的估计值刚好相符(一般不相符)。于是设法生成新的估计值，而开始新一轮的逐模块计算，如次迭代，直至物流 3 数据的计算值达到与其估计值在给定的误差范围内(收敛)时，结束计算，将这时得到的物流 3 以及物流 2、4 的数据取为最后结果，而完成模拟任务。

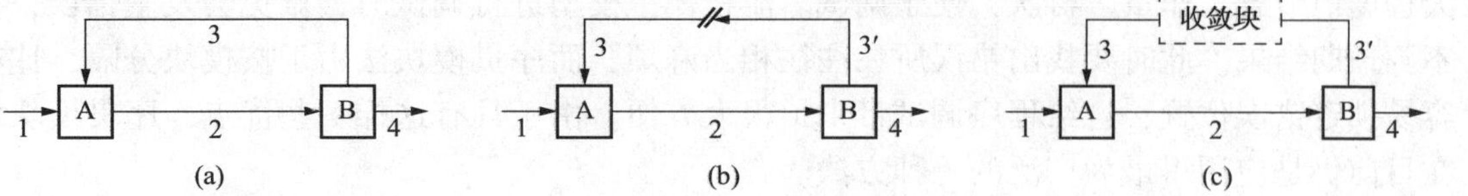

图 3-5　循环回路的切割与收敛块

在以上做法中，先对物流 3 的数据提出估计值，后又得出其计算值，这从概念上看，相当于是在该物流处，把循环单元组中含有的循环回路破开了，而造成可以开始进行逐模块计算(序贯模块法的实质)的局面。这一步骤就称作(对循环回路)切割或断裂。图 3-5(b)形象地示出了该切割步骤，并将原为同一物流而被切割开的两截，分别标以 3 和 3′，以示区别。由此可见，切割是序贯模块法中的一个重要手段，它使得原需同时求解的循环单元组中的各个单元能够采用序贯模块法的方式进行求解，但必须通过迭代收敛的途径来实现。在迭代未收敛时，根据所切割的物流(简称“切割物流”或“切割流”、“断裂流”)数据的计算值，生成其新一轮的估计值。这一过程必须通过计算机程序中的某种算法模块来实现。这种模块称为收敛模块，如图 3-5(c)所示。收敛块中需采取的算法，依然是某种方程组的解法。

在序贯模块法中进行切割操作时需注意以下几个问题：

①一个循环单元组中可以含有不止一条循环回路。

②上面给出的是一个只需切割一条物流就可解决问题的例子。切割流的数目，要视循环单元组的具体情况而定。然而对于情况比较复杂的循环单元组(含有不止一个循环回路)，就常可发现，只切割一条物流，不能解决问题，而是必须同时切割多条物流，才能实现循环单元组的求解。

③切割方案与切割流的选择通常并不是唯一的。对于含有不止一条循环回路，要求切割物流数目更多的循环单元组，必定存在更多的可行方案。

④如果循环单元组的情况比较复杂，仅凭简单的直接观察来选择适合的切割方案可能会比较困难。特别是当存在多种可行的切割方案，需要从中选出最优或较优的一种来时，还应提出某种选择标准，作为权衡的依据。

3.4.1.3　序贯模块法的优点

序贯模块法具有很突出的优点。首先，十分便于应用。进行模拟原本需要先提出模型。在应用序贯模块法时，用户针对所面临的实际问题而提出整个系统的模型，将是一件十分容易的事情。实际上情况将是这样的：流程系统模型所包括的各类方程中，单元模型方程已被分散隐藏到各个模块当中。而物流联系方程，由于其作用被依次调用各个模块的做法所代替，从而已不再需要。另外，如果只是模拟型问题，设计要求方程也不出现。这样，对于用户来说，只需比照实际流程的构成情况，在计算机程序中将现成的单元操作模块“拼接”在一起，也就同时建立起了系统模型。这显然将给用户带来极大的方便。特别对于工程技术人员来说更是得心应手。序贯模块法的另一个优点：继承大量已有成果。迄今所开发和积累下来的各种单元操作模块(其中包括了模型和解算方法)，在采用序贯模块法时均可得到充分利用，不至将这些宝贵财富弃置一旁，而一切重新开始。这将显然可以很大程度地节省工作量。再次，便于调试。流程模拟模型进行调试时，难免会发生错误，得不到预期结果。此时要找出错误所在往往相当麻烦，而序贯模块法由于按模块分隔，比较容易锁定错误位置，这给程序调试带来了很大方便。由于具有这样一些优点，序贯模块法在目前仍是应用得最为广泛的一种方法。

3.4.1.4 序贯模块法的缺点

尽管序贯模块法具有前面指出的那些明显优点，但仍是得到最广泛应用的一种方法，毋庸讳言，它也存在着一些问题乃至缺点。

首先，在每个单元模块内部，都是采取某种解法按照迭代计算的方式来求解其中的单元模型，每个单元模块都要用到物性，而物性往往也需要迭代才能得到，因此，每个模块计算的完成，都意味着其中已经进行了多轮迭代计算。容易想象，通过安插收敛块的做法来求解一个循环单元组的问题，则又增加了一个较高层次的迭代回路，这显然又进一步加大了计算工作量。

其次，从过程最优化的角度来看序贯模块法中存在的问题。从发展趋势上看，流程模拟在仍然继续保有单独应用的重要意义的同时，已愈来愈多地同过程最优化的工作结合起来应用，具体来说，就是在过程最优化中应用流程模拟，使流程模拟为过程服务。过程最优化的每一轮计算，也就是对决策变量数值调整后的目标函数的计算，都需要在完成一轮流程模拟的基础上进行，因为要通过流程模拟才能取得计算目标函数所需的数据。这样就可看出以下两点：

①若决策变量恰好都是在常规模块的固定的设计变量(即各单元入口物流的物流变量以及各单元的为计算所需的设备参数)的范围之内，那么调用序贯模块法流程模拟系统来执行每轮的流程模拟，情况还比较简单。这时，如果流程中有循环回路(这是常有的情况)，模拟中要用到收敛块，模拟的迭代回路中的计算工作量已经不小，也将使总的计算工作量(指最优化同模拟两个大层次的迭代回路嵌套在一起时的计算工作量)相当巨大。

②若决策变量中包括有不属于上述常规模块固定的设计变量的(这是最优化问题中常会遇到的正常情况)，那么，这就变成了优化型问题中又嵌套着设计型问题，情况就更加复杂了。这时在调用序贯模块法流程模拟系统来执行每轮的流程模拟时，都还要再加上控制块的迭代运算，这显然又将进一步大大增加总的计算工作量，甚至使这样的做法成为完全是不现实的。

总的来看，采取序贯模块法的流程模拟，广泛地用于解决单纯的模拟型问题，其优点也是明显的。如果用来解决设计型问题，就显得累赘。而若求解优化型问题，就显得更加不便。这些都促使人们去寻求另外的途径。

3.4.2 联立方程法

联立方程法是指对列出的一个作为整个复杂流程系统模型的庞大方程组即联立方程直接进行求解的流程模拟方法。

如果把复杂流程系统模型的庞大方程组表示为如下形式：

$$f(x)=0 \tag{3-72}$$

那么，通过联立方程法的途径来进行流程模拟也就变成了一个对这样的方程组进行求解的数学问题。这样一来，不论是设计型问题还是模拟型问题，不论是流程中是否含有循环单元组的模拟问题，在这种做法面前，就都变得没有什么原则区别。就设计型问题和模拟型问题的情况来看，前已指出，在序贯模块法中，这两类问题之所以表现出有明显区别(求解设计型问题需要设置控制块)，其根源就在于序贯模块法中所取用的单元模块上有设计变量选择固定化的问题。现在，既然要去求解的已经变成是整个系统模型合在一起的方程组，取用一个个现成模块的僵硬格局已被打破，则设计变量选择固定化的问题也就不复存在。为了对这一点看得更清楚，把变量向量 x 表示的所有变量，先从概念上划分成两部分，其中属于设计变量的一部分，也用向量的形式表示，记作 u；而其余的一部分，即只包含待解的状态变量的那一部分，不再另给新的符号，仍然用 x 来表示，这样，该式也可改写成：

$$f(x,\ u)=0 \tag{3-73}$$

现在既然已经摆脱了设计变量选择固定化的束缚，则在按照求解式 $f(x,\ u)=0$ 的方式来进行流程模拟时，从原来所有的变量中选出哪些来构成 u，就显然有了灵活选择的余地。这样就不难看出，除了在设计变量的选择上有所不同以外，用此方法来处理设计型问题或模拟型问题，在做法上自然不会再有什么区别，都同样在对所选定的设计变量赋值以后，求解如下方程组：

$$f(x,\ u^0)=0 \tag{3-74}$$

式中，u^0 代表的是赋值后的设计变量，这时它们已成为方程组中的已知数。

3.4.2.1　联立方程法的优点

对于模拟型、设计型、优化型问题没有区别。联立方程法对模拟型问题、设计型问题和优化型问题而言，只是给定方程，其处理方法都是相同的。因此，对设计型问题和优化型问题不需要采取专门的方法。

联立方程法避免了序贯模块法中多层次的迭代计算，故计算效率较高。特别是对设计型问题和优化型问题，其效果更为明显。因此，联立方程法成为流程模拟的发展趋势，现已出现成熟的商业化软件(如 HYSYS)，并在实时优化中得到应用。

由于用户不需要考虑解算方法，只要写出定义模型方程组(以及相关约束方程)即可，因此可以很方便地增加模块。易于实现稳态模拟与动态模拟结合，并在二者之间进行平滑切换。

3.4.2.2　联立方程法的缺点

然而，联立方程法也存在着一些不足和需要解决的问题。主要有：正确建立庞大方程组较为困难；不能继承已开发的大量单元模块；实现较为困难；初值选择较为困难；设计变量选择要求高；求解时错误诊断困难；内存需求大；缺少高效的非线性方程组求解算法等。

然而，这些不足主要是过去研究较少、计算机硬件限制等造成的，并不是联立方程法本身的问题。随着人们研究的不断深入、计算机技术和计算技术的飞速发展，这些所谓的不足部分已不存在或得到解决。目前，联立方程法已取得较大进展，由于联立方程法本质上的优点，已出现联立方程法代替序贯模块法的趋势。

3.5 主要发展动向

人工神经网络(Artificial Neural Network，ANN)是20世纪80年代以来人工智能领域兴起的研究热点。它从信息处理角度对人脑神经元网络进行抽象，建立某种简单模型，按不同的连接方式组成不同的网络。人工神经网络是一种运算模型，由大量的节点(或称神经元)之间相互联接构成。每个节点代表一种特定的输出函数，称为激励函数(activation function)。每两个节点间的连接都代表一个对于通过该连接信号的加权值，称之为权重，这相当于人工神经网络的记忆。网络的输出则依网络的连接方式，权重值和激励函数的不同而不同。而网络自身通常都是对自然界某种算法或者函数的逼近，也可能是对一种逻辑策略的表达。

人工神经网络可以看作是一种具有自组织、自学习能力的智能机器，它能模仿人的学习过程。比如，一个复杂化工装置的操作工人，开始学习操作时，由于没有经验，难以保证控制质量。但经过一段时间学习后，他就能逐步提高技能。人工神经网络正是模拟人类学习过程，通过给网络各种范例，把网络的实际输出与希望输出比较，根据偏差修改节点间的连接权，直到获得满意的输出。

近年来，人工神经网络的研究工作不断深入，已经取得了很大的进展，可分为以下三个大方向：

①探求人脑神经网络的生物结构和机制；

②用微电子或光学器件形成有一定功能的网络；

③将人工神经网络作为一种解决问题的手段和方法。

目前，其在模式识别、智能机器人、自动控制、预测估计、生物、医学、经济等领域已成功地解决了许多现代计算机难以解决的实际问题，表现出了良好的智能特性。而在化工领域也不例外，其应用主要包括以下几个方面：

(1)故障诊断　人工神经网络在故障诊断中的应用是其最具价值的化工过程应用。人工神经网络所具有的学习算法能使其对事物和环境具有较强的自学习、自适应和自组织能力。其在故障诊断和校正的过程中，不必建立严格的系统公式或其他数学模型，经数据样本训练后即可准确、有效地侦破和识别过失误差，同时校正测量数据中的随机误差。与直接应用非线性规划的校正方法相比，人工神经网络的计算速度快，在化工过程的实时数据校正方面具有明显的优势。目前应用于故障诊断的网络类型主要有：逆向传播(Back Propagation，BP)网络、径向基函数(Radical Basis Function，RBF)网络、自适应网络等。

BP算法是目前最为流行的故障诊断前馈网络。早在1993年，DOWNS等基于Tenessee Eastman化学公司某实际化工生产过程提出了一个仿真系统，该系统主要应用了BP神经网络。TE过程主要包括5个典型的反应单元：反应器、冷凝器、气液分离器、解吸塔、循环压缩机。整个生产过程有4个反应，生成2种产物，同时还存在一种副产物和一种惰性物。通过4维向量表示15种已知故障序号，并加入扰动，取出500组数据作为神经网络训练的数据，再取100组作为测试数据，通过自适应学习效率动量梯度下降反向传播算法或Levenberg-Marquardt反向传播算法进行训练，都能够得到泛化能力较好的神经网络，并且故障识别能力较高。1994年，WATANABE等开发了一种新型构架神经网络——Hann，对于化学反应器中的多个故障可以同时进行检测，并通过实例验证了该方法对于突发性故障的检测具有可行性和可靠性。2008年，谷雷分别运用BP神经网络和RBF神经网络对故障进行检测与诊断，发现在数值仿真实例中，该过程关系式是静态的、线性的，BP网络故障检测效果很好，故障发生时能准确地检测到。而在TE过程的故障检测中，各部分之间耦合严重，高度非线性，BP网络只能检测到个别故障，多数故障检测效果并不理想。在此基础上，他们还对基于概率神经网络的故障诊断过程进行了探索。

RBF网络是一种局部逼近函数，训练速度快，近年来逐渐成为人们用于故障诊断的首选，但它不能保证总能取得最优解，而且，决定RBF网络的最佳结构不是直接的，需要试验和误差逼近。自适应网络则可以克服网络学习过程中的稳定性问题，是改进的竞争学习。2010年，张卫华等提出了神经网络与符号定向图(SDG)相结合的故障诊断。所谓SDG，是由节点之间的方向连线(又称支路)构成的网络图，其中每个节点都代表着一个变量或者一个设备或者一种现象，其明显优点在于可以预留一些节点来代表那些不好解释的设备或现象，进而利用神经网络进行推理或解释。此方法并不依赖于精确的数学模型，故在迅速建立诊断模型以及识别新故障方面具有明显的优点，从而大大提高了对于某些不能解释或解释精确度不高故障诊断的准确度和完备性。2011年，缪素云将概率神经网络与一种多元统计分析方法——主元分析相结合应用于TE过程的故障诊断，并进行仿真研究，结果表明，先用主元方法对数据进行降维，然后再将降维后的数据输入到神经网络中进行故障诊断，不仅可以降低漏检率和误报率，而且网络的设计速度也有所提高。2016年，KUMAR等在数字回路的晶体管水平故障诊断中运用Matlab中的神经网络模型，反馈速度快，并且对于参数变量的改变有较好的反馈结果。

综上，人工神经网络应用于故障诊断主要呈现出以下特点：

①通过训练人工神经网络，可形成和存储有关过程知识并直接从定量的历史故障信息中学习；

②人工神经网络具有滤出噪声及在噪声情况下得出结论的能力，使人工神经网络适合于在线故障诊断和检测；

③人工神经网络具有分辨原因及故障类型的能力。

(2)化工过程控制与优化　随着各行业自动化进程的不断发展，化工过程对于自动控制和优化的要求也越来越高。由于化工控制优化过程的不确定性、非线性、时滞性以及多变量强耦合性，使得常规的控制系统有时难以奏效，而人工神经网络的出现使得各种过程的控制和优化结果得到进一步改善。

人工神经网络辅助过程控制和优化的原理是：当过程收到扰动信号时反馈给人工神经网络，神经网络对其数学模型进行修正，进而控制过程系统。

1986年，JAMES等首先将ANN用于控制界。1993年，GOH等基于非线性开环前馈多层神经网络对过程进行优化控制，比传统方法更加灵活。2001年，裴浩东研究证明了通过Hopfield神经网络方法能够解决工业过程的稳态优化问题。2004年，CHEN等提出一种结合通用动态矩阵控制算法神经网络模型的动态优化技术，优化计算性能更佳，且大大降低了计算时间。2009年，夏静选用广义回归神经网络，提出了一种基于粒子群算法结构参数优化的旋转广义回归神经网络，并通过实验仿真证明了该方法的有效性。2010年，安爱民提出基于改进微分进化MDE法的自适应神经网络权值的神经网络模型NMPC策略，有效改进了模型预测不准确，控制实时性差和控制质量下降的问题。2012年，ARCOTUMAPATHY等采用黄金分割方式选择神经元网络架构，构造神经网络模型，对催化剂设计这一多因素多目标优化问题进行研究，结果准确，鲁棒性强。2013年，CARTWRIGHT等将神经网络与进化算法结合对化工过程进行数据分析和动态过程控制，证明该方法有效可靠。2014年，AHMED运用BP反馈神经网络对CSTR、精馏塔以及中和过程中的输入变量和控制变量之间的非线性关系进行研究，并通过实验验证了运用神经网络对过程进行控制可以有效地追踪目标进程，扰动性低，反馈速度更快，平均误差更小。2016年，郭凯等运用BP网络的模糊神经网络对常减压装置进行PID控制，选取最复杂的被控对象——减压塔顶温度作为研究对象，并与其他控制方法进行比较。仿真结果表明，采用模糊神经网络控制可以提高常减压装置中的减压塔顶温度串级控制系统的鲁棒性。同年2月，任有志等在BP神经网络PID控制器算法的基础上提出多模态神经网络PID方法，并将其与普通PID控制方法进行比较，结果表明该方法自适应能力强、过渡时间短、鲁棒性好，可以提高响应速度，降低超调量，缩短调整时间，从而弥补了常规PID控制在聚合釜控制中参数难以整定，控温系统滞后、时变与非线性的缺点。

(3)质量控制　化工产品要想在市场中保持畅销趋势，主要取决于产品质量的优劣，将人工神经网络引入质量控制领域对于实际生产有着重大意义。1996年，TSEN等在醋酸乙烯酯乳液间歇聚合反应器中采用混合人工神经网络模型，结果与实验数据更加匹配。2001年，李圭贤等运用BP神经网络结构模型对VC产品进行质量控制，解决了隐层的结构问题，具有指导意义。2006年，郑唯唯基于Elman型反馈神经网络和模糊神经网络对过程质量进行智能控制，结果表明在缺乏数据的小批量生产中，质量控制稳定性和收敛速度存在局限性。2008年，程红军基于神经网络对多元质量控制进行研究，能够更好地进行质量诊断，寻找失控变量。2013年，杨明莉基于人工神经网络对软件质量预测模型展开分析，并以学习向量量化神经网络为具体研究对象，构建了相应的模型，结果令人满意。2015年，朱鹏飞等将混合核函数偏最小二乘法与人工神经网络结合构造一种软测量模型，应用于氯乙烯聚合过程质量指标控制，实现了质量指标平稳控制，降低了生产消耗，可指导实际生产。

(4)定量结构—活性/性质相关性分析　目前，人工神经网络是定量结构——活性/性质(QSAR/QSPR)相关性研究的重要建模方式。传统的研究方法是把结构和活性的关系归结为一种线性关系，然后进行线性分析，显然这种将QSAR/QSPR线性化的方法存在明显不足。而人工神经网络方法可以避免将QSAR/QSPR问题线性化所带来的不足，因此可通过人工神经网络对一系列化学结构及其活性进行学习、认识，模拟化学结构与活性的关系，形成一种结构与活性的关系，对新化合物活性进行预测。2008年，潘勇等运用三层BP神经网络对有机物燃烧过程中的闪点、自燃点以及爆炸极限等特性进行研究应用，发现神经网络方法在QSPR研究中可以针对有机物各类燃烧特性成功地建立理论预测模型，并且在定量结构应用中具有显著的优越性。2012 年，何琴等采用 BP 神经网络建立了 37 种氯代芳烃的结构与其对孔雀鱼急性毒性之间的定量关系模型。同年，他们采用人工神经网络建立了 35 种有机磷酸酯类化合物的结构及其对家蝇急性毒性之间的定量关系模型。两项研究均与 MLR 模型进行比较，结果表明，神经网络模型获得了更好的拟合效果，标准偏差和残差绝对值均较小。

(5) 物性估算　用神经网络来解决估算物质的性质必须解决三个基本问题，第一个是对物质的表征问题；第二个是采用何种神经网络及其算法问题；第三个是神经网络输入与输出数据的归一化问题。目前，BP 网络用于物性估算已较为成功，有许多学者对网络的收敛策略提出了改进方法，使该方法的收敛速度更快；Hopfield 神经网络如果能够将需要解决的问题(如拟合偏差最小问题)转化成网络的能量函数，就有可能将其应用于物性估算中。早在 1995 年，张向东等运用神经网络对有机物的基础物性进行估算，得到的估算精度可以满足化工计算的要求。1998 年，陈海松等在基团贡献模型中引入人工神经网络，建立了纯物质汽化热的人工神经网络新算法，预测结果优于当时较好的一种基团贡献模型，并且对多基团有机物效果更佳。2001 年，旷戈等提出估算有机物临界参数、常压沸点的基团贡献人工神经网络集成法，研究表明该方法具有很好的灵活性，与常用基团贡献法相比更具优越性。2004 年，贺益君等采用基团贡献人工神经网络集成法估算有机物的常压凝固点，研究表明该模型具有良好的稳定性和预测精度。2005 年，TATLIER 等利用神经网络对沸石合成成分进行预测，结果表明该方法显著减少了实验次数。2007 年，潘勇等建立了基于 BP 神经网络的基团贡献模型，来预测有机物的闪点，该方法对有机物及烷烃闪点的预测与实验值基本符合，绝对平均绝对误差和绝对平均相对误差较小。2011 年，Gharagheizi 等采用基团贡献人工神经网络集成法对临界压力、温度、体积和偏心因子等进行预测，结果表明该法预测精度相对较高。2013 年，Moosavi 等运用人工神经网络模型对不同聚合物的比容积进行预测，研究表明该方法程序更加简单，精度更高。2015 年，Khazaiepoul 等利用多层感知神经网络输入温度、压力、临界温度、临界压力、密度、分子量和偏心因子，对超临界 CO_2 分散燃料的溶解度进行训练，通过与 NSA 和 GE 模型进行比较，结果表明 ANN 模型的误差最小。

3.6　未来发展趋势

2017 年 12 月，人工智能入选“2017 年度中国媒体十大流行语”。

可以设想，未来人工智能带来的科技产品，将会是人类智慧的“容器”。人工智能可以对人的意识、思维的信息过程的模拟。人工智能不是人的智能，但能像人那样思考、也可能超过人的智能。

思　考　题

(1) 分子模拟、单元模拟与流程模拟三者之间存在何种关系？如何在实际工业应用过程中体现这种关系？

(2)在分子模拟过程中，组分间相互作用参数的选取如何与实际体系相对应？
(3)如何利用 Aspen Plus 的工艺流程模拟结果更好地指导实际生产过程？

参考文献

[1]屈一新著．化工过程数值模拟及软件．北京：化学工业出版社，2006
[2]李文波，毛鹏生，王长英，俞裕国．化工流程模拟技术的现状与发展．化工时刊，1998，12(6)：3~6
[3]杨友麒．化工过程模拟．化工进展，1996，(3)：1~7
[4]杨小震著．分子模拟与高分子材料．北京：科学出版社，2002
[5]Metropolis N，Ulam S. The Monte Carlo Method. J Am Stat Ass，1949，44：335~341
[6]Metropolis N，Rosenbluth A W，Rosenbluth M N，Teller A H，Teller E. Equation of state calculations by fast computing machines. Journal of Chemical Physics，1953，21(6)：1087~1092
[7]von Neumann J. Various techniques used in connection with random digits. US Nat Bur Stand Appl Math Ser，1951，12：36~38
[8]von Neumann J，Ulam S. Random ergodic theorems. Bull Am Math Soc，1945，51(9)：660
[9]Press W H，Teukolsky S A，Vetterling W T，Flannery B P. Numerical recipes in FORTRAN，the art of scientific computing(2nd edn). Cambridge：Cambridge University Press，1992
[10]Allen M P，Tildesley D J. Computer Simulation of Liquids. Oxford：Clarendon Press，1987
[11]Wood W W，Jocobson J D. Monte Carlo calculations in statistical mechanics. Proceedings of the Western Joint Computer Conference，San Francisco，1959：261~269
[12]严琪良．链状分子流体热力学性质的计算机模拟研究．华东理工大学博士研究生学位论文，1996
[13]Alder B J，Wainwright T E. Phase transition for a hard sphere system. Journal of Chemical Physics. 1957，27(5)：1208~1209
[14]胡英，刘国杰，徐英年，谭子明著．应用统计力学．北京：化学工业出版社，1990
[15]Verlet L. Computer“experiments”on classical fluids. I. thermodynamical properties of Lennard-Jones molecules. Physical Review，1967，159(1)：98~103
[16]Swope W C，Andersen H C，Berens P H，Wilson K R. A computer simulation method for the calculation of equilibrium constants for the formation of physical clusters of molecules：application to small water clusters. Journal of Chemical Physics，1982，76(1)：637~649
[17]Hoogerbrugge P J，Koelman J M V A. Simulating microscopic hydrodynamic phenomena with dissipativeparticle dynamics. Europhysics Letters，1992，19(3)：155~160
[18]Koelman J M V A，Hoogerbrugge P J. Dynamic simulations of hard-sphere suspensions under steady shear. Europhysics Letters，1993，21(3)：363~368
[19]Español P，Warren P B. Statistical mechanics of dissipative particle dynamics. Europhysics Letters，1995，30(4)：192~196
[20]Groot R D，Warren P B. Dissipative particle dynamics：bridging the gap between atomistic and mesoscopic simulation. Journal of Chemical Physics，1997，107(11)：4423~4435
[21]Willemsen S M，Vlugt T J H，Hoefsloot H C J，Smit B. Combining dissipative particle dynamics and Monte Carlo techniques. Journal of Computational Physics，1998，147(2)：507~517
[22]Qian H J，Lu Z Y，Chen L J，Li Z S，Sun C C. Computer simulation of cyclic block copolymer microphase

separation. Macromolecules, 2005, 38(4): 1395~1401
[23]Quentrec B, Brot C. New method for searching for neighbors in molecular dynamics computations. Journal of Computational Physics, 1975, 13(3): 430~432
[24]Hockney R W, Eastwood J W. Computer Simulation using Particles. New York: McGraw-Hill, 1981
[25]Alder B J, Wainwright T E. Studies in molecular dynamics. I. general method. Journal of Chemical Physics, 1959, 31(2): 459~466
[26]Knuth D. The Art of Computer Programming(2^{nd}edn). Addison-Wesley Reading, MA. 1973
[27]创腾科技官方网站：http：//www. neotrident. com/
[28]朱开宏等著 . 化工过程流程模拟 . 北京：中国石化出版社，1993
[29]杨友麒，项曙光著 . 化工过程模拟与优化 . 北京：化学工业出版社，2006
[30]北京中油奥特科技有限公司官方网站：http：//www. zy-aoto. com/
[31]WinSim Inc. 公司官方网站：http：//www. winsim. com/
[32]孙兰义主编 . 化工流程模拟实训——Aspen Plus 教程 . 北京：化学工业出版社，2012
[33]王静康主编 . 化工过程设计 . 北京：化学工业出版社，2006
[34]刘白林主编 . 人工智能与专家系统 . 西安：西安交通大学出版社，2012
[35]宋泓阳，孙晓岩，项曙光 . 人工神经网络在化工过程中的应用进展 . 化工进展，2016，35(12)：3755~3762

第4章 绿色能源技术与工艺

4.1 概述

4.1.1 能源及其分类

人类社会的进步，科学技术的发展，人类对物质性质认识的深入，使得我们很难对能源下一个十分确切的定义。在各国的百科全书中对于能源的定义也不尽相同，但是都能反映出能源是一种呈多种形式的、且可以相互转换的能量源泉。简单地说，能源是自然界中能为人类提供某种形式能量的物质资源。如煤和石油等化石能源提供热能，水力和风力提供机械能，地热提供热能，太阳提供电磁辐射能(可转化为电能或热能)。许多自然过程都产生一定的能量，甚至普通垃圾也可以转化为能量，但转化的难易程度有差异。因此能源又可以定义为比较集中又比较容易转化的含能物质或含能资源。

4.1.1.1 能源的分类

能源从不同的角度考虑可以有不同的分类，如果按照能源的初始来源可以分为四类：

①源于太阳的能源，包括可直接利用的太阳的光和热，以及各种植物通过光合作用把太阳能转变成化学能在植物体内贮存下来的能量，诸如古代动植物经过漫长的地质年代形成的煤炭、石油、天然气、油页岩等化石燃料以及目前生长在地球上的一切动植物。此外，水能、风能、海洋能等也都是由太阳能转换来的。

②源于地球内部的能源，因为地球从地面向下，随着深度的增加，温度也不断增高。因此会有从地下喷出地面的温泉以及火山爆发喷出的岩浆，这些就是源于地球内部的地热。

③源于原子核反应的能源，某些物质在发生原子核反应时会释放出能量。目前在世界各地运行的440多座核电站就是使用铀原子核裂变时放出的热量。另外人们还在研究使用氘、氚、锂等轻核聚变放出能量的核电站。

④源于太阳-月球-地球之间相互关系的能源，这一类主要是潮汐能，它是由于地球、月亮、太阳之间有规律的运动，造成相对位置周期性的变化，它们之间产生的引力使海水涨落而形成的。

按照人类开始使用能源的历史划分可以分为常规能源和新能源，常规能源是指人类已经或正在大量使用的能源，此类能源包括煤炭、石油、天然气、水电等。近一二十年才被发现的有很好发展前景的能源，或是已经被利用但是占目前使用能源比例较小的能源称为新能源，此类能源包括太阳能、地热能、生物质能、海洋能等。

按照对环境的影响上分为清洁能源和非清洁能源，对环境无污染或污染小的能源称为清洁能源，又称为绿色能源，如水能、风能、太阳能、生物质能、燃料电池等。对环境污染较大的能源称为非清洁能源，如煤炭、油页岩等。

按照能否再生可以分为可再生能源和不可再生能源，可以在自然界中再生，不会因为长期使用而减少的能源称为可再生能源，如风能、太阳能、生物质能等。经过亿万年形成的、短期内无法恢复的能源，称为不可再生能源，如煤炭、石油、天然气等。

另外能源还有其他分类方式，比如一次能源和二次能源，燃料能源和非燃料能源，商品能源和非商品能源等。

4.1.1.2　世界能源消费现状和趋势

1. 世界化石能源的储量、生产和消费

《BP 世界能源统计 2018》指出：截至 2017 年年底，以 2017 年的消费量计算，世界现有探明的石油储量为 16911 亿桶，将在 48.3 年后全部耗尽；天然气储量为 193.5 万亿立方米，将在 52 年后开采完毕；煤炭的储量为 1035012 百万吨，可开采年限稍长，为 190 年。考虑到全球能源消费逐年增长，三种化石能源的实际可开采年限远小于上述年限。由于有限的资源储量和日渐增加的能源消费量，化石燃料的价格不断上涨。而化石燃料的消费量却是每年都在增加，近十年来，可再生能源的广泛使用使得化石燃料的增速减缓，但还是呈现增加趋势。2017 年，原油的消费量较 2007 年增加了 12.7%，天然气增加了 24.1%，煤炭增加了 8.2%。

2. 世界能源需求预测

从长期看，世界终将面临替代石油和其他化石燃料的新能源时代。目前增长迅速较快的新能源有生物燃料、风能和太阳能，以这些能源为代表的新能源在以年均 20%~30%的速度增长。

可再生能源在能源消费中所占的比重将越来越大，据美国能源部能源情报署(EIA)完成的《国际能源展望 2017》预测，世界能源消费在 25 年内(2016~2040 年)将增加 30%。要减轻全球能源需求的增加带来的压力，减轻对石油的依赖，发展可持续的绿色能源是全球的共识。可再生能源将是增长最快的燃料来源，年均增长率为 7.6%；受太阳能和风能竞争力提高的推动，可再生能源的增长将翻两番。未来 20 年，中国将是可再生能源增长的最大来源，其可再生能源增量将超过欧盟和美国之和。

化石能源是不可再生能源，这些资源总有一天要枯竭。各种迹象表明未来数十年内石油价格都将呈现上升趋势，全球都在为进入“后石油时代”在作准备。

4.1.2　绿色能源

4.1.2.1　绿色能源的概念

在能源的生产及消费过程中对环境无污染或污染小的能源称为绿色能源，如水能、风能、太阳能、生物质能、燃料电池、锂电池等。随着人类环保意识的增强，绿色能源越来越受到人们的重视。18 世纪的工业革命揭开了人类历史的新篇章，人类掌握了日益先进的干预自然的手段和工具，山川、河流、森林、海洋……到处都留下了人类活动的足迹。

社会生产力发展速度惊人，物质财富迅速增长，这都极大地刺激了人类对自然的征服欲和占有欲。就在人类创造一个又一个经济奇迹的同时，又一步步地把自己推向了灾难的边缘：能源危机、生态危机、环境危机、粮食危机都是人类不加节制地破坏大自然的后果。由于大量使用化石能源、砍伐森林以及化学排放等，人类正面临着严峻的生态和环境危机。化石能源带来的温室效应、大气污染等严重影响了人类自然的生态环境，人类对生态和环境危机有着不可推卸的责任，因此开发和使用绿色能源是人类推动社会发展，保护生态环境的不二选择。

4.1.2.2 绿色能源技术

1. 生物质能源

生物质能是指直接或间接地通过绿色植物的光合作用，把太阳能转化为化学能后固定和储藏在生物体内的能量。生物质能是世界上首位的可再生能源，是仅次于煤炭、石油和天然气而居于世界能源总量第四的能源。生物质也是唯一可以转化为液体燃料的可再生能源。自然界每年储存的生物质能相当于世界主要燃料的10倍，而现在全世界能源的利用量还不到其总量的1%，因此生物质能将成为21世纪主要的能源之一。据预计，到本世纪中叶，采用新技术生产的各种生物质替代燃料将占全球总能耗的40%以上。

中国生物质资源非常丰富，主要有每年7亿多吨的农作物秸秆和相当于1.3亿吨石油能量的林业采伐及加工剩余物。另外，中国还有1亿多公顷的土地不宜种植粮食作为边际性土地。这些都是发展生物质燃料的基础。

2. 锂电池

锂离子电池在充放电的过程中，没有金属锂存在，只有锂离子经过电解液在正极和负极之间迁移，所以称之为锂离子电池。锂离子电池具有比能量较大、工作电压高、自放电小、循环寿命长、无记忆、无污染绿色环保等优点，已逐渐替代传统的二次电池被广泛应用于移动电子设备的移动电源，也逐渐使用在电动自行车、电动汽车等中大型电子设备上。目前常用的锂电池负极材料为碳材料，正极材料为含锂的化合物。锂离子电池在相当长一段时间内，仍然会是应用最广、发展最快的一种二次电池。锂电池电极材料的晶体结构，形貌尺寸，结构稳定性，是获得高容量、长寿命的锂离子电池的关键。目前开发新一代锂离子电池的关键是能够深入研究影响电池性能的因素，开发出成本低，比容量高，能够大电流充放电的电极材料。

3. 燃料电池

燃料电池是一种通过电化学反应直接将燃料的化学能转变为电能的高效发电技术。燃料电池与通常使用的蓄电池、干电池等电池的区别在于它不是一个能量储存装置，是长期可用以发电的设备，不像干电池那样一次用完，而是一个能量转化装置，需要不断地供应燃料和氧化剂才能维持连续的电能输出。由于燃料电池直接将燃料的化学能转化为电能，中间不经过燃烧过程，因而不受卡诺循环的限制，燃料电池的能量转换效率大大高于火力发电，而且燃料电池还具有灵活性大、燃料适用范围广适应性强的特点，目前已被逐渐应用在便携式电源系统、航空航天、核潜艇，以及作为汽车的动力源。燃料电池通常是按构成的电解质来分类，主要可以分为五种燃料电池类型：质子交换膜燃料电池、碱性燃料电池、磷酸燃料电池、固体氧化物燃料电池、熔融碳酸盐燃料电池。

4. 其他绿色能源

太阳有“能源之母”的叫法，由于太阳能分布广泛，取之不尽、用之不竭，而且无污染，被科学家认为是未来人类社会最合适、最安全、最绿色、最理想的替代能源。太阳表面温度高达6000℃，内部不断进行核聚变反应，蕴含能量巨大。资料显示：太阳每分钟射向地球的能量相当于人类一年所耗用的能量。但是到达地球表面的太阳能只有千分之一二被植物吸收，并转化成化学能储存起来，其他绝大部分转换成热，散发到宇宙空间。因此大力开发利用太阳能是21世纪的高新技术，也是很有发展前途的一种绿色能源。目前太阳能的利用主要是太阳能热水器和太阳能发电。

风能是指由于空气流动所产生的动能。是由太阳辐射热而引起，太阳辐照到地球表面，地球表面受热的情况不同，各处产生温差，进而形成气压差而导致空气流动。风能的特点是可以再生、分布广泛、没有污染。风能可以转化成其他不同形式的能源，比如机械能、电能、热能等。但风能是一种过程性能源，不能直接储存起来，只有转化成其他形式的可以储存的能量才能储存。

氢能是指游离的分子氢 H_2 所具有的能量，通常以燃烧或化学反应的形式释放出来，即主要以热能或化学能的形式出现。氢能可以输送、储存、大规模生产和可再生利用，同时对环境友好，基本上没有环境污染。虽然地球上氢元素含量十分丰富，但是游离的氢却十分稀少。氢通常以化合物的形态存在于水、生物质和矿物质燃料中。要从这些物质中获得氢，需要消耗大量的能量。为了实现氢能的大规模应用，找到一种廉价低能耗的制氢方法是关键。

4.2　生物质能源基础

4.2.1　生物质的定义、特性和分析

4.2.1.1　生物质的定义及范畴

生物质是自然界中有生命的可以生长的各种有机物质以及其代谢的产物，包括动植物和微生物及其代谢产物。能够作为能源的生物质分为两大类：一是为了获取生物质能而专门种植的或培育的作物，称为能源作物；另外一类是废弃生物质，包括林产品下脚料，农作物秸秆，水生植物，人类和动物排泄物，城市垃圾中的生物质废弃物等。

1. 能源作物

《中华人民共和国可再生能源法》中指出：能源作物是指经专门种植，用以提供能源原料的草本和木本植物。能源作物可以直接作为燃料，也可以转化为其他的生物质燃料。例如木材可以直接燃烧作燃料，另外其中的木质纤维素也可以通过水解后发酵制取酒精，还可以通过热裂解获得燃料油。能源作物根据所含成分的不同可以分为三类：①淀粉和糖料作物类，富含淀粉和糖类，用于生产燃料乙醇，如玉米、高粱等禾谷类作物和甘薯、木薯、马铃薯等薯类作物；②油脂作物类，富含油脂，通过脂化过程形成脂肪酸甲酯类物

质，即生物柴油，如油菜、向日葵、蓖麻、大豆、麻疯树、棕榈树、锦葵、海澡等滩涂和海产品；③木质纤维素作物类，富含纤维素、半纤维素和木质素，可以通过转化获得热能、电能、乙醇和生物气体，如各种树木、农产品秸秆等。

中国的能源法明确指出：国家鼓励在保护生态环境的前提下，合理利用荒山荒丘、滩涂、盐碱地等不宜种植粮食作物的土地种植能源作物，禁止占用基本农田发展生物质能源产业。显然，国家鼓励发展生物能源，种植能源作物，但“禁止占用基本农田”，是要利用边际性土地发展“非粮”生物能源。

2. 生物质废弃物

生物质废弃物包括林业、农业的废弃物、动物的排泄物、城市生活垃圾等。其中林业废弃物是在砍伐和加工树木的同时，总会产生许多木屑或者锯屑，或者是整块的木头由于不适合加工而被切割出来。这些林业废弃物如果不加以利用，它们就会在自然界中腐化为其他作物的养料。农业废弃物主要是指粮食作物的秸秆、壳皮以及农产品加工剩余的纤维素类物质等。农业废弃物一年可以达到十多亿吨，这蕴藏着巨大的能源，如果单纯的焚烧处理，不但浪费了能源，而且污染了环境。动物排泄物发酵所释放的气体是温室气体的主要来源之一。据估算，美国10%的甲烷来自于动物排泄物。如果没有很好地处理这些排泄物，还会对水体造成污染。随着城市化进程地加快，城市生活垃圾也在呈现上升趋势，在工业发达国家，每个家庭平均一年要产生 1t 以上的垃圾，而平均 1t 垃圾里都含有 9GJ 的热量。工业生产中也会产生富含有机质的垃圾，比如工业污泥等。

4.2.1.2 生物质的特征和组成

生物质主要由纤维素、半纤维素、木质素、淀粉、蛋白质、糖类、油脂等组成，不同类型的生物质，其各组成的含量差异很大。纤维素是以 D-吡喃式葡萄糖基作为结构基环，基环间以 β 葡萄糖苷键连接，形成的线性大分子，其分子式是$(C_6H_{10}O_5)_n$，其中 n 为聚合度。纤维素的聚合度比较大，天然棉纤维由大约 15300 个葡萄糖基组成，木材纤维素平均聚合度约为 10000。纤维素是自然界中资源最为丰富的碳水化合物，是植物细胞壁的主要成分。木材中含纤维素约 40%~55%，稻壳中含纤维素约 30%~50%，花生壳和玉米芯中纤维素含量为 50%~60%。因此，可以说纤维素是自然界最丰富的一种可再生有机资源。

半纤维素是由几种不同类型的单糖元聚合而成的多聚体，这些糖是五碳糖和六碳糖，包括木糖、阿拉伯糖、甘露糖和半乳糖等。半纤维素是植物细胞壁中一群穿插于纤维素和木质素之间，并且相互连接，从而和纤维素、木质素构成了坚硬的细胞相互连接的网络。半纤维素高聚糖的聚合度相对较低，聚木糖类的平均聚合度约为 100~300，聚半乳糖的平均聚合度一般在 200~600。半纤维素在生物质中的含量相对也比较多，木材类约 25%~40%，秸秆中约 24%~35%。

木质素是由三种不同的结构单元重复连接而成的具有网状结构的无定形的芳香族聚合物。这三种基本结构单元是愈创木酚基型、紫丁香酚基型、对丙苯酚基型。木质素是仅次于纤维素的一种最丰富且重要的大分子有机聚合物，存在于植物细胞壁中。木质素在纤维之间相当于黏结剂，与纤维素、半纤维素等成分一起构成植物的主要结构。细胞壁中的半纤维素和木质素通过共价键联结成网络结构，纤维素束镶嵌在其中，示意图见

图 4-1。

淀粉是 D-葡萄糖以 α-糖苷键连接成的多聚体。它们可用通式$(C_6H_{10}O_5)_n$ 表示。淀粉一般是两种成分组成的：一种是直链淀粉；另一种是支链淀粉。直链淀粉大约是由 100~1000 个(一般为 250~300 个)α-D-葡萄糖单位通过 α-1，4-苷键连接而成的长链分子，支链淀粉由 1000 个以上(一般平均 6000 个)α-D-葡萄糖单位连接而成的树状的大分子，为天然高分子化合物中最大的一种。

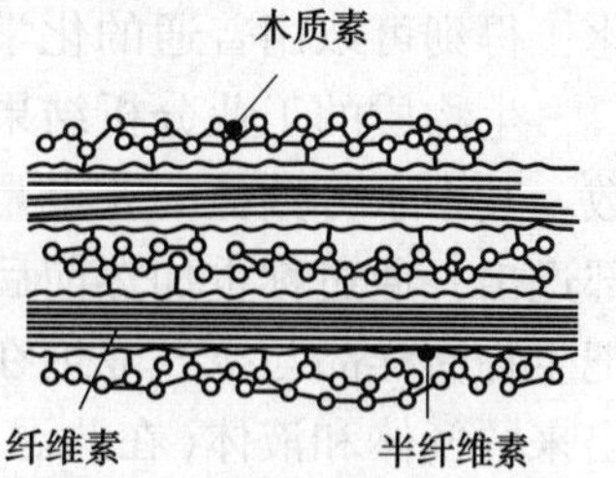

图 4-1　细胞壁构成的示意图

蛋白质是以氨基酸为基本单位所构成的生物大分子，构成蛋白质的氨基酸有 20 多种。蛋白质的结构非常复杂，它不仅存在着多肽链内氨基酸的种类和排列问题(构造)，还存在着一条多肽链本身或几条多肽链之间的空间结构问题(构型和构象)。

油脂是油和脂肪的总称，通常把在常温下呈液态的称为油，呈固态的称为脂肪。油脂不论来自动物体或植物体，也不论在常温下是液态或是固态，其水解产物均含有高级脂肪酸和甘油。因此，油脂是由高级脂肪酸和甘油所形成的酯。其通式可表示如下：

$$\begin{array}{l} H_2C—COOR' \\ \quad | \\ HC—COOR'' \\ \quad | \\ H_2C—COOR''' \end{array}$$

不同生物质中各成分的含量不同，表 4-1 为几种木质纤维素类生物质的组成分析。

表 4-1　几种木质纤维素类生物质的组成

原料	纤维素/%	半纤维素/%	木质素/%
硬木	40~55	24~40	18~25
软木	40~50	25~35	25~35
玉米芯	45	35	15
草	25~40	35~50	10~30
麦秸	30	50	15
树叶	15~20	80~85	0
报纸	40~55	25~40	18~30

4.2.1.3　生物质的分析

可以作为能源的生物质主要是富含木质纤维的生物质，本节就以此类生物质为对象，介绍对于生物质的两种分析：工业分析和元素分析。

1. 工业分析

工业分析法对生物质进行分析可以得出燃料的规范性组成，此组成可以给出固体燃料中可燃成分和不可燃成分的含量。可燃成分主要是挥发分和固定碳，不可燃成分主要是水分和灰分。工业分析得出的规范性组成(比如灰分)并不是生物质燃料的固有形态，而是在一定条件下，用加热或燃烧的方法将生物质燃料中原有的极为复杂的组分加以分解和转化，得到可以用普通的化学分析方法去研究的组成。

生物质的工业分析结果是得到水分、挥发分、固定碳和灰分在生物质中所的质量百分数。其中水分数值的获得是通过加热生物质到105~110℃，使生物质中的游离水分能够全部逸出，通过称重加热前后生物质的质量变化就可以得到生物质中水分的质量；挥发分是把生物质样品与空气隔绝在一定的温度条件下加热一定时间后，由生物质中有机物质分解出来的气体和液体(在此温度下为蒸气状态)物质称为挥发分。国家标准《煤的工业分析方法》(GB/T 28731—2012)规定：使用带有严密盖子的专用瓷质坩埚，在(900±10)℃下隔绝空气加热7min，为测定挥发分的条件。实际上，挥发分就是一组芳香族碳氢化合物的混合物。灰分是生物质在一定温度下完全燃烧，其所含可燃物全部燃烧的同时，所含矿物质在空气中经过一系列分解、化合等复杂反应后所剩余的残渣。因此，灰分的数值常常用来表征生物质中矿物质的含量。固定碳是燃料中以单质形式存在的碳，燃点很高，其质量是由挥发分逸出后的残留物(焦渣)质量减去灰分质量得到。

2. 元素分析

生物质的元素分析指组成燃料的各种元素(主要是可燃质的有机元素)分别在生物质中所占的比例关系，不反映由元素结合成的化学组成与结构。生物质燃料的元素组成为：碳(C)、氢(H)、氧(O)、氮(N)、硫(S)等。燃料中这几种元素的含量与燃料的燃烧性能密切相关，影响各不相同。生物质燃料区别于普通化石燃料的一点是生物质燃料中的氧含量比较高，通常达到35%~48%。表4-2中列出了几种生物质的元素组成和热值。

表4-2 几种主要生物质的元素分析组成和热值

种类	元素分析结果/%					HHV/(kJ/kg)	LHV/(kJ/kg)
	C	H	O	N	S		
红木	50.80	6.00	41.70	0.60	0.02	20795	10485
玉米秸	49.30	6.00	43.60	0.70	0.11	19065	17746
花生壳	54.90	6.70	36.90	1.37	0.10	22869	21417
稻草	48.30	5.30	42.20	0.81	0.09	18803	17636
玉米芯	47.20	6.00	46.10	0.48	0.01	19029	17730
杉木	51.40	6.00	42.30	0.06	0.03	20504	19194
松木	50.80	6.00	43.00	0.05	0.03	20795	19485

4.2.2 生物质能源的特性、表征及转换

4.2.2.1 生物质能源的定义和特性

直接或间接地通过绿色植物的光合作用，把太阳能转化为化学能后固定和储藏在生物质内的能量称为生物质能。从能源储量上来看，生物质能源仅次于煤、油、天然气三大类化石能源而位列第四，存量十分丰富，并且可以再生。生物质能几乎是无处不在，但能量密度低，所以一直以来是以极度分散的非工程形式在应用着。

生物质能目前受到各个国家的极大重视，是因为其具有两个显著的特点：一是生物质是可再生的很丰富的有机资源；二是生物质在空气中通过光合作用吸收了空气中的 CO_2，转化为能源的生物质虽然还会排放 CO_2，但从大的循环来看，CO_2 实际上是零排放甚至是负排放。

以中国为例，可以作为能源等专业植物种植的土地约有 1 亿公顷，可人工造林土地 4667 万亩，按 20%利用计算，每年可生产 10 亿吨生物质。如果其中的 20%用于能源作物如木薯、甜高粱的种植，用于生产燃料乙醇和生物柴油，每年约可生产酒精、生物柴油 1 亿吨，相当于 2 个大庆油田。

同时使用生物燃料也有助于减少温室气体的排放，而且对环境无不利影响。环境变化政府间专题讨论小组(IPCC)在第四次，也是最近一次评估报告中预计，到本世纪末，全球地表会平均增温 1.1~6.4℃，海平面相应上升 0.18~0.59m。而近五十年来全球的气候变暖主要是由温室气体(GHG)在空气中的增加引起的。生物质能源恰恰可以在这方面发挥它的作用。生物质成型燃料燃烧 CO_2 的净排放量基本上为零，而且 NO_x 的排放量仅为燃煤的 1/5，SO_2 的排放量仅为燃煤的 1/10，这都对减少环境污染可以起到很大的作用。图 4-2 显示了生物质中 CO_2 的循环过程。从图中可以看出由生物质转变成能源再消耗掉的整个过程中，CO_2 的含量并没有在空气中增加。

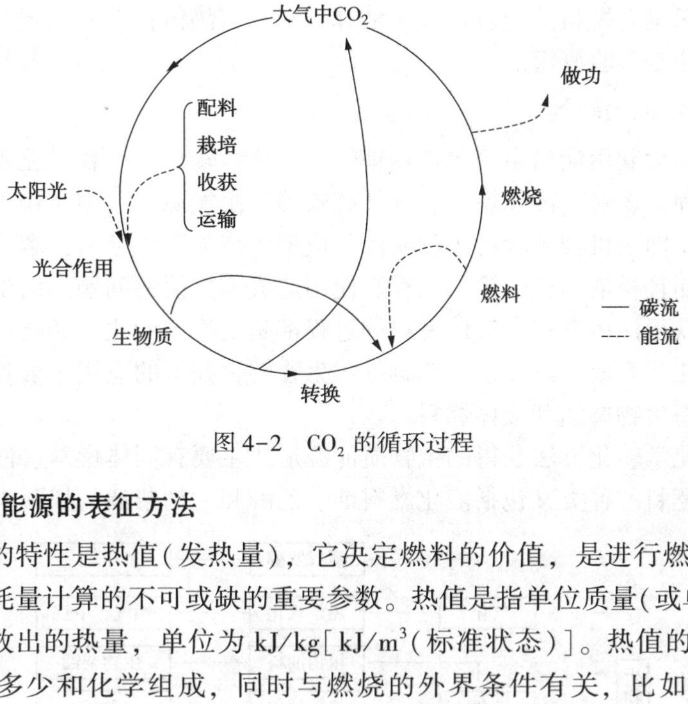

图 4-2　CO_2 的循环过程

4.2.2.2　生物质能源的表征方法

燃料最重要的特性是热值(发热量)，它决定燃料的价值，是进行燃烧等转化的热平衡、热效率和消耗量计算的不可或缺的重要参数。热值是指单位质量(或单位体积)的燃料完全燃烧时所能放出的热量，单位为 kJ/kg[kJ/m^3(标准状态)]。热值的大小决定于燃料中含可燃成分的多少和化学组成，同时与燃烧的外界条件有关，比如环境含氧量、温度等。

热值的测量多是采用氧弹式热量计，测得的数值为弹筒热值。燃料在充有 2.5~2.8MPa 过量氧的氧弹内完全燃烧(约 1500℃)，然后使燃烧产物冷却到燃料的原始温度(约 25℃)，在此条件下单位质量的燃料所放出的热量，即为弹筒热值。在这个过程中燃料中的碳完全燃烧生成二氧化碳，氢燃烧并冷却变成液态水，硫和氮生成三氧化硫和少量氮氧化合物，并溶于水生成硫酸和硝酸。由于这些都是放热反应，所以弹筒热值并不能完全反应燃料的实际热值。在实际燃烧过程中，燃料中的硫只能形成二氧化硫，氮变为游离氮，以上这些与燃料在弹筒内的燃烧情况有所不同。因此，在实际应用时一般用高位热值(HHV)和低位热值(LHV)。

高位热值是指燃料在空气中完全燃烧时所放出的热量。其数值是弹筒热值减去硝酸形成热和硫酸形成热与二氧化硫形成热之差。

低位热值的引入是因为在实际燃烧中，燃烧后的烟气温度比较高，水往往呈水汽状态，这部分水的汽化潜热往往无法获得利用。在数值上，高位热值减去这部分水的汽化潜热就是低位热值(也成净热值)。在实际工程应用中，燃料热值都是采用低位热值。

热值除了采用氧弹式热量计测量外，也可以根据元素分析结果，采用门捷列夫经验公式来估算燃料热值。其中低位热值的估算式：

$$LHV = 339C + 1028H - 109(O - S) - 25M \tag{4-1}$$

式中，C、H、O、S 分别是所使用燃料中的碳、氢、氧、硫的量；M 是燃料中水分的量。

高位热值的估算式：

$$HHV = 339C + 1254H - 109(O - S) \tag{4-2}$$

以上估算式只是对燃料热值进行大体估算，和真实热值存在较大误差，因此，最可靠的得到热值的办法是实验测定。

4.2.2.3 生物质能源的转换

生物质能源转化利用途径主要包括物理转化、化学转化、生物转化等，可以分别转化为热能或电力、固体燃料、液体燃料、气体燃料等二次能源。其中生物质的物理转化主要是生物质的固化，即用机械手段将生物质固化成型，变为固体燃料，解决生物质因形状各异、堆积密度小而且松散等给运输、贮存和使用造成不方便的问题。由生物质直接燃烧供热以及通过转化获得液体燃料、气体燃料的过程都是生物质的化学转化过程。化学转化技术包括气化、液化、合成、酯交换、热解等。生物转化技术的应用主要是采用生物酶进行催化或水解以获得生物柴油和液体燃料。

通过物理和化学转化方法获得的生物质能源形式主要有固体燃料、液体燃料和气体燃料上，其中液体燃料的种类又包括液化燃料油、乙醇和生物柴油，如图 4-3 所示。

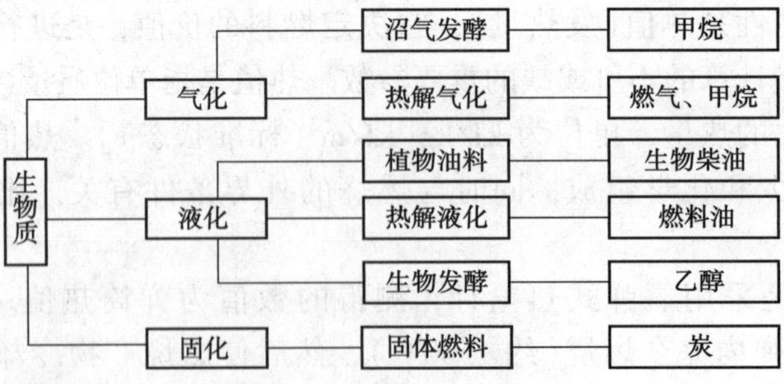

图 4-3　生物质能源转化技术

4.2.3 生物质固体燃料

4.2.3.1 生物质直接燃烧

生物质本身就是一种固体燃料，利用生物质本身这种固体燃料原料获得能源的传统方法就是直接燃烧。燃烧过程中产生的能量可被用来产生电能或供热。利用生物质直接燃烧，只需对原料进行简单的处理，燃烧产生的灰分可作为肥料。直接燃烧有炉灶燃烧、炕燃烧和锅炉燃烧、炉窑燃烧等。燃烧过程产生的热量多少，除与生物质本身的热值有关外，还与燃烧的操作条件和燃烧装置的性能密不可分。

生物质直接燃烧反应过程是发生在碳化表面和氧气之间的气固两相反应。由生物质的组成可知，生物质中含碳量少，水分含量大，使得其发热量低。生物质中的碳多数与氢结合成较低分子量的碳氢化合物，燃点低，易挥发。也正是由于这个特点，使得生物质燃料容易引燃，在燃烧初期，大量挥发分逸出的同时也要求大量的空气供给才能燃烧充分，如果外界不能供给充分的氧气，则会产生不完全燃烧，产生大量的黑烟。生物质的燃烧过程一般会经历预热干燥、热分解(挥发分析出)、挥发分燃烧、固定碳燃烧和燃尽五个阶段，这一点和煤的燃烧是一样的。

1. 预热干燥阶段

在加热初期阶段，生物质被加热，温度升高，当温度达到105℃左右时，生物质表面和生物质颗粒缝隙的游离水被逐渐蒸发出来，生物质被干燥，这一阶段称为预热干燥阶段。

2. 热分解阶段

生物质在经历了预热干燥阶段之后，继续被加热，温度继续上升，当温度到达一定温度时便开始有挥发分析出，析出挥发分的过程实际上是一个生物质发生热分解的过程。生物质热分解的过程的动力学表达式为幂函数形式：

$$\frac{dx}{dt}=k(1-x)^n \tag{4-3}$$

式中 k——反应速率常数；

x——转化率；

n——反应级数；

t——反应时间。

其中转化率的计算为 $x=\frac{\text{分解前总质量}-\text{某一时刻的质量}}{\text{分解前总质量}-\text{分解完全后的残留物质量}}$

一般认为，生物质燃烧过程是个一级反应，燃烧过程的中未转化的生物质量和分解速率即挥发分的析出速率成正比关系，反应初期挥发分析出速率快，后期析出速率慢。

3. 挥发分燃烧阶段

在生物质经过了热分解阶段后，随着温度继续上升，析出的挥发分与氧的化学反应速度加快。直至到了着火点，挥发分就燃烧起来。由于生物质热分解产生的挥发分成分比较复杂，其燃烧反应也很复杂，表4-3列出了几种主要可燃气体与空气混合物在大气压下的着火温度。

表 4-3 可燃气体与空气混合物在大气压力下的着火温度

可燃气体	分子式	着火温度/℃	可燃气体	分子式	着火温度
氢气	H_2	530~590	乙烯	C_2H_4	540~550
一氧化碳	CO	610~658	丙烯	C_3H_6	455
甲烷	CH_4	645~790	丁烯	C_4H_8	445~500
乙烷	C_2H_6	530~594	乙炔	C_2H_2	335~500
丙烷	C_3H_8	510~588	硫化氢	H_2S	290~487
丁烷	C_4H_{10}	441~569	苯	C_6H_6	580~740

当燃烧开始后，释放大量的热量，气体会受热膨胀上升，形成向上的气流，挥发分也随着气流上升，燃烧也上行，形成扩散式火焰，即我们平时看到的火苗。在这扩散火焰中，由于空气与可燃气体的比例不同，形成火焰中各层温度不同：混合比例恰当的，燃烧比较好，温度较高；混合比例不恰当的，燃烧不好，温度较低。由于火焰外部接触空气，空气比例高，燃烧充分，所以温度高，这也是火焰中外焰比内焰温度高的原因。

4. 固定碳燃烧阶段

挥发分析出完全后剩下的固定碳在燃烧初期被挥发分包围着，氧气不能直接接触碳的表面，待挥发分的燃烧快要终了的时候，一旦氧气接触到炽热的木炭，就可发生燃烧反应。固定碳的燃烧反应过程中，氧首先被吸附到固定碳表面，然后碳与氧在高温下反应生成碳氧络合物 C_3O_4，游离的氧分子对碳氧络合物撞击后络合物又分解成 CO 和 CO_2。其化学反应式如下：

络合：
$$3C+2O_2 = C_3O_4 \quad (4-4)$$

离解：
$$C_3O_4+C+O_2 = 2CO+2CO_2 \quad (4-5)$$

固定碳燃烧生成的 CO_2 和 CO 再进一步和碳发生二次化学反应，即碳的异相气化反应：

$$C+CO_2 = 2CO \quad (4-6)$$

$$2CO+O_2 = 2CO_2 \quad (4-7)$$

式(4-4)、式(4-5)、式(4-6)和式(4-7)这四个反应在燃烧过程中同时平行进行着。在固定碳的燃烧中除了以上四个反应外，碳和空气中的水蒸气也会发生反应，产生氢或甲烷气体：

$$C+2H_2O(g) = CO_2+2H_2 \quad (4-8)$$

$$C+H_2O(g) = CO+H_2 \quad (4-9)$$

$$C+2H_2 = 2CH_4 \quad (4-10)$$

虽然碳和水蒸气的燃烧活化能很大，要到温度很高时才会显著进行，但是由于水蒸气的分子量小于二氧化碳，其扩散速度比二氧化碳快很多，所以水蒸气对碳的气化比二氧化碳快，这也是为什么燃烧室中有适量的水蒸气对固定碳的燃烧有利的原因。

5. 燃尽阶段

如果生物质内的固定碳含量比较高，则燃烧时间会比较长，而且后期燃烧速度更慢。

这是因为随着燃烧的进行，不断地产生灰分，灰分会把剩余的焦炭包裹起来，妨碍了碳的继续燃烧，而且灰分还要消耗热量，使得燃烧速度减慢，因此焦炭燃烧的后段也称为燃尽阶段。在这个阶段，人为地加以搅动或加强通风，都有利于剩余焦炭的燃烧。

上述各个阶段并不是划分仔细、机械地串联在一起的，而是有很多阶段是有相互交叉的。而且不同燃烧在不同条件下，每个阶段进行情况也有差异。

与煤等化石燃料相比，生物质的燃烧特性表现在含碳量少、含氢量稍多，挥发分较多、含氧量多、密度小、含硫量低几个方面。

4.2.3.2　生物质压缩成型燃料

生物质压缩成型是指将各类生物质在一定压力下作用(加热或不加热)，使原来松散、细碎、无定形的生物质原料压缩成密度大的棒状、粒状、块状等各种成型燃料。生物质压缩成型所用的原料主要有：锯末、木屑、稻壳、秸秆等。

压缩成型的过程实际上是密实填充、表面变形与破坏、塑性变形三种原因共同存在的。生物质原料通常结构比较疏松，密度比较小，生物质颗粒间多是空隙，仅在少量的点、线、面间接触。在外力作用下，颗粒会发生位移从而引起重新排列，使生物质颗粒间的接触状态发生变化，接触面积变大，空隙率减少。在这个过程中，由于外力的作用会造成生物质原始微粒的弹性变形和表面破坏，并且随着外力作用的增强，颗粒间还会发生塑性变形，即颗粒的外形发生变化，各个颗粒间发生复杂的机械啮合并产生分子间的结合力。最后使得生物质变得紧实，密度增大，成为能量密度比较高的成型燃料。

生物质压缩成型的工艺分有许多种。根据工艺特征的差异分为：湿压成型、热压成型、炭化成型。

(1)湿压成型　将原料水浸数日后挤走水分或喷水处理，然后加入黏结剂搅拌均匀送入湿压成型机成型，成型后进行干燥处理获得固体成型燃料。湿压成型一般设备比较简单，容易操作，但是成型燃料密度通常比较低，燃烧性能比较差，而且器件磨损严重。

(2)热压成型　热压成型是将生物质粉碎并且干燥，加入黏合剂(或不加黏合剂)混合均匀，送入成型机加热到一定温度成型，从成型机出来的燃料进行冷却后得到成型燃料。

(3)炭化成型　首先将生物质原料炭化或部分炭化，然后加入一定量的黏结剂挤压成型。原料纤维结构在炭化过程中受到破坏，高分子组分受热裂解转化成炭，并释放出挥发分，使得其挤压加工性能得到改善，成型部件的磨损和加工功率消耗明显降低。但是炭化后的原料成型后稳定性较差，容易开裂或破碎，所以需加入黏结性高的黏结剂。

生物质成型过程受生物质种类、含水率、粒度大小、成型压力、黏结剂、加热温度等条件影响。

生物质种类不同，其材质的疏松程度不同，压缩成型的难度，成型条件也不同。即使同一种生物质，由于生长条件不同、取材部位不同、生长年龄不同，其压缩成型特性也有差异。通常密度大、较难压缩的生物质原料不易成型；密度小、容易压缩的生物质原料成型较为容易。

含水率是压缩成型中非常关键的一个因素。含水率太高，在热压成型时容易出现喂入物料堵塞进口现象和水变成水蒸气逸出而发生气堵和放炮现象。含水率太低则会影响木质素的软化点，生物质之间的摩擦和抗压强度增大，会造成太多的能量消耗。对于颗粒成型燃料，一般要求原料中的含水率在15%~25%(质量分数)左右；对于棒状、块状成型燃料，要求含水率不大于10%(质量分数)。

生物质颗粒的粒度对于压缩成型的影响一般表现为原料颗粒度越小，物料的变形越大，成型物结合越紧密，成型后的密度越大；但是粒度过小，黏性大，会造成成型块的强度降低。因此，一般在生物质成型前都要经过粉碎并且筛分，取合适的粒度物料进行成型。

压缩成型的必不可少的条件是需要外界施压，施压的作用表现在：破坏原生物质的物相结构，组成新的物相结构；加强分子间的凝聚力，使生物质变得紧密，从而提高成型燃料的强度和刚度；为成型过程提供必要的动力。因此成型压力对于成型的影响很大。一般情况下，外界施压越大，成型物的密度越大，但是当压力增加到一定数值后，成型物的密度的增加会变得缓慢。

黏结剂的存在可以保证成型燃料具有足够的强度而不至于破损、裂开。衡量黏结剂的好坏的标准主要有：可燃性、灰分含量、黏结性、抗潮解能力，价格等，可燃、灰分含量少、黏结性好、抗潮解能力强、价格低廉的黏结剂是最适合应用于生物质的压缩成型中。

大部分的生物质在压缩成型的过程中需要加热处理，加热的目的在于：使生物质中部分有机质(如木质素)软化成黏结剂；使生物质中的分子结构在成型机内压缩成型体的外表面形成炭化层，使成型体在模具内能滑动，而不会黏在模具上难以出模；为生物质中的分子结构变化提供能量。但是加热温度过高会使炭化层变厚，不易成型，而且会使生物质中的水分产生高压蒸汽，发生气堵现象。温度过低，会导致达不到有机质的软化点，不能成型。因此，必须调整到一个合适的温度进行压缩成型。

4.2.4 生物质液体燃料

生物质获得液体燃料的方法很多，生物质原料不同、液化方法不同，所获得的液化燃料主要成分和油品质量也各不同。根据液化方法不同主要分为生物质直接液化制取燃料油、酯交换获取生物柴油、生物质水解获取燃料乙醇等。大部分直接液化过程获得的生物燃料的油品不高，需要进一步精制方可作为发动机燃料。而其他方法获取的燃料油品较高，可直接应用于发动机。

4.2.4.1 生物质直接液化

生物质直接液化来获得液体燃料的过程根据原理和原料不同分为高压液化、热裂解、生物质与煤共液化等。

高压液化是指将生物质和催化剂和溶剂加入高压釜中，冲入某种气体至所需压力，然后升温至反应温度，并保持此温度一定时间(反应时间)，反应结束后冷却至室温，将气相产物、液相产物分别移出高压釜。影响高压液化的因素包括生物质原料、溶剂、催化剂、反应温度、反应时间、液化气氛和反应压力等。其中溶剂的存在可以使生物质原料分散、抑制生物质组分分解所得的中间产物再缩聚。常选用的溶剂有水、苯酚、高沸点的杂环烃、中性含氧有机溶剂等。催化剂的使用有助于抑制缩聚、重聚等副反应，减少大分子固体残留物的生成，从而提高生物质油的收率。常用的催化剂主要分为碱、碱金属的碳酸盐和碳酸氢盐、碱金属的甲酸盐和酸催化剂等。液化气氛通常是还原性气氛，这有利于生物质降解，改善液体产物的性质。这种方法比较成熟的路线有两种，一种是氢/供氢溶剂/催化剂体系的生物质高压液化，另一种是一氧化碳/水/碱金属催化剂体系的生物质高压液化。这种生物质高压液化制取生物质油的方法生物质的转化率可以达到95%，油收率可以达到42%。

生物质和煤共液化的技术和生物质直接高压液化相似，只是在加入高压釜时同时加入煤。这种技术在技术方面和经济方面都优于生物质和煤两者的单独液化。不同的研究者在生物质和煤共液化的实验中得到相同的结果：煤与生物质共同液化得到的液体产品，其质量较煤单独液化得到的液体产品有明显的改善。在生物质和煤共液化的实验中，总的转化率可以达到92%，油收率可以达到40%。

热裂解是在中温，无氧或缺氧条件下，利用热能切断生物质大分子中的化学键，使之转变为低分子物质的过程。裂解是复杂的化学过程，包含分子键断裂，异构化和小分子的聚合等反应。通过热裂解技术获得液体燃料，其收率可以达到80%以上。

相比于高压液化，热裂解技术所需压力低，温度也不高，反应迅速，所需时间短，设备要求不高，所以得到广泛的研究和应用。

生物质热裂解后通常形成混合气体、油状液体和纯焦炭。这些产品的比例取决于原料、反应温度和压力、反应停留时间和加热速度等。生物质快速裂解得到的液体部分称为生物油，生物油是有色液体，其颜色与原料种类、化学成分以及含有细碳颗粒的多少有关，从暗绿色、暗红色到黑色。生物油的组成十分复杂。不同的原料，不同的工艺条件得到的液体产物具有不同的性质。表4-4是典型的生物质裂解液体产物的性质。生物油具有高的含水量(15%~30%)和含氧量(40%~50%)，低的氢碳比。且因不饱和物(如醛)的存在使其稳定性差而不易贮存。

表4-4　生物质热裂解液体产物特性

物理性质	典型指标	可能范围
水/%	16	12~30
pH	2.5	2.1~2.3
密度/(g/cm^3)	1.21	1.11~1.25
元素分析(无水基)/%		
C	56.4	51~58
H	6.2	5.1~7.1
O	37.2	34.5~43.7
N(S)	0.2	0.16~0.35
高热值/(MJ/kg)	23	22.1~24.3
黏度/mPa·s	51	40~59
25℃	233	

续表

物理性质	典型指标	可能范围
40℃	134	
溶解性		
正己烷不溶率	99	
甲苯不溶率	84	
丙酮/乙酸不溶率	0.14	

生物质的热裂解根据加热速率和完成所需时间不同分为慢速热解和快速热解。在慢速热裂解中又可分为炭化和常规热裂解。快速热解是指在高加热速率(10^3~10^5℃/s)及极短的停留时间(<2s)下将生物质直接裂解，是目前制取生物质燃料技术中运用比较多的一种工艺。采用快速热裂解，再经快速冷却来生产液体产品，其收率可达80%，而且工艺简单，成本较低。

生物质热解(慢速)过程大致可分为四个阶段：

①干燥阶段。由于供热的作用，物料升温至150℃左右，其中的水分蒸发出来，物料的化学组成基本不变。

②预热解阶段。在加热温度继续上升时，温度段在150~300℃时，物料的热分解反应比较明显，化学组成开始发生变化，不稳定的成分分解成CO、CO_2、CH_3COOH等。

③分解阶段。当温度继续升高，达到300~600℃温度段时，物料发生热分解，生成醋酸、焦油等液体产物以及二氧化碳、甲烷、氢气、一氧化碳等气体产物，同时放出大量的热。

④煅烧阶段。温度到达600℃以上时，热分解基本完成，剩余的重组分中的碳氢键和碳氧键进一步裂解，残留在重组分中的挥发分继续析出，留下固定碳在残余物中。

通过热裂解制取液体燃料是利用生物质资源的有效途径。国外已发展了多种生物质裂解技术，为生物质制油提供了有效可行的方法。美国佐治亚技术研究院开发的气流床裂解反应器、加拿大Waterloo大学的流化床反应器、荷兰Twente大学的旋转锥反应器、英国太阳能学会的蜗旋反应器、加拿大Laval大学的真空裂解装置、西班牙Pais Vasco大学的喷动床热裂解反应器、瑞士自由降落反应器、美国华盛顿大学的微波裂解反应和喷动流化床反应器等均以最大限度地增加液体产品收率为目的。

生物质快速裂解的液体产物可用作锅炉燃料，但不能用作发动机燃料。因其有高的含水量和含氧量，低的氢碳比。且因不饱和物(如醛)的存在使其稳定性差而不易贮存。这就限制了其应用，也降低了过程的经济性。为此需将生物质直接裂解获得的生物油进一步精制方可作为发动机燃料。对于生物质裂解油精制的研究很多，主要集中在催化加氢和催化裂解和两段精制方面。

催化加氢是指在高压(5~20MPa)和有氢气及供氢溶剂存在下，在300~400℃进行加氢处理，有机液体产品的收率可以达到60%以上。但催化加氢技术设备和处理成本高，而且操作中常发生反应器堵塞和催化剂严重失活等问题。

催化裂解是在有催化剂存在、中温、常压下通过热化学方法将生物质裂解油中的氧以

CO、CO_2、H_2O 的形式除去，使之转化为常温下稳定、油品质量高、能量密度高、可直接广泛应用的液体燃料，有机液体产品的收率可以达到25%。虽然精制油产率比催化加氢低，但反应可在常压下进行，也不需用还原性气体，设备也较为简单，因此是一种经济的精制方法。

两段精制法是在催化裂解的基础上再加入一段精制反应器，根据精制要求放入适当的催化剂，组成串联式两段精制工艺。比如为了提高辛烷值，可以在两段精制反应器中的第二段加入芳构化催化剂，将第一段生成的低碳链烯烃气体进行齐聚来合成高辛烷值油品。

目前，很多研究和生物油生产集中在在线催化裂解精制上。即在快速裂解生物质制取生物油的生产线后端加上催化裂解精制设备，生物质经过裂解后生成的产物直接进入催化裂解精制设备进行精制，节省了成本。

4.2.4.2 生物燃料乙醇

生物质通过酸、碱或是酶水解获得糖类物质，然后进一步发酵制取乙醇。乙醇作为燃料具有很多优点：不含硫及灰分、不对环境产生污染、可以直接代替化石燃料等。

生产生物乙醇的原料包括：

①淀粉类。主要有甘薯、木薯、马铃薯、大麦、大米、高粱等。

②糖类。包括甘蔗、甜菜、制糖工业的副产品——糖蜜等。

③纤维素类。主要有农作物秸秆、林业和木材加工下脚料、柴草、部分城市固体垃圾等。

④其他原料。包括淀粉厂的甘薯淀粉渣、奶酪工业副产物等。

制取乙醇的原料不论是哪种生物质，最终都是转化成糖类，然后糖类再发酵获得乙醇。以纤维素类原料为例：木质纤维素构成了植物的细胞壁，对细胞起着保护作用，它的主要有机成分包括纤维素、半纤维素和木质素。

纤维素经水解可生成葡萄糖，该反应可表示为：

$$(C_6H_{10}O_5)_n+nH_2O \longrightarrow nC_6H_{12}O_6 \tag{4-11}$$

$$C_6H_{12}O_6 \xrightarrow{\text{发酵}} 2\,CH_3\,CH_2OH+2CO_2 \tag{4-12}$$

理论上每162kg纤维素水解可得180kg葡萄糖，发酵可得到92kg乙醇。

纤维素大分子间通过大量的氢键连接在一起形成晶体结构的纤维束。这种结构使得纤维素的性质很稳定，它不溶于水，无还原性，在常温下不发生水解，在高温下水解也很慢。只有在催化剂存在下，纤维素的水解反应才能显著地进行。常用的催化剂是无机酸和纤维素酶，由此分别形成了酸水解和酶水解工艺。

半纤维素的水解产物包括2种五碳糖(木糖和阿拉伯糖)和3种六碳糖(葡萄糖，半乳糖和甘露糖)。各种糖所占比例随原料而变化，一般木糖占一半以上，以农作物秸秆和草为水解原料时还有相当量的阿拉伯糖生成(可占五碳糖的10%~20%)。半纤维素中木聚糖的水解过程可用下式表示：

$$(C_5H_8O_4)_m+mH_2O \longrightarrow mC_5H_{10}O_5 \tag{4-13}$$

$$C_5H_{10}O_5+H_2O \xrightarrow{\text{发酵}} 2CH_3CH_2OH+CO_2 \tag{4-14}$$

故每132kg木聚糖水解可得150kg木糖，这里的 m 也为聚合度。

半纤维素的聚合度较低，所含糖元数在60~200，也无晶体结构，故它较易水解，在100℃左右就能在稀酸里水解，也可在酶催化下完成水解。但因生物质里的半纤维素和纤维素互相交织在一起，故只有当纤维素被水解时，半纤维素才能水解完全。

木质素不能水解为单糖，且在纤维素周围形成保护层，影响纤维素水解。但木质素中氧含量低，能量密度(27MJ/kg)比纤维素(17MJ/kg)高，因此，水解中留下的木质素残渣常用作燃料。

燃料乙醇制取工艺主要集中在纤维素水解方面，这是由于生物质制取酒精过程中，生物质必须先水解获得糖类，然后再糖类发酵获取酒精，六碳糖发酵获取酒精技术已经成熟，因此生物质制取酒精工艺关键在于生物质水解和五碳糖发酵方面。生物质水解目前的工艺主要有稀酸水解、酶水解、超临界水水解等。

(1)稀酸水解　在纤维素的稀酸水解中，水中的氢离子(实际是水合的氢离子)可和纤维素上的氧原子相结合，使其变得不稳定，容易和水反应，纤维素长链在该处断裂，同时又放出氢离子。该过程如下式所示。

$$R—O—R'+H_3^+O \longrightarrow R—OH^+—R'+H_2O \quad (4-15)$$

$$R—OH^+—R'+H_2O \longrightarrow R—OH+R'—OH'+H_3^+O \quad (4-16)$$

稀酸水解一般用无机酸，常用的是硫酸和盐酸。并采用助催化剂促进水解反应，常用的助催化剂有 $ZnCl_2$、$FeCl_3$、$FeCl_2$ 等。

稀酸水解工艺较简单，原料处理时间短。但糖的产率较低，且会生成对发酵有害的副产品。

(2)酶水解　酶水解是生化反应，加入水解器的是微生物产生的纤维素酶。

纤维素酶并不是单一的物质，它包括3个主要成分：内切葡萄糖酶(endo-glucanase)、外切葡萄糖酶(exo-glucanase)、β葡萄糖苷酶(β-glucanase)。其中内切葡萄糖酶的作用是随机地切割β-1，4葡萄糖苷键，使纤维素长链断裂，断开的分子链仍然有一个还原端和一个非还原端。外切葡萄糖酶包含2个组分，其作用是分别从纤维素长链的还原端切割下葡萄糖和纤维二糖(2个葡萄糖的聚合物)，β葡萄糖苷酶的作用是把纤维二糖和短链低聚糖分解成葡萄糖。虽然已进行了大量研究，对酶水解的详细机理了解仍不很清楚。

酶水解有不少优点。它在常温下进行，微生物的培养与维持仅需较少的原料，过程能耗低。酶有很高的选择性，可生成单一产物，故得到的糖产率很高(>95%)。由于酶水解中基本上不加化学药品，且仅生成很少的副产物，所以提纯过程相对简单，也避免了污染。

酶水解的缺点是需要的时间长(一般要几天)，酶的生产成本高，并且水解原料需经预处理。

(3)超临界水水解　超临界水主要有以下特点：①能溶解有机物，具有有机溶剂的性质，相当于丙酮。②在超临界状态，水的离子积成千倍地增长，同时具有酸性催化和碱性催化作用。③对氧气有极大的溶解度，具有强氧化性。④对环境没有污染。⑤减压恢复常态后，原来溶解其中的有机物自然分离。生物质超临界水水解就是利用的②点，即水在超临界状态下具有酸性，可以替代常规酸对生物质进行水解，此法不需要无机酸，完全采用对环境没有任何污染的水作为溶剂和酸，且反应速度快，是一种具有经济和社会效益的新技术。此法还在探索阶段，而且超临界水水解工艺所需动力成本和设备成本比较高。

由于木质纤维素的三种主要组分(纤维素、半纤维素和木质素)呈网状结构致密地结合在一起，而生物乙醇的制备需要的是其中的纤维素和部分半纤维素，如果能够预先打散木质纤维素的致密结构，释放出纤维素和半纤维素，就可以提高水解效率。因此植物纤维原料在水解前通常要进行预处理。预处理的主要目的是破坏木质素与半纤维素的网状结构，将纤维素结晶结构打开，从而提高水解试剂对底物的可及度。在酶水解工艺中，预处理必须要满足以下几个条件：①提高酶水解的转化率；②避免多糖的降解和损失；③避免产生对水解及发酵起抑制作用的副产品；④性价比高。纤维素的预处理方法主要有化学法，物理法、生物法及几种方法的结合。

4.2.4.3　生物柴油

生物柴油是将动植物油脂与甲醇或乙醇等低碳醇在催化剂或者超临界甲醇状态下进行酯交换反应生成脂肪酸低碳醇酯，即生物柴油，并获得副产物甘油。其中的植物油是指从含油植物(或动物)获得的油料，其发热量一般可以达到 37～39GJ/t，只比柴油的 42GJ/t 稍小，但是植物油具有黏度高、挥发性差的特点，而且不能够充分燃烧完全，会在汽缸中留下很多没有烧完的碳，所以把植物油转化为柴油利用更合理一些。

动植物油脂都是由各种碳链长度的甘油脂肪酸三酯组成，化学性质基本相同。

生物柴油的制备即甘油脂肪酸三酯和甲醇或乙醇发生酯交换反应生成脂肪酸甲(乙)酯的过程，1 分子的甘油酸三酯经过酯交换反应转变成 3 分子的脂肪酸单酯，反应式如下：

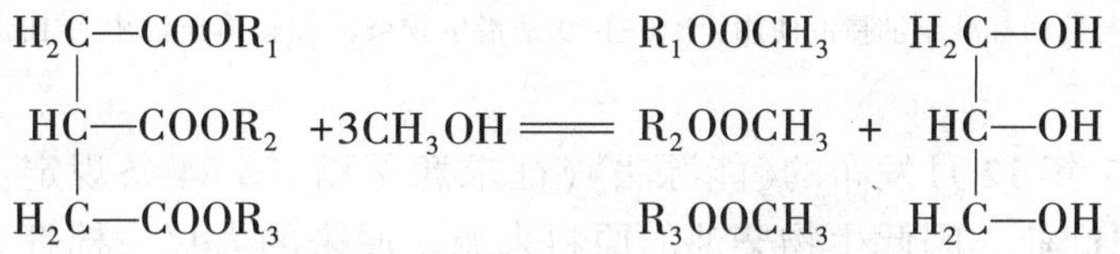

生物柴油制备工艺集中在催化方法上的不同或是催化剂选用的不同上。根据催化剂相的不同可以分为均相催化法和非均相催化法；根据催化剂性质的不同可以分为酸催化法和碱催化法。均相催化法是采用液体碱或酸为催化剂，操作简单，反应容易控制，但是对原料中游离脂肪酸和水的含量要求较高，因为在反应中，游离脂肪酸会与碱发生皂化反应而产生乳化现象；而所含水分则能引起酯化反应，进而发生皂化反应，同时水分还会减弱催化剂的活性。酸催化法不存在皂化问题，但却存在反应时间长，反应温度高的缺点。鉴于均相催化法存在废液多、副反应多、皂化乳化现象严重等问题，非均相催化法受到越来越多的关注。非均相催化法采用的催化剂是固体催化剂，包括 ZnO、$CaCO_3$、CH_3COOBa 等碱类催化剂和沸石分子筛、硫酸锆、硫酸锡等固体酸催化剂。采用固体催化剂具有催化剂寿命长、比表面积大、易于从产物中分离出来等优点。

除了酸碱法，生物柴油的制备还有酶催化法和超临界法等工艺方法。酶法是不采用化学方法，而是采用脂肪酶完成动植物油脂和低碳醇间的酯交换反应。此法具有反应温和、有效、减少甲醇用量、简化工序(不需回收过量甲醇和水洗、干燥工序)、降低能耗、减少废水等优点。但存在酶价格高，成本高，反应时间长等缺点。

超临界法是同样以甲醇和植物油为原料，在高温高压的反应条件下，使甲醇处于超临界状态与植物油反应得到生物柴油。超临界甲醇可以溶解原料油脂并形成均相系，使得酯交换反应时间短、转化率高、无须催化剂、后续分离过程简单。具有较大的优势，但存在醇用量大，反应温度、压力比较高导致成本较高的缺点。

生物柴油的环保性和可再生性已经得到了世界各国的高度重视，生物柴油也得到了国际社会的正式承认，许多国家已经建立了大型的生物柴油工厂，并且建造了相应的加油站。根据全球可再生能源网公布的统计数据，全球生物柴油产量从2000年的704kt增长到2015年26488kt，年均复合增长率为27.36%。从生产地区分布来看，欧盟是生物柴油生产最为集中的地区。截至2014年，欧盟占生产份额39.06%，其次是南美洲，占生产份额23.23%，亚太地区占生产份额的18.52%，美国占生产份额15.82%。世界五大生物柴油生产国是美国、德国、巴西、印度尼西亚和阿根廷，占总市场份额的58.92%。表4-5为一些国家生物柴油的生产原料和混合比例。

表4-5　一些国家生物柴油的生产原料和掺混比例

国家	原料	生物柴油比例
美国	大豆	B10-B20
韩国	米糠、回收食物油和豆油	B5-B100
巴西	蓖麻油	
意大利	各种植物油	B20-B100
德国	油菜籽、豆油、动物脂肪	B5-B20，B100

注：生物柴油一般与普通标准柴油掺混使用，B10-B20是指生物柴油在整体柴油中占10%~20%，而普通柴油比例在80%~90%。

由于我国2007年12月发布的《能源法》(征求意见稿)第84条规定：禁止占用基本农田发展生物质能源产业。因此生物柴油的原料来源从原来的大豆、棉籽开始转向不占用农田的滩涂、海洋植物。

4.2.5　生物质气化

4.2.5.1　生物质气化原理

生物质原料加热，在不完全燃烧的条件下，使较高相对分子质量的有机碳氢化合物链裂解，变成较低分子量的一氧化碳、氢气、甲烷等可燃气体。通常气化过程以氧气(空气、富氧或纯氧)、水蒸气，或氢气为气化剂。生物质气化后获得的可燃气体称为燃气或气化气。

在原理上，气化与燃烧都是有机物与氧发生反应。区别在于燃烧过程中提供充足的氧气，燃烧后的产物是二氧化碳和水等不可再燃烧的烟气，并放出大量的反应热，即燃烧主要是将原料的化学能变为热能，而气化是提供有限氧，生物质发生不完全燃烧，生成可燃气体，即气化将由太阳能转化称的化学能的载体由固态转化为气态，此过程放出的热量少，气化获得的可燃气进一步燃烧则会继续放出化学能。

生物质气化过程如下：

(1)干燥　生物质原料进入气化器后，在热量作用下，原料中的水分首先蒸发，此过程由于水分蒸发需要吸收大量的热，所以进行得比较缓慢，干燥后得到干原料。

(2)热解　当干原料的温度上升到200℃以上时，高分子有机物在吸热的不可逆条件下发生热分解反应，并随温度的升高，分解进行越来越剧烈。挥发分从生物质中大量析出，得到的残余物为木炭。

(3)还原　热分解残留的木炭与空气中的二氧化碳、水蒸气、氢气发生还原反应生成一氧化碳、二氧化碳、甲烷和氢气。这些反应中多为吸热反应，热量由氧化过程放出的热量提供。

(4)氧化　残留的木炭和气化剂中的氧进行部分燃烧，放出热量。

4.2.5.2　生物质气化工艺

生物质气化采用的生物质原料不同，气化剂不同，所产生的可燃气成分也各不相同。根据气化剂的不同，生物质气化工艺可分为以下几种：

(1)空气气化　即以空气作为气化剂的气化工艺。空气气化一般在700~1000℃下进行，由于空气中氮气的存在，燃气中氮气的含量高达50%，使得燃气的热值较低，仅为5500~7322kJ/m^3(标准状态)。

(2)氧气气化　用氧气作为气化剂的气化工艺。此工艺中由于产生的气体不被氮气所稀释(氮气含量仅为1%)，所产生的可燃气的热值比较高，可以达到10878~18200kJ/m^3(标准状态)，具有中等热值，与城市煤气相当，可以建立集中供气系统。但是由于采用氧气作气化剂，气化成本较高。

(3)水蒸气气化　即用水蒸气为气化剂的气化工艺。水蒸气气化过程需要催化剂的存在方可完成，一般常用的催化剂有镍-硅-铝等。由于水蒸气气化过程反应是吸热反应，所以需要外供热量，操作也相对复杂，不易控制和操作。生成的燃气具有中等热值。

(4)氢气气化　即用氢气为气化剂的气化工艺。氢气同碳及水反应生成大量的甲烷，生成的燃气为高热值气体。但是反应条件要在高温高压下进行，而且需要氢源，条件苛刻，所以应用不多。

(5)水蒸气-空气(氧气)气化　即用水蒸气和空气(氧气)为气化剂的气化工艺。此工艺同时克服了空气气化产物热值低和水蒸气气化需要外热源的缺点。由于燃气中的氢气和碳氢化合物含量增加，燃气的热值也相应增加。

(6)热解气化　在无氧或少氧情况下，生物质加热分解，产生固体碳、焦油(可冷凝的挥发分)、可燃气体(不可冷凝的挥发分)。此过程需外部供热进行，产生的燃气为中热值燃气，主要包括氢气、甲烷、一氧化碳、二氧化碳、乙烯、乙烷等。

4.2.5.3　生物质气化的应用

生物质气化技术主要应用在两个方面：集中供气和气化发电。

1. 生物质气化集中供气

生物质气化获得的燃气如果具有中等热值，便可以集中供气。集中供气系统主要由气化器、净化设备、气柜、输气管路和炉具等组成。其工艺流程为：将生物质粉碎，用上料机把生物资原料送入气化炉中，秸秆在气化炉内经过热解气化反应转化成可燃气体，在净化器中去除燃气中含有的灰尘和焦油等杂质，由风机送至贮气柜中，从贮气柜出来的燃气通过铺设在地下的管网输送到系统中的每一用户。生物质气化集中供气系统的工艺流程如图4-4所示。

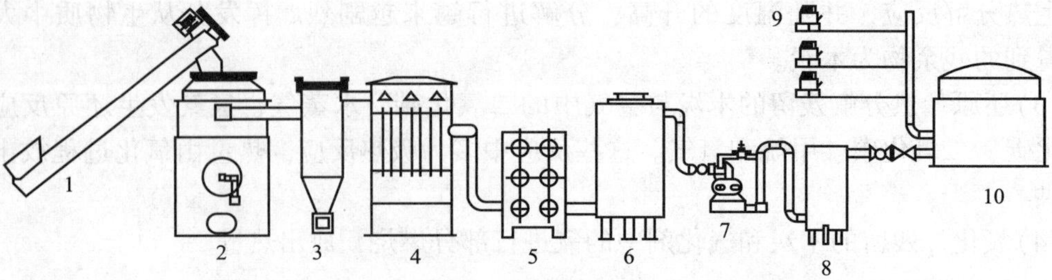

图4-4 气化系统工艺流程图

1—输送机；2—气化器；3—旋风除尘器；4—喷淋净化器；

5—气水分离器；6—过滤器；7—鼓风机；8—水封；9—灶具；10—储气罐

2. 气化发电

生物质气化发电是把生物质转化为可燃气体，再利用可燃气推动燃气发电设备进行发电。这样既能克服生物质分部分散的缺点，又可以充分发挥燃气发电技术设备紧凑而且污染少的优点，同时也可以解决我国缺电和电价高的问题，因此生物质气化发电是生物能最有效洁净的利用方法之一。

生物质气化发电过程主要包括四个方面生物质预处理，把生物质的含水量处理到合适的范围内，压缩成型或粉碎等达到便于运输、储存和气化生物质气化，在气化炉中把固体生物质转化为气体燃料，经过气体净化，尽量除去气化杂质包括灰分、焦炭和焦油等，使其满足燃气发电设备的正常运行，利用燃气发电机组进行发电。气化发电工艺过程如图4-5所示。生物质气化的设备可以分为固定床气化发电系统和流化床气化发电系统，如图4-6所示。

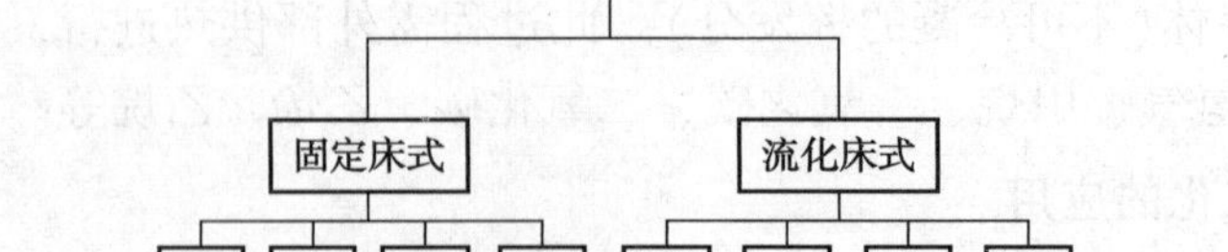

图4-5 气化发电工艺过程

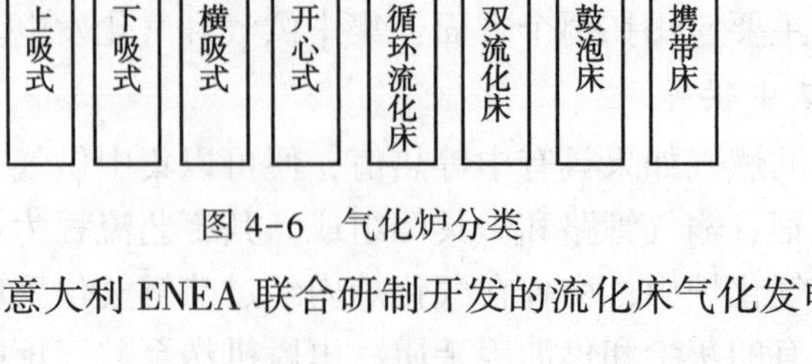

图4-6 气化炉分类

辽宁省能源研究所和意大利ENEA联合研制开发的流化床气化发电系统的技术经济指标如下：

输出功率：160kW；

原料消耗量：240kg/h；

总效率：15%~17%；

投资：2750 元/(kW·h)；

发电成本：0.3 元/(kW·h)；

4.2.6　生物质化工

以石油为原材料发展起来的化学化工即通常所讲的石油化学化工，与此类比，以生物质为原材料发展起来的化学化工就应叫生物质化学化工。众所周知，石油和天然气不仅是当今世界燃料的基石，同样也是化学工业的基石。因此不仅是燃料要由不可再生转变为可再生的，化学工业也要做同样的转化，生物质化工恰恰就是可再生的化学工业。世界各国也纷纷制定相应的生物质利用方案替代目前的石油和天然气，比如美国预计到 2030 年从生物质获得 25%以上的有机化学品，昭示着化学工业也从不可再生的“碳氢化合物(hydrocarbons)”时代到可再生的“碳水化合物(carbohydrates)”时代的过渡。

由生物质获取化学品的工艺目前主要集中在以下几个方面：

①由生物质获取生物质基多元醇，比如纤维素水解生成葡萄糖，然后加氢转化为山梨醇(六元醇)；从植物或动物的油脂中富含的脂肪酸甘油酯水解获得甘油(三元醇)；淀粉、淀粉水合物、糖蜜等发酵生成甘油，再以甘油为底物，通过微生物发酵生产 1，3-丙二醇。其中 1，3-丙二醇(PDO)是重要的化工和医药中间体原料，是生产新型聚酯-聚对苯二酸丙二酯的关键原料。

②由生物质水解获得糖类，糖类进一步获取其他化工产品。如将生物质水解获得的葡萄糖转化为丁二酸，再用适当的催化剂将其转化为 1，4-丁二醇。1，4-丁二醇(BDO)是一种重要的基本有机化工和精细化工原料，通常通过化学合成法得到，其用途广泛，尤其它的衍生物更是附加价值高的精细化工产品，广泛用做溶剂，并用于医药、化妆品、增塑剂、固化剂、农药、除莠剂、人造革、纤维、工程塑料等方面。

③生物质直接水解或是利用生物技术获取有机酸，如甲酸、乙酸、琥珀酸、乳酸等。其中琥珀酸是一种二羧酸，是三羧酸循环的中间产物，可以转化为 1，4-丁二醇、四氢呋喃、γ-丁内酯和其他四碳的化学制品，同时也是厌氧代谢的发酵产物之一。乳酸是一种天然有机酸，是三大有机酸之一。在酿造、医药、食品、卷烟、皮革、印染、化工等领域有着广泛的应用。

④以生物乙醇为平台制备下游化学品。以生物质为原料发酵获得的生物乙醇浓度较低(通常质量分数仅为 10%)，除可以进一步精制制备纯乙醇外，也可以用于制备下游化学品，如脱水生产乙烯、催化制氢、部分氧化制乙醛、一步法生成乙酸乙酯等。

⑤生物质材料技术，如可完全降解的聚合型生物降解塑料等高分子材料，利用生物质转化制备无甲醛新型木材胶黏剂等。

生物质化工替代石油与煤炭的化学化工是人类可持续发展的必经之路。尽管现在的研究仍处于初级阶段，但其具有巨大的潜力，也有越来越多的政府与科学家开始重视这方面的研究。如果在发展生物质化学化工的初级阶段就把绿色化学的思想完全渗透到研究与生产的各个过程，那么完全有可能建立起一套新的化工体系，它与现在化学化工最大的区别就是环境友好。

4.2.7 其他生物质能技术

1. 生物质等离子体气化

生物质等离子体气化是利用热等离子体提供一个高温和高能量的反应环境，在这样的环境下，生物质气化的速率可大幅度提高，同时又会出现常温下不能发生的化学反应。这种气化技术是一项完全不同与常规热解气化的新工艺。等离子体气化的前提是要产生等离子体，可以采用聚集炉、激光束、闪光管、微波以及电弧等方法产生等离子。其中电弧等离子体是一种典型的热等离子体，其特点是温度极高，可以达到上万度，并且还含有大量各种类型的带电离子、中性离子以及电子等活性特种。生物质在氮的气氛下经电弧等离子体热解后，产品气中的主要组分是氢气和一氧化碳，不含有焦油。而且可以通过通入水蒸气，调节氢气和一氧化碳的比例。

2. 生物燃料电池

生物燃料电池是燃料电池中比较特殊的一类，它是利用生物催化剂(酶或者微生物组织)将化学能转变为电能。它的工作原理与传统的燃料电池存在许多共同之处。如以葡萄糖作为原料的燃料电池为例，在阳极和阴极将发生如下反应：

阳极反应： $$C_6H_{12}O_6+6H_2O \rightarrow 6CO_2+24e^-+24H^+ \tag{4-17}$$

阴极反应： $$6O_2+24e^-+24H^+ \rightarrow 12H_2O \tag{4-18}$$

生物燃料电池除了在理论上具有很高的能量转化率以外，还有其他燃料电池所不具备的特点：

①原料来源广泛，能利用一般燃料电池所不能利用的多种有机物、无机物质作为燃料。

②操作条件温和，一般是在常温、常压和接近中性的环境中工作，电池维护成本低、安全性强。

③生物相容性。利用人体内的葡萄糖和氧为原料的生物燃料电池可以直接植入人体，作为心脏起搏器等人造器官的电源。

生物燃料电池自身潜在的优点使它具有很好的发展前景，但由于输出功率密度远远不能满足实际要求，目前无法作为电源应用与实际生产和生活中。但随着生物技术的发展、生物电极领域的大量成果出现，生物燃料电池有望作为一种绿色环保的新能源在不远的将来取得重要进展，在生物医学等各个领域得到应用。

3. 生物质气化制氢

生物质制氢技术可以分为以下两大类：第一类是以生物质为原料利用热化学原理和技术制取氢气，如生物质气化制氢、超临界水气化法制氢，由生物质转化获得的甲烷、甲醇、乙醇进一步重整制氢等。第二类是利用生物技术制氢，如直接生物光解，间接生物光解，光发酵，光合异养细菌水气转移反应合成氢气和微生物燃料电池技术等。

目前生物质制氢的研究主要集中在如何高效而经济地转换和利用生物质。考虑到生物质原料的分散性，采用先将分散的生物质快速热解，获得易运输的生物油，然后集中通过催化蒸汽重整制取氢气的方法实现生物质制氢。另外对于含湿量高于50%的生物质可以通过细菌的厌氧消化和发酵作用制氢。有些湿度较大的生物质亦可利用超临界水气化制氢。

4. 生物质厌氧消化制取沼气

生物质厌氧消化是指畜禽代谢物、秸秆、农业有机废弃物、城市污水和垃圾等有机质通过厌氧发酵转化成富含甲烷的气体燃料——沼气。厌氧消化的过程是细菌将有机质转化为气体的过程，其中共有五大生理类群的细菌参与沼气发酵过程：发酵性细菌、产氢产乙酸菌、耗氢产乙酸菌、食氢产甲烷菌和食乙酸产甲烷菌。五大类细菌构成一条食物链，根据其代谢产物的不同，前三类细菌共同完成水解酸化阶段，后两类细菌完成产甲烷阶段。最后生产以甲烷(50%~70%)和二氧化碳(30%~40%)为主要成分的沼气，其中还含有少量的氢气、氮气、一氧化碳、硫化氢和氨气。

沼气生产的工艺由发酵原料以及沼气工程的目的和要求来决定，但存在一定的共性，即原料收集、预处理、消化器(沼气池)、出料的后处理、沼气的净化、储存和输送以及利用等环节。

沼气的利用最初只是用来点灯煮饭，而且多数是用小型沼气池产生。随着技术的进步和生产的工程化，沼气还用来代替汽油开动内燃机以及利用沼气进行发电。随着科学技术的发展，沼气的新用途不断地开发出来，从沼气分离出甲烷，再经纯化后，用途更广泛。

4.3　锂离子电池基础

4.3.1　锂离子电池的发展历史

开发新能源和清洁可再生能源，如太阳能、风能、水利能和潮汐能等有着重要的意义，但是这些能源是不连续的，需要有能量储存装置进行收集。作为一种高性能的能量转换和储存装置，锂离子电池可以合理有效地利用这些能源，是一种重要储能媒介。此外，锂离子电池由于具有比能量较大、工作电压高、自放电小、循环寿命长、无记忆效应、无污染绿色环保等优点，已逐渐替代传统镍氢电池、镉镍电池、铅酸蓄电池等，并被广泛应用于满足当今电子信息时代迅速增长的电子设备的移动电源需求，如移动电话、数码相机摄像机、数字处理机、电动自行车、电动汽车等。

锂元素是一种化学性能活泼的银白色金属元素，其化学符号为Li(英文名为lithium)，位于元素周期表中的第二周期第一主族。锂作为地球上最轻的金属元素，其原子量为6.94，同时它也是标准电极电位最负(-3.045V)的金属，锂的质量容量密度约为3860mA·h/g，是一种非常具有潜力的高比能量电池的电极材料。

锂电池的研究开始于20世纪60年代，使用锂离子一次电池(即不可循环充放电使用的锂电池)的技术已基本成形，常见的锂离子一次电池有Li/I_2、Li/MnO_2、Li/SO_2、$Li/SOCl_2$等。但是由于锂离子一次电池不能充电反复使用，就存在着成本较高，资源浪费严重等缺点。这样在20世纪70年代石油危机的背景下，在研究锂一次电池的同时，开始了锂离子二次电池的研究(即可反复进行充电、放电而多次使用的电池)。最初的研究集中在以金属锂作为二次锂电池的负极材料上，但是锂负极在充放电过程中会从电解液中析出形成锂枝晶，锂枝晶的生长会刺破隔膜，局部热聚集等结果，从而存在充放电效率低、循环寿命短及安全性能差的缺点。其中比较典型的案例是，美国 Exxon 公司制备的 Li/TiS_2 体系和加拿大 MoLi Energy 公司推出的圆柱型 Li/MoS_2 二次锂离子电池。Exxon 公司未能将该产品实现商业化，而 MoLi Energy 公司的产品发生了爆炸事故，使得锂二次电池的发展基本陷于停顿状态。虽然如此，但这些开创性的工作对二次锂电池的推动作用不容忽视。

1980 年，M. Armond 首先提出用嵌锂化合物代替二次锂电池中的金属锂负极的构想，因为在充放电的过程中，锂离子在正极和负极之间来回转移，所以二次锂离子电池被形象地描述为“摇椅式电池”(Rocking Chair Batteries)，即采用低插锂电势的嵌锂化合物代替金属锂为负极，与高插锂电势的嵌锂化合物组成锂二次电池，同时提出石墨可以作为锂离子电池的负极。Goodenough 等人在 1980 年，报道合成出 $LiMO_2$(M = Co，Ni，Mn)化合物，这些过渡金属氧化物的锂离子嵌入化合物，能够可逆地嵌入和脱嵌锂，这些材料后来逐渐发展成为二次锂电池的正极材料，并且至今仍然被广泛应用。

1990 年，日本索尼公司宣布正式开发出实用性“摇椅式电池”，索尼公司采用可逆嵌入和脱出锂离子的碳材料代替金属锂作为负极和高电位的钴酸锂($LiCoO_2$)为正极以及能与正负极相容的 $LiPF_6$，乙烯碳酸酯和二乙烯碳酸酯作为电解质。由于这一体系中，锂离子在正极和负极之间来回转移，所以该电池被命名为锂离子电池(Lithium ion battery)，这种提法最终被广为接受。该电化学电池体系的优点在于用可逆嵌脱锂的炭材料替代了金属锂作负极，既克服了二次锂电池的循环寿命较低、安全性能很差的缺点，又较好地保持了二次锂电池高电压、高比能量的优点。1993 年，美国公司首先报道了聚合物锂离子电池。国内生产聚合物锂离子电池的厂家也在 20 世纪 90 年代相继问世。随着新型电极材料的相继开发，各种体系的锂离子电池得到了空前的发展，锂离子电池有着广阔的发展前途和市场前景。

4.3.2 锂离子电池的的特点和分类

锂离子电池的性能经过几十年的发展，性能上有了明显的提高，其最显著的优点是体积比或者重量比能量密度都比镍氢电池、镍镉电池、铅酸电池显著要高。

图 4-7 和表 4-6 详细比较了锂离子电池和传统二次电池的主要性能。参照图表可见：锂离子电池有以下优点：①平均输出电压较高，约为 3.6V，是传统的镍镉电池、镍氢电池的 3 倍；②容量是镍镉电池和铅酸电池的 3~4 倍或是镍氢电池的 1.5 倍；③循环性能优越，使用寿命长，自放电率低，充放电库伦效率高；④工作温度范围比较宽，温度范围约为-40~70℃；⑤环境污染小，没有镍镉电池、镍氢电池电池所具有的记忆效应。另外，锂离子电池的主要不足之处在于：①电池的成本比较高，主要是正极材料价格相对昂贵；②在过充电的情况下容易导致安全问题，必须有防止过充电的保护电路；③由于电压较高，锂离子电池与一般电池的相容性差。

锂离子电池的种类较多。根据能否充放电来分，可分为一次锂离子电池和二次锂离子电池；根据电池电极材料的不同，可分为 $LiCoO_2$、$LiNiO_2$、$LiMn_2O_4$、$LiFePO_4$ 电池等；根据温度来分，可分为高温锂离子电池和常温锂离子电池；根据所用电解质的状态来分，可分为液体锂离子电池、聚合物电解质锂离子电池和全固态锂离子电池。

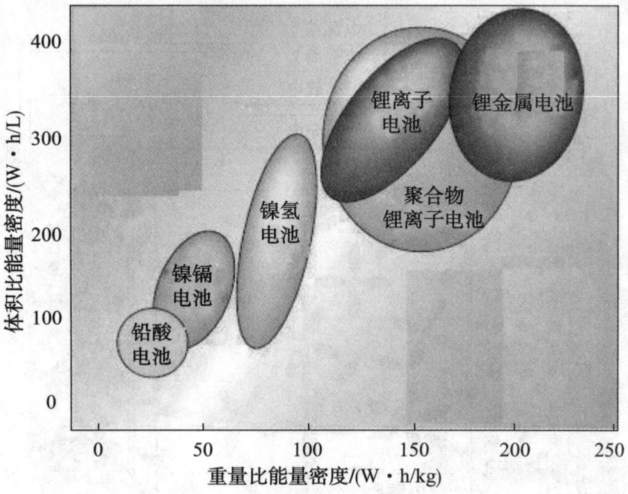

图 4-7　常见二次电池的重量比容量和体积比容量的比较

表 4-6　常见二次电池的主要性能比较

性能	铅酸电池	镍镉电池	镍氢电池	锂离子电池
平均工作电压/V	2.0	1.2	1.2	3.6
体积比能量密度/（W · h/L）	75	120	200	300
质量比能量密度/（W · h/kg）	25	50	85	170
循环寿命	~500~500	~500~1000	~500~1000	~500~2000
工作温度/℃	-20~50	-20~40	-20~40	-40~70
环境污染	有	有	没有	没有
记忆效应	没有	有	没有	没有

4.3.3　锂离子电池的工作原理

锂离子电池采用的是能可逆地嵌入与脱嵌锂离子的化合物作为正负极电极材料，充电时，锂离子从正极材料中脱嵌，嵌入到负极村料中；放电时则相反，锂离子从负极材料中脱嵌，嵌入到正极材料中。下面以石墨化碳作为负极、氧化钴锂作为正极，来表示二次锂离子电池的充放电工作原理，如图 4-8 所示，在充放电过程的正负电极对应的电化学反应如下：

正极：$LiCoO_2 \underset{放电}{\overset{充电}{\rightleftharpoons}} Li_{1-x}CoO_2 + xLi^+ + xe^-$

负极：$6C + xLi^+ + xe^- \underset{放电}{\overset{充电}{\rightleftharpoons}} Li_xC_6$

电极总反应：$6C + LiCoO_2 \underset{放电}{\overset{充电}{\rightleftharpoons}} Li_{1-x}CoO_2 + Li_xC_6$

由于在充放电过程中，锂离子在负极中的嵌入和脱嵌取代了金属锂在电极上的沉积和析出，避免了锂枝晶的生长，使得锂离子电池在保持锂二次电池高电压、高比能量的同

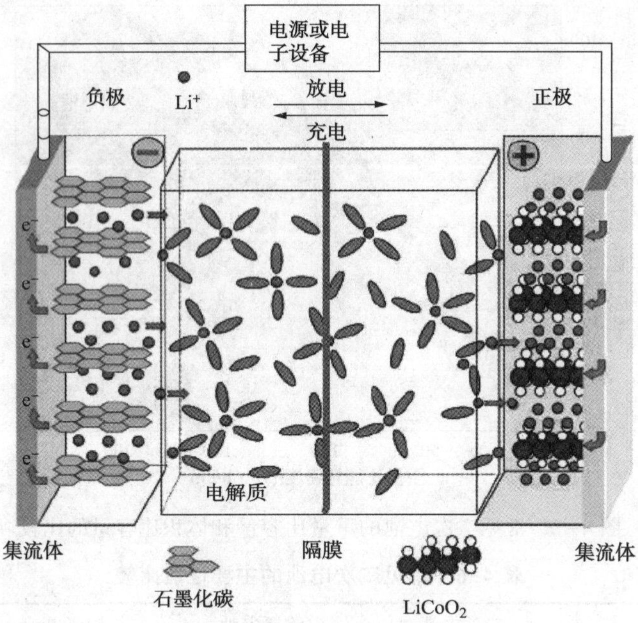

图4-8 锂离子电池充放电原理示意图

时，克服了锂二次电池安全性差、寿命短等缺点。

4.3.4 锂离子电池主要评价指标

锂电池的常用术语和评价指标如下：

①正极：放电时，电子从外部电路流入电位较高的电极为正极，由于该电极在放电时发生的是还原反应，所以放电时正极也可以称为阴极；但是在充电时情况不同，此时该电极发生的是氧化反应，则相应地应称之为阳极。

②负极：与正极相对应，放电时，电子从外部电路流出电位较低的电极称之为负极，由于该电极在放电时发生的是氧化反应，所以放电时负极也可以称为阳极而在充电情况下情况不同，此时发生的是还原反应，则相应地应称之为阴极。

③标称电压：电池在0.2C情况下放电时整个过程的平均电池电压。

④标称容量：电池在0.2C情况下的放电容量。

⑤开路电压：外电路没有电流流过时，电池正负极之间的电位差。

⑥工作电压：电流通过外电路时，电池电极间的电位差，为电池在操作过程中实际输出的电压。因为电流流过电池内部时，必须克服极化电阻和欧姆内阻，所以工作电压低于开路电压。工作电压也叫闭路电压、放电电压或负荷电压。

⑦放电特性：电池放电时表现出的一些特征，包括放电曲线、放电容量、放电率、放电深度、放电时间等。

⑧放电容量：电池放电时释放出来的电荷量，一般用电流与时间的乘积表示，常用单位为：mA·h或A·h。

⑨放电速率：表示放电快慢的一种量度，一般用小时率和倍率来表示。小时率是以一

定放电电流放完额定容量所需要的小时数，而倍率是指在规定时间内完全放完额定容量所需的电流值。例如，如果电池所有的容量在1h内放电完毕，称该种情况为1h率放电或1倍率(1C)放电，常用的倍率电流为C/5，即在5h内电池放完额定容量完毕。

⑩终止电压：电池充放电时，所规定的最高充电电压或最低放电电压。为保证活性电极材料得到充分利用，一般其充放电的终止电压会定得范围较宽。

⑪自放电：电池在搁置过程中，没有与外部负荷相连而自然产生容量损失的过程。

⑫内阻：电池正负极两端之间的电阻，包括欧姆电阻和极化电阻。欧姆电阻是由电极材料、电解液、隔膜电阻、集流体的电阻以及部件之间的接触电阻组成，而极化电阻是指电化学反应时由于极化引起的电阻，包括电化学极化和浓度极化所引起的电阻。

⑬循环寿命：将电池进行反复充放电，直至电池性能达到规定的要求以下时所能够达到的充放电次数。

⑭内部短路：电池内部正极和负极形成电通路时的情况。

⑮恒压充电：在恒定的电压情况下，将充电电池进行充电的过程，在恒压充电下一般设置终止电流，当电流小于终止电流时，充电过程结束。

⑯恒流充电：在恒定的电流下，将充电电池进行充电的过程，在恒流充电的下一般设置终止电压，当电压达到该值时，充电的过程终止。

⑰能量密度：单位质量或体积的电极材料或整个电池所能释放出的电量，一般用mA·h/L或mA·h/kg表示。

⑱能量密度：单位质量或体积的电池在一定条件下所能放出的能量，一般用W·h/L或W·h/kg表示。

⑲功率密度：单位质量或体积的电池在一定条件下单位时间内能够放出的能量，一般用W/L或W/kg表示。

⑳库仑效率：在一定的充放电条件下，电池放电时所释放出来的电荷与充电时充入的电荷的百分比，库仑效率也称为充放电效率，是表征锂离子二次电池充放电可逆性和决定电池寿命的重要参数。

4.3.5　锂离子电池的发展方向

随着不可再生能源的逐渐枯竭，以及它们对环境造成的压力不断加大，可再生能源的存储和转化成为解决能源问题的必由之路。此外，信息化技术和便携式电子设备的快速发展也对二次能源的利用提出了更高的要求，这些都使得对高性能锂离子电池的需求日益强烈。目前，从技术发展看，如下方面应予关注：

①开发新的高性能电极材料。进一步开发正极材料的目标是提高比容量(例如：使用硫正极)、提升工作电压(例如：高电压三元材料)，降低成本(例如：使用有机正极材料)，和提高大电流放电的性能，使其满足电动汽车和智能电网等对大容量动力电池的要求；在负极方面，除了继续完善、研发碳材料，非碳高比能量负极材料的研究(例如：硅基和锡基材料)应该充分重视；在电解质方面，一方面，研发具有高离子电导率的固体电解质对于提高锂离子电池在大容量蓄能电池上的安全性上具有重要意义；另一方面，凝胶聚合物电解质作为液体电解质与全固态聚合物电解质的过渡产物，由于具有良好的加工性

能，拓宽了锂离子电池的应用领域。

②纳米材料由于具有其他材料无法比拟的特殊性能，在锂离子电池方面也有着巨大的发展潜力，制备诸如复合材料的纳米棒、纳米线、纳米管、纳米空心球、碳纳米管、石墨烯及其复合材料等新型结构的纳米材料对于提高电极材料的储锂容量，循环寿命和倍率特性，进而，提高和改善锂离子电池比容量和动力性能具有重要意义。

③加速聚合物锂离子电池的实用化进程。聚合物锂离子电池具有薄型化和形状容易设计、电化学稳定、电压窗口宽、循环性能好等优点，各国都在积极推进实用化进程，这将会导致锂离子电池新的发展高潮。目前这类研发工作基本都集中在日本、美国等发达国家，尤其是日本，但具有一定生产规模的企业却很少，技术也不很成熟，价格还十分昂贵，另外电解质体系提纯困难，需要保护线路的控制，过充或过放都会使电池内部造成不可逆的影响，故还有许多研究工作要做。

4.3.6 锂离子电池的组成和电极材料

锂离子电池的结构一般包括以下部件：正极、负极、电解质、隔膜、正极引线、负极引线、中心端子、绝缘材料、安全阀、正温度控制端子、电池壳。图4-9中分别为柱状电池，方形电池，聚合物电解质锂离子电池的结构示意图：

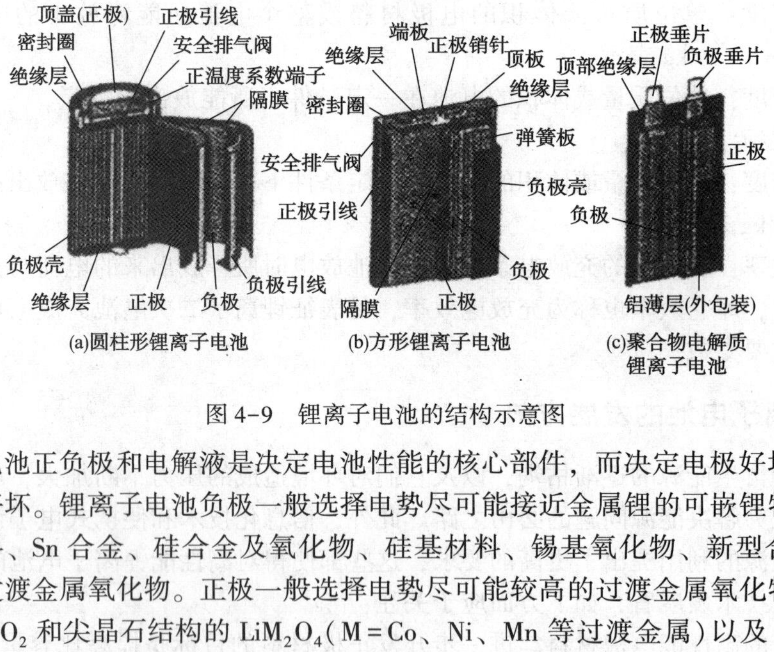

图4-9 锂离子电池的结构示意图

锂离子电池正负极和电解液是决定电池性能的核心部件，而决定电极好坏的重点在于电极材料的好坏。锂离子电池负极一般选择电势尽可能接近金属锂的可嵌锂物质，常见的有各种碳材料、Sn合金、硅合金及氧化物、硅基材料、锡基氧化物、新型合金、钛的氧化物、纳米过渡金属氧化物。正极一般选择电势尽可能较高的过渡金属氧化物，主要有层状结构的 $LiMO_2$ 和尖晶石结构的 LiM_2O_4($M=Co$、Ni、Mn 等过渡金属)以及 $LiFePO_4$ 类化合物。电解质体系主要选用在有机溶剂如碳酸酯、羧酸酯和醚类和锂盐 $LiPF_6$。下面将就正极材料、负极材料和电解液一一介绍。

4.3.6.1 电池负极材料

一般性能优秀的负极材料需要具备以下特性：①在嵌-脱锂的反应过程中，吉布斯自由能变化小，电势电位小，保证电池有高电压；②有良好的导电性，锂离子在电极材料的内部和表面具有较大的扩散速率，这特别有益于大电流充放电的情况；③为保证电池具有较高的能量密度和较小的容量损失，要求有较高的电化学容量和较高的充放电效率；④具有较高的化学稳定性、结构稳定性和热稳定性，及对电解质的兼容性；⑤资源丰富、易于制备、价格低廉，无污染。目前，锂离子电池负极材料种类繁多，分类较乱，以下主要分为碳材料、锂合金材料以及其它负极材料三类来介绍。

1. 常规碳材料锂电池负极

碳原子为元素周期表中第12号元素，它主要以 sp^2、sp^3 杂化形式存在，根据石墨化的程度，碳材料一般可分为石墨和非石墨，其中石墨包括天然石墨、人造石墨和石墨化碳；非石墨包括可石墨化碳（软碳）和不可石墨化碳（硬碳）。第一代的索尼公司开发的锂离子电池的负极采用的是石油焦作为负极，目前国内外锂离子电池中商业化的负极材料主要是石墨，常见的石墨化材料主要有石墨化中间相碳微珠（Mesocarbon Microbeads，MCMB）和石墨化碳纤维等。石墨结构稳定，具有高度可逆的和可观的储锂容量（理论容量372mA·h/g）、良好的充放电特性以及与电解质相容性较好。石墨导电性好、结晶度高，具有六角碳网的层状结构，层间距约为0.335nm，适合Li离子的插入和脱嵌，随着锂的插入量的变化，形成不同阶的锂-石墨层间化合物（Graphite Intercalated Compound，GIC），其中最大程度形成的插入化合物为 LiC_6，即锂插入每层石墨片的层，对应的储锂理论比容量为372mA·h/g，嵌锂的石墨层间距变大约为0.37nm，可参见图4-10。图4-11是石墨储锂的第一圈充放电曲线，如图所示：锂在石墨中的插入/脱插反应主要发生在0~0.25V（相对于 Li/Li^+），具有良好的充放电电压平台，锂的插入存在着一个重要的过程，即形成固体-电解质界面膜（Solid-Electrolyte Interface，SEI），一般是在0.5V以上膜开始形成，0.55~0.2V成膜主要过程，在0.0~0.2V才开始插入锂，形成阶化合物。石墨的可逆充放电比容量可达300mA·h/g以上，不可逆容量低于50mA·h/g，充放电效率一般在90%以上。石墨碳材料可与提供锂源的常见正极材料 $LiCoO_2$、$LiNiO_2$、$LiMn_2O_4$ 等匹配，组成的电池平均输出电压高，约为3.6V。石墨碳材料是目前锂离子电池应用最多的负极材料，其典型代表为石墨化中间相碳微珠（MCMB）。

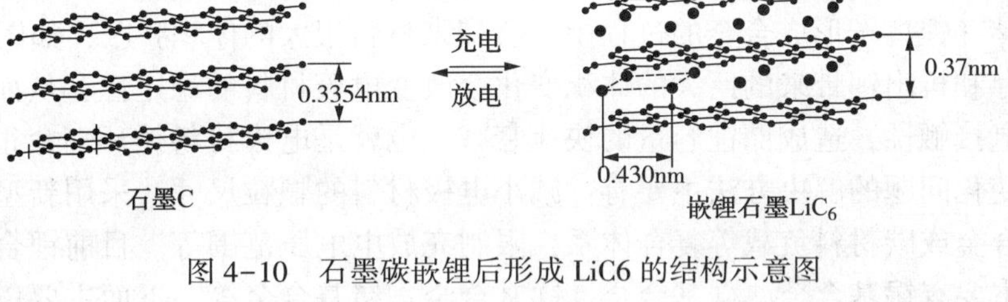

图4-10　石墨碳嵌锂后形成LiC6的结构示意图

高度结晶的石墨碳材料具有高度取向的层状结构，锂离子插入的方向性强，使其大电流充放电性能受到影响，同时它对某些电解液比较敏感，导致石墨层剥落粉化。当石墨嵌锂时，在第一次储锂的过程中石墨在有机电解质中表面会生成固体电解质界面膜（即SEI膜），这种钝化膜可以传递电子和锂离子，但是生成SEI膜时会消耗大量的锂离子，这个过程是不可逆的，从而造成储锂容量的不可逆损失。使用的碳电极的电位与金属锂的电位很接近，当电池过充电时，碳电极表面会析出金属锂，从而可能会形成锂枝晶，如果锂枝晶刺穿隔膜会导致电池短路，引起安全性的问题。

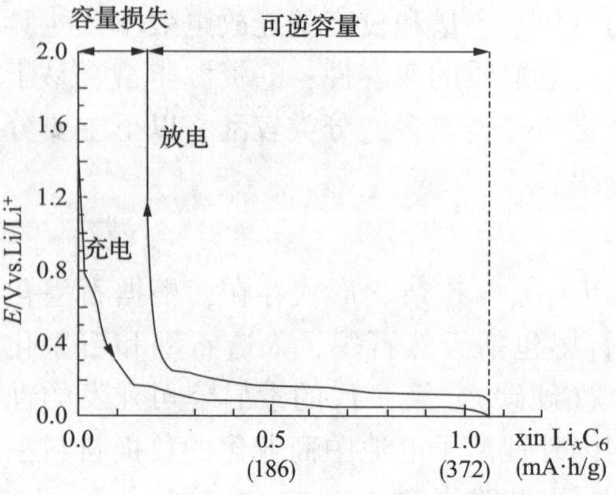

图4-11 石墨的第一圈充放电特征曲线

非石墨碳材料主要由石墨微晶和无定形区组成，制备温度低，在500~1200℃。非石墨碳材料可分为软碳和硬碳。软碳即易石墨化碳，是指在高温下(2000℃以上)能石墨化的非石墨碳材料。软碳的石墨化程度低，晶粒尺寸小，晶面间距较石墨要大(0.34~0.36 nm)，但首次充放电的不可逆容量较高，输出电压较低，无明显的充放电平台电位。常见的软碳有石油焦、针状焦、碳纤维、碳微球等。硬碳是指难石墨化碳，在高温下(2000℃以上)也难以石墨化。常见的硬碳主要是高分子聚合物的热解碳，例如酚醛树脂和环氧树脂等。非石墨碳碳材料的可逆容量较高，可高达600~2000mAh/g，但循环性能不理想，可逆储锂容量随循环的进行衰减较快，而且还存在着电压滞后现象，组装成电池后，实际可逆的储锂容量不如石墨化碳材料，而且它的插锂电位较高(约1.1V)，这样导致整体的电池电压偏低。锂在非石墨化碳材料中的储存机理主要有微孔储锂机理、碳-锂-氢机理、锂分子机理、晶格点阵机理等，目前占主导地位的是微孔机理。这些微孔缺陷结构能够储存大量的锂离子，旦由于这些缺陷结构极不稳，锂的反复嵌入和脱嵌会破坏这些缺陷结构，导致可逆的容量发生衰减。

2. 锂合金材料

锂如下式所示能够与许多金属形成金属间化台物 Li_xM(M=Sn、Si、Sb、Bi、Al、Ge、Pb等)，由于合金的形成过程通常都是可逆的，所以能与锂能够形成合金的金属元素在理论上都可以作为锂电池负极材料。

$$M+xLi^{+}+xe^{-} \rightleftharpoons Li_xM$$

这些锂合金负极材料作为负极最主要的特征在于通常都有非常大的储锂容量，如图4-12(a)所示，相对于碳材料来说，这些金属通过和锂形成合金达到的储锂容量要大得多，但是在储存锂离子形成合金的过程中，会带来材料很大的体积膨胀，如图4-12(b)所式。反复储存和析出锂带来的巨大的体积变化会改变电极材料的稳定性，从而导致电极的粉化，失去电接触性，造成储锂容量的快速衰减，也就是电极材料循环寿命很差。针对合金负极体积变化问题的解决方法主要有：减小电极材料的颗粒尺寸，采用新型的电极结构材料，使用合金或碳材料负载等复合体系，限制充放电电压范围等。目前锂合金负极材料研究较多的主要有锡基合金、硅基合金、锑基合金、锗基合金等，下面主要以锡基负极材料作为锂合金负极的代表进行讲述。

从20世纪90年代到现在，Sn基负极材料主要包含Sn，Sn的氧化物(如SnO，SnO_2，Sn_2BPO_6等)，SnM合金(M=Sb，Cu，Fe，Ni，Se等)以及Sn基材料和碳的复合材料等得到了各国科学家的广泛重视和研究。在这些研究成果中发现，Sn基负极材料通常具有较高的容量，例如：Sn的理论容量(约990mA·h/g或者约7200mA·h/mL，基于嵌锂合金分子式 $Li_{4.4}Sn$ 的化学计量的理论计算)分别大概是石墨的2倍或者6~9倍。但是容量的快速衰减问题比较严重，是影响锡基负极材料大规模应用的最关键问题。这个问题是锂合金

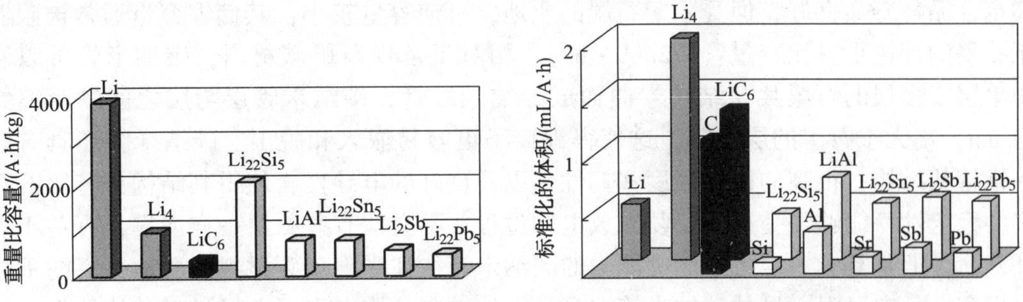

(a)锂合金负极材料的储锂容量　　(b)锂合金负极材料的储锂后的体积膨胀

图 4-12　锂合金负极材料的储锂容量和体积膨胀示意图

负极材料的共同问题，主要是由于在锂离子多次同 Sn 合金化和去合金化的过程中，会伴随着剧烈的体积变化(从 Sn 到 $Li_{4.4}Sn$ 的形成可以导致高达 300%的体积膨胀)，进而导致电极的崩裂和粉化，影响电极的循环寿命。同时研究也发现，相比单组分 Sn 材料，通过添加一些其他组分和 Sn 形成合金，例如 SnSb，或者使用碳材料负载单组分或者合金组分，都能够一定程度的提高电极材料的循环寿命，这主要是因为添加的组分通常能够作为缓冲材料，起到缓解抑制 $Li_{4.4}Sn$ 形成时伴随的大体积膨胀的问题，例如：SnSb 材料在不同电压阶段，先和锂作用生成 Li_3Sb 和 Sn，然后再生成 $Li_{4.4}Sn$，它们能够互相作为缓冲材料一定程度上抑制储锂时带来的体积膨胀，从而提高循环性能。另外，使用较小尺寸的 Sn 基负极材料纳米粒子，可以保证负极材料整体体积膨胀的均匀性和缩小相对局部区域的膨胀程度，从而一定程度地达到提高电极材料的循环寿命的作用。但是经过多次循环，由于 Sn 材料的相对较高的流动性，会导致 Sn 金属聚集成较大的颗粒，进而引起纳米尺度效应的。

3. 其他负极材料

目前最常用的负极材料是石墨碳材料，研究最多是有可能替代碳材料的高容量锂合金负极材料和其他一些负极材料，例如碳纳米管和石墨烯及它们的复合材料、钛的氧化物、锂氮化合物等。下面简要介绍一下越来越得到人们重视的碳纳米管和石墨烯负极材料。

碳纳米管(Carbon Nanotubes，CNT)本质上也是一种碳材料，是一种由六边形碳组成的单壁或多壁纳米级管状结构。由于碳纳米管由 C—C 共价键结合而成，故其具有非常高的强度，同时，它还具有很高的柔韧性、硬度和良好的导电性能。碳纳米管按照构型可以分为三种：扶椅式、锯齿形和手性碳纳米管，根据石墨化程度可分为无定形和石墨化碳纳米管。根据壁的多少可分为多壁(更加常见)、双壁和单壁碳纳米管。按照形态来分，可以分为：普通封口型、变径型、洋葱型、海胆型、念珠型、纺锤型、螺旋型等。自从碳纳米管在 1991 年被发现，由于其特有的一维中空结构，它的各种性能包括机械性能，电子性能，物理化学性能被广泛关注。碳纳米管，作为一种新型的碳材料，也被广泛应用于锂离子电池负极材料的研究。锂离子不仅可以嵌入中空管中，还可以进入到管间的缝隙中，提高了电极的比容量，其可逆储锂比容量约在 80~1000mA · h/g。碳纳米管普遍存在一定的电位滞后和双电层效应。与普通碳材料一样，多壁碳纳米管的形态尺寸结构对其储锂的比容量和循环寿命有很大影响。通常情况下，石墨化程度低的碳纳米管的初始储锂可逆容量大，但存在较大的第一圈不可逆容量损失和容量衰减，而石墨化程度高的多壁碳纳米管由于结构稳定，循环寿命良好，但受限于石墨的质地，可逆容量较小，其储锂容量通常被限制在低于石墨的理论重量比容量：372mA · h/g。相对于常规石墨碳材料，碳纳米管可以看作是由单层或多层的石墨片状结构卷曲而成的纳米级管，碳纳米管层与层之间的距离约为0.34 nm，略大于石墨的层间距，这使得锂离子更容易嵌入和脱出。碳纳米管还具有独特的一维管状结构，很高的机械强度和韧性，以及良好的电导性，使得其结构具有比石墨高得多的稳定性，能够经受得住反复充放电的过程，不会像有些石墨一样崩塌，有益于提高循环寿命。但是具有一定可逆储锂能力的碳纳米管往往受限于碳材料的质地，它的重量比容量提高有一定局限，另外碳纳米管本身具有的中空结构占用了电极材料整体的很大的体积百分比，导致非常低的体积比容量，这也是阻碍碳纳米管实际应用的一个严重问题。

石墨烯(Graphene)是一种由碳原子以 sp^2 杂化轨道组成的六角型晶格的单层二维碳材料。石墨烯最初由英国曼彻斯特大学物理学家安德烈 · 盖姆和康斯坦丁 · 诺沃肖洛夫利用微机械法剥离天然石墨得到，并在2010年因此获得诺贝尔物理学奖。石墨烯因其特殊的杂化结构和单层二维材料的特点具有优异的光学、电学、力学特性等，已经应用到微纳加工、生物医学、药物载体和纳米能源等方面，被认为是未来的革命性材料。石墨烯在锂离子电池上的应用也非常普遍并取得了良好的储锂效果和改善电极材料的机械性能和电化学性能。石墨烯由于其二维材料和双侧储锂的特点，其理论储锂比容量为744mA · h/g，是天然石墨理论容量的两倍，故石墨烯常被用作锂离子电池负极材料用于提升电极材料的比容量。另外，石墨烯具有良好的柔韧性和导电性，常被用于缓解负极材料的体积膨胀问题和提高电极材料的导电性，例如在硅材料中加入石墨烯，可以极大地改善因硅材料巨大体积变化而产生的材料粉化和固体电解质膜增厚的问题。锡基材料也可以通过原位负载在石墨烯表面来提高复合材料的整体导电性、缓冲体积变化和稳定固体电解质膜等特性。石墨烯的改性也是一个非常重要的课题。通过引入杂原子如氮、硼原子等，改变局部电子分布情况，可以提高石墨烯的导电性和催化性能。

4.3.6.2 锂电池正极材料

锂离子电池正极材料一般为具有高嵌入电位的锂过渡金属氧化物等嵌入化合物(Intercalation Compound)，一般而言，锂离子电池正极材料应满足以下条件：①具备层状或隧道式开放结构，以利于锂离子的自由嵌/脱，有较大的储锂比容量；②在整个嵌入/脱嵌过程中，主体结构稳定，具有较高的结构稳定性、化学稳定性，锂的嵌入和脱出反应具有高度可逆性，有很好的循环寿命；③具有较高的氧化还原电位，且在锂离子嵌/脱过程中电极电位变化较小，具有较平稳的充电和放电曲线，电池的输出电压较高；④在材料的内部和表面，应有较好的电子电导率和离子电导率，以减少极化，并能进行大电流充放电；⑤成本低，易生产，安全，不会导致环境污染。目前研究较多的主要有 $LiCoO_2$、$LiNiO_2$、$LiMn_2O_4$ 及其派生物等，最近尤其是多阴离子正极材料($LiFePO_4$ 等)引起了人们的广泛兴趣。

1. $LiCoO_2$，$LiNiO_2$，$LiMn_2O_4$

$LiCoO_2$、$LiNiO_2$、$LiMn_2O_4$ 是常见的正极材料，其中 $LiCoO_2$ 的成本最高，$LiNiO_2$ 次之，$LiMn_2O_4$ 成本最低。$LiCoO_2$ 是目前研究历史最久、研究最广泛的正极材料，常用的结构为层状结构(如图 4-13 所示)，早在 1980 年就被首次用作锂离子电池的正极材料，也是 1990 年最早商业化的锂离子电池的正极材料。

$LiCoO_2$ 具有与 α-$NaFeO_2$ 相同的晶体结构，为六方晶系，具有 R3m 空间群，氧原子采用立方密堆积序列，钴和锂分别占据立方密堆积中的八面体(3a)和(3b)位置。锂离子在 CoO_2 层间进行二维运动，锂离子电导率在 $LiCoO_2$ 较高，扩散系数可达 $10^{-9}cm^2/s$。$LiCoO_2$ 的放电曲线平坦，第一圈的充放电效率较高，它的储锂理论容量为 274mA · h/g，但由于钴从所在的平面迁移到锂所在的平面，最后迁移到电解质中会导致结构不稳定，使得实际比容量只能达到理论容量的一半，为 150mA · h/g 左右。目前研究重点逐渐转向有成本优势的 $LiNiO_2$ 和 $LiMn_2O_4$ 正极材料，用 Ni 或 Mn 部分替代 Co，一方面可降低成本、减少污染，还可以提高材料的可逆容量和循环稳定性。

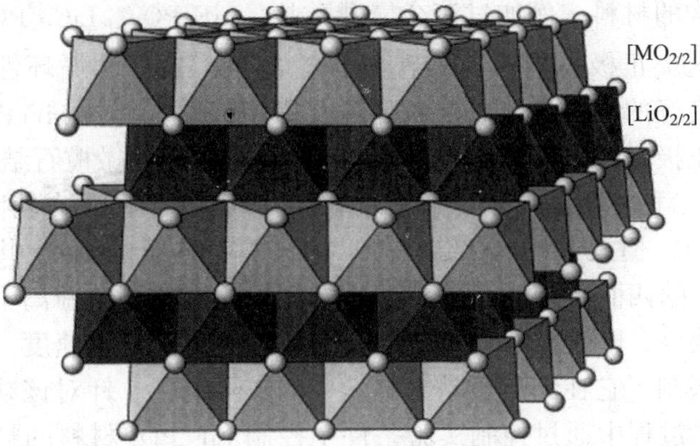

图 4-13　$LiMO_2$(M=Co，Ni，V 等)的两维层状晶体结构示意图

由于镍与钴的性质相似，所以研究人员开发了锂镍氧化物正极材料，$LiNiO_2$ 与 $LiCoO_2$ 同属层状结构，但其放电容量比 $LiCoO_2$ 要高，理论容量为 275mA · h/g，实际容量可以达到 140~220mA · h/g，而且镍的价格相对钴要低。但是由于 $LiNiO_2$ 的热稳定性较差，其热分解温度较低(约 200℃)且放热量较多，处于充电后期的高氧化态的 Ni(+4 价)氧化性强，不仅氧化分解电解质还会腐蚀集流体，导致安全问题。另外，$LiNiO_2$ 容易发生 Li 原子与 Ni 原子的错位现象，而且 $LiNiO_2$ 的合成条件非常苛刻，原料及 Li/Ni 配比对 $LiNiO_2$ 的纯度影响较大，比容量偏低，可逆循环性能差。因此，对 $LiNiO_2$ 的改性研究就显得十分重要，主要是通过溶胶-凝胶法向其中添加 Fe、Mg、Mn、Al、Co 等元素，以提高其稳定性，循环性能和安全性。

尖晶石结构的 $LiMn_2O_4$ 属于立方面心结构体系，具有 Fd3m 对称性，一个晶胞中含有 56 个原子：8 个锂原子、16 个锰原子、32 个氧原子。相对于氧原子来说，锂原子占据四面体间隙，锰原子占据八面体间隙，它具有共面四面体和八面体构成的三维网络隧道结构，结构稳定，比层状化合物的二维通道更有利于 Li^+ 的嵌入与脱出，但这种结构可以减少溶剂分子进入其晶格，但也影响了 Li^+ 在晶格中的扩散速度。

常温下，锂离子的扩散系数可以达到 10^{-9} cm^2/s 以上，电导率在 10^{-6} S/cm 以上。$LiMn_2O_4$ 的电池电压为 3.75V，理论容量为 148mA · h/g，但充放电性能不稳定，储锂容量会因杨-泰勒效应(Jahn-Teller)导致结构破坏，有机电解质的分解以及 Mn 的溶解等原因而衰减至120mA·h/g左右。这些问题可以通过表面改性，控制材料的结构和形态，减小尖晶石的比表面积、进行离子掺杂来稳定Mn-O骨架结构。例如使用离子半径和价态相近的其他离子如Co、Ni、Fe、Mg、Cu等掺杂或在电解液中加入添加剂、掺杂Li、B、Mg、Al等阳离子或F、I、S等阴离子的方式来进行改善提高性能。

相对于$LiCoO_2$、$LiNiO_2$而言，$LiMn_2O_4$具有平坦的放电曲线，低的首圈充放电效率、低的放电容量、差的循环性能、较高的工作电压，但是$LiMn_2O_4$具有良好的热稳定性，特别是由于Mn的资源丰富，成本更为经济，合成制备也相对$LiNiO_2$要容易。除了用传统的固相反应法以外，还可用其他方法如溶胶-凝胶法、水热合成法、共沉淀法等合成锂锰氧化物。

2. $LiFePO_4$

具有橄榄石结构的材料，例如过渡金属磷酸盐：$LiFePO_4$、$LiCo\ PO_4$、$LiNi\ PO_4$、也可以成为正极材料。这类正极材料具有较高的理论容量，良好的循环性能，丰富的原料来源，低廉的成本，良好的安全性能以及对环境友好等特性。其中$LiFePO_4$的研究得到了广泛的重视，是近期正极材料的研究热点。$LiFePO_4$具有有序的橄榄石结构，属于正交晶系，空间群为Pmnb，为一种略扭曲的六方最密堆积结构。$LiFePO_4$具有较高的理论容量(理论容量为170mA·h/g)，但是$LiFePO_4$结构中，由于没有连续的FeO_6共边八面体网络导致电子导电困难，PO_4的四面体结构又限制了晶格体积的变化导致锂离子脱嵌困难，这些导致$LiFePO_4$的主要缺点，即较低的电子电导率和低的锂离子迁移速度，严重影响该种材料的放电倍率特性，限制了它在锂离子动力电池中的实际应用。针对该缺点，研究人员主要通过在制备$LiFePO_4$过程中通过控制实验条件中控制$LiFePO_4$材料的粒径形貌，缩短离子迁移路径；掺杂其他材料例如碳材料，金属或者加入一定数量的高价金属阳离子M(M=Mg^{2+}，$A1^{3+}$，Ti^{4+}，Nb^{5+}，W^{6+})来提高$LiFePO_4$的电子电导性能。

3. 其他正极材料

除了$LiCoO_2$、$LiNiO_2$、$LiMn_2O_4$、$LiFePO_4$可以作为锂离子电池正极材料之外，Li-V-O层状化合物，导电聚合物，5V正极材料，硫化物如TiS_2、MoS_2，金属氧化物如Co_3O_4等一些材料也可以作为锂离子电池的正极材料。

Li-V-O层状化合物有$LiVO_2$、V_2O_5，及其衍生物。$LiVO_2$的结构为层状结构，但不同于$LiCoO_2$，脱锂时不稳定，钒离子的迁移发生歧化反应，层状结构被破坏，失去锂离子的扩散通道。钒有三种稳定的氧化态(V^{5+}、V^{4+}、V^{3+})，形成氧密堆分布，容量较大，达400mA·h/g以上，因此钒的氧化物在锂二次电池嵌入电极材料上有良好的发展前景。目前研究的聚合物正极材料有：聚乙炔、聚苯、聚吡咯，聚噻吩等，它们通过阴离子的掺杂、脱掺杂实现电化学过程，但是这些材料的容量密度低，难以得到高能量密度。活性聚硫化合物是另一类聚合物正极材料，是20世纪90年代后期才发展起来的新型储能材料，包括了有机硫化物及其聚合物，主要用于以锂为负极的锂电池中。有机硫聚合物具有能量密度高，比容量大，反应可逆性好等优点，除此以外，5V正极材料如尖晶石结构$LiMn_{2-x}M_xO_4$和反尖晶石V[LiM]O_4(M=Ni、Co)也引起了研究人员的一定兴趣，虽然它们具有较高的能量密度，但是具有严重的稳定性问题，在高电压下它们容易导致电解质的分解。

导电聚合物类正极材料主要包括导电有机高分子正极材料、有机硫化物正极材料和含氧共轭有机物正极材料等。导电有机高分子材料的发现打破了人们对有机聚合物或高分子仅为绝缘体的传统观念，相继开发了聚吡咯、聚噻吩、聚苯硫醚和聚苯胺等导电有机高分子材料。目前，将导电高分子和无机物混合得到的复合型导电有机高分子材料也具有良好的导电性和容量。但是，导电高分子材料还存在很多问题，比如其长期循环稳定性不高，在电解液中缓慢溶解、理论容量不高、需要掺杂大量的导电剂等问题。

有机硫化物正极材料通过 S—S 键的断裂和键合来存储或释放能量，但是由于硫本身具有绝缘性的特点，通过线性或梯形或网状交联等方式形成含硫的有机聚合物可以缓解这一问题，但是容量衰减较快，产物硫化锂 Li_2S_x 易溶于电解液的问题依然存在。故有机硫化物正极材料虽然具有储锂的可能性，但是离实际应用和工业化还有很大的距离，需要进一步结构优化和电解液的改善。

有机共轭含氧化合物正极材料具有高比容量、种类多样和储锂效率高等优点，成为锂离子电池的研究热点。例如蒽醌及其聚合物、含共轭结构的酸酐等羰基化合物放电时，每个羰基的氧原子得到一个电子，同时嵌入锂离子生成烯醇类锂盐；充电时锂离子脱出，羰基被还原；这样通过羰基和烯醇结构的转化来实现锂离子的快速嵌入和脱出。总体而言，含氧共轭有机正极材料的容量较高，但是其倍率性能和循环性能较差，该特点与其聚合物结构和电子电导率低有关。通过增加电极材料中导电剂(炭黑)的比例、降低聚合度和减少有机物的溶解性等方法可以提高含氧共轭有机物正极材料的电化学性能。

5V 左右高电压正极材料是提高锂离子电池功率的关键，也是未来锂离子电池的发展方向。5V 高电压正极材料主要包括橄榄石型 $LiMPO_4$($M=Mn$，Co，Ni)材料和掺杂的尖晶石 $LiM_xMn_{2-x}O_4$($M=Cr$，Co，Fe，Ni，Al，Cu 等)。例如 $LiCoPO_4$ 正极理论容量达 167mA·h/g，放电平台约 4.8V，有望成为新一代高功率锂离子电池正极材料。另外，$LiNi_{0.5}Mn_{1.5}O_4$ 尖晶石结构正极材料具有 4.75 V 放电平台，并具有很好的循环性能，但是充电过程中容易发生歧化反应，引起二价锰离子溶解而导致结构崩塌现象，故改善锰离子在电解液中的溶解性可以提高尖晶石结构的稳定性和循环性能。

硫化物和金属氧化物由于其本身不含锂，需要和锂金属电极配对，其反应机理遵循转化反应的机理，该体系也受到锂金属电极易产生枝晶的困扰。由于硫化物和金属氧化物的总体放电电压较低，虽然比容量较高，但是和钴酸锂等正极材料相比不具备竞争力，故本书不具体展开讨论。

4.3.6.3 锂离子电池电解液

锂离子电池电解质主要包括液态有机电解液、全固态聚合物电解质、凝腔态聚合物电解质。电解液作为锂离子电池的重要组成部分，在锂离子电池的正负极之间传递锂离子，电解质与电极的相容性对电池性能有着很大的影响。锂离子电池电解质的选择有如下要求：①较高的离子导电能力；②较宽的电压稳定窗口；③热稳定性好，在较宽的温度范围内不发生分解反应；④化学稳定性好，对电极材料的腐蚀性小；⑤成本低，污染小，安全性高。

目前大量使用的液体电解质体系主要是在有机溶剂中溶解含工作离子的电解质构成的有机电解液体系，由有机溶剂、导电盐和添加剂组成。一般常用的有机溶剂为挥发性小、介电常数高的溶剂和挥发性大、低黏度的溶剂组成的混合溶剂，包含碳酸酯、羧酸酯和醚类，都有链状和环状之分。聚合物电解质可以分为聚醚系、聚丙烯腈系、聚甲基丙烯酸酯系和聚偏氟乙烯系等；无机电解质主要包含 LiX(X 为卤素)、氮化锂及衍生物、含氧盐和硫化物。锂盐的研究主要有 $LiPF_6$、$LiClO_4$、$LiAsF_6$、$LiBF_4$、$LiCF_3SO_3$、$LiN(CF_3SO_2)_2$ 等。其中 $LiPF_6$ 是目前应用范围最广的锂盐。氟原子半径小电负性小，PF_6^- 半径适当，电导率及电化学稳定性都比较合适。但是 $LiPF_6$ 对热和水分不稳定，固态 $LiPF_6$ 在大约 30℃分解，在溶液中大约 130℃分解。$LiClO_4$ 是研究历史最久的锂盐，有着合适的电导率，热稳定性，但由于本身的强氧化性而难于实际应用。$LiAsF_6$ 具有高的电导率，良好的热稳定性和优良的循环效率，但是 As 的污染性限制了它的实际应用。比较好的锂离子二次电池电解液的最佳组合是：$LiPF_6$/PC+DMC(50∶50)、$LiPF_6$/EC+DMC、$LiPF_6$/EC+DEC，其中 PC 指丙烯碳酸酯(Propylene Carbonate)；DMC 指二甲基碳酸酯(Dimethyl Carbonate)；EC 指乙烯碳酸酯(Ethylene Carbonate)；DEC 指二乙烯碳酸酯(Diethyl Carbonate)。

4.4 燃料电池基础

燃料电池是一种新的能量转化装置，它能将储存在燃料和氧化剂中的化学能按电化学原理转化为电能，即将化学反应自由能变化通过电极-电解质系统源源不断地转换为电能，由于燃料电池发电不需要经过燃烧-发电机过程，所以不受卡诺循环的限制，可以实现高效的能量转换。燃料电池通常是由含催化剂的阳极、阴极和离子导电的电解质构成，燃料在阳极氧化，氧化剂在阴极还原，电子从阳极通过负载流向阴极构成电回路，产生电能而驱动负载工作。燃料电池由于具有能量转换效率高、对环境污染小等优点而受到世界各国的普遍重视。在过去的一个多世纪里，燃料电池技术取得了惊人的快速发展，一些燃料电池已经进入商业化应用阶段，在火电、水电、核电三种电力生产方式之外，燃料电池被誉为第四代发电技术。

4.4.1 燃料电池的发展历史和应用现状

燃料电池已经有很长的发展历史。1839 年英国科学家 Grove 发明了第一个燃料电池，图 4-14 是其试验电池的示意图。在稀硫酸中放入两个铂箔作电极，先由电解产生氢和氧，接着连接外部负载，使氢和氧发生电池反应，消耗氢气和氧气的同时产生电流。图 4-14 中正极接氧气管，负极接氢气管，黑棒表示铂片电极，浸入稀硫酸电解液中。Grove 指出强化在气体、电解液与电极三者之间的相互作用是提高电池性能的关键，他所提出的燃料电池的工作原理开创了一种新的能源转化技术，它的提出历史性地第一次将化学能转化为电能。

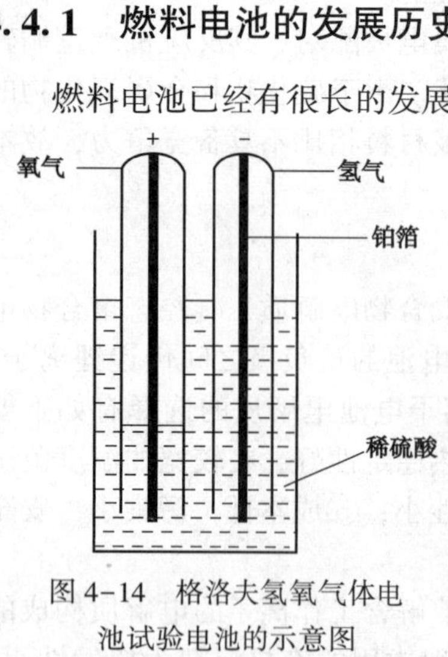

图 4-14 格洛夫氢氧气体电池试验电池的示意图

由于以氢为燃料价格昂贵，固体碳则作为自然界最普通的燃料，因此，在 Grove 之后直到 20 世纪前半叶，许多研究人员都着手对固体碳燃料电池进行了研究，但并没有获真正意义上的成功，主要原因有以下几点：首先固体碳很难进行电化学反应，其次天然碳中含有灰分，不易清除且污染电解质，第三是固体物质的难以连续输送。人们最终放弃了以固体碳为直接燃料的努力，而以固体碳燃料经过气化而得到的气体燃料(含 H_2 及 CO)为燃料电池的间接燃料。1930 年代末，Bacon 研制出具有实用性的培根电池，他的研制思路是采用双层孔径烧结镍电极，27%~37%的 KOH 水溶液电解质，纯氢和纯氧为燃料和氧化剂，副产物是纯水。培根电池的关键在于避免采用贵金属并且尽量获取较高的输出功率。后来，培根电池被改进成为阿波罗登月飞船的电源来源，在当时，这是唯一能满足要求的电池，假如没有这种高性能电池，登月计划是难于实现的。Bacon 电池使燃料电池由实验走向实用，充分展示了燃料电池良好的应用前景。

20 世纪 50 年代末燃料电池的研究应用逐步展开，最初是美国航天局将燃料电池用在航天飞机上。进入 60 年代，由美国联合技术公司将碱性燃料电池发电系统加以发展，成功地用于阿波罗登月飞船的动力电源，该电池的运行寿命均已达数千小时。我国在 60 年代研究开发碱性燃料电池，研制成功了航天用、静态排水石棉膜型氢氧碱性燃料电池。燃料电池还是目前为止最有希望解决汽车能源问题的动力源，

4.4.2　燃料电池的的特点和分类

燃料电池将储存在燃料和氧化剂中的化学转化为电能，可以实现高效的能量转换。燃料电池与常规电池不同在于，它工作时需要连续不断地向电池内输入燃料和氧化剂通过电化学反应生成水，并释放出电能；只要保持燃料供应，电池就会不断工作提供电能。燃料电池主要有以下特点：①能量转化效率高。燃料电池能量转换效率比热机和火力发电的能量转换效率要高得多，燃料电池发电不通过热机过程，没有中间环节的能量损失，理论上它的发电效率可达 85%~90%，但实际上由于受各种极化限制，目前各类燃料电池的能量转化率为 40%~60%，如果实现热电联供，燃料总利用率达 70%~80%。②机动灵活可靠性好。燃料电池发电装置由许多基本单元组成。燃料电池的基本单元可按照设计标准预先进行大规模生产，所以燃料电池发电站的建设成本低、周期短。③燃料多样应用广。虽然燃料电池的工作物质主要是氢，但它可用的燃料有煤气、沼气、天然气等气体燃料，甲醇、轻油、柴油等液体燃料，甚至包括洁净煤。④环境友好减少大气污染。以纯氢为燃料时，燃料电池的化学反应产物仅为水；以富氢气体为燃料时，其二氧化碳的排放量也极为有限。另外，燃料电池是静止发电，本身无噪声，只是在控制系统等辅助装置中有运动部件，噪声很低。

燃料电池的分类可从用途，使用燃料和工作温度来区分，但一般以所使用的电解质来分类，主要可以分为以下 5 种已知的燃料电池类型，可参见表 4-7：①质子交换膜燃料电池(Proton Exchange Membrane Fuel Cell，PEMFC)，质子交换膜燃料电池又称为固体聚合物或聚合物电解质燃料电池，具有比其他种类的燃料电池更高的功率密度，一般采用极薄的聚合物薄膜作为其电解质，适用于固定和移动装置的理想电源。目前所使用的质子交换膜主要以全氟磺酸膜作为固体电解质，工作温度为室温约为 80℃，燃料可以使用氢气、甲醇或者甲醇重整气，没有腐蚀性，常用铂作催化剂，存在阳极 CO 中毒问题，是目前研究

的热点燃料电池种类，质子交换膜燃料电池主要应用于车用电源、移动电源、军用电源等。②碱性燃料电池(Alkaline Fuel Cell，AFC)，碱性燃料电池是世界上第一种获得实际应用的燃料电池，它采用液态 KOH 等碱性水溶液为电解质，具有较强的腐蚀性，工作温度为50~200℃，燃料气体采用纯氢气，氧化剂气体采用氧气或空气。碱性燃料电池的应用较早，因此发展水平较高，其电解液效率很高(可达60%~90%)，但因为对 CO_2 等成分十分敏感，目前主要应用于航天领域，已经有20多年的应用基础。③磷酸燃料电池(Phosphoric Acid Fuel Cell，PAFC)，采用约200℃温度下的磷酸作为电解质，通常电解质储存在多孔材料中，承担从阴极向阳极传递氢氧根，很适合用于分散式的热电联产系统，磷酸燃料电池常用铂做催化剂，也存在 CO 中毒问题。④固体氧化物燃料电池(Solid Oxide Fuel Cell，SOFC)，采用固体氧化物(如氧化钇，氧化锆)作为电解质，工作温度更高，为800~1000℃，在此温度下电解质可以传递氧离子，由于电解质是陶瓷材料，这种电池属于高温燃料电池，它的优点是对冷却系统的要求不高，电池效率高。另外固体氧化物燃料电池可以使用净化煤气、天然气作为燃料气体，但所使用的耐高温建造材料相对价格昂贵，目前处于研究发展阶段，可应用于独立大型的发电站。⑤熔融碳酸盐燃料电池(Molten Carbonate Fuel Cell，MCFC)，以碱金属碳酸盐为电解质，它通过阴极到阳极传递碳酸根离子来完成物质和电荷的传递。工作温度为600~700℃，可以使用镍作为催化剂，燃料要求低，可以使用净化煤气、天然气或其重整气等，但具有较强的腐蚀性。其工作温度高、启动时间较长，一般应用于独立大型的电站。

表4-7 常见燃料电池的种类和特点

电池种类	电解质	导电离子	工作温度	电极反应 总反应都为：$H_2+\frac{1}{2}O_2 = H_2O$
质子交换膜燃料电池	全氟磺酸膜	H^+	20~100℃	阳极：$H_2 = 2H^++2e^-$ 阴极：$\frac{1}{2}O_2+2H^++2e^- = H_2O$
碱性燃料电池	液态氢氧化钾	OH^-	50~150℃	阳极：$H_2+2OH^- = 2H_2O+2e^-$ 阴极：$\frac{1}{2}O_2+H_2O+2e^- = 2OH^-$
磷酸燃料电池	液态磷酸	H^+	160~220℃	阳极：$H_2 = 2H^++2e^-$ 阴极：$\frac{1}{2}O_2+2H^++2e^- = H_2O$
固体氧化物燃料电池	氧化钇 氧化锆	O^{2-}	800~1000℃	阳极：$H_2+O^{2-} = H_2O+2e^-$ 阴极：$\frac{1}{2}O_2+2e^- = O^{2-}$
熔融碳酸盐燃料电池	碱金属碳酸盐	CO_3^{2-}	600~700℃	阳极：$H_2+CO_3^{2-} = H_2O+CO_2+2e^-$ 阴极：$\frac{1}{2}O_2+2CO_2+2e^- = CO_3^{2-}$

4.4.3 质子交换膜燃料电池

质子交换膜燃料电池(Proton Exchange Membrane Fuel Cell)，简称 PEMFC，它具有比其他类型的燃料电池更高的功率密度，最大优点表现为其工作温度低，启动快，工作区域广，反应灵敏。适合于较频繁启动的场所，可在较大电流密度下工作。它既可以用于建设分散电站，也可以用作可移动动力源，是电动车和不依靠空气推进潜艇的理想候选电源之一。尽管质子交换膜燃料电池的研究也起步较早，但直到 20 世纪 80 年代，以军事应用为目的的研制和开发才促进了 PEMFC 技术的发展，至 90 年代，PEMFC 的开发逐渐由军用转向民用，世界上各大汽车公司开始介入 PEMFC 系统的研究。尽管 PEMFC 技术已经接近商业化，但其较高的成本目前还不能为市场所接受。目前 PEMFC 的研究主要集中在如下几个方面：①固体电解质和电催化剂的研制。目前，质子交换膜在 PEMFC 成本中占有较大比例，是阻碍 PEMFC 商业化的主要障碍之一。②膜电板集合体的制备。近二十年 PEMFC 的发展很大程度上应归结为膜电板集合体的制备工艺的发展，新工艺的发展和采用降低了贵金属的用量，改善了电子、质子、反应物质的传导能力，提高了电池的功率密度。③双极板等材料的发展和水热管理。双极板材料在目前 PEMFC 中占的比重较大，新材料的采用有助于成本的降低和该类电池的产业化。保持 PEMFC 中的水热平衡也是提高电池性能和寿命的关键技术之一。④燃料来源。最理想的燃料供应方式就是直接采用液态燃料，无论燃料的储存还是运输都将大大地得到简化，增加其可操作性。

4.4.3.1　质子交换膜燃料电池工作原理

质子交换膜燃料电池（PEMFC）又称固体高分子型燃料电池，工作原理如图 4-15 所示，在电池的阳极，氢气接触催化剂，发生氧化反应；电子通过外电路到达电池的阴极，氢离子则通过电解质膜到达阴极。氧气在阴极发生还原反应生成水，生成的水不稀释电解质，而是通过电极随反应尾气排出。

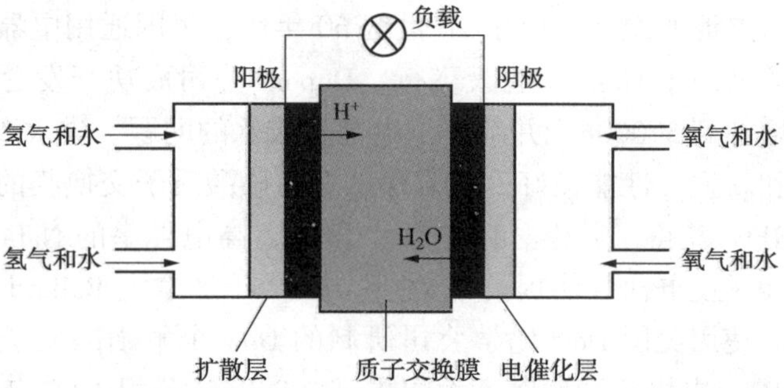

图 4-15　质子交换膜燃料电池工作原理图

阳极（负极）：$H_2 \rightarrow 2H^+ + 2e^-$

阴极（正极）：$\frac{1}{2}O_2 + 2H^+ + 2e^- \rightarrow H_2O$

总反应：$\frac{1}{2}O_2 + H_2 \rightarrow H_2O$

4.4.3.2　质子交换膜燃料电池的组成

构成质子交换膜燃料电池（PEMFC）的关键材料与部件是：质子交换膜、电催化剂、膜电极、双极板。①质子交换膜。质子交换膜（Proton Exchange Membrance，PEM）又称为离子交换膜，是质子交换膜燃料电池（PEMFC）的核心材料，它不同于化学电源的隔膜材料，是一种选择性透过膜，同时，又是电解质和电极活性催化物质的基底。通常使用的质子交换膜是一种全氟磺酸基聚合物膜，它是由疏水的主链和亲水的磺基侧链组成。全氟磺酸基聚合物膜目前主要包括美国 Du Pont 杜邦公司的 Nafion 膜，Dow 道化学公司的 USB204 膜，加拿大 Ballard 巴拉德公司的 BAM 膜等，它们的基本结构一致，差别在于支链的长度不同，质子交换膜越薄越有利于减少阻力，气体透过量与膜的厚度成反比。②电催化剂。为了加快电化学反应的速度，气体扩散电极上要加上一定量的电催化剂，它的电化学活性高低对电池的性能起着关键的作用。电催化剂包括阴极催化剂和阳极催化剂，目前主要采用价格昂贵的含铂材料做为催化剂。阴极催化剂主要使用碳负载的 Pt 材料，寻找一种合适的具有良好的电子传导性能，较多的中孔结构，优异的抗腐蚀能力的载体有着重要的意义。目前常用的载体负载有乙炔黑、Vulcan XC-72 和 KETJEN 黑材料。阳极催化剂与阴极类似，值得注意的是燃料气中含有的 CO 容易毒化阳极铂催化剂降低催化活性。目前为了抗 CO 毒化作用和提高催化活性，可使用含铂的多元合金催化剂，如 Pt-Ru，Pt-Sn，Pt-Mo 等。除了使用抗 CO 毒化催化剂，针对阳极的的 CO 中毒问题还有以下几种处理方法：阳极注氧、重整气预处理、提高电池操作温度(在 120~150℃)。③膜电极组件和双极板。所谓膜电极是指由质子交换膜和其两侧各一片气体扩散电极(包括扩散层和催化层)和电解质组成的复合体。双极板上开有沟槽，凸出部分用于收集电流，凹下部分为气体传递提供通道，构成气室。在电池操作过程中，反应气体沿双极板的通道向前流动，并扩散进入电极，通过扩散层到达催化剂表面。双极板与膜电极决定着电池的性能和运行的稳定性。

4.4.3.3 质子交换膜燃料电池的发展

质子交换膜燃料电池的发展开始于 20 世纪 60 年代，美国通用电器公司研制的质子交换膜燃料电池首次成功用于 Gemini 航天飞行。Dupont 公司成功开发含全氟磺酸型质子交换膜，使电池寿命增加到 57000h，并解决了电池生成水的问题。进入 20 世纪 80 年代膜电极结构的重大改进和新型、性能良好、长寿命的个氟磺酸质子交换膜的研制成功使质子交换膜燃料电池(PEMFC)获得了新生。1983 年，薄的、高电导率的 Nafion 和 Dow 全氟磺酸膜取得了突破性进展，使电池性能提高了数倍。1987 年加拿大 Ballard 公司用空气代替纯氧，采用石墨极板，使用美国 Dow 化学公司研制的 Dow 个氟磺酸质子交换膜使得质子交换膜燃料电池(PEMFC)电堆的功率密度大幅提高。Ballard 公司 1993 年推出第一台以质子交换膜燃料电池(PEMFC)为动力的公共汽车。随后，戴姆勒-奔驰公司利用 Ballard 公司的质子交换膜燃料电池(PEMFC)技术开发出系列燃料电池汽车。1997 年 4 月，奔驰公司与 Ballard 共同投资 3.3 亿美元成立了 DBB 燃料电池发动机公司，当年就推出了以带甲醇重整器的 NECAR3 燃料电池汽车，这是世界上第一辆使用甲醇重整制氢装置的燃料电池汽车。其他汽车公司也陆续推出质子交换膜燃料电池(PEMFC)动力汽车。目前，世界各大汽车公司与电池材料供应商，已组建了国际燃料电池联盟，分别承担相应任务，旨在加速推动燃料电池商业化。

4.4.3.4 直接甲醇燃料电池

质子交换膜电池的一种典型代表是直接甲醇燃料电池(Direct Methanol Fuel Cell)，简称 DMFC，它是将甲醇通过电化学反应直接转化为电能的发电装置，其电解质是聚合物，因而它是质子交换膜电池的一种，而且继承质子交换摸燃料电池的高效、比能量高、结构简单、适应性强、低温工作等特点，工作原理也基本相同，其电极反应如下：

阳极(负极)：$CH_3OH+H_2O \rightarrow CO_2+6H^++6e^-$

阴极(正极)：$\frac{3}{2}O_2+6H^++6e^- \rightarrow 3H_2O$

总反应：$CH_3OH+\frac{3}{2}O_2+H_2O \rightarrow CO_2+3H_2O$

直接甲醇燃料电池工作原理图如图 4-16 所示。

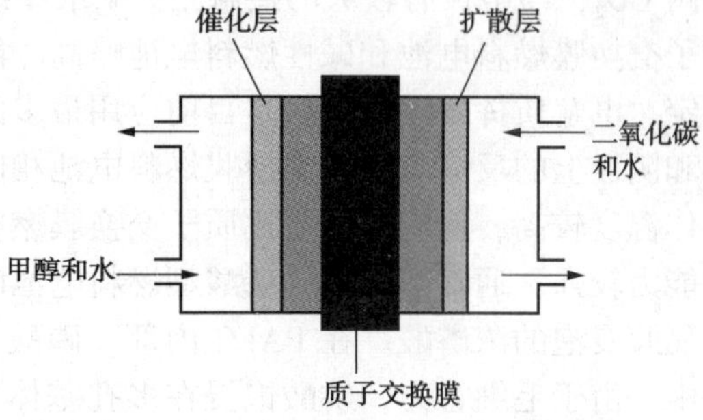

图 4-16 直接甲醇燃料电池工作原理图

由于 DMFC 早期采用碱性或酸性液体作为电解质，电池工作温度最高仅 60℃左右，甲醇电催化氧化活性较低，造成电极性能较差。到 20 世纪 80 年代，甲醇在硫酸溶液为电解质的 DMFC 中的电催化氧化性能仍低于应用目标水平。到 20 世纪 90 年代以来，DMFC 采用了质子交换膜作固体电解质，工作温度也由 60℃上升到 100℃左右，增强了催化反应动力学，电池性能明显得到了提高。

4.4.4 碱性燃料电池和磷酸型燃料电池

碱性燃料电池和磷酸型燃料电池工作温度在 50~220℃，属于非高温燃料电池。关于碱性燃料电池和磷酸型燃料电池的研究比其他燃料电池要早，而且也更早地被实际应用在军事、社会、经济生活的各个层面上。

4.4.4.1 碱性燃料电池

碱性燃料电池(Alkaline Fuel Cell)，简称 AFC，它是最早获得应用的燃料电池，是以 KOH 水溶液为电解质的燃料电池，在 65~100℃或 220℃工作。可用各种浓度的 KOH 或 NaOH 溶液作电解质，电解质溶液的质量分数一般为 30%~45%，最高可达 85%。碱性燃料电池的催化剂主要是贵金属铂、钯、金、银等和过渡金属镍、钴、锰等，碱性燃料电池中的电池反应：

阳极(负极)：$H_2+2OH^- \rightarrow 2H_2O+2e^-$

阴极(正极)：$\frac{1}{2}O_2+H_2O+2e^- \rightarrow 2OH^-$

总反应：$H_2+\frac{1}{2}O_2 \rightarrow H_2O$

AFC 的主要优点是首先它采用碱性介质作为电解质溶液，而氧在其中的还原反应明显要好于其他酸性介质，故碱性燃料电池的能量转换效率比较高。其次，因为使用碱性介质，碱性燃料电池可以选用非铂物质作为催化剂。碱性燃料电池 的主要缺点是使用具有腐蚀性的液态的电解质，容易与 CO_2 反应生成沉淀，具有一定的危险性和容易造成环境污染，严重影响电化学性能。此外，为解决 CO_2 毒化问题所采用的一些方法，如使用循环电解液，吸收 CO_2 等都增加了系统的复杂性。对这个问题，目前主要有两种解决方法：一是循环电解液，这样水被蒸发，热量也散失；另一种是循环氢气，可将水蒸气带走。改进碱性燃料电池的主要挑战是从电极处的气流中如何完全除去CO_2。

4.4.4.2 磷酸型燃料电池

磷酸型燃料电池(phorphoric acid fuel cells，PAFC)使用液体磷酸为电解质，磷酸作为电解质优于其他酸，因为它在高温下可工作，有着较低的腐蚀率，良好的离子导电率，能耐CO_2，与电极有较大的接触角。磷酸型燃料电池在150~220℃下工作，工作温度要比质子交换膜燃料电池和碱性燃料电池略高，能提供电和热，主要优点在于构造简单，运行稳定，电解质挥发度低等，是目前应用最多的分布式燃料电池电站。磷酸型燃料电池的阳极和阴极上的反应与质子交换膜燃料电池相同，需要铂金作为催化剂加速反应，但由于其工作温度较高，反应速度要比质子交换膜燃料电池的速度快，同时也使其抗CO毒化作用的能力较强。通常情况下，磷酸型燃料电池的电解质采用由碳化硅和聚四氟乙烯制成的微孔隔膜浸泡的浓磷酸。在PAFC内部，磷酸在聚四氟乙烯(PTFE)黏结SiC粉末构成的基体中，由于毛细管力，磷酸饱浸在多孔基体的孔中。氢离子在高浓度的磷酸电解质中移动，电子在外部电路流动，电流和电压以直流形式输出。为了促进电极反应，使用了贵金属铂作为催化剂，炭黑作为催化剂载体。当电极和电解质组合成单电池时，电解质中部分磷酸进入多孔气体扩散电极，形成稳定的三相界面。双极板用来分隔氢气和氧气，同时可以传导电池内部的电流和热量。磷酸燃料电池的主要缺点在于效率比其他燃料电池低，加热的时间也比较长。当氢气为燃料，空气为氧化剂时，PAFC内的工作原理如图4-17所示，化学反应方程式如下：

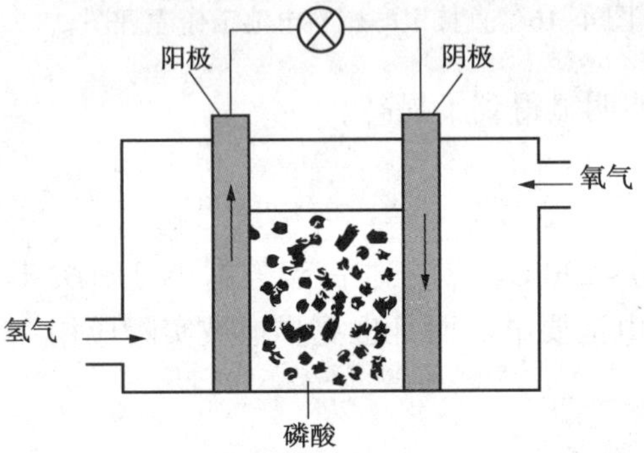

图4-17 磷酸型燃料电池工作原理图

阳极(负极)：$H_2 \rightarrow 2H^+ + 2e^-$

阴极(正极)：$\frac{1}{2}O_2 + 2H^+ + 2e^- \rightarrow H_2O$

总反应：$\frac{1}{2}O_2 + H_2 \rightarrow H_2O$

磷酸燃料电池(PAFC)自从60年代在美国开始研究以来，越来越广泛地受到人们重视。在美国，能源部(DOE)、电力研究协会(EPRI)以及气体研究协会(GRI)三个部门在1985~1989年投入到磷酸燃料电池研究开发经费高达1.22亿美元。日本政府部门在1981~1990年用于磷酸燃料电池的费用也达到1.15亿美元。近些年来，意大利、韩国、印度、中国台湾等国家和地区也纷纷组织磷酸燃料电池的研究开发计划。美国是最早发展磷酸燃料电池电站技术的国家，日本是后来发展磷酸燃料电池比较快的国家。磷酸燃料电池电厂比起一般发电厂具有如下优点：即使在发电负荷较低时，依然保持高的发电效率；由于采用模板结构，现场安装，简单、省时，并且电厂扩容容易。现场发电指把磷酸燃料电池直接安装在用户附近，同时提供热和电。这被认为是磷酸燃料电池的最佳应用方案。在1994年于美国圣第哥举行的第14届燃料电池会议期间，美国氢能源公司展示了第一台以甲醇为燃料磷酸燃料电池作动力的公交车，该车采用磷酸燃料电池和镍镉蓄电池的混合动力。

4.4.5　固体氧化物燃料电池和熔融碳酸盐燃料电池

固体氧化物燃料电池和熔融碳酸盐燃料电池工作温度分别在 800～1000℃ 和 600～700℃，同属高温燃料电池。

4.4.5.1　固体氧化物燃料电池

固体氧化物燃料电池(Solid Oxide Fuel Cell，SOFC)采用固体氧化物如氧化钇、氧化锆等作为电解质而不用使用液体电解质，其工作温度在 800～1000℃，是通过一种离子传导陶瓷将燃料和氧化剂气体中的化学能直接转化为电能的发电装置。在固体氧化物燃料电池的电化学反应中，作为氧化剂的氧获得电子生成氧离子，与电解质中的氧空位交换位置，从阳极定向迁移到阴极。在阴极，通过电解质迁移来的氧离子和燃料气中的 H_2 和 CO 反应生成 H_2O、CO_2 和电子。固体氧化物燃料电池的工作原理如图 4-18 所示。

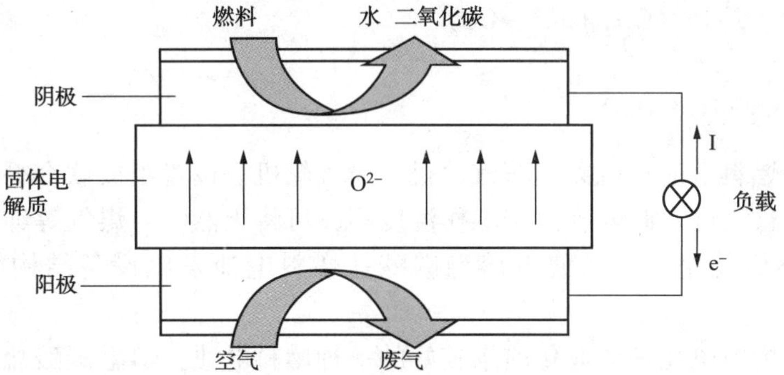

图 4-18　固体氧化物燃料电池的工作原理图

固体氧化物燃料电池(SOFC)是燃料电池中能量转化效率最高(约为 50%～60%)的一种，主要优点在于高效能量转换，环境友好，无材料和电解液腐蚀，抗 CO 毒化，燃料可选范围广，不需要贵金属催化以及全固态结构带来的操作方便等。在高工作温度下固体氧化物燃料电池排出的余热还可以充分利用，使其综合效率可由 50%提高到 70%以上，它的燃料适用范围广，不仅能用 H_2，还可直接用 CO、天然气(甲烷)、煤汽化气，碳氢化合物、NH_3、H_2S 等作燃料，这类电池最适合于分散和集中发电。因此，固体氧化物燃料电池比较容易推广，而且运行费用较低。固体氧化物燃料电池在发达国家已得到广泛深入的开发研究并取得了令人瞩目的成就。其中以德国 Siemens Westinghouse Power 公司的圆筒形电池组最为著名，该公司的圆筒形 SOFC 的设计巧妙地避开了高温密封的难题，发电尾气中的燃料在上部燃烧，产生高温废热，再用此废热推动气轮机和蒸汽机发电，实现了高效率和长寿命，并达到了 300kW 级目前世界上最大的固体氧化物燃料电池发电堆。固体氧化物燃料电池开发利用将是解决我国能源需求和环境保护之间矛盾的有效途径之一。此外，固体氧化物燃料电池所使用的稀土材料(Sc，Y，La，Ce，Sm，Gd 等)是我国储量相对富有的材料，固体氧化物燃料电池的开发利用将带动这些材料产业的发展，使我国稀土资源向高附加值的高端产品发展。

4.4.5.2　熔融碳酸盐燃料电池

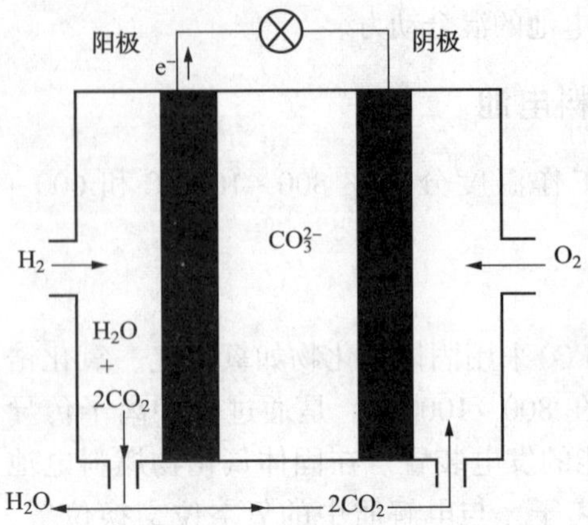

图 4-19　熔融碳酸盐燃料电池工作原理图

熔融碳酸盐燃料电池(Molten Carbonate Fuel Cell，MCFC)是一种高温燃料电池，工作温度为600~700℃。熔融碳酸盐燃料电池由多孔陶瓷电解质、多孔阳极、阴极、金属双极板，以及集电极、外壳组成。它的工作原理与其他燃料电池类似，显著的不同是熔融碳酸盐燃料电池的阳极处生成二氧化碳，而在阴极处消耗二氧化碳，其内部溶盐电离成金属离子和碳酸根离子；阴极侧的氧气和二氧化碳在催化剂的作用下，变成碳酸根离子；阳极的氢和碳酸根离子发生反应生成水和二氧化碳，其电极反应方程式如下，工作原理见图4-19。

阳极(负极)：$H_2 + CO_3^{2-} \rightarrow CO_2 + H_2O + 2e^-$

阴极(正极)：$\frac{1}{2}O_2 + CO_2 + 2e^- \rightarrow CO_3^{2-}$

总反应：$\frac{1}{2}O_2 + H_2 \rightarrow H_2O$

熔融碳酸盐燃料电池还可以与蒸汽轮机、燃气轮机等设备组成联合循环发电系统，使得其应用前景更被看好。此外，由于工作温度高，可将天然气、煤气等纯度较低的燃料直接进行内部重整后使用，从而使得熔融碳酸盐燃料电池发电设备结构简单，整体效率较高。

熔融碳酸盐燃料电池是商业化前景较好的一种燃料电池，熔融碳酸盐燃料电池可用煤气或天然气作燃料，并可实现内重整，系统简单，不需要使用铂等贵金属催化剂，关键材料成本相对较低；工作温度约在650℃，排热品位高，可与燃气轮机、蒸汽轮机等组成联合循环发电系统，效率可达80%以上，所以而特别适用于大容量中心站和联合发电。

4.5　其他绿色能源技术

4.5.1　超级电容器

超级电容器(supercapacitor)，也称为电化学电容器，是一种主要依靠双电层或者氧化还原赝电容进行电荷储存电能的储能装置。与传统的化学电源不同，超级电容器是一种介于传统电容器与电池之间的电源，具有功率密度高、充放电时间短、循环寿命长、工作温度范围宽等优势。

4.5.1.1　双电层电容器

双电层电容器(Electrochemical Double Layer Capacitor，EDLC)是一种利用电极和电解质之间形成的界面双电层电容来存储能量的装置，其储能机理是双电层理论。双电层理论最初在19世纪末由德国物理学家Von Helmhotz提出，后来经Gouy-Chapman和Stern对其进行修正和完善，逐步形成了一套完整的理论，为双电层电容器奠定了理论基础。双电层理论认为，当电极插入电解液中时，形成电极-电解液界面层，存在两个离子分布区域：一个内部区域的紧密层(Stern层)和一个扩散层。在紧密层中，离子(或溶剂化质子)强烈吸附在电极上；在扩散层中，电解液离子(阳离子和阴离子)由于热运动在溶液中形成连续分布。因此，电解-电解质界面双电层的电容(C_{dl})可以认为由两部分组成：紧密层电容(C_H)和扩散层电容(C_{diff})。其关系为：

$$\frac{1}{C_{dl}}=\frac{1}{C_H}+\frac{1}{C_{diff}}$$

双电层电容器一般采用高比表面积的碳材料(一般是活性炭)作为电极材料。活性炭能够将高电导率、高表面积与较低成本等优点结合起来。另外，模板碳、碳纳米管、碳化物衍生物、碳气凝胶、石墨烯等材料也被探索、研究或开发为电极材料。而电解液一般可以分为三类：水系、盐溶于有机体系和离子液体。

双电层电容器的构造与电池类似，两个电极浸入电解液，中间用离子渗透膜隔开阻止电接触。充电状态下，电解液中的阴离子和阳离子分别移向正极和负极，在电极/电解液界面形成两个双电层，同时离子的分离也导致整个单元组件存在一个电势差。而双电层的整个性能主要由两个因素影响：一个是活性电极材料的选择，决定器件的电容大小；另一个就是电解液的选择，决定其工作电压。

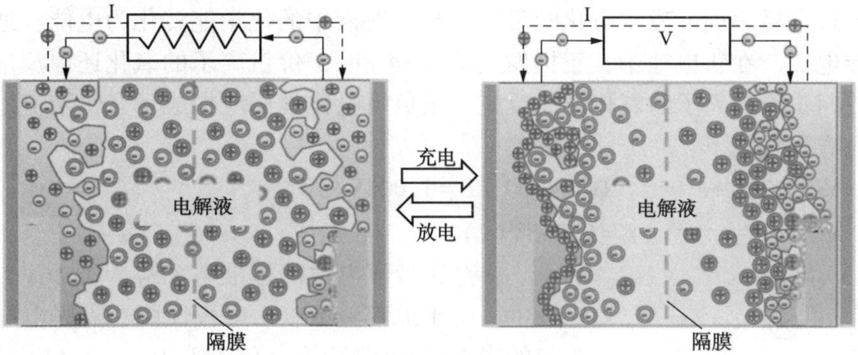

图4-20 双电层电容器的充放电过程原理图

4.5.1.2 赝电容电化学电容器

赝电容电化学电容器是在电极表面或体相中的二维或准二维空间上，电极活性物质进行欠电位沉积，发生高度可逆的化学吸附脱附或氧化还原反应，产生与电极充电电位有关的电容。赝电容通过电解液中离子在电极活性物质中发生快速可逆的氧化还原反应而将电荷储存。法拉第赝电容的产生过程虽然发生了电子转移，但不同于电池的充放电行为，其具有高度的动力学可逆性，且更接近于电容器的特性。

目前研究认为，法拉第赝电容的储能机理主要分为以下两部分：①表面吸脱附储能。在电极表面的二维空间上，在外加电场的作用下，电解液中的阳离子从电解液中扩散到溶液/电极的界面上，在电极表面上实现了离子的吸附，从而存储电荷；将外加电场撤掉后，电极表面上吸附的离子发生了脱附，离子重新返回到电解液中，从而存储的电荷被释放出来。②体相嵌入脱出储能。溶液中的阳离子通过界面进入到电极活性物质的体相，发生氧化还原反应，从而表现出氧化还原赝电容。

目前，赝电容电极材料研究最多是过渡金属氧化物和导电聚合物，此外拥有一定比例杂原子(氧或者氮等)和表面官能团的多孔碳也含有部分的赝电容。

4.5.1.3 超级电容器的应用

近年来，超级电容器作为新型能源器件引起了学术界和产业界的广泛关注，它不仅可以作为电动车的混合动力系统、移动通讯装置和大功率大电荷输出装置，而且在高品质便携式电动工具、电子工业以及太阳能发电和风力发电机组的储能装置等领域有重要的应用前景。

4.5.2 全钒液流电池

液流电池又称为氧化还原液流电池(Redox Flow Battery)，其正负极活性物质电解液是独立存放的，充放电的时候，电解液通过泵流入电池内部进行电化学反应，电池只是进行电化学反应的场所，电能存储在电解液里。全钒液流电池通过电解液中活性物质——钒离子的价态变化，实现电能与化学能的转化，从而实现电能的存储与释放。

全钒液流电池是一种新型储能和高效转化装置，将不同价态的钒离子溶液作为正负极的活性物质，分别储存在各自的电解液储罐中，通过外接泵将电解液泵入到电池堆体内，使其在不同的储液罐和半电池的闭合回路中循环流动；采用离子膜作为电池组的隔膜，电解液平行流过电极表面并发生电化学反应，将电解液中的化学能转化为电能，通过双极板收集和传导电流。在钒电池中，正极发生的是+4 和+5 价钒离子的氧化还原反应，负极发生的是+2 和+3 价钒离子的氧化还原反应。正负极电化学反应构成了全钒液流电池的基本原理，反应方程式如下：

正极：$VO_2^+ + 2H^+ + e^- \rightleftharpoons VO^{2+} + H_2O$，$E = 1.004V$(1)

负极：$V^{3+} + e^- \rightleftharpoons V^{2+}$，$E = 0.255V$(2)

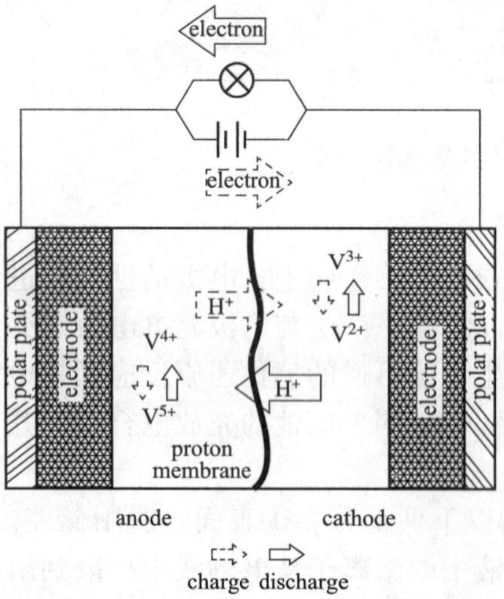

图 4-21 全钒液流电池工作原理示意图

全钒液流电池的标准电动势为 1.26V，实际使用中，由于电解液浓度、电极性能、隔膜电导率等因素的影响，开路电压可达到 1.5～1.6V，其原理如图 4-21所示，充电时 VO^{2+} 离子在正极电极表面被氧化为 VO^+ 离子，同时放出电子，通过极板传到外电路，V^{3+}离子则从外电路得到电子，并且在负极电极表面被还原为 V^{2+}离子。正极溶液在充电前为电中性，充电后正极物质失去电子，整个体系带正电荷；同样，负极充电后整个体系带负电荷。非电中性体系是不能稳定存在的，因此负极溶液中的氢离子就通过阳离子交换膜迁移至正极中和正负极溶液中的过剩电荷维持体系电中性，同时构成电池内部的离子电流。放电时，正负极溶液在电极表面发生逆反应，氢离子则由负极迁回正极。

全钒液流电池因其安全性高、使用寿命长、可实时直接监测其充放电状态等特点，在风电、光伏发电、电网调峰储等储能领域有着极其广阔的应用前景。

思 考 题

1. 什么是绿色能源？列举出几种绿色能源。

2. 生物质能有什么特点？利用途径有哪些？

3. 锂电池相对传统的二次电池有哪些优点，锂电池的常用的正负极材料有哪些，有什么特点？

4. 燃料电池的主要优点有哪些，按照电解质分为哪几类，各有什么特点和优点？

参 考 文 献

[1] 刘荣厚，牛卫生，张大雷．生物质热转换技术．北京：化学工业出版社，2005
[2] 钱伯章．新能源——后石油时代的必然选择．北京：化学工业出版社，2007
[3] 左然，施明恒，王希麟．可再生能源概论．北京：机械工业出版社，2007
[4] 王革华，艾德生等．新能源概论．北京：化学工业出版社，2006
[5] 袁传敏．纤维素废弃物稀酸水解制取还原性单糖的研究．华东理工大学博士论文，2004
[6] 郭晓亚．生物质油催化裂解精制研究．华东理工大学博士论文，2004
[7] 安文杰，许德平，田中坤．生物质制氢技术研究进展．中国生物工程杂志．2006，26(5)：107
[8] 王海，卢旭东，张慧媛．国内外生物质的开发与利用．农业工程学报．2006，22(S1)：8
[9] Armand MB，Murphy DW，Broadhead J，Steele BC. Materials for Advanced Battereis. New York：Plenum Press，1980
[10] Pistoia G. Lithium Batteries New Materials，Developments and Perspectives，Amsterdam. ELSEVIER，1994
[11] Wakihara M，Yamamoto O. Lithium Ion Battteries Fundamentals and Performance. Tokyo：Kodansha Ltd. and WILEY-VCH，1998
[12] Minami T，Tatsumisago M，Wakihara M，Iwakura C，Kohjiya S，Tanaka I. Solid State Ionics for Batteries. Springer，Hicom，2005
[13] 吴宇平，戴晓兵，马军旗，程预江．锂离子电池应用与实践．北京：化学工业出版社，2004
[14] 杨军，解晶莹，王久林．化学电源测试原理与技术．北京：化学工业出版社，2006
[15] 黄可龙，王兆翔，刘素琴．化学电源技术丛书-锂离子电池原理与关键技术．北京：化学工业出版社，2008
[16] Tarascon J M，Armand M. Nature，2001，414：359
[17] Xu，K. Chem Rev，2004，104：4303
[18] Winter M，Besenhard JO，Spahr M，Novak P. Adv. Mater，1998，10：725
[19] Winter M，Besenhard JO. Electrochim. Acta，1999，45：31
[20] Yang J，Winter M，Besenhard JO. Solid State Ionics，1996，90：281
[21] Lei Z，Yang Q，Xu Y，Guo S，Sun W，Liu H，Lv L，Zhang Y，WangY. Nature Commun，2018，9：576
[22] Lei Z，Zhan J，Tang L，Zhang Y，Wang Y. Adv. Energy Mater，2018，8：1702875.
[23] Sun W，Wang Y. Nanoscale，2014，6：11528.
[24] M. Terrones. Annu Rev Mater Res，2003，33：419.
[25] Kordesch K，Simader G. Fuel Cells and Their Applications. Weinheim：WILEY VCH，1996

[26] 衣宝廉，燃料电池-高效、环境友好的发电方式，北京：化学工业出版社，2000
[27] 衣宝廉，燃料电池-原理·技术·应用，北京：化学工业出版社，2003
[28] 詹姆斯·拉米尼，安德鲁·迪克斯，朱红，衣宝廉．燃料电池系统-原理·设计·应用，北京：科学出版社，2006
[29] 毛宗强，氢能-21世纪的绿色能源，北京：化学工业出版社，2005
[30] Thomas SC，Ren XM，Gottsfeld S，Zelenay P. Electrochim Acta，2002，47：3741
[31] Chaiwat W，Gunawan R，Gholizadeh M. et al. Fuel，2013(112)：302-310
[32] Guo XY，Zhang T，Shu ST，Zheng W，Gao MT. ACS Sustain Chem Eng，2017，5(1)：420-425
[33] Chen JB. Bioresource Technol，2018，265：320-327
[34] Dong Q，Li HJ，Niu MM，et al. Bioresource Technol，2018，266：284-290
[35] RemÓn J，Arauzo J，García L，et al. Fuel Process Technol，2016，154(15)：178-187
[36] François Béguin 等著．张治安等译．超级电容器：材料、系统及应用．北京：机械工业出版社，2014
[37] 余丽丽，朱俊杰，赵景泰．超级电容器的现状及发展趋势．自然杂志，2015，37(3)：188-196
[38] 杨霖霖，廖文俊，苏青，王子健．全钒液流电池技术发展现状．储能科学与技术，2013，2(2)：140-145
[39] 王晓丽，张宇，李颖，张华民．全钒液流电池技术与产业发展状况．储能科学与技术，2015，4(5)：458-466

第5章　绿色催化技术与工艺

5.1　环境友好的固体酸

酸催化反应是化学工业中重要的反应过程之一。酸催化反应和酸催化剂是包括烃类裂解、重整、异构等石油炼制以及包括烯烃水合、芳烃烷基化、醚化、酯化等石油化工在内的一系列重要工业的基础。从酸催化反应和酸催化剂研究的发展历史看，最早是从利用硫酸、磷酸、三氯化铝等一些无机酸为催化剂开始的。但使用这类催化剂时存在一系列问题，如产生大量的废液废渣、设备腐蚀严重、催化剂与原料和产物不易分离、在工艺上难以实现连续生产等缺点。若以无毒无害的固体酸催化剂来代替这些液体酸催化剂，则上述诸多问题就可得到解决。因此，以固体酸代替液体酸作催化剂是实现环境友好催化新工艺的一条重要途径。

5.1.1　固体酸的定义、分类及测定

5.1.1.1　定义与分类

一般而言，固体酸可理解为凡能使碱性指示剂改变颜色的固体，或是凡能化学吸附碱性物质的固体。严格地讲，固体酸分为两种类型，一种是 Brönsted 酸(简称 B 酸或质子酸)，一种是 Lewis 酸(简称 L 酸)。

Brönsted 酸：能够给出质子的物质称为 Brönsted 酸。

Lewis 酸：能够接受电子对的物质称为 Lewis 酸。

到目前为止，人们所研究和开发的固体酸数目十分庞大，但大致可分为 9 类，见表 5-1。

表 5-1　固体酸的分类

序号	类型	实　例
1	固载化液体酸	HF/Al_2O_3、BF_3/Al_2O_3、H_3PO_4/硅藻土
2	氧化物	简单氧化物：Al_2O_3、SiO_2、B_2O_3、Nb_2O_5、TiO_2、ZrO_2 复合氧化物：Al_2O_3-SiO_2、B_2O_3/Al_2O_3、ZrO_2/SiO_2
3	硫化物	CdS、ZnS
4	金属盐	磷酸盐：$AlPO_4$、BPO_4、$FePO_4$ 硫酸盐：$Fe_2(SO_4)_3$、$Al_2(SO_4)_3$、$CuSO_4$

续表

序号	类型	实　例
5	分子筛	沸石分子筛：ZSM-5沸石、X沸石、Y沸石、β沸石、丝光沸石 非沸石分子筛：AlPO、SAPO系列
6	杂多酸	$H_3PW_{12}O_{40}$、$H_3SiW_{12}O_{40}$、$H_3PMo_{12}O_{40}$
7	阳离子交换树脂	苯乙烯-二乙烯基苯共聚物、Nafion-H
8	天然黏土矿	高岭土、膨润土、蒙脱土
9	固体超强酸	SO_4^{2-}/ZrO_2、WO_3/ZrO_2、MoO_3/ZrO_2、B_2O_3/ZrO_2

5.1.1.2　酸性测定

固体的酸性一般包括酸中心的类型、酸强度和酸量等三个性质。酸类型是指Brönsted酸和Lewis酸；酸强度是指该固体表面将吸附于其上的碱分子转化为它的共轭酸的能力；酸量是指单位质量固体或单位表面固体上所含酸中心的数目。另外，固体表面酸中心往往是不均匀的，有强有弱，为全面描述其酸性，需测定酸量对酸强度的分布。常用的固体表面酸性的测定方法如表5-2所示。固体表面酸中心的结构比较复杂，可能同时存在B酸和L酸中心，而且每种酸中心的强度并不单一，因此，一个理想的酸性测定方法要求能区别B酸和L酸，并能分别定量地测定它们的酸量和酸强度分布。表5-2中的单一方法都具有某方面的优势，但都存在缺陷，不可能对固体酸的酸性进行全面的定量表征。因此，在实际测定过程中，往往需要多种方法结合。

表5-2　常用的固体表面酸性测定方法

方法	表征内容
吸附指示剂正丁胺滴定法	酸量、酸强度
吸附微量热法	酸量、酸强度
热分析(TG、DTA、DSC)方法	酸量、酸强度
程序升温脱附法	酸量、酸强度
羟基区红外光谱	各类表面羟基、酸性羟基
探针分子红外光谱	B酸、L酸、沸石骨架上和骨架外L酸
^1H MAS NMR	B酸量、B酸强度
^{27}Al MAS NMR	区分沸石的四面体铝、八面体铝(L酸)

5.1.2　沸石分子筛

5.1.2.1　沸石分子筛的组成和结构

1. *沸石分子筛的组成*

沸石分子筛是一种水合结晶硅铝酸盐，其化学组成表示如下：

$$M_{2/n}O \cdot Al_2O_3 \cdot mSiO_2 \cdot pH_2O$$

式中　M——金属阳离子或有机阳离子；

n——金属阳离子的价数；

m——SiO_2 摩尔数，数值上等于 SiO_2 和 Al_2O_3 的摩尔比，又简称硅铝比；

p——H_2O 的摩尔数。

人工合成的分子筛是金属 Na^+ 阳离子型沸石分子筛，即 $Na_2O \cdot Al_2O_3 \cdot mSiO_2 \cdot pH_2O$。由于沸石分子筛中的硅铝组成在一定范围内变化，并可用其他 3 价金属阳离子替代 Al_2O_3 中的 Al^{3+}，或者用 5 价离子替代 SiO_2 中的 Si^{4+}，还可选用不同金属阳离子替代 Na^+，以及用有机胺或无机氨合成分子筛，这样可得到多种类型的分子筛，目前已达到几百种，其中最常见的有 A 型、X 型、Y 型、M(丝光沸石)型和 ZSM-5 型。表 5-3 列出了几种常见分子筛型号、化学组成及孔径大小。

表 5-3　几种常见分子筛型号、化学组成及孔径大小

型号	单胞典型化学组成	$n(Si)/n(Al)$	孔径大小/nm
3A	$K_{64}Na_{32}[(AlO_2)_{96}(SiO_2)_{96}] \cdot 216H_2O$	1	~0.3
4A	$Na_{96}[(AlO_2)_{96}(SiO_2)_{96}] \cdot 216H_2O$	1	~0.4
5A	$Ca_{34}Na_{28}[(AlO_2)_{96}(SiO_2)_{96}] \cdot 216H_2O$	1	~0.5
13X	$Na_{86}[(AlO_2)_{86}(SiO_2)_{106}] \cdot 264H_2O$	1.23	0.8~0.9
10X	$Ca_{38}Na_{10}[(AlO_2)_{86}(SiO_2)_{106}] \cdot 264H_2O$	1.23	0.9~1.0
Y	$Na_{56}[(AlO_2)_{56}(SiO_2)_{136}] \cdot 264H_2O$	2.45	0.9~1.0
M	$Na_8[(AlO_2)_8(SiO_2)_{40}] \cdot 24H_2O$	5.00	0.58~0.70
ZSM-5	$Na_3[(AlO_2)_3(SiO_2)_{93}] \cdot 46H_2O$	31.00	0.52~0.58

2. 沸石分子筛的结构

沸石具有三维空旷骨架结构，其骨架是由硅氧四面体[SiO_4]和铝氧四面体[AlO_4]通过共用氧原子连接而成，它们被统称为 TO_4 四面体(基本结构单元)。所有 TO_4 四面体通过共享氧原子连接成多元环和笼，被称之为次级结构单元(SUB)。这些次级结构单元组成沸石的三维骨架结构，骨架中由环组成的孔道是沸石的最主要结构特征。在骨架中硅氧四面体是中性的，而铝氧四面体则带有负电荷，骨架的负电荷由阳离子来平衡。这些阳离子可以被其他阳离子所交换。

图 5-1 为常见的次级结构单元。图中每一个端点或交叉点代表一个 T 原子，每一条边表示一个氧桥，氧原子处于两个 T 原子中间。

次级结构单元还可以通过氧桥进一步连接成笼结构，其中主要包括以下几种，如图 5-2 所示。

复杂的沸石分子筛骨架结构就是由一种或数种次级结构单元拼搭起来的。笼结构是构成各种沸石分子筛的主要结构单元。如 A 型沸石骨架是由四元环、六元环、八元环和 4-4

立方体拼起来的，而Y型沸石骨架则由四元环、六元环、八元环和6-6立方柱笼拼起来的。几种常见沸石的骨架结构示于图5-3~图5-6。

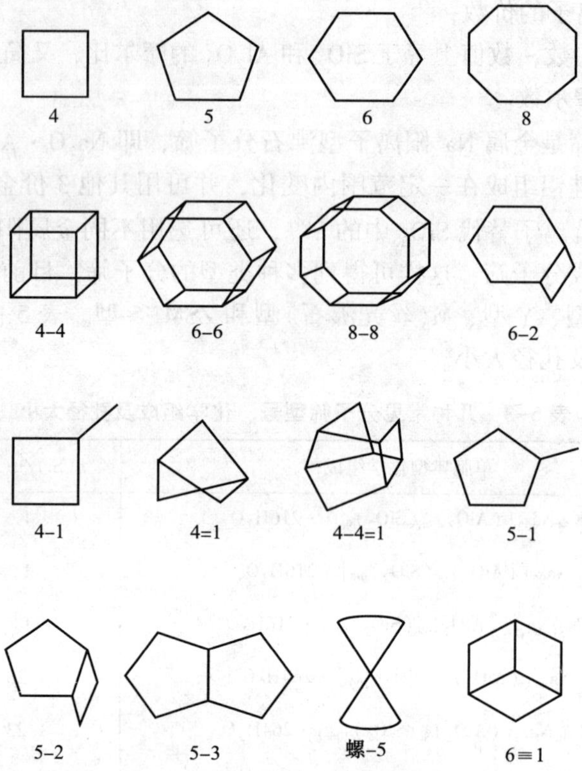

图5-1　常见的次级结构单元

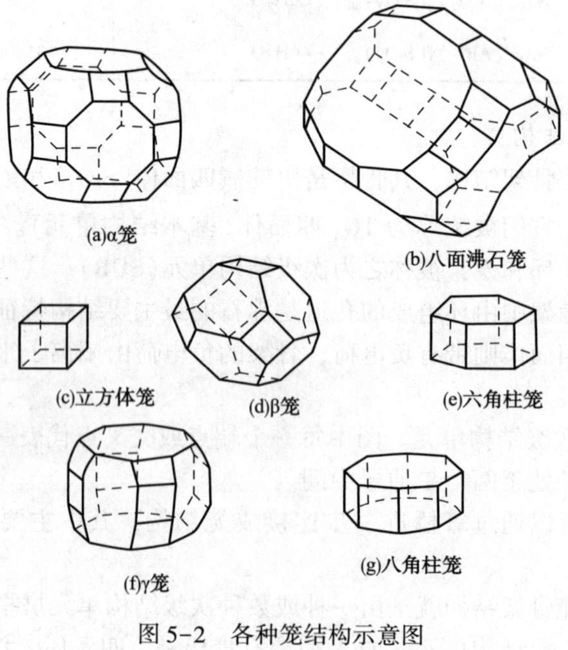

图5-2　各种笼结构示意图

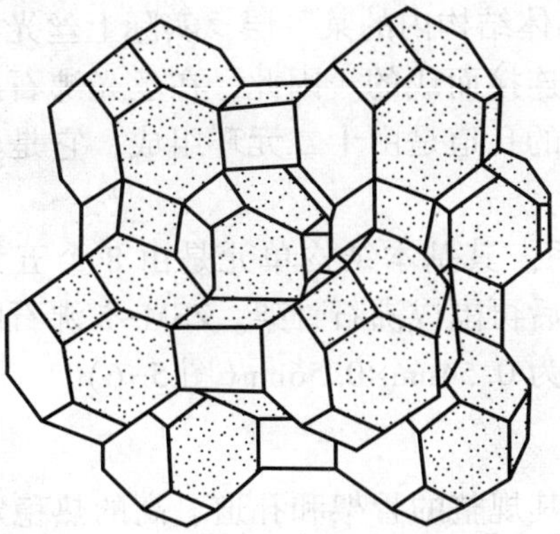

图 5-3　A 型沸石的晶体结构

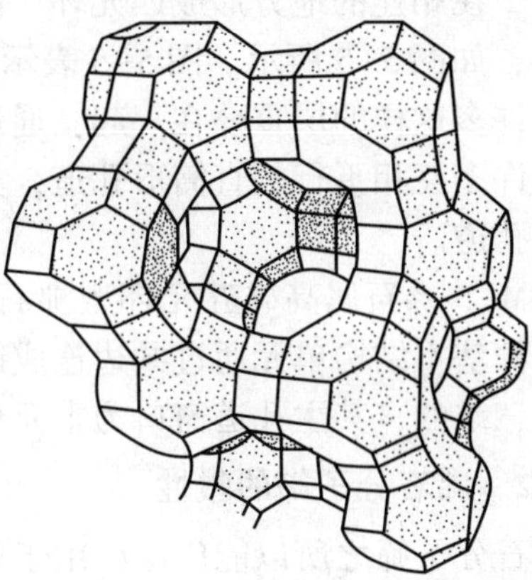

图 5-4　八面沸石的晶体结构

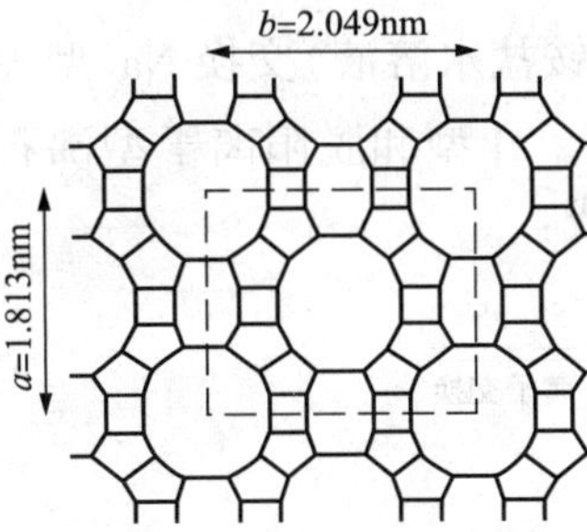

图 5-5　丝光沸石的结构

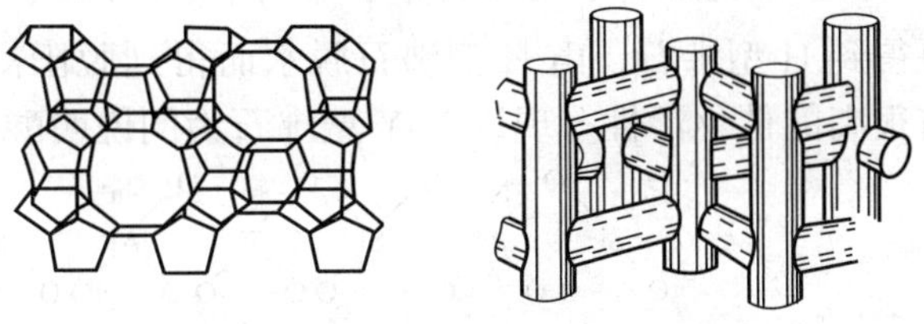

(a)　(b)

图 5-6　ZSM 沸石分子筛的结构
(a) ZSM-5 沸石(010)晶面的结构；(b) ZSM-5 沸石的孔道结构

A 型沸石的结构与氯化钠相似，属立方晶系。8 个 β 笼位于立方体的 8 个顶点上，以四元环通过 T—O—T 键相互连接，围成一个二十六面体笼(简称 α 笼)，α 笼直径为 1.14nm，是 A 型沸石的主要孔笼。α 笼与 α 笼之间通过八元环沿三个晶轴方向互相贯通形成一个晶胞(图 5-3)。八元环是 A 型沸石的主要窗口，沸石孔径由八元环尺寸决定。

八面沸石的名称来自于天然矿物。人工合成的 X 型和 Y 型沸石晶体结构与八面体沸石相同，X 型和 Y 型沸石的差别只是硅铝比有所不同。习惯上把 Si/Al 比为 1.1~1.5 的称为 X 型沸石，把 Si/Al 比大于 1.5 的称为 Y 型沸石。它们的结构单元和 A 型沸石相同，也是 8 个 β 笼，只是排列方式不同。在 X 型和 Y 型沸石中，β 笼是按金刚石晶体式样排列的，金刚石结构中每一个碳原子由一个 β 笼代替，相邻的 β 笼通过六元环以 T—O—T键连接，如图 5-4 所示。β 笼按上述方式连接时，围成一个二十六面体笼，称为八面沸石笼或超笼，其直径为 1.8nm，是八面沸石的主要孔笼。八面沸石笼之间通过十二元环沿三个晶轴方向互相贯通，形成一个晶胞。十二元环是八面沸石的主要窗口，其孔径约为 0.74nm。

丝光沸石属于正交晶系，丝光沸石的结构中含有大量五元环，这些五元环是成对地连在一起的，即相邻的两个五元环共用两个硅(铝)氧四面体。它们又通过氧桥与另一对五元环连接，在相连的地方形成四元环。由一串五元环和四元环组成链状结构围成八元环和十二元环，如图5-5所示。图5-5表示出丝光沸石晶体结构内的某一层，实际上丝光沸石晶体是由许多这样的层重叠在一起，通过适当的方式连接而成的。因此，在丝光沸石晶体中形成了许多互相平行的直筒形孔道，其中孔径最大的孔道是由十二元环组成，它是丝光沸石的主孔道。

ZSM-5沸石属高硅五元环型沸石，属正交晶系。其基本结构单元是由8个五元环组成，这种基本结构单元通过共边连成链状结构，然后再围成沸石骨架。ZSM-5沸石的孔道体系是三维的，其主孔道窗口为十元环，孔径尺寸为0.54nm×0.56nm(图5-6)。

5.1.2.2 沸石分子筛的酸性

沸石分子筛之所以能广泛应用于催化领域，除其规整的骨架和孔道、高的热稳定性和水热稳定性外，最重要的特征就是其酸性。

1. 沸石分子筛酸中心的形成

(1)氢型和脱阳离子型沸石分子筛酸中心的形成　用NH_4^+(铵盐水溶液)交换Na^+型沸石，可得到H型沸石，由H型沸石脱水而得到脱阳离子型沸石，H型和脱阳离子型沸石都具有很高的催化活性。现以NaY型沸石为例说明酸中心的形成：

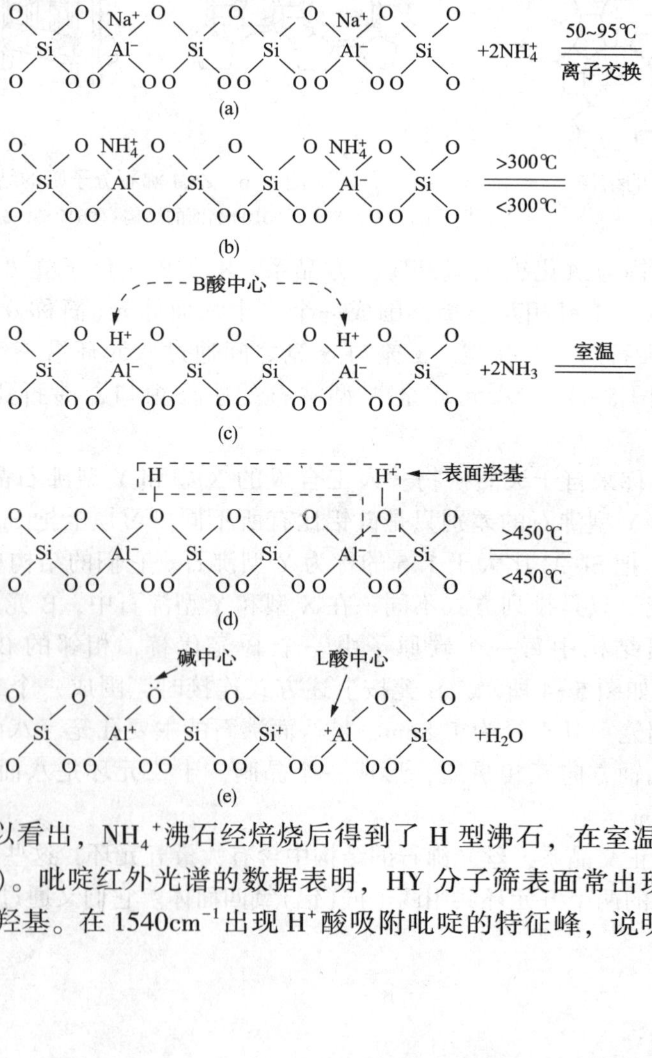

(5-1)

由式(5-1)可以看出，NH_4^+沸石经焙烧后得到了H型沸石，在室温下H^+常与骨架氧结合为羟基(—OH)。吡啶红外光谱的数据表明，HY分子筛表面常出现近3640cm^{-1}的谱线，代表大笼酸性羟基。在1540cm^{-1}出现H^+酸吸附吡啶的特征峰，说明有B酸中心存在于HY沸石表面，正是它引起了一系列正碳离子反应。当HY沸石进一步焙烧，一部分表面羟基脱水产生了L酸中心，此时吡啶吸附红外光谱谱线在1450cm^{-1}处出现特征谱线，说明在脱阳离子沸石上有L酸中心存在，它是三配位的Al原子，带有正电荷，可作为电子对或H$^-$的接受体，使烃类分子活化为正碳离子。实验表明，焙烧温度在600℃左右时，催化活性最大，可见形成的表面L酸发挥了重要作用。此外，实验还表明，催化剂酸催化活性的最高峰并不与催化剂表面—OH的最高含量相对应，而往往是经过局部脱水后才能使催化剂活性达到最高峰，个别甚至还要求基本上脱去全部表面—OH。对这一现象大多数人认为，表面—OH只有少数或极少数为活性中心，而这少数或极少数的—OH要具备一定的表面微环境或表面场，但所谓的微环境到目前还不甚清楚。

沸石分子筛中的B酸和L酸是可以互相转化的，低温有水存在时，以B酸中心为主；相反，高温脱水会导致L酸为主，两个B酸中心形成一个L酸中心。

(2)多价阳离子交换后沸石分子筛酸中心的形成　当沸石分子筛中的Na$^+$被二价或三价金属阳离子交换后，沸石中含有的吸附水或结晶水可与高价阳离子形成水合离子。干燥失水到一定程度时，金属阳离子对水分子的极化作用逐渐增强，最后解离出H$^+$，生成B酸中心。分子筛内极化过程可用下式表示：

$$M^{2+}+H_2O \rightleftharpoons M(H_2O)^{2+} \rightleftharpoons M(OH)^{+}+H^{+}$$

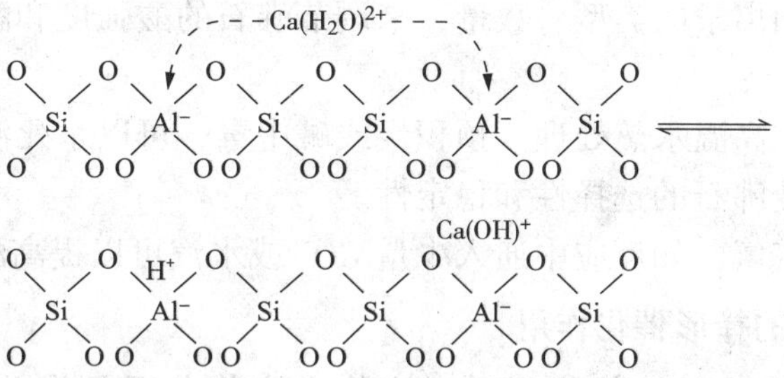

H$^+$酸中心是引起酸催化反应的活性中心。表面吸附红外光谱的数据也证明了稀土Y(REY)分子筛表面有3640cm^{-1}的谱线。

阳离子交换沸石产生B酸中心，可以圆满地解释碱土金属阳离子交换后沸石的催化活性规律。实验中发现，随着交换碱土金属离子半径的减小，催化剂活性增加，其次序为BeY>MgY>CaY>SrY>BaY，MgX>CaX>SrX>BaX。这一现象可以解释为：当阳离子价数相同时，离子半径越小，对水的极化能力越强，故催化反应活性越高。

综上所述，沸石分子筛经阳离子(NH_4^+、H$^+$、高价阳离子)交换后可产生B酸中心，再经脱水可产生L酸中心，它们均可与反应物形成正碳离子，并按正碳离子机理进行催化转化，这一理论即为沸石分子筛固体酸催化理论。

(3)沸石分子筛催化活性中心的动态模型　近年来许多研究表明，沸石分子筛中的质子、阳离子以及骨架中的氧都可以移动，为此提出了酸中心动态模型。动态模型认为沸石表面上氧离子与阳离子的表面扩散，可导致O-H解离，增强了酸强度。如：骨架氧离子的转移，导致L酸中心的移动及质子酸强度的增加，其过程如下式所示(式中δe表示少量电荷)：

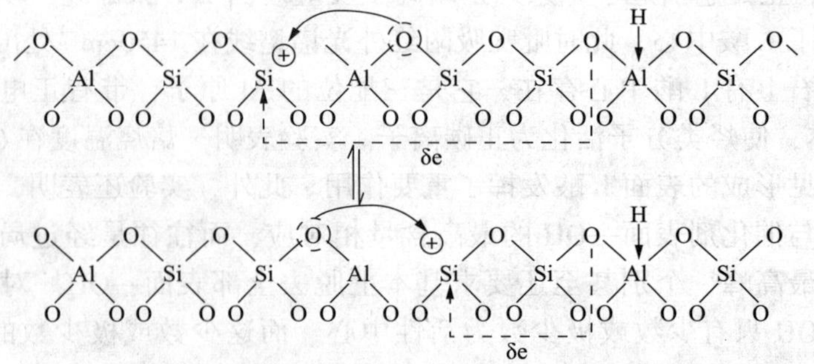

NMR 实验证实了表面质子酸的迁移。引人注意的是，吡啶吸附在酸中心 H^+上，增加了 H^+的迁移率。人们认为吡啶吸附减弱了沸石与 H^+的键强，促使 H^+在固体表面更快地迁移，质子运动的跳跃频率给出了动态酸强度的新概念。

2. *沸石分子筛酸性质的调变*

沸石分子筛酸性质的调变对沸石催化反应的活性和选择性都有很大影响，这也是沸石催化研究中的重点。通常有以下方法：

①合成具有不同硅铝比的沸石，或将低硅沸石通过脱铝提高其硅铝比。在一定硅铝比范围内，一般随硅铝比增加反应的活性增加。

②通过调节交换阳离子的类型、数量，来调节沸石的酸强度和酸浓度，从而改变催化反应的活性和选择性。

③通过高温焙烧、高温水热处理、预积炭或碱中毒，可以杀死沸石分子筛催化剂中的强酸性中心，从而改变沸石的选择性和稳定性。

④通过改变反应气氛，如反应中通入少量 CO_2 或水汽可以提高酸中心浓度。

5.1.2.3 沸石分子筛的择形催化作用

择形催化是指沸石分子筛催化剂对反应物和产物分子具有独特的择形选择性，是 Weisz 等在 1960 年提出的。沸石分子筛催化剂上的反应是在晶内进行的，因此只有那些大小和形状与沸石孔道相匹配的分子才能通过扩散进入晶内参与反应，或者由晶内扩散出来成为产物。择形催化反应按其机理可分为三类：反应物择形、过渡态择形和产物择形反应。即这三类反应的选择性分别是由反应物、过渡态分子和产物的扩散限制引起的，如图 5-7所示。

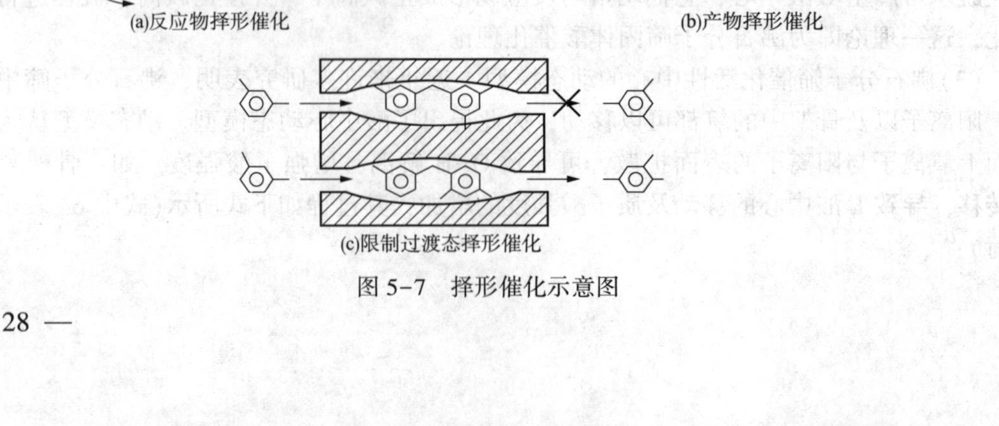

图 5-7 择形催化示意图

反应物择形就是当有两种或两种以上的具有不同尺寸的反应物分子时，其中尺寸比较大的一类反应物分子无法进入分子筛微孔孔道，或在孔道内的扩散受阻，这样这类反应物分子在分子筛内的反应就受到抑制，表现出对反应物的择形性。这类择形完全是一种尺寸择形。

产物择形是指反应中至少存在两种不同尺寸大小的产物分子，其中尺寸较大的产物分子在分子筛微孔孔道内的扩散受到限制，那么，这种产物分子的形成就受到抑制，表现出产物择形性。产物择形性也是一类尺寸择形效应。

反应物分子相互作用时可生成相应的过渡态，这需要一定的空间。当沸石分子筛催化剂空腔中的有效空间小于过渡态所需的空间时，反应将受到阻止，因而表现出反应过渡态的择形性。过渡态择形实质上是一种内禀化学反应择形。

反应物和产物择形催化都是受扩散限制的，故其反应速率受催化剂颗粒(或沸石晶粒)大小的影响，而过渡态择形催化不受此影响。因此，可以用颗粒度不同的催化剂，通过实验来区分上述三种择形催化的类型。

近年来，择形催化又有了进一步的发展，一些新的择形方式被提出，如笼效应、窗口效应、取向吸附效应、二次择形、逆向择形等。择形催化已成为分子筛催化作用的最重要特点之一。

5.1.2.4　几种新型沸石分子筛

随着微孔化合物合成化学、合成技术以及表征手段的不断完善，大量具有不同组成元素与基本结构单元的微孔化合物被合成与开发出来。2004 年 IZA(国际沸石学会)的统计表明，有 157 种微孔结构类型的分子筛，由于骨架元素的大量扩展(从沸石的组成元素 Si 与 Al 扩展到包括大量过渡元素在内的几十种元素可作为微孔骨架的组成元素)；骨架的调变与二次合成方法的进步，使微孔骨架结构类型的沸石分子筛不计其数。下面仅对磷酸盐类分子筛作一简单介绍。

1982 年 UCC 公司的 Wilson 等成功合成与开发出一个全新的分子筛家族——磷酸铝分子筛 $AlPO_4$-n(n 为编号)。如用氧化物的形式表示产物的组成，则为 $x\mathrm{R} \cdot \mathrm{Al_2O_3} \cdot (1 \pm 0.2)\mathrm{P_2O_5} \cdot y\mathrm{H_2O}$，其中 R 代表一种胺或季氨模板剂。通常在 773~873 K 灼烧以除去 R 和水，所得多孔性分子筛用 $AlPO_4$ 表示。虽然其中少数物质在结构上属于沸石类分子筛，但大多数却属于新型结构。$AlPO_4$-n 的一些经典结构列于表 5-4。其孔径以及用氧或水吸附所测的孔容也一并列于其中。$AlPO_4$-n 骨架是中性的，因此无离子交换能力，仅有弱酸催化性能。

表 5-4　一些 $AlPO_4$ 分子筛的性质

结构	吸附性质①			
	孔径/nm	孔环大小②	晶内孔容积/(cm^3/g)	
			O_2	H_2O
$AlPO_4$-5	0.8	12	0.18	0.3
$AlPO_4$-11	0.61	10	0.11	0.16

续表

结构	吸附性质①			
	孔径/nm	孔环大小②	晶内孔容积/(cm^3/g)	
			O_2	H_2O
$AlPO_4$-14	0.41	8	0.19	0.28
$AlPO_4$-16	0.3	6	0	0.30
$AlPO_4$-17	0.46	8	0.20	0.28
$AlPO_4$-18	0.46	8	0.27	0.35
$AlPO_4$-20	0.3	6	0	0.24
$AlPO_4$-31	0.8	12	0.09	0.17
$AlPO_4$-33	0.41	8	0.23	0.23

①采用标准 McBain-Baker 重量法测定样品的吸附量，吸附前样品先在空气中焙烧(773~873K)。孔径由不同大小的吸附质分子的吸附量得到。孔容积是在 80K 吸附 O_2，室温吸附 H_2O 至接近饱和而测定。

②指控制孔口大小的氧环中所含的四面体原子(Al 或 P)数。

以后，又合成了磷酸硅铝分子筛(SAPO-*n*)晶体。其中有些在拓扑结构上与沸石或 $AlPO_4$-*n* 相关，其他则具有新的结构。SAPO-*n* 可看作是硅取代进入部分磷酸铝骨架中而形成的，其中硅主要取代骨架磷原子。

近年来，人们又成功地将各种元素结合到磷酸铝或磷酸硅铝的骨架上。这些物质可用 $MeAPO_4$-*n* 和 MeSAPO-*n* 表示。其中 Me 指金属离子如 Fe、Mg、Mn、Co、Zn 等。SAPO、MeAPO、MeSAPO 具有带负电的阴离子骨架，因而具有阳离子交换能力和产生 Brönsted 酸中心的潜力。

在磷酸铝分子筛发现以后，其他磷酸盐沸石类结构也被陆续发现。例如磷酸镓、含氟磷酸镓、磷酸锌、磷酸铍、磷酸铁、磷酸钼、磷酸锡、磷酸铟和磷酸钴等。这些磷酸盐中，只有少数几个具有已知的沸石结构，其他均为新结构，某些磷酸盐也含有非四面体单元，例如 V、Co、Mo、Sn、Fe、Ga 和 In 的磷酸盐。

5.1.3 杂多酸化合物

5.1.3.1 杂多酸化合物的定义

杂多酸(Heteropoly Acid，HPA)是由两种或两种以上无机含氧酸缩合而成的复杂多元酸的总称，而杂多酸化合物(HPC)这一术语是指杂多酸(游离酸形式)及其盐类。

杂多阴离子是由两种以上不同含氧阴离子缩合而成的聚合态阴离子。在杂多酸化合物中，其中心原子(或称杂原子，如 P、As、Si、Ge、Sn、Ti、Zr、B、Ce、Th、Fe、Co 等)和配位原子(或称多原子，如 Mo、W、V、Nb、Ta 等)按一定的结构通过氧原子配位桥链组成一类含氧多元酸。杂多酸化合物在固态时由杂多阴离子、阳离子(质子、金属离子或鎓离子)以及结晶水或其他分子组成。

杂多酸化合物具有很高的催化活性，它不但具有酸性，而且具有氧化还原性，是一种多功能的新型催化剂。杂多酸稳定性好，可用于均相或非均相反应，甚至可用作相转移催化剂，对环境无污染，是一类大有前途的绿色催化剂。

5.1.3.2　杂多酸化合物的结构和特性

HPA具有确定的结构，杂多阴离子中的排列称之为一级结构；杂多阴离子以及其他的三维排列称之为次级结构。已确定的一级结构有可以分为Keggin、Dawson、Aderson、Silverton和Waugh五种结构类型，其结构见图5-8。其中Keggin结构研究最多，目前作为催化剂的主要是分子式为$H_mXY_{12}O_{40}\cdot nH_2O$(式中，X为中心配位原子，Y为多原子)具有Keggin结构的杂多酸，如：$H_3PW_{12}O_{40}\cdot nH_2O$和$H_4SiW_{12}O_{40}\cdot nH_2O$等。Keggin结构是由12个$MO_6$(M=Mo、W)八面体围绕一个$PO_4$四面体构成。不同阴离子结构的主要差别在于中央离子的配位数和作为配位体的八面体单元(MO_6)的聚集态不同。根据中心离子的配位状态，如果中心杂原子是四面体配位的，那么就形成Keggin结构以及它的衍生结构，如Dawson结构；如果是八面体六配位的，就形成Aderson结构等。

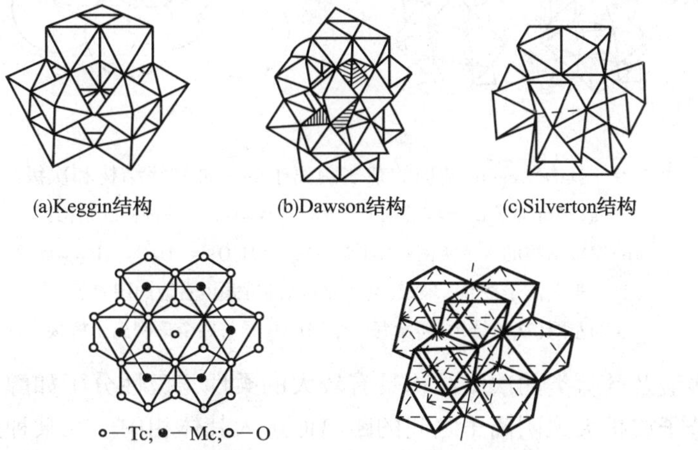

(a)Keggin结构　(b)Dawson结构　(c)Silverton结构　(d)Aderson结构　(e)Waugh结构

图5-8　几种已确定的杂多酸阴离子结构

图5-9给出了以Keggin结构为初级结构的$PW_{12}O_{40}^{3-}$。中心原子或杂原子可以是P、As、Si、B等。处在它们周围的原子大多数是W或Mo。这些外围原子称之为多原子或配位原子。少数配位原子可以被V、Co、Mn等所取代。$H_3PW_{12}O_{40}\cdot 6H_2O(=[H_5O_2]_3PW_{12}O_{40})$的次级结构示于图5-9(b)，其中聚阴离子通过$H^+(H_2O)_2$桥联。这种次级结构属于最密立方体心堆积(晶格常数12 Å，$Z=2$)。

杂多酸化合物的初级结构可用红外(IR)光谱表征，其次级结构可用X射线衍射(XRD)谱图表征。从含水量不同的十二钼磷酸(PMo_{12})及其盐类的红外光谱和X射线衍射谱可得到以下结论，即在固态时杂多酸化合物的初级结构相当稳定，而它的次级结构则容易转变。

杂多化合物独特的组成和结构，赋予它一系列的优点，其主要特性如下：

①通常易溶于水或极性有机溶剂，显示出很好的催化活性及选择性，可用于均相和非均相反应体系。

②具有酸性和氧化性，可作为酸性、氧化性或双功能催化剂。

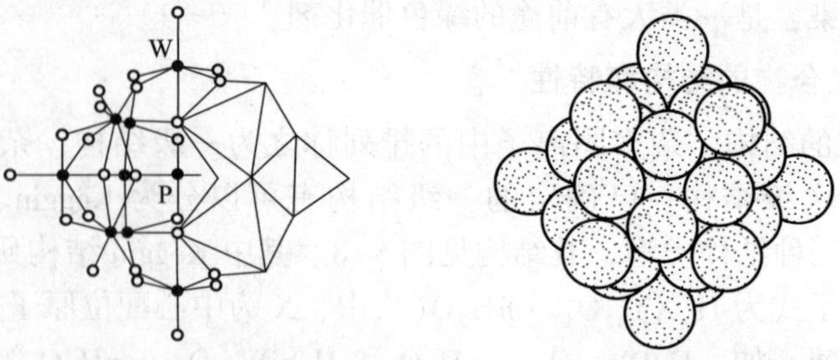

(a)

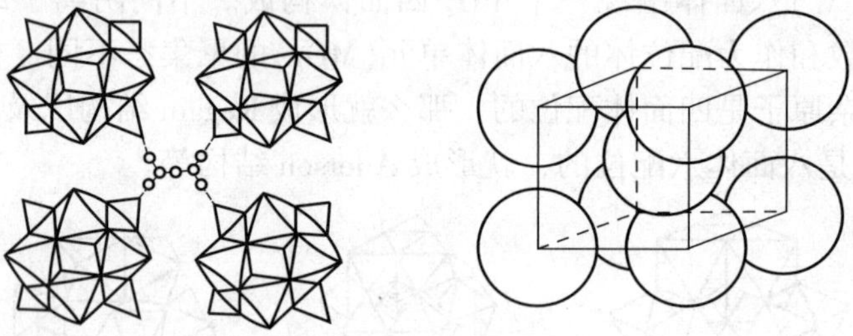

(b)

图 5-9　具有 Keggin 结构的杂多阴离子的一种初级结构和次级结构

(a)具有 Keggin 结构的杂多阴离子 $PW_{12}O_{40}^{3-}$，一种初级结构；

(b)次级结构的一个实例：$H_3PW_{12}O_{40} \cdot 6H_2O(=[H_5O_2]_3PW_{12}O_{40})$

聚阴离子按 bcc 堆积(初级结构)的方式由右边的图表示

如左图(次级结构)所示每一个$[H_5O_2]^+$与四个聚阴离子桥接

③由于杂多酸及其盐类的次级结构具有较大的柔性，极性分子如醇和胺类，容易通过取代其中的水分子或扩大聚阴离子之间的距离而进入其体相中。在某种意义上吸收了大量极性分子的杂多酸类似于一种浓溶液，其状态界于固体和液体之间。因此，这种状态可称之为“准液相”，某些催化反应主要在这样的体相内进行。准液相形成的倾向取决于杂多酸化合物和吸收分子的种类以及反应条件。

④具有电子转移/储藏能力，固体化合物具有较高的热稳定性。

⑤表面具有离子交换性，有不少可供交换的质子和离子，必要时可按需要交换直接暴露于表面的金属离子，以调整其催化性能，进行催化剂设计。

⑥其结构可以在杂多阴离子的“分子尺寸”上被表征，容易从分子水平解释其独特的性质。

5.1.3.3　杂多酸化合物的酸性

1. 酸性质

在讨论固体杂多酸化合物的酸性质(酸量、酸强度、酸中心的类型)时，必须分别考虑“体相酸度”和“表相酸度”，因为酸催化作用常发生在固相内部。杂多酸化合物的酸性质对平衡阳离子和聚阴离子的组成元素都很敏感。

(1)杂多酸　杂多酸是一种强质子酸，通常表现出比无机含氧酸如 H_2SO_4 和 H_3PO_4 等更强的酸性。杂多酸的酸性可以通过下列方法加以调变：①改变结构，不同结构的杂多酸酸性大小顺序为：Keggin>Dawson>其他结构。②改变组成，即改变中心杂原子、配位多原子加以控制，总体上不同杂多酸酸性大小顺序为：$HPW_{12}>HSiW_{12}>HPMo_{12}>HSiMo_{12}$。③改变活化温度，调节结晶水含量，杂多酸结晶水的含量与其酸量有关，这在实际中涉及催化剂的焙烧问题。HPA 作为酸催化剂时其催化活性一般与溶液中的酸的强度相一致，而选择性与杂多酸的强度顺序相反。

(2)金属杂多酸盐　杂多酸盐催化剂可由杂多酸与可溶性金属碳酸盐加热反应而制得。杂多酸盐根据其水溶性和比表面积的大小可分为 A 组盐和 B 组盐。A 组盐包括 Na^+、Cu^{2+} 等半径较小的阳离子所形成的杂多酸盐，其性质与杂多酸接近，比表面积小($1\sim10m^2/g$)，且溶于水。B 组盐包括 NH_4^+、Ag^+、Rb^+、Cs^+ 等半径较大的阳离子所形成的杂多酸盐。B 组盐的比表面积($50\sim200m^2/g$)和孔体积($0.3\sim0.5mL/g$)较大，酸强度高($H_0<-8.2$)，且不溶于水。显然，B 组盐为更理想的固体酸催化材料。

杂多酸盐的催化作用机理已基本探明。其酸性中心的来源主要有以下 5 种：

①酸性杂多酸盐中的质子(也包括中性盐因偏离化学计量而存在的质子)。

②制备时发生的部分水解。例如：

$$PW_{12}O_{40}^{8-}+H_2O \longrightarrow PW_{11}O_{39}^{7-}+WO_4^{2-}+6H^+$$

③与金属离子配位的水的酸式解离，如：

$$Ni(H_2O)_m^{2+} \longrightarrow Ni(H_2O)_{m-1}(OH)^++H^+$$

④金属离子的 Lewis 酸性。

⑤金属离子还原所产生的质子，如：

$$Ag^++1/2H_2 \longrightarrow Ag^0+H^+$$

可见杂多酸盐既有 B 酸中心又有 L 酸中心。

2. 酸催化作用

杂多酸化合物的酸催化典型例子如下：甲醇、乙醇、丙醇和丁醇的脱水反应；甲醇或二甲醚转化制烃类化合物；生成叔丁基醚的醚化反应；乙酸与乙醇或戊醇的酯化反应；甲酸或羧酸的分解反应；苯与乙烯的烷基化反应以及丁烯、己烷、邻二甲苯的异构化反应等。

(1)体相型和表面型催化作用　固体杂多酸化合物的酸催化作用可分为体相型反应和表面型反应两类(见图 5-10)。前一类反应在催化剂体相内进行，而后一类反应仅仅在表面上发生。醇类的脱水反应属于体相型反应，而丁烯的异构化反应则属于表面型反应。因此，催化反应的分类与反应物的吸附性质密切相关。表面型反应的活性对预处理温度更为敏感。

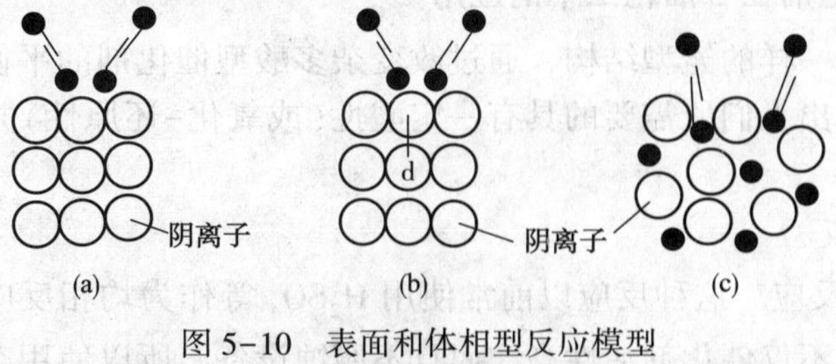

图 5-10　表面和体相型反应模型

(a)表面型；(b)体相型(Ⅱ)；(c)体相型(Ⅰ)

(2)酸性与催化作用的关系　通常杂多酸的催化活性序列是：$HPW_{12}>HSiW_{12}>HPMo_{12}$

>HSiMo$_{12}$，这几乎与其溶液中的酸强度序列平行。体相型催化反应往往易发生于酸式杂多酸化合物上。当催化反应在催化剂体相，亦即“准液相”中进行时：①不仅在表面的活性中心(如质子等)，而且体相中的也能参与起催化作用，从而使反应速率大大增加。②反应物分子或反应中间体在“准液相”呈某种配位状态而得到稳定，从而提高反应速率。③由于“准液相”独特的反应环境，常常使反应具有独特的选择性。

5.1.3.4 杂多酸化合物的氧化性

在HPC中配位原子一般以最高氧化态存在，因此具有氧化性，常用作氧化型催化剂。它们的氧化还原能力取决于组成元素。通常在溶液中的氧化性可用极谱及循环伏安方法研究。随中心原子氧化态升高(多阴离子负电荷增大)氧化性降低。当中心原子一定时，杂多阴离子的氧化性随配位原子的变化而变化，一般按V>Mo>W的顺序减少。固体杂多化合物的氧化性，与其在溶液中的行为不同，不仅与多阴离子的组成元素有关，而且与反荷离子有密切关系。当用碱金属离子取代杂多酸中的H^+时，随取代的量的增加氧化能力下降。当杂多酸的Pd、Ag、Cu盐被还原时，首先抗衡离子被还原，因此，这些离子的氧化性反映了杂多酸盐的氧化性。当用还原性气体评价固体HPC氧化性时，须注意是表面还是体相氧化性。例如，H_2在固体HPC表面解离生成H^+和e，由于它们快速向固体体相扩散，反映的氧化性为体相氧化性；而用CO还原时，反应仅发生在表面，反映出的氧化性为表面氧化性。

5.1.3.5 负载型杂多酸(盐)

杂多酸的比表面积较小($1\sim10m^2/g$)，因此在实际应用中，需要将杂多酸负载在合适的载体上，以提高比表面积。目前关于杂多酸固载化的方法很多，如浸渍法、吸附法、共沉淀法、溶胶-凝胶法等，不同的载体采用不同的固载方法，因为固载方法的选择将直接影响到杂多酸与载体表面的固载牢度，进而影响催化剂的催化活性高低。负载杂多酸的催化性能与载体的种类、负载量和处理温度有关。由于Al_2O_3、MgO等载体碱性较强，容易使杂多酸分解，一般不宜作为负载杂多酸的载体。用来负载杂多酸的主要是中性和酸性载体，包括：SiO_2、活性炭、TiO_2、离子交换树脂、大孔的MCM-41分子筛、层柱材料等。其中SiO_2和活性炭最常用，且得到了较好表征。普遍认为，在非极性反应体系中，SiO_2负载杂多酸催化剂的活性最高，而在极性溶剂中进行的反应，活性炭能最牢固地负载杂多酸。

5.1.3.6 杂多酸催化剂在石油化工中的应用

杂多酸具有沸石一样的笼型结构，通过改变杂多酸型催化剂的平衡离子、中心原子及配位原子，可以合成出人们所需要的具有一定酸性(或氧化-还原性)并且具有一定热稳定性的优良催化剂。

1. 液相酸催化反应

(1)异丁烯水合反应　这种反应以前常使用H_2SO_4等作为均相反应的催化剂，当采用杂多酸作催化剂时，不仅催化剂活性高，而且不腐蚀设备。所以使用杂多酸作催化剂，有可能改造现有的硫酸催化工艺，从而开发新的固体酸催化体系。采用杂多酸作催化剂进行异丁烯水合的反应机理可表示为：

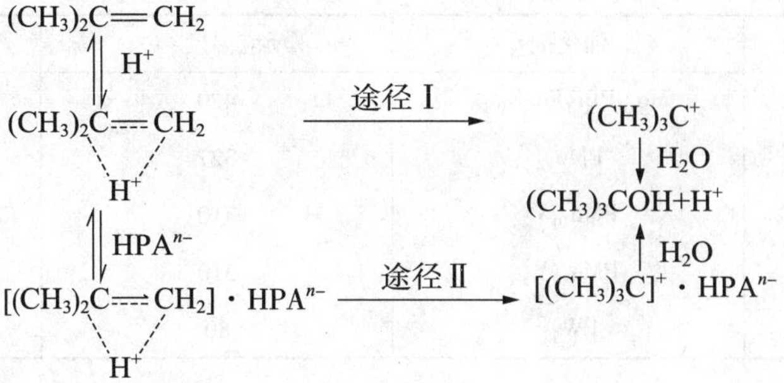

其中，HPA 为杂多酸催化剂。新的配合物是由杂多阴离子与质子化的烯烃相作用后生成的。

(2)链烯烃的酯化作用

$$RCH=CH_2+HOAc \xrightarrow{\text{杂多酸}} \underset{\displaystyle |\atop \displaystyle OAc}{RCHCH_3}$$

上述反应，在 20~140℃下，使用 10^{-4}~10^{-2}mol/L 的 HPA-Mo 和 HPA-W 型的杂多酸型催化剂，具有很高的反应选择性。

2. 多相酸催化反应

(1)醇类脱水反应　对于异丙醇脱水反应，使用混合配位杂多酸 $H_3W_{12-x}Mo_xPO_{40}$ 作催化剂，其催化活性要比用分子筛等催化剂都要高。其原因可能是采用杂多酸起着“准液相”反应的作用。

(2)异构化反应　杂多酸型催化剂在丁烯类异构化反应中显示出极高的催化活性。例如用 $H_3PW_{12}O_{40}\cdot 29H_2O$ 作催化剂，在 95℃时，当转化率达 40%左右时，异构体的反/顺比缓缓倾向于平衡值。

由于异构化反应不生成水，所以常用异构化反应来研究杂多酸的结晶水对杂多酸酸性和催化性能的影响。如将杂多酸催化剂在干燥氮气流中于各种温度下进行处理，发现在 100~150℃处理的催化剂显示最大活性，在此温度以上或以下活性都明显下降。另外，还观察到杂多酸的结晶水数目对异构化反应有一定的影响，当结晶水在 6~10 个时，催化活性最好。

3. 多相氧化反应

杂多酸催化剂催化的多相氧化反应的例子列于表 5-5。近年来日本和美国采用杂多酸型催化剂，成功地实现了由异丁醛一步催化制甲基丙烯酸，在常压、280~350℃下异丁醛全部转化，甲基丙烯酸的收率可达 65%~70%。

表 5-5　杂多酸催化的多相氧化反应

反应类型	催化剂	反应温度/℃	收率/%
丁烯→顺酐	$Mo_{12}PBi_{0.36}Mn_{0.52}$	400	63
丁二烯→呋喃	$NH_4PMo_{12}O_{40}$	350	21

续表

反应类型	催化剂	反应温度/℃	收率/%
异丁烯→甲基丙烯腈	$Mo_{10}PBi_3Fe_6K_{0.06}$	420	24
丁烯醛→呋喃	PMo_{12}	327	40
异丁酸→甲基丙烯酸	$PMo_{10}V_2$	310	70
异丁醛→甲基丙烯酸	$PMo_{10}V_2$	310	20
苯酚→邻、对苯二酚	PW_{12}	80	82

异丁醛氧化脱氢时，当使用 $H_3PMo_{12}O_{40}$ 和 $H_5[PV_2Mo_{10}O_{40}]$ 杂多酸型催化剂时，生成甲基丙烯醛和甲基丙烯酸，选择性达到 70%~80%。

4. *液相氧化反应*

杂多酸型催化剂加 Pd^{2+}(或 Ru^{4+}、Ir^{4+}等)是比较重要的由杂多酸型催化剂组成的双组分催化体系。这类催化剂可用于烯烃及芳烃的液相氧化反应，其中，Pd^{2+} 以 $PdSO_4$、$Pd(OAc)_2$ 或 $PdCl_2$ 形式出现，由于是以杂多酸取代了传统双组分催化体系中的 $CuCl_2$，使得这一新的催化体系具有 Pd^{2+} 的反应活性增大、副产物卤化物减少、不腐蚀设备等特点。

5.1.4 固体超强酸

5.1.4.1 概述

超强酸是比 100% 的 H_2SO_4 还强的酸，其 H_0 小于 -11.93。许多重要的工业催化反应都属于酸催化反应，而固体酸和液体酸相比，具有活性和选择性高、无腐蚀性、无污染以及与催化反应产物易分离等特点，被广泛用于石油炼制和有机合成工业。常用的固体酸催化剂有分子筛、离子交换树脂、层柱黏土等，它们的酸强度一般低于 $H_0=-12.0$，这对需要强酸的反应存在一定的局限性。20 世纪 60 年代初，Olah 等发现的 HSO_3F-HF、$HF-SbF_5$ 等液体魔酸，虽然其酸强度非常高，H_0 高达 -20 以上，甚至甲烷在这种液体超强酸中都能质子化，但因其具有强腐蚀性和毒性，以及催化剂处理过程中会产生“三废”等问题，难以在生产实际中应用。20 世纪 70 年代初，开始有人试图将液体超强酸如 SbF_5、HSO_3F-SbF_5 和 $HF-SbF_5$ 等负载到石墨、Al_2O_3 和树脂等载体上，但仍不能解决催化剂分散、毒性和“三废”等问题，未能工业应用。1979 年 Arata 等首次报道了无卤素型 SO_4^{2-}/M_xO_y 固体超强酸体系，发现某些用稀硫酸或硫酸盐浸渍的金属氧化物经高温焙烧，可形成酸强度高于 100%硫酸 10^4 倍的固体超强酸。后来 Arata 等又将钨酸盐和钼酸盐浸渍 ZrO_2 制得 WO_3/ZrO_2、MoO_3/ZrO_2 超强酸，其酸强度虽比 SO_4^{2-}/ZrO_2 稍低，但仍比 100%硫酸高几百倍。1990 年 Hollstein 等发现 Fe、Mn 和 Zr 的混合氧化物与硫酸根制备的超强酸催化剂的正丁烷异构化活性比 SO_4^{2-}/ZrO_2 高 1000 倍以上。这类固体超强酸易于制备和保存，特别是它与液体超强酸和含卤素的固体超强酸相比，具有不腐蚀反应装置、不污染环境、可在高达 500℃下使用等特点，引起了人们的广泛重视。

固体超强酸主要有下列几类：①负载型固体超强酸，主要是指把液体超强酸负载于金属氧化物等载体上的一类。如 $HF-SbF_5-AlF_3$/固体多孔材料、SbF_3-Pt/石墨、SbF_3-HF/

γ-Al_2O_3、SbF_5-FSO_3H/石墨等。②混合无机盐类，由无机盐复配而成的固体超强酸。如 $AlCl_3$-$CuCl_2$、$AlCl_3$-$Ti_2(SO_4)_3$、$AlCl_3$-$Fe_2(SO_4)_3$等。③氟代磺酸化离子交换树脂(Nafion-H)。④硫酸根离子酸性金属氧化物 SO_4^{2-}/M_xO_y 超强酸，如 SO_4^{2-}/ZrO_2、SO_4^{2-}/TiO_2、SO_4^{2-}/Fe_2O_3 等。⑤负载金属氧化物的固体超强酸，如 WO_3/ZrO_2、MoO_3/ZrO_2 等。

在上述各类超强酸中，①~③类均含有卤素，在加工和处理中存在着“三废”污染等问题。④、⑤类超强酸不含有卤原子，不会污染环境，可在高温下重复使用，制法简便。本节着重对这两类超强酸进行介绍。

5.1.4.2　SO_4^{2-}/M_xO_y 型固体超强酸

1. SO_4^{2-}/M_xO_y 型固体超强酸的制备

SO_4^{2-}/M_xO_y 型固体超强酸一般采用浓氨水中和金属盐溶液得到无定形氢氧化物，然后再用稀硫酸或硫酸铵溶液浸渍、烘干和焙烧制得。然而，金属盐原料、沉淀剂、浸渍剂不同对制备的氧化物、超强酸的表面性质影响很大，制备条件如焙烧温度、沉淀温度、金属盐溶液浓度、pH、加料顺序、陈化时间及 SO_4^{2-} 浸渍浓度也很重要。如何改善制备条件获得高质量、高酸性的固体超强酸是该类材料研究的最基本的问题。

(1)金属氧化物的选择　ZrO_2、TiO_2、Fe_2O_3、HfO_2 和 SnO_2 等氧化物浸渍 H_2SO_4 后能形成超强酸，而 MgO、CaO、CuO、NiO、ZnO、CdO、Al_2O_3、La_2O_3、MnO_2、ThO_2、Bi_2O_3、CrO_3 等则不能。在各种氧化物中，选择以 ZrO_2 作基底，形成的 SO_4^{2-}/ZrO_2 超强酸酸性最强。目前已报道的 SO_4^{2-} 促进单氧化物固体超强酸及其酸强度如表 5-6 所示。

表 5-6　SO_4^{2-}/M_xO_y 固体超强酸及其酸强度

SO_4^{2-}/M_xO_y	H_0	SO_4^{2-}/M_xO_y	H_0
SO_4^{2-}/ZrO_2	-16.04	SO_4^{2-}/HfO_2	-16.04
SO_4^{2-}/TiO_2	-14.75	SO_4^{2-}/Al_2O_3	-14.52
SO_4^{2-}/Fe_2O_3	-13.75	WO_3/ZrO_2	-14.52
SO_4^{2-}/SnO_2	-16.04	MoO_3/ZrO_2	-12.70

氧化物的初始晶相对超强酸性影响很大。一般认为，浸渍 SO_4^{2-} 前氧化物为无定形可以制成固体超强酸，晶化的氧化物不能形成超强酸。Arata 等考察了 ZrO_2 晶化前后浸渍 SO_4^{2-} 制备的催化剂对正丁烷异构化反应的影响，发现 ZrO_2 晶化后作为载体没有反应活性。但是，结晶的 γ-Al_2O_3 却可以形成 $-16.04<H_0\leqslant-14.52$ 的超强酸，这是迄今为止唯一可用结晶氧化物制得的固体超强酸。硫酸促进型双金属氧化物如 SO_4^{2-}/ZrO_2-Al_2O_3、SO_4^{2-}/ZrO_2-TiO_2、SO_4^{2-}/ZrO_2-SnO_2 可以形成固体超强酸，在摩尔数比例相当时，酸强度一般低于 SO_4^{2-}/ZrO_2，但是在 ZrO_2 中掺入低含量 Fe_2O_3、Cr_2O_3、MnO_2 等时酸强度均高于 SO_4^{2-}/ZrO_2 本身，其原因尚不十分清楚。

硫酸促进型多金属氧化物，如 SO_4^{2-}/ZrO_2-Fe_2O_3-Cr_2O_3、SO_4^{2-}/ZrO_2-Fe_2O_3-MnO_2 等酸性比 SO_4^{2-}/ZrO_2 高出数倍，如表 5-7 所示。说明固体超强酸基底金属氧化物的选择非常重要。

表5-7　SO_4^{2-}/多金属氧化物的酸性

SO_4^{2-}/多金属氧化物	$k_1\times10^3/h^{-1}$	SO_4^{2-}/多金属氧化物	$k_1\times10^3/h^{-1}$
SO_4^{2-}/ZrO_2	40.1	SO_4^{2-}/1.5%Sn/ZrO_2	11.7
SO_4^{2-}/0.5%Cr/ZrO_2	55.2	SO_4^{2-}/1.5%Mo/ZrO_2	8.3
SO_4^{2-}/1.5%Cr/ZrO_2	290.6	SO_4^{2-}/1.5%W/ZrO_2	3.0
SO_4^{2-}/3.0%Cr/ZrO_2	270.6	SO_4^{2-}/1.5%Cr//0.5%Mn/ZrO_2	110.8
SO_4^{2-}/6.0%Cr/ZrO_2	40.6	SO_4^{2-}/1.5%Cr//0.5%V/ZrO_2	152.2
SO_4^{2-}/1.5%V/ZrO_2	44.7	SO_4^{2-}/1.5%Fe//0.5%Mn/ZrO_2	134.8
SO_4^{2-}/1.5%Ti/ZrO_2	43.7	SO_4^{2-}/1.5%Fe//0.5%V/ZrO_2	350.5
SO_4^{2-}/1.5%As/ZrO_2	42.8	SO_4^{2-}/1.5%Fe//0.5%Cr/ZrO_2	334.5
SO_4^{2-}/1.5%Fe/ZrO_2	42.7	SO_4^{2-}/1.5%Fe//0.5%Bi/ZrO_2	95.2
SO_4^{2-}/1.5%Ni/ZrO_2	41.1	SO_4^{2-}/1.5%Fe//0.5%Mo/ZrO_2	94.1
SO_4^{2-}/1.5%Co/ZrO_2	40.7	SO_4^{2-}/1.5%Fe//0.5%W/ZrO_2	113.7
SO_4^{2-}/1.5%Mn/ZrO_2	19.2		

注：k_1 为35℃正丁烷异构化反应速率常数，代表酸性大小。

(2)焙烧温度的影响　不同焙烧温度下，形成的 SO_4^{2-}/M_xO_y 超强酸强度不同，适当的焙烧温度是形成这类固体超强酸的关键。以研究最多的 SO_4^{2-}/ZrO_2 为例，其焙烧温度必须在500~800℃才具有超强酸性，当焙烧温度为650℃时酸性最强，如表5-8所示。

表5-8　焙烧温度对 SO_4^{2-}/ZrO_2 样品酸强度的影响

指示剂	H_0	400	500	600	650	700	800
蒽醌	-8.1	+	+	+	+	+	+
2，4，6-三硝基甲苯	-9.1	+	+	+	+	+	+
p-硝基甲苯	-10.05	−	+	+	+	+	+
p-硝基氯苯	-12.7	−	+	+	+	+	±
m-硝基氯苯	-13.16	−	−	+	+	+	−
2，4-二硝基甲苯	-13.75	−	−	+	+	+	−
2，4-二硝基氟苯	-14.52	−	−	±	+	−	−
1，3，5-三硝基苯	-16.04	−	−	−	±	−	−

注：+表示指示剂由无色变为黄色；-表示不变色；± 表示变色不明显。

(3)沉淀条件的影响　溶液的沉淀温度、金属盐溶液浓度、pH值、加料顺序、陈化时间及硫酸浸渍浓度等因素对制备的氧化物及 SO_4^{2-}/M_xO_y 的性质均有一定影响。

(4)SO_4^{2-}/M_xO_y 固体超强酸的稳定性　实验表明，放置较长时间的 SO_4^{2-}/M_xO_y 超强酸的酸性和催化活性与新鲜制备的催化剂差别较大，这是该类催化材料制备和储存过程中值得重视的一个问题。主要原因是存放环境中的水导致超强酸样品变质，焙烧后制备得到的样品吸水后，再经加热活化会导致表面 SO_4^{2-} 浓度降低。

2. SO_4^{2-}/M_xX_y 型超强酸的酸性中心模型

SO_4^{2-}/M_xX_y 型超强酸的酸性中心模型的形成主要是源于 SO_4^{2-} 在催化剂表面的配位吸附，使 M—O 键上的电子云强烈偏移，产生 Lewis 酸中心。当该 Lewis 酸中心吸附水分子后，对水分子中的电子存在强吸附作用，从而使其发生解离吸附产生质子酸中心。FT-IR 研究表明，如 SO_4^{2-}/Fe_2O_3 在 $1540cm^{-1}$ 处存在一个 S ═O 键吸收峰，比 $Fe_2(SO_4)_3$ 中的 S ═O 键吸收峰($1460cm^{-1}$)高约 $100cm^{-1}$，与有机磺化物中的 S ═O 键类似。这表明该键具有较强的共价键的特性，其诱导效应使 Fe—O 键上的电子云发生偏移，从而使该催化剂呈现超强酸性。目前一般认为金属氧化物与 SO_4^{2-} 结合有以下三种可能：

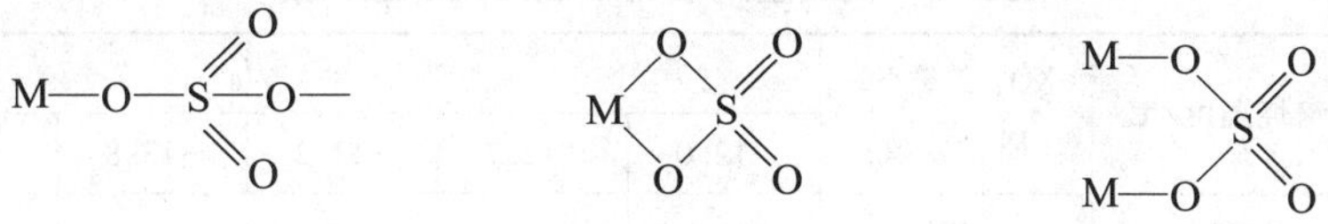

单配位　　　　螯合双配位　　　　桥式双配位

但是，FT-IR 分析表明，大多数金属氧化物与 SO_4^{2-} 是以螯合或桥式双配位形式结合的，根据上述催化剂超强酸显示的原因，推测其酸性中心结构模型大致有以下几种：

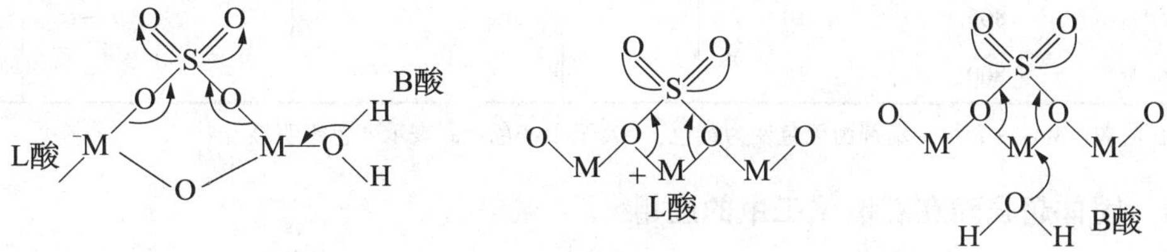

复合型 SO_4^{2-}/M_xX_y 超强酸催化剂酸中心结构则可能为：

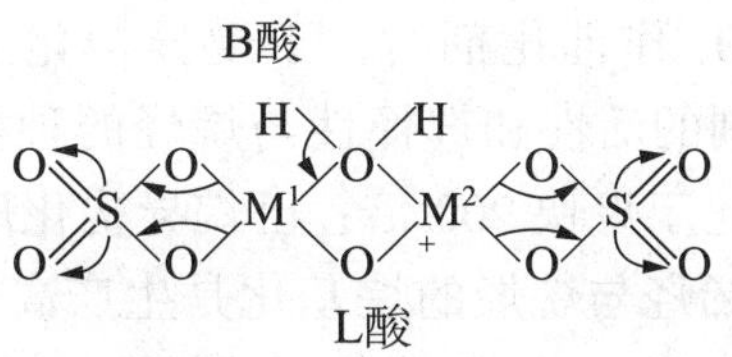

5.1.4.3　负载金属氧化物的固体超强酸

负载硫酸的超强酸在液体中会缓慢溶出。另外，虽然负载硫酸的超强酸较耐高温，但在焙烧温度以上使用会迅速失活。为解决此问题，荒田一志等在 SO_4^{2-}/M_xO_y 超强酸的基础上合成了负载金属氧化物的超强酸，它在溶液中以及对热的稳定性都很高。

根据复合氧化物酸性的理论，二元氧化物的最高酸强度与其金属离子的平均电负性之间呈线性关系，因此复合氧化物金属离子的电负性越大，其酸强度越高。在 20 世纪 80 年代前所发现的二元氧化物中，酸度最高的是 SiO_2-TiO_2、SiO_2-ZrO_2、$SiO_2-Al_2O_3$、TiO_2-ZrO_2，它们都有 $H_0<-8.2$ 的表面酸性中心。其中 $SiO_2-Al_2O_3$ 已用于多种有机反应，曾经测得其最强酸性为 $H_0\approx-12$，接近了超强酸的标准。

荒田一志等合成的是 WO_3/ZrO_2、MoO_3/ZrO_2 二元氧化物，方法是 $Zr(OH)_4$ 或无定形 ZrO_2 浸渍钼酸氨溶液，蒸发水分后在 600~1000℃ 的空气中焙烧。在 850℃ 下焙烧对于苯甲酰化和烷烃异构化反应具有最大活性，而对此类反应在同样条件下 $SiO_2-Al_2O_3$ 则完全没有活性。光电子能谱和指示剂法测得 WO_3/ZrO_2、MoO_3/ZrO_2 的酸强度分别为 $H_0<-14.52$ 和 $H_0<-13$。

WO_3/ZrO_2、MoO_3/ZrO_2 目前的研究也仅限于苯甲酰化反应，其研究领域还有待进一步扩展。另外，WO_3/ZrO_2 和 MoO_3/ZrO_2 均比 ZrO_2 的表面积大许多，这类超强酸催化剂同时存在 B 酸和 L 酸中心，以 L 酸中心为主，吸水样品部分 L 酸转化为 B 酸。并且不同焙烧温度和组成对其酸强度有较大影响，如表 5-9 所示。

表 5-9 负载金属氧化物超强酸的酸强度

样品	焙烧温度/℃	XO_3 含量/%(质量分数)	H_0					
			-12.0	-12.7	-13.2	-13.8	-14.5	-16.0
WO_3/ZrO_2	700	15	+	±	-	-	-	-
WO_3/ZrO_2	800	10	+	+	+	+	±	-
WO_3/ZrO_2	800	15	+	+	+	+	±	-
MoO_3/ZrO_2	700	18	-	-	-	-	-	-
MoO_3/ZrO_2	800	10	+	±	-	-	-	-
MoO_3/ZrO_2	800	18	+	±	-	-	-	-

注：X 为 W、Mo；+表示指示剂由无色变为黄色；-表示不变色；± 表示变色不明显。

5.1.4.4 固体超强酸在石油化工中的应用

(1)烃类异构化　饱和烃类分子如正丁烷、戊烷较稳定，即使用 100%硫酸或 $SiO_2-Al_2O_3$ 作催化剂，在室温下也不发生反应。而用固体超强酸作催化剂，在室温下就可引起反应，如使用 $SbF_5-SiO_2-Al_2O_3$ 作催化剂时，丁烷异构化主要生成异丁烷，其选择性达 80%~90%。固体超强酸催化剂的活性和选择性与烷烃的种类有关，如戊烷在 $SbF_5-SiO_2-Al_2O_3$ 催化剂上的反应初速度比丁烷快 200 倍；己烷异构化反应速度是戊烷的 3 倍。

(2)烷基化反应　芳烃、烯烃与烷烃的烷基化是生产高辛烷值汽油的重要反应。这些反应通常采用 $AlCl_3$、BF_3、H_2SO_4 等均相催化剂或 $SiO_2-Al_2O_3$、合成沸石等多相催化剂。上述均相催化剂存在着环境污染严重及催化剂分离困难等一系列问题，以后者($SiO_2-Al_2O_3$、合成沸石等)作催化剂时往往需要高温(200~300℃)及加压(1.0~2.2 MPa)等条件。而以固体超强酸作催化剂时，却可在常温下进行反应。

(3)催化苯环上的反应　苯环上的亲电子取代反应需要 Lewis 酸作为催化剂，固体超强酸大多数为 Lewis 酸，因而均可催化苯环上的亲电子取代反应。如全氟磺酸树脂可以高效催化苯环上的甲酰化、烷基化、甲基化和醚化等反应。

固体超强酸还可将甲基环戊烷异构化为六元环化合物，进而脱氢制取芳烃化合物。固体超强酸催化剂对这一异构反应的催化活性顺序为：$SbF_5-SiO_2-Al_2O_3>SbF_5-SiO_2-TiO_2>SbF_5-TiO_2-ZrO_2>SbF_5-SiO_2-ZrO_2$。当以 $SbF_5-SiO_2-Al_2O_3$ 作催化剂时，20℃下 2min 即可达到平衡，可见其反应速度之快。

(4)低分子量的聚合反应　常见的聚合反应一般采用齐格勒型或烷基金属等催化剂，此类催化剂必须在-70℃的低温下才能生成结晶型聚合体，在室温下则不能。而固体超强酸催化剂对此类反应有极高的活性，可使乙烯基单体发生爆聚，即使是反应性能低的甲基或乙基-乙烯基醚也可发生爆聚。

除了上述应用以外，固体超强酸还可用作醇脱水、缩合、氧化、酯化、硅烷化、环醚化等反应的催化剂。

应当指出，目前在固体超强酸的研究中还存在着一些问题：成本较高，氟化物还可能造成污染，而 SO_4^{2-}/M_xO_y 型催化剂的寿命较短，催化剂的制备条件影响大，例如焙烧温度略有不当即有可能使 SO_4^{2-}/M_xO_y 型催化剂报废。实验研究虽涉及面较广，但离工业应用还有一定距离。

5.1.5　应用固体酸取代液体酸的典型石油化工过程

目前，已有多个以固体酸代替液体酸作催化剂的反应过程实现了工业化，包括烷基化、酯化、聚合、缩合、加成和异构化等反应，见表 5-10。

表 5-10　以固体酸代替液体酸作催化剂的重要酸催化过程

序号	产物	反应过程	液体酸	固体酸
1	乙苯	苯与乙烯烷基化	$AlCl_3$	ZSM-5、Y 沸石
2	异丙苯	苯与丙烯烷基化	$AlCl_3/HCl$	丝光沸石、Y 沸石、β 沸石、MCM-22
3	直链烷基苯	苯和 C_{10}~C_{14} 烯烃烷基化	HF	含氟的 $SiO_2-Al_2O_3$
4	异辛烷	2-甲基丙烷与 2-甲基丙烯烷基化	浓 H_2SO_4、HF	酸性黏土
5	壬基酚	丙烯三聚体与苯酚烷基化	H_2SO_4、BF_3	离子交换树脂
6	聚丁基醚	四氢呋喃开环聚合	发烟 H_2SO_4	$H_3PW_{12}O_{40}$
7	双酚 A	苯酚与丙酮缩合	H_2SO_4、HCl	离子交换树脂
8	苯二甲酸二丙基酯	邻苯二甲酸酐与丙烯醇酯化	浓 H_2SO_4	Nafion-H
9	丙二醇醚	环氧乙烷与低级脂肪醇加成	BF_3	改性 $\gamma-Al_2O_3$
10	仲丁醇	丁烯水合	H_2SO_4	磺化离子交换树脂
11	对二甲苯	邻二甲苯异构化	HF/BF_3	ZSM-5

下面主要对苯分别与乙烯、丙烯、高碳烯烃烷基化制乙苯、异丙苯和直链烷基苯以及苯酚与丙酮缩合制双酚 A、环氧乙烷与低级脂肪醇加成制丙二醇醚等新工艺分别进行介绍。

5.1.5.1　乙苯合成

乙烯和苯烷基化合成乙苯的传统工艺有以 $AlCl_3$ 为催化剂的液相法工艺和以 BF_3/Al_2O_3 为催化剂的气相法工艺。液相法工艺由 Dow 化学公司于 1935 年最先开发成功，由于 $AlCl_3$ 催化剂的活性很高，烷基化反应的速度很快，故乙烯转化率接近 100%，乙苯收率高达97.5%。但因 $AlCl_3$ 用量大，对环境污染和设备腐蚀相当严重。为此，Monsanto公司于1979年开发成功改良 $AlCl_3$ 法，由于制得一种能与苯混合物迅速互溶形成一种均匀溶液的 $AlCl_3$ 络合体系，有利于乙烯与溶解于 $AlCl_3$ 络合物中的苯进行瞬间反应，从而大幅度减少了 $AlCl_3$ 的用量(仅为传统方法的1/4)。气相法工艺由UOP公司在1958年开发成功并于1960年实现工业化，其优点是可用质量分数为8%～10%的稀乙烯为原料，从而有利于炼厂催化裂化干气的综合利用。

为了保护环境，20世纪70年代Mobil公司和Badger工程公司共同开发了以ZSM-5分子筛为催化剂的气相烷基化生产乙苯新工艺，该工艺具有如下优点：①催化剂无腐蚀性，反应过程中无残渣废气污染环境；②催化剂稳定性好，失活速度慢，再生周期达1个月，而且其失活后可通过烧炭而多次再生，故最终的使用寿命长达几年；③催化剂活性高、选择性好，乙烯转化率和乙苯收率均达到99%，可充分提高生产能力；④原料苯不需干燥，可用低浓度乙烯，生产成本低。该工艺自1980年第一套470 kt/a乙苯装置投产以来，成为世界瞩目的乙苯生产的领先技术。目前，世界上有35套装置采用了该工艺，总生产能力约为10 Mt/a。

最近，由Mobil/Bagder公司开发的以MCM-22沸石为催化剂的Ebmax乙苯生产技术已在日本千叶苯乙烯单体公司实现工业化。MCM-22沸石具有由两种独立的、互不内联的孔道体系组成的独特结构。该催化剂用于乙苯生产，乙苯纯度和收率大为提高，且催化剂寿命可超过3年。

CD Tech公司开发了催化蒸馏制乙苯新技术，该技术尤其适用于以炼厂催化裂化干气为原料生产乙苯。首套采用该工艺建造的260 kt/a装置于1994年在日本三菱油化公司投产，另外在阿根廷和墨西哥各有一套采用该工艺的乙苯生产装置正在建设中，规模分别为140 kt/a和100 kt/a。

而由Lummus、Unocal和UOP公司共同开发的液相烷基化工艺代表了乙苯生产的最高水平，它采用超稳Y沸石为催化剂。该催化剂的结构有大孔三维通道，具有良好的烷基化和烷基转移活性，乙苯总收率可达99%，生产的乙苯中二甲苯的质量分数为 $(2\sim4)\times10^{-5}$，大大低于气相法的 2×10^{-3}，而且催化剂再生周期长，寿命可达4年。该工艺于1990年首先在日本250kt/a乙苯装置上应用，目前在日本还有3套采用该技术的装置正在运行。另外还有13套采用该工艺技术的乙苯生产装置正在建设中。

5.1.5.2 异丙苯的合成

异丙苯的生产方法与乙苯相似，即由苯和丙烯进行烷基化反应制得，生产工艺分为气相法和液相法两种。气相法是UOP公司于二次世界大战时开发的，当时主要为了提供高辛烷值汽油。该法至今仍一直采用50年前开发的固体磷酸作催化剂，缺点是产品收率低、生产成本高。液相法由Monsanto公司于80年代中期实现工业化，它采用 $AlCl_3/HCl$ 为催化剂，生产成本低于UOP气相法，经济性能较好。但该工艺存在催化剂对反应设备腐蚀严重和废催化剂处理难等问题，如80 kt/a异丙苯的生产装置，排放含氯废水800kt/a、$Al(OH)_3$ 废渣1kt/a。上述问题促进了固体酸催化剂新工艺的发展。分别由Dow/Kellog、CD Tech、Mobil、UOP和EniChem等公司开发的以固体酸为催化剂的液相烃化合成异丙苯新工艺均已实现了工业化，各种工艺所采用的催化剂见表5-11。

表5-11 异丙苯合成新工艺

工艺名称	开发公司	催化剂
3-DDM	Dow/Kellog	脱铝丝光沸石
CD Cumene	CD Tech	Y 沸石
Mobil-Badger	Mobil	MCM-22
Q Max	UOP	Mg-APSO-31
EniChem	EniChem	β 沸石

Dow/Kellog 开发的3-DDM工艺采用特制的丝光沸石为催化剂。普通的丝光沸石因具有一维孔结构，很容易因结焦而失活（在孔入口处的少量结焦可阻塞整个孔）。为此，Dow化学公司进行了脱铝改性，使产生的酸中心强度高且密度低。酸强度高可以使反应在温和的条件下进行，并减少副产物（如正丙苯）的生成。酸中心密度低能阻止齐聚和氢转移反应（它们需要几个相邻的酸中心），这些反应易造成结焦。脱铝还可使丝光沸石的一维孔结构转换成准三维孔结构，从而有利于反应物进入活性中心，甚至进入由结焦阻塞的孔中。该工艺于1992年首次在荷兰的340 kt/a装置上应用。到目前为止，已有8套异丙苯装置采用该工艺，总生产能力达2Mt/a以上。

CD Cumene 工艺使用催化蒸馏技术，催化剂为Y沸石。反应器中有过量的苯，可以使丙烯完全转化，而且催化剂表面的丙烯浓度低，可以减少结焦和延长催化剂的寿命，无需对催化剂进行周期性再生。异丙苯和苯一起从反应器中连续排出，从而使反应完全，并抑制副产物的生成，异丙苯纯度达99.95%，产品收率为99.6%，比传统方法高5%~6%。该工艺于1995年首次在台湾化纤公司270 kt/a装置上应用，另外在俄罗斯也有一套170kt/a的装置采用了该技术。

Mobil-Badger 工艺采用一种新型的MCM-22沸石为催化剂，其酸性满足了尽量减少丙烯齐聚和结焦的要求。MCM-22沸石所具有的独特孔结构，对苯烷基化反应具有特别高的活性。该工艺首先于1996年用于Georgia Gulf公司的异丙苯装置，产品纯度超过99.97%，估计催化剂的运转周期为2年，寿命达5年。到目前为止，已有10套装置采用该技术，总生产能力超过3Mt/a。

Mobil公司正在开发的下一代烷基化催化剂是与MCM-22沸石有关的MCM-56沸石，它是一种独特结构的硅铝酸盐，用于异丙苯生产的活性高于MCM-22沸石（选择性相当）。在高空速下，它对丙烯仍具有较高的转化率，两种催化剂的性能见表5-12。

表5-12 生产异丙苯的催化剂性能

指标	催化剂	
	MCM-22	MCM-56
反应温度/℃	112	113
丙烯空速/h^{-1}	1.3	10.0
丙烯转化率/%	98.0	95.4

续表

指标	催化剂	
	MCM-22	MCM-56
选择性/%		
异丙苯	84.85	84.98
二异丙苯	11.30	13.20
三异丙苯	2.06	1.28
C_3 齐聚物	1.80	0.52
正丙苯	0.006	0.008

UOP 公司开发的 Q-Max 工艺使用一种骨架中带有少量镁的大孔硅磷酸铝分子筛作催化剂，通过调节骨架中的镁含量，可把分子筛的酸性调节到最佳值。催化剂的再生周期为18个月，总寿命超过5年。JLM 化学公司采用 Q-Max 工艺的一套 66 kt/a 异丙苯装置已成功投入运转，生产的异丙苯纯度为 99.95%。在美国德州还有一套 45 kt/a 的装置也采用了该技术。

EniChem 工艺以 β 沸石为催化剂，丙烯转化率接近 100%，催化剂可通过空气加热再生，经过5个再生周期，仅比新鲜催化剂活性降低5%。该工艺于1998年在 Porto Torres 的 265 kt/a 装置上应用。

5.1.5.3 直链烷基苯的合成

烷基链中具有10~14个碳原子的直链烷基苯(LAB)是生产阴离子洗涤剂的重要原料。据统计，1995年全世界 LAB 的产量约为 215 Mt。LAB 主要由苯和 C_{10}~C_{14}烯烃(少量用卤代烃)在液相中烷基化而制得，传统的催化剂为 HF。HF 不仅具有潜在的危害(高毒性和强腐蚀性)，而且装置需要专用的合金材料。由 UOP 公司和 Petresa 公司开发的固体酸工艺 DETAL 最近实现了工业化。它所采用的催化剂是含氟的 $SiO_2-Al_2O_3$。与传统工艺相比，该工艺具有如下优点：①安全无污染：由于采用了无毒害的固体酸催化剂，消除了 HF 带来的危害和环境污染问题；②生产成本低：由于不需要专用的合金材料，所以装置的建设费用比用 HF 作催化剂低，而且无需酸洗和氟化钙废渣处理，降低了操作费用；③产品质量好：DETAL 工艺的产品中 LAB(其生物降解的速度比非直链异构体更快)的质量分数为95%，高于 HF 工艺的93%，而且在所生成的 LAB 中，DETAL 工艺的2-苯基异构体(它在液体洗涤剂产品中具有更好的溶解性能，是希望得到的产品)的选择性也高于 HF 工艺，两者分别为>2%和 15%~18%。首套采用 DETAL 工艺的 100kt/a 生产装置自1995年起在加拿大运转。

5.1.5.4 双酚 A 的合成

2，2-双(对羟基苯基)丙烷简称双酚 A，是一种重要的有机化工原料，主要用于合成环氧树脂和聚碳酸酯塑料。工业上双酚 A 由苯酚和丙酮在酸催化剂作用下经醇醛缩合反应制取。传统工业生产一直沿用 H_2SO_4、HCl 作催化剂，存在环境污染严重、副产物多和分离提纯步骤复杂等缺点。采用磺酸型离子交换树脂作催化剂、巯基化合物为助催化剂的固体酸工艺首先由美国联合碳化物公司于 60 年代实现工业化，并逐渐取代了先前采用的液体酸工艺，丙酮转化率接近 100%，同时具有很高的选择性。高的转化率和选择性减少了反应物的循环，并允许采用一步结晶产物，从而使投资和操作费用降低。现该工艺已成为生产双酚 A 的主要方法。

虽然人们在研究开发以无毒无害的固体酸代替 H_2SO_4、HF、$AlCl_3$ 等液体酸催化剂方面做了大量工作，也取得了较好的经济效益和社会效益，但目前仍有许多酸催化工艺不得不沿用液体酸催化剂，因此，应根据每个反应的特点尽早开发出可以取代液体酸的新型固体酸催化剂，以满足人们对清洁环境不断增长的要求。

5.2　环境友好的固体碱

随着环保意识的加强以及绿色化学的发展，人们越来越重视环境友好的催化新工艺过程，固体碱代替液体碱在精细化工生产过程中的应用研究越来越广泛。与液体碱相比，固体碱具有如下优点：①可循环使用，环境友好，无腐蚀，避免使用极性溶剂或相转移剂；②高选择性，高催化活性，反应条件温和，产物易于分离；③可使反应工艺过程连续化，提高设备的生产能力；④可在高温甚至气相中反应。与人们对固体酸的广泛研究相比，对固体碱的关注较少，主要原因在于固体碱催化剂(特别是超强固体碱催化剂)制备工艺复杂、成本高、强度较差、极易被大气中的 CO_2 和 H_2O 等杂质污染，且比表面积较小。因此，各国都处在积极研制开发阶段。

5.2.1　固体碱的定义、分类及测定

5.2.1.1　定义和分类

固体碱是指能接受质子或给出电子对的固体。根据碱中心类型不同，固体碱分为 Brönsted 碱和 Lewis 碱两种类型。能够接受质子的物质称为 Brönsted 碱；能够给出电子对的物质称为 Lewis 碱。

按碱性强度不同，固体碱分为中弱碱和超强碱。固体的碱强度函数 H_- 大于 26 的固体碱叫固体超强碱。

按照载体和活性位的性质不同，固体碱大体可分为有机固体碱、有机无机复合固体碱、以及无机固体碱，其中无机固体碱又可分为金属氧化物型和负载型。

1. 有机固体碱

通常有机固体碱主要是指端基为叔胺或叔膦基团的碱性树脂类固体碱，例如端基为三苯基膦的苯乙烯和对苯乙烯共聚物。氮和磷的最外层分别有两个成对的 s 电子和三个未成对的 p 电子。在胺或膦分子中，氮或磷原子是 sp^3 杂化的，其中三个未成对电子分别占据三个 sp^3 轨道，每一个轨道和其他碳原子或氢原子的轨道成键，第四个 sp^3 轨道含有一对孤对电子，在棱锥形胺或膦分子的顶点。就是这一对孤对电子使有机胺或有机膦呈不同强度的碱性。这种有机固体碱的优点是碱强度均一，但是它热稳定性不好，只能适用于低温反应，且制备复杂，成本较高。

2. 有机无机复合固体碱

目前所研制的有机无机复合固体碱主要为负载有机胺或季铵碱的分子筛。负载有机胺分子筛的碱活性位主要是能提供孤对电子的氮原子，而负载季铵碱分子筛的碱活性位主要是氢氧根离子。由于这类固体碱的活性位是以化学键和分子筛锚接的有机碱，所以反应过程中活性组分不会流失，而且碱强度均匀。同时也由于其活性位为有机碱，故而不能适用于高温反应，且无法制备出强碱性的固体碱。

3. 无机固体碱

无机固体碱催化剂因其制备简单、碱强度分布范围宽、热稳定性好而成为固体碱发展的主要方向。无机固体碱主要包括金属氧化物、水合滑石类阴离子黏土和负载型固体碱。

(1)金属氧化物型　金属氧化物固体碱主要包括碱金属和碱土金属氧化物。这一类金属氧化物的碱性位主要来源于表面吸附水后产生的羟基和带负电的晶格氧。以氧化镁为例，低温处理时，其表面的碱性位主要为弱碱性的羟基；而高温处理时，其表面产生面、线、点等缺陷，使原来六配位的氧变成五配位、四配位或者三配位，增加了氧原子的电荷密度，从而使氧化镁表面带上不同程度的强碱性位。

一般而言，碱金属和碱土金属氧化物催化剂的碱性强度随碱金属和碱土金属的原子序数的增加而增加，其顺序为 $Cs_2O>Rb_2O>K_2O>Na_2O$；BaO>SrO>CaO>MgO。另外煅烧温度和前驱体的种类也显著影响碱金属及碱土金属氧化物的碱强度，通常煅烧温度高有利于得到强的碱性位，而不同前驱体煅烧所得碱土金属氧化物的碱强度顺序为碳酸盐>氢氧化物>醋酸盐。总之，通过改变制备条件或选择不同的前驱体，可以制备出具有强碱位甚至超强碱位的碱金属及碱土金属氧化物，但是这些固体碱均为粉状，没有机械强度，不易从产物中分离，而且其比表面积小(除 MgO 外均小于 $70m^2/g$)。此外，其比表面积随碱性位增强而显著降低。例如对于碱土金属氧化物而言，其比表面积的大小顺序为 MgO>>CaO>SrO>BaO。这些都限制了它们在工业催化中的应用。

(2)水合滑石类固体碱　水合滑石类材料是层柱双氢氧化物，其结构式为 $[M_1^{2+}M_2^{3+}(OH)_{2(x+1)}](A_{1/m}^{m-})\cdot nH_2O$，其中 M_1=Mg、Zn 或 Ni，M_2=Al、Cr 或 Fe，A^{m-}可以是 Cl^-、CO_3^{2-} 等。通常以 M^{2+}和 M^{3+}为中心的 $M(OH)_6$ 八面体单元通过共边形成带有正电荷的层板，而 A^{m-}和 H_2O 分别是位于层板间的各种阴离子和水分子，A^{m-}起平衡层板正电荷的作用。当 M_1 为 Mg、M_2 为 Al 时，这种水滑石类催化剂表面同时具有酸碱活性位，适当地改变镁铝比以及起中和作用的阴离子可以改变层板氧原子的电荷密度，从而调变这类催化剂表面酸碱活性位的比例。Dumitriu 等制备了一系列不同镁铝比以及中和阴离子的镁铝水滑石类催化剂，通过研究发现，当镁铝比为3，中和阴离子为碳酸根时其碱性最强，催化环己醇脱氢生成环己酮的选择性可达到86.9%。另外由于具有独特的层柱状结构，水滑石类催化剂的比表面积通常比较高，可达到 $200m^2/g$。

由上述可知，通过改变制备条件和选择不同的前驱体，可以制备具有强碱位甚至超强碱位的碱金属及碱土金属氧化物，但是这一类催化剂的比表面积都很小。水合滑石类催化剂虽然具有较大的比表面积，但其表面同时具有酸碱活性位，而且很难得到强的碱性位(相对于 MgO)。为此人们提出了将碱金属和碱土金属氧化物及其盐类负载到多孔材料上的负载型无机固体碱。

(3)负载型无机固体碱 目前负载型固体碱的载体主要有三氧化铝和分子筛两种，此外也有用活性炭、氧化镁、氧化钙、二氧化锆、二氧化钛等作为载体的。负载的前驱体物种主要为碱金属、碱金属氢氧化物、碳酸盐、氟化物、硝酸盐、醋酸盐、氨化物和叠氮化物。由于碱土金属的氢氧化物和碳酸盐均为难溶物，而其硝酸盐分解温度普遍较高，所以也有少量报道用碱土金属醋酸盐作为前驱体的。至于负载型无机固体碱的活性位主要是碱金属、碱金属氨化物、碱金属或碱土金属氧化物、氢氧化物和碳酸盐，也有前驱体经高温煅烧后和载体反应生成的活性位。下面将结合负载前驱体和碱活性位的种类详细介绍不同载体的负载型固体碱催化剂。

① 三氧化铝为载体的无机固体碱。三氧化铝表面同时具有酸碱活性位，其哈密特函数 H_- 最高可以达到15。同时其机械强度高，热稳定性好，是工业催化剂常用的载体。将上述的碱金属和碱土金属前驱体负载到三氧化铝表面，经高温培烧可以得到不同碱强度的负载型固体碱。

由于氢氧化钾的碱性较强($H_-=18.4$)，且钾的氢氧化物及盐类价格便宜、易得，因此以钾的氢氧化物或盐为前驱体的负载型固体碱成为人们的研究热点。KOH 和 K_2CO_3 自身具有碱性，将其负载到 Al_2O_3 表面，这些前驱体本身就会产生碱性位，但是将中性盐 KF 和 KNO_3 负载到 Al_2O_3 表面，其碱性位必须通过高温焙烧，使前驱体和载体发生反应或者自身分解而产生。例如 KF 在高温焙烧过程中会和 Al_2O_3 表面作用而产生 KOH 和 $KAlO_2$ 类的碱物种：

$$12KF+Al_2O_3+3H_2O \longrightarrow 2K_3AlF_6+6KOH$$

$$6KF+2Al_2O_3 \longrightarrow K_3AlF_6+KAlO_2$$

KNO_3 和 K_2CO_3 的分解温度都比较高，但是当其负载在 Al_2O_3 表面时，在 873 K 就可以和表面的羟基作用而产生 Al-OK 活性位：

$$KNO_3+Al\text{-}OH \longrightarrow Al\text{-}OK+N_2O_3+H_2O$$

$$K_2CO_3+2\ Al\text{-}OH \longrightarrow 2\ Al\text{-}OK+CO_2+H_2O$$

表5-13列出了氢氧化钾、碳酸钾以及一些钾盐负载三氧化铝后经高温煅烧所得固体碱的碱强度。由表5-14可知，负载钾盐或氢氧化物的三氧化铝经高温焙烧后其碱强度顺序为 $KNO_3/Al_2O_3=K_2CO_3/Al_2O_3>KF/Al_2O_3>KOH/Al_2O_3$。

表5-13 钾盐和碱以及负载在 Al_2O_3 上钾盐和碱的碱强度

固体碱	处理温度/K	H_-
K_2CO_3		15.0
KOH		18.4
13%KOH/Al_2O_3	773	18.4
16%KF/Al_2O_3	773	>18.4
20%K_2CO_3/Al_2O_3	873	27
26%KNO_3/Al_2O_3	873	27

表5-14 一些固体超强碱的碱强度

固体碱	前驱体和制备方法	处理温度/K	H_-
Na/Al_2O_3	Na 气相沉积	823	35
$Na/NaOH/Al_2O_3$	Na、NaOH 浸渍	773	35
Cs_xO/Al_2O_3	CsOAC 浸渍	973	≥37

此外，将强碱性的金属钠、氨基钾、或者 CsOH 等负载到 Al_2O_3 表面，经高温焙烧可以得到 $H_->30$ 的固体超强碱。但是这些固体超强碱的前驱体碱性极强，很容易被空气中的氧气、水等污染，并且制备条件苛刻。采用弱碱性的 Cs 的碳酸盐或者醋酸盐为前驱体通过浸渍法负载到三氧化铝表面，高温分解后可以产生 $H_->35$ 的超强碱位，如表5-14所示。

由上述可知，以三氧化铝为载体制备固体碱的优点是：碱强度高(H_-最高可达37)，机械强度和热稳定性好。其主要缺点是：比表面积低，比表面积为 $219m^2/g$ 的 $\gamma-Al_2O_3$ 负载 2mmol/g CsOAC，经 973 K 抽真空后比表面积降到 $129m^2/g$。此外，三氧化铝的孔径分布较宽，分子择形性较差。

②分子筛为载体的固体碱。沸石分子筛因其高比表面积和独特的择形性，而被广泛用作负载型固体碱的载体。按制备方法和碱活性位的种类来分，固体碱分子筛可以分为碱金属离子交换分子筛、通过物理或化学方法将碱金属或稀土金属以金属态或金属氨化物形态分散到分子筛所得的固体碱(在此称为金属活性位固体碱分子筛)以及将弱碱性化合物作为碱位前驱体负载在高比表面沸石上再通过适当处理而产生强碱位所得的固体碱(在此称为弱碱位前驱体负载固体碱分子筛)。

(A)碱金属离子交换分子筛：硅铝分子筛中，以 Si 和 Al 为中心的 SiO_4 和 AlO_4 四面体通过共点、共边或共面构成具有一定孔结构的分子筛三维骨架。由于四配位的 Al 带有部分正电荷使得与其相邻的骨架氧因具有负电荷而呈碱性，这种骨架氧的碱强度主要取决于其所处的微环境。将分子筛与碱金属阳离子进行离子交换，可以使碱金属阳离子进入分子筛的笼中，导致骨架氧的电负性增强并最终使分子筛呈不同强度的碱性。Barthomeuf 等研究发现碱金属交换所得的分子筛其碱性随着硅铝比的减小以及交换碱金属离子半径的增大而增加。但是通过碱金属离子交换制备的固体碱分子筛所产生的只有弱碱位，即使是硅铝比最低、骨架氧电负性最强的 X 型分子筛经过 Cs 交换，在 423 K 催化环氧乙烷和二氧化碳环加成反应中碳酸乙烯的收率只有 10.5%。

(B)金属活性位固体碱分子筛：通过碱金属气相沉积、负载碱金属重氮盐、有机碱金属溶液以及钠/液氨浸渍等方法可以在沸石表面形成类似 Na_4^{3+} 的碱金属簇活性位，从而制备固体超强碱。此外，Baba 等将镧系金属 Yb 或 Eu 溶于液氨后，负载在 NaY、NaX、NaM、NaA、NaZSM-5 沸石上，制备了强碱性沸石催化剂，在需要强碱位催化的丁烯异构化反应中具有较高活性。但由于这些固体超强碱的活性位主要为金属簇或金属氨化物，很容易被空气中水、氧气和二氧化碳中毒而难以工业化应用。

(C)弱碱位或中性前躯体负载固体碱分子筛：在沸石分子筛表面引入碱性客体，使其在高温活化过程中产生类似于碱金属氢氧化物或氧化物的活性位也可以制备强碱性沸石分子筛。但是如果在沸石上直接负载具有强碱性的碱金属氧化物或氢氧化物，固然形成了强的碱性位，可是在催化剂的高温活化过程中这些碱金属氧化物或氢氧化物，会和分子筛中的硅组分反应，侵蚀分子筛的骨架而造成分子筛的结构坍塌。将弱碱性或中性化合物作为碱位前躯体负载在高比表面沸石上再通过适当处理而产生强碱位，能避免对于沸石结构的破坏，从而成为制备强碱性沸石的另一重要途径。目前常用Cs盐和钾盐水溶液浸渍沸石，然后加热分解而生成碱金属氧化物簇，在需要弱碱位或中强碱位催化的异丙醇脱氢和需要强碱位催化的丁烯异构化反应中都具有较高活性。

由于在碱金属元素中Cs的碱性最强，并且用CsOAc改性Al_2O_3可以制备出H_-高于30的固体超强碱。因此Cs盐被尝试着用来改性分子筛从而制备强碱性固体碱分子筛。Meyer等用CsOAc改性的CsX分子筛催化苯甲酸甲酯和乙二醇的酯交换反应中，其转化率和选择性分别达到了82.0%和90.7%。随着MCM-41中孔分子筛的出现，碱性分子筛的种类又有所增加。Kloestra等将CsOAc负载在MCM-41，得到孔径约为3nm的强碱性中孔分子筛，在423 K的丙二酸二乙酯Michael加成反应中，其转化率和选择性分别达到了87%和92%。然而CsOAc分解产生的CsO会和分子筛载体骨架反应生成弱碱性硅酸盐，这一方面降低了其表面碱性；另一方面使分子筛的比表面积急剧减小，以CsOAc改性MCM-41时，当Cs负载量高于22%之后，样品比表面积由$1069m^2/g$降到$176m^2/g$。

此外，由于用KF、KNO_3、K_2CO_3改性Al_2O_3可以得到$H_-=18.4\sim27$的固体碱，而且弱碱性或中性的钾盐负载在分子筛表面不会侵蚀分子筛的骨架，因此钾盐改性的分子筛成为固体碱分子筛研究领域的热点。将KF负载在NaY分子筛上，KF会和沸石中的硅铝组分发生类似于和Al_2O_3、SiO_2的相互作用而产生KOH类的碱物种。但是KF/NaY的碱强度却很低($H_-<9.3$)。

$$12KF+3H_2O+Al_2O_3 \longrightarrow 6KOH+2K_3AlF_6$$

$$6KF+SiO_2+2H_2O \longrightarrow K_2SiF_6+4KOH$$

将KNO_3负载在Al_2O_3表面873 K就能分解产生Al—OK超强碱位，但是将其负载在NaY分子筛上却很难分解，21%KNO_3/NaY经过873 K抽空后只产生0.16mmol/g的碱量，用异丙醇、丙酮、乙醇等还原剂在673 K处理21%KNO_3/NaY，则可以通过氧化还原过程分解KNO_3而产生0.95mmol/g的碱量，碱强度达到$H_-=15.0$。由上述可知，在NaY分子筛上用KF和KNO_3改性都得不到类似于三氧化铝改性的固体强碱。这主要是因为NaY分子筛含有硅组分，氧化硅很容易和钾化物生成碱强度低的硅钾化合物，同时这种相互作用也导致了改性分子筛高温活化后结构的坍塌。

将NaY分子筛用Al_2O_3表面镀饰后再进行改性，一方面可以避免硅钾化合物的生成而提高其碱强度，另一方面可以防止氧化硅和钾化物作用导致的分子筛结构坍塌。Al_2O_3可以通过化学沉积和微波辐射两种方法镀饰到分子筛表面。用KF改性的Al_2O_3/NaY碱强度可以达到$H_-=17.2$，而用KNO_3改性的Al_2O_3/NaY，在873 K就可以使KNO_3分解，并且产生较高的碱强度($H_-=17.2\sim18.4$)。

除了对分子筛进行表面镀饰外，选择适当结构的分子筛进行钾盐改性也能得到强碱性分子筛，例如将KF负载在与NaY分子筛结构不同但硅铝比相近的KL分子筛上其碱强度

能达到 $H_- = 15.0$；将 KNO_3 和 K_2CO_3 负载在KL上，873 K 抽空，KNO_3 和 K_2CO_3 就会分解而产生具有超强碱位的KO微粒($H_- = 27.0$)。然而除了KL之外的各种沸石如NaY、Kβ、NaZSM-5、KY和KX负载了 KNO_3 后都没有超强碱位。

由于碱土金属碳酸盐难溶于水，而且其硝酸盐分解温度高，所以很难将碱土金属以盐的形式负载到分子筛表面。朱建华等将 $Mg(OH)_2$ 高温煅烧所得MgO经微波辐射法负载在NaY和KL分子筛上得到了碱强度高于MgO($H_- \leqslant 18.4$)的碱性位($H_- = 22.5$)。与KF或 KNO_3 改性法相比，MgO在微波辐射条件下既不会破坏沸石结构，也不产生 $MgAl_2O_4$ 之类的新物相，此外，该方法对沸石孔结构的影响较小。使用微波辐射在沸石上负载MgO还具有耗时少、操作简单等特点，为研制强碱性分子筛开辟了新途径。

③其他载体的固体碱。除了被广泛使用的 Al_2O_3 和分子筛外，活性炭、ZrO_2、TiO_2、MgO、CaO也可以作为负载型固体碱的载体。相同的前驱体负载在不同载体上其碱强度随载体碱强度的增大而增大。此外，将氢氧化钠负载在强碱性的MgO或CaO上823 K煅烧甚至可以制备 $H_- > 26.5$ 的固体超强碱。但是这些载体除活性炭外，比表面积都比较小且机械强度低。

总之，将碱金属或碱金属、碱土金属氧化物及其盐和碱负载到多孔载体上，不仅可以得到超强碱位的固体碱，而且还可以显著提高催化剂的比表面积，是制备固体碱催化剂的主要研究方向。

5.2.1.2 碱性的测定

催化剂的碱性包括碱中心的类型(即B碱或L碱)、碱强度和碱度。

区分碱类型的方法有：离子交换法、电位滴定法、红外光谱法、紫外-可见光谱法、顺磁共振谱法等。其中红外光谱法应用最为广泛。

固体碱强度的含义是固体接受质子或给出电子的能力，衡量的标准随测试方法而变。碱度又称为碱浓度或碱量，指某一碱强度范围内碱中心的密度，以单位质量试样的碱中心数或单位面积试样上碱中心数表示。碱强度和碱度均可用指示剂滴定法和酸性气体吸附-脱附法测定。在非极性溶剂中，当电中性酸指示剂吸附到固体碱上时，如果固体上碱中心强度可以给吸附酸一对电子，则酸指示剂的颜色由酸性色变为相应共轭碱的颜色，由此可测定其碱强度 H_-。碱中心数则可用苯甲酸滴定。各种酸性气体如 CO_2、氧化氮、苯甲酸等的程序升温脱附(TPD)亦可有效地表征碱强度及碱度。此外，用 NH_4^+ 在红外光谱中伸缩振动的波数位移也可评价与氢作用的碱强度。以上各种方法都有其优缺点，还没有一种绝对可靠的方法表征固体碱性。因此，从目前的状况来看，几种方法的交叉使用有利于更好地表征。

5.2.2 固体碱在催化反应中的应用

固体碱催化反应有两个重要的特点。首先，固体碱催化反应通过形成负离子中间体，表现出奇特的反应活性和选择性，这与通过形成正离子中间体的固体酸催化或形成游离基中间体的金属催化反应不同。其次，固体碱催化不像固体酸催化那样有高的副产物生成率。固体碱催化反应分类如表5-15所示。

表 5-15　固体碱催化反应分类

反应类型	作用范围
双键异构化	烯烃、炔烃、丙二烯、含杂原子的不饱和有机物
加成反应	加氢、胺化、Aldol 缩合
分解反应	醇类、胺类、卤代烷
烷基化反应	酚类、苯胺类
酯化反应	醛类
交换反应	烯烃-D_2、H_2-D_2
C_1 化学反应	甲烷氧化偶联等

下面列举一些基本的反应，同时讨论固体碱催化的反应机理。虽然所有的固体碱催化机理不尽相同，但它们具有代表性。

5.2.2.1　烯烃的双键异构化

这是对固体碱催化研究得最多的一类反应。几种固体碱催化的由 1-丁烯异构化成 2-丁烯的顺式/反式比率如表 5-16 所示。实验时，催化剂在一定的温度下预处理，使得深度异构化可以忽略不计。顺/反比率比平衡值 0.2 及酸催化的值高出很多。实验表明，异构化反应是分子内 H 的迁移。反应是以 O^{2-} 吸附 H 开始的，而不是酸催化异构化时 H 加到反应分子上去。反应开始时，O^{2-} 吸附烯丙基位的 H^+ 形成反式和顺式烯丙基负离子，相邻的金属离子对其起稳定化作用。顺式比反式稳定，催化剂表面上主要以顺式负离子形式存在，得到主要产物顺-2-丁烯，如下式所示。其他烯烃也以丁烯类似的方式进行双键异构化反应。

表 5-16　丁烯异构化反应产物顺/反比率

催化剂	预处理温度/K	顺式/反式
MgO	723	16
CaO	673	8
BaO	773	6.3
La_2O_3	873	6.0
SrO	673	6.5
ZnO	573	10
Rb_2O	643	7.1
Cs_2O	573	5.8
ThO_2	773	3.4

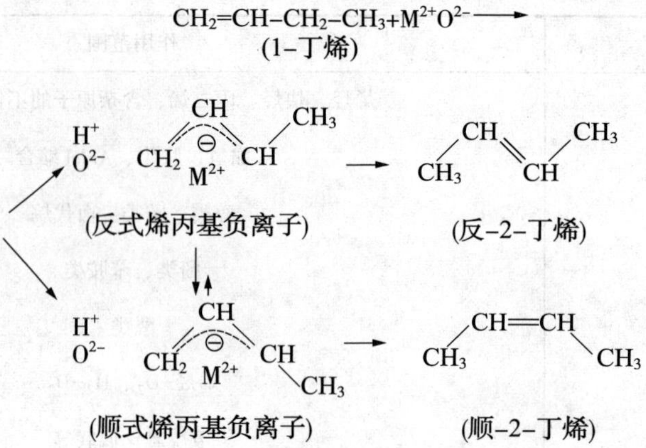

含有三元或四元环的不饱和物可在固体碱上进行选择性的双键迁移。这些反应也是通过烯丙基负离子中间体。碱催化没有三元或四元环的开环，而酸催化却有开环发生。

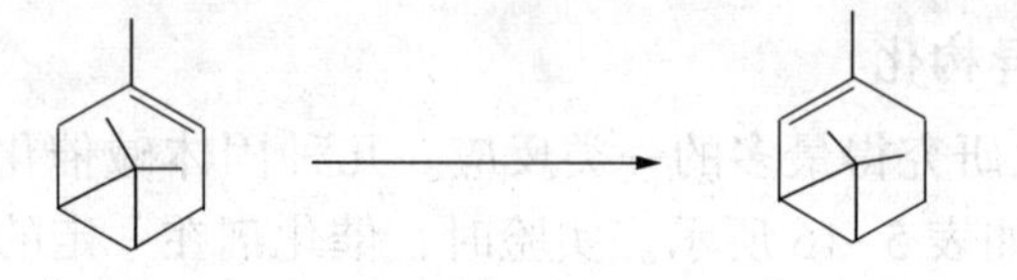

3-carene　　2-carene

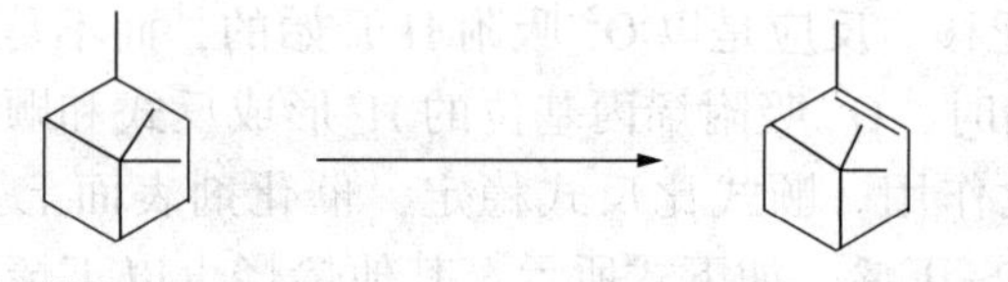

Δ2(10)-pinene　　Δ2(3)-pinene

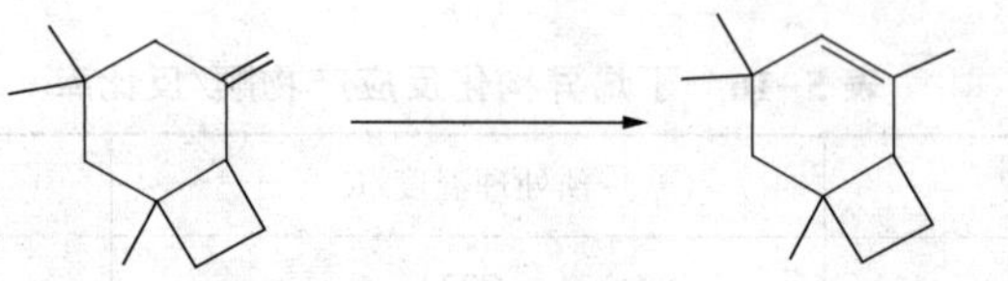

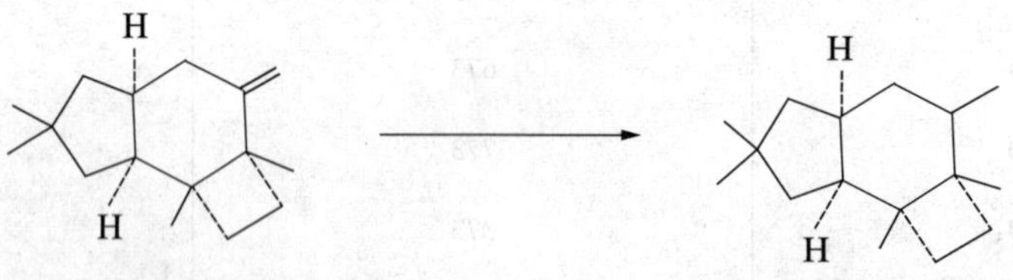

Δ7(13)-protoilludene　　Δ7(8)-protoilludene

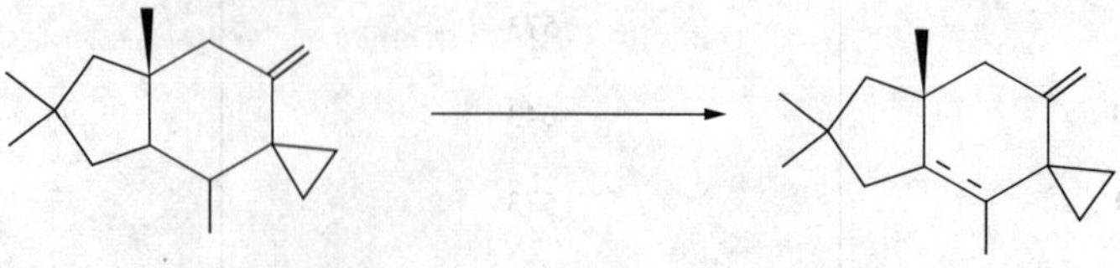

Δ2(3),7(13)-illudadiene　　Δ2(3),7(8)-illudadiene

5.2.2.2 含杂原子的不饱和化合物的双键迁移

固体碱如 MgO 和 CaO 对含有碱性 N 或 O 的化合物的异构化有特别良好的催化效果。固体碱位不会影响反应分子的碱性基团，而后者会使固体酸的酸性位中毒以致失去催化活性。

烯丙胺和烯丙基醚双键迁移分别生成烯胺和丙烯基醚。尽管反式产物热力学更稳定，但烯丙胺反应最初仅有顺式产物。不饱和醚的反应与不饱和胺类基本相同，催化活性顺序为 $CaO>MgO>La_2O_3>ThO_2>>ZrO_2$，$ZrO_2$ 几乎没有活性，可能因为胺分子强烈地吸附在金属离子上，阻止了反应分子接近 O^{2-} 碱位。

下面所示的反应机理与丁烯异构化基本相似，表面金属离子对中间体烯丙基负离子起了稳定化作用。

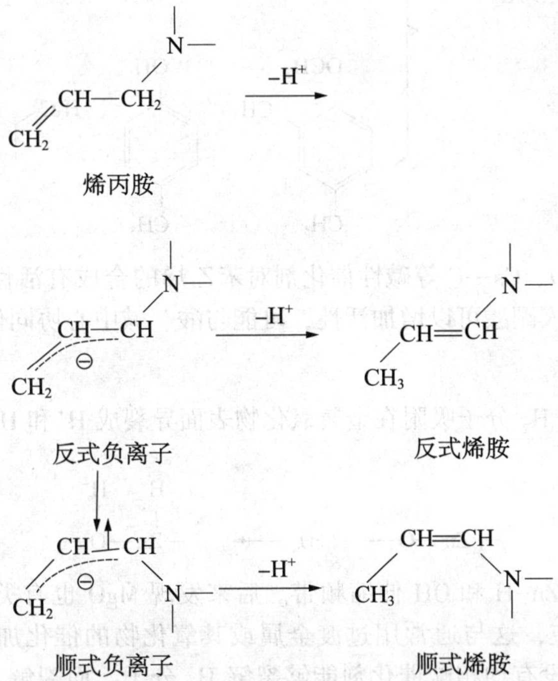

5.2.2.3 芳香族化合物烷基化

2，6-二甲基苯酚是具有良好热稳定性的聚合 2，6-二甲基氧化树脂的单体。苯酚的甲醇烷基化合成 2，6-二甲基苯酚是工业上的一个重要反应。$SiO_2-Al_2O_3$、Al_2O_3 等容易催化这一反应，然而 $SiO_2-Al_2O_3$ 作催化剂会得到多种产物，目的产物的选择性很低(仅百分之几)。1965 年，General Electric 发现 MgO 有高达 90%的选择性。红外研究表明，邻位选择性是由苯酚的吸附态决定的。在 $SiO_2-Al_2O_3$ 上，酚盐苯环的平面紧靠催化剂表面，邻、间、对位都可以被由甲醇生成的甲基离子进攻。而在 MgO 上，由于邻位最靠近表面，所以只有邻位被甲基化。$MgO-TiO_2$ 催化剂对以上反应比 MgO 有更高的活性，但由于较强的酸性使选择性不高。Fe_2O_3-ZnO 表现出非常高的选择性(>99%)，但含 Fe 催化剂不可避免地引起甲醇的分解。

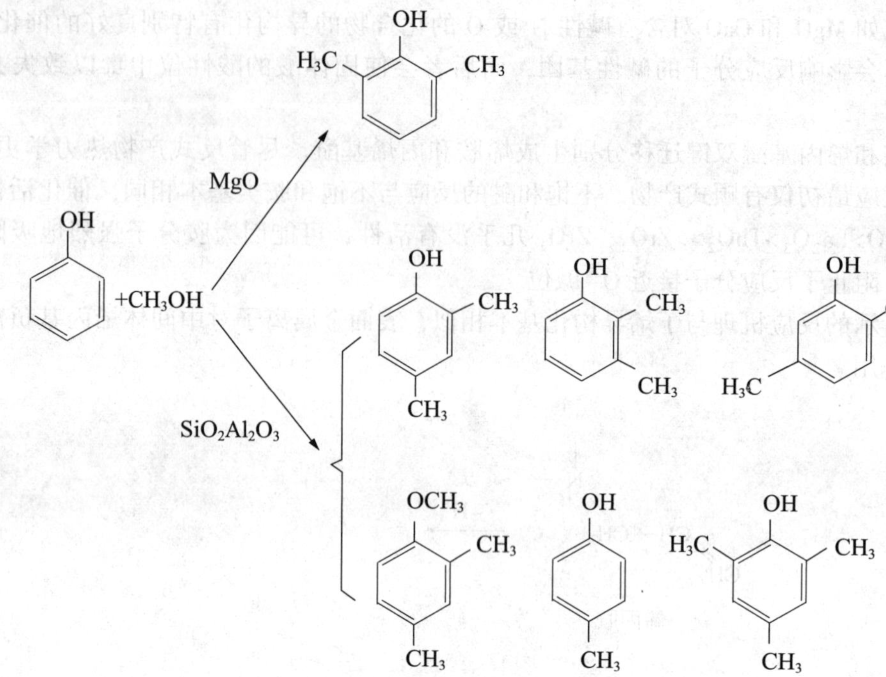

RbX 分子筛、MgO、Cs—C 等碱性催化剂对苯乙烯的合成有活性，但活性不太高。有趣的是，在 RbX 中加入硼酸可以增加活性，可能与酸、碱中心协同催化作用有关。

5.2.2.4 烯烃的加成

Kokes 最早报道了 H_2 分子吸附在金属氧化物表面异裂成 H^+ 和 H^-：

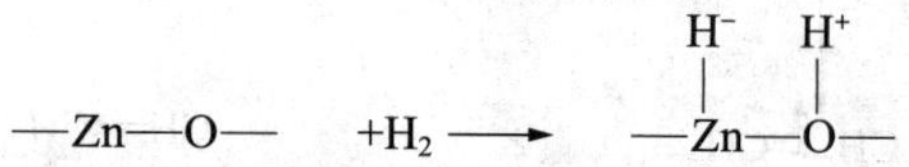

IR 光谱证实存在 Zn-H 和 OH 伸缩频带。后来发现 MgO 也有类似的情况。固体碱上的确观察到了加氢反应，这与通常用过渡金属或其氧化物的催化加氢显著不同。后者是 H_2 的均裂加氢。因为没有均相碱催化剂能够裂解 H_2 分子，而裂解又是加氢的关键一步，所以，固体碱具有加氢能力显得很独特。固体碱加氢能力有以下几个特点：

①单烯烃和共轭双烯烃的加氢速率差别很大，共轭双烯加氢比单烯快得多。如 1，3-丁二烯在 273K 时可在固体碱上加氢，而丁烯在碱土金属氧化物上要大于 473K，在稀土氧化物上大于 373K。273K 时，1，3-丁二烯只生成丁烯，没有丁烷生成。

②主要生成 1，4-加成产物而不是通常的 1，2-加成物。1，3-丁二烯在常用加氢催化剂上生成 1-丁烯，而在固体碱上主要生成 2-丁烯。

③反应过程中同分子 H 的滞留性。同一个 H_2 分子裂解的两个 H 原子加到同一个反应物分子上，吸附的 H 物种并没有迁移到别的活性位上去。表明催化剂表面上的加氢活性位是彼此独立的。

5.2.2.5　烯烃胺化

一级和二级胺同共轭二烯反应分别生成不饱和的二级和三级胺。胺不同单烯反应。IR研究表明，固体碱表面上吸附的胺离解成胺负离子和 H^+，加成行为同加氢中的 H^+、H^- 对相类似，也是1，4-加成。见下列图示。

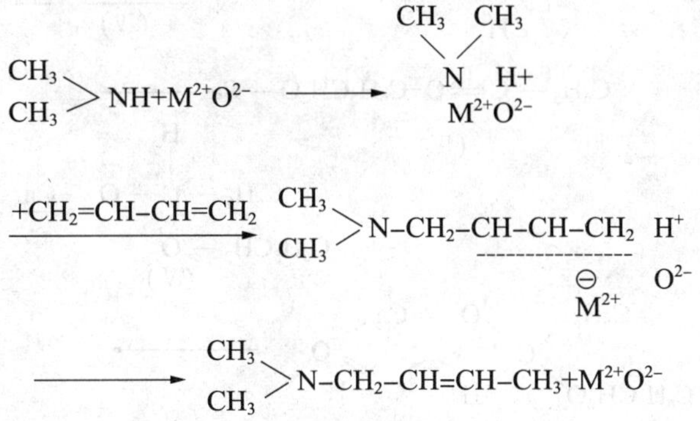

在这个反应中，ZrO_2 没有活性，可能是因为 ZrO_2 较强的酸性使得 Zr^{4+} 吸附胺而不解离，从而占据了活性位。

5.2.2.6　Cannizzaro 反应和 Tishchenko 反应

苯甲醛在 NaOH 水溶液中生成苯甲酸和苯甲醇(Cannizzaro 反应)；在苄基金属催化下生成苯甲酸苄酯(Tishehenko 反应)。这两个反应都由均相碱催化。田部浩三发现，用 CaO 主要生成苯甲酸苄酯，反应速率与 CaO 表面的碱性有很好的关联。

在 CaO 上生成酯的活性物种是苄基钙(Calcium benzylates)，后者的形成同时由表面上的碱 O^{2-} 和酸位 Ca^{2+} 促进。反应中，benzylate 的生成机理与均相 Cannizzar 反应相类似，但在复相反应中，Lewis 酸位与碱位同时起活性位作用。反应过程参考下式。

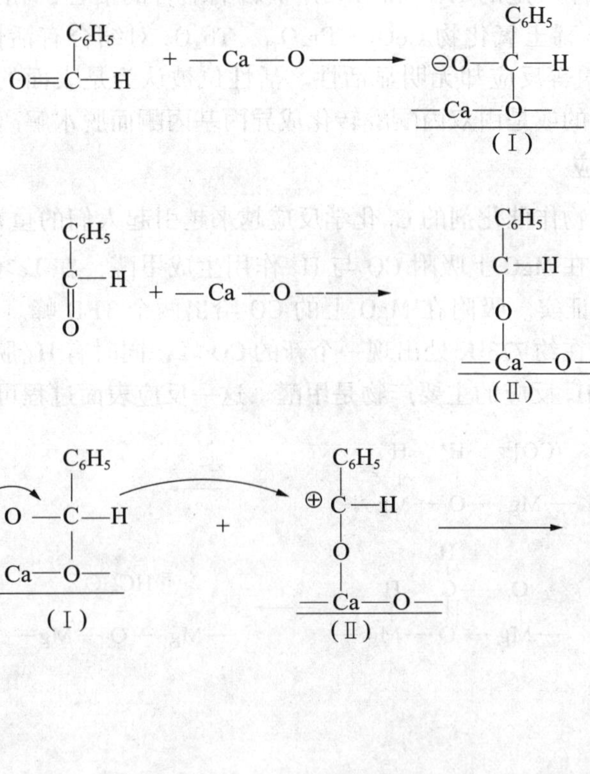

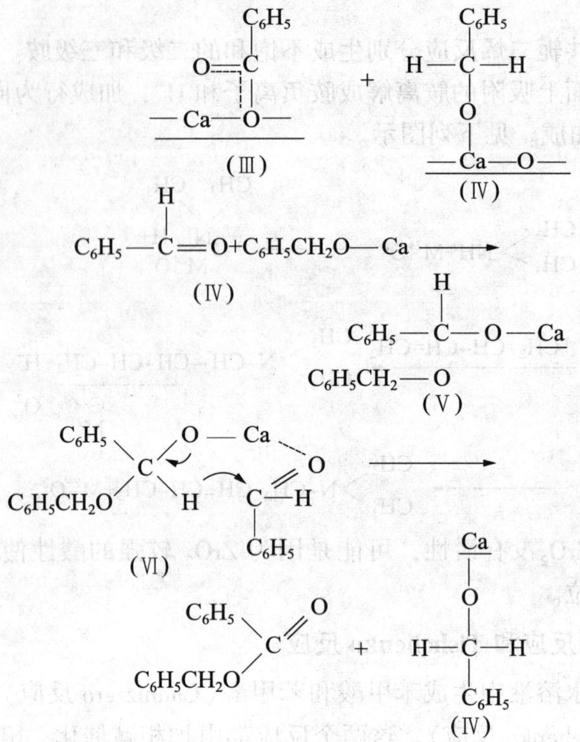

5.2.2.7 丙酮的 Aldol 缩合反应

固体碱能催化丙酮的 Aldol 缩合，几种固体碱的活性顺序为 BaO>SrO>CaO>MgO>La_2O_3>ZnO。前面提到的反应中，表面 O^{2-}是作为活性位或活性位的一种成分。丙酮缩合反应却不同，催化剂中一定的 H_2O 和 CO_2并不影响缩合的活性，相反，少量的 H_2O 可以引起 MgO 活性增加。稀土氧化物 CeO_2、Pr_6O_{11}，Tb_4O_7 对缩合有活性，而对 1-丁烯异构化、1，3-丁二烯加氢等反应却无明显活性。活性位被认为是表面的 OH 碱性基团，这些基团是预处理时保留的或是由双丙酮醇转化成异丙基丙酮而脱水解离而得。

5.2.2.8 C_1 化学反应

近来，金属氧化物作催化剂的 C_1 化学反应越来越引起人们的重视。CO 吸附在固体碱上形成负离子物种。在 MgO 上吸附 CO 与 H_2 作用生成甲醛，在 La_2O_3 上生成甲醇，这些已被 TPD 和 IR 实验证实。吸附在 MgO 上的 CO 给出两个 TPD 峰。在 483 K 用 H_2 处理，这两个峰减少一个，在约 773 K 处出现一个新的 CO 峰，同时有 H_2 脱去。红外证实表面生成了甲酸盐。CO 和 H_2 反应的主要产物是甲醛。这一反应表面过程可用下式表示：

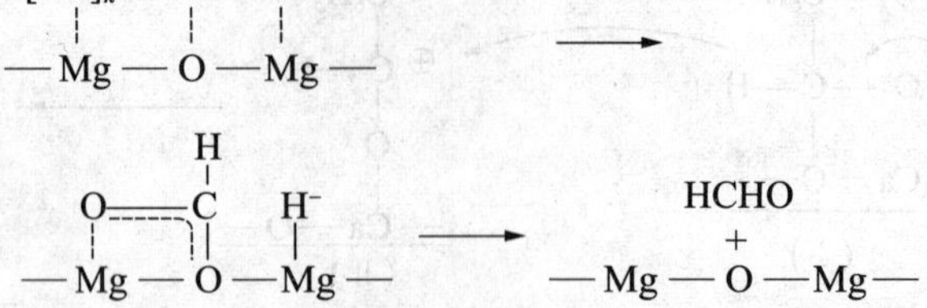

是 H^+还是 H^-与吸附的 CO 作用还没有确证，然而的确生成了甲酰基团并吸附在 O^{2-}离子上，CO 分子的 O 与 Mg^{2+}作用形成二齿状的甲酸盐。MgO 上的甲酸基团脱附生成甲醛，而在高温下分解成 CO 和 H_2。吸附在 La_2O_3 和 ZrO_2上的甲酸基会进一步加氢生成甲醇。

5.3　新型分子筛

5.3.1　TS-1 分子筛

Titanium Silicalite-1(TS-1)分子筛是具有 MFI 结构的含钛杂原子分子筛，于1983 年首次由 Taramasso 等合成出来。TS-1 分子筛在以 H_2O_2 为氧化剂的有机物的选择性氧化反应中有着优异的催化性能，如：反应条件温和，转化率高，产物选择性好，不会发生深度氧化等。TS-1 可催化烷烃的部分氧化、烯烃的环氧化、醇类的氧化、苯酚及苯的羟基化以及环己酮的氨氧化等，其中苯酚羟基化制苯二酚及环己酮氨氧化制环己酮肟已有工业化生产。TS-1 分子筛在选择氧化领域的成功应用，被认为是 20 世纪 80 年代沸石催化的里程碑。

5.3.1.1　TS-1 分子筛的结构

TS-1 分子筛有着与 ZSM-5 相同的三维孔道结构(见图 5-11)，平均孔径尺寸为 0.54nm×0.56nm。TS 分子筛实际上是一类杂原子取代的纯硅沸石分子筛，Ti 同晶取代沸石骨架中的 Si 后，被隔离在 SiO_2 基质中，每个单个的 Ti 在所有方向上被 O—Si—O—Si—O 链包围，不形成 Ti—O—Ti 结构。

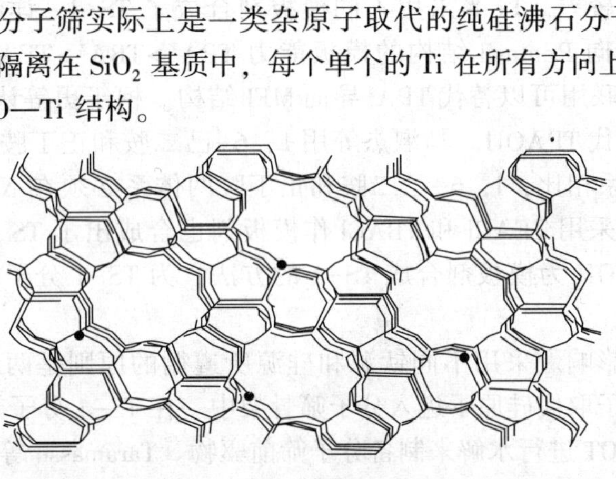

图 5-11　TS-1 的孔道结构

5.3.1.2　TS-1 分子筛的合成

TS-1 分子筛的合成可分为直接法和间接法，直接合成是采用模板剂，由硅源和钛源原料水热法直接合成，间接合成主要是指采用钛源原料同晶取代 ZSM 系列沸石的方法。

(1)水热合成法　TS-1 分子筛的经典合成方法是 Taramasso 等专利报道的水热合成方法，该法用正硅酸乙酯(TEOS)为硅源，钛酸四乙酯(TEOT)为钛源，四丙基氢氧化铵(TPAOH)作模板剂，首先对钛源与硅源水解制备前驱物，蒸醇后将其加入到高压不锈钢晶化釜中进行晶化。经典法对原料纯度要求高，原料中 K^+、Na^+等离子的存在容易导致非骨架钛的产生而不利于钛原子进入分子筛骨架，另外，经典法操作条件比较苛刻，操作不慎易导致非骨架 TiO_2 沉淀的产生，且 TPAOH 模板剂用量大($TPAOH/SiO_2=0.45$)。针对该方法的不足，1992 年 Thangaraj 等提出了一种改进的合成方法，他们采用水解活性较弱的钛酸四丁酯(TBOT)代替 TEOT，并且对 TEOS 进行预水解处理，使钛源与硅源的水解速率更加匹配，从而可以减少 TiO_2 沉淀的形成并提高了 TS-1 分子筛中的含钛量。Thangaraj 的方法尽管存在着结晶率相对较低的问题，但由于该法操作相对简化，且能够控制 TiO_2 沉淀的生成，因而后来的研究者大都采用修正法合成。

影响 TS-1 水热合成的因素很多，但主要影响因素可归纳为如下几个方面：

①模板剂的影响。模板剂在分子筛的制备过程中起到了结构导向及稳定剂的作用。可用于合成 ZSM-5 分子筛的模板利种类很多，但其中仅有几种可以用于 TS-1 分子筛的合成。国内外陆续报道了用四丙基溴化铵(TPABr)+己二胺，TPABr+正丁胺，TPABr+甲胺，TPABr+氨水，TPAOH+TBAOH，TEAOH+TBAOH 等复合模板剂用于 TS-1 分子筛的合成，对于 TS-1 分子筛来说，这几种模板剂所起的作用是不同的。TPAOH 与 TPABr 尽管其模板作用相似，并且起模板作用的都是 TPA^+，但用两种模板剂所合成的 TS-1 分子筛在物化性能上却有着很大的差异：以 TPAOH 为模板剂，不需再加入碱源调节胶液的碱性，所合成的 TS-1 分子筛晶粒较小，不易产生非骨架钛物种，对丙烯环氧化、苯酚羟基化等反应具有良好的催化性能；而以 TPABr 合成的 TS-1 分子筛需要另加碱源以调节合成胶液的碱度，容易产生非骨架钛物种，且晶粒较大，在苯酚羟基化、烯烃环氧化等反应中催化性能较差。Li 等采用不同模板剂合成了 TS-1，详细研究了各种模板剂所起的作用，认为导向 Pentasil 结构的模板能力 $TPA^+>TBA^+>TEA^+>$正丁胺等有机胺，并发现 TEA^+与 TBA^+联用可以替代 TPA^+导向 MFI 结构。柯于勇等认为以季铵盐+TEAOH 为模板剂可较好地取代 TPAOH。马淑杰等用 1，6-己二胺和正丁胺作模扳剂合成制备了 TS-1，和用 TPA^+体系相比，1，6-己二胺和正丁胺两体系必须在 Na^+存在下的碱介质中方能成功。夏清华等采用 TEACl 和 TBACl 作模板剂也合成出了 TS-1。上述研究突破了原来的以季胺碱 TPAOH 为模板剂合成 TS-1 的方法，为 TS-1 分子筛的合成提供了新的思路。

②钛源与硅源的影响。采用不同钛源和硅源所遵循的原则是两者的水解速率要相匹配，从而有利于钛原子取代硅原子进入分子筛骨架中。在 TS-1 分子筛的经典合成路线中，通常采用 TEOS 和 TEOT 进行水解来制备分子筛前驱物。Taramasso 等还报道了以硅溶胶和四丙基过氧化钛作原料进行 TS-1 的合成，但由于硅溶胶中存在 Na^+离子，在一定程度上影响了 TS-1 分子筛的性能。为了使钛酯与硅酯的水解速率相匹配，避免产生 TiO_2，Thangraraj 等对经典方法作了改进，用水解活性较弱的 TBOT 代替 TEOT，并且对硅源 TEOS 进行预水解，由此可制得钛含量较高的钛硅分子筛。另外，还可以采用 SiO_2-TiO_2 共胶作原料制备 TS-1，可使模板剂 TPAOH 的用量大大降低，因而有利于降低 TS-1 的合成费用。庞文琴等采用氯化钛酰作钛源也制得了 TS-1。Gao 等报道了用 $TiCl_3$ 作钛源进行钛硅分子筛的制备，可以有效地避免锐钛矿型 TiO_2 的形成，并且可获得高的结晶产率。Gontier 和 Liu 等采用无定形 SiO_2 为硅源成功合成了 TS-1，降低了 TS-1 分子筛的成本，但得到的分子筛的晶粒尺寸要略大于用 TEOS 合成的样品。

③碱源的影响。在TS-1分子筛制胶过程中，胶液pH值的大小能够对钛源和硅源的水解和聚合速率产生很大的影响，一般来说，胶液pH值的增加，有利于低聚物的形成；反之，则易于形成高聚物。另外，合成体系的pH值对TS-1分子筛的结晶过程也有很大影响。在TS-1分子筛合成过程中，液相中低聚硅物种易与溶解的钛物种发生缩合反应，从而导致钛原子进入分子筛骨架，因此，应使水解后的溶液中含有较多的硅单体和二聚物种，尽量减少生成不利于钛原子引入的三聚和环状多聚的硅酸根物种。TPAOH本身是一种强碱，TEOS在TPAOH溶液中的水解速度快于在TPABr中的水解速度，对于TEOS-TPAOH体系，不需要另外加入碱源。对于TPABr作模板剂的合成体系来说，则需要另加碱源以调节合成胶液的碱度，常用的碱源有：$NH_3 \cdot H_2O$、正丁胺(NBA)、己二胺(HDA)、TEAOH、甲胺(MA)、乙胺(EA)和二乙胺(DEA)等。由于在钛硅分子筛合成体系中，K^+、Na^+等碱金属离子的存在不利于骨架钛原子的形成，因此不能采用KOH、NaOH作碱源。周继承等考察了不同碱源对合成样品的影响，发现$NH_3 \cdot H_2O$、HDA、TEAOH、NBA均可作为合成钛硅分子筛的碱源，并研究发现合成体系的碱度影响了钛进入TS-1分子筛骨架的行为以及钛在分子筛中的存在形态。但也有文献认为TEAOH作碱源不利于钛进入骨架，对晶化动力学也有负面影响。

关于碱的用量对TS-1分子筛的影响也有许多研究。van der Pol认为当$OH^-/Si<0.35$时，分子筛晶化不完全，且晶粒较大；当OH^-/Si升至0.35时，样品中没有完全晶化的无定形胶体开始消失，TS-1晶粒减小至0.17μm，分子筛产率大大提高；当OH^-/Si超过0.53时，分子筛晶粒增大为4μm，且粒度分布不均匀。因此，在一定的范围内增加碱度有利于晶核的生成，有利于降低沸石的晶粒尺寸。

④晶化条件的影响。晶化时间、晶化温度、搅拌/静态合成、晶种的种类及加入量都是影响分子筛晶化过程的重要因素，针对不同的合成体系，各晶化参数对晶化过程的影响程度也不尽相同。李钢等在合成TS-1分子筛的研究中发现，加入晶种后，TS-1晶化诱导期明显缩短，异相成核速率远远大于自发成核速率，加入TS-1、M、ZSM-5、β分子筛作晶种均可合成出TS-1分子筛，认为TS-1、M、ZSM-5、β分子筛在碱性水热合成体系中可以解离出某种类似的结构单元，作为TS-1晶体生长的晶核，其作用是相同的。在该合成体系中，未出现其他拓扑结构的杂晶，晶种不起导向作用，只提供TS-1晶化所需的晶核，缩短成核诱导期，加快晶化速率。van der Pol等则认为晶种加入可使TS-1分子筛的粒度从15μm减小至3μm，而搅拌却对合成体系没有明显的影响。Tuel等认为提高晶化温度可以缩短晶化诱导期并减小晶粒尺寸；搅拌晶化与静态晶化相比可以获得晶粒度更小的TS-1。Xia等研究发现，适当延长晶化时间可提高TS-1分子筛的结晶度，但晶化时间过长产物的结晶度反而下降。

(2)二次合成法　用二次合成法制备TS-1有用$TiCl_4$为钛源的气相法和用$(NH_4)_2TiF_6$为钛源的液相法。Kraushar等以Si-Al-ZSM-5为原料，经1mol/L HCl溶液在80℃下脱Al生成高硅沸石，同时使沸石骨架产生空穴，在高温下通入$TiCl_4$蒸气进行反应制得TS-1分子筛。庞文琴等采用气固相置换法合成了Ti-Si-Al-Y、Ti-ZSM-5和Ti-Silicalite-1分子筛，实验中通过红外光谱、顺磁共振谱、X射线谱、X射线电子探针及晶胞参数的测量，确证了钛原子进入到分子筛骨架，认为Si和Ti进行了骨架置换，发生了“同晶取代”反应。

李明丰等根据 B 原子易于进入骨架、也容易从骨架脱除的特点，以预处理的 B-ZSM-5 作为气固相反应的母体，为 Ti-ZSM-5 分子筛的气固相法制备提出了新的思路。张法智等提出了筑窝植钛的构思，通过调变母体硅羟基窝的浓度来控制钛原子的植入量。二次合成法制备的钛硅分子筛的催化性能受多方面因素的影响，如分子筛母体的选择，脱 Si、Al、B 的手段，气固相制备条件(反应时间、反应温度、载气流速)等。

虽然国内外相继开展了这方面的研究工作，并取得了一定的成果，但仍处于探索性的研究阶段，在制备工艺、反应机理等方面还存在着很大的分歧，且实际操作中难以对进入分子筛骨架的钛量进行有效控制。目前，二次合成法制备的 TS-1 分子筛在催化活性等方面还逊于水热合成法。

5.3.1.3 TS-1 分子筛中钛的存在形式和催化作用机理

在 TS-1 分子筛中位于骨架的 Ti^{4+} 是催化活性中心，它以孤立的状态存在，被 O—Si—O—Si 所包围而没有 Ti—O—Ti 键。多种表征测试结果表明，Ti^{4+} 在分子筛中以四配位形式存在，但对于具体的连接方式，目前仍由多种不同观点。

Boccuti 等认为，TS-1 分子筛中钛比硅更容易羟基化，分子筛中的钛有下列三种存在形式：

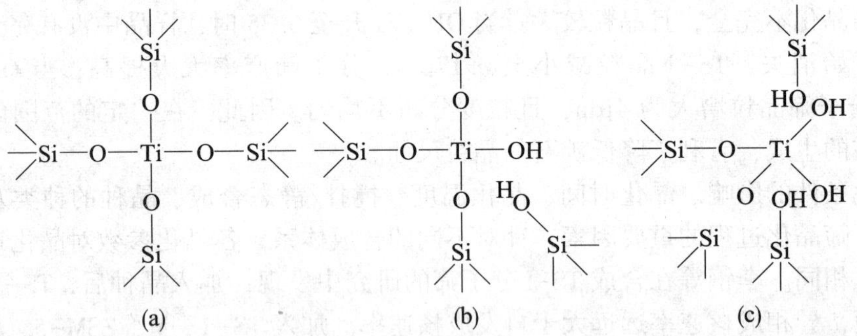

Notari 等认为，在 TS-1 分子筛中钛原子被长的 O—Si—O—Si 所孤立，$960cm^{-1}$ 的红外吸收峰说明存在有 Ti ═O 基团，根据其研究结果提出钛的存在形式如下：

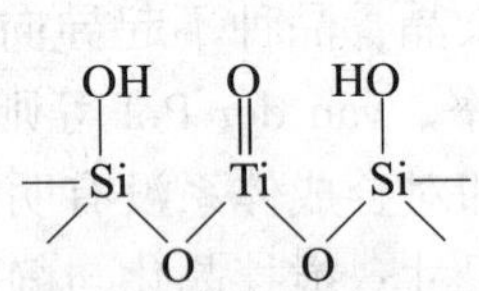

Huybrechts 也认为 Ti ═O 是 TS-1 分子筛基本的活性单元。在 TS-1 中加入 H_2O_2 后，其红外光谱上 $960cm^{-1}$ 峰消失，UV-Vis 光谱上出现 425 nm 吸收带；加热 H_2O_2 处理过的 TS-1 分子筛，$960cm^{-1}$ 处的吸收信号又恢复，而 425 nmUV-Vis 峰消失。这些现象被认为是 H_2O_2 和 Ti ═O 反应形成钛过氧化物，加热使之分解所致。但也有人对 Ti ═O 的存在持否定态度。

现在普遍认为，在催化过程中，TS-1 分子筛的骨架 Ti 和 H_2O_2 作用形成钛的过氧化物种为氧的供体，此物种进一步与底物分子反应，将氧转移到底物分子上实现选择氧化。钛的过氧化物种可能有以下几种不同的形式：

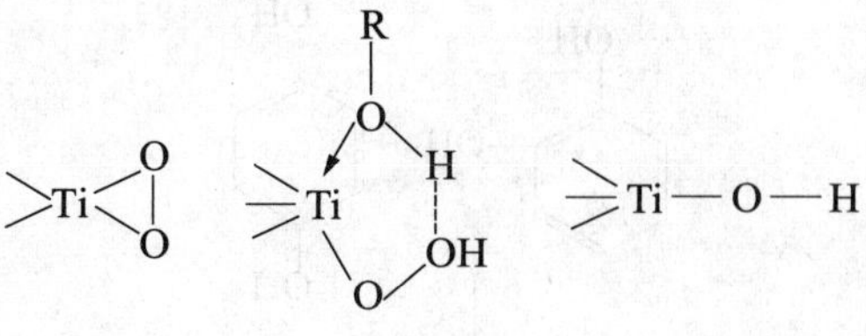

(a)　　　　(b)　　　　(c)

Huybrechts 等研究了烷烃的氧化反应，认为可能的机理是：

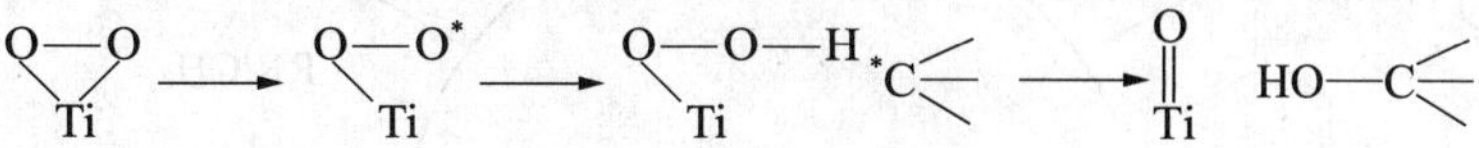

对于烯烃的环氧化反应，Clerici 等提出了如下机理：

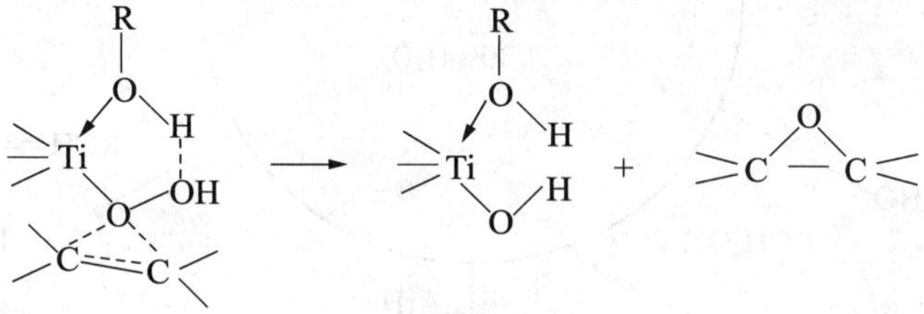

(a)

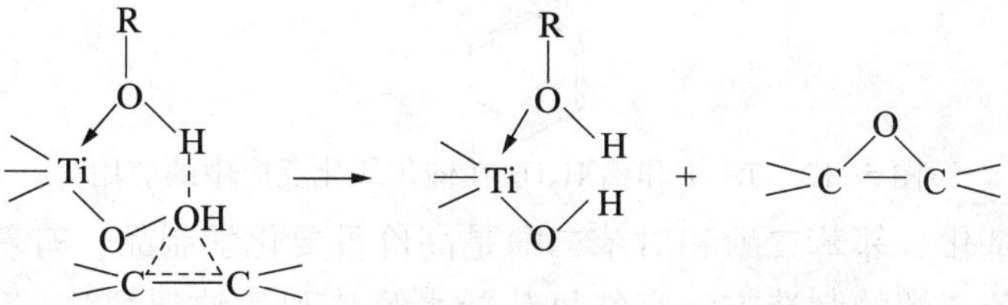

(b)

对于苯环的羟基化反应，可能的催化反应机理为：

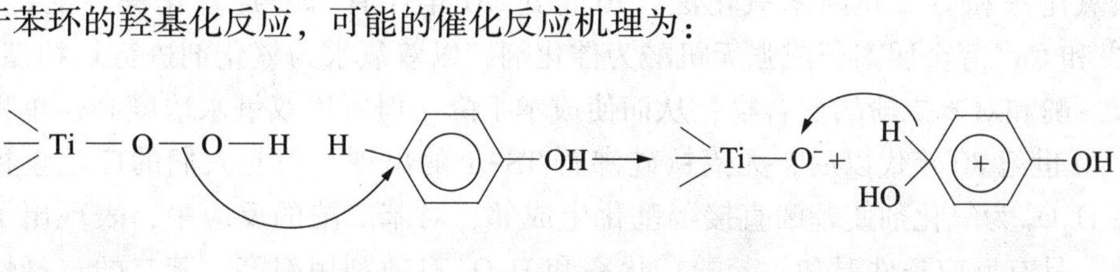

5.3.1.4　TS-1 分子筛在氧化反应中的应用

传统的有机物氧化工艺过程存在着诸如环境污染、反应条件苛刻、副产物多等问题，TS-1 分子筛和稀双氧水组成的选择氧化反应体系克服了上述弊端，对许多有机物的选择氧化反应有着优良的催化活性和目的产物选择性，成为逐步走向环境友好的催化工艺之一。三十几年来，TS-1 和稀双氧水催化反应体系已经应用在多种有机物的氧化反应中，比如，苯酚羟基化反应制备苯二酚和环己酮肟化制环己酮肟已经在意大利 Enichem 公司实现工业化，另外，烯烃环氧化制环氧化物、饱和烃部分氧化制醇和酮、醇部分氧化制醛和酮等也在研究中，显示出 TS-1 具有美好的工业应用前景(图 5-12)。

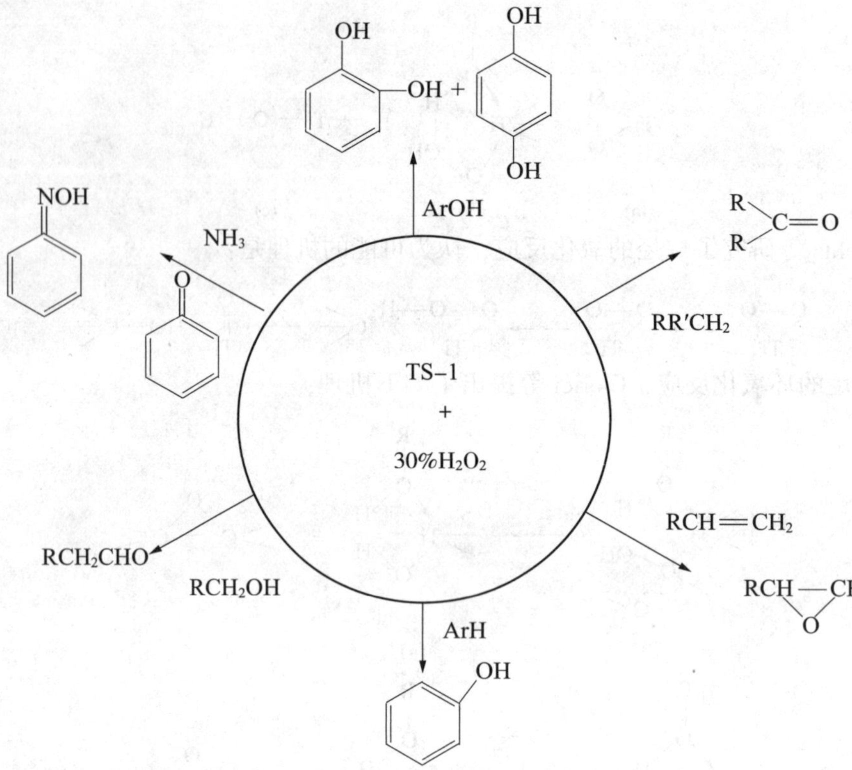

图 5-12　TS-1 和稀 H_2O_2 在催化氧化反应中的应用

(1)芳烃的羟基化　邻苯二酚和对苯二酚是高价重要化学制品，有着十分广泛的用途。20 世纪 60 年代邻苯二酚的制造方法有邻氯苯酚水解法和焦油裂解法，对苯二酚的合成方法有苯胺氧化法和对二异丙苯氧化法。20 世纪 70 年代有苯酚羟基化法，主要以 Cu^{2+}、Cr^{3+}、Fe^{3+}和 Co^{2+}等金属离子或强无机酸为催化剂，以双氧水为氧化剂进行均相催化反应，得到邻苯二酚和对苯二酚的混合物，从而使成本下降，但所用双氧水浓度高，单程转化率比较低。20 世纪 80 年代以后，无铝钛硅沸石 TS-1 的出现，引起人们的广泛重视，特别是在用稀 H_2O_2 为氧化剂使苯酚直接羟基化生成邻、对苯二酚的反应中，表现出了很高的催化活性，具有反应条件温和、苯酚转化率和 H_2O_2 有效利用率高、苯二酚选择性高、成本低、产品易分离和环境污染少等优点。

苯酚与双氧水氧化反应产物的反应式为：

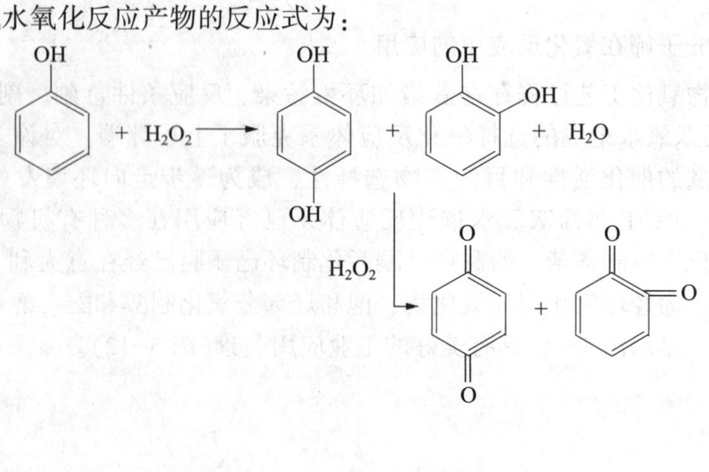

研究发现，骨架中处于四配位状态的 Ti 是活性中心，钛含量的增加明显使催化活性增加。溶剂对苯酚羟基化反应影响显著，产物邻苯二酚主要在 TS-1 分子筛的外表面生成，而对苯二酚主要在分子筛的孔道内形成。TS-1 分子筛存在着明显的晶粒尺寸效应，小晶粒的 TS-1 具有更高的催化活性。苯酚/H_2O_2 的摩尔比增加，H_2O_2 的有效利用率增加，但不影响产物分布。

苯酚羟基化生产苯二酚已有 10000 t/a 的装置，从 1986 年开始正常运行，催化剂在使用中要定期烧炭以恢复活性，运转情况是：反应温度 60~90℃，溶剂为水或丙酮，苯酚/H_2O_2 摩尔比为 3∶1，反应 5 h 后苯酚转化率为 25%，苯二酚的选择性达 94%，产物中邻苯二酚/对苯二酚比为 1∶1。

TS-1 分子筛上苯的羟基化反应由 Thangaraj 等首次报道，在 30~50℃反应，苯酚的选择性可达 80%以上，H_2O_2 利用率在 90%左右，副产物主要为苯醌和深度氧化产物邻、对苯二酚。进一步研究发现，在 TS-1 催化的苯的羟基化反应体系中加入适量的酸可提高反应的选择性，且有机酸优于无机酸；增加催化剂及 H_2O_2 用量，反应转化率提高，但苯酚选择性下降；在有机相中苯的羟基化是主要反应，水相中的主要反应是中间产物苯酚的进一步羟基化。

对甲苯和 H_2O_2 反应的研究表明：甲苯的选择性氧化主要发生在芳环而不是侧链上，得到甲酚的混合物；以异己酮或水为溶剂，可得到较高的甲苯转化率和甲酚选择性；芳烃羟基化活性顺序为酚>苯>甲苯。TS-1 分子筛上乙苯的氧化反应结果表明，侧链氧化得到的 1-苯基乙醇和苯乙酮为主产物。

(2)烯烃的氧化　烯烃的氧化反应是 TS-1 分子筛应用的热点方向之一，其中最典型的是在 TS-1 催化下 H_2O_2 氧化丙烯生成环氧丙烷(PO)。丙烯与双氧水的环氧化反应式如下：

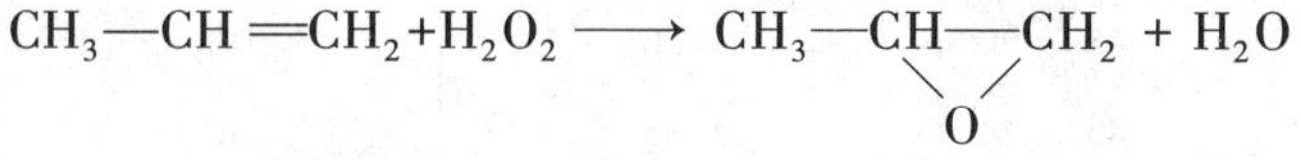

丙烯与双氧水在 TS-1 分子筛上的环氧化反应可在温和的条件下进行，选择性高，无污染，是一受欢迎的清洁工艺，有希望取代目前国内普遍采用的污染严重的氯醇法。国内外关于丙烯的环氧化反应有很多报道。图 5-13 是在 40℃条件下，甲醇-水溶剂中丙烯环氧化反应结果，可见，反应具有很高的速率和选择性，反应 90min 后，H_2O_2 转化了 95%，PO 的选择性为 90%，丙二醇和单甲基醚是主要副产物，有少量的甲醛生成。该环氧化反应须在可溶解丙烯和双氧水的溶剂中进行，溶剂包括低碳醇、酮、酯、乙腈及它们与水的混合物。溶剂对反应的产率、副产物的生成及动力学的影响很大。如图 5-14 所示，甲醇是最好的反应介质。有的研究者认为，甲醇具有双重作用，它既是反应物和产物的溶剂，又是助催化剂，它促进活性物种的生成而参与反应机理。TS-1 催化剂在反应过程中有失活现象。失活的 TS-1 可采用在 550℃焙烧或用溶剂在反应温度下清洗的方法进行再生。由于丙烯环氧化反应是强放热的气液固三相反应，不少研究者对该体系的反应器进行了研究，除传统的间歇反应器外，美国 Arco 公司的 Jubin 等发明了一种多段气液并流向下的滴流床反应器，国内天津大学则开发了一种热虹吸环流反应器。

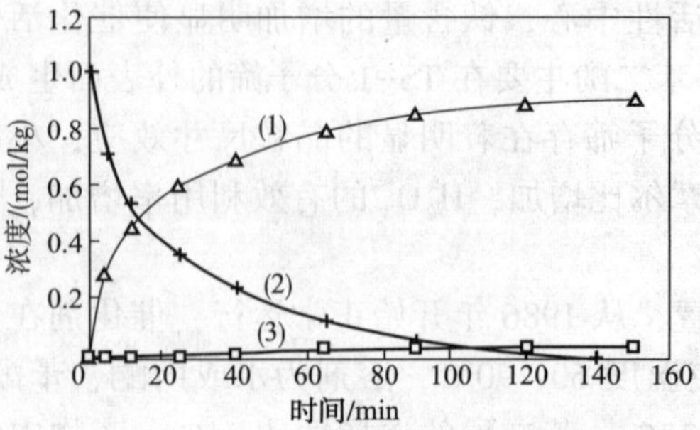

图 5-13 甲醇-水溶剂中丙烯环氧化反应结果(40℃)

反应条件：CH_3OH 92%，TS-1 0.4%，$p_{C_3H_6}$=4atm

(1)环氧丙烷；(2)过氧化氢；(3)丙二醇

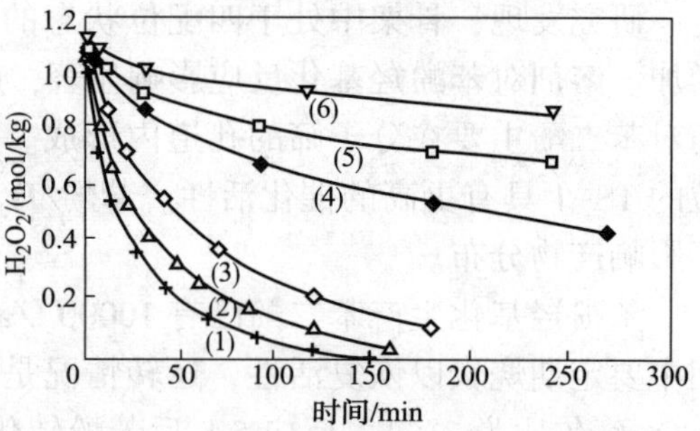

图 5-14 有机溶剂-水混合物中丙烯的环氧化反应

反应条件：40℃，TS-1 0.4%，$p_{C_3H_6}$=4atm

(1)CH_3OH 92%；(2)C_3H_3OH 52%；(3)C_2H_5OH 88%；(4)乙酸乙酯；(5)乙腈 88%；(6)叔丁醇 88%

除了丙烯环氧化外，TS-1 也可催化另一些烯烃被 H_2O_2 氧化为环氧化物，见表 5-17。

表 5-17 TS-1 催化的烯烃环氧化反应

烯烃	反应温度/℃	反应时间/min	H_2O_2 转化率/%	环氧化物选择性/%
丙烯	40	72	90	94
1-戊烯	25	60	94	91
1-己烯	25	70	88	90
1-辛烯	45	90	81	91
环己烯	25	90	10	n. d.
烯丙基氯	45	30	98	92
烯丙基醇	45	35	81	72
烯烃/H_2O_2(mol)= 5				

Clerici 等系统研究了 TS-1 催化下各种低级烯烃和 H_2O_2 的反应。随着烯烃链长和横截面积的增加，反应速率下降(n-C_n>n-C_{n+1}，1-己烯>>环己烯)；引入吸电子基团，反应速率下降(1-丁烯>氯丙烯>烯丙醇)；在各种溶剂中反应速率顺序为：甲醇>乙醇>叔丁醇。反应速率也和双键的位置和立体构型有关，由于诱导效应和择形效应，反-2-丁烯<异丁烯<1-丁烯<顺-2-丁烯，2-甲基-1-丁烯<1-戊烯，3-甲基-1-丁烯<2-甲基-1-丁烯<2-甲基-2-丁烯。环氧化反应中构型保持不变。低浓度碱性化合物不减慢反应速率，却明显提高了环氧化收率。高浓度碱性化合物会使 TS-1 活性降低，甚至使之失活。反应前或反应中用合适的酸中和剂中和催化剂表面的酸组分，可能明显减少副产物量，提高环氧化物选择性。

根据顺、反构型烯烃环氧化反应速率的差异，Clerici 等进一步提出：从烯烃立体异构体的混合物制备不同构型的烯烃环氧化物。在 TS-1 存在下，先用等于顺式异构体量的 H_2O_2 氧化烯烃，顺式烯烃优先反应，将得到的顺式异构体环氧化物和未反应的反式烯烃分离。在另一反应区再用等计量的 H_2O_2 氧化反式烯烃，得到反式异构体环氧化物。

Masper 等提出，在 TS-1 催化下，使用 60% H_2O_2 可实现烯丙基丙烯酸酯、丁二烯等含两个双键的化合物单环氧化。

氯丙烯环氧化生成环氧氯丙烷，由于卤素的存在，对双键环氧化选择性要求很高。曹国英等的研究表明，TS-1 是该反应的有效催化剂，H_2O_2 转化率达 80%，环氧氯丙烷的选择性达 90%。

在 TS-1 催化下，苯乙烯和 H_2O_2 反应，得到的不是环氧化产物，而是芳醛。

(3)环己酮的肟化　环己酮肟是生产尼龙-6 单体 ε-己内酰胺的中间体，合成环己酮肟的传统工艺存在中间步骤多、环境污染大等缺点。20 世纪 80 年代末，Padovan 等用 TS-1分子筛作催化剂，以 H_2O_2 为氧化剂，在温和条件下高选择性地合成出环己酮肟，开辟了合成环己酮肟的新方法。该反应的反应式为：

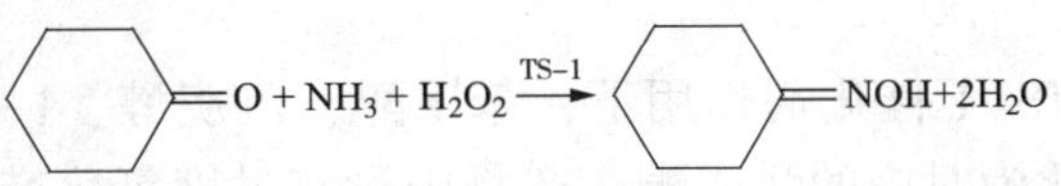

研究发现，TS-1 催化剂浓度、钛含量、进料方式、反应温度、NH_3/H_2O_2、溶剂等影响着环己酮肟化反应的结果。提高催化剂的投料量、提高分子筛的钛硅比和降低 H_2O_2 的空速，有利于提高肟化反应的转化率和选择性。降低氨/酮比不利于肟化反应，适宜的氨/酮摩尔比应该在 2．0 以上，适宜的肟化反应温度是 80℃左右，过低和过高的温度都不利于肟化反应。进料方式会严重影响 TS-1 催化肟化反应，H_2O_2 的连续进料和氨的间歇进料方式可获得最佳的结果。在优化的反应条件下，环己酮的转化率可达 100%，环己酮肟的选择性为 97%。

TS-1 分子筛上的环己酮肟化反应制环己酮肟，克服了传统工艺产生大量无机盐和副产物生成及气相 SO_2 和 NO_x 的排放等缺点。该新工艺已于 1990 年在意大利的 Enichem 公司建成了年产环己酮肟 12kt 的示范装置。

(4)胺的氧化　Gontier 研究 TS-1 分子筛上苯胺与双氧水的氧化反应。他们以叔丁醇为溶剂，反应温度为 70℃。图 5-15 为主要产物氧化偶氮苯和亚硝基苯产率随反应时间的变化。可见氧化偶氮苯随反应时间的增加而增加，而亚硝基苯则相反。他们认为反应过程是：

苯胺 →亚硝基苯(NSB)→氧化偶氮苯(AZY)

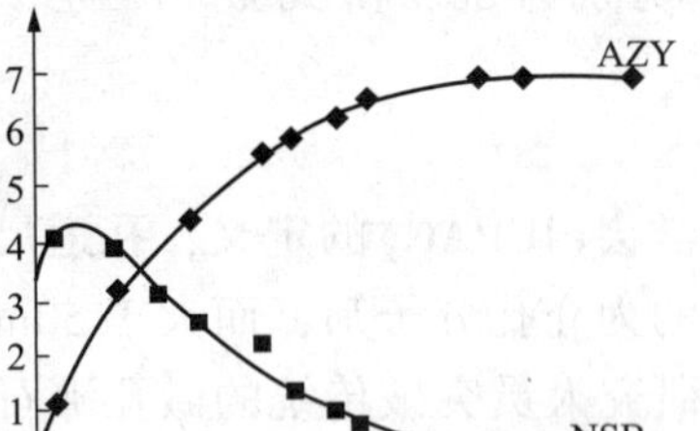

图 5-15　氧化偶氮苯(AZY)和亚硝基苯(NSB)产率变化

(TS-1＝0.5g，苯胺 0.015mol，H_2O_2 0.01mol，正丁醇 20mL，t＝70℃)

在反应完成后，AZY/苯胺比值接近 0.07，而进料中 H_2O_2/苯胺比值为 0.2，后者是前者的 3 倍，这说明 AZY 的形成需要 3mol 的 H_2O_2：

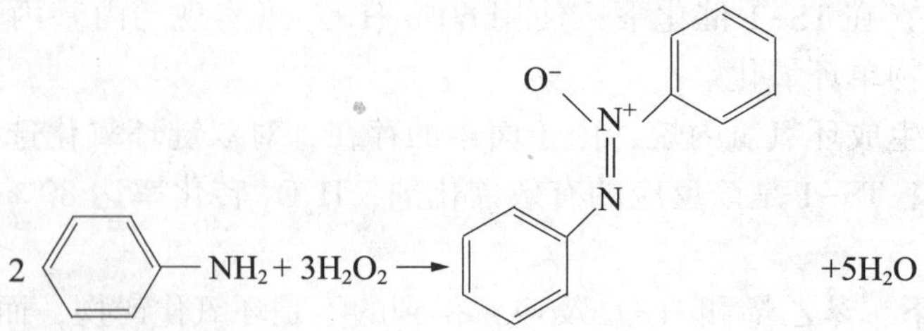

Reddy 等研究了在各种含钛催化剂下丙胺氧化制丙醛肟的反应，TS-1 对此反应具有较高的活性，主产物为丙醛肟，副产物主要为腙、亚胺等，在 70℃下反应 2 h，丙胺的转化率、H_2O_2 利用率和丙醛肟的选择性分别为 24%、85%和 89%。

对于具有 α-H 的伯胺(如烯丙基胺、苄基胺、叔丁基胺等)和仲胺的氧化反应也有人作了研究。

(5)醇的氧化　在 TS-1 催化剂作用下，苯甲醇、1-庚醇、1-辛醇、异丙醇和环己醇等可被 H_2O_2 选择性氧化为对应的醛或酮，产物中没有过度氧化产物酸生成。伏再辉等考察了 TS-1 上 H_2O_2 氧化 1，2-丙醇的反应，发现先生成丙酮醇，丙酮醇可进一步生成丙酮醛，一部分丙酮醇能被 H_2O_2 氧化裂解为甲酸、乙酸和甲醛等副产物。Maspero 等研究了在 TS-1 催化下醇和 H_2O_2 的氧化反应，结果表明反应速率顺序是：仲醇>伯醇>甲醇，该反应对 H_2O_2 的反应级数接近于零，对醇的反应级数受所用溶剂的影响。

(6)烷烃的氧化　1990 年 Huybrechts 等研究了 TS-1 催化下正己烷和 H_2O_2 的氧化反应，氧化产物主要是 2-己醇、3-己醇和正己酮，不存在极性溶剂时，产物中酮/醇比较高，加入甲醇等极性溶剂后，反应速率提高，产物中酮/醇比降低。与此同时，Tatsumi 等研究了 TS-1 催化剂上不同烷烃的氧化，发现直链烷烃的氧化速率远高于支链和环状烷烃，而且直链烷烃的氧化速率又随着碳链长度的增加而下降。Spinace 等的研究结果表明，环己烷先被 H_2O_2 氧化为环己醇，因形状选择的原因，环己醇在 TS-1 分子筛笼内被进一步氧化为环己酮。若 TS-1 分子筛在外表面的活性中心起作用时，烷烃可被氧化成多种氧化物。通过加入 2，6-二叔丁基-4-甲基苯酚，可有效抑制 TS-1 外表面活性中心的作用，提高环己酮的选择性。卢冠忠等研究了戊烷的氧化反应，以丙酮为溶剂，在 55℃下反应 3h 后，H_2O_2 转化率和有效利用率分别为 80%和 90%。产物中戊酮占 60%，戊醇占 40%。

5.3.2　介孔分子筛

根据国际纯粹与应用化学学会(IUPAC)的定义，孔道尺寸小于 2.0nm 的分子筛为微孔分子筛，孔径介于 2.0~50nm 的为介孔分子筛，而大于 50nm 的则属于大孔分子筛。

1992 年美国 Mobil 公司的研究人员突破传统的微孔沸石分子筛合成过程中单个溶剂化的分子或离子起模板作用的原理，利用一个有序组织的阳离子型季铵盐表面活性剂作模板合成了具有大的比表面积(>1000m^2/g)、孔道呈规则六方形排列并可调节的有序介孔分子筛系列 M41S(孔径为 1.6~10 nm)，成为分子筛合成由微孔向介孔飞跃的重要里程碑。介孔分子筛具有能允许分子进入的更大孔容，使处理大的分子或基团和进行生物有机化学模拟等成为可能，且在催化、分离提纯、生物材料、电子、光学等方面有着巨大的应用前景，因此引起了科学家们的广泛兴趣，从而掀起了介孔分子筛的研究热潮。

5.3.2.1　介孔分子筛的种类与结构

M41S 介孔分子筛的合成过程虽然基本一致，但由于合成条件的不同，导致生成的产物具有不同的结构，其中有：(a)六方相(Hexagonal)的 MCM-41，空间群为 P6mm；(b)立方相(Cubic)的 MCM-48，空间群为 Ia3d；(c)层状相(Lamellar)的 MCM-50(见图 5-16)。

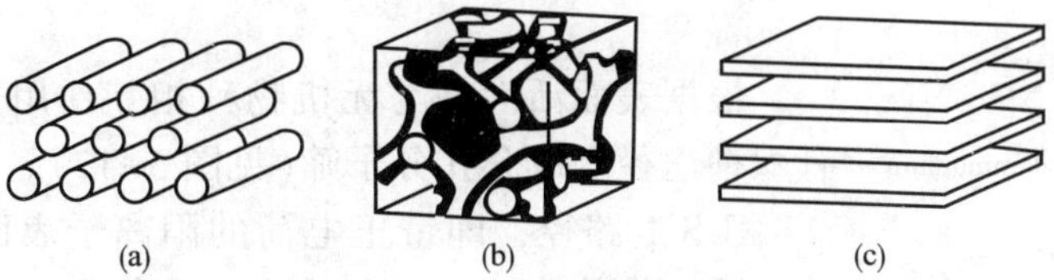

图 5-16　介孔分子筛的孔道结构

(a)六角相；(b)立方相；(c)层状相

除了以上的 M41S 系列分子筛外，近年来人们又合成了一系列新型介孔材料，主要有：

①FSM-16。几乎与 M41S 材料同一时期问世。Yanagisawa 和 Inagaki 等在相同模板剂的作用下，以层状 Kanemite 硅酸盐为前体，合成出了与 MCM-41 结构相似的 FSM-61 分子筛。

②HMS。Tanev 等首先在室温和近中性条件下，以水和乙醇为溶剂和长链伯胺为模板剂，合成了 HMS 分子筛。并认为该介孔晶相的形成中起主导作用的是基于中性伯胺分子 S^0 和中性无机前体 I^0 间的氢键作用。与经历静电匹配机理合成的 M41S 分子筛相比，HMS 分子筛孔壁较厚，有着更好的热和水热稳定性。

③MSU-*n*。MSU-*n* 系列分子筛具有三维方向随机排列的孔道结构，它的合成机理和晶相结构特征与 HMS 非常相似，长程有序度也不高，XRD 图谱中只有一到两个宽化的衍射峰。与 HMS 不同的是，MSU-*n* 的合成采用了可生物降解的非离子表面活性剂为模板剂，虽然价格昂贵，但用量较少，且毒性低，可以直接通过溶剂萃取回收，因此在实际应用中仍具有较大吸引力。

④SBA-*n*。SBA-*n* 是以双子胺类(Gemini)两亲化合物为模板剂合成的一类介孔分子筛。主要有立方相的 SBA-1(Pm3n)、二维六方结构的 SBA-2($P6_3$/mmc)、三维六方结构的 SBA-3(P6mm)、六方相的 SBA-15(P6mm)和立方相的 SBA-16(Im3m)等。这类分子筛的显著特点是孔道结构中含有笼(Cage)结构，它的成功合成不仅丰富了分子筛的种类，而且对介孔分子筛的合成机理的解释具有指导意义。

⑤KIT-1。KIT-1 由 Ryoo 等首先合成，具有均一的孔径和高的表面积，孔道排列无序，但其一维孔道彼此交叉形成三维无序结构，有利于催化和吸附过程中的物质传送且具有很好的水热稳定性。

⑥其他介孔分子筛。除合成硅基介孔分子筛外，研究者们以表面活性剂作结构导引剂制备出了具有介孔结构的金属氧化物，如 Al_2O_3，PbO_2，Fe_2O_3，WO_3，V_2O_5，ZrO_2，Nb_2O_5，Ta_2O_5 等。这些介孔氧化物孔径为 3.5~14nm，一些厚壁的金属氧化物孔壁为部分晶化。

5.3.2.2 介孔分子筛的合成方法和途径

M41S 系列分子筛起初的合成是以长链烷基三甲基季氨盐($C_nH_{2n+1}N^+(Me)_3X^-$，$n=8\sim16$，X=Cl，Br，OH)阳离子型表面活性剂(S^+)为模板剂，在水热合成条件下，于碱性介质中(pH=10.5)通过正硅酸乙酯等前体化合物的OH^-催化水解产生的硅物种(I^-)在S^+I^-静电作用下的超分子组装过程完成的。随着合成技术的不断发展，现在可以有多种途径来合成介孔分子筛。

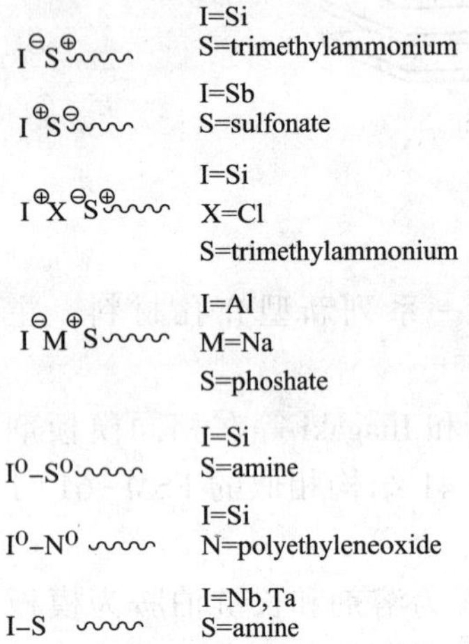

图 5-17 介孔分子筛的几种合成途径

根据表面活性剂与无机物种相互作用方式的不同，一般有六种途径合成介孔分子筛(见图 5-17)。

①S^+I^-路径，即带正电荷的阳离子表面活性剂与带负电荷的反应物前体结合。在碱性体系合成硅酸盐介孔分子筛(如 MCM-41、MCM-48 和 MCM-50)的过程中，氧化硅物种是低聚的硅酸根阴离子，因此使用阳离子表面活性剂使带负电荷的无机物种进行有序化结合。

②$S^+X^-I^+$路径，即阳离子表面活性剂与带正电的反应物前体经过渡阴离子X^-相结合。反应条件为酸性，一般来说加入 HCl 或 HBr，Cl^-或Br^-为过渡阴离子，夹在阳离子表面活性剂和无机硅源阳离子之间。M41S 系列介孔分子筛和介孔 SBA 可通过这种方法合成。

③S^-I^+路径，即带负电荷的阴离子表面活性剂与阳离子反应物前体结合。如介孔 Fe_2O_3、PbO、Al_2O_3 的合成采用此路线。

④$S^-M^+I^-$路径，即带负电荷的阴离子表面活性剂通过平衡阳离子M^+与阴离子反应物前体结合。其中M^+一般为Na^+，K^+。如介孔 ZnO 可通过此法合成。

⑤S^0I^0 和 N^0I^0 路径，即中性表面活性剂与中性无机离子通过氢键结合。Tenev 和 Bagshaw 等采用长链伯胺和聚氧乙烯基醚类的非离子表面活性剂为模板剂，制备出 HMS、MSU 系列介孔分子筛。这种路线不依赖于有机表面活性剂与硅酸根间的静电吸引而是通过氢键作用，被分别称为 S^0I^0 和 N^0I^0 路线。这种方法使介孔分子筛的合成得以在中性体系中实现，而且由于模板剂与无机骨架之间作用力很弱，可以使用有机溶剂从产物中直接萃取来去除并回收模板剂，但是这类中性体系制备的分子筛的有序度稍差。

⑥S-I 路径，即表面活性剂与无机物通过共价键结合。在酸性条件下合成二氧化硅介孔材料，就是 $C_{16}H_{33}Si(OEt)_3$ 通过共价键和 TEOS 连接起来，其中 $C_{16}H_{33}Si(OEt)_3$ 既是表面活性剂也是硅源。

5.3.2.3 介孔分子筛的合成机理

介孔材料的合成通常是通过表面活性剂和无机物种之间的协同自组装完成的。为了解释表面活性剂和无机物种之间相互作用规律，人们提出了多种合成机理，主要包括以下几种：①液晶模板机理；②棒状自组装机理；③静电作用-电荷密度匹配机理；④协同作用机理和；⑤其他的合成机理。

1. 液晶模板机理(Liquid Crystal Templating Mechanism，LCT)

为了解释 MCM-41 的合成机理，Mobil 公司的科学家最早提出液晶模板机理，见图 5-18。LCT 机理是基于合成产物和表面活性剂溶致液晶相之间具有相似的空间对称性而提出的，主要认为介孔分子筛的合成是以表面活性剂的不同液晶相为模板。表面活性剂液晶相的形成有两种途径，①表面活性剂在加入无机物种前首先形成棒状胶束，然后规则排列成六方结构的液晶相，最后无机物种在其表面沉淀形成有机-无机复合体。该复合体经过滤、干燥和焙烧则得到介孔材料。但在合成过程中所用表面活性剂的浓度大大低于形成液晶相所需的浓度，因此路径①很快被否定。路径②表示表面活性剂在加入无机物种之后形成，对此又有不同的机理提出。

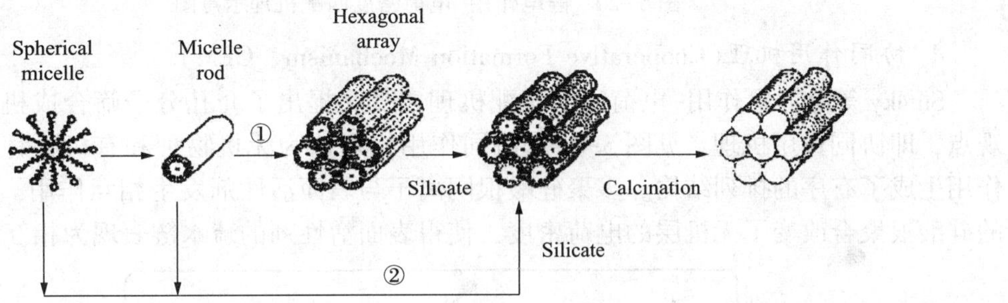

图 5-18　液晶模板机理示意图

2. 棒状自组装机理(Silicate Rod Assembly)

M. E. Davis 等通过原位 ^{14}N 核磁共振技术发现在 MCM-41 形成过程中，六方液晶相并没有出现，因此他们认为首先是无序的棒状胶束与硅酸盐物种发生相互作用，即硅酸盐与随机排列的模板胶束通过库仑力相互作用，在胶束的外表面包覆两到三层硅酸盐，形成的随机排列的复合物经过一段时间之后，自发堆积成能量有利、六方排列和高度有序的介孔结构(图 5-19)。

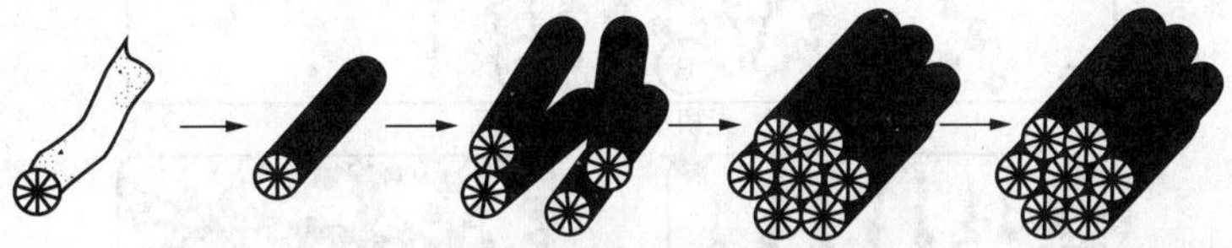

图 5-19　棒状自组装机理示意图

3. 静电作用-电荷密度匹配机理(Charge Density Matching)

Monnier 和 Stucky 等在液晶模板机理的基础上，对表面活性剂浓度较低的合成体系进行了研究。他们认为层状结构是六方结构的前体之一，处于层状中间相的聚合程度较低的硅酸根聚合体具有较高的电荷密度，可以与较多的表面活性剂分子相互作用。但随着硅酸根缩聚体的进一步缩合，缩聚体的电荷密度降低，为了维持电荷密度平衡，硅氧层通过调整表面曲率来匹配表面活性剂的电荷密度，从而使有机-无机的层状中间相向六方相转变。其结构示意图见图 5-20。这一结果可对介孔材料在合成过程中不同晶相的转变给予较合理的解释。

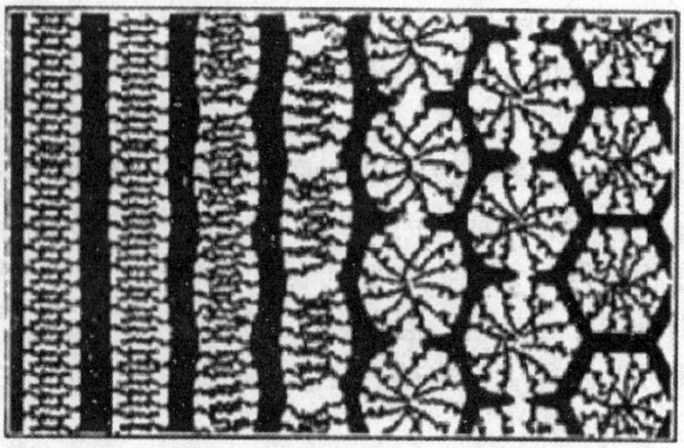

图 5-20　静电作用-电荷密度匹配机理示意图

4. 协同作用机理(Cooperative Formation Mechanism, CFM)

Stucky 等除静电作用-电荷密度匹配机理之外又提出了介孔分子筛合成机理的第二种观点，即协同作用机理，见图 5-21。协同作用机理认为无机物种和有机物种之间的协同作用生成了有序的排列结构。多聚硅酸根阴离子与表面活性剂发生相互作用，在界面区域的硅酸根聚合改变了无机层的电荷密度，使得表面活性剂的疏水链表现为相互接近，无机

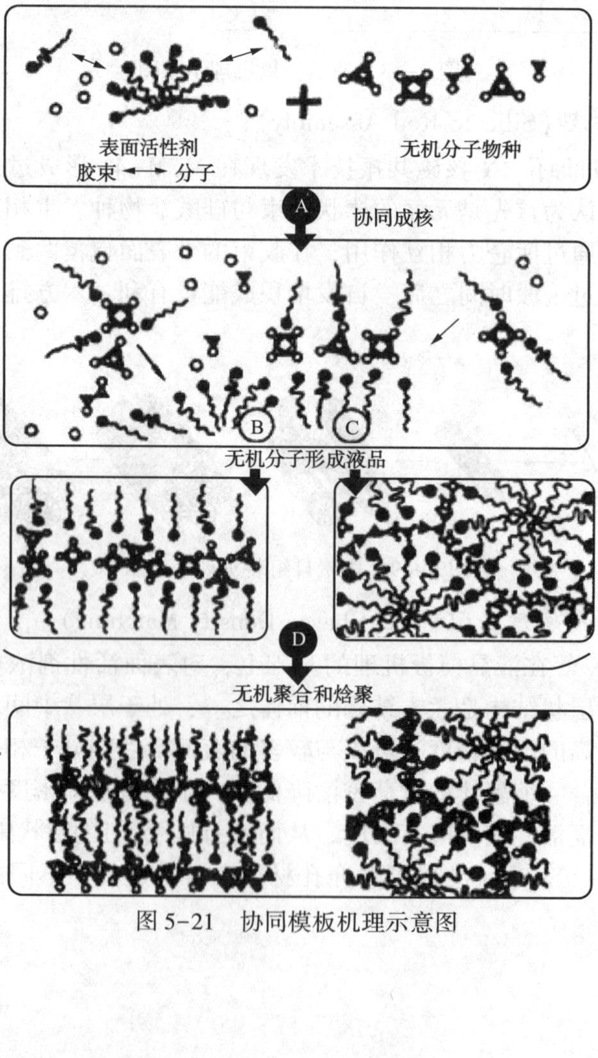

图 5-21　协同模板机理示意图

物种和有机物种之间的电荷匹配控制表面活性剂的排列方式。这种相互作用表现为胶束加速无机物种的缩聚过程和无机物种的缩聚反应对胶束形成类液晶相有序结构的促进作用。胶束加速无机物种的缩合过程主要由于两相界面的缩聚而产生。反应的进行将改变无机层的电荷密度，整个无机和有机的复合相也随之改变，最终的物相则由反应进行的程度而定。协同作用机理有助于解释介孔分子筛合成中的诸多实验现象，具有一定普遍性，也适合于一些非硅材料的合成。

5. 其他合成机理

除以上四种合成机理外，也有其他几种机理被提出。Attard 等提出了“直接液晶模板(direct liquid crystal templating)”机理，但是该机理对于大多数在溶液相中进行的介孔粉体材料合成过程并不适合。Pinnavaia 等还提出了在中性条件下合成介孔材料的“氢键作用机理”，即 S^0I^0 或 N^0I^0，其中 S^0 是中性胺，N^0 是非离子表面活性剂，I^0 是水合的 TEOS。利用该机理合成的介孔材料往往有序性很差，但孔尺寸分布均一，材料的热稳定性和水热稳定性较好。

5.3.2.4　介孔分子筛在催化中的应用

纯硅的介孔分子筛具有中性的骨架结构，缺陷少，离子交换能力差，酸含量和酸强度低，反应活性低，因此限制了它们在催化等方面的应用。为此人们采用多种方法对其进行改性，主要有四种改性方式：

①在合成中直接引入其他杂原子，如 B、Al、Ga、Sn、Ti、Zr、V、Cr、Mo、W、Mn、Fe、Ni、Cu、Co 等。

②通过离子交换在孔道内表面引入其他金属离子，如 Cu、B、Ni 等。

③在孔道中负载活性组分，如金属氧化物 NiO、MoO_3 等，杂多酸，有机碱，金属(如 Fe、Mn、Cu 等)的络合物，纳米粒子(如纳米尺寸的 Fe_2O_3 粒子或金属 Pt 团聚体)，吸附酶等。

④孔道内表面修饰或功能化，如表面硅烷基化改变表面极性，引入含硫醇、氨基等官能团的有机化合物，表面嫁接金属茂等。

改性介孔分子筛的催化性能大大提高，根据引入活性位的不同可表现出不同的催化性能，主要为酸/碱催化反应和氧化/还原反应等。

1. 酸/碱催化反应

通过引入 Al、B、Ga、Fe 等金属离子或其他改性处理，可以在介孔分子筛表面或孔道中引入一定数量的弱或中强酸位，从而使其具有酸催化反应的能力。Al-MCM-41 在烯烃齐聚、芳烃和 α-烯烃的烷基化反应以及大分子芳香化合物(如 1，3，5-三叔丁基苯)的脱烷基反应都表现出较好的催化活性。Xu 等合成了不同 Si/Al 比的 MSU-S-(BEA)介孔分子筛，研究了 Si/Al 比对催化对苯二酚的叔丁醇的烷基化反应的影响，发现当 Si/Al 比为 67 时表现出最好的活性。利用介孔材料比表面积高和孔道规则有序性，将钨酸负载在介孔材料上制备成钨-介孔分子筛用来催化酯化反应，可以明显提高催化活性。Zhang 等在 MCM-41 介孔分子筛上负载铁系催化剂，用来催化乙烯聚合反应，催化活性高。Chen 等用化学方法将复杂的含锆化合物负载在 MCM-41 介孔分子筛上来催化乙烯聚合反应，表现出平稳的高活性，并且获得较高的分子量和较宽的分子量分布。

通过交换 Cs^+ 或用含胺端基的有机化合物修饰孔道内表面后，均可使介孔分子筛具有碱催化反应的能力。如表面连接-$(CH_2)_3NH_2$ 后的 MCM-41 可催化 Knoevenagel 缩合反应，且反应转化数较同样处理后的二氧化硅载体有显著提高；而通过 Cs^+ 交换后的 MCM-41 在 Michael 加成反应中表现出很强的碱催化活性。

2. 氧化/还原反应

大分子有机物在温和条件下选择氧化制备精细化学品的过程是介孔分子筛催化剂的又一重要应用领域。将 Ti、Zr、V、Cr、Mo、W、Mn、Sn 等具有氧化还原能力的金属离子嵌入介孔分子筛骨架，即可得到相应的氧化还原型介孔分子筛催化剂。Corma 等首次制备了 Ti-MCM-41 分子筛，并研究了其在 H_2O_2 选择氧化 1-己烯和叔丁基过氧化氢选择氧化降冰片烯过程中的催化活性，得到了较好的反应结果。Tanev 等将在室温下合成的 Ti-MCM-41 和 Ti-HMS 在苯和 2，6-二叔丁基酚芳环羟基化反应中的催化活性与 TS-1 等微孔分子筛进行了比较，发现介孔分子筛在大分子底物的选择氧化中具有比 TS-1 和 Ti-β 更高的活性。陈杨英分别以 Na_2WO_4 和 H_2WO_4 为钨源直接合成了 W-SBA-15 介孔分子筛，催化环己烯环氧化反应具有较高的活性，且随着钨含量的增加，环己烯的转化率增大。Yang 等也在水热条件下合成了 W-MCM-48 介孔分子筛，催化环戊烯选择氧化成戊二醛，适当的钨含量及其在分子筛中的高分散性使催化剂活性和转化率均增大。Jin 等采用两种方法将钴酞菁配合物共价联接到介孔分子筛 MCM-41 的表面，在催化环己烷、苯乙烯氧化反应中显现出高的催化活性、稳定性和很好的再循环使用性。Gomes 等将铌负载在介孔分子筛 MCM-41 上制成 Nb-MCM-41 催化剂，在过氧化物作氧化剂条件下催化己烯的环氧化反应，具有高活性和高选择性。

介孔分子筛在催化还原反应中的应用主要是催化加氢反应，用于此类反应的催化剂主要是在介孔分子筛上负载 Mn、Pt、Ni、Co 等金属离子或制备复合型催化剂。Liu 等用 HY/MCM-41 复合催化剂来催化萘加氢，催化活性随着介孔分子筛中 Al 含量的增加而增大，复合催化剂还存在协同效应，在 360℃ 达到最大催化活性。Chen 等用 Mn/Al-MSU 催化剂催化苯甲酸加氢制苯甲醛反应，分子筛的高比表面和 Mn 元素的高分散性有利于催化作用。载 Pt/MCM-41 可催化柴油中芳香化合物(如萘)的加氢裂解反应，且表现出优越的加氢活性和耐硫能力。

3. 光催化反应

由于 Ti、Cr 金属的特性，常被用来作光催化剂，将其负载在介孔分子筛上也成为研究人员关注的重点。Reddy 等将 TiO_2 和 Cr 分别掺杂在 MCM-41、MCM-48 和 SBA-15 三种介孔分子筛中，发现他们在 4-氯酚的可见光光降解反应中具有很高的催化活性。Yamashita 等在 HMS 介孔分子筛上固载 Cr 制备成 Cr-HMS，进行光催化反应，由于 Cr 在介孔分子筛中分散均匀，表现出高选择性。Yin 等通过溶胶凝胶自组装法合成了纳米尺寸的 Eu-MCM，并在其上面负载 TiO_2，其发光强度比单独的 Eu-MCM 和 TiO_2 都强。

5.4 生物酶催化剂

5.4.1 酶的化学本质

酶是生物体产生的具有特定催化功能的生物分子。根据酶的组成，酶可分为两类：单纯酶和结合酶。单纯酶水解后只获得氨基酸，也就是说单纯酶是由若干氨基酸按照特定的序列，通过肽键(肽键是一种氨基酸的氨基与另一种氨基酸的羧基缩合失水而形成的键)结合而成的。结合酶是由蛋白质部分(酶蛋白)和非蛋白质部分(辅酶)结合而成的。辅酶可以是有机物(大多是 B 族维生素的衍生物)，也可以是金属离子。单独的酶蛋白和辅酶都没有催化功能，只有当它们结合起来之后才具有催化功能。

5.4.2　酶催化剂的特性与分类

酶催化剂除具有一般催化剂的共性外，还有如下一些特性：

①活性高。酶催化反应比一般的非催化反应快 $10^8 \sim 10^{20}$ 倍，比一般的催化反应快 $10^7 \sim 10^{13}$ 倍。

②选择高。每种酶只适用于特定的反应类型、特定结构的底物，并只得到特定的产物。

③反应条件温和。

④酶催化常在室温和近中性的 pH 条件下就可以发生。强酸、强碱、有机溶剂、重金属、光辐射等，凡是能够破坏蛋白质的都会使酶失活。

⑤兼有均相和多相的特点。

⑥酶的活力可以调节和控制。酶的催化活性与底物(原料、反应物)的立体结构有关，如果底物中有抑制剂就可降低酶的活性。抑制剂有两类：一类是它的结构与底物相似，因而在一定程度上占据了酶分子结构中的活性中心；另一类是它与酶的非活动中心结合，改变了酶的立体结构，从而降低了酶的活性。

根据酶所进行的催化反应，可以分为氧化还原酶、转移酶、水解酶、裂合酶、异构酶和连接酶等六大类(见表 5-18)。每一大类分为若干个亚类，每一亚类又分若干个亚-亚类，每个亚-亚类中有若干个酶，每一个酶都有一个由四个数字组成的编号，并在编号起冠以 EC 字样，例如乳酸脱氢酶的分类号为 EC1. 1. 1. 27。EC 为 Enzyme Commission(酶委员会)的缩写，每一个酶的编号前加上 EC，是表示系按照酶委员会所制订的方法的编号。

表 5-18　酶的分类

催化功能	酶的名称	例　子
氧化-还原	氧化还原酶	CH ⟶CH—OH CH(OH)⟺C ═O CH-CH ⟺C ═C
官能团转移	转移酶	官能团从一个分子转移至另一个分子，例如酰基、磷酰基和糖的转移
水解	水解酶	如酯、胺、酸酐和糖苷的水解
官能团脱除	聚合酶	形成 C ═C，C ═O 和 C ═N 键
异构	异构酶	包括消旋在内的各种类型的异构
分子的连接	连接酶	形成 C—O，C—S 和 C—N 键

在酶的四个数字编号中，第一数字表明该酶属于六大类中的哪一类；第二个数字表示该酶属于哪一个亚类；第三个数字表示该酶属于哪一个亚-亚类；第四个数字表示该酶在一定亚-亚类中的位置。一切新发现的酶都能按照此系统得到适当的编号。这种国际编号方法比较明确，但在一般使用上并不方便。

(1)氧化还原酶(Oxidoreductases) 氧化还原酶对氧化还原反应有催化作用。

典型反应：

脱氢：$A\cdot 2H \xrightleftharpoons{\text{脱氢酶}} A+B\cdot 2H$

氧化：$A\cdot 2H+O_2 \longrightarrow A+H_2O_2$

葡萄糖有氧的条件下进行的氧化还原反应：

$$\underset{\text{葡萄糖}}{CH_2OH(CHOH)_4CHO}+O_2 \xrightarrow{\text{葡萄糖氧化酶}} \underset{\text{葡萄糖酸}}{COOH(CHOH)_4CHO}+H_2O$$

(2)转移酶(Transferases) 转移酶的功能是转移基团，如转移甲基、甲酰基、糖基、氨基等基团。

典型反应：$AB+C \xrightleftharpoons{\text{转移酶}} A+BC$

丙氨酸与谷氨酸之间的氨转移：

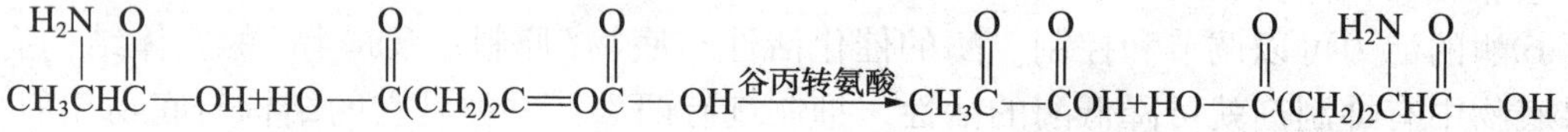

丙氨酸　　α-酮戊二酸　　丙酮酸　　谷氨酸

(3)水解酶(Hydrolases) 水解酶对底物的水解反应起催化作用，如淀粉水解成糖、蛋白质水解成氨基酸、脂肪水解成脂肪酸等。

典型反应：$AB+HOH \xrightleftharpoons{\text{水解酶}} AH+BOH$

蔗糖水解成葡萄糖和果糖：

$$\underset{\text{蔗糖}}{C_{12}H_{22}O_{11}}+H_2O \xrightarrow{\text{蔗糖酶}} \underset{\text{葡萄糖}}{C_6H_{12}O_6}+\underset{\text{果糖}}{C_6H_{12}O_6}$$

(4)裂合酶(Lyases) 裂合酶能促进使底物移去一个基团而留下一个双键的反应或逆反应，如脱羧酶(其逆反应称作羧化酶)、脱氨酶、水化酶等，均属此类。

典型反应：$AB \xrightleftharpoons{\text{裂合酶}} A+B$

氨基酸脱去羧酸：

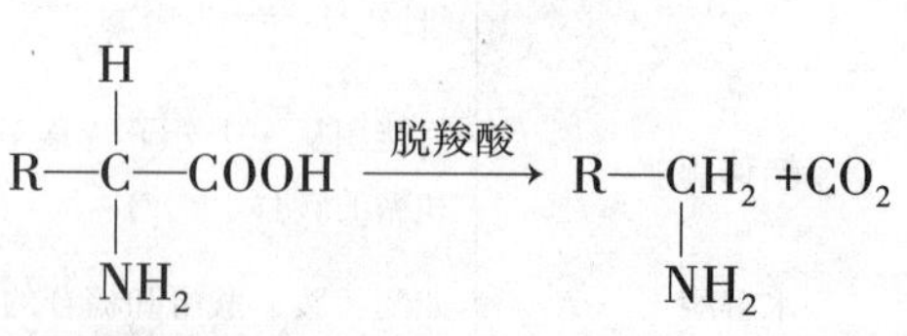

(5)异构酶(Isomerases) 异构酶能促使同分异构物相互转变，例如将甜度为74%(以蔗糖的甜度为100%)的*D*-葡萄糖转化为甜度为173%的*D*-果糖。

典型反应：$A \xrightleftharpoons{\text{异构酶}} B$

D-葡萄糖、*D*-果糖之间的异构：

D-葡萄糖 $\xrightleftharpoons{\text{异构酶}}$ D-果糖

(6)连接酶(Ligases)　连接酶可以促进两种物质分子在 ATP 的参与下合成一种新物质的反应。连接酶也称合成酶。

典型反应：A+B+ATP $\xrightleftharpoons{\text{异构酶}}$ A—B+ADP 或 AMP+Pi(或 PPi)

丙酮酸和二氧化碳合成草酰乙酸：

丙酮酸+H_2O+CO_2+ATP $\xrightleftharpoons{\text{异构酶}}$ 草酰乙酸+AMP+Pi

5.4.3　酶的固相化

酶是一种水溶性催化剂，如以溶液形态使用，在反应完成、产物被分离出来以后，作为催化剂的酶将随废水一起排放，不仅造成浪费，而且污染环境。如果将酶固相化，就可以避免上述不良后果。

酶的固相化主要有载体结合、包埋及交联等三种方法。其中以载体结合法和包埋法最常用。

(1)载体结合法　载体结合就是将酶沉积、附着并结合在某种粒状固体载体上。用载体结合的酶，其活性较稳定，使用寿命也较长，可以连续而较长期地用于固定床或流化床反应器。对于全混流反应器，也可在反应完成后，通过过滤或离心分离将其回收并重复使用。

(2)包埋法　包埋法是三种固态化方法中应用最广的一种，因为在包埋过程中酶不会受到损伤。包埋法不仅可应用于酶，也可应用于产酶细菌的固相化。包埋法把酶或产酶的细菌包裹在有限的空间中。这个空间可以是凝胶，也可以是聚合物构成的半透膜胶囊。酶或细菌不会透过半透膜，而溶于水中的底物(反应物)和产物却可以透过。包埋法更常应用于固相化产生酶的细菌，因为这一方法可以省掉分离酶的过程，因而可以降低制作成本。更因为包埋的酶在细胞内是自然状况，具有较高的活性，而且被包埋的细菌如处于生物状态，仍可发育繁殖。因此包埋法是工业发酵的一项新的发展方向。用于固相的包埋材料通常有海藻酸、聚丙烯酰胺凝胶、琼脂、卡拉胶等。

(3)交联法　交联法是采用双功能或多功能试剂，使酶分子之间与载体之间或酶分子与惰性蛋白之间交联聚合“网状”结构的固定化方法。戊二醛是最常用的双功能试剂。

酶的固相化将开辟一个全新的酶催化领域，固相酶的催化集中了多相和均相催化的优点，而克服了各自的缺点，可以预见，将来固相化酶在工业上将发挥出巨大的威力。表 5-19 列出了某些固相酶在当前和未来的工业应用。

表 5-19　某些固相酶在当前与未来的工业应用

酶的种类	应用
氨基酸酰基转移酶	DL-氨基酸的分离
葡萄糖的淀粉酶，α-酰基转移酶	淀粉-葡萄糖转化
葡萄糖异构酶	葡萄糖-果糖转化
青霉素酰氨酶	半合成青霉素的生产
类固醇修饰酶	类固醇修饰

5.4.4 影响酶催化反应的因素

5.4.4.1 温度对酶催化反应的影响

温度对酶催化反应的影响，主要体现在两个方面：一是升温加速酶催化反应，降低温度反应速率减慢。二是温度加速酶蛋白质变性，且这种效应是随时间累加的。在反应的最初阶段，酶蛋白质变性尚未表现出来，因此反应的(初)速率随温度升高而加快；但是，随着时间的延长酶蛋白质变性逐渐突显，反应速率随温度变化的效应将逐渐为酶蛋白质变性效应所“抵消”。在一定条件下，每种酶在某一温度其活力最大，该温度称为酶的最适合温度。

5.4.4.2 pH值对酶催化反应速率的影响

酶的活力与氢离子浓度关系很大，同一种酶在不同pH条件的活力不同。酶常常限于某一pH值范围内才表现出最大活力，这种表现出酶最大活力时的pH值就是这个酶的最适pH值。当稍高或稍低于这个最适pH值时酶活力就降低。图5-22表示多酚氧化酶在不同pH的溶液中的活力。大多数酶的最适pH值在5~8，植物及微生物的酶，最适pH值多在6.5~8。但也有例外情况，如胃蛋白酶为1.5，肝中精氨酸酶为9.0。酶的最适pH也不是一个固定常数，它受到酶的种类、温度等许多因素的影响。

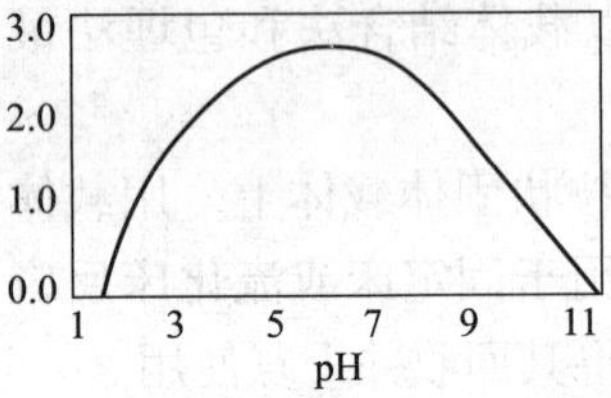

图5-22 pH值对多酚氧化酶的影响

5.4.4.3 激活剂对酶催化反应的影响

凡能提高酶的活力、加速酶催化反应的物质称为激活剂，如无机阴、阳离子等。一般来说，不同的酶有其特定的激活剂，如Cl^-是唾液淀粉酶的激活剂，Mg^{2+}对脱羧酶、烯醇化酶具有激活作用，Cu^{2+}能使肌球蛋白腺苷三磷酸酶的活性增强。激活剂能使酶的活性增强的机理较复杂，但可归纳为以下几种情况之一：一是激活剂与酶分子上的氨基酸侧链基团结合，成为酶的活性中心的组成部分，使酶的活性增强；二是激活剂与酶及底物结合或与中间物结合使酶的活性增强；三是激活剂作为辅酶或辅基的一个组成部分而起作用。生物生命活动过程中常常需要微量元素，这些微量元素很可能就是某些酶的激活剂。

5.4.4.4 抑制剂对酶催化反应速率的影响

由于酶蛋白活性中心的化学性质发生改变而引起酶活力下降或丧失的作用称为抑制作用，造成抑制作用的物质称抑制剂。生物体内由于某种酶被抑制而引起代谢不正常，以致表现为病态。有剧毒的物质大都是抑制剂。如氰化物抑制细胞色素氧化酶的活力，敌百虫抑制脂酶，毒扁豆碱抑制胆碱酸酶。一些抑制剂已用于刹虫灭菌、临床治病和农业等方面。研究抑制剂和抑制作用为药物、农药的设计提供了理论依据。

由于抑制剂破坏或改变了酶与底物结合的活性中心，阻碍了中间物的生成或分解，因此影响了酶的活性，根据酶与底物作用的特点，可将抑制作用分为不可逆抑制作用和可抑制作用。不可逆抑制作用是抑制剂与酶的某些基因以共价键方式结合后不能自发分解，不能用透析或超滤等物理方法除去抑制剂而恢复酶的活力的作用。而可逆抑制作用是抑制剂与酶结合是可逆的，结合后可以用透析等方法除去抑制剂，使酶复活。区分这两种抑制剂的方法是测定不同酶浓度时的反应初速率，以 r_0 对酶浓度 $[E]$ 作图，见图 5-23。

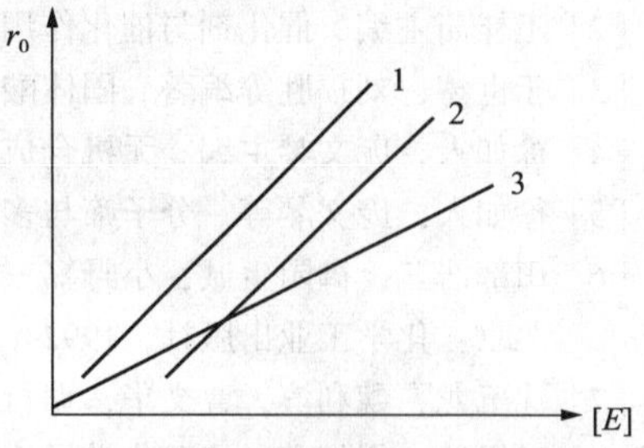

图 5-23　可逆抑制作用与不可逆抑制作用的区别

在图 5-23 中，线 1 为没有抑制剂时的 r_0 与 $[E]$ 曲线；线 2 为有抑制剂且是不可逆抑制作用时的 r_0 与 $[E]$ 的曲线；线 3 为有抑制剂的可逆抑制作用时的反应初速率与酶浓度的关系曲线。由这二条线的变化规律可以看出：线 1 与线 2 呈平行线，说明发生不可逆抑制作用是由于抑制剂的加入，使酶的有效浓度(活性酶浓度)下降而影响酶与底物反应的初速率，且影响的程度与酶的总浓度无关，即不同酶浓度时反应速率减少值相同。而线 1 与线 3 不呈平行线关系，说明发生可逆抑制作用的抑制剂对酶与底物反应的影响是随着酶浓度的增大而增强的。

由于抑制剂对酶催化反应的影响的过程是一个非常复杂的过程，根据抑制剂、底物和酶三者的相互关系，又可将可逆抑制作用分为竞争性抑制作用、非竞争性抑制作用、反竞争性抑制作用和混合抑制作用等四种类型。

思　考　题

1. 固体酸的定义是什么？固体酸的酸中心有哪两种类型？
2. 常见的固体酸催化剂有哪些？
3. 固体酸的酸性包括哪三个方面？如何测定？
4. 沸石分子筛的骨架结构是怎样的？
5. 沸石分子筛酸中心形成的机理是什么？
6. 什么是沸石分子筛的择形性？有哪几种择形催化作用？
7. 什么叫杂多酸化合物？目前已确定的杂多酸的一级结构有哪五种？
8. 什么是杂多酸的“准液相”行为、体相型催化作用和表面型催化作用？
9. 固体超强酸的定义是什么？常见的固体超强酸有哪些？
10. 什么叫固体碱？固体碱的碱中心有哪两种类型？什么叫固体超强碱？
11. 常见的固体碱催化剂有哪些？
12. 固体酸或固体碱常用来催化哪些类型的化学反应？
13. 什么是 TS-1 分子筛？TS-1 分子筛作为催化剂在氧化反应中有哪些应用？
14. 什么是介孔分子筛？常见的介孔分子筛有哪些？目前提出了哪几种介孔分子筛的合成机理？
15. 酶催化有哪些特点？

参 考 文 献

[1] 王延吉，赵新强编著．绿色催化过程与工艺．北京：化学工业出版社，2002

[2] 王桂茹主编．催化剂与催化作用(第三版)．辽宁：大连理工大学出版社，2007
[3] 于世涛，刘福胜等编著．固体酸与精细化工．北京：化学工业出版社，2006
[4] 徐如人，庞文琴主编．无机合成与制备化学，2001
[5] 徐如人，庞文琴等．分子筛与多孔材料化学．北京：科学出版社，2004
[6] 田部浩三，御园生诚，小野嘉三等著．新固体酸和碱及其催化作用．郑禄彬，王公慰，张盈珍等译．北京：化学工业出版社，1992
[7] 沈玉龙，魏利滨，曹文华，据行松编著．绿色化学．北京：中国环境科学出版社，2004
[8] 王恩波，胡长文．多酸化学导论．北京：化学工业出版社，1998
[9] 毛东森，卢冠忠，陈庆龄等．石油化工，2001，30(2)：152
[10] 魏彤，王谋华，魏伟等．化学通报，2002，(9)：594
[11] 刘红．博士学位论文．华东理工大学，2005
[12] 佘励勤，李宜．石油化工，2000，29(8)：621
[13] 陈忠明，陶克毅．化工进展，1994，(3)：18
[14] 高志勤，江琦，李向召．精细石油化工，2006，23(4)：62
[15] 温朗友，闵恩泽．石油化工，2000，29(1)：49
[16] 蒋绍亮，章福祥，关乃佳．石油化工．2006，35(1)：1
[17] 夏清华，王公慰，应慕良等．石油化工，1993，22(12)：781
[18] 周继承，王祥生．化学进展，1998，10(4)：381
[19] 李钢，郭新闻，王祥生等．燃料化学学报，1999，27(6)：565
[20] 庞文琴，左丽华，裘式纶．高等学校化学学报，1988，1(9)：4
[21] 李明丰，郭新闻，王祥生等．催化学报，1997，18(4)：269
[22] 郭新闻，王桂茹，王祥生．催化学报，1994，15(4)：309
[23] 张法智，郭新闻，王祥生等．分子催化，1999，13：121
[24] 戴廷风，刘希尧，萨学理．分子催化，1998，12(1)：48
[25] 陈晓晖，李世军，陈宪等．化工学报，2001，52(1)：84
[26] 李平，卢冠忠，罗勇等．化学学报，2000，58(2)：204
[27] Liu H，Lu G Z，Guo Y L，et al. Appl Catal A：General，2005，293：153
[28] Liu H，Lu G Z，Guo Y L，et al. Nanotechnology，2006，17：997
[29] Liu H，Lu G Z，Guo Y L，et al. Micropor Mesopor Mater，2008，108(1-3)：56

第6章　超临界流体技术与工艺

6.1　超临界流体热力学相图和特性

超临界态是除固态、液态和气态外物质的第四种状态，是物质的一种特殊流体状态，具有许多独特的理化性质。当将气液平衡的物质升温升压时，热膨胀引起液体密度减小，而压力的升高又使气相密度变大，当温度和压力达到某一点时，气液两相的相界面消失，成为均相体系，此点就是该物质的临界点(Critical Point)。当流体的温度和压力处于临界温度和临界压力以上时，该流体处于超临界状态，称为超临界流体(Supercritical Fluids，SCF)。SCF具有类似液体的密度、溶解能力和良好的流动性，同时又具有类似气体的扩散系数和低黏度。

6.1.1　纯组分相图

图6-1为纯组分的典型压力-温度图。图中曲线AT表示气-固平衡的升华曲线，曲线BT表示液固平衡的熔融曲线，曲线CT表示气-液平衡的饱和液体的蒸气压曲线。点T是该物质气-液-固三相共存的三相点，点C是物质的临界点，与该点对应的温度和压力分别称为临界温度 T_c 和临界压力 p_c。高于临界温度和临界压力的阴影区域属于超临界状态。

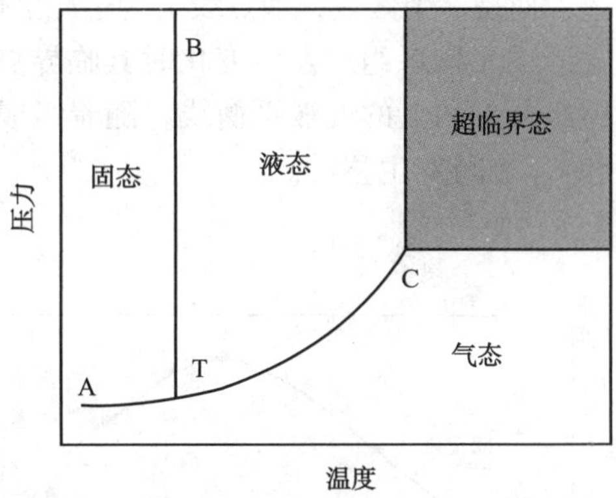

图6-1　纯组分的温度-压力相图

常用物质的SCF临界温度和压力数据列于表6-1中，由此可知，多数烃类的临界压力在4MPa左右，同系物的临界温度随摩尔质量增加而升高。

表6-1　常用超临界流体的临界性质

流体名称	临界温度 T_c/℃	临界压力 p_c/MPa
二氧化碳	31.1	7.37
水	374.2	22.1
氨	132.5	11.28
乙烷	32.3	4.88
乙烯	9.9	5.12

续表

流体名称	临界温度 T_c/℃	临界压力 p_c/MPa
丙烷	96.9	4.26
丙烯	92.0	4.62
环己烷	280.3	4.07
戊烷	296.7	33.8
异丙醇	235.2	4.76
苯	289.0	4.89
甲苯	318.6	4.11
对二甲苯	343.1	3.52
氟里昂-13($CClF_3$)	28.9	3.92
氟里昂-11(CCl_3F)	198.1	4.41

6.1.2 二元物系相图

二元物系临界点附近的相图与纯组分不同，图 6-2 为二元物系的 p-T 相图。其具有如下两个特点，①没有固定的沸点，只有泡点和露点。泡点是一定压力下第一个气泡出现的温度，露点是一定压力下最后一滴液体全部汽化的温度。②气液平衡关系不能用一条直线描述，而是一个区域，泡点线上为过冷液体，露点线下为过热蒸气，而纯组分这两条线重合。

二元物系组成发生变化时其临界点发生变化，如图 6-3 所示。其中 LC_1 和 KC_2 分别为纯组分 1 和 2 的气液平衡线。随着组成 Z 的变化，临界点 C_m 在纯组分 1 和 2 的临界点 C_1 和 C_2 之间发生移动。

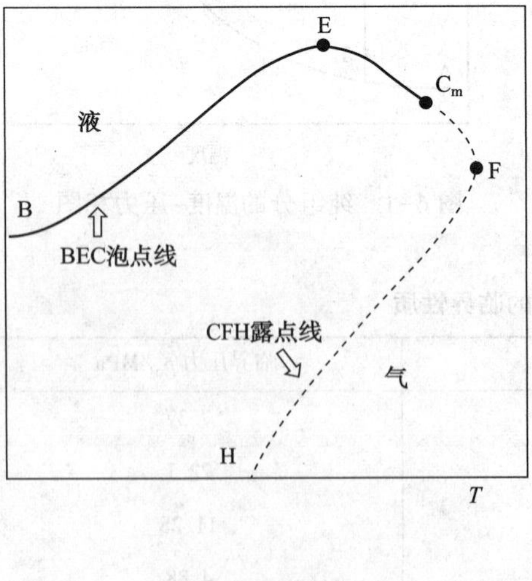

图 6-2　二元物系临界点附近 p-T 示意图

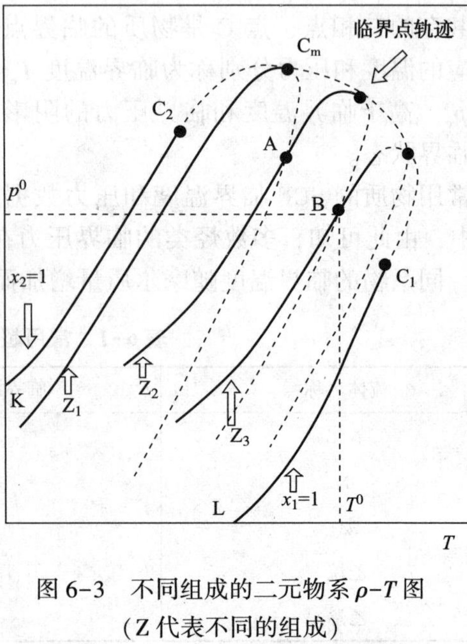

图 6-3　不同组成的二元物系 ρ-T 图
(Z 代表不同的组成)

正是由于临界点随组成变化的特征，使得临界点的温度和压力不是气液两相共存的最高的温度和压力。如图 6-4 所示，临界点 C_m 的温度和压力比气液两相共存的最高温度(M_T)和压力(M_p)小。由于临界点不是气液两相共存的最高温度和压力，因而造成了两种特殊的现象，即逆向蒸发和逆向冷凝现象。

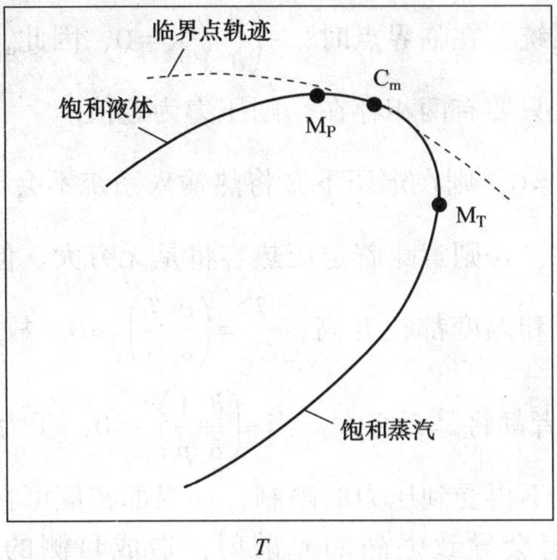

图 6-4　二元物系的临界点和两相共存最高温度和压力的示意图

图 6-5 显示了二元物系等温逆向蒸发和等压逆向凝聚示意图。正常情况下，等温时，压力升高气相变为液相。在此，在 C_mM_T 范围内，等温时，随着压力升高，从 J 点到 M 点，液相逐渐减少，出现了液体反向蒸发为气体的现象，此为等温逆向蒸发区。而在 M_PC_m 区域内，等压下，随着温度升高，从低温的 K 点到高温的 L 点，气体逐渐减少，出现了气体反向凝聚为液相的现象，与正常情况下等压下温度升高液相变为气相相反，此现象为等压逆向凝聚现象。

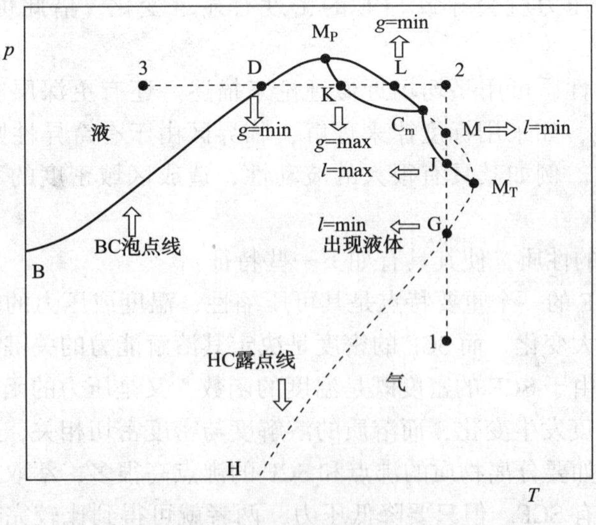

图 6-5　二元物系逆向蒸发与逆向冷凝示意图

6.1.3 超临界流体的特性

超临界流体的物理性质处于气体与液体之间，既具有气体的特性，又具有液体的特性，因此，超临界流体是气体、液体两种流体状态之外的第三流体。临界点处在气液两相的端点，对单组分两相系统，在临界点时，$-\left(\frac{\partial p}{\partial V}\right)_T=0$，因此，其等温压缩率非常大。从相律知，在固定温度下，只要有两相存在，则压力为定值。

同样，因$\frac{T}{C_p}=\left(\frac{\partial T}{\partial S}\right)_p=0$，则在定压下，将热输入系统不会导致温度的升高，这只在某一定量的液体蒸发时存在，否则意味着定压热容将是无穷大。但是等容热容却是定值，因为在等容下加热，蒸气压和温度都在升高，$\frac{T}{C_V}=\left(\frac{\partial T}{\partial S}\right)_V>0$。故在临界点，其状态为$p_c$和$T_c$时，$-\left(\frac{\partial V}{\partial p}\right)_T$和$C_p$两者都将是无穷大。当$-\left(\frac{\partial V}{\partial p}\right)_T=0$，压力不再是系统的一个"好"变量，因其局部密度实际上不再受到压力的限制，即局部密度可在大于分子间距的距离内紊乱地涨落，而密度的涨落会导致强烈的光散射，造成目测的临界现象——临界乳光的出现。

在临近临界点处，非热力学性质也出现了反常的行为。如黏度测量非常困难，但其值或保持定值，或会有很小的发散。热导系数则有更强的发散，扩散速率将接近于零。临界点的发散或反常性还会在超临界态中得到持续，但这将呈衰减趋势。如在临界点p_c和T_c时，等温压缩率为无穷大，但随着T/T_c值的增加，它将逐渐下降。在$1<\frac{T}{T_c}<1.2$的范围内，等温压缩率的值比较大，说明压力对密度变化比较敏感，这已成为SCF有价值的特性之一，即适度的改变压力就会导致SCF的密度有显著变化，借此可以调节SCF的溶解能力。

对这一类的反常性质可用平均场近似理论来描述。还有更深层次的反常性质，需用更精奥的热力学描述，如采用标度律来理解，临界区由于有奇异性则是非经典流体，具有某些不平常的性质。例如其具有很大的波动性，造成区域密度的不均匀性，如图6-6所示。

SCF的这些重要的性质，使其具有如下一些特征：

①溶解性能，SCF的一个重要特点是其可压缩性，温度或压力的较小变化都会引起超临界流体的密度的较大变化。而SCF的密度是决定其溶解能力的关键因素，即SCF的密度可以改变溶解能力。由于SCF的密度既是温度的函数，又是压力的函数。不论改变温度或压力都可使SCF的密度发生变化，而溶质的溶解度与密度密切相关，这就为SCF的过程控制提供了方便。例如如要分离物质的沸点和SCF的沸点高很多，萃取后的SCF中既含有被分离出的物质，又含有SCF。但只要降低压力，两者就可得到比较完善的分离，不需再用耗能高的蒸馏操作等来加以分离。可以使分离物质中的残留溶剂量降到零，对于医药产品、食品和生物产品，就显示出极大的优越性。

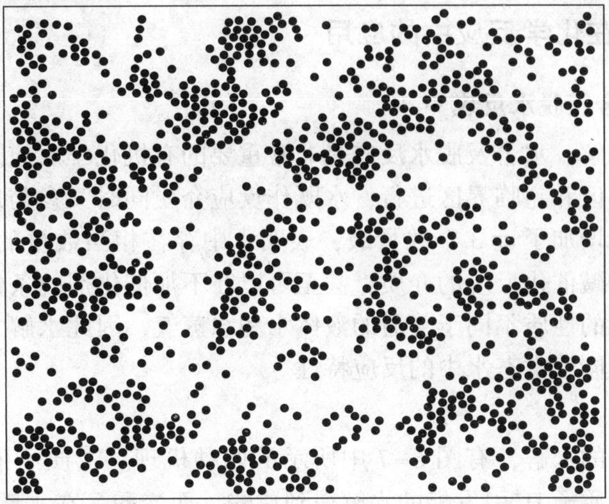

图6-6　超临界流体密度不均匀示意图

②传质性能，流体的传质属性是指流体分子传质的三个性质，黏度系数μ、导热系数k和扩散系数D。表6-2列出了SCF和通常的气体和液体这三种性质数值的比较。

表6-2　SCF、气体及液体的传质性质

流体类别	黏度系数μ/Pa·s	导热系数κ/[W/(m·K)]	扩散系数D/(m^2/s)
气体	$(1\sim3)\times10^{-5}$	$(5\sim30)\times10^{-3}$	$(5\sim200)\times10^{-6}$
超临界流体	$(2\sim10)\times10^{-5}$	$(30\sim70)\times10^{-3}$	$(0.01\sim1)\times10^{-6}$
液体	$(10\sim1000)\times10^{-5}$	$(70\sim250)\times10^{-3}$	$(0.0004\sim0.003)\times10^{-6}$

虽然SCF的密度与液体的密度相近，但从表中数据可知，其黏度却只是液体的百分之一。在相同的流速下，SCF的流动雷诺数比液体的大得多，所以传质系数比液体的大得多。同样从表6-2可知，溶质在SCF中的扩散系数虽只是气体中的几百分之一，但却比在液体中的大几百倍，这表明在SCF中的传质比液相中的溶质要好得多，十分有利于传质和热交换。

6.2　超临界水技术的应用

水的临界温度和压力分别是374.2℃和22.1MPa，此温度及压力之上水则处于超临界状态。在超临界状态下，不仅水的宏观性质如密度、介电常数、扩散系数、电导率以及溶剂化性能等与常态下的水相比都发生了很大的变化，而且其微观结构也有很大的差别。

以水为溶剂的超临界流体技术是近年来发展起来的环境友好、可持续发展的高新技术。与传统溶剂相比，超临界水不仅在生态、经济、安全等方面具有一定的优势，而且由于其密度、离子积和介电常数等可由压力和温度调节，因此其应用受到了广泛关注。

6.2.1 超临界水在化学反应中的应用

6.2.1.1 水解、水合及脱水反应

超临界水中的水解、水合及脱水反应是非常重要的有机化学反应。这些反应一般在水临界点附近的亚临界区和超临界区进行，水既作反应介质同时又参与反应。接近临界点的水的离子积比常态水增加了近3个数量级，表明水中存在相当数量的 H^+ 和 OH^- 离子。此时的水，可以作为酸碱催化反应的介质，甚至可以在不加催化剂的条件下进行酸碱自催化反应。由于超临界水的性质不同于普通的液体水和水蒸气，因此水解、水合及脱水反应在超临界水中表现出不同于常态水中的反应特性。

1. 水解反应

首先是酯类物质的水解，有图6-7中所示的四种机理。①质子催化。也称自催化机理。首先由水解离的质子 H^+ 引发酯的水解得到羧酸，而羧酸又在水解过程中起催化作用，推动反应的进行。这一机理适用于近临界水中的水解反应。②亲核反应。将水由亚临界态变为超临界态后，水解反应速率迅速下降。这是因为羧酸在超临界水中的解离常数很小，其催化作用受到遏制，因此这时的反应机理不再为酸催化，而有可能转化为亲核反应机理。③氢氧离子催化。常态下碱催化的水解反应很快，而在临界点附近的超(近)临界水也能解离出氢氧离子，因此也有可能存在氢氧离子催化的水解反应。④自由基反应，在高温下可能产生一些自由基，这些自由基在水解反应中也会起作用。

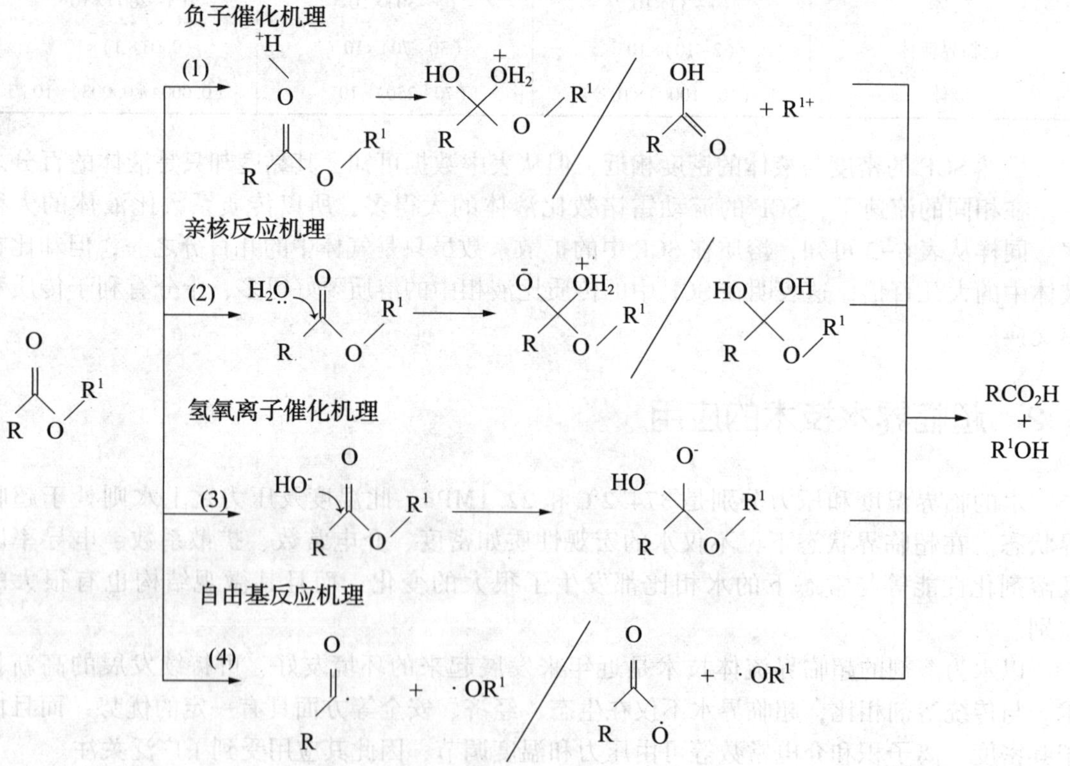

图6-7 酯类物质的水解机理

酯类水解反应中最典型的例子是乙酸酯类的水解，在近临界水中，无需催化剂即可转化为乙酸和相应的醇，如式(6-1)所示，并且取代基(甲基，乙基，丙基，苯基)变化对这类物质的水解反应影响较大。例如，在 350℃、25MPa 条件下，水解速率按苯基、甲基、乙基、丁基顺序递增，平衡转化率分别为 88%、98%、60%、44%。

$$CH_3COOR \xrightarrow{+H_2O} CH_3COOH+ROH \quad (6-1)$$

$$R=—CH_3,\ —C_2H_5,\ —C_3H_7,\ —C_6H_5$$

在 250~450℃温度范围和 23~30MPa 压力范围内，乙酸乙酯水解均得到目的产物乙酸和乙醇。在所有压力下，温度为 350℃时，反应物转化率最高，水解速率最快，该过程可用酸催化机理予以解释。

2-苯丙酸甲酯在反应温度 390℃、密度 0.26~0.57g/cm^3 的超临界水中，其水解反应按式(6-2)的路径进行，主要生成苯丙酸和少量乙苯，乙苯是由苯丙酸脱羧产生的。在此反应条件下，2-苯丙酸甲酯的水解速率常数(k_1)与水的离子积(K_W)的平方根呈线性关系，表明水解离生成的 H^+ 和 OH^- 极大地促进了水解反应的进行。在反应的初始阶段氢氧根离子起主要的催化作用，而随着反应的进行，溶液中羧酸的浓度不断提高，反应机理转为质子催化，即在反应过程中反应机理发生了变化。说明酯类物质在超(近)临界水中的水解不能用单一的机理来解释，水的状态不仅影响反应速率，而且影响反应机理。

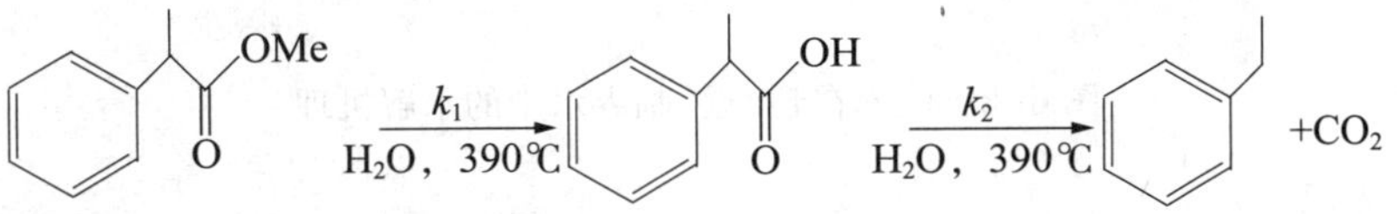

(6-2)

乙酸甲酯为乙烯醇生产过程中的副产品，因工业应用价值不高，需水解回收生产原料乙酸和甲醇。传统的固定床法阳离子交换树脂催化水解工艺，平衡转化率低、后续精馏能耗高、催化剂易粉化。采用超临界条件下的乙酸甲酯水解，体系呈均相，无传质限制，同时利用水的高离解度，过程无需加入催化剂。以低比例的水与乙酸甲酯的物质的量[(2∶1)~(7.8∶1)]、温度 523~673K，压力 23~32MPa 的研究，结果表明在超临界条件下的乙酸甲酯的水解反应平衡基本取决于水酯比。在优化的操作条件下，150~200s 的停留时间，水解反应的选择性几乎为 100%。当进口水酯比降低到 2∶1 时，其出口转化率可达 41%，具有一定的工业应用前景。

含氮类有机物(主要指酰胺、腈等)，也可在无催化剂的条件下发生超临界水解反应，生成相应的羧酸和氨。例如，乙酰胺和苯甲酰胺分别水解生成乙酸和苯甲酸。乙腈则首先水合为相应的酰胺，再进一步水解为氨和羧酸，以有机胺盐的形式存在[式(6-3)]。

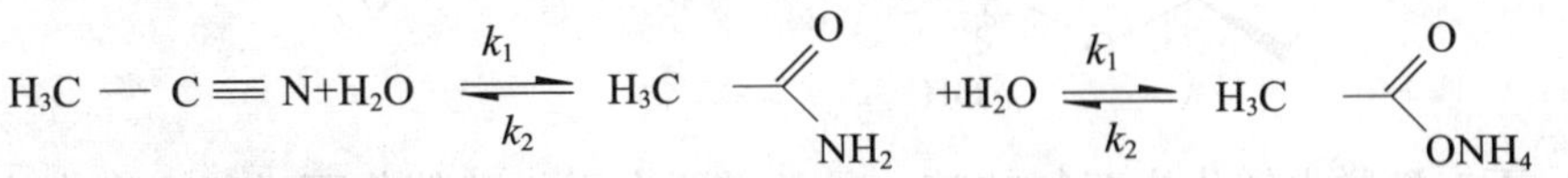

(6-3)

含有其他杂原子的有机物的超临界水解也有报道。例如，溴苯在超临界水中发生水解反应，在 400℃、38MPa 条件下，反应产物为苯、联苯，而不是苯酚。Jähnke 等提出了如图 6-8 所示的反应机理，其中不锈钢反应器壁有催化作用。

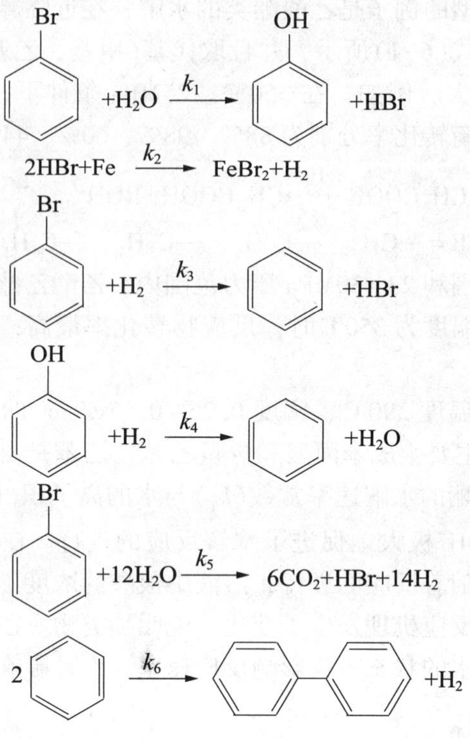

图6-8　溴苯在超(近)临界水中的水解机理

2. 脱水反应

含有羟基的有机物可以在超临界水中发生脱水反应。对于含有多个羟基的有机物，大部分无需催化剂，即可在超临界水中发生脱水反应，生成不同的产物。含有3个羟基的甘油，脱水反应在高于350℃的水中实现，生成唯一的产物丙烯醛[式(6-4)]。而含有5个羟基的果糖，在250~350℃、25MPa条件下，脱水生成5-羟甲基糠醛[式(6-5)]，选择性可达30%，转化率60%。

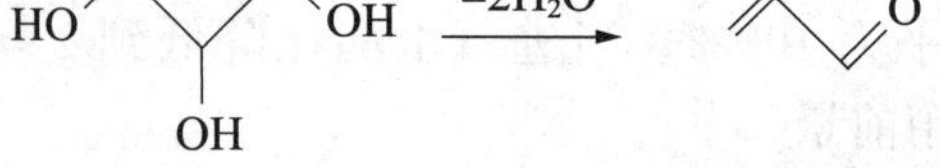

(6-4)

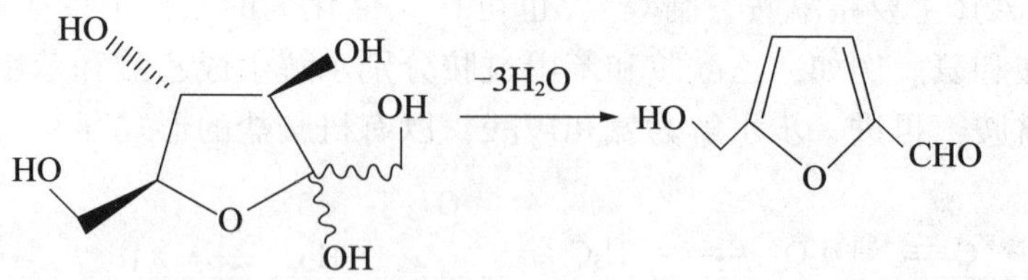

(6-5)

1，4-丁二醇脱水转化为四氢呋喃，通常需要在无机酸催化下进行，会带来腐蚀污染等问题。而在300~400℃、23~35MPa的超(近)临界水中，无需催化剂，即可在很短的时间(15~165s)内发生脱水反应，生成四氢呋喃的选择性几乎达到100%。其反应机理可用式(6-6)所示的质子催化机理解释。

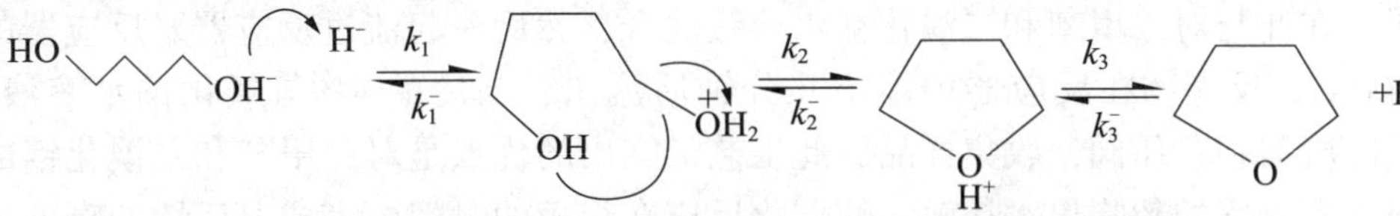
(6-6)

3. 水合反应

以氧化钼/氧化铝为催化剂，在超(近)临界水中，丙烯发生催化水合反应，生成惟一的产物异丙醇，其转化率在临界温度附近达到最大值。这主要是与水的离子积有关，体相中 H^+离子浓度与催化剂表面质子酸活性点的数目和活性有关，从而对反应产生直接影响。

总之，由于临界点附近水的离子积较大，因此水解、水合、脱水反应都可在无酸、碱催化的条件下进行，并且反应速率快，转化率高，目的产物的选择性也高，是一种优良的有机合成途径。

6.2.1.2　部分氧化反应

超临界水中的氧化反应可以分为完全氧化和部分氧化两类。环保领域应用的超临界水氧化是将有机废物和空气、氧气等氧化剂在超临界水中的完全氧化而将有机污染物去除。而部分氧化则通过控制反应过程的氧化程度，达到控制产物分布，以生产所需目的产物。控制有机物在超临界水中氧化程度的途径主要是调节反应过程参数，即通过调控反应时间、温度、压力等因素调节反应产物。例如异丁烯能选择性地氧化成异丁醛，转化率可达80%，选择性达到50%。控制反应条件还可以将甲烷在超临界水中氧化成甲醇，而避免完全氧化为二氧化碳。目前超临界水部分氧化反应，以碳氢化合物和含氧有机物的部分氧化居多，主要代表性工作列于表 6-3 中。

表 6-3　超临界水中的部分氧化反应

反应物	氧化剂	催化剂	反应温度/℃	反应压力/MPa	主要产物
乙醇	氧气	无	410~470	24. 5	甲醛
甲烷	过氧化氢	无	375~450	22~35	甲醇，甲醛
对二甲苯	过氧化氢	二溴化锰	400	24~28	对苯二甲酸
环己烷	氧气	无	350~420	25~30	环己烯，环己醇，环己酮
异丁烯	氧气	无	350~420	25~30	异丁醛，异丁醇
丙烷	氧气	氧化钴	360~420	16. 7~28	甲醇，乙酸，丙酮
十八酸	氧气	无	420	40	小分子有机酸
甲醇	过氧化氢	银/铜	390~450	22~35	甲醛等

1. 对二甲苯的氧化反应

对苯二甲酸是生产聚对苯二甲酸乙二酯的重要原料，其生产系由对二甲苯氧化而来。现有工艺主要采用乙酸为溶剂，二溴化锰为催化剂，存在副产物多、分离困难、腐蚀设备、污染环境等问题。而超临界水中对二甲苯氧化反应有望克服现有工艺中存在的这些问题。

采用连续式反应装置将过氧化氢水溶液由高压泵注入一个三通混合器，与高压冷水混合，然后在预热器中加热至400℃，过氧化氢分解产生氧气。含有氧气的超临界水流向四通混合器，在此与对二甲苯和二溴化锰水溶液混合，然后一起流过反应器。反应器的温度保持在400℃，反应物在反应器中停留几分钟后流出，与冷的4%氢氧化钠水溶液相遇，然后经过冷凝器和背压阀，收集样品。此工艺最突出的优点是对二甲苯和二溴化锰的冷流体同时与含有氧气的超临界水接触，使催化反应在很短的时间内完成，后续的降温过程避免了二溴化锰的分解及对管路的腐蚀。氢氧化钠主要用于中和对苯二甲酸，防止其沉淀堵塞管路，同时氢氧化钠可导致锰(Ⅱ)离子沉淀，使其以氧化物或氢氧化物的形式被过滤除掉，从而避免了产品的污染。

在400℃、25MPa条件下，以二溴化锰为催化剂，采用以上工艺，得到了选择性高达95%的对苯二甲酸，而副产物只有苯甲酸，减少了后续分离所需要的费用，这是一个具有开发前景的反应。在此尽管也采用了二溴化锰催化剂，但未对反应器壁造成腐蚀，而且90%的二溴化锰可以回收利用。

2. 羧酸的氧化反应

羧酸氧化为小分子有机物是一类重要的反应，它们在超临界水中的氧化反应表现出一些特殊性，其机理为自由基反应。在羧酸分子中，处在α-位的氢最活泼，因而最容易被氢氧自由基夺取，而使α-位的碳被氧化，生成过氧自由基。此过氧自由基可以从体系中夺取1个氢原子生成过氧化物，由于该过氧化物并不稳定，分解生成新的自由基，继续夺取体系中的氢原子，生成α-羟基羧酸。不稳定的α-羟基羧酸发生消去反应，生成比原料羧酸少1个碳原子的醛和甲酸，而生成的醛继续被氧化为羧酸，甲酸则可以被氧化为二氧化碳和水。因此，α-位碳的氧化可导致$C_1 \sim C_{n-1}$羧酸及相应醛的生成。而处在β-位的碳，在其氧化过程中β-酮酸和β-羟基酸是重要的中间产物。而β-酮酸很容易脱羧生成β-酮，生成的β-酮也可以进一步氧化为乙酸、低分子量的羧酸和β-酮酸、β-酮、二酮等。β-羟基酸则能脱羧生成α、β-不饱和羧酸。γ-位碳的也发生氧化反应生产γ-酮酸和γ-内酯，反应的可能途径为氢氧自由基进攻γ-位碳生成γ-羟基酸，然后γ-羟基酸发生了两个反应，一是进一步氧化生成γ-酮酸，二是脱水生成γ-内酯。α、β、γ-位碳上总的反应网络可用图6-9表示，图中标有＊的物质为实际检测到的中间产物。

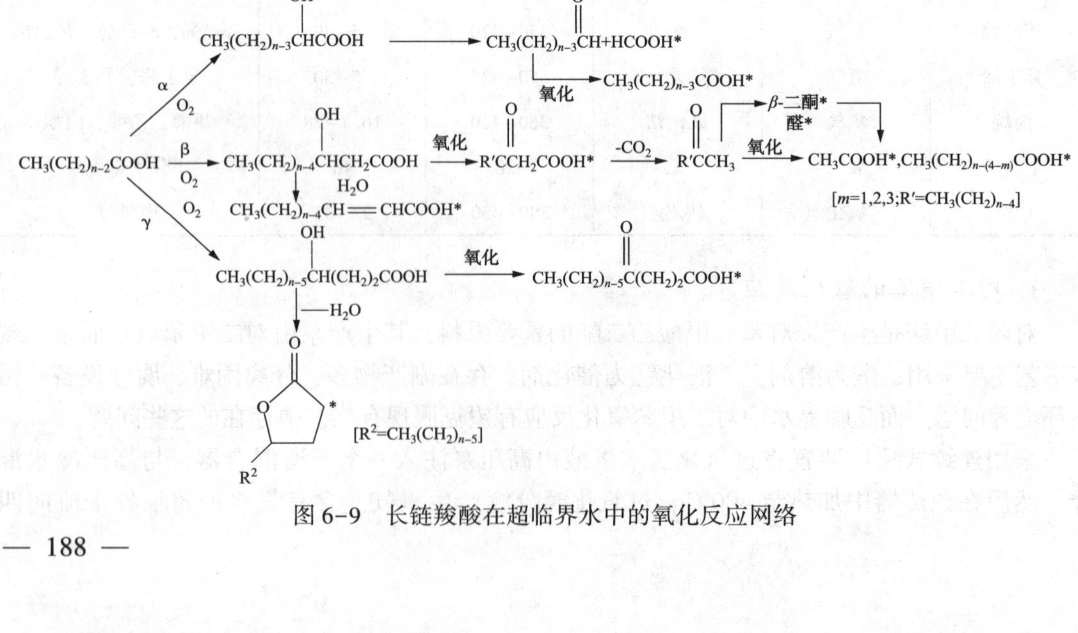

图6-9　长链羧酸在超临界水中的氧化反应网络

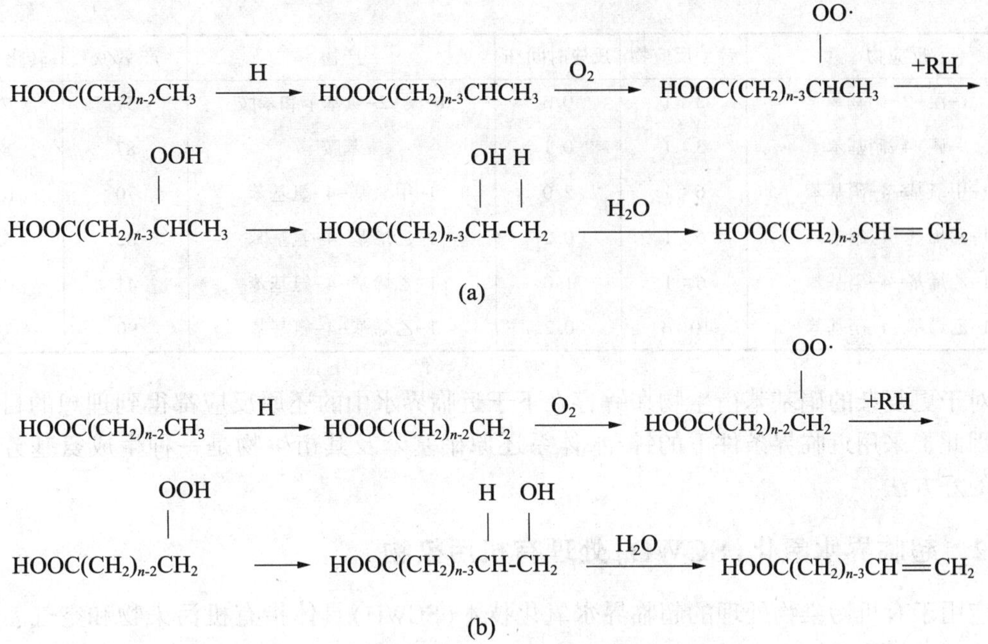

图 6-10　长链羧酸中 ω-1-位碳的(A)和(B)途径的氧化反应网络

虽然氧化一般发生在靠近羧基的碳上，但对远离羧基的碳的氧化也是可能的。在硬脂酸的超临界水氧化中检测到了含端基不饱和键的羧酸，它们可能通过图 6-10 中(A)和(B)两种途径对 ω-1-位碳原子的氧化得到。

总之，超临界水中的氧化反应为均相反应，大大提高了传质及反应速率。对于超临水中有机物的部分氧化反应，通过控制反应参数(温度、压力、反应时间、进料比等)可以控制反应产物的组成，有望为有机合成提供一条新途径。

6.2.1.3　还原反应

超临界水中有机物的还原反应也是一类重要的反应。表 6-4 显示了在 250℃、密度 0.6~0.8g/cm^3 的近临界水中，硝基苯及其衍生物被锌还原的反应。由表可见，在实验条件下，反应物的硝基都被还原为氨基，并且产率和转化率都较高。

表 6-4　硝基苯及其衍生物在 250℃的近临界水中的还原反应

反应物	锌：反应物	反应时间/h	产物	产率/%	转化率/%
硝基苯	3：1	2.5	苯胺	98	90
硝基苯	9：1	0.3	苯胺	97	96
硝基苯	3：1	2.0	苯胺	93	100
硝基甲苯	3：1	2.5	氨基甲苯	85	85
硝基间二甲苯	6：1	2.5	氨基间二甲苯	90	55
1-氯-2-硝基苯	3：1	1.5	1-氯-2-氨基苯	88	93
1-氯-2-硝基苯	9：1	0.2	1-氯-2-氨基苯	86	89

续表

反应物	锌：反应物	反应时间/h	产物	产率/%	转化率/%
1-溴-2-硝基苯	3：1	0.3	1-溴-2-氨基苯和苯胺	57	72
1-碘-4-硝基苯	3：1	0.1	苯胺	87	86
1-甲氧基-4-硝基苯	6：1	2.0	1-甲氧基-4-氨基苯	70	100
1-乙烯基-4-硝基苯	6：1	0.2	1-乙烯基-4-氨基苯	82	55
1-乙烯基-4-硝基苯	6：1	1.0	1-乙烯基-4-氨基苯	41	100
1-乙烯基-4-硝基苯	10：1	0.2	1-乙烯基-4-氨基苯	90	77

对于更复杂的硝基苯衍生物在锌存在下于近临界水中的还原反应都得到理想的目的产物。因此，采用近临界条件下的锌/水体系还原硝基苯及其衍生物是一种生成氨基芳香化合物的好方法。

6.2.2 超临界水氧化(SCWO)处理有机污染物

应用于有机污染物处理的超临界水氧化技术(SCWO)具体指有机污染物和空气、氧气等氧化剂在超临界水中进行完全氧化反应而去除有机污染物。在超临界水氧化过程中，由于超临界水对有机物和 O_2 都是很好的溶剂，因此有机物的氧化可以在富氧的均一相中进行，反应不受相间传质阻力的影响。有机污染物在超临界水中的氧化反应，可以用以下几个化学反应式表示：

$$\text{有机化合物}+O_2 \rightarrow CO_2+H_2O \tag{6-7}$$

$$\text{有机化合物中的杂原子} \xrightarrow{[O]} \text{酸、盐、氧化物} \tag{6-8}$$

$$\text{酸}+NaOH \rightarrow \text{无机盐} \tag{6-9}$$

超临界水氧化反应完全彻底，有机物转化为 CO_2，氢转化为水，卤素原子转化为卤化物的离子，硫和磷分别转化为硫酸盐和磷酸盐，氮转化为硝酸根和亚硝酸根离子或氮气。为了防止在反应器中生成的硫酸、硝酸及磷酸等酸性物质对设备造成酸腐蚀，通常在待处理的废物中加入适量的 NaOH 进行预中和。

SCWO 由于具有处理效率高、反应彻底快速、处理范围广、过程封闭性好、反应器结构简单、体积小、生成的产物不需要后续处理、不形成二次污染、以及无机盐可以回收利用等优点，在有机污染物处理领域越来越受到重视。与湿式空气氧化法(WAO)相比，其反应速度更快、时间短，反应的终产物是 CO_2 和水及无机盐，无须进一步处理而不产生二次污染。

典型的 SCWO 处理操作温度一般在 400~600℃，比焚烧炉内 2000~3000℃的温度要低得多。因此不会产生在焚烧炉中经常产生的二噁英等有害物质。另外，由于超临界水反应器是封闭的，热量的散发损耗少，如果废水中有机物的含量超过 10%，可实现能量自给。而焚烧炉则要求废料中有机物的含量大于 30%，否则需要外加燃料。SCWO 比 WAO 和燃烧法等传统的废水处理技术具有一些独特的优势，表 6-5 中列出了 SCWO、WAO 及焚烧法的比较。

表 6-5　SCWO、WAO 及焚烧法的比较

参数与指标	SCWO	WAO	焚烧法
温度/℃	400~600	150~350	2000~3000
压力/MPa	30.0~40.0	2.0~20	常压
催化剂	不需要	需要	不需要
停留时间	<60s	15min~2h	>10min
去除率	≥99.99%	70%~90%	99.99%
自热	是	是	不是
适用性	普适	受限制	普适
排出物	无毒、无色	有毒、有色	含 NO_x，二噁英等
后续处理	不需要	需要	需要

SCWO 对传统方法难处理的有机废水体系具有很大的潜在优势。美国 Modar 公司于 1985 年建成了世界上第一套 SCWO 装置，可处理有机废水 950L/d。1994 年 Modac 环境公司为德国的药商联合公司在德国 Pfinztal 建设了一套处理高浓度制药废水的 SCWO 装置，该装置还能处理市政废水污泥和其他用户提供的工艺废物。1995 年日本 Organo 公司在户田中心研究实验室建成日本第一套 SCWO 中试示范装置，用于处理废水污泥。

国内对 SCWO 装置的研究始于 20 世纪 90 年代中期，从 SCWO 装置的工艺、材料、反应器结构、进气(氧)方式等进行探索，建立了间歇式或连续式实验装置，并开发中试和工业化装置。

SCWO 具有广谱性，可以氧化降解绝大多数的有毒、有害废物，目前处理的有机废水和废物种类涉及如下种类。①有机氮废水，包括各种硝基废水等；②卤化脂肪和卤代芳香类废水，包括三氯己烷、二氯乙烯、氯代甲苯、二氯联苯、DDT 和二噁英等；③苯及苯酚废水，包括农药、化肥、焦化废水等；④氰化废水，包括丙烯氰废水、电镀废水、选矿含氰废水等；⑤造纸废水，包括造纸黑液等；⑥印染废水，包括含酚、色素的制革废水等；⑦垃圾渗滤液，包括各种生活和工业垃圾渗滤液等；⑧爆炸品、火箭推进剂、导弹废液、毒气、毒液等；⑨固体废弃物，包括废塑料、废电池、废弃电子物等。

6.2.2.1　反应机理

有机物在超临界水中氧化的大致过程是：当向超临界水中通入氧时，活泼的氧进攻有机物分子中较弱的 C—H 键产生重要的自由基 $HO_2 \cdot$。它与有机物中的 H 生成 H_2O_2，H_2O_2 进一步分解为亲电性很强的自由基 $HO \cdot$，自由基 $HO \cdot$ 与含 H 有机物作用生成自由基 $R \cdot$。$R \cdot$ 与氧作用生成过氧化自由基 $ROO \cdot$，$ROO \cdot$ 进一步获取 H 原子生成过氧化物。过氧化物通常分解生成分子较小的化合物，如此循环，直到生成 CO_2、H_2O、N_2 等无害物质。有机物中的 S、Cl、P 等元素则生成硫酸盐、NaCl、磷酸盐等盐类不溶于超临界水而沉淀排出，而金属则生成氧化物，基本上完全分解成为无害的 CO_2 和溶解性盐类。

此反应过程示意如下：

$$RH+O_2 \rightarrow R\cdot +HO_2\cdot \qquad (6-10)$$

$$RH+HO_2\cdot \rightarrow R\cdot +H_2O_2 \qquad (6-11)$$

$$H_2O_2+M \rightarrow 2HO\cdot \qquad (6-12)$$

M可以是均质或非均质界面，在反应条件下，过氧化氢也可以热解为羟基。羟基具有很强的亲电性，其电子亲和能为586kJ，标准电极电位为2.8V，因此是一种氧化性极强的氧化物种，几乎可以与所有的含氢化合物作用，逐步将其脱氢、脱碳，直到彻底矿化。

$$RH+HO\cdot \rightarrow R\cdot +H_2O \qquad (6-13)$$

式(6-10)、式(6-11)和式(6-13)中产生的自由基R·可以和O_2作用生成过氧化自由基，后者进一步获取氢原子生成过氧化物。

$$R\cdot +O_2 \rightarrow ROO\cdot \qquad (6-14)$$

$$ROO\cdot +RH \rightarrow ROOH+R\cdot \qquad (6-15)$$

过氧化物通常分解生成分子较小的化合物，这种断裂快速地进行，直到生成甲酸或乙酸，甲酸或乙酸最终也矿化为CO_2和水。自由基(HO·)和(HO_2·)参加的链反应实质上是通过H去除机理实现，一般认为H去除是速率控制步骤。

6.2.2.2 SCWO反应器

在超临界水氧化装置的整体设计中，最关键的设备是反应器。反应器结构有多种形式。

1. 三区式反应器

Hazelbeck设计的三区式反应器结构如图6-11所示，整个反应器分为反应区、沉降区、沉淀区三个部分。反应区与沉降区由蛀石隔开，上部为绝热反应区。反应物和水、空气从喷嘴垂直注入反应器后，迅速发生高温氧化反应。由于温度高的流体密度低，反应后的流体因此向上流动，同时把热量传给刚进入的废水。而无机盐由于在超临界条件下不溶，导致向下沉淀。在底部漏斗有冷的盐水注入，把沉淀的无机盐带走。在反应器顶部还分别有一根燃料注人管和八根冷/热水注入管。在装置启动时，分别注入空气、燃料、和热水(400℃左右)，发生放热反应，然后注上入被处理的废水，利用提供的热量带动下一步反应继续进行。当需要设备停车时，则由冷/热水注入管注入冷水，降低压应器内温度，从而逐步停止反应。

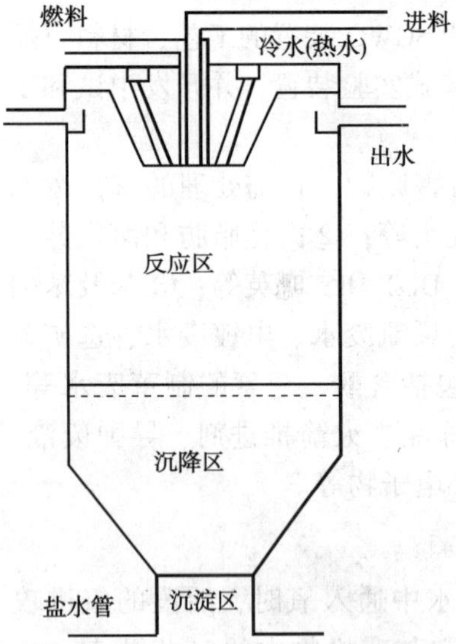

图6-11　三区式反应器结构

设计中需要注意的是反应器内部从热氧化反应区到冷溶解区，轴向温度、密度梯度的变化。从反应器壁温与轴向距离的相对关系中，以水的临界温度处为零点，正方向表示温度超过374℃，负方向表示温度低于374℃。在大约200mm的短距离里，流体从超临界反应态转变到亚临界态。反应器中高度的变化可使被处理对象的氧化以及盐的沉淀、再溶解在同一个容器中完成。

2. 固气分离式反应器

该反应器为一种固体-气体分离同用的反应器(见图 6-12)。为了连续或半连续除盐，需加设一固体物脱除支管，可附设在固体物沉降塔或旋风分离器的下部。来自反应器的超临界水(含有固体盐类)，从入口 2 进入旋风分离器 1，经旋风分离出固体物后，主要流体由出口 3 排出。同时带有固体物的流体向下经出口 4 进入脱除固体物支管 5。此支管的上部温度为超临界温度，一般为 450℃以上，同时挟带水的密度为 0.1g/cm^3，而在支管底部，将温度降至 100℃以下，水的密度约 1g/cm^3。利用水循环、冷却法沿支管长度进行冷却，或将支管暴露于通风的环境中，或在支管周围缠绕冷却蛇管(注入冷却液)等。通过入口 6 可将加压空气送到夹套 7 内，并通过多孔烧结物 8 涌入支管中，这样支管内空气会有所增加。通过阀门 9 和阀门 10，可间断除掉盐类。通过固体物夹带的或液体中溶解的气体组分的膨胀过程，可加速盐类从支管内排出。然后将阀门 10 关闭和阀门 9 打开，重复此操作。

3. 流动反应器(SUWOX)

SUWOX 为了避免腐蚀问题而设计的，其主要由反应筒和高压容器两个容器组成。结构见图 6-13，内外容器间隙由多孔填料填充，并且使高压水从下向上流动，这样反应筒的内外壁所受的压力基本一样，因此可减少内胆反应筒的壁厚，节约高价的内胆合金材料，只需定期更换反应筒，外面的高压容器由于不与反应流体接触不受到腐蚀。

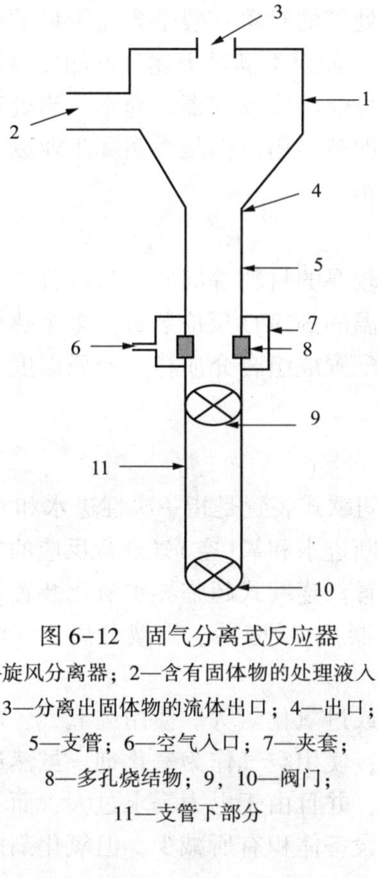

图 6-12　固气分离式反应器

1—旋风分离器；2—含有固体物的处理液入口；3—分离出固体物的流体出口；4—出口；5—支管；6—空气入口；7—夹套；8—多孔烧结物；9，10—阀门；11—支管下部分

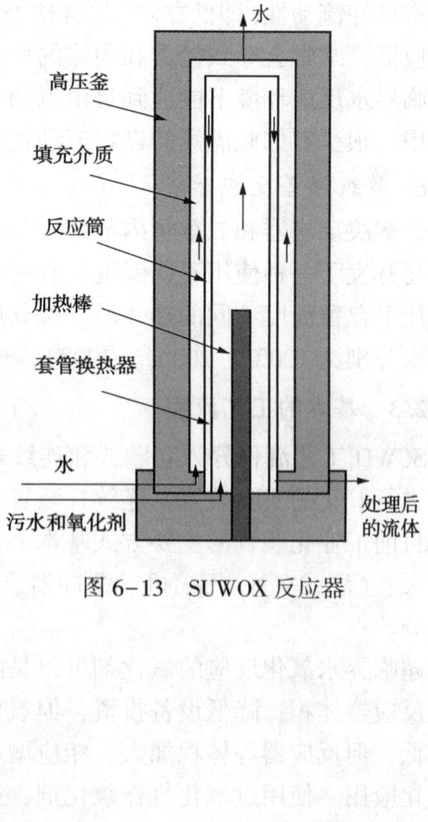

图 6-13　SUWOX 反应器

4. 蒸发墙反应器(TWR)

蒸发墙反应器(Transpiring Wall Reactor)是借鉴蒸汽轮机的原理而设计的一种新型超临界水氧化反应器。它是由日本某公司设计的一种超临界水氧化反应装置。它更好地解决了无机盐类在反应壁内的附着及反应器的堵塞、腐蚀问题。有机废水与碱液、O_2 等混合，由污水管送入反应器中的超临界区域，同时将空气经耐压容器内壁与反应器外壁之间的空隙，喷入由多孔烧结金属筒体组成的反应器内。虽然在超临界区域内，无机盐类因溶解度减小而析出，但由于空气的不断喷入，在反应器内壁表面形成一个气膜，使无机盐类不会在反应器内沉积。它们被送到亚临界区域，溶解于亚临界水中，由下端排出管排出，可防止反应器的堵塞和腐蚀问题。处理后的产物(主要是密度小的气体)由上部排出。

5. 盘管式反应器

盘管式反应器是由一个内部盘管式反应器和一个外部承压容器组成，两者之间充满保温充压液体。内部反应盘管由抗高温和抗腐蚀材料(如特殊陶瓷、玻璃)制成，承受高温和强腐蚀的超临界水氧化环境；外部容器为主要承受对象，由抗高压材料(高强度合金)制成，承受略低于超临界反应环境的压力，同时对内部盘管反应器起到保温作用。盘管式反应器的优点是发挥不同材料的优势来承受超临界水氧化反应苛刻的条件(高温、高压和强腐蚀)；利用充压液体来保持压力平衡使特殊材料得以使用；利用盘管收放自如的特点使面积能更有效地利用。

管式反应器是形状最简单的超临界反应器，它所处理的对象一般是含盐量低的废水或者具有良好流动性(即低黏度)的含盐类和固体的废水。如果不满足上述条件的废水进入管式反应器，常常会导致盐类和固体的堆积，最后甚至可能堵塞反应器。通常，当处理对象在超临界水反应环境下能达到自由流动，管式反应器即被采用。但是在实际工业废水处理过程中，很少有如此满意的良好流动性的含盐含固废水。

6. 多级温差反应器

为解决反应器和二重管内部结垢及使用大量管壁较厚的材料等问题，日本日立装置建设公司开发了一种使用不同温度、有多个热介质槽控温的SCWO反应装置，多个热介质槽在常压下存留温度不同的热介质，按其温度顺序串联配置成组合介质槽，介质温度从左至右依次分别为100℃、200℃、300℃、400℃和500℃。

6.2.2.3 基本的工艺流程

SCWO工艺流程分为间歇式和连续式两种形式。间歇式装置是指一次性进水和氧(空)气，进行氧化的实验装置。连续式装置是指能够不间断进水和氧(空)气进行反应的实验设备，目前工业化装置的主要方式基本上都是连续式装置。连续式超临界水氧化装置可分为高压泵、(氧或空气)压缩机、缓冲器、加热器(换热器)、反应器、固液分离、气液分离等部分。

超临界水氧化反应的氧化剂可以是纯氧气、空气或过氧化氢等。使用纯氧气，可大大减少反应器体积，降低设备投资，但氧化剂成本提高；使用空气作为氧化剂，虽然运行成本降低，但反应器等体积加大，相应增加设备的投资，并且由于电力需求过大，而不适于工业化应用。使用过氧化氢作氧化剂，虽然反应器等设备体积有所减少，但氧化剂成本有所提高，另外，过氧化氢氧化能力较差，有机物分解效率将会降低。一般以氧气作为氧化剂，易于工业化操作，用电少，整体运转费用低，便于工业化运行，其工艺流程如图6-14所示。

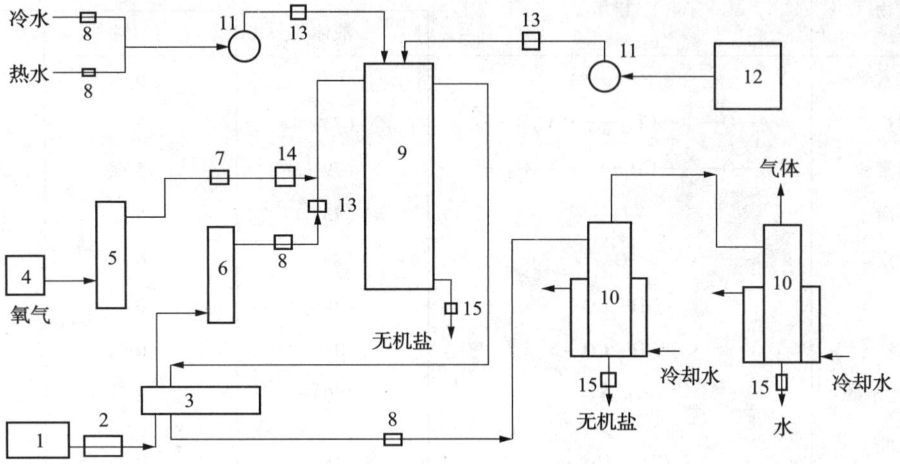

图6-14　超临界水氧化工艺流程

1—污水池；2—高压柱塞泵；3—内浮头式换热器；4—氧气压缩机；5—氧气缓冲罐；6—液体缓冲罐；7—气体调节阀；8—液体调节阀；9—超临界水氧化反应器；10—分离器；11—高压柱塞泵；12—燃油储罐；13—液体单向阀；14—气体单向阀；15—防堵阀门

由图6-14可见，将废水放置于一污水池中，用高压柱塞泵将废液打入热交换器、废水热器内束管中通过，之后进入缓冲罐内，同时，启动氧气压缩机，将氧气打入一氧气缓内。废水与氧气在管道内混合之后进入反应器，在高温高压条件下，使水达到超临界状态，废水中的有机污染物被氧化分解成无害的二氧化碳、水，含氮化合物被分解成氮气等无害气体，硫、氯等元素则生成无机盐，由于气体在超临界水中溶解度极高，因此在反应器中成为均一相，从反应器顶部排出，无机盐等固体颗粒由于在超临界水中溶解度极低而沉淀于应器底部，超临界水与气体混合的流体通过热交换器冷却后进入分离器，为使分离更加彻往往再串联一级气液分离器。分离器的下半部分安装有水冷套管，使超临界流体进一步降温，水蒸气冷凝。

6.2.3　超临界水中聚合物的降解

由于超临界水的独特性质，近年来其在废聚合物的降解再资源化上得到了广泛的关注。由于超临界水能够溶解反应产物，既避免进一步的分解而形成积碳，又提高了产率和选择性，充分显示出超临界反应技术的优点。超临界水的存在还可使热解反应的操作温度有所下降，因为在传统的热解反应中，高温除了用来提供热能外，而且也用来增加热解反应的饱和蒸汽压，由于超临界水能溶解所得产物，会使反应温度下降。

在不需酸碱催化剂条件下可很快将蛋白质类动物生物质和纤维素等植物生物质水解为氨基酸、葡萄糖等，废塑料可快速地分解成单体或低聚物。这类裂解萃取工艺在物料转化方面很有前景，也是当前超临界流体技术中的研究热点之一。表6-6列出用超临界水(SCW)分解有关物质的产物。由此表可见，许多废品可以通过SCW处理，得到产品，既消除了污染，又得到产品，变废为宝，所以深受研究者青睐。

表 6-6 在 SCW 条件(T=673.2K，ρ=0.5g/cm^3，停留时间 10min)

反应物	键	产率/%		
		液体	气体	固体
纤维素	—O—	100	0	0
木材	—O—、$—CH_2—$、$—C_2H_4—$	(73)	5	22
木质素	—O—、$—CH_2—$、$—C_2H_4—$	(79)	5	16
甲壳质	—O—	(73)	5	5
甲壳素	—O—	(89)	6	4
丝	—NH—CO—	100	0	0
尼龙	—NH—CO—	100	0	0
聚对苯二甲酸乙二酯	—OCO—	(20)	2	(78)
聚乙烯	$—CH_2—CH_2—$	15	0	85
聚苯乙烯	$—CH(C_6H_5)—CH_2—$	(97)	3	0

注：括弧中的值是从以碳为基础的物料衡算计算值。

从上表可见，一般采用的温度和压力范围在 380～400℃和 25～40MPa，聚合物样品的醚、酯或酰胺键等在 2min 内就可分解，碳链如聚苯乙烯也可完全分解得到甲苯、二甲苯、苯乙烯和水溶性化合物。

6.2.3.1 生物质水解

1. 纤维素水解制备葡萄糖

纤维素作为潜在的物质资源是人类未来的能量、食物和化学原料的重要来源。自 20 世纪 70 年代起，随着石油资源的紧张，如何充分利用可再生纤维素资源引起了国内外的重视。纤维素被认为是非常有应用潜力的可再生资源，以此为原料，可以生产能源、化学品、食品和药物等。我国秸秆等纤维素物质的利用率很低，绝大部分地区都是采取焚烧的办法处理，随之排放出大量的有害气体，不仅污染了大气，影响气候和生态系统，而且也是对可再生资源的浪费。因此纤维素超临界水解技术的研究关系到开发新资源、解决能源危机、保护环境的一项重要内容。要实现这一过程，关键是纤维素如何水解转化制备葡萄糖。

纤维素是以 β-1，4-苷键结合的多糖聚合物，经酸法或酶法可转化为葡萄糖及一系列产物。酸法水解是较成熟的方法，通常纤维素水解是高温下酸水解，但是这种方法反应速率慢、腐蚀性强，产生大量酸性废水，污染环境，同时在酸性条件下，葡萄糖还会二次分解，对产物有影响，而且纤维素的转化率低。酶法水解虽然设备简单、反应条件温和、原料转化率高以及不污染环境等，但是纤维素的酶法水解至今仍处于实验室研究阶段，主要原因是纤维素酶的活力不高，重复利用率低而导致处理和使用成本过高。因此，快速、低成本和无污染的纤维素水解方法的研究仍是研究热点。超临界水中纤维素的非催化转化是一个可以避免这些问题的新方法。

水在超临界条件下，本身高度离子化，可作为一种酸催化剂，对纤维素的转化起催化作用。在临界点附近水的物理化学性质可由压力控制，从而控制反应产物的分布。在 40MPa、380℃和 25ms 条件下纤维素水解，葡萄糖的产率高达 75%，远远高于传统酸催化的产率。

超临界水解纤维素只需 0.05s 即可完成，主要产物有赤藓糖、二羟基丙酮、果糖、葡萄糖、甘油醛、丙酮醛以及低聚糖等。纤维素首先被分解为低聚糖和葡萄糖，葡萄糖通过异构化变为果糖，葡萄糖和果糖均可被分解为赤藓糖和乙醇醛或是二羟基丙酮和甘油醛。甘油醛能转化为二羟基丙酮，而这两种化合物均可脱水成为丙酮醛。葡萄糖的转化反应可用图 6-15 所示网络表示，通过控制反应条件可以得到所需的产物。

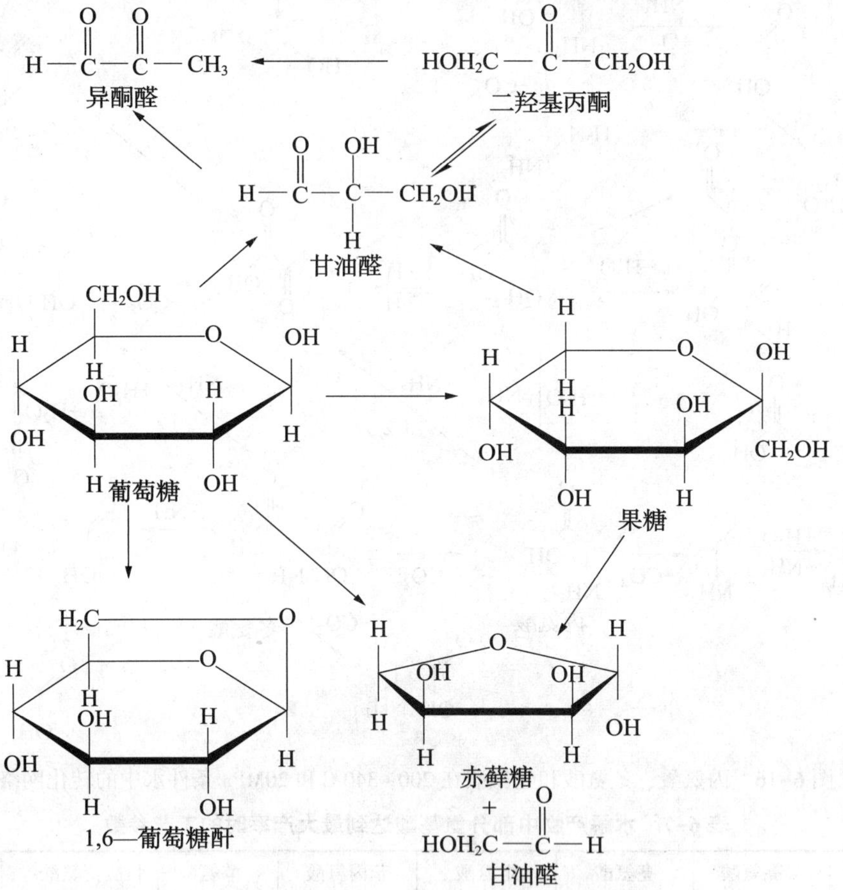

图 6-15　葡萄糖在高温高压超(近)临界水中的反应网络

2. 肉禽类生物质超(近)临界水解制氨基酸

我国的肉禽类生物质资源极其丰富，但高附加值的利用率不到 30%。特别是肉禽生物质加工过程产生的废弃物，重量一般占加工原料的 30%~50%。用超(近)临界水中水解肉禽类生物质，可得到多种氨基酸和 DHA(二十二碳六烯酸)、EPA(二十碳五烯酸)。

直接以小杂鱼、猪肉和鸡肉为原料，在近临界水可快速将其水解为氨基酸、不饱和脂肪酸、油脂、多醣等高附加值的工业原料。反应温度、反应压力和反应时间对水解影响最大。水解产物中不同种类氨基酸的产率随反应温度、压力和时间的变化规律各不相同，图6-16显示了在200~340℃、压力为20MPa条件下对丙氨酸、冬氨酸和丝氨酸的转化网络。此转化过程说明在生物质降解制备氨基酸过程中，对于不同氨基酸产品的最佳的工艺条件各不相同，部分氨基酸的最佳工艺参数见表6-7。

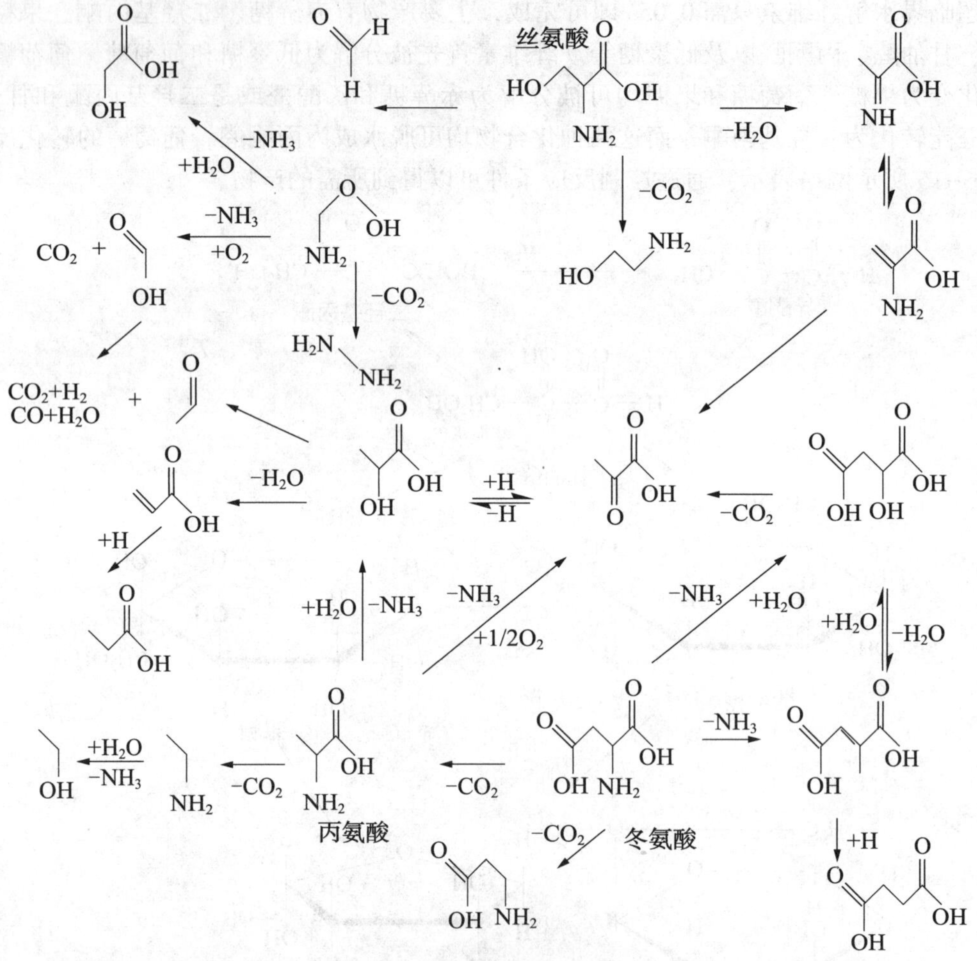

图6-16 丙氨酸、冬氨酸和丝氨酸在200~340℃和20MPa条件水中的转化网络

表6-7 水解产物中部分氨基酸达到最大产率时的工艺参数

氨基酸	异亮氨酸	亮氨酸	组氨酸	苯丙氨酸	酪氨酸	精氨酸	丙氨酸
温度/℃	270	245	257	255	250	282	260
压力/MPa	26	20	16	5	5	5	5
时间/min	17	43	36	34	37	46	12

采用空气、氮气和二氧化碳作为反应气氛对氨基酸产率存在影响，对于亮氨酸、组氨酸和异亮氨酸，氮气或二氧化碳反应气氛较好，而对其它氨基酸以空气作为反应气氛为

好。总之，生物质近临界水解制备氨基酸的工艺，具有快速、无污染、无催化剂等环保优点。

6.2.3.2　合成聚合物的降解

合成聚合物在给我们的生活带来极大方便的同时，使用后废弃物的处理也成了很大的问题。废旧聚合物的回收利用目前主要有直接再生、改性再生、热分解和焚烧等方法。这些方法存在再生次数有限、资源利用率低、产生二次污染等问题，较好的再生利用技术是常温常压下化学分解技术(包括醇解法、水解法等)，即在溶剂和催化剂存在的条件下，在常温常压下使高分子聚合物分解为单体进行回收利用。目前，这种化学分解方法存在着分解速度慢、副反应多、单体和催化剂难以分离等问题。超临界流体技术可以克服上述缺点，是目前受到广泛关注的热点。

目前发现聚对苯二甲酸乙酯(PET)、聚酰胺、聚苯乙烯、聚乙烯、聚氯乙烯、聚碳酸酯、橡胶等可以在超临界水中发生降解。氟碳化合物如 CFC-11，CFC-13 和 CFC-113 以及纤维增强塑料也能在 SCW 中进行分解。在一定条件下，它们可以完全转化为有用的化学原料，这为废旧合成聚合物的回收利用提供了新思路。表 6-8 中列出了一些超(近)临界水中降解的合成聚合物。

表 6-8　超(近)临界水中聚合物的降解

聚合物名称	温度/℃	压力/MPa	主要产物
PET	350~400	10~54	对苯二甲酸，乙二醇
聚苯乙烯	350~450	20~35	苯乙烯，苯，甲苯，二甲苯
聚碳酸酯	330~450	20~35	双酚 A，苯酚
聚乙烯	400~500	30	链烷烃，链烯烃
聚氯乙烯	400~600	37~60	苯，苯酚，乙酸，氯化氢
聚己二酰己二胺	246~425	30~900	ε-己内酰胺
丁苯橡胶	300~450	20~35	苯，甲苯，乙苯等

超临界水分解废旧聚合物具有如下优点：①分解程度高，可以直接获得单体化合物；②反应速度快，生产效率高；③反应过程几乎不用催化剂，易于反应后产物的分离操作。

1. PET

PET 广泛应用于合成纤维、薄膜、塑料，其中 PET 塑料瓶在世界范围内有逐步取代玻璃瓶成为市场上主要饮料容器的趋势。其很容易在临界点附近的超(近)临界水中降解，得到单体对苯二甲酸和乙二醇，反应温度和反应时间对得到的产物影响较大。例如，于 350℃、10.0~54.0MPa 条件下，PET 在水中解聚仅 6min，对苯二甲酸最大收率可达 99%，而乙二醇由于在高温下不稳定，故收率只有 35%左右，超临界水中分解 PET 的最佳反应条件为 400℃、40MPa，此时单体收率可达 100%(表 6-9)。

表 6-9 PET 最佳水解状态

T/℃	p/MPa	t/h	催化剂	单体形式	单体回收率
400	40	0.2	无	PTA，EG	100%

PET 分解生成对苯二甲酸、乙二醇，反应方程式如下：

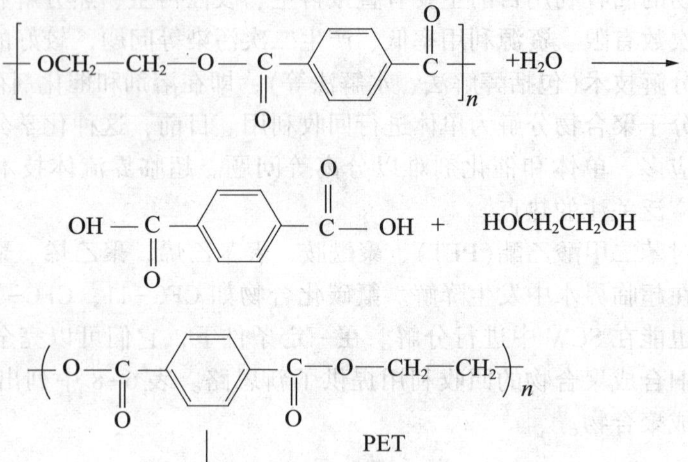

(6-16)

在最佳温压条件(400℃、40MPa)，反应进行 1min 后，PET 分解率为 50%；反应时间为 2min 时，PET 分解率已达 95%；5min 后，PET 达到完全分解。单体对苯二甲酸(PTA)的回收率随反应时间增长而增加，当 t=12.5min 时，回收率达 91%；乙二醇(EG)的收率在反应开始时随反应时间的增长而增加，在 t=5min 时达到最大，回收率为 20%，此后逐渐减少。低聚物生成量在反应开始阶段显著增加，2min 后急剧下降。随着时间延长，最初得到的是其单体，即对苯二甲酸和乙二醇，随后分解或羰化，可得苯甲酸、醋酸和 CO_2 等，基本的反应过程如图 6-17 所示。

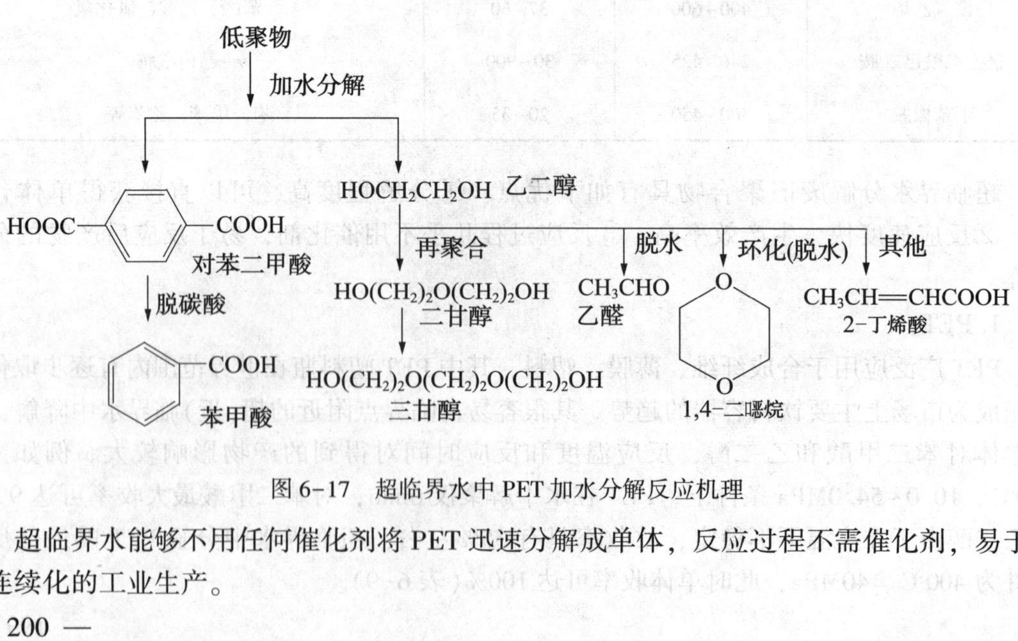

图 6-17 超临界水中 PET 加水分解反应机理

超临界水能够不用任何催化剂将 PET 迅速分解成单体，反应过程不需催化剂，易于实现连续化的工业生产。

2. 聚碳酸酯(PC)

用超临界水对 PC 的分解实验表明，作为分解物的双酚-A 纯度可达 95%，而剩余的 5%又是作为 PC 末端封端剂使用的苯酚，因此此反应的原料回收纯度极高。反应方程式如(6-17)所示。

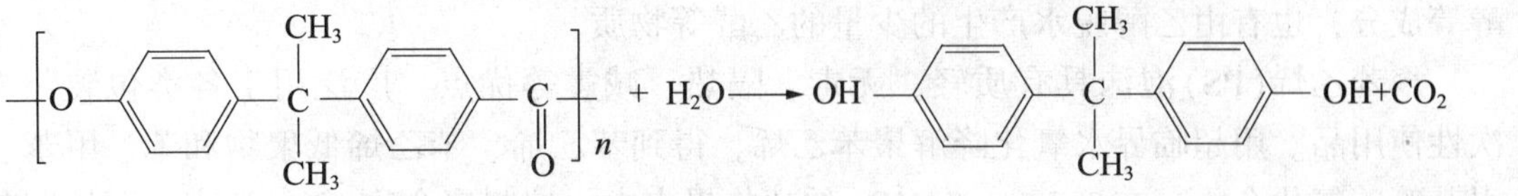

(6-17)

结果表明：分解生成物中有气体、水溶性成分和油状成分。气体主要是 CO_2，含有少量 CO；水溶性成分主要是苯酚，其中含有少量异丙基苯酚；油状成分是双酚 A 的低聚物。

在 325~400℃，随着温度升高，CO_2 量增加，同时产生 CO，比例急剧增加。另外，水相中苯酚的浓度随温度增加而增加，但过临界点之后，反而下降；进一步提高温度，浓度再次增加。在临界温度以上，生成水相中有黑色浮游物生成，温度越高生成量越多。另外，油状成分用甲醇稀释后测定乌氏黏度，结果表明：溶液黏度随温度增高而变小。这被认为是高温生成物分子量变小的缘故。

3. 聚氨酯

聚氨酯是由二异氰酸酯和多元醇反应生成的高聚物，是一种应用广泛的工程塑料。目前工业化技术是用乙二醇法，常温常压下将聚氨酯分解，回收多元醇。但是该法存在反应时间长，需要用催化剂，且产物和催化剂分离较难等问题，超临界水中聚氨酯水解能够克服以上缺点。分解反应式如式(6-18)，产物中的二元胺是二异氰酸酯合成过程中的中间原料，再次合成聚氨酯，多元醇也可回收再利用。

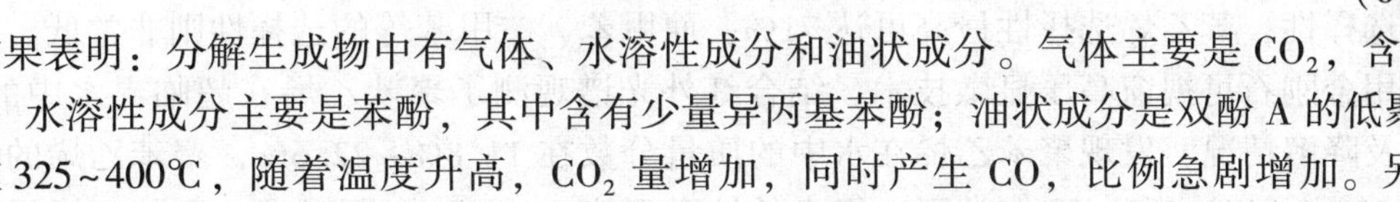

(6-18)

聚氨酯泡沫在 250℃附近几乎完全分解，二元胺和多元醇的收率在 270~320℃接近 100%。320℃以上时，回收率有所降低，这是由于温度过高导致多元醇与二元胺的二次分解。

4. 聚乙烯(PE)和聚苯乙烯(PS)

与缩聚聚合物在近临界水中可以完全降解不同，对于加成聚合碳链 PE 等，其在临界水中的分解速率比缩聚物慢。

400℃下，PE 完全分解需要 4~10h，而 450℃需 1~5h，500℃以上时仅 5min 左右。可见随温度变化，分解速度显著提高。在体系中导入占水量 2%的氧气(0.1~1MPa)，反应效率明显提高，400℃时，2h 分解完全。

通过部分氧化反应在超临界水中分解 PE，在氩气环境的超临界水中，正构烯烃/正构烷烃比率依次高于相同条件下一氧化碳和氧气存在环境中的比率，表明氧气和一氧化碳的加入利于产生更多的正构烷烃。这些结果表明，在超临界水中通过部分氧化和水气转化反应可实现对碳氢化合物的加氢反应，产物分布可由水的密度控制。

另外，粒子变小或与水的接触面积扩大，同样有利于分解速率的提高。当粒径为0.1mm时，400℃下，分解时间仅为10min。分解生成物中油相主要含有链烷烃、链烯烃等，随着反应时间的延长，这些物质可进一步转化成芳香族化合物。在水相中有乙醇、丁醇等成分，也有由乙醇脱水产生的少量的乙醛等物质。

聚苯乙烯(PS)泡沫具有质轻、无毒、隔热、减震等优点，广泛用于各类包装，为一次性使用品。用超临界水氧化降解聚苯乙烯，得到苯乙烯、苯乙烯低聚物和苯、甲苯、二甲苯等碳氢化合物。在382℃、24MPa的超临界水中，控制聚合物/氧气比率，可控制苯乙烯的选择性，苯乙烯选择性最高可达71%，而甲苯、二甲苯等的选择性则非常低。

用金刚石可视窗高压显微技术，结合红外光谱观测了聚苯乙烯在超临界水中的相态、溶解及降解情况，发现聚苯乙烯在水中的质量分数在11.8%~22.6%，聚苯乙烯的熔融温度在279.8~320.2℃，比在常压空气中的熔融温度237.5℃有所提高；聚苯乙烯因分解而能溶入温度高于496.1℃的超临界水中，在570.3℃、742.5MPa条件下，在含11.8%聚苯乙烯体系中，聚苯乙烯的溶解度最大可达91.5%。

总之，超(近)临界水中聚合物的降解是回收利用废旧聚合物的有效方法，目前的工业化还有许多问题需要解决，尤其是工艺开发方面的工作亟待进行。

6.2.4 超临界水中纳米材料的制备

超(近)临界水是制备无机纳米材料尤其是金属化合物纳米材料的良好介质，可以快速结晶出超细金属氧化物微粒。在超(近)临界水中，许多金属盐的水解、分解速率非常快，产生的金属氢氧化物的溶解度又比较低，会在极短的时间内达到很高的过饱和度，导致很高的成核速率，从而获得粒经很小的微粒。

由于超(近)临界水的性质随压力和温度的变化发生很大的改变，因此可通过调节系统压力和温度改变其中的化学反应，控制反应速率，进而控制晶核生成与长大的速率，因此得到的物质形态随条件变化较大。如对于勃姆石的水热合成反应，在不同的勃姆石浓度、反应温度和反应压力下，得到六角形和菱形片状剑形和橄榄形等形状各异的微粒，这可能是超临界水的物理性能被大大改变所造成的结果。可见，通过改变反应条件，不仅可以控制所形成微粒的大小，而且可以控制其形状。

利用超(近)临界水中的水热反应合成无机粒子，使反应具有以下特点：方法简单；反应速率快，可在几秒、甚至低于1s的时间内完成；可以得到超细颗粒，尺寸在10~1000nm；在水的临界点附近，颗粒形态可通过改变温度或压力调节；反应在均相体系中进行。由于反应时间很短，可通过连续式装置来反应，这为工业化应用提供了可能性。

图6-18是一种超临界水中制备纳米金属氧化物的连续式反应的示意图。金属盐的水溶液由高压泵以一定的流速注入置于反应器入口前的混合器，与经过预热的高温高压水混合，然后进入反应器，发生反应生成金属氧化物，生成物随水溶液流经冷凝器冷却后，通过过滤器、背压阀进入接收器。

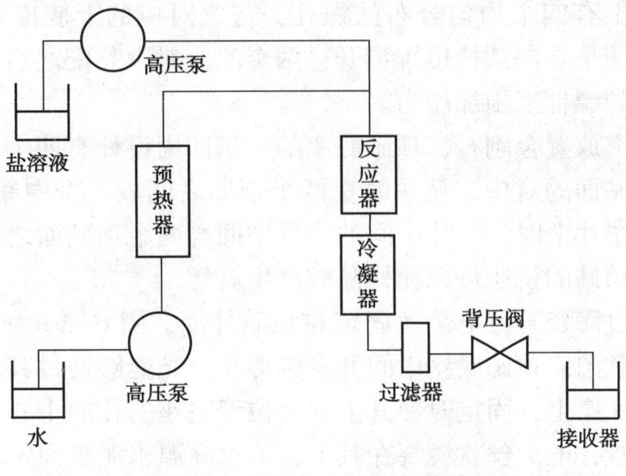

图 6-18　超临界水中制备金属氧化物的连续式装置

6.2.5　超临界水的原位研究技术

超临界水中化学反应、水解及材料制备已经受到了广泛研究，但是由于超临界水的高温高压条件，对于其中发生过程的了解很困难。近年来，热液金刚石对顶砧压腔与石英毛细管装置，是高温高压原位研究的新技术。

6.2.5.1　热液金刚石对顶砧压腔

热液对顶砧压腔装置由上下两个直径约 6cm 的不锈钢底座组成，图 6-19 是此装置的俯视图和剖面图。下底座上有四个导向圆柱使两个底座保持对中，两个底座之间安装电炉

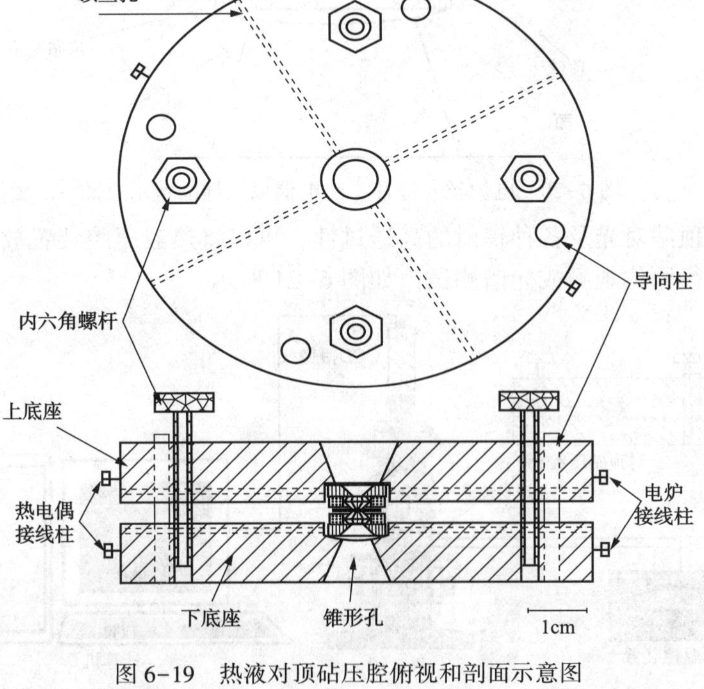

图 6-19　热液对顶砧压腔俯视和剖面示意图

和热电偶。在下底座上有四个均匀分布的螺孔，与之对应的上底座有四个直径稍大的圆孔，它们与底座上的四个导向圆柱位置错开，两个底座对中装配之后，通过旋紧从上底座装入到下底座螺孔中的螺杆来施加压力。

压腔的两个底座上放置金刚石，顶砧底座的小槽四周设计有四个均匀分布的顶丝，用来调节两个金刚石顶砧面的对中。使用时在两个顶砧之间放一个中间有圆孔的金属垫片，当两个顶砧面紧压在垫片上时，垫片中间的圆形空间与两个顶砧面之间就形成一个密封系统，为样品腔，两个顶砧的挤压可以使样品腔产生高压。

外加热的电炉通过陶瓷管将电炉丝固定在顶砧外面，图6-20为顶砧、电炉丝、垫片以及样品腔分布的示意图。顶砧底座中间开有锥形孔，光能够通过其辐射到样品室。顶砧通过高温水泥固定在底座上，固定时使其上顶面位于底座的孔的中心。然后在上下两个顶砧外面粘上薄的陶瓷管，电炉丝就缠绕在其上，通过高温水泥来固定和绝缘。测量和控制温度的热电偶用高温水泥固定于顶砧上顶面附近。

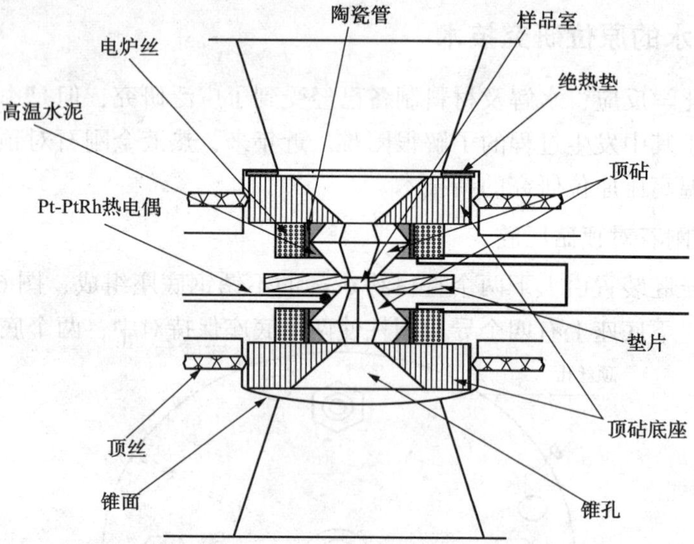

图6-20　电炉丝、垫片、热电偶以及样品室示意图

由于金刚石顶砧对光及各种辐射的高透过性，可以将热液压腔装置放置于高倍显微镜或测试仪器下进行原位观测或光谱测试，如图6-21所示。

图6-21　高温高压下水中降解PET相变和反应原位观测装置

6.2.5.2　石英毛细管装置

石英毛细管装置采用内径约 100μm、外径约 300μm、长度约 2cm 的方形或圆形熔融石英毛细管作样品腔，图 6-22 为其俯视和剖面示意图。利用氢焰先将一端熔封，装上样品后，封闭端置于液氮中冷却。开口端连接到小橡皮管，在抽真空的条件下用氢焰将开口端熔封，成为一个密封的高压容器。

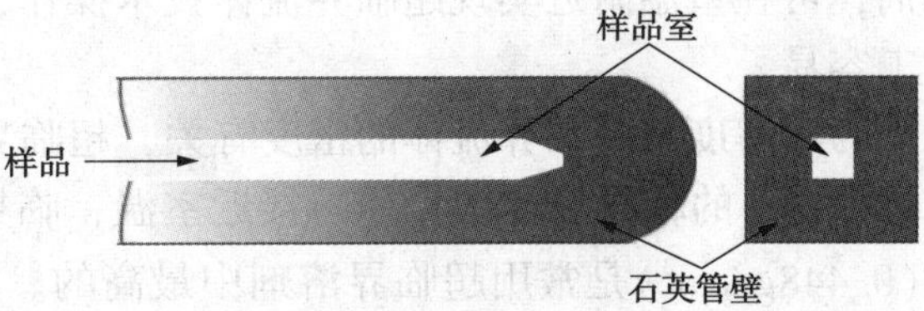

图 6-22　石英毛细管压腔装置的俯视和剖面示意图

此密封的石英管可以放置于热台上进行加热实验，如图 6-23 所示。由于热台本身很小，与热液对顶砧压腔装置类似，可以放置于高倍显微镜或测试仪器下进行原位观测或光谱测试。

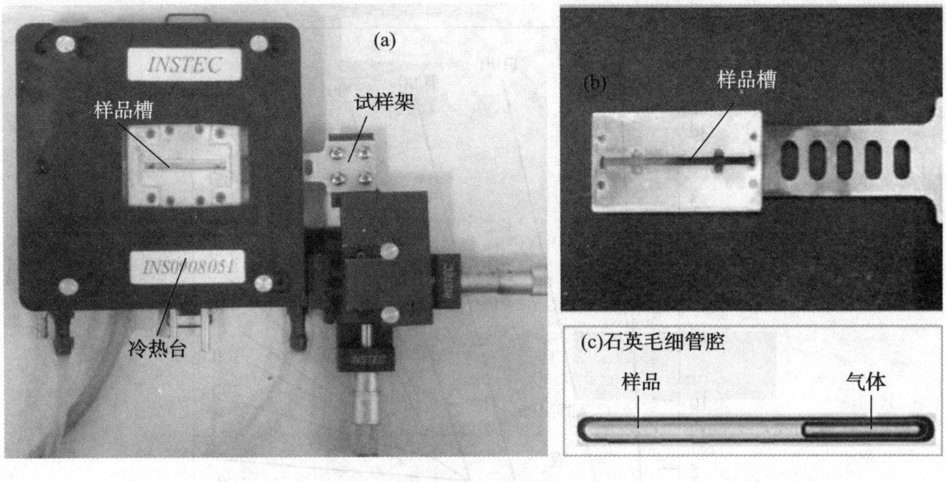

图 6-23　毛细管装置示意图

(a)热台；(b)毛细管槽；(c)装好样品后的毛细管

6.3　超临界二氧化碳技术应用

6.3.1　超临界二氧化碳的反应特性

二氧化碳（CO_2）是地球大气的几种组成气体之一，CO_2 在大气中的含量约为 0.034%，估计约含碳 10^{14}t，是目前地球上已探明储量的煤和石油的 1000 倍以上，因此可以说 CO_2 是地球上最丰富的 C_1 资源之一。它也是合成氨厂和天然气井的可回收副产物，来源丰富，价格便宜。并且，它无色、无味、无臭、不燃烧、化学性质稳定，不会形成光化学烟雾，也不会破坏臭氧层，以 CO_2 作为溶剂十分理想。但是，气体 CO_2 对一般有机物的溶解能力很差，难以满足一般的工业应用。若控制 CO_2 的物理状态，当温度超过 31.1℃(CO_2 的临界温度)，压力超过 7.38MPa 时(CO_2 的临界压力)，CO_2 就成为超临界 CO_2。超临界 CO_2 可以很好地溶解一般的分子量比较小的有机化合物，如碳原子数在 20 以内的脂肪烃、卤代烃、醛、酮、酯等；若再加入适当的表面活性剂，又可以使许多工业材料，如聚合物、重油、石蜡、油脂、蛋白质、水、重金属等，在液态和超临界 CO_2 中溶解。CO_2 是超临界流体技术中最常用的溶剂，可在室温附近实现超临界流体技术操作，节省能耗，并且其临界压力也不高，设备加工容易。

溶质在超临界流体中的溶解度与超临界流体的密度有关，超临界流体的溶解能力一般随流体密度的增加而增加。CO_2 的临界温度(31.1℃)接近室温，临界压力(7.38MPa)也比较适中，但其临界密度(0.448g/cm^3)是常用超临界溶剂中最高的。图 6-24 给出了纯 CO_2 压力与温度和密度的关系，CO_2 流体的密度是压力和温度的函数，其变化规律有两个特点：①在超临界区域内，CO_2 流体的密度可以在很宽的范围内变化(150~900g/L)，也就是说适当控制流体的压力和温度可使溶剂密度变化达 3 倍以上；②在临界点附近，压力或温度的微小变化可引起流体密度的大幅度改变。

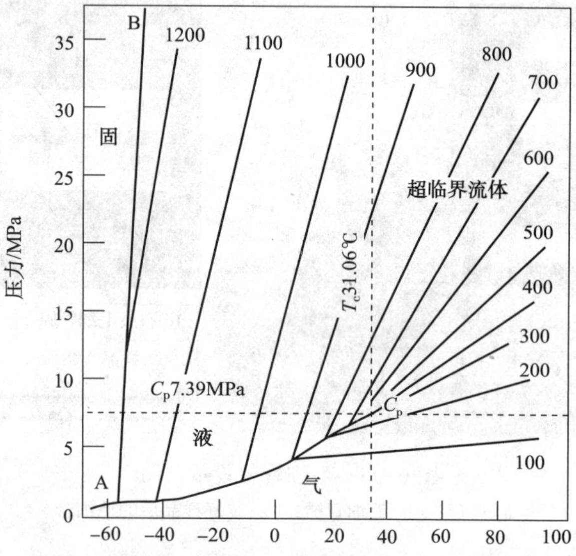

图 6-24 纯 CO_2 压力与温度和密度关系(直线上密度单位 g/L)

超临界 CO_2 与其他超临界流体一样，一方面有和液体一样的密度和溶解度，以及一些与密度有关的重要溶剂特性，如介电常数等，并易于通过压力进行控制；另一方面具有气体的优点，如黏度较小，扩散系数大，与其他气体的互溶性强，有良好的传热传质特性等。与一般溶剂相比，超临界 CO_2 作为反应介质提供了多种优点，另外 CO_2 还具有不可燃、无毒、化学稳定性好、价廉易得等优点，更为可贵的是 CO_2 可从环境中来，用于化学过程后可再回到环境中，无任何副产物，易于工艺反应过程分离，不会给体系造成任何污染，从而大大简化了反应的后处理过程，完全具有“绿色”的特性。因此，

以超临界 CO_2 代替工业有机溶剂，减少挥发性有机溶剂的排放具有显著的优势和广阔的应用前景，在材料、药品、食品等生产领域均获得了广泛研究与重视。20 世纪 80 年代以来，超临界 CO_2 萃取分离技术在食品药品等领域已经实现了工业化应用，超临界 CO_2 中的有机反应如氧化，加氢、酶催化水解、酯交换、聚合反应和 CO_2 固定化反应等得到了多角度的系统研究，超临界 CO_2 染色技术、超临界 CO_2 在二维纳米材料的宏量制备及和 CO_2 膨胀体系的应用技术也引起了研究者的极大兴趣，引领了超临界 CO_2 流体技术的新的研究热潮。

6.3.2　超临界 CO_2 萃取分离技术

传统的提取物质中有效成分的方法，如水蒸气蒸馏法、减压蒸馏法、溶剂萃取法等，其工艺复杂、产品纯度不高，而且易残留有害物质。超临界流体萃取（Supercritical Fluid Extraction，SCFE）是 20 世纪 70 年代末发展起来的一种新型分离精制技术，它是利用流体在超临界状态时具有密度大、黏度小、扩散系数大等优良的传质特性而成功开发的。

6.3.2.1　超临界 CO_2 萃取技术基本原理及影响因素

在其他条件完全相同的情况下，超临界流体的密度与压力和温度有关，随着压力的增大，介电常数和密度增大，超临界流体对物质的溶解能力增大。超临界流体萃取分离过程就是利用超临界流体在临界点附近体系温度和压力的微小变化，使物质溶解度发生几个数量级的突变性质来实现其对某些组分的提取和分离。这就是超临界流体萃取分离的基本原理。

图 6-25 是典型的等温法超临界流体萃取流程图。等温法非常适合对热敏感物质的萃取。其基本流程为：首先将含有被萃取物质的原料添加在萃取釜中，将超临界 CO_2 导入，与原料接触，然后调节体系的温度及压力在临界温度、临界压力之上。然后，通过减压阀将超临界 CO_2 与溶质的混合流体送入分离釜，由于压力下降，溶质在超临界 CO_2 的溶解度达到过饱和，溶质在分离釜中析出。分离出的 CO_2 在分离釜顶部流出经压缩机成为超临界 CO_2，循环使用。图 6-26 为等压法超临界流体萃取流程图，与等温法类似，但是不改变压力，通过热交换器调节温度的变化达到萃取分离的目的。

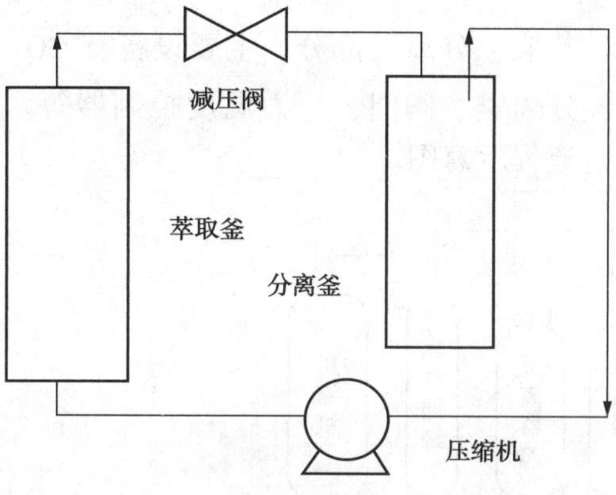

图 6-25　等温法超临界流体萃取流程图

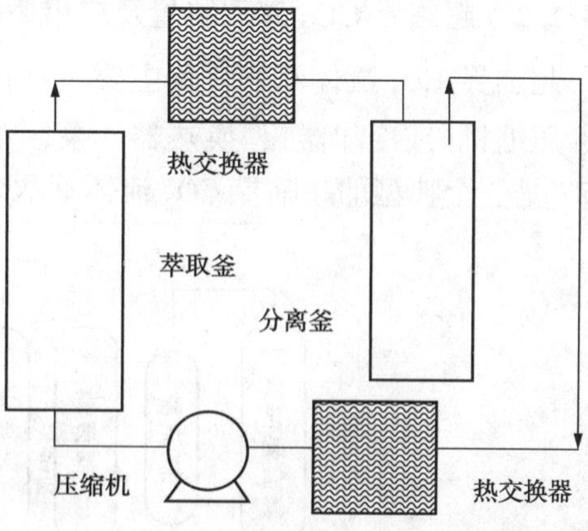

图 6-26　等压法超临界流体萃取流程图

与传统萃取技术相比，超临界 CO_2 萃取显示出独特的优越性：

①萃取和分离合二为一，当饱含溶解物的超临界 CO_2 流体流经分离器时，由于压力下降使得 CO_2 与萃取物迅速成为两相(气液分离)而立即分开，不存在物料的相变过程，不需回收溶剂，操作方便。

②压力和温度都可以成为调节萃取过程的参数。临界点附近，温度压力的微小变化，都会引起 CO_2 密度显著变化，从而引起待萃物的溶解度发生变化，可通过控制温度或压力的方法达到萃取目的。

③超临界 CO_2 流体的临界温度低，操作温度低，能较完好地保存有效成分不被破坏，因此特别适用于那些对热敏感性强、容易氧化分解破坏的成分的提取。超临界 CO_2 流体还具有抗氧化、灭菌等作用，有利于保证和提高产品质量。

④超临界 CO_2流体常态下是气体，无毒，与萃取成分分离后，完全没有溶剂的残留，有效地避免了传统提取条件下溶剂毒性的残留，同时也防止了提取过程对人体的毒害和对环境的污染。

⑤超临界流体的极性可以改变，一定温度条件下，只要改变压力或加入适宜的夹带剂即可提取不同极性的物质，可选择范围广。

⑥CO_2 便宜易得，与有机溶剂相比有较低的运行费用。

因此超临界 CO_2 萃取技术获得的有效成分及产品质量稳定，不仅萃取效率高，而且工艺流程简单，能耗较少，操作方便，节省劳动力和大量有机溶剂，节约成本，减少“三废”污染。

影响超临界 CO_2 萃取的主要因素包括温度、压力、超临界 CO_2 的流量、夹带剂(共溶剂)的种类等。CO_2 是非极性分子，因此非极性分子在 CO_2 中的溶解度比极性分子大。但是，超临界 CO_2 具有很强的分子间四极矩相互作用，因此它对极性物质的亲和性比一般的非极性溶剂(如正戊烷)强。尽管如此，改善其溶解性仍旧是一个重要的问题。一个常用方法是可以通过添加夹带剂来改变超临界流体的性能，使其更接近底物的性质。例如，可以加入诸如甲醇、甲苯之类共溶剂来增加或降低溶剂的极性，或增强其对芳香化合物的亲和性，从而提高超临界 CO_2 的萃取效率。但是，需要强调的一点，所加共溶剂越多，就意味着超临界 CO_2 对理想的绿色溶剂偏差越大。

6.3.2.2 超临界 CO_2 萃取装置及应用举例

超临界 CO_2 流体萃取装置主要包括前处理、萃取、分离三部分。主要设备有 CO_2 储罐、压缩机(或冷却器)、换热器、泵、萃取釜、分离釜、阀门，压力温度控制器等。图6-27是一个典型的超临界 CO_2 流体萃取装置工艺流程示意图。

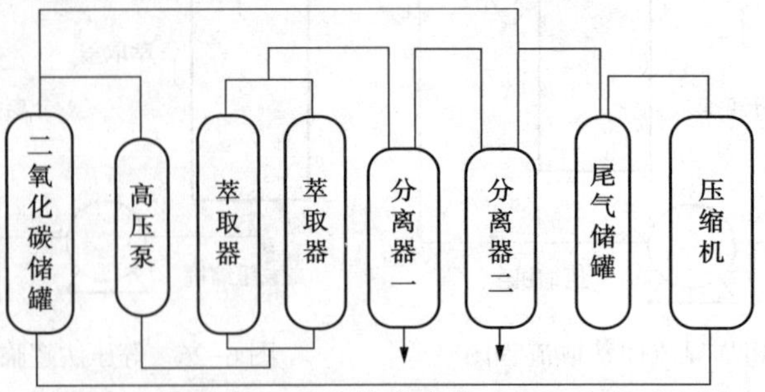

图6-27　超临界 CO_2 流体萃取装置工艺流程示意图

①CO_2 储罐。提供萃取剂 CO_2 气源。

②压缩机(或冷却器)及泵。压缩机(或冷却器)可以使得 CO_2 液化，从而能够通过泵输送到萃取釜及分离釜。

③换热器。换热器的主要作用是使流体和萃取物料在进入萃取釜之前达到操作温度，在进入分离器之前升高温度以便于分离等。

④萃取釜。萃取釜是关键设备之一。根据萃取工艺和加料方式的不同，可分为连续逆流萃取釜和间歇操作萃取釜。对于液体物料，多采取连续逆流萃取釜，具有操作简单、物料接触好、温度较易控制等特点。对于固体物料，则多采取间歇操作萃取釜，因为固体物料不易实现连续操作。

⑤分离釜。分离釜的主要作用是有效分离萃取物和萃取剂。从萃取釜顶部出来的携带溶质的超临界流体，进入分离釜后压力降低，超临界流体的溶解度迅速下降，大量溶质被释放出来，从而从分离釜底部流出。

我国超临界流体萃取研究始于20世纪80年代，建成了大量中、小型超临界萃取装置和少量容积在500L的工业化生产装置，也有能力开发出具有快开结构的萃取釜，但是在密封元部件材料等方面还需要进一步深入开展。

超临界 CO_2 萃取技术在食品、医药、化工、能源和环境保护等领域显示了广阔的应用前景。1978年Zosel首先提出用超临界 CO_2 萃取咖啡豆中的咖啡因，并在联邦德国建成了咖啡豆脱除咖啡因的超临界 CO_2 萃取工业化装置。20世纪80年代以来，国际上投入大量人力、物力进行研究，研究范围涉及食品、香料、医药和化工等领域，包括精油香料成分的提取，从鱼油中提取高度不饱和脂肪酸，乙醇的高度精制，污染土壤的再生，木材中重金属的去除等许多应用，并取得了一定的进展。我国从20世纪70年代末80年代初开始分别采用进口装置或自行研制的一些小试、中试装置对超临界 CO_2 萃取技术进行了大量的应用研究，已经在基础和应用研究方面取得了巨大的进步，并成为多学科交叉的研究热点。目前研究热点集中在开发具有我国特色的中草药有效成分的超临界 CO_2 萃取和药效研究上，在天然产物提取方面形成了一批可工业化的新产品。

6.3.3 超临界 CO_2 中的化学反应

大多数化学合成和催化反应过程均需使用溶剂，其中相当一部分是挥发性有机溶剂。近年来，采用超临界流体作为替代有机溶剂进行化学反应的研究是一个迅速发展的领域。虽然许多反应介质，如水、乙醇、丙烷等，在一定条件下均能达到超临界状态，但目前研究最多和最深入、使用最广泛的是超临界 CO_2。很显然，这得益于 CO_2 无毒，阻燃，储量丰富，廉价易得，无溶剂残留，对环境友好等优点。除了环境和安全方面的考虑外，其主要的优势还有可以提高化学反应的速度或者选择性，更快或是更经济地获得需要的产品。

目前，超临界 CO_2 作为反应介质的研究已深入到几乎所有的基本化学反应。它作为化学反应的介质主要可以分为两类：一是超临界 CO_2 作为反应物参与反应；另一类是超临界 CO_2 仅作为反应的惰性介质并不参与反应，反应体系处于超临界 CO_2 惰性介质氛围中。

6.3.3.1 以超临界 CO_2 为反应介质的化学反应

在20世纪80年代中期，超临界 CO_2 开始被应用到有机合成。最早的工作是1985年出现了酶催化水解反应和酯交换反应。几年后，超临界 CO_2 中进行的 Diels-Alder 反应和烯烃的光异构化反应被相继报道。90 年代初期，DeSimone 研究了含氟烯烃的自由基聚合反应，其他小组还研究了卤化及甲酰化反应。从 90 年代后期至今，超临界 CO_2 已经被应用到几乎所有的有机反应。

超临界 CO_2 流体在反应过程中显示出一些特殊的物理和化学现象。首先，它不像液体体积基本不变，也不同于气体(密度比气体大得多)，其性质尤其在临界点附近时随温度、压力的变化可调性较大，呈现出近临界点“异常”现象。一般认为，液相反应的典型活化体积不大于 $30cm^3/mol$，但是超临界反应在临界点附近时的表观活化体积可达 $\pm1000cm^3/mol$ 的数量级。表观活化体积在一定程度上反映了物质在近临界点时所呈现的反应特性。其次，与液体介质相比，超临界 CO_2 具有更大的自由体积，因此分子间可以移动分子到能量更有利的区域，即所谓“溶剂效应”。这种“溶剂效应”导致溶剂分子在溶质分子周围形成不规整的空间分布，产生所谓“分子簇”和“笼效应”对超临界反应过程起作用。第三，超临界 CO_2 流体作为反应介质的特性与反应混合物在高压下表现出来的相行为有着密切的关系。使用超临界 CO_2 流体最有利的特性是所有的反应物可以处于均一相态中，这可以消除多相体系中遇到的物料传递阻力的问题。超临界 CO_2 流体相对于常规流体的一个优点是有利于加强物料的转移。对于多相催化过程，物料的传输和能量的转移等对于一个反应体系是至关重要的。最后，反应在超临界条件下进行可以结合超临界流体压力可调的溶剂性质和反应后产物易于分离这两方面的优点。

一些典型的以超临界 CO_2 为反应介质的化学反应举例如下。

(1)酶催化反应　反应条件温和、催化活性高和立体选择性好的酶催化反应的广泛应用于药物合成、精细化学品合成及手性化合物的合成和拆分。由于生物过程的特殊性，酶催化反应的应用受到很大的限制，传统酶催化反应是在水环境中进行的。酶的活性及稳定性是酶催化反应的重要指标。从 Hammond，Randolph，Nakamura 开始，国内外科学家们对十多种酶及其在超临界流体特别是在 $SCCO_2$ 中的催化反应进行了研究。研究表明，很多酶在 $SCCO_2$ 介质中都是稳定的，并能长期保持其催化活性，如：脂肪酶、枯草杆菌蛋白质酶、碱性磷酯酶、胆固醇氧化酶、多酚氧化酶、淀粉酶等。其中，脂肪酶在超临界 CO_2 中处理 24h 后基本保持其催化活性。固定化的脂肪酶在超临界 CO_2 中的稳定性与在正己烷中非常相似，在 50℃、15MPa 的超临界 CO_2 中处理 5d，仍能保留 96%的初始活性，且在 0~15MPa 范围内多次升降压，活性并不损失。

目前，以超临界 CO_2 代替有机溶剂作为非水介质进行脂肪酶的酯化、酯交换、酯水解反应、氧化反应、外消旋拆分以及手性合成成为当今研究工作的热点。Matsuda 等使用固定化的脂肪酶研究了在超临界 CO_2 条件下催化外消旋的 1-苯乙醇和乙酸乙酯的反应，得到了 48%的转化率和 99.8%光学纯度的(S)-1-苯乙醇。在不对称还原外消旋的邻氟苯乙酮过程中，Matsuda 等在 35℃、14MPa 超临界 CO_2 条件下，使用 geotrichum candidum 作催化剂，得到光学纯度大于 99%的(S)-醇，产物收率为 81%，从而实现了反应的高选择性和绿色化。

与水作反应介质的酶催化相比，超临界 CO_2 中的酶催化反应具有如下优势：①可以处理不溶于水的物质。②可以通过调节超临界 $SCCO_2$ 的水含量来调节某些反应的平衡。③因

为酶不溶于超临界 CO_2，反应中酶没有损失，也无需使用固定床反应器。与所有的液态反应介质相比，超临界 CO_2 中的酶催化反应具有如下的优势：①超临界 CO_2 无毒，不燃烧，而且价格便宜。②产品中无溶剂残留。③可加速传质为控制步骤的反应。④与气体的混溶能力可以使氧化和加氢反应更快且易于控制。⑤调节超临界 CO_2 的温度和压力可以使反应物析出，避免了从大量稀溶液中进行分离。⑥可以使反应、分离一体化，不需更换溶剂即可分离提纯产物。⑦可以获得预定粒径的产物晶粒或产物超细粒子(使用超临界干燥技术)。⑧提供对底物和产物无毒害的反应气氛。

在 $SCCO_2$ 体系中，极性小的脂溶性反应物和产物可溶于其中，大大提高了反应速度，同时催化剂酶不溶于体系而易于分离。这样既可以避免水相介质中酶的不稳定性、反应物质溶解度低等问题，又解决了有机溶剂作介质合成过程中有机溶剂价格昂贵、有残留，尤其是对环境的污染等问题。值得指出的是，超临界 CO_2 对酶催化反应的作用机理尚不十分清楚，尚有待于进一步研究。

(2)超临界 CO_2 中的加氢反应　超临界 CO_2 流体中的催化加氢反应具有特别重要的意义。随着生物化学和药物化学的发展，对映选择性催化加氢得到高光学纯度的物质已成为非常重要的途径。Jessop 等首先报道了以 $RuH_2[P(CH_3)_3]_4$ 或 $RuC_{l2}[P(CH_3)_3]_4$ 为催化剂，在三乙胺存在的条件下，用高浓度的 H_2 在超临界 CO_2 中合成甲酸的反应。这种含高浓度的 H_2 气的 CO_2 可使反应转化数(TON：即每摩尔催化剂生成产品的摩尔数)达到 7200，反应初速度比在相同的条件下的有机溶液中要高一个数量级。

超临界 CO_2 加氢反应在二甲胺存在下可用于合成 *N*，*N*-二甲基甲酰胺，产物的 TON 高达 420000，收率为 99%(式 6-19)。而相同条件下有机溶剂中 TON 仅为 3400，转化率仅为 73%。在反应后期副产物 H_2O 生成，而 Ru 催化剂不溶于水造成催化剂的活性降低，用水溶性的 Ru 的磷化氢的络合物可避免这个问题，使 *N*，*N*-二甲基甲酰胺的收率达 100%。

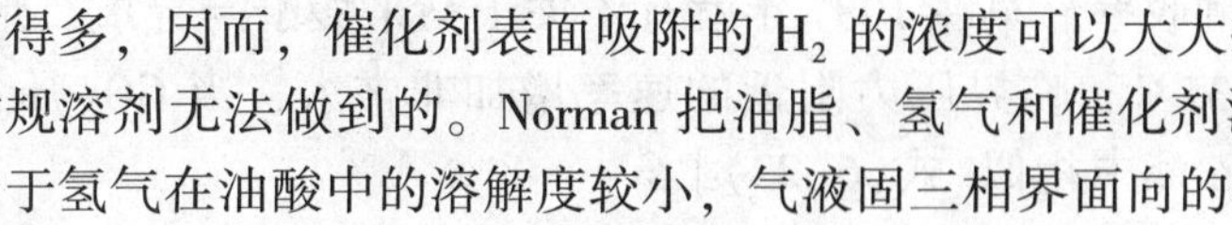

(6-19)

目前，有关超临界 CO_2 中加氢反应的研究非常多。这可能是由于在多相反应中，反应体系中的气液，固液等相界面之间存在着较大的传质阻力，而在超临界流体中气液两相界面消失，形成均一相，减少了传质阻力。同时在同一温度下，超临界流体对氢气的溶解能力要比常规溶剂高得多，因而，催化剂表面吸附的 H_2 的浓度可以大大提高，反应速度得以加快这一点是常规溶剂无法做到的。Norman 把油脂、氢气和催化剂混合成浆料在高压釜内进行反应。由于氢气在油酸中的溶解度较小，气液固三相界面向的传质阻力限制了扩散速度，使得未与氢气反应的顺式油酸在催化剂表面发生异构化反应，生成热力学更稳定的反式油酸。

(3)自由基加成反应　$SCCO_2$ 自由基反应是应用 $SCCO_2$ 作为介质的成功实例(式 6-20)。该反应既不需要亲核试剂也不需要亲电试剂，并且利于在非极性溶剂中进行。

$$C_6H_{13}CH{-}CH_2+CO+CCl_4 \xrightarrow[\text{or } SCCO_2,\ ROH]{Pd-ROH} \underset{\displaystyle CO_2R}{C_6H_{13}\underset{|}{C}HCH_2CCl_3}(1) + \underset{\displaystyle Cl}{C_6H_{13}\underset{|}{C}HCH_2CCl_3}(2) \tag{6-20}$$

在相同的催化条件下，比较乙醇和 $SCCO_2$ 介质的反应结果，发现 $SCCO_2$ 介质中羰基化产物(1)的比例比乙醇中高得多，这可能是 CO 在 $SCCO_2$ 中具有较高的溶解性从而使反应朝着羰基化反应方向进行。

(4)氧化反应　氧气或空气由于价廉、易得，是最理想的氧化剂。高密度 CO_2 是催化氧化反应的理想介质，因为它对氧化条件稳定而具有安全性，避免了因溶剂氧化导致的副产物，而且与分子氧的良好互溶性使得氧化剂浓度高，克服了质量转移的限制因素。同时，它的良好导热性能可以有效地控制一些放热氧化反应。用氯化钯、氯化铜和氯化亚铜作复合催化剂，在过量的甲醇存在下，用氧气氧化丙烯酸甲酯的二甲氧基丙酸甲酯，同时又副产甲氧基丙烯酸甲酯和甲氧基丙酸甲酯。在 $SCCO_2$ 中，在40℃反应，氧气压力为0.1MPa时转化率为93%，主要产物二甲氧基丙酸甲酯的含量大于93%。当氧气压力增加至1MPa(分压)，转化率增至99.4%，主要产物含量增至99.6%，同样的反应如果在二甲基酰胺中进行，转化率仅为46%。

对于要适当控制氧化程度的部分氧化反应，超临界流体的优越性尤为突出。$SCCO_2$ 中过氧化合物对烯烃的环氧化反应通常是在85℃下，在苯或纯净的烯烃里回流反应的。Tumas 小组用含水的 $(CH_3)_3COOH$ 在 $SCCO_2$ 中对环己烯进行氧化，主要生成环己二醇，表现出高的选择性(式6-21)。

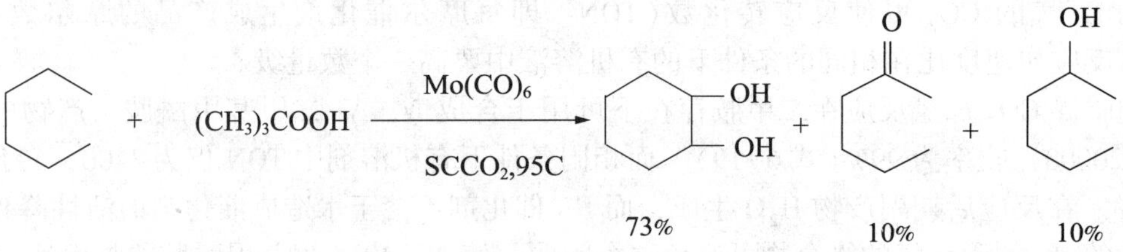

(6-21)

(5)Diels-Alder 反应　Diels-Alder 反应是工业合成环状有机化合物的最重要反应之一，具有适应范围广、选择性高、用途广泛、原子经济性高(原子利用率为100)等特点。Diels-Alder 反应常常产生两种主要的污染物：有机溶剂和 Lewis 酸，其中大量挥发性有机溶剂的使用对环境产生了巨大危害。Diels-Alder 反应是超临界 CO_2 中研究得比较透彻的一个反应。在 $SCCO_2$ 介质中，Diels-Alder 反应甚至不用催化剂也能在较温和的条件下自发进行并能得到较好的收率。早在1987年就有了关于马来酸酐与异戊二烯在 $SCCO_2$ 中环加成的研究报道。在35℃和临界压力附近的速率增加非常大，当 CO_2 压力大于20MPa时，反应速率与在乙酸乙酯中相似[式(6-22)]。

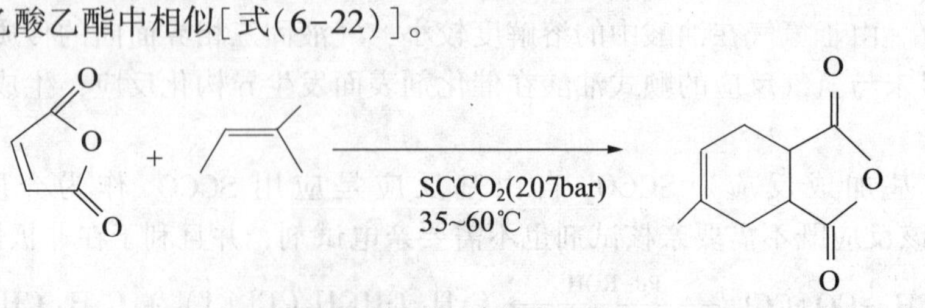

(6-22)

Ikushima 等用甲基丁二烯与丙烯酸甲酯分别考察了 $SCCO_2$ 下 $AlCl_3$ 催化的和非催化的，以及 $SCCO_2$ 与有机溶剂分别作为介质下的反应动力学数据。结果表明，$SCCO_2$ 介质中压力的增加有助于反应速率的提高并改变产物的分布。

(6)聚合反应　聚合反应一般可以分为负离子聚合、正离子聚合、配位聚合和自由基聚合四种类型。相对于前三种聚合方法，CO_2 对自由基聚合反应的影响很小。其原因是：CO_2 不与自由基反应以及极性很弱。研究结果表明，在超临界 CO_2 条件下，四种聚合反应表现出与常规聚合反应不完全相同的规律性。

美国北卡罗来纳大学的 J. M. DeSimone 等使用超临界 CO_2 代替氟利昂，在超临界 CO_2 中(59. 4℃，20. 7MPa)进行了 AIBN 催化的丙烯酸 1，1-二氢全氟辛基酯的均相聚合反应，产率达到 65%，生成的聚合物的分子量为 270000(式 6-23)。

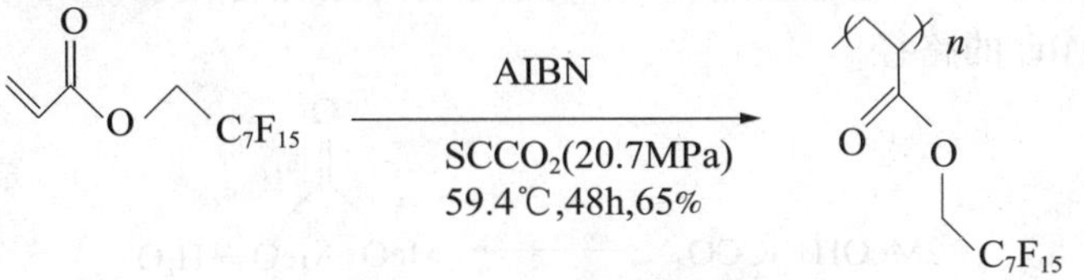

(6-23)

DeSimone 等在 $SCCO_2$ 中进行了乙烯基醚和环醚的阳离子聚合，由于 CO_2 的溶剂性质可以通过调节压力而改变，因而可以实现阳离子的稳定化。他们分别用 Et Cl2 和 BF3 引发乙烯基醚和环醚聚合，得到了分子量达几十万的高聚物。此外，还在加入表面活性剂的超临界 CO_2 中进行分散聚合反应合成了聚甲基丙烯酸甲酯、聚乙酸乙烯酯和聚苯乙烯。反应完成后，只需要简单地降低压力就可以得到干燥的聚合物粉末并大大减少挥发性有机溶剂的使用。

(7)烯烃的羰基化反应与氢甲酰化反应　羰基化反应指在有机化合物分子内引入羰基的一类反应。20 世纪 90 年代 Rathke 等以 $Co_2(CO)_8$ 为催化剂在 $SCCO_2$ 中进行了丙烯氢甲酰化合成丁醛的反应(式 5-24)。发现 $SCCO_2$ 不仅可以提高直链醛与支链醛的比例，且使反应速率加快。这是由于气体在 $SCCO_2$ 中溶解度大而使反应物浓度高的缘故。

$$CH_3CH{=}CH_2+CO+H_2 \xrightarrow[SCCO_2]{CO_2(CO)_8} CH_3CH_2CH_2CHO+CH_3CH(CH_3)CHO \qquad (6\text{-}24)$$

氢甲酰化反应(羰基合成反应)是指向烯烃的双键上引入 CO 和 H_2 合成醛类化合物的反应，即向烯烃骨架上添加一个 C 原子的反应，广泛应用于医药化工和精细化工。Rathke 首先报道了在超临界 CO_2 中用 $Co_2(CO)_8$ 催化丙烯氢甲酰化反应，反应压力为 11. 12MPa，温度为 80℃时直链醛产物的选择性为 88%，实验证实选择性和反应的温度和压力也有关。

6. 3. 3. 2　CO_2 固定化反应

CO_2 在自然界中分布广泛，如果把它作为反应单体，作为碳源来使用，可以扩大自然资源的利用，生产出更多的新型材料。

(1)均相催化加氢反应　CO_2 既作反应底物，又作反应介质的催化加氢反应是利用 $SCCO_2$ 对 H_2 具有超常高的溶解度的特点。例如在 $T=304K$、$p=7.4MPa$ 时，H_2 在 $SCCO_2$ 中的浓度高达 3. 2mol/L，而在相同压力下 H_2 在 THF(四氢呋喃)中的浓度仅为 0. 4mol/L。Jessop 等用 $RuCl_2(PMe_3)_4$ 催化的 CO_2 氢化成甲酸的反应初期速率比同样条件下有机溶剂中的反应速率高一个数量级(式 6-25)。

$$SCCO_2+\underset{(8.5MPa)}{H_2} \xrightarrow[\substack{SCCO_2(\text{共 }21MPa)\\ Et_3N,\ 50℃,\ 1h}]{\text{cat }RuCl_2[P(CH_3)_3]_4} HCO_2H \qquad (6\text{-}25)$$

由于 CO_2 价廉易得，用 CO_2 加氢合成甲醇、甲酸是一条很有意义的有机合成路线。类似的方法可用来制备 DMF(式 6-26)和甲酸甲酯。

$$\underset{(8.5\text{MPa})}{SCCO_2+H_2}+Me_2NH\xrightarrow[\substack{SCCO_2(\text{共}21\text{MPa})\\100℃,\ 1\text{h}}]{\text{cat RuCl}_2[P(CH_3)_3]_4}HCONMe_2+H_2O \tag{6-26}$$

(2)CO_2 与有机小分子的反应　CO_2 可与环氧化物来合成环状聚碳酸酯，是少数几种以 CO_2 作为反应原料的工业方法之一。产物常被用于非光气法合成聚碳酸酯。光气参与的反应一般是很危险的，二甲基碳酸酯(DMC)是光气的理想替代物。式(6-27)为 CO_2 与甲醇直接反应生成 DMC 的路径。

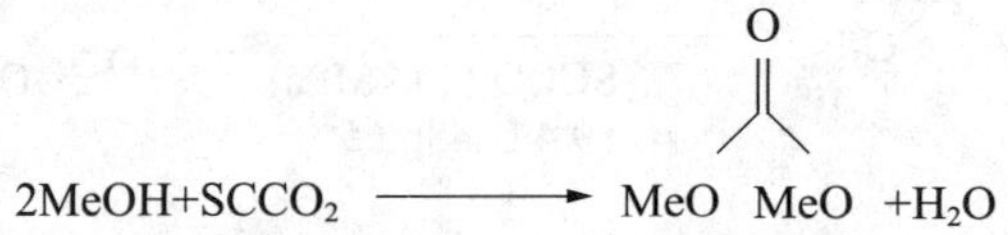

(6-27)

(3)CO_2 与其他单体的共聚合反应　CO_2 可与环氧化物开环生成脂肪族聚碳酸酯，此反应的催化剂基本属于阴离子配位型。一些杂环化合物，如氧杂环丁烷、甲醛和环硫化合物也可以和 CO_2 发生反应生成共聚物。有研究者用稀土磷酸盐-三异丁基铝-丙三醇作为催化剂，在 60℃、3~4MPa 超临界条件下，使 CO_2 与环氧丙烷共聚，可生成数均分子量高达 700000 的共聚物(式 6-28)，CO_2 的摩尔分数可高达 30%~40%。

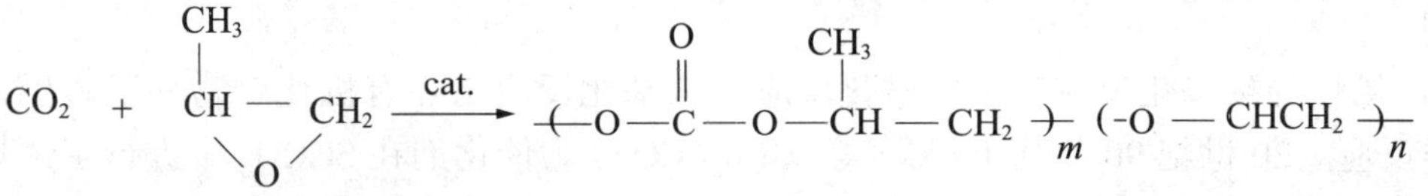

(6-28)

6.3.4 超临界 CO_2 染色技术

超临界 CO_2 流体染色是 1989 年由欧洲德国西北纺织品研究中心发明的无水染色新技术。其基本原理是将超临界 CO_2 代替水作为染料载体，利用超临界 CO_2 所具有的高溶解性和高渗透性，使纤维高聚物分子溶胀，产生纤维空隙，将染料溶解并携带到织物中，使染料分子进入高聚物分子而进行染色，二氧化碳经过降压与染料分离，再经冷凝，压缩后循环使用，剩余的染料自动析出回收再利用。图 6-28 是超临界 CO_2 流体染色的工艺过程示意图。超临界 CO_2 流体染色设备包括：CO_2 气瓶、膜压机、染料罐、染色罐(采用程序升温染色罐)、染料回收罐、制冷器、CO_2 贮罐和各种阀门，还包括控制整体设备的温度、压力和流量的电器控制部分。

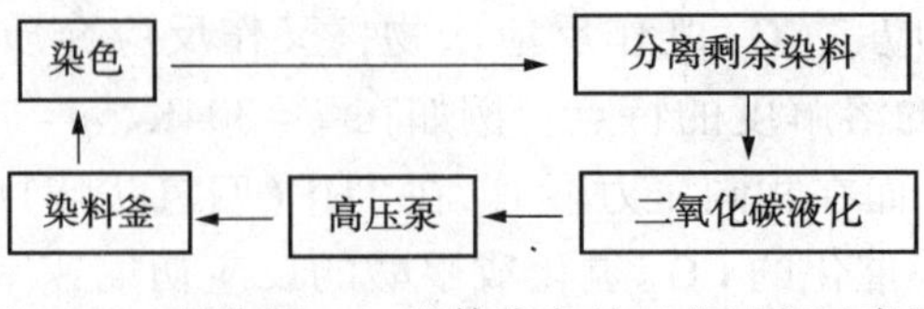

图 6-28　超临界 CO_2 流体染色的工艺过程示意图

该技术与传统的染色技术相比具有明显的优点：①不用染色助剂，不用水，不产生废水；②染色结束后不需要烘干，缩短了工艺流程；③染色速度快，织物颜色鲜艳；④溶剂本身无毒，价格低廉，二氧化碳的回收率高；⑤染料与溶剂容易分离，染料利用率高；⑥超临界 CO_2 能渗透到纤维内部，生成纳米级微孔，提高织物品质。然而，该技术也具有一些缺点：①高压设备价格高，一次性投资大；②在循环体系中进行，染料会在管道中残留，更换染料时设备清洗过程比较麻烦；③染料品种不够齐全。

超临界染色技术是一种环保型具有广阔发展前景的新型染色技术。最近，在疎水性高分子纤维上也实现了超临界染色(例如，日本福井大学的研究中心)。德国的 UHDE 公司最近建立了 1000L 的实用机(如图 6-29 所示)，我国的东华大学也设计加工了超临界染色实验机，超临界染色技术已进入实用阶段。

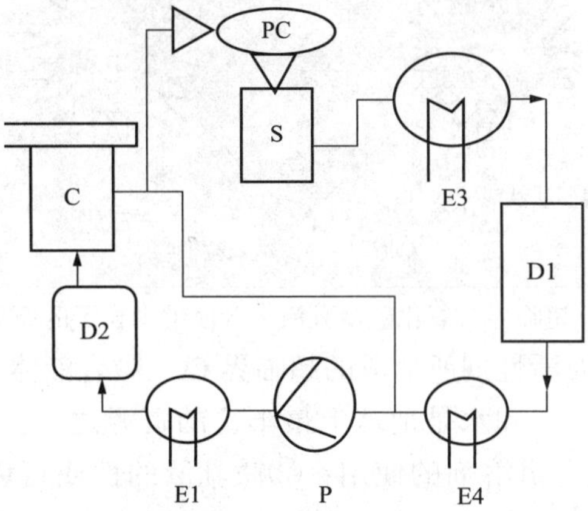

图 6.29　UHDE 公司的超临界染色机的概略图

C—染色槽；D1—CO_2 气罐；D2—染料溶解槽；E1—加热器；
E3—凝缩器；E4—冷却器；P—泵；PC—压力调节器；S—回收器

6.3.5　CO_2 膨胀液体体系的应用

研究表明，当 CO_2 大量溶解于液体溶剂中时，会使得液体溶剂的体积大幅度膨胀，形成一种二元或多元混合物，被称为 CO_2 膨胀液体(CXL)。根据体积膨胀度的大小，CXL 可以分为 3 类：①不溶 CO_2 时(如水)，无明显体积膨胀；②溶解大量 CO_2 时(如甲醇、乙腈等有机溶剂)，产生剧烈的体积膨胀，体系性质发生较大变化；③微溶 CO_2 时(如原油、离子液体等)，产生适度的膨胀，部分体系性质发生变化。对于第一种体系，在添加适量表面活性剂后，也会形成微乳液体，体积得到一定程度的膨胀，构成一种与后两种体系完全不同的 CXL。CXL 综合了纯 $SCCO_2$ 和纯液体溶剂的特性：与 $SCCO_2$ 相比，CXL 的优势在于压力低、温度低、溶解度增强和极性可调，因此可以溶解金属盐和高分子单体，体系可以具有导电性。与纯液体溶剂相比，CXL 体系黏度大幅降低、溶剂用量可以大大减少、空间渗透性加强，在替代挥发性有毒有害有机溶剂及节约用水等方面，具有显著的优势。

(1)超临界 CO_2 微乳液体系　超临界 CO_2 是非极性溶剂，其溶解极性化合物的能力非常低，因而限制了其应用。20 世纪 90 年代，Johston 等发现一些含氟的表面活性剂在超临界 CO_2 中可以形成 CO_2 包水的微乳液，使蛋白质能够有效的溶解在超临界 CO_2 微乳液的极性微水环境中。此后，研究者在超临界微乳液的性质与应用方面展开了广泛的研究。

通过控制超临界 CO_2 微乳液中水核的尺寸在纳米级范围，可以使其成为制备纳米颗粒理想的纳米反应器。图 6-30 给出了在超临界 CO_2 微乳液中合成碘化银纳米粒子的原理示意图。将试剂 $AgNO_3$ 与 NaI 分别溶解在两个微乳液中，然后混合，微乳液滴之间发生碰撞，$AgNO_3$ 与 NaI 发生反应生成 AgI 沉淀。由于微乳液滴的尺寸一定，限制了 AgI 粒子的生长，而且 AgI 粒子的大小，形状分布均一。利用水/CO_2微乳液作反应体系制备无机纳米材料已受到广泛关注。

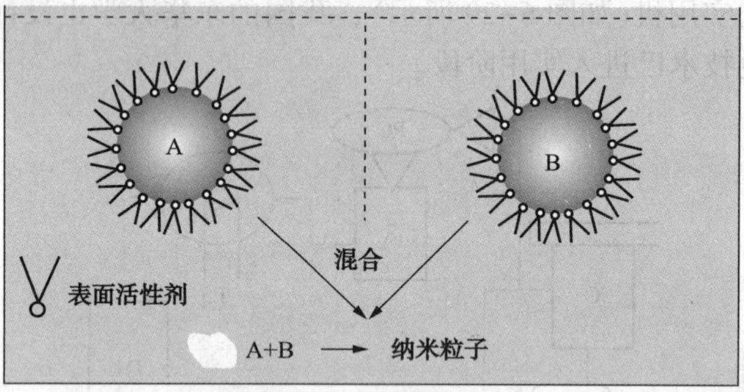

图 6-30　超临界二氧化碳微乳液中合成纳米粒子的原理示意图

超临界 CO_2、水、表面活性剂所形成的超临界 CO_2 微乳液体系在代替常规有机溶剂体系方面有着许多优点：①CO_2 和水是地球上最丰富的资源之一，是理想的绿色反应介质。超临界 CO_2 微乳液可避免有机溶剂的使用；②微乳液的性质可以用压力来调节；③减压后，超临界 CO_2 可以自动变为气体分离回收，不需要繁琐的溶剂回收步骤。超临界 CO_2 微乳液体系在萃取分离、化学反应及纳米粒子的制备等领域有着广阔的应用。

Johston 等对超临界 CO_2 和水的微乳浊状态作了大量系统性研究，发现临界 CO_2 与水的乳化状态的导电性是与连续相的导电性相关的，即 CO_2 分散在电解质溶液中时，体系的导电性是由电解质溶液的导电性来决定的。2002 年，Masato Sone、Hao Yan 等对超临界 CO_2 和电镀液通过加入一些表面活性剂形成的乳液体系中进行了一系列镀镍反应研究。在水包气的乳液制备得到的 15μm 厚电镀膜，与传统的电镀膜表面相比具有相对平滑的表面。如图 6-31、图 6-32、图 6-33所示，其金属晶粒尺寸可达到约 10nm，约为传统电镀法的 1/2，且粒径分布均匀，硬度大大提高；同传统方法相比能极大的节省地节省金属的消耗量并减少洗净废水的产生。

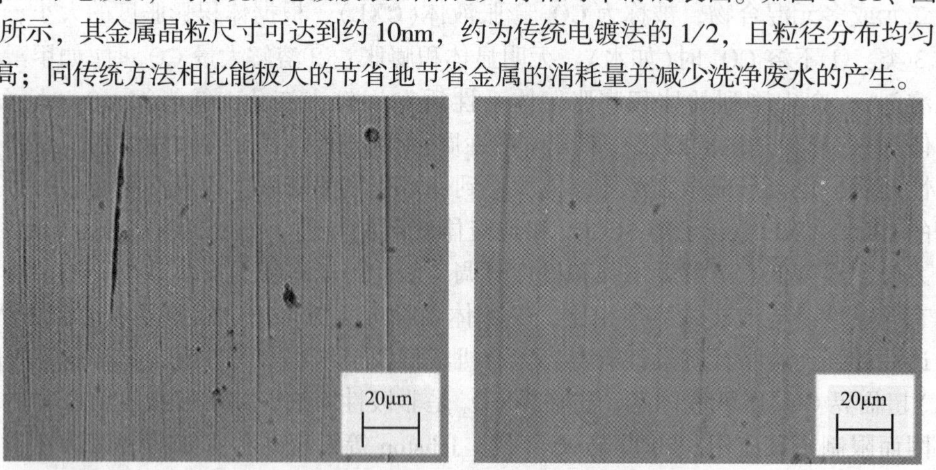

图 6-31　不同反应介质中镀镍层的光显微镜图像

(a)传统反应介质；(b)超临界二氧化碳和水乳液体系

图 6-32　不同反应介质中镀镍层的扫描电镜图像

(a)传统反应介质；(b)超临界二氧化碳和水乳液体系

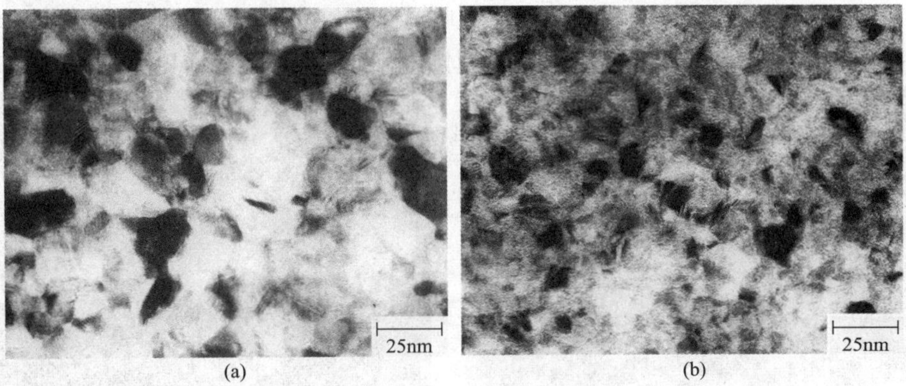

图 6-33　不同反应介质中镀镍层的透射电镜图像

(a)传统反应介质；(b)超临界二氧化碳和水乳液体系

(2)超临界 CO_2/离子液体两相体系　超临界流体和离子液体(IL)分别作为绿色介质已备受关注，CO_2具有高挥发性和低极性，离子液体具有不挥发性和相当大的极性，二者的结合将会产生有趣的两相体系。该体系目前已应用到多个研究领域，并显示出其独特的特性。Brennecke 等首先于 1999 年报道了高压 CO_2可以溶解于离子液体，而离子液体不溶于高压 CO_2。根据这一特点，Kazarian 等以高压 CO_2和[bmim][PF6]为体系用 $SCCO_2$回收离子液体中溶解的有机物，但不产生交叉污染，从而开辟了 IL/$SCCO_2$两相体系的应用研究。图 6-34 是 $SCCO_2$/离子液体两相体系的理想化学反应示意图。研究表明，许多有机化学反应可以在 IL/$SCCO_2$两相体系中进行。反应形式可以是间歇式的也可以是连续的。反应时 CO_2可将反应物带入到离子液体中进行反应，反应结束后 CO_2将产物带出，最后通过减压可以分离。与在单独使用 IL 作溶剂的反应相比较而言，IL/$SCCO_2$两相体系的优点为：①CO_2在离子液体中的溶解度较大，降低了离子液体的黏度，克服了离子液体黏度大造成的传质慢的问题；②CO_2溶解在离子液体当中，可能增大某些反应物在离子液体中的溶解度，有利于提高反应的速度；③实现了反应、分离一体化；④该过程节能，且不产生污染。缺点是需要用到高压设备。

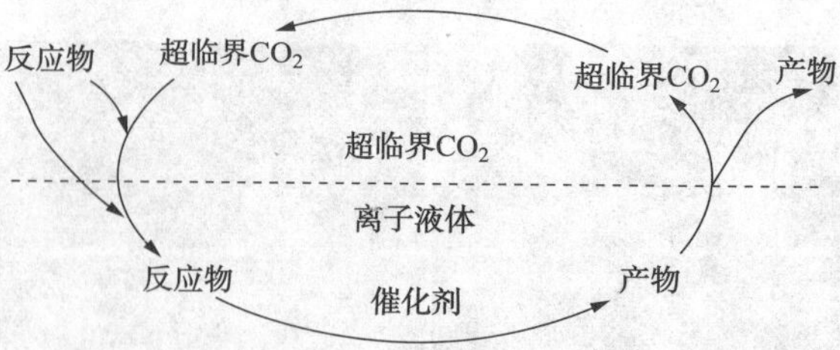

图 6-34　$SCCO_2$/离子液体两相体系的理想化学反应示意图

此外，离子液体是由阴、阳离子组成，本身就具有导电性。研究表明，CO_2溶于离子液体后，在降低离子液体粘度，提高离子迁移速度的同时，CO_2分子与离子液体的离子相互作用还可以降低离子液体的离子之间的静电引力，因此可以显著提高离子液体的电导率，如在40℃ 常压时BMIMPF6的电导率为0.003S/cm；当CO_2压力为12MPa时，电导率为0.016S/cm。这一特点将有利于提高离子液体中发生的电化学反应效率。

2009年，付超等报道了聚吡咯薄膜在超临界CO_2/BMIMPF6两相体系中电化学合成。与有机溶剂、IL，超临界CO_2/有机溶剂均一体系相比，所得膜表面更加光滑(图6-35)。

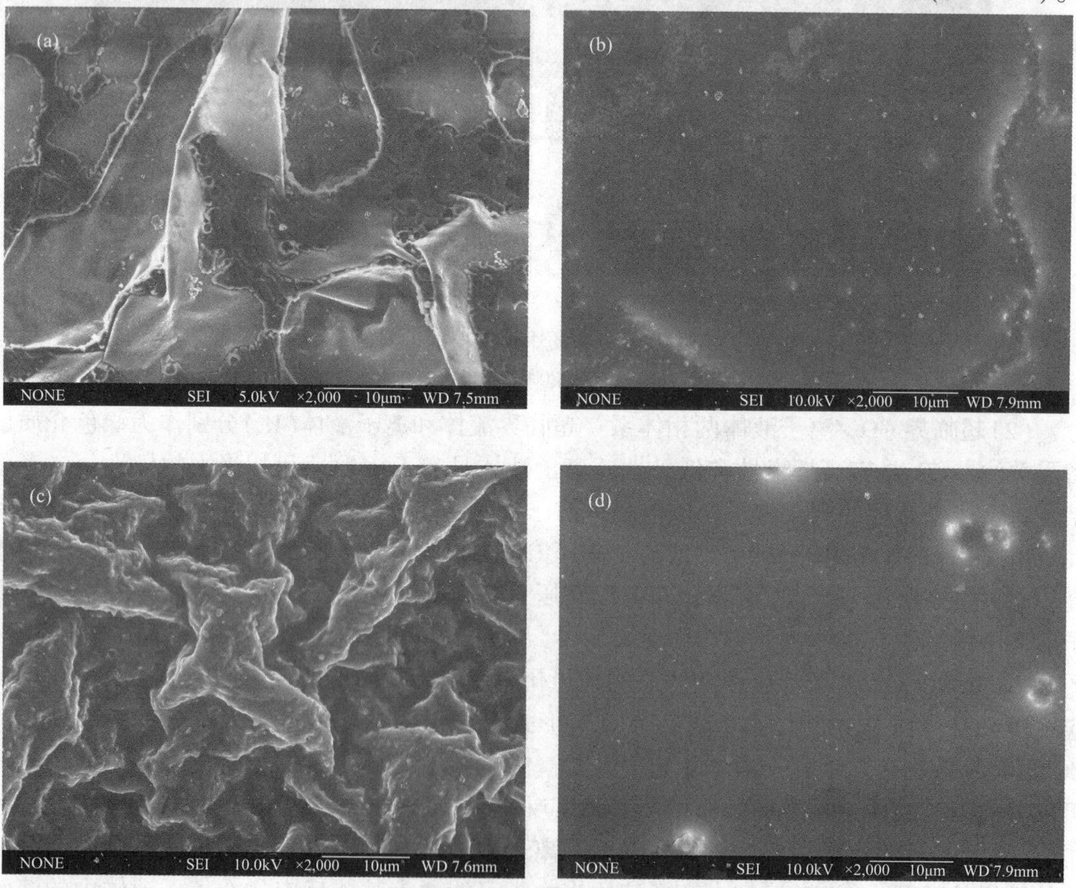

图 6-35　在四种不同体系下电化学合成出的聚吡咯薄膜的SEM照片

(a)乙腈-液体有机溶剂，0.1MPa，298K；(b)BMIMPF6溶液，0.1MPa，298K；

(c)$SCCO_2$/AN超临界均一体系，15MPa，323K；(d)$SCCO_2$/BMIMPF6两相混合体系，15MPa，323K

6.3.6 超临界 CO_2 在二维纳米材料宏量制备中的应用

石墨烯、二硫化钼，氮化硼等具有独特性质的少层结构二维材料在半导体、光伏发电、电极材料、催化和环境净化材料等方面具有广阔的应用前景，因此面向应用的大规模二维纳米材料的制备是目前物理化学领域最具有挑战性的课题之一。超声液相剥离法是其中一种重要的方法。但是该方法存在制备周期长、使用化学试剂、能耗高和产率低等缺点，极大限制了其应用。2015 年郑州大学许群教授课题组通过超临界二氧化碳辅助，乙醇作为共溶剂，成功在水相制备了二维层状材料二硫化钼（MoS_2）纳米片，并且将其直接用于细胞荧光探针。该绿色高效的方法巧妙地通过水、乙醇、二氧化碳的协同作用形成了目标物的皮克林微乳液，将原本没有荧光的粉末状 MoS_2，剥离成了少层和单层的 MoS_2 纳米片并且最终产生荧光信号。

加州大学洛杉矶分校化学与生物化学系的 Reza Rizvi 教授和 Richard B. Kaner 教授共同提出一种可压缩流体剥离制备二维纳米材料的方法。他们通过将剪切型液相剥离技术与超临界气体处理方法相合并，利用可压缩的高速流动气体的剪切应力将六边形氮化硼块体材料剥离为超薄二维纳米材料，方法简单环保，能够连续、高通量地制备出几乎没有缺陷的二维氮化硼纳米材料。随后他们将其应用于不同 2D 层状材料的剥离，证明了此方法的普适性。将这一过程扩大到工业生产，很有可能降低制造 2D 纳米材料的成本。

超临界 CO_2 流体作为一种新型介质，由于自身的众多优点特别是给有机反应提供了一个更清洁、绿色的反应环境而倍受青睐，随着研究工作的进一步深入，超临界 CO_2 技术在绿色化工生产中的应用必将获得更大的发展。

思　考　题

1. 超临界流体具有哪些与通常气体和液体的不同特性？
2. 超临界水用作反应介质有哪些优势？
3. 比较有机废水的超临界水氧化处理和湿法氧化处理的优缺点？
4. 有机废水的超临界水氧化处理目前主要用到哪些催化剂以及其作用机理？
5. PET 塑料在超临界水中的降解机理和产物？
6. 用简练的语言描述超临界 CO_2 萃取技术的基本过程？
7. 超临界 CO_2 作为有机化学反应介质有哪些优点？
8. 超临界染色技术的优缺点有哪些？
9. CO_2 膨胀液体体系与纯超临界 CO_2 体系相比有那些优势？

参　考　文　献

[1]韩布兴等编著．超临界流体科学与技术．北京：中国石化出版社，2005
[2]漆新华，庄源益编著．超临界流体技术在环境科学中的应用．北京：科学出版社，2005
[3]彭英利，马承愚．超临界流体技术应用手册．北京：化学工业出版社，2005
[4]朱自强．超临界流体技术-原理和应用．北京：化学工业出版社，2000
[5]廖传华，周勇军．超临界流体技术及其过程强化．北京：中国石化出版社，2007

[6]廖传华，王重庆．超临界流体与绿色化工．北京：中国石化出版社，2007
[7]廖传华，朱廷风．超临界流体与环境治理．北京：中国石化出版社，2007
[8]S C Tucker. Solvent Density inhomogeneities in supercritical fFluids. Chem Rev，1999，99(2)：391-418
[9]H Weingärtner，E U Franck. Supercritical water as a solvent. Angew Chem Int Ed，2005，44：2672-2692
[10]N Sato，A T Quitain，K Kang，et al. Reaction kinetics of amino acid decomposition in high-temperature and high-pressure water. Ind Eng Chem Res，2004，43：3217-3222
[11]Veriansyah Bambang，Kim Jae-Duck. Supercritical water oxidation for the destruction of toxic organic wastewaters：A review. J of Environmental Sciences，2007，19：513-522
[12]N Akiya，P E Savage. Roles of water for chemical reactions in high-temperature water. Chem Rev，2002，102：2725-2750
[13]A Kruse，E Dinjus. Hot compressed water as reaction medium and reactant. Properties and synthesis reactions. J of Supercritical Fluids，2007，39：362-380
[14]A Kruse，E Dinjus. Hot compressed water as reaction medium and reactant 2. Degradation reactions. J of Supercritical Fluids，2007，41：361-379
[15]P E Savage. Organic chemical reactions in supercritical water. Chem Rev，1999，99：603-621
[16]陈晋阳，郑海飞，曾贻善．超临界水理论研究的进展．化学进展，2002，14(6)：409-414
[17]J A Darr，J Zhang，N M Makwana，X Weng. Continuous hydrothermal synthesis of inorganic nanoparticles：applications and future directions. Chem Rev，2017，117：11125-11238
[18]侯玉翠，刘克文，杨春梅，吴卫泽．离子液体和超临界 CO_2 两相体系．化学通报，2005，68(75)
[19]Albert S. Matlack 著．绿色化学导论．汪志勇等译．北京：中国石化出版社，2006
[20]Koichi Mikami 主编．王官武等著．绿色反应介质在有机合成中的应用．北京：化学工业出版社，2007
[21]银建中等．CO_2 膨胀液体热力学特性及在化学反应中的应用．化学进展，2008，9：1250-1262
[22]Hideo Yoshida，Masato Sone，Aya Mizushima，et al. Application of emulsion of dense carbon dioxide in electroplating solution with nonionic surfactants for nickel electroplating. Surface and Coatings Technology，2003，173：285-292
[23]Hao Yan，Masato Sone，Aya Mizushima，et al. Electroplating in CO_2-in-water and water-in-CO_2 emulsions using a nickel electroplating solution with anionic fluorinated surfactant. Surface and Coatings Technology，2004，187：86-92
[24]Hao Yan，Masato Sone，Nobuyoshi Sato，et al. The effects of dense carbon dioxide on nickel plating using emulsion of carbon dioxide in electroplating solution. Surface and Coatings Technology，2004，182：329-334
[25]付超，李章林，朱宪，鄢浩．聚吡咯薄膜在超临界 CO_2 与离子液体两相体系中的电化学合成．化学研究，2009，20(4)：24-26
[26]Hao Yan，Zhanglin Li，Feifei Xu. Preparation of Polypyrrole Films Doped with Phosphomolybdic Acid in Sc-CO_2/Water Emulsion. Fundamental of Chemical Engineering，2011：1085-1088
[27]Yuhang Qi，Nan Wang，Qun Xu，et al. A green route to fabricate MoS_2 nanosheets in water-ethanol-CO_2. Chem Commun，2015，51，6726-6729
[28]Reza Rizvi，Emily P. Nguyen，Matthew D. Kowal，et al. High-Throughput Continuous Production of Shear-Exfoliated 2D Layered Materials using Compressible Flows. Advanced Materials，14 June 20，DOI：10. 1002/adma. 201800200

第7章 电化学合成技术与工艺

7.1 电化学概论

7.1.1 电化学发展史

顾名思义，电化学是一门涉及电子与化学反应之间的关系，是研究电能与化学能之间相互转换规律的学科。1799年伏特(Volta)制成了第一个实用电池，从此开始了电化学研究的时代。1826年欧姆(Ohm)研究得到了著名的欧姆定律；1833年诞生了法拉第(Faraday)定律；1887年阿累尼乌斯(Arrhenius)又提出了电离学说；1889年能斯特(Nernst)提出了电极电位概念和计算公式，对电化学热力学作出了重大的贡献。另一方面，19世纪70年代赫姆荷兹(Helmhoitz)提出了双电层的概念；1905年塔菲尔(Tafel)找到了过电位与电流密度的关系式；20世纪50年代弗鲁姆金(A. H. Frumkin)、博克里斯(Bockris)作了大量研究工作，发展了电极过程动力学，使之成为现代电化学的主体。

电化学合成就是指通过电化学方法合成制备物质分子的过程。1834年法拉第率先使用电化学方法对有机物的合成反应进行了研究。发现当对醋酸盐水溶液进行电解时，在阴极上会析出CO_2，同时生成烃类混合物(乙烷和乙烯)。1845年柯贝尔(Kolbe)对有机物质的阴极还原进行了系统研究，创立了著名的Kolbe有机电解反应及相应的基本理论。1898年哈布尔在研究了硝基苯的逐步还原反应后，提出了控制电极电位的概念，指出使用不同的阴极电位时，硝基苯电解还原可以得到氧化偶氮苯或二苯基肼产物。同时，葛德尔曼(Gattermann)、哈珀(Haber)、罗勃(Lob))和塔菲尔(Tafel)等对有机化合物的电化学氧化或还原反应中的定量关系研究作出了重大的贡献。这段时期所发表的论文、专利和专著达到1000多种，是电化学合成发展史中最为兴旺的阶段。然而有机物的电化学合成并未就此进入工业化生产，究其主要原因：①20世纪30年代有机催化合成反应的研究发展占据了主导地位，抑制了有机电极反应的研究和有机电解工业的发展；②20世纪40年代前电化学中的热力学(如Nernst方程)占据了统治地位，而电化学动力学研究仍停留在宏观和经典的范畴。以后又遭遇了战争灾难，使有机电化学合成技术的发展受到了严重挫折。

进入20世纪60年代，随着微电子学的发展，光学技术和量子学理论的引入，给化学工业注入了新的活力。古老的电化学合成也因此开始了新的里程碑。1965年美国孟山都公司(Monsanto)根据美国化学家贝泽(M. Baizer)研究成功成果，实现了丙烯腈电解还原合成己二腈的规模化生产(12kt/a)；随后美国纳尔柯(Nacol)公司又实现了四乙基铅电解合成的工业化生产。这两个有机电化学合成工业的成功，对世界化学工业产生了巨大的影响，也开创了有机电合成的全新发展时期。在随后的三十多年，有机电合成又在间接电合成、界面修饰电极、SPE(固体聚合物电解质)电极的应用、纳米电极材料、金属有机物的电合成等领域取得了新的进展。

当今，随着世界对全球能源、环境的关注，加之电化学的特性，运用电化学手段来探索处理这一难题得到了科学工作者的重视。如国外学者采用电解还原法在超临界 CO_2 条件下实验室中成功合成甲醇。虽然目前该工艺还无法达到工业化生产的要求，但其新的构思将对消除 CO_2 的负面作用(全球温室效应)，综合利用 CO_2 生产化工原料产生巨大的影响。相信随着电化学技术与理论的日趋成熟，电化学合成将会给化学工业乃至社会带来崭新的面貌。

7.1.2　电化学合成特点

尽管电化学合成作为化工生产工艺仍存在着一定的缺陷，但就绿色化工生产过程而言，电化学合成方法至少有着如下几个优点：

①以清洁、无毒的“流动电子”作为反应驱动力，从本质上给化学反应注入了绿色元素。反应体系中除原料和产物外，通常不含其他化学试剂，副产物可大幅度地减少，降低对环境的影响，是今后“绿色化学合成工业”的重要组成部分。

②电化学反应通常在较低的温度下进行，因此外加能量消耗(相对传统化工生产方法)减少，有利于节能；另一方面，反应温度较低，对设备材料的腐蚀、损耗和意外事故均有相应的减少，生产操作更安全。

③从催化反应角度而言，电极可视为非均相氧化(或还原)反应的催化剂，它与产物、反应物的分离非常容易，便于再生使用。另外，反应的支持电解质(或活性电化学媒介)从电化学角度而言，都是可再生的，对环境可以达到“零排放”。

除此以外，在电化学合成过程中，通过改变电极电位可合成制备不同的产品；同样也可通过控制电极电位，使反应按预定的目标进行，从而提高化学反应的选择性和收率。在电化学合成过程中，理论上可任意改变氧化或还原反应的速度，或随时终止与起动反应的发生，传统的化学法对此却无能为力。

对于某些有机化合物的合成，电化学合成法有时能显示出着不可替代的优势。如对-氨基苯酚的制备，传统化学合成法的反应工艺十分繁复，大致的合成步骤可表示如下：

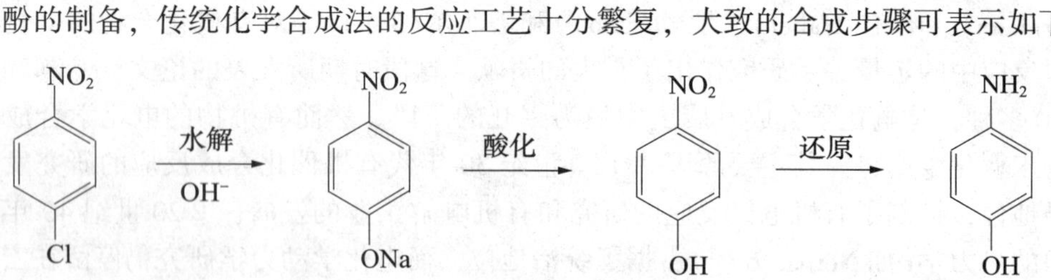

采用电化学合成方法，则工艺可大大缩减。反应的方程式如下：

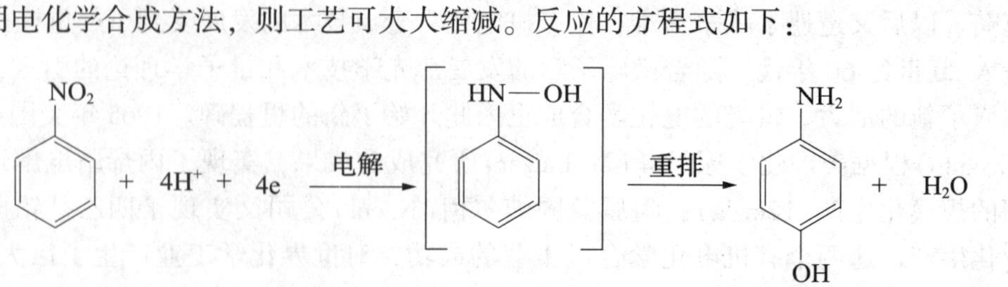

硝基苯分子得到4个电子还原成羟胺，再经班博克(Bamberger)重排反应，形成对-氨基苯酚产物。电化学合成将化学法需要4步完成的生产过程缩短至1步完成，优势十分明显。

当然，电化学合成方法也存在一些问题或不足：

①电化学反应必须有特殊的装置和设备。如每一个反应需要特殊种类的电解槽，而这些电解槽大都是非标准设备，加工与购置较为困难(即反应设备的通用性较差)。

②影响反应的因素较多。除常规化学合成反应条件(如酸、碱性，溶液种类，浓度，温度等)以外，还须考虑电压、电流、电极材料等因素，使得优化反应工艺条件较为困难。

7.2　电化学理论基础

电化学合成是应用电化学的一个分支。本节中我们将对电化学方面的基本知识及原理作一基本的概述，也为后续的电化学合成工艺的学习作必要的知识准备。

7.2.1　电解质溶液及电化学性质

导电物质依电荷载体的不同，分为第Ⅰ类和第Ⅱ类导体。依靠自由电子的传递而发生导电的物质称第Ⅰ类导体，如金属、部分金属氧化物、碳化物等，通常用作电极；第Ⅱ类导体是靠离子迁移而实现导电，所以也称为“离子导体”，它包括电解液、熔融盐(离子液体)和固体电解质等。一个完整的电化学反应体系(见图7-1)，由(固体)电极、电解液与导线三部分构成。体系外部通过导线连接，实现电子迁移；体系内部的导电则取决于电解液以及电解液/固体电极之界面的导电性能。当界面发生电子转移，即意味电极上发生了(电)化学反应。故电解液是构成电化学系统或完成电化学反应的核心部分。

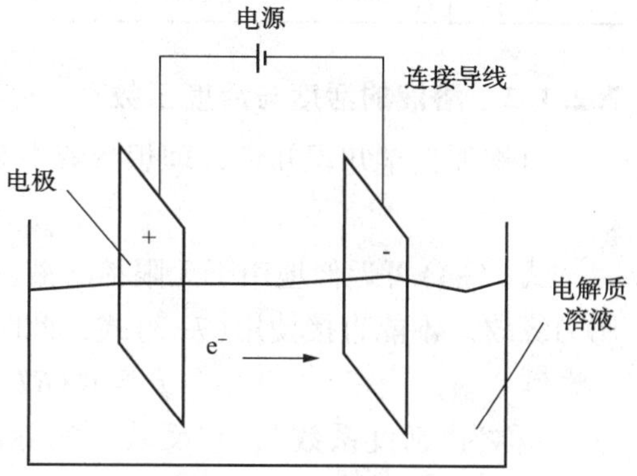

图7-1　电化学反应体系

7.2.1.1　电解质溶液的电导率

电解质溶液，即溶质溶于介质(或溶剂)后，能完全(或部分)解离成离子后所形成的溶液。电化学研究中，为了比较不同浓度、不同类型电解质溶液的导电能力，常用摩尔电导率(Λ_m)作为衡量参数。其定义是：当距离为单位长度(1m)的平行电极间含有1mol电解质溶液时的电导，可表示为：

$$\Lambda_m = \kappa \cdot V_m = \frac{\kappa}{c} \tag{7-1}$$

式中　V_m——含有1mol电解质时溶液的体积，m^3/moL；

c——电解质溶液的浓度，mol/m^3；

κ——电导率，S(西门子)/m，即长度1m，截面积1m^2时，物质的电导值。

由式(7-1)可知，随溶液浓度(c)的降低，摩尔电导率(Λ_m)趋向一极限值，溶液无限稀释时的摩尔电导率(Λ_m^∞)。科尔劳奇(Kohlrasuh)通过大量的实验得到了摩尔电导率与浓度的经验公式：

$$\Lambda_m = \Lambda_m^\infty(1-\beta\sqrt{c}) \tag{7-2}$$

式中：β为常数，与温度、溶剂和电解质有关。

表7-1列出了部分离子在无限稀释水溶液中的摩尔电导率。可看出H^+、OH^-的电导能力较强。有时为提高电解质溶液的导电能力，就往往可采取改变溶液的pH值来实现。

表7-1　无限稀释水溶液中一些离子的摩尔电导率Λ_m^∞(25℃)

阳离子$\Lambda_+^\infty \times 10^4$/(S·m²/mol)				阴离子$\Lambda_-^\infty \times 10^4$/(S·m²/mol)			
H^+	349.8	$1/2Ba^{2+}$	63.6	OH^-	198	Br^-	78.4
K_+	73.5	$1/2Ca^{2+}$	59.5	$1/4[Fe(CN)_6]^{4-}$	110.5	I^-	76.8
NH_4^+	73.4	$1/2Cu^{2+}$	56.6	$1/3[Fe(CN)_6]^{3-}$	101.1	Cl^-	76.3
Ag^+	61.9	$1/2Zn^{2+}$	54.5	$1/2CO_3^{2-}$	83.0	NO_3^-	71.4
Na^+	50.1	$1/2Cd^{2+}$	54.0	$1/2SO_4^{2-}$	79.8	HCO_3^-	44.5
Li^+	38.7	$1/2Mg^{2+}$	53.1	$1/2C_2O_4^{2-}$	24.0	Ac^-	40.9

7.2.1.2　溶液的活度与活度系数

由物理化学知识知道，理想溶液中某组分i的化学势μ_i可用如下关系式表示：

$$\mu_i = \mu_i^\circ + RT \cdot \ln m_i \tag{7-3}$$

式(7-3)可近似地用于无限稀溶液(理想溶液)。但对于非理想溶液，由于分子间的作用力缘故，不能直接使用(7-3)式，此时需用活度α代替摩尔浓度m，即有：

$$\mu_i = \mu_i^\circ + RT \cdot \ln\alpha_i, \ (\alpha_i = \gamma_i \cdot m_i) \tag{7-4}$$

γ_i称为"活度系数"，它反映了实际溶液与理想溶液性质上的偏差。由于单种阳离子(或阴离子)的活度与活度系数均无法测定。因此，通常采用平均活度($\mu_\pm$)或平均活度系数($\gamma_\pm$)的概念。表7-2列出了部分电解质的离子平均活度系数($\gamma_\pm$)。根据$\alpha_+ = \gamma_\pm \cdot m_+$和$\alpha_- = \gamma_\pm \cdot m_-$的关系式，可近似得求得阳离子(或阴离子)的活度值。由活度系数的定义可知，$\gamma_\pm$值→1，实际(电解质)溶液接近于理想溶液。

表7-2　某些电解质溶液的平均活度系数$\gamma_\pm$(25℃)

电解质	0.001	0.005	0.01	0.05	0.1	0.5	1.0
	m/(mol/kg)						
HCl	0.966	0.928	0.904	0.830	0.796	0.758	0.809
NaCl	0.966	0.929	0.904	0.823	0.78	0.68	0.66
KCl	0.965	0.927	0.901	0.815	0.769	0.651	0.606
$CaCl_2$	0.89	0.785	0.725	0.57	0.515	0.52	0.71
HNO_3	0.965	0.927	0.902	0.823	0.785	0.715	0.720

续表

电解质	0.001	0.005	0.01	0.05	0.1	0.5	1.0
	m/(mol/kg)						
$AgNO_3$	0.965	0.92	0.90	0.79	0.72	0.51	0.40
$CuSO_4$	0.74	0.53	0.41	0.21	0.16	0.068	0.047
$ZnSO_4$	0.700	0.477	0.387	0.202	0.150	0.063	0.043

7.2.2　电化学反应热力学

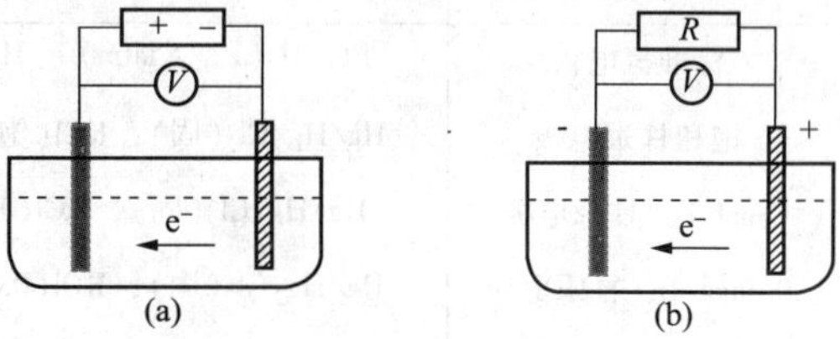

图 7-2　电解槽(a)、原电池(b)示意图

电解槽(电解池)和原电池(化学电源)是典型的电化学体系。前者将电能转化为化学能；后者则是将化学能转化为电能。(参见图 7-2)。由图可知，电化学体系要实现电流循环，则必须要有：①两类导体(电子导体和离子导体)以及②在这两类导体界面上进行的氧化/还原反应(保证界面上的电子传输)。两类导体的界面性质及界面上所发生的变化，就是近代电化学的主要研究内容，它包括电化学(热力学)平衡和电极过程动力学。

根据热力学理论：$dG=-Sdt+Vdp-\delta W_{nvw}$，($W_{nvw}$—非体积功)在等温、等压条件下，上式为：$dG=-\delta W_{nvw}$ 或 $\Delta G=-W_{nvw}$。

对于电化学体系而言，非体积功：$W_{nvw}=Q\times E=n\cdot F\cdot E$

式中：n 电化学反应中的电子数；F 为法拉利常数，E 电化学体系中的电势差。

反应达到平衡时：$\Delta G^\circ=-W_{nvw}=-n\cdot F\cdot E^\circ$($\Delta G^\circ$-标准自由能；$E^\circ$-标准电动势)。

对于一个电化学反应：$v_A A+v_B B=v_C C+v_D D$(v_A，v_B，v_C，v_D 为反应式的化学计量数)。

当反应达到平衡时，根据热力学结论有：

$$\Delta G=\Delta G^\circ+RT\ln\frac{\alpha_C^{v_C}\cdot\alpha_D^{v_D}}{\alpha_A^{v_A}\cdot\alpha_B^{v_B}} \tag{7-5}$$

将 $\Delta G=-W_{非}=-nFE$；$\Delta G^\circ=-W_{非}=-nFE^o$ 代入式(7-5)，经整理后可得：

$$E=E^\circ-\frac{RT}{nF}\cdot\ln\frac{\alpha_C^{v_C}\cdot\alpha_D^{v_D}}{\alpha_A^{v_A}\cdot\alpha_B^{v_B}} \tag{7-6}$$

式(7-6)就是著名的能斯特(Nernst)方程，它反映了平衡状态下电化学反应的电动势(E)与参加反应的各物质分子的活度(α_i)、温度(T)之间的定量关系。

对于可逆电极反应，均可表示：Ox(氧化态)$+ne^-\rightleftharpoons$Red(还原态)；(如$Fe^{3+}+e^-=Fe^{2+}$)

平衡状态下，同样地运用 Nernst 方程(7-8)可得：

$$\varphi_{eq}=\varphi^\circ+\frac{RT}{nF}\cdot\ln\frac{\alpha_{Ox}}{\alpha_{Red}} \tag{7-7}$$

式中：φ_{eq} 为平衡电极电位；当 $\alpha_{Ox}=\alpha_{Red}=1$ 时，$\varphi_{eq}=\varphi^\circ$，$\varphi^\circ$称标准平衡电极电位。

遗憾的是，单一电极的绝对电极电位值，目前还无法直接测出，而所谓的“电极电位/

势"实际是一相对值。换句话说，就是引入一种电极，并将其作为"基准电极"，其他的电极通过与之比较，则其电极电位就能测得。国际上统一采用的基准电极是"标准氢电极"(Normal Hydrogen Electrode)，规定其电位为零。但由于标准氢电极使用很不方便，实际测定时常用饱和甘贡电极等来代替标准氢电极。电化学中将能作为基准电极，且有稳定电位的电极，称之为"参比电极"(reference electrode)。表7-3列出了一些常用的参比电极。

表7-3　几种常见参比电极

电 极	电 对	氢标电位①/V	温度系数
标准氢电极	Pt，$H_2(P_{H_2}=1atm)$ | $H^+(\alpha=1)$	0.0000	0.0×10^{-4}
饱和甘汞电极	Hg/Hg_2Cl_2(固)，KCl(饱和溶液)	0.2415	-7.5×10^{-4}
lmol/L，甘汞电极	Hg/Hg_2Cl_2(固)，KCl(1mol/L)	0.2800	-0.7×10^{-4}
0.lmol/L，甘汞电极	Hg/Hg_2Cl_2(固)，KCl(0.1mol/L)	0.3338	-2.4×10^{-4}
0.1mol/L氯化银电极	Ag/AgCl(固)，KCl(0.Imol/L溶液)	0.2881	-6.5×10^{-5}

①氢标电位：即与"标准氢电极"比较而得出的电极电位值。

由参比电极与被测电极所组成的电化学(回路)体系，其电势差：$E=\varphi-\varphi_R$(φ_R—参比电极的电极电位)。若规定参比电极的电极电位 $\varphi_R=0$，则实验测得的外电势 $E=\varphi$，即为被测电极的相对电极电位。

常见电极反应的标准平衡电极电位 φ^o 可由手册[3]等工具书获得。通过 φ^o 值，可大致判断(电极)反应的方向性；当 φ^o 值越正(+)，表明Ox(氧化态)越容易得到电子，越容易发生还原反应(正向)；反之，φ^o 值越负(-)，Red(还原态)越易失去电子，易发生氧化反应(逆向)。

7.2.3　极化过程与反应动力学

7.2.3.1　电极/溶液界面的结构—双电层模型

电极反应，是直接在"电极/溶液"界面上实现的"非均相"反应。所以界面性质对电极反应的行为有着很大的影响。当某一电极/溶液体系通电后：由于(固体)电极内部与表面的导电性存在差异，带电粒子就会在电极表面"富集"，并将吸引溶液中符号相反的带电粒子迁移至电极界面的附近。1924年Stern在总结前人的研究基础上，提出了双电层模型结构(见图7-3)。它认为溶液中的离子分布可分为两层：一层排列在贴近电极的一个平面上(紧密层)；另一层向溶液本体方向扩散(扩散层)。

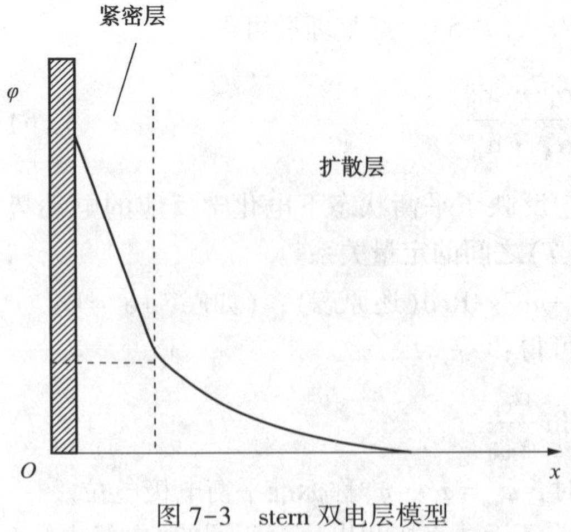

图7-3　stern双电层模型

当电流通过电极~溶液界面时，会发生两类电极过程：①充电过程，它使电极表面的电荷密度发生变化，类似于电容器的充电，故此消耗的电流称为充电(或电容)电流，以 i_c 表示。②电化学过程，即界面上发生电化学反应，反应物质量与电量之间的关系符号法拉第定律，故也称为“法拉第过程”，消耗的电流则称法拉第(或电化学反应)电流，记为 i_F。

7.2.3.2　非平衡电极过程与极化

若有一电极，当电流通过其界面时，仅仅是改变其双电层结构，而不发生电化学反应(即 $i_F=0$)，则称该电极为“理想极化电极”，它类似于一个平板电容器；相反，若通向界面的电流全部用于电化学反应(即 $i_c=0$)，则称之为“理想不极化电极”。其特征是电极反应完全在平衡电位(φ_{eq})下进行，即完全可逆。实际的电极过程，往往是介于此两种(理想)电极之间，通过电极的电流 i 为充电电流($i_c\neq0$)与法拉第电流($i_F\neq0$)之和。其等效电路相当于电容与电阻的并联，如图 7-4 所示。

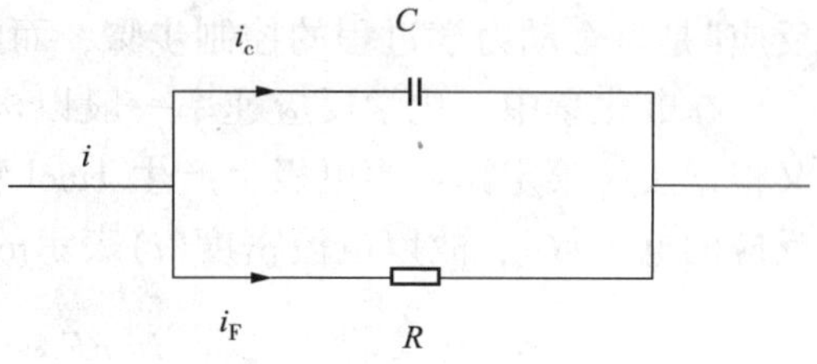

图 7-4　电极的等效电路

显然，当电流通过电极时，并非所有电流都用于化学反应，电极反应也并非在平衡电位(φ_{eq})下进行，反应的实际电动势偏离了平衡电极电势，电化学称此现象为“极化”。此时，实际电动势($\varphi_{实}$)与理论平衡电势(φ_{eq})间的偏差，称“极化电势”，或“过电位”，用 η 表示：

$$\eta=|\varphi_{实}-\varphi_{eq}| \tag{7-8}$$

由此可知：阳极极化时 $\varphi_{实}>\varphi_{eq}$，使电位更正；阴极极化时 $\varphi_{实}<\varphi_{eq}$，使电位更负。另外，过电位的产生、大小均与通过电极的电流有关，故为方便比较，一般用电流密度(i)来表示。在电化学研究中，描述电极电位(φ)与电流密度(i)之间的关系曲线，称为“极化曲线”。图 7-5 是电解池与原电池的 $\varphi=f(i)$ 的极化曲线。

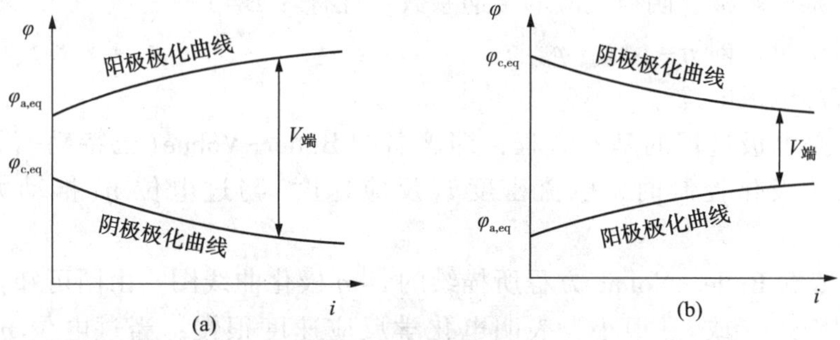

图 7-5　极化曲线

(a)电解池；(b)原电池

由图可知，极化使得电解池的端电压(也称工作电压，即发生电解反应时的实际电压)增大，且电流密度越大，极化越大，电解反应所需的实际电压越大；相反，原电池的极化将使实际输出的电压变小，因为有部分电流消耗于电极极化。同样地，电流密度越大，极化越重，输出的实际电压越小。

当电流通过电极时，由于电极反应速率的有限性，不能马上消耗掉外界输送过来的电子，导致电极表面上积累了多于平衡状态的电子，造成了电极电势的偏离。这种因电化学反应迟缓性而引起的极化称“电化学极化”。另一种情形，当电流通过电极时，由于(电)

化学反应的发生，使电极表面某种离子的浓度降低。当本体溶液中的某种离子跟不上补充，致使它在电极表面上浓度小于本体溶液中的浓度。此时，就好比将此电极浸入到一个浓度较小的溶液中一样，结果造成电极电势将低于其平衡值，这种现象称为“浓差极化”。

7.2.3.3 电化学极化及反应动力学

根据上述定义，当发生电化学极化时，主要原因是电极反应的“滞后”，所以“电化学反应”是整个动力学过程的控制步骤，而此时离子的本体浓度与其表面浓度可视为相等。

在电化学中，化学反应速率一般以电流密度(i)表示，即通过电极表面上电流强度。又根据法拉第定律：当电极上产生1mol物质的量，则需要通过nF的电量(n为参加电极反应的电子数)，故以电流密度(i)表示的电极反应速度：

$$i=nF\cdot v=nF\cdot\left(\frac{1}{S}\cdot\frac{\mathrm{d}C}{\mathrm{d}t}\right) \tag{7-9}$$

对于单电极反应：　　$\mathrm{Ox}(\text{氧化态})+ne \rightleftharpoons \mathrm{Red}(\text{还原态})$

则(还原反应)的净反应速度(即电流密度)应为：$i=\vec{i}-\overleftarrow{i}$

其中：$\vec{i}=n\cdot F\cdot\vec{k}\cdot C_{\mathrm{O}}^{\mathrm{s}}$，$\overleftarrow{i}=n\cdot F\cdot\overleftarrow{k}\cdot C_{\mathrm{R}}^{\mathrm{s}}$；$C_{\mathrm{O}}^{\mathrm{s}}$、$C_{\mathrm{R}}^{\mathrm{s}}$—分别是氧化物、还原物的表面浓度。

基于化学反应动力学与电化学反应原理(省略)，最后可推得电极反应的动力学方程为：

$$i=i^{\mathrm{o}}\left[\exp\left(\frac{\alpha nF}{RT}\cdot\eta\right)-\exp\left(\frac{-\beta nF}{RT}\cdot\eta\right)\right] \tag{7-10}$$

式中　i^{o}——交换电流密度，即在平衡(电位)状态下的反应速度(电流密度)；

α、β——分别为阳极、阴极反应的传递系数；且有$\alpha+\beta=1$；

η——过电位，即$\eta=|\varphi_{\mathrm{real}}-\varphi_{\mathrm{eq}}|$；

φ_{real}——实际电极电位。

式(7-10)是电极过程的基本方程，即著名的Butler-Volme(巴特勒-沃尔摩)方程。它描述了电化学极化控制时，电流密度i(反应速度)与过电位η(推动力)间的定量关系。

图7-6是依据Butler-Volme方程所描绘的$i\sim\eta$极化曲线图。由图可知：在过电位η较小时，电流密度i_{c}(或i_{a})很小，表明电化学反应速度很慢；当过电位η升至某一值后，其对应的电流密度i急剧上升，呈指数级递增，且无极限电流i_{d}存在。(参见“浓差极化”)

另外，为求得Butler-Volme方程中的参数(α、i^{o})，式(7-10)改写后，再两边取对数可得：

$$\ln\frac{1}{i^{\mathrm{o}}}+\frac{\alpha nF\eta}{RT}=\ln\frac{1-\exp(nF\eta/RT)}{i} \tag{7-11}$$

若以$\ln[1-\exp(nF\eta/RT)]/i\sim\eta$作图，就可得到一条直线(见图7-7)。由直线的斜率，可求得(传递系数)α；由直线的截距，可求得交换电流密度i^{o}。

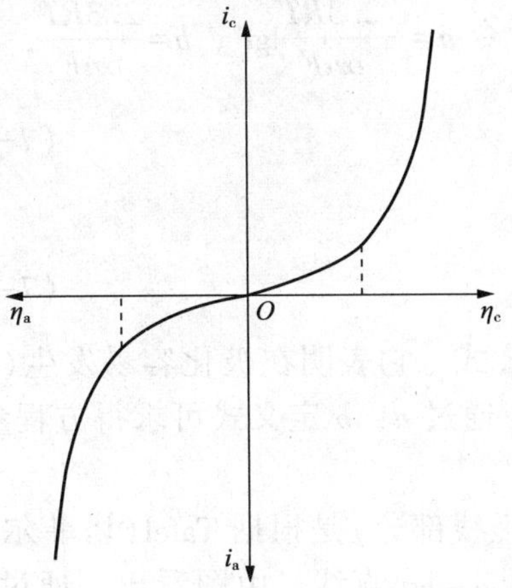

图 7-6　电化学控制下极化曲线

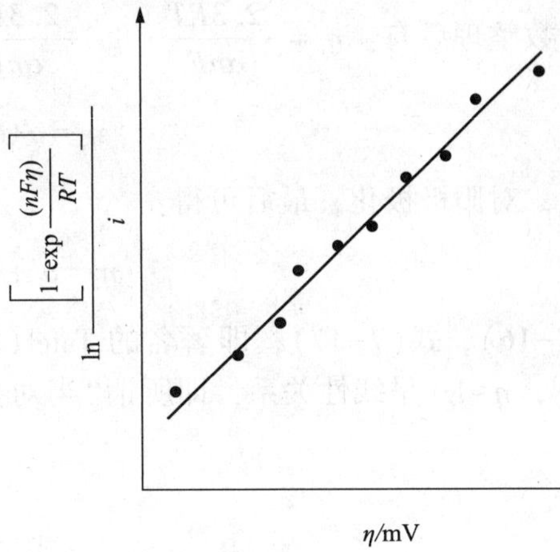

图 7-7　电化学控制下极化直线

Butler-Volme 方程是电化学极化下的基本动力学方程。对于一些特殊状况，其方程的形式可作进一步的简化处理，这在动力学研究以及动力学参数测定中十分有效。

①极化的线性区域：

当外电流 i 非常小(即 $i<<i^{\circ}$)，此时 η 很小，反应基本在 φ_{eq}附近进行，此时可认为：$|\eta|<<RT/\alpha nF$，根据数学知识：$e^{\pm x}=1\pm x+\dfrac{x^2}{2!}+\dfrac{x^3}{3!}+\cdots\approx 1\pm x$($x$ 很小时)，则(7-10)式的 Butler-Volme 方程，可简化为(其中 $\alpha+\beta=1$)：

$$i_c=i^{\circ}\left[1+\left(\frac{\alpha nF}{RT}\eta_c\right)-1+\left(\frac{\beta nF}{RT}\eta_c\right)\right]=i^{\circ}\cdot\frac{nF}{RT}\cdot\eta_c \text{ 或 } \eta_c=\frac{RT}{i^{\circ}nF}\cdot i_c \tag{7-12}$$

对于阳极，同样可以得到：

$$\eta_a=\frac{RT}{i^{\circ}nF}i_a \tag{7-13}$$

式(7-12)、式(7-13)表明：当外电流非常小时，极化反应电流密度 i 与过电位 η 呈线性关系。模拟欧姆定律，将$\left(\dfrac{RT}{i^{\circ}nF}\right)$称为“极化电阻”(或反应电阻)，以 R_r 表示，并定义：

$$R_r=\left(\frac{d\eta}{di}\right)_{\eta\to 0}=\frac{RT}{i^{\circ}nF} \tag{7-14}$$

通过 $\eta\sim i$ 线性极化直线的斜率(见图 7-7 中的虚线)，可先求得 R_r，再由(7-14)式就可求得重要的动力学参数 i°。它表示单位电极面积、单位时间内，电极/溶液界面间粒子的交换速度，且能定量地表明反应的可逆程度及动力学性质。

②极化的半对数区域：

当过电位$|\eta|>>RT/\alpha nF$ 时，外电流 $i>>i^{\circ}$，电极平衡受到很大的破坏，正向反应速率($\vec{i}$)与逆向反应速率($\overleftarrow{i}$)相差很大，这样其中的一项就可以忽略。如阴极极化时，$i_c>>i_a$，则式(7-10) Butler-Volme 基本方程可简化为：

$$i_c=i^{\circ}\cdot\exp\left(\frac{\alpha nF}{RT}\eta_c\right) \tag{7-15}$$

取对数整理后有：$\eta_c=-\frac{2.3RT}{\alpha nF}\cdot\lg i^o+\frac{2.3RT}{\alpha nF}\cdot\lg i_c$，令 $a=-\frac{2.3RT}{\alpha nF}\lg i^o$，$b=\frac{2.3RT}{\alpha nF}$，则：

$$\eta_c=a+b\cdot\lg i_c \tag{7-16}$$

同理，对阳极极化，最后可得：

$$\eta_a=a'+b'\cdot\lg i_a \tag{7-17}$$

式(7-16)、式(7-17)，即著名的 Tafel(塔菲尔)公式。它表明在极化容易发生($i>>i^o$)情况下，$\eta\sim\lg i$ 呈线性关系，即所谓"半对数关系"。通过 a，b 定义式可求得方程参数 α、i^o。

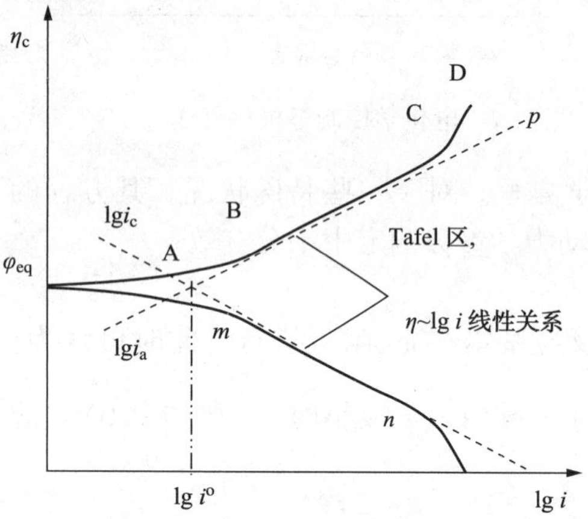

图 7-8　$\eta\sim\lg i$ 的极化曲线

图 7-8(虚线部分)是根据 Tafel(塔菲尔)公式，描绘出的 $\eta\sim\lg i$ 直线。由图看出：通过阴、阳极极化 Tafel 直线的交点，可得到 $\lg i^o$，继而求得交换电流密度 i^o 值。

与前述线性极化情况相似，此时，电荷传递的极化电阻 R_D，可定义为：

$$R_D=\frac{d\eta}{di}=\frac{b}{[i]} \tag{7-18}$$

交换电流密度(i^o)是电化学极化下，动力学方程中的一个重要参数，根据 i^o 值的大小，可大致判定电极的"极化"情况及对反应的影响程度。具体可参见表 7-4。

表 7-4　交换电流密度 i^o 与电极性质及对电极过程的影响

i^o	电极特性	反应可逆性	$\Delta\varphi\sim i$ 关系
$i^o\to 0$	理想极化电极	完全不可逆	φ 可任意改变
i^o 小	易极化电极	可逆度小，η 值高	$\Delta\varphi=a+b\lg i$
i^o 大	难极化电极	可逆度大，η 值低	$\Delta\varphi=Ki$
$i^o\to\infty$	理想不极化电极	完全可逆	$\varphi\to\varphi_{eq}$

7.2.3.4　浓差极化及动力学方程

当电极过程由液相传质的扩散步骤控制时，其极化就是浓差极化。假使现有一阴极反应：

$$Ox\ (氧化态)+ne\to Red(还原态)$$

反应物在阴极表面发生化学反应，并被还原成产物。这样在(电极/溶液)界面区域附近的反应物浓度将逐渐减少，引起溶液中的反应物向电极表面扩散，形成一定的浓差(浓度梯度)。当扩散进行到了一定程度，电极表面便可能达到"稳态"。即有多少反应物扩散到阴极表面，便有多少反应物在电极表面被还原成产物，此时 C_o^S 浓度值不随时间而变化，其浓度分布如图7-9所示。图中 C_o^b 为反应物在本体溶液中的浓度；δ 为扩散层厚度；x 为离开电极表面的距离。电极表面反应物的浓度为 C_o^s，则本体溶液和电极表面之间反应物的浓度梯度为：

$$\frac{dC}{dx}=\frac{C_o^b-C_o^s}{\delta} \tag{7-19}$$

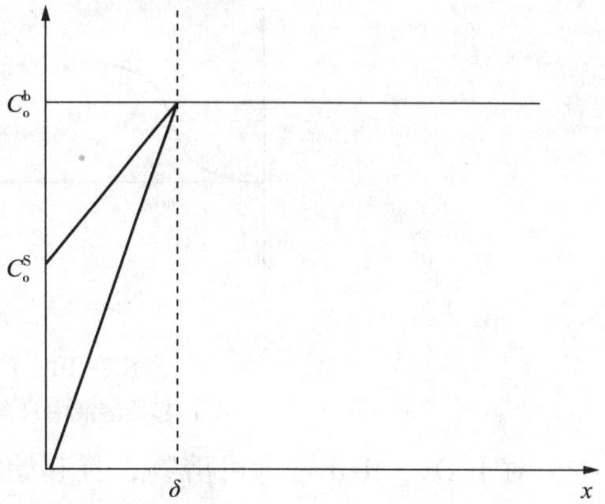

图7-9　电极表面反应物浓度分布

在稳态扩散中，通过扩散传质输送到电极表面的反应粒子，恰好补偿了电极反应消耗的反应粒子(即反应速度=扩散速度)。粒子的扩散流量可由 Fick 定律来表示：

$$J_o=-D_o\cdot\frac{C_o^b-C_o^s}{\delta} \tag{7-20}$$

式中　D_o——扩散系数，cm^2/s；

J_o——粒子扩散量，$mol/cm^2\cdot s$。

又 $i=n\cdot F\cdot v=-n\cdot F\cdot J_o$

所以

$$i=n\cdot F\cdot D_o\frac{C_o^b-C_o^s}{\delta} \tag{7-21}$$

当阴极电流足够大时(即反应速度很快)，有 $C_o^S=0$，则式(7-21)可简化为：

$$i_d=nFD_o\frac{C_o^b}{\delta} \tag{7-22}$$

此即扩散控制下，所能达到的最大电流密度(或极限电流)，即电极反应的最大速率。此时电流不再随电极电位变化而变化。出现极限电流是扩散控制下电极反应的共同特征。

合并式(7-21)、式(7-22)后：

$$i=i_d\times\left(1-\frac{C_o^s}{C_o^b}\right) \tag{7-23}$$

在扩散控制下，可以认为电极电位由其表面浓度决定，且服从 Nernst 方程，则有：

$$\varphi_{eq}=\varphi^o+\frac{RT}{nF}\ln\alpha_o^b(\text{通电前})；\varphi=\varphi^o+\frac{RT}{nF}\ln\alpha_o^s(\text{通电后})$$

两者之差，即为“浓差极化”控制下的过电位 η。同时假设两种情况下的活度系数相等，即：($\alpha_o^s/\alpha_o^b=C_o^s/C_o^b$)，再结合式(7-23)，最后可推得的结果如下：

$$\eta=\frac{RT}{nF}\ln\left(1-\frac{i}{i_d}\right) \tag{7-24}$$

此式为产物(固体、气体)不溶时的“浓差极化方程”。由式(7-24)可知，开始时由于反应电流很小，$(1-i/i_d)\to1$，$\eta\approx0$；而当 $C_o^s\to0$，则 $i\to i_d$，使得 $\eta\to\infty$(参见图7-10)。

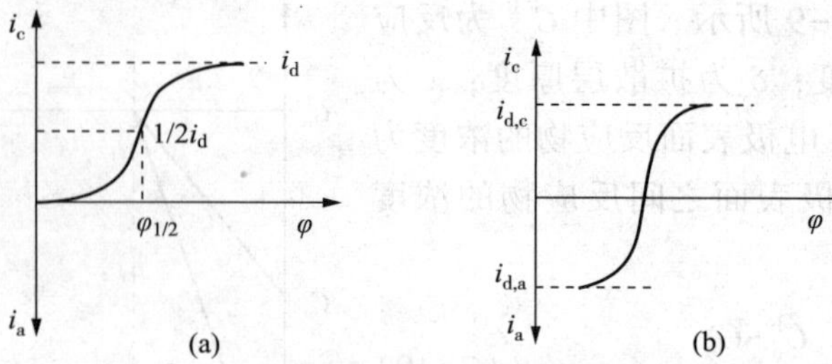

图 7-10　产物可溶时浓差极化曲线

(a)起始溶液中只含 Ox；(b)起始溶液中含 Ox，Red

对于 Ox、Red 皆为可溶物，且起始溶液中只有 Ox 时，则 $i=f(\varphi)$ 的关系式可表示为：

$$\varphi=\varphi^{o}+\frac{RT}{nF}\ln\frac{m_{R}}{m_{O}}+\frac{RT}{nF}\ln\left(\frac{i_{d}}{i}-1\right) \tag{7-25}$$

式中：m 为质量传输系数，其大小为：$m_i=D_i/\delta_i$。

另外，在电化学中常使用半坡电势 $\varphi_{1/2}$(参见图 7-11)，它的值取决于离子的本性，而与浓度无关。若以半坡电势($\varphi_{1/2}$)来代替式(7-25)中等号右边的前二项，则有：

$$\varphi=\varphi_{1/2}+\frac{RT}{nF}\ln\left(\frac{i_{d}}{i}-1\right) \tag{7-26}$$

对于 Ox、Red 为可溶物，但起始溶液中含有 Ox、Red 时，则 $i=f(\varphi)$ 的关系式为：

$$\varphi=\varphi^{o}+\frac{RT}{nF}\ln\frac{m_{R}}{m_{O}}+\frac{RT}{nF}\ln\left(\frac{i_{d,c}-i}{i-i_{d,a}}\right) \tag{7-27}$$

式中 $i_{d,c}$、$i_{d,a}$ 分别为阴、阳极的极限扩散电流密度(参见图 7-11)。其数值大小取决于溶液中 Ox、Red 的浓度。

7.2.4　电极过程研究技术[4]

7.2.4.1　电极研究的稳态技术

稳态法，就是测定电极过程达到稳态时，电流密度 i 与过电位 η 之间的关系，即稳态极化曲线。通过稳态极化曲线，可获得电极过程(控制步骤)的动力学参数，进而研究电极过程的动力学规律及其影响因素。在稳态时，电流全部是由电极反应产生，稳态电流就表示了电极反应的总速率。

为了测得稳态极化曲线，须同时测定电极的电位与通过的电流，为此常采用三电极体系。其测试线路如图 7-11 所示。图中可看出，三电极体系主要构成两个回路：左边 C-1 回路，该回路中有极化电流通过，电流的控制与测定均在此回路中进行，故称为“极化回路”；右边 C-2 回路由工作电极与参比电极(RE)组成，其目的就是测定工作电极(也称“研究电极”)的电极电位，此回路中几乎无电流通过($I<10^{-7}$A)。体系中的 ε 为极化直流电源，为研究提供极化电流；电解池通常用隔膜将阴、阳两电极隔开，以避免相互间的干扰和影响。

稳态法测定极化曲线，可采用二种方法：①恒电流法，在测定过程中，通过控制电流恒定，测取一系列 φ，i 数据，绘成 $\varphi=f(i)$ 的极化曲线图。②恒电位法，则以固定(工作)

电极的电位作为控制手段，测取数据、再绘图。但无论采用哪种方法，最终得到的极化曲线则是一致的。

图 7-12 是稳态情况下的常规极化曲线图。根据曲线的形态特征与过电位的大小，通常将其划分为以下几个区间：

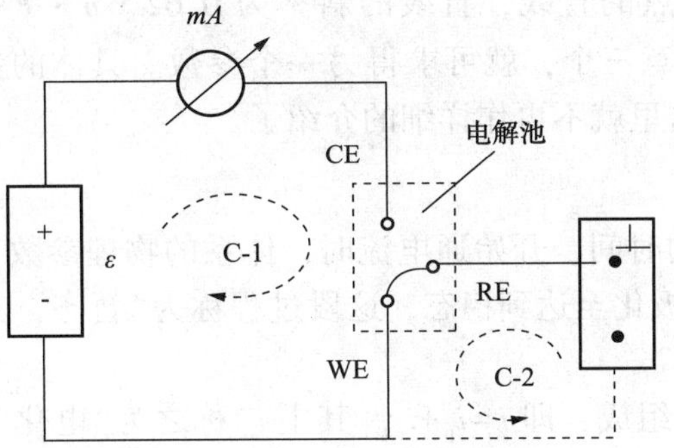

图 7-11　三电极体系示意图

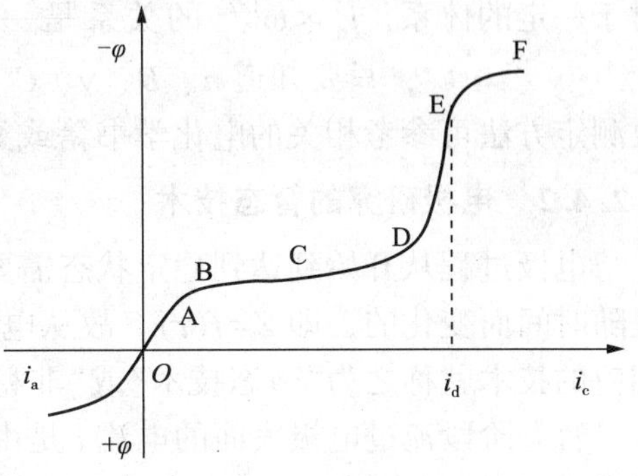

图 7-12　$\varphi \sim i$ 极化曲线图

①OA 段，此时过电位较小时($\eta<<50/n$mV；n 为电子得失数)，电极反应基本处于平衡状态，电流密度 i 与过电位 η 呈线性关系，一般称为“线性极化区”。

②AB 段，过电位约在(20~70)/nmV 范围内，此时极化较弱，也称“弱极化区”。

③BC 段，过电位 $\eta>100/n$mV，已偏离平衡电极电位，此时两者关系符合：$\eta=a+b\cdot lgi$，故也称“Tafel”区。

④CD 段，此时 $0.1i_d<|i|<0.9i_d$，已由电化学极化控制转换为浓差极化控制。通常称之为“混合控制区”。

⑤DE 段，此时 $|i|\rightarrow i_d$，几乎为浓差极化控制，因此称之为“扩散控制区”。

从极化开始到电极过程达到稳态需要一定的时间，其中扩散过程达到稳态往往需要较长的时间。因此实际测量过程中，一般通过加强溶液的搅拌来提高扩散速度。

旋转圆盘电极(Rotating disc Electrode，简称 RDE)是测定电化学参数的重要实验方法之一。由于 RDE 的转速越高，反应粒子的扩散电流越大，同时电极各处扩散层厚度相同，电极表面上的电流密度、电极电位以及传质流量都均匀一致，因此旋转圆盘电极不但可以测定溶液中扩散过程的参数，也可以测定固体电极的电化学反应的动力学参数。图 7-13 是旋转圆盘电极的结构示意图。由金属材料制成的圆盘嵌入绝缘体中，两者之间应非常致密、光滑，要避免溶液的渗入。应用时电极的实际面积就是圆盘的下表面，要求表面抛光。另外电极表面的液流应为层流，不能出现湍流，且要求 $10<Re<10^4$。

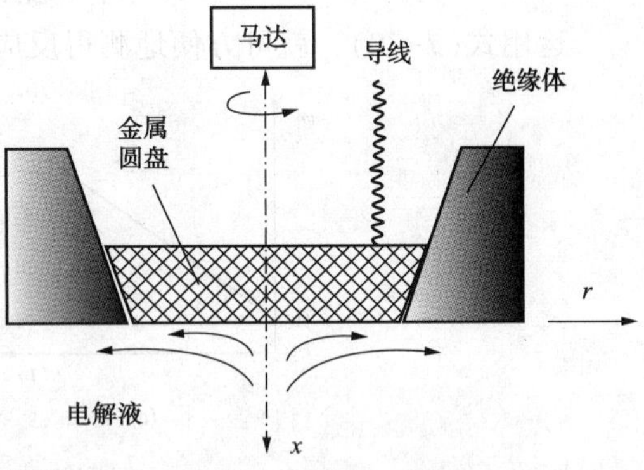

图 7-13　RED 构造示意图

当电极过程为扩散控制时，通过流体力学理论可推导出：

$$i_d=0.62\cdot n\cdot F\cdot D^{2/3}\cdot\nu^{-1/6}\cdot\omega^{1/2}\cdot C^{o} \tag{7-28}$$

对于给定的体系，其 n、D、ν、C^o 均为定值；若令 $B=0.62\cdot n\cdot F\cdot D^{2/3}\cdot \nu^{-1/6}\cdot$ 则式(7-28)可简化为：

$$i_d=B\cdot \omega^{1/2}\cdot C^o \tag{7-29}$$

式(7-29)为旋转圆盘电极的极限扩散电流密度 $i_d\propto\omega$与转速之间的关系。可以看出，对于一定的体系，$i_d\propto\omega^{1/2}$ 的关系是一通过原点的直线，直线的斜率为 $0.62\cdot n\cdot F\cdot D^{2/3}\cdot \nu^{-1/6}\cdot C^o$，只要知道 n、D、ν、C^o 中的任意三个，就可求得另一个参数。具体的参数测定方法可参考相关的电化学书籍或文献，这里就不再作详细的介绍了。

7.2.4.2 电极研究的暂态技术

电极过程从开始到达到稳定状态需要一定的时间。开始通电流时，体系的物理参数 Z 是随时间而变化的，即 $Z=f(t)$。故从电极开始极化至达到稳态，这段过程称为"暂态，其相应的技术就称之为"暂态技术"或"非稳态技术"。

暂态阶段流过电极表面的电流 i 是由二部分组成：即 $i=i_p+i_c$。其中 i_p 称之为"电化学反应电流"，是由界面得失电子所引起的，因该电量符合法拉第定律，故也称"法拉第电流"；而 i_c 称双电层充(放)电电流，它是由于双电层两侧的电荷变化所引起。电极过程达到稳态时，$i_c=0$；而在暂态下，$i_c=dq/dt$。典型的暂态研究技术有伏安法与级跃法。

1. *伏安扫描法*

线性扫描伏安法(Linear Scan Volt-ampere，简称 LSV)和循环伏安法(Cyclic Volt-ampere，简称 CV)是电化学研究中最为常用的一种暂态技术。在线性扫描法中，电位随时间线性变化，$\varphi=\varphi_i-vt$(φ_i—起始电位；v— 扫描速率，V/s)。若电解液中只有一种活性物，则其电流响应如图 7-14(a)所示。

开始时，因电位较低，无反应发生也就没有反应电流产生；当达到反应电位时，电流徒然增大，至极大值后又下降，曲线呈峰型。电流最大值称为峰电流 i_p，对应的电位称峰电位 φ_p[图 7-14-(b)]。根据理论推导的结论，峰电流 i_p 与电活性物的本体浓度 C 有关：

$$i_p=269n^{3/2}AD^{1/2}\nu^{1/2}C^b \tag{7-30}$$

运用式(7-30)，就可方便地测得反应物的浓度。

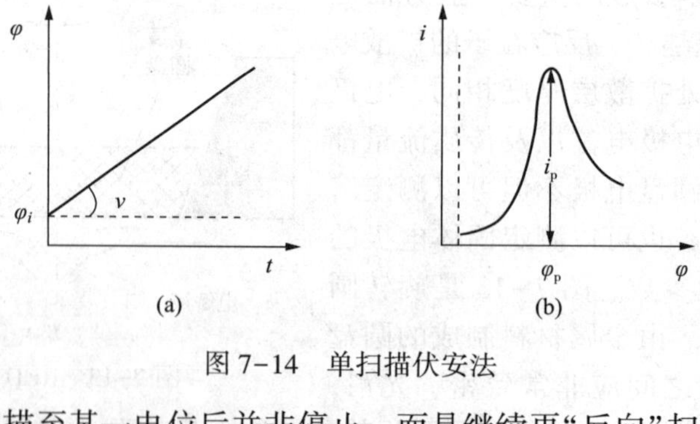

图 7-14　单扫描伏安法

如果一次线性扫描至某一电位后并非停止，而是继续再"反向"扫描，并返回到原来的起始电位，如此重复操作，就是所谓的"循环伏安法"。

假定有一(电极)可逆反应：Ox+ne⇌Red，且起始时溶液中仅存在氧化态组分(Ox)当采用线性扫描(并改变扫描速度 v)法时，可记录得到如下的伏安谱[图 7-15(a)]。当电位反向扫描时，因为在电极表面处已有一定浓度的 Red，故随着电位的变小，它再次被氧化(可逆生成 Ox)，此时也会响应产生一反向电流，即还原反应电流。图 7-15(b)是典型的循环伏安谱图。图中的峰电流、峰电位及它们之间的比值是循环伏安法测得的重要参数。

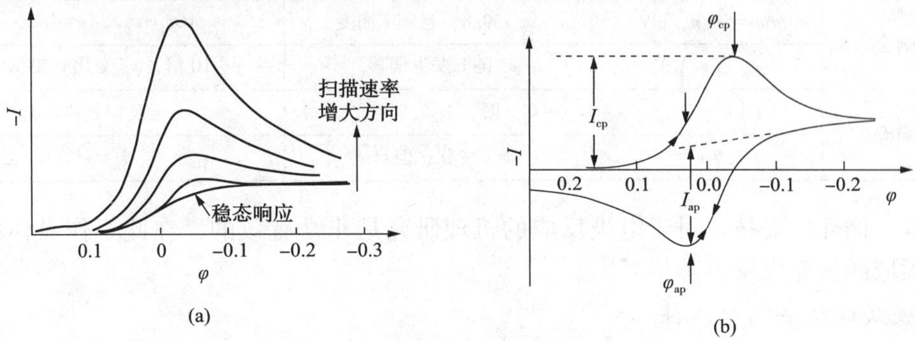

图 7-15　扫描伏安法电流~电位谱图

(a)不同扫描速率；(b)(可逆)循环伏安曲线

对于面扩散的峰电流密度(A/cm²)可表示为：

$$i_p = -2.69\times10^5 n^{2/3} C_o^\infty D^{1/2} v^{1/2} \text{(25℃时，可逆)} \tag{7-31}$$

式中：D 为扩散系数；v 为扫描速率；$C_o{}^\infty$ 为 Ox 的本体浓度。

当 D、v 已知时，$i_p \propto C_o{}^\infty$。对于(符合 Nernst 方程)电极反应，在 25℃时，其电极电位可通过循环伏安曲线中的峰电位表示。一般 $\Delta\varphi=\varphi_{ap}-\varphi_{cp}=(57\sim63)\text{mV}/n$；峰电位与标准电极电位间的关系：

$$\varphi^{o}_{Ox/Red}=\frac{1}{2}(\varphi_{ap}+\varphi_{cp})+\frac{0.029}{n}\lg\frac{D_{Ox}}{D_{Red}} \tag{7-32}$$

通常二扩散系数的值比较接近，即有：$D_{Ox}\approx D_{Redx}$，这样式(7-32)可简化为：

$$\varphi^{o}_{Ox/Red}=\frac{1}{2}(\varphi_{ap}+\varphi_{cp}) \tag{7-33}$$

由式(7-33)可知：当 $D_{Ox}\approx D_{Redx}$时，即 $i_{ap}=i_{cp}$。所以采用循环伏安法可方便地测量电极电位的标准值(φ^o)。

另外，通过循环伏安曲线图，根据其曲线图的形状、i_p 和 φ_p 可判断一电极反应是否可逆以及其可逆的程度。图 7-16 是为理想循环伏安曲线图。①曲线 A 呈对称形状，表示完全可逆的电极反应。峰电位 φ_p 与扫描速率 v 无关，且 $i_{ap}=i_{cp}$。②曲线 B 呈非完全对称图形，代表准可逆过程。φ_p 随扫描速率 v 而变；且只有在(传递系数)$\alpha=0.5$ 时，$i_{ap}=i_{cp}$。③曲线 C 为完全不可逆的电极反应伏安曲线，峰电流只有一个，图形完全不对称。峰电位 φ_p 与扫描速率 v 有关，且 i_p 与 $C_o{}^\infty$、$v^{1/2}$ 及传递系数

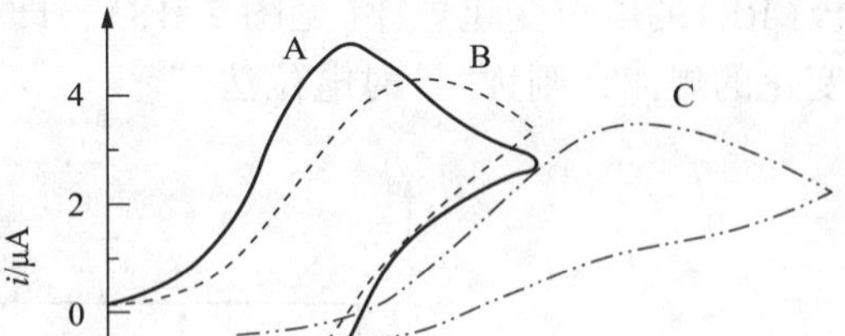

图 7-16　理想循环伏安曲线图

$\alpha^{1/2}$有关。表 7-5 列出了可逆、不可逆与准可逆循环伏安曲线的评判依据。

表 7-5　循环伏安曲线三种电极过程体系的评判依据

特征	完全可逆	准可逆	完全不可逆
电位响应	$\Delta\varphi=59/n$，mV	$\Delta\varphi>59/n$，且随 v 而变	$\mid\varphi_p-\varphi_p/2\mid=48\alpha\cdot n_a$
	φ_p 与 v 无关	φ_p 随 v 发生偏移。	$v\uparrow$10 倍，φ_p 变化 $\mid 30/\alpha\cdot n_a\mid$
电流响应	$\mid i_{ap}\mid=\mid i_{cp}\mid$	$\alpha=0.5$ 时，$\mid i_{ap}\mid=\mid i_{cp}\mid$	无反向扫描电流
	$i_p\propto v^{1/2}$	i_p 随 v 变化，但$\propto v^{1/2}$	$i_p\propto v^{1/2}$

再着，循环伏安技术对于电极反应的机理研究是非常有效的，在此不作具体的描述。有关此领域的研究成果也不尽其数。

2. 级跃电位法与电流法

两种方法对于测定快速电化学反应动力学参数均十分有用，如双电层电容(C_d)、溶液电阻(R_s)和电极反应电阻(R_r)等的测定。

所谓阶跃电位法就是将处于平衡电位的电极，瞬间加上一个小幅度电位($\Delta\varphi<10$mV)，同时记录电流(i)或电量(Q)随时间(t)变化的曲线(图 7-17)，前者称为计时电流法；后者称为计时电量法。通过实验测定的曲线，我们即可求得以下几个电化学反应参数。

溶液电阻：$R_s=\dfrac{\Delta\varphi}{i_{t=0}}$；电极反应电阻：$R_r=\dfrac{\Delta\varphi}{i_F}-R_s$；双电层电容：$C_d=\dfrac{\Delta Q}{\Delta\varphi}$

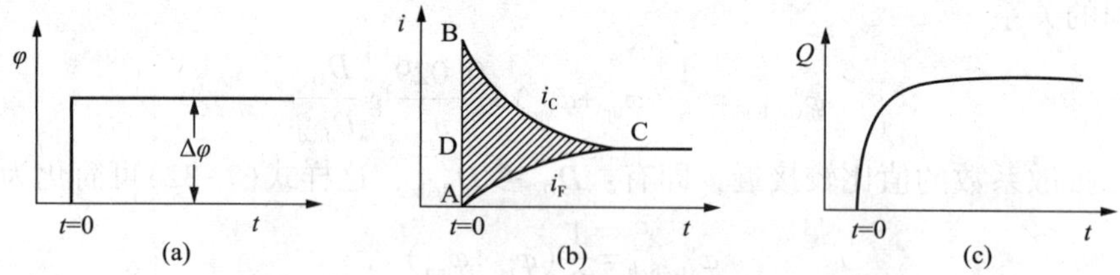

图 7-17　级跃电位法电位(a)、电流(b)和电量(c)与时间(t)关系

若将电流瞬间从零跃升至 i_1 并维持一段时间不变，同时记录工作电极(WE)和参比电极(RE)的电位变化规律(见图 7-18)，即称为“级跃电流法”。当记录电位(φ)随时间(t)变化的规律，则称“计时电位法。”

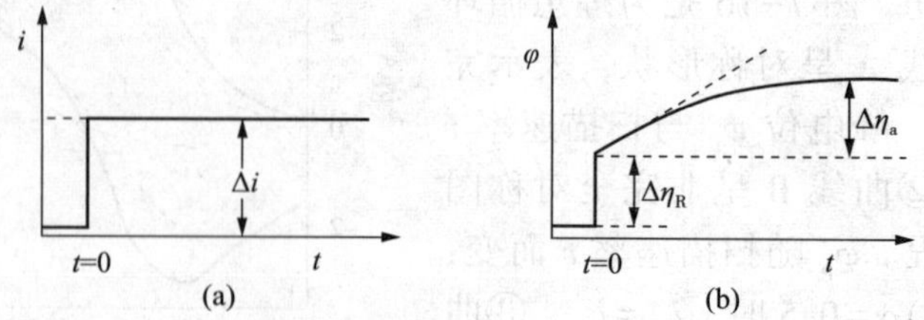

图 7-18　级跃电流法(a)电流、(b)过电位与时间(t)关系

级跃电流法在平衡电位时，电流(i)等于零。所以，电极电位的响应就是过电位(η)随时间的变化。与上相似，通过测定的曲线也可求得：

溶液电阻：$R_s=\frac{\Delta\eta_R}{\Delta i}$；电极反应电阻：$R_r=\frac{\Delta\eta}{\Delta i}$；双电层电容：$C_d=\frac{\Delta i}{(d\eta/dt)_{t=0}}$

有关电化学研究电极过程的其它测试技术，可参阅其他文献资料。

7.2.5 电解过程的性能指标

7.2.5.1 法拉第定律

1833 年，英国科学家法拉第在研究电解过程时，发现了电化学反应过程中物质的量与电量之间的定量关系，即化学能与电能之间的换算关系式。

法拉第认为，在电解过程中电极上生成物质的质量与通过导体/溶液界面的电量成正比，并可表示为：

$$W=K\cdot Q=K\cdot I\cdot t \tag{7-34}$$

式中　W——电化学反应所产生的物质量，g；

K——比例系数（电化当量），g/C；

I——通过电极的电流强度，A；

t——通电的时间，s（或 h）。

显然，电化学反应中通过的电量越多，生成物质的质量也多。要增加电解产物的量，就需要提高电流强度或延长电解时间。法拉第同时发现：电极上每产生 M/n（M 为物质的摩尔质量；n 为反应的电子得失数）摩尔的物质均需消耗 96500 库仑（C）的电量，换句话说，每通过 96500C 的电量，理论上在电极表面应有 M/n 摩尔的物质生成。即有：

$$\frac{W}{Q}=\frac{M/n}{96500}\Rightarrow W=\frac{M}{n\cdot F}\cdot Q \tag{7-35}$$

式（7-35）即著名的法拉第电解定律，将生成物的理论产量 W 与电极上通入的电量 Q 之间建立了定量关系。通常将 96500（库仑）称为法拉第常数 F，它是一个重要的物理常数。

注：$F=96500C=1A\times96500s=1\times26.8(A\cdot h)$

比较式（7-34）、式（7-35），可知：$K=(M/n)/F$，K 的物理含义：通过单位电量所生成的物质（当）量，单位为 g/C 或 g/（A·h），故 K 也称为“电化当量”。对于纯物质而言，其电化当量值就等于分子量与参加反应的电子数之比。另外，根据物质的电化当量、通电时间、电流强度、电极面积等因素，即可计算出电解反应产物的理论产量。

例　由硝基苯电解合成对-氨基苯酚的反应：

$$C_6H_5NO_2+4H^++4e\longrightarrow HOC_6H_4NH_2+H_2O$$

反应过程中，体系通入的电流为 20A，得到的产品量为 10g，试问需电解多少时间？

解：已知对-氨基苯酚的分子量为 109.13，反应电子数为 4，故电化定量值：

$K=(M/n)/F=(109.3/4)/26.8=1.02g/A\cdot h$。

现生成 10g（理论）产品则需电量：$Q=W/K=10/1.02=9.8(A\cdot h)$；

故所需的电解时间：$t=Q/I=9.8/20=0.49(h)$

需要注意：根据法拉第定律计算得到的均为理论结果，而实际生产过程中一定存在着损失，因此在实际的计算过程中就必须考虑到效率问题。

7.2.5.2 电解反应效率

1. 电流效率

在实际的电解反应过程中，并非所有的电量(或电流)都用于电化学反应。一般用电流效率(Current Efficiency，以 η_i 表示)来表示。其定义是：电解反应实际得到的物质量与由法拉第定律计算所得的理论物质量之比值。即：

$$\eta_i=\frac{实际产量}{理论产量}\times100\% \tag{7-36}$$

由于电能并非全部转换为化学能，故实际得到的产物量必定小于理论值，($\eta_i \leqslant 100\%$)。

换个角度，电流效率(η_i)也可以有另一种表示：得到一定物质量所需的理论电量(由法拉第定律计算获得，必定最小)与实际消耗的电量之比。具体表达式为：

$$\eta_i=\frac{理论电量}{实际电量}\times100\% \tag{7-37}$$

通常的电流效率均小于100%。因为电解过程中，还存在着副反应或电极上发生的不止一个单一反应，所以电流是有损失的。比如硝基苯还原合成羟基苯胺的反应，除生成主产物对-氨基苯酚外，还会形成苯胺等副产物，故该反应的电流效率一般只有60%~70%。由此可见，电流效率是电解反应(过程)中的一个非常重要的经济技术指标。

对于一个具体的电解反应而言，研究影响电流效率的因素往往是非常必要的，目的就是要寻找最优化的条件，以使反应的电流效率达到最高。

2. 电压效率

在一个电解反应过程中，决定电解槽工作电压的因素很多，具体可表示为：

$$V_{槽}=E_{理论}+\eta_c+\eta_a+\sum IR \tag{7-38}$$

式中 $V_{槽}$——电解槽两端所负载的工作电压，V；

$E_{理论}$——两电极之间的理论分解电压，是电解反应所需的最低电压。它取决于阴、阳极的平衡电极电位，即 $E_{理论}=(\varphi_{eq,a}-\varphi_{eq,c})$；

η_a、η_c——阳、阴极的极化过电位，V；

IR——所有电阻所引起的电压降，V。包括电解液电阻，隔膜电阻(有时没有)，固液接触电阻和导线电阻。

在这些类项中，过电位(η)是由于电流的通入所引起的。具体的大小可参照前面的描述。换句话说，过电位是反应体系中客观存在的因素，它的大小与反应机理、电极材料、反应物浓度、温度等有关，与电流效率相似，也是电合成中需要研究的关键问题。

溶液的电压降，主要由电解液的阻力引起。一般说来，两电极的距离越小，电阻就小；而溶液的电导率则直接影响着溶液的电阻。因此，控制电极间的距离和提高溶液导电能力是电解合成中经常采用的手段。比如低极性电解液中添加支持电解质，在有机介质中加入季铵盐等措施，都是为了降低溶液的电阻，减少不必要的电压降。

在电化学中，电压效率定义：发生电解反应的理论分解电压与电解槽的工作电压之比，即

$$\eta_v = \frac{理论分解电压}{电解槽端电压} = \frac{E_{理论}}{V_{槽}} \times 100\% \tag{7-39}$$

显然，过电位越小，总电压欧姆降越小，即电化学反应器的结构合理、性能优异，则电压效率越高。通过电压效率可分析电化学合成过程中的经济合理性与采用的方法和手段。

3. 能量效率与生产能力

电解反应过程中的能耗，通常是指单位产量(kg 或 t)所消耗的直流电能，即：

$$W = \frac{k \cdot V_{槽}}{\eta_i} \tag{7-40}$$

式中　W——直流能耗，kW · h/t；

k——理论耗电量，kA · h/t；

η_i——电流效率。

由于 k 与电化学反应的本质有关，而一旦反应体系确定，k 值基本恒定。因此，反应的能耗主要取决于槽电压(V)与电流效率(η_i)。但需说明：在电解生产过程中，除了上述的直流电能耗外，还存在着动力能耗、整流能耗、分离能耗等，所以实际生产过程中的能耗应包括所有的能耗，称为“总能耗”。

所谓“能量效率”，即指电解反应生产一定量产物所需要的理论能耗与实际能耗的比值。用式表示：$\eta_w = \frac{W_{理}}{W}$，因为 $W_{理论} = k \cdot E_{理论}$，再结合式(7-40)，则能量效率 η_w：

$$\eta_w = \frac{k \cdot E_{理}}{k \cdot V_{槽}} \cdot \eta_i = \eta_v \cdot \eta_i \tag{7-41}$$

即“能量效率”等于电压效率与电流效率的乘积。

7.3　电化学合成方法

广义上，凡通过电极上的电化学反应所产生的物质，都可称为“电化学合成”。早期采用电合成法制备的产物大都为无机化合物或金属。比如众所周知的电镀，就是通过溶液中的金属离子在阴极发生还原反应(如 $Ni^{2+} + 2e \rightarrow Ni$)生成金属单质。食盐水的电解反应是氯碱工业的核心，这些均为电化学合成的成功实例。本节将着重介绍采用电解的方法，以合成有机化合物为目的的有机电化学合成工艺以及相关的技术发展。

7.3.1　电解媒介

绝大多数的有机电解反应均在溶液中进行。而电解媒介就是组成溶液的溶剂，它是电解反应中电子(离子)传输的介质，其电导能力对电解反应具有很大的影响。

用于电解反应的溶剂，通常为极性溶剂。按其传递性质可分为质子溶剂与非质子溶剂两大类。质子溶剂如水、硫酸、氢氟酸、三氟乙酸、甲醇、乙醇、甲胺等；非质子型有乙腈、二氧六环、硝基甲烷、DMF、DMSO、NMP(N-甲基吡咯烷酮)、THF(四氢呋喃)等。

另外，作为电化学反应媒介，溶剂选择时主要应考虑：

(1)介电常数。溶剂的介电常数越高，对盐类的溶解/离解就越容易。根据电常数的大小，溶剂可粗略地分为三类：①高介电常数($\varepsilon>60$)如水、甲酰胺、N-甲基甲酰胺等；②中等介电常数($20<\varepsilon<50$)如乙腈、DMF、DMSO、甲醇、硝基甲烷、液氨等；③低介电常数($\varepsilon<13$)的如醋酸、甲胺、TEF、二氧六环等。

(2)电位窗。只有在通电时，不发生分解的溶剂才能被采用。溶剂不发生分解的电位范围(即可用电位范围)称为“电位窗”或“电化学窗口”。显然，溶剂电位窗越宽越好。电位窗通常可通过CV(循环伏安)法测得，而一些常用溶剂的电位窗，可查阅相关资料。

(3)溶解能力。只有极少数的溶剂能同时很好地溶解有机物和无机盐。水对无机盐的溶解能力很好，但对许多有机物较差；而有机溶剂一般溶解无机盐的能力较差。将水与有机溶剂(如乙醇、乙腈、DMF等)组成混合溶剂，可以提高其综合溶解能力。另外，乙腈、DMF、DMSO对有机物和多种盐均有较好的溶解能力。

近些年来，随着室温型离子液体(Room Temperature Ionic Liquid，简称RTIL)的出现使电化学合成的溶剂有了新的选择。目前，主要应用的离子液体多由咪唑啉阳离子与有机络合负离子(如$[BF_4]^-$、$[(CF_3SO_2)_2N]^-$等)所组成。表7-6列出了部分RTIL的理化特性参数。

表7-6 部分咪唑啉离子液体的物性参数(25℃)

离子液体① 阴离子，X^-	黏度/mPa·s	电导率/(mS/m)	密度/(kg/m³)	电位窗(vs Li^+/Li)/V	
				E_{red}	E_{ox}
$[H_{2.3}F_{3.3}]^-$	5	1.0	1140	1.5	5.3
$[BF_4]^-$	43	1.3.	1240	1.0	5.5
$[CF_3CO_2]^-$	35	0.96	1290	1.0	4.6
$[CH_3SO_2]^-$	160	0.27	1250	1.3	4.9
$[CF_3SO_2]^-$	43	0.93	1380	1.0	5.3
$[(CF_3SO_2)_2N]^-$	28	0.84	1520	1.0	5.7
$[(C_2F_5SO_2)_2N]^-$	61	0.34		0.9	5.8
$[(CF_3SO_2)_3C]^-$	181	0.17		1.0	6.0

①阳离子：$[EMIm]^+$(1-乙基，3-甲基咪唑啉型阳离子)。

离子液体具有良好的极性、极小的蒸气压(难挥发)、不燃性；尤其是离子液体有着很宽的电位窗(4.0~5.0V)和优异的导电能力，且作为溶剂本身就显示出离子的特性，无需再添加其他支持电解质。另外，离子液体具有相当的“惰性”，反应后容易回收与再生，是一种绿色环保的溶剂，唯价格偏高。目前，离子液体作为溶剂的电化学合成报道层出不穷，有关这方面的实际应用将在后续的内容中略作介绍。

另外，由于有机溶剂的导电性相对较弱，因此，在配制有机电解液时，往往还会添加一种称之为“支持电解质(Supporting Electrolyte)”的离子化合物。顾名思义，支持电解质就是增加溶液的介电常数，提高溶液的导电能力。一般多使用溶解度大、分解电压高的盐作为水溶性的支持电解质，如高氯酸盐、四氟硼酸盐、硝酸盐、芳香磺酸盐等；而在非水溶液中，脂肪族烷基季铵盐($R_4N^+X^-$，$R=C_4\sim C_8$)则是最常用的“有机盐”，充当支持电解质。

7.3.2　直接电解合成法

这是电化学合成中最为传统的方法，即反应物在电极表面上直接进行电子交换，发生化学反应产生新物质(产物)。根据电极上发生反应的性质(即电子传送的方向)，可简单地分成为电解氧化(失电子)与电解还原(得电子)两大类反应。

7.3.2.1　电解氧化反应

1. 烯烃氧化

烯烃的阳极氧化在工业上具有很高的应用价值。典型实例就是 BASF 公司已实现工业化生产的以 1，4-二醇-丁烯-2 为原料，电解氧化法合成 2，5-二甲氧基-二氢呋喃。反应式如下：

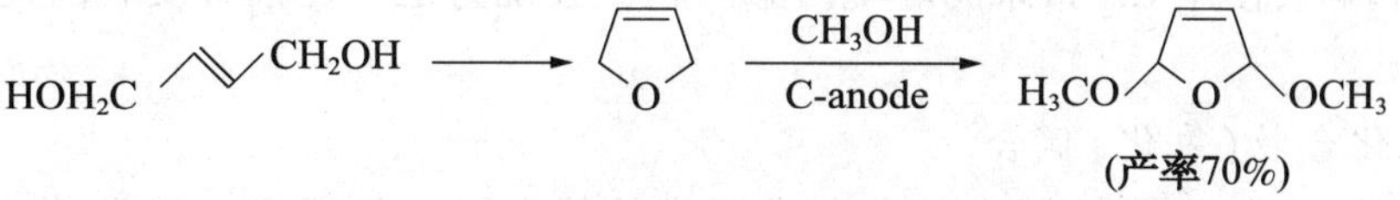

(7-42)

2，5-二甲氧基-二氢呋喃是一种消毒杀菌剂。类似地六氟环氧丙烷(见 7-43)是一个重要的中间体原料。德国 Hoechst 公司采用隔膜式电解槽，以 Nafion 阳离子膜作隔膜，PbO_2 为阳极，钢为阴极，进行了工业化生产。反应转化率 65%~70%，选择性 90%，电流效率达 65%。

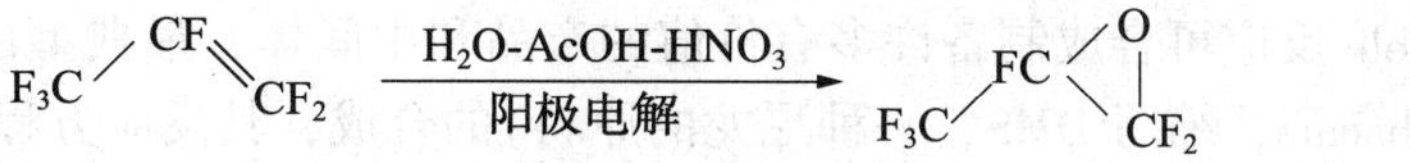

(7-43)

2. 芳烃氧化

苯环经阳极电解氧化后可生成对苯二醌，继而该(阳极)产物又可在阴极上还原为对苯二酚。利用此电解氧化~还原反应，可非常方便地在苯环上引入酚羟基。例如以三甲基酚为原料电化学法合成三甲基对苯二酚，它是合成维生素 E 的中间体。其化学反应式如下：

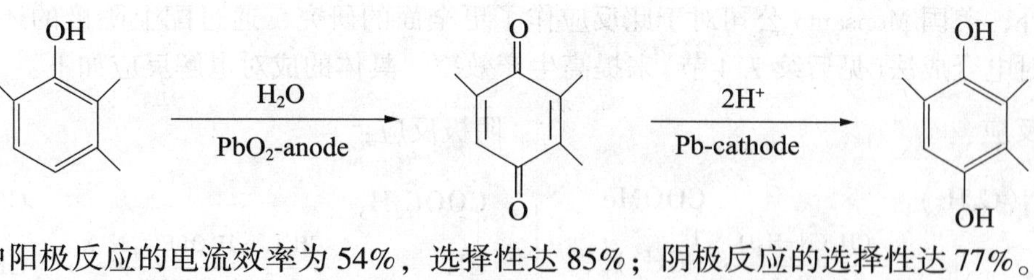

(7-44)

其中阳极反应的电流效率为 54%，选择性达 85%；阴极反应的选择性达 77%。

另外，当在电解液中加入其他负阴离子物质，就可在芳环上导入相应的基团。如：

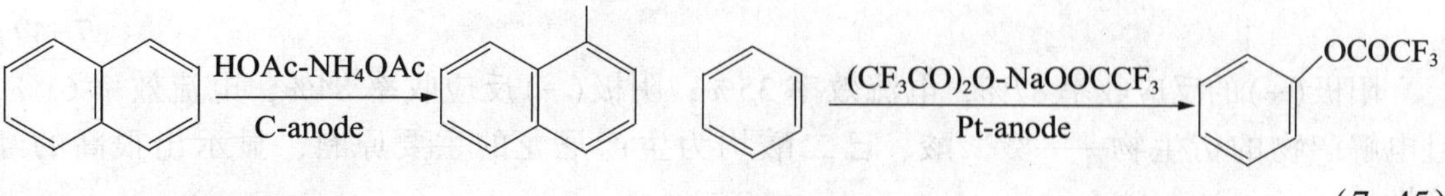

(7-45)

通过电解氧化反应，在苯环的侧链上引入官能团，是有机电合成的重要方法之一。如BASF公司以甲醇为介质(也作为原料)，苯磺酸钠为支持电解质，芳烃化合物经电解氧化可制得缩醛化合物，进一步水解就可得到醛类化合物。如4-甲氧基苯甲醛的电化学合成：

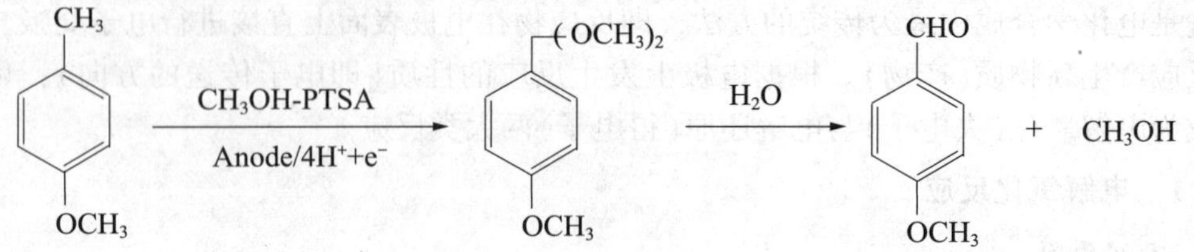

(7-46)

4-甲氧基苯甲醛是一种重要的中间体，应用十分广泛。传统生产工艺复杂，对环境污染大，且产物中游离氯含量高。比较而言，此法不仅简化了工艺，且消除了产物中游离氯带来的不良影响及使用Cl_2带来的环境污染问题，被视为是一种很有发展前途的绿色生产工艺。

3. 羰基化合物(氧化)偶合

通过羰基化合物的电解偶合，来合成烃或其他有机物的反应，就是著名的Koble反应。它是有机电化学合成最具应用前景的反应之一。Koble反应的机理可表示如下：

$$R-\overset{\overset{O}{\|}}{C}-O^- \rightarrow R-\overset{\overset{O}{\|}}{C}-O^{\cdot} \xrightarrow{-CO_2} R^{\cdot}(R^+) \longrightarrow R-R \quad (7-47)$$

通过Koble反应可合成制备许多有价值的产品和中间体，最典型的就是葵二酸二甲酯(Dimethyl sebacate，缩写DMS，一种尼龙的原料)的合成，其反应方程式如下：

$$2MeOOC-(CH_2)_4-COOH \xrightarrow[Pt/Ti\ anode]{CH_3OH-H_2O} MeOOC-(CH_2)_8-COOMe \quad (7-48)$$

原料采用已二酸单甲酯钾盐，甲醇-水作电解液，电流效率70%，反应的选择性93%。产物葵二酸二甲酯再经水解可制得葵二酸，或直接用于增塑剂。由于DMS市场的需求量较大，该合成路线目前已实现了规模化工业生产。

另外，美国Monsanto公司对于此反应作了更全面的研究，通过配上阴极的还原反应，采取成对电合成法(见后续7.4节)来提高生产效率。具体的成对电解反应如下：

阳极反应： 阴极反应：

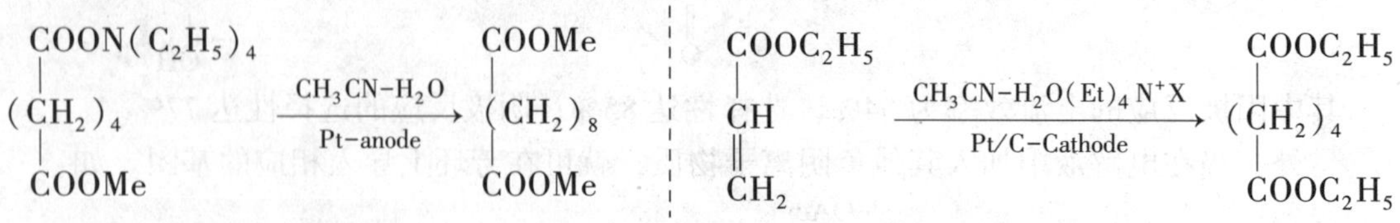

(7-49)

阳极(+)的反应收率87%，电流效率35%；阴极(-)反应收率84%，电流效率61%，且电解产物的衍生物——葵二酸、已二酸均为生产尼龙的主要原料，显示出很高的经济性。

7.3.2.2　电解还原反应

1. 不饱和烃还原

阴极上发生的是得到电子的还原反应。含不饱和键的有机物，若邻位存在有吸电子基团(如CN，COOR等)，则烯烃非常容易在阴极得到还原。丙烯腈的加氢还原二聚是最典型的例子，美国的Monsanto公司在1965年完成了该工艺路线的工业化生产。

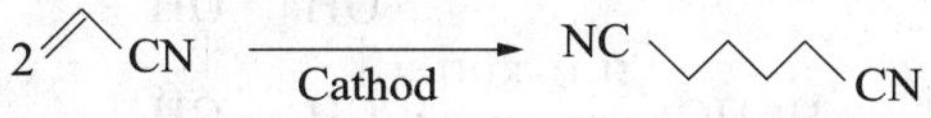

(7-50)

产物己二腈经水解后得到己二酸，是生产尼龙66的重要原料。令人感兴趣的是若将CO_2作为原料参与上述烯烃的还原反应，则可制得含羧基的官能团化合物[参见式(7-51)]。从CO_2转化为—COOH来看，这是一个很有发展前景的电合成方法。

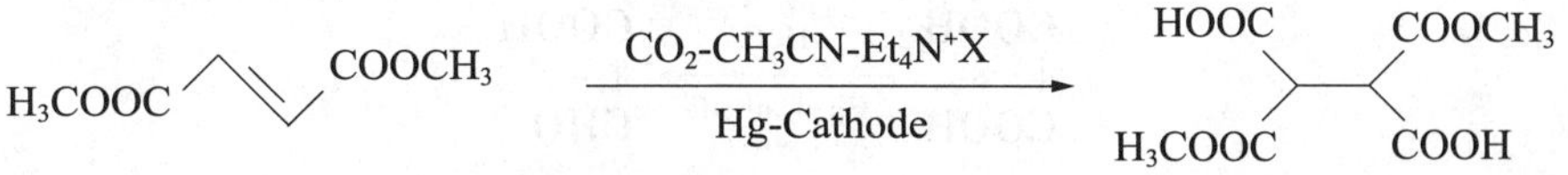

(7-51)

芳香族化合物的阴极还原，主要得到二氢化合物。BASF公司采用电还原法生产了多种有价值的化工中间体[见式(7-52)]。

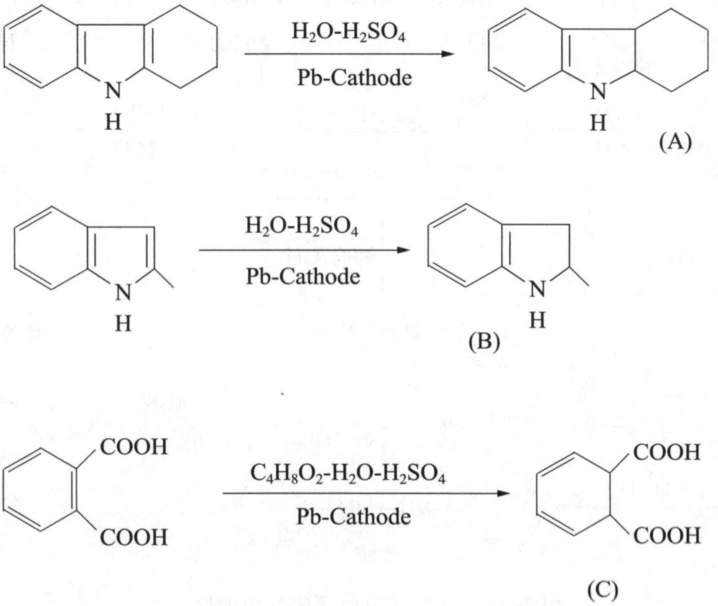

(7-52)

上述产物(A)、(B)作为染料中间体使用，而(C)则可以用于增塑剂的生产。

2. 羰基还原

前述Koble反应是有关羧酸及衍生物的阳极电化学反应。羰基化合物也可以在阴极进行电化学反应。与一般化学还原反应相比，电解还原反应的同时还会伴有偶联、取代反应等，故通过阴极电解还原，可合成一些特殊结构的有机化合物，对合成精细化学品十分有效。

山梨醇、甘露醇等多元醇就可通过醛糖的电解还原获得[见式(7-53)]。

$$\begin{array}{c} CH_2OH \\ | \\ (CHOH)_4 \\ | \\ CHO \end{array} \xrightarrow[\text{Pb/Hg-Cathode}]{H_2O-H_2SO_4} \begin{array}{c} CH_2OH \\ | \\ (CHOH)_4 \\ | \\ CH_2OH \end{array} \quad \text{(山梨醇)} \tag{7-53}$$

甲醛阴极还原偶联制备乙二醇已实现了工业化生产。尽管目前世界上的乙二醇多为乙烯水合工艺生产得到，但随着石油资源的日益减少，甲醛的电化学还原工艺将日显重要。

$$HCHO \xrightarrow[\text{C-Cathode}]{H_2O-KOH} \begin{array}{cc} OH & OH \\ | & | \\ CH_2 & \!\!\!-CH_2 \end{array} \tag{7-54}$$

乙醛酸是香料、医药等精细化工产品的中间体，其用途不断增加。草酸电解还原合成乙醛酸工艺是羧酸化合物典型的电还原例子，且已实现了工业化生产。其电化学反应的电流效率超过了70%，选择性达90%以上，具有相当的生产竞争力。

$$\begin{array}{c} COOH \\ | \\ COOH \end{array} \xrightarrow[\text{Pb-Cathode}]{H_2O} \begin{array}{c} COOH \\ | \\ CHO \end{array} \tag{7-55}$$

3. 硝基(硫化物)还原

芳香族硝基化合物的电解还原是电化学中研究最为透彻的电化学反应，反应条件对产物有着很大的影响。详细的电解反应路线如图7-19所示：

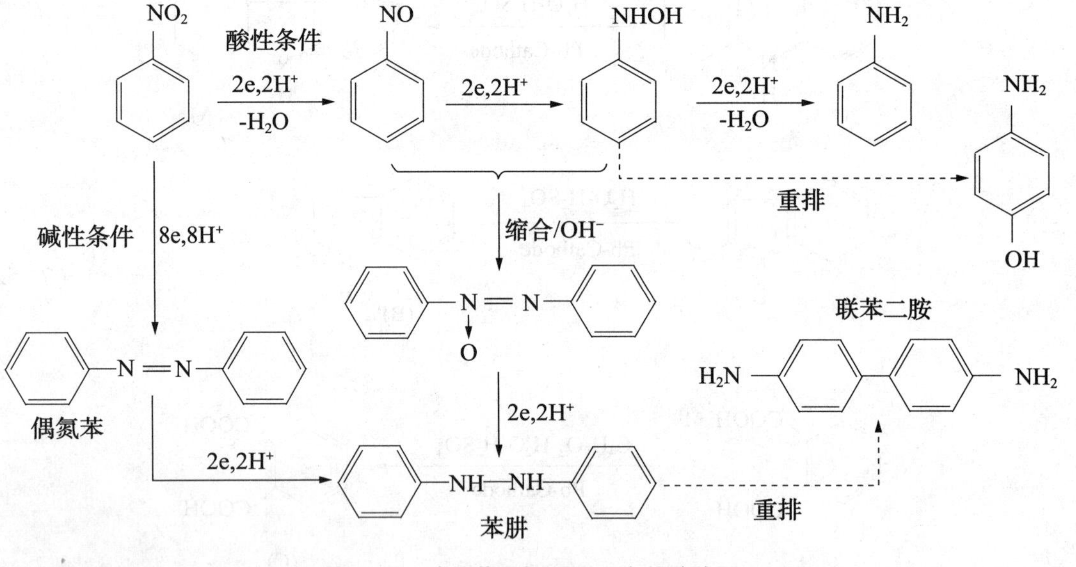

图7-19 硝基苯电解还原反应的路线图

在上述的合成反应中，最有价值的就是硝基芳香化合物在酸性溶液中，以铜作为阴极一步法合成制备氨基酚/或甲氧基醚[参见反应式(7-56)]，它们都是偶氮染料的重要原料。

另外，早期的研究成果还有硝基芳香化合物在NaOH存在下，以软钢作为电极，还原反应合成偶氮苯化合物(见图7-19)。若进一步还原、重排可得到偶氮染(颜)料的主要中间体——联苯二胺。近些年来，因为科学家已证明联苯二胺有致癌毒性，所以联苯二胺的生产也已停止。

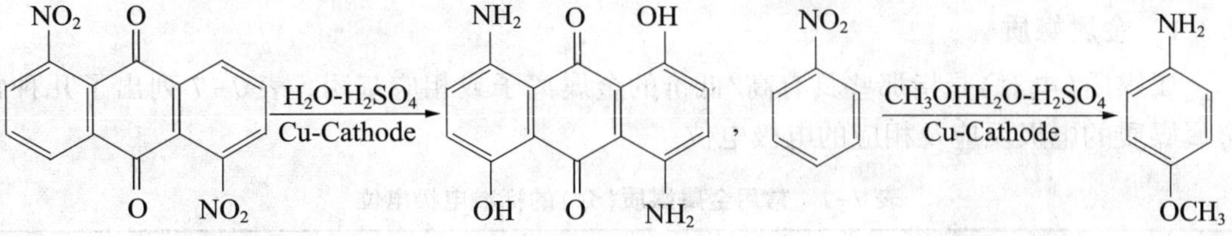

二氨基蒽醌　　　　　　　　　　　　　　　　氨基苯甲醚

(7-56)

硫化物电解还原的实例——半胱氨酸的工业生产，其还原反应式为：

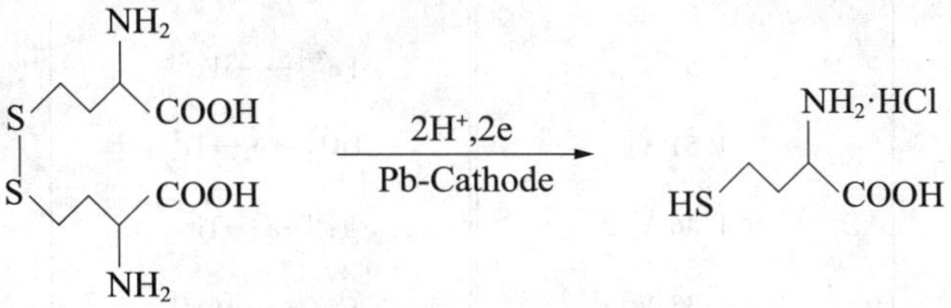

(7-57)

电解过程中，盐酸水溶液中的胱氨酸在阴极电解还原成半胱氨酸的盐酸盐。实际操作时，以铅或铅合金为电极材料，采用圆形板框式电解槽为电化学反应器。反应物浓度为 2.0mol/L，温度控制在 35℃左右，电解达到所需的理论电量后停止电解，并取出阴极液。再经脱色、浓缩、结晶及真空干燥后得到半胱氨酸的盐酸盐。反应的电流效率 82%，产品收率 92%，产品纯度达到 99%以上。

7.3.3 间接电解合成法

直接电合成法，是反应物在电极表面上直接进行电子交换而转化得到产物。但对于有机电合成而言，主要的反应物、产物均为有机物，而电解液则多为水溶液，故直接电解反应就容易：①因为有机物的水溶解度小→难以接近电极表面→电子转移速度慢→反应速度明显下降；②因为有机物易吸附在电极表面→产生树脂、焦油物→污染电极表面→电流效率和产物收率均受到严重影响。为此人们就可考虑采用“间接电合成”的方法来克服这些困难。

图 7-20 为“间接电解法”的简单示意图。其核心就是将“氧化媒质”的电解反应与有机物的氧化/还原反应，分置于不同的反应器中进行；而“氧化媒质”经与产物分离后，返回电解槽，通过阳/阴极的电解再生作循环使用，构成完整的“间接电合成”方法。

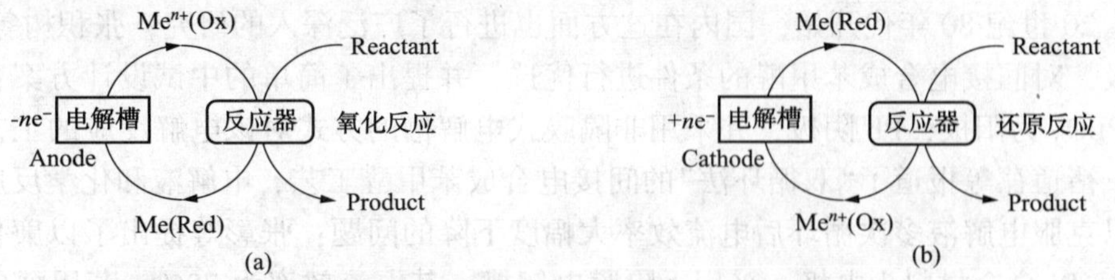

图 7-20　间接电化学合成原理示意图

(a)间接电解氧化；(b)间接电解还原

很显然，“媒质”是间接电合成过程中必不可缺的“元素”，在反应体系中，它充当“电子载体”角色。媒质根据其属性，可以是金属媒质、非金属媒质和特殊媒质。

7.3.3.1 金属媒质

金属媒质(电对)是指那些具有高/低价的金属离子或相应基团。表7-7列出了几种常用金属媒质的电极反应及相应的电极电位。

表7-7 常用金属媒质(介)的标准电极电位

氧化/还原电对	电极电位(φ^o/H^+)	氧化/还原电对	电极电位(φ^o/OH^-)
$Co^{3+}+e \rightarrow Co^{2+}$	1.81 V	$Tl^{3+}+e \rightarrow Tl^{2+}$	1.25 V
$Ce^{4+}+e \rightarrow Ce^{3+}$	1.61 V	$MnO_2+2e \rightarrow Mn^{2+}$	1.23 V
$MnO_4^-+5e \rightarrow Mn^{2+}$	1.51 V	$Fe^{3+}+e \rightarrow Fe^{2+}$	0.77 V
$Mn^{3+}+e \rightarrow Mn^{2+}$	1.51 V	$TiO_2^{\ +}+e \rightarrow Ti^{3+}$	0.00 V
$PbO_2+2e \rightarrow Pb^{2+}$	1.46 V	$Ti^{3+}+e \rightarrow Ti^{2+}$	-0.37 V
$Cr_2O_7^-+6e \rightarrow 2Cr^{3+}$	1.33 V	$Cr^{3+}+e \rightarrow Cr^{2+}$	-0.41 V

选用的金属媒质通常还须满足：①高、低价金属离子在电解液中易溶；②"媒质"电解反应的电流效率与有机物氧化/还原反应的收率均要高；③有机产物与电解液易于分离。

间接电解氧化法的应用研究，主要集中在甲苯(或衍生物)选择性氧化制备苯甲醛或相应取代物的合成工艺方面。根据文献报道，选用的金属媒质有 Mn^{3+}/Mn^{2+}、Ce^{4+}/Ce^{3+} 等氧化/还原电子对，多以硫酸、高氯酸等强酸作支持电解质。其合成反应方程式：

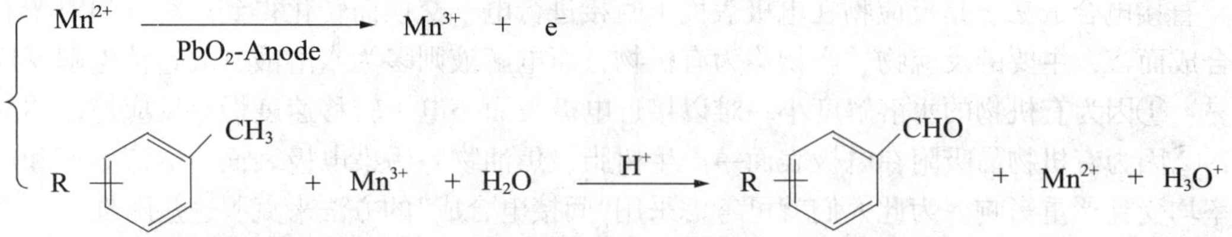

(7-58)

Commineills 等曾系统地研究了 Mn^{2+} 的电解氧化条件，发现电流效率与硫酸浓度有很大的关系。浓度在50%~60%时，电流效率为40%~70%；在高浓度下电流效率甚至可超过90%。20世纪80年代开始，国内在这方面也进行了广泛深入的研究，张积树等以 Pt 为电解阳极，对间接电合成苯甲醛的条件进行优选，并提出了简单的中试设计方案；王文英等选用 PbO_2 为阳极，Pb 阴极，并采用非隔膜式电解槽的方式对该电解反应的工艺条件作了研究；褚道葆等报道了"双循环法"的间接电合成苯甲醛工艺，电解液和化学反应液独立循环，以克服电解液多次循环后电流效率大幅度下降的问题；张彰等提出了以廉价、易得的 Pb-Sb-Bi 合金材料为电极，采用无隔膜电解槽，其电流效率为70%，苯甲醛的氧化收率为90%，同时对甲苯的非均相氧化反应动力学作了探索；孙治荣等对 Pb-Sb-As 合金电极上的电极过程进行了研究，发现 Mn(II)并不是在电极上直接失去电子被氧化成 Mn(III)，而是先被电极上极化形成的 PbO_2 所氧化的，并推测了其电极反应机理。表7-8列出了部分以金属媒质为氧化剂的间接电解氧化反应的示例。

表 7-8　一些以金属媒质为氧化剂的间接电解氧化反应示例

反应物	产物	氧化媒质	反应参数		
			选择性/%	转化率/%	电流效率/%
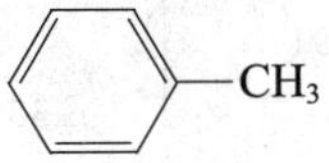	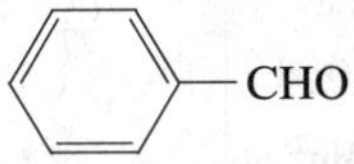	Mn^{3+}/Mn^{2+} Ce^{4+}/Ce^{3+}			80~97； 95
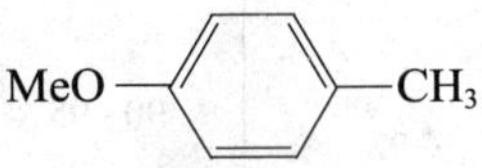		Ce^{4+}/Ce^{3+}			72~93
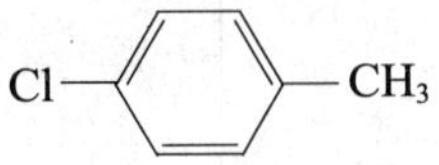		Ce^{4+}/Ce^{3+} $/CH_3SO_3H$	87	99	
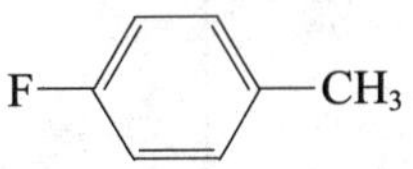	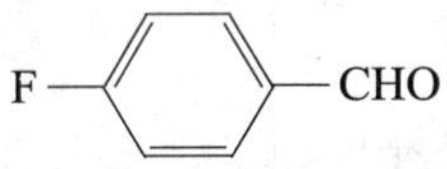	Mn^{3+}/Mn^{2+}			
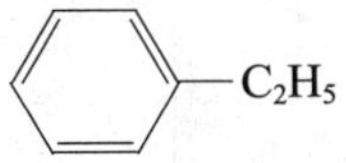	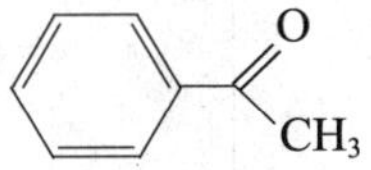	Ce^{4+}/Ce^{3+}	48	92	
	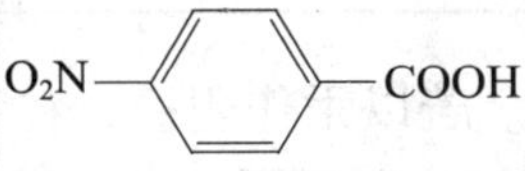	Cr^{6+}/Cr^{3+}			79
		Ce^{4+}/Ce^{3+}			90
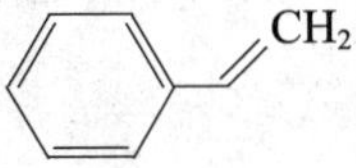	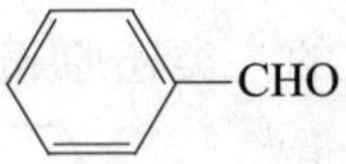	Ce^{4+}/Ce^{3+} $/CH_3SO_3H$	89	98	
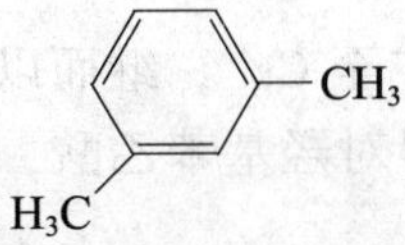	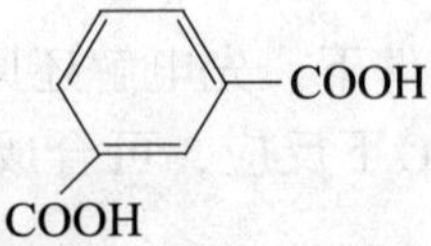	Cr^{6+}/Cr^{3+}			79

续表

反应物	产物	氧化媒质	反应参数		
			选择性/%	转化率/%	电流效率/%
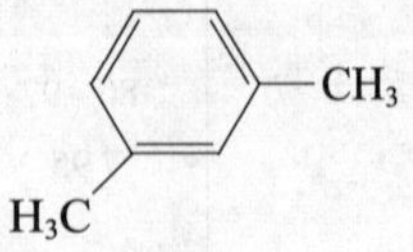	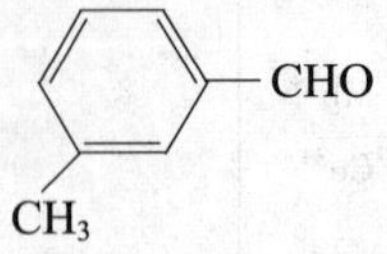	Ce^{4+}/Ce^{3+} $/CH_3SO_3H$ Mn^{3+}/Mn^{2+}	77	91	35
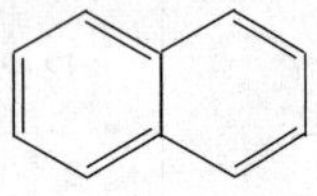	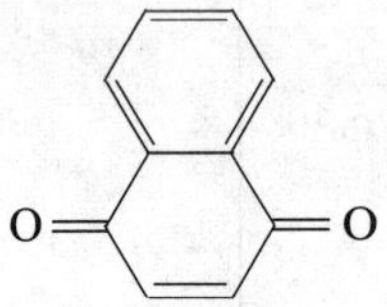	Ce^{4+}/Ce^{3+} Mn^{3+}/Mn^{2+} Ce^{4+}/Ce^{3+} $/CH_3SO_3H$	98	92	90~95
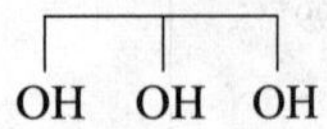	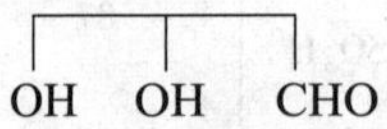	Mn^{3+}/Mn^{2+}			
	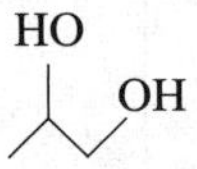	Ti^{3+}/Ti^{2+}			
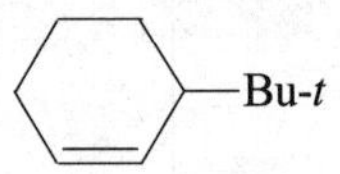	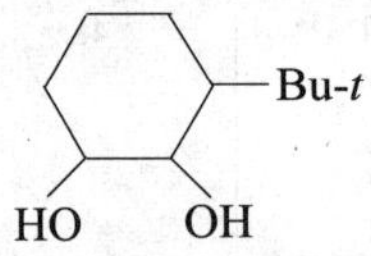	Ti^{3+}/Ti^{2+}			

金属汞齐(即汞合金)是一种很强的还原剂。若以汞作阴极，在含有金属离子(M^{n+})的溶液中进行电解，则 $M(Hg)/M^{n+}$电对就可作为间接电还原反应的媒质。如以下反应：

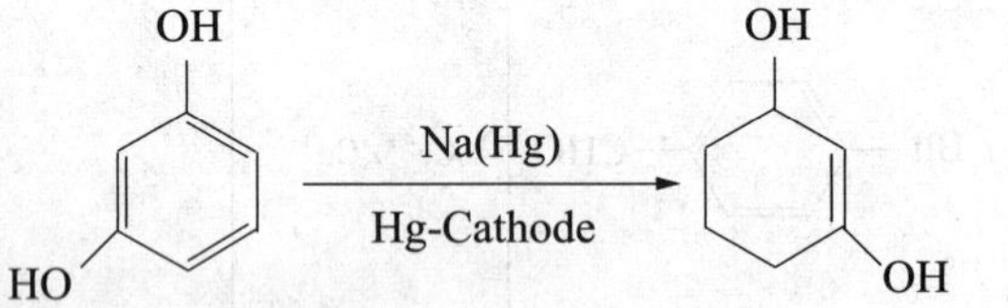

(7-59)

与间接电解氧化法相对应，Cr^{3+}/Cr^{2+}、Mn^{2+}/Mn、Sn^{2+}/Sn、Zn^{2+}/Zn 等在间接电还原过程中，可使硝基化合物进行还原的、为最为有效的一类还原媒质。

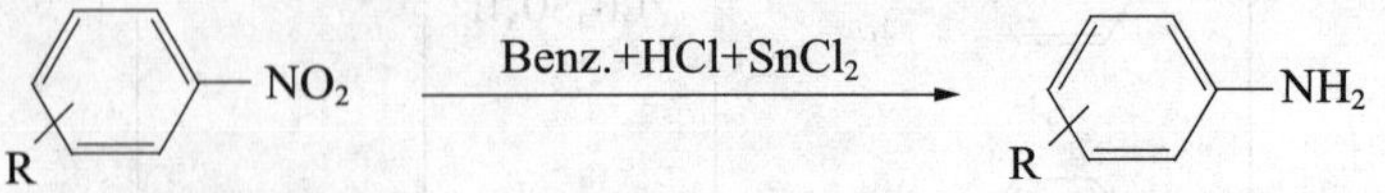

(7-60)

最近，有文献报道采用 Cr^{3+}/Cr^{2+}在弱酸性条件下，先电解还原 Cr^{3+}至 Cr^{2+}，继而以异丙醇为溶剂，与对羟基-(α-羟基)-苯乙酸在 90℃下反应，可合成制得对羟基苯乙酸，其反应的电流效率高达 90%以上。

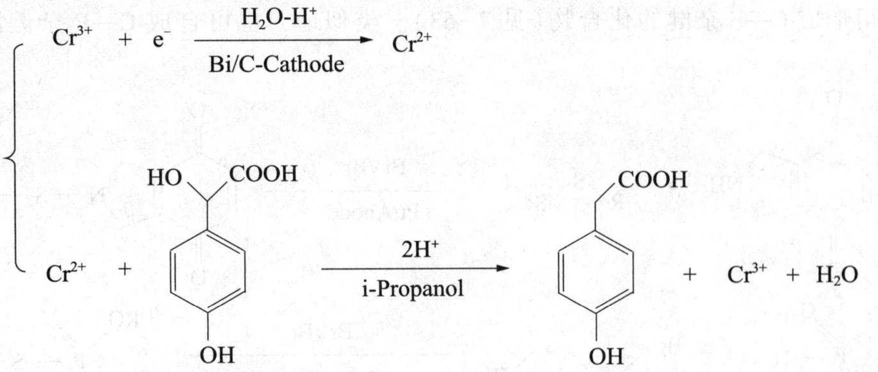

(7-61)

以 TiO_2/Ti^{3+} 为电对，在硫酸介质中，可将 3-氯-4-氟硝基苯还原为氟氯苯胺(一种合成氟哌酸药物的中间体)。其基本的反应式为：

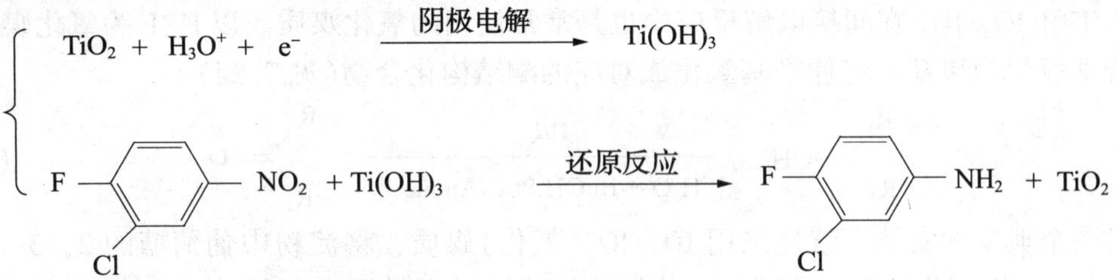

(7-62)

7.3.3.2　非金属媒质

非金属媒质主要是指卤素离子与其含氧阴离子所组成的氧化/还原电对，在间接电合成过程中作氧化剂。表 7-9 列出了部分非金属媒质在不同 pH 介质中的氧化/还原电位。

表 7-9　卤素离子的电极反应与平衡电位(φ^o)

电极反应(碱性介质)	平衡电位(φ^o/V)	电极反应(酸性介质)	电极电位(φ^o/V)
$Cl^-+2OH^-\rightarrow ClO^-+H_2O+2e$	0.89 V	$2Cl^-\rightarrow Cl_2(2Cl^+)+2e$	1.36 V
$ClO^-+2OH^-\rightarrow ClO_2^-+H_2O+2e$	0.66 V	$0.5Cl_2+H_2O\rightarrow HClO+H^++e$	1.63 V
$ClO_2^-+2OH^-\rightarrow ClO_3^-+H_2O+2e$	0.33 V	$HClO+H_2O\rightarrow HClO_2+2H^++2e$	1.65 V
$ClO_3^-+2OH^-\rightarrow ClO_4^-+H_2O+2e$	0.36 V	$HClO_2+H_2O\rightarrow ClO_3^-+3H^++2e$	1.21 V
$Br^-+2OH^-\rightarrow BrO^-+H_2O+2e$	0.76 V	$ClO_3^-+H_2O\rightarrow ClO_4^-+2H^++2e$	1.23 V
$Br^-+6OH^-\rightarrow BrO_3^-+3H_2O+6e$	0.61 V	$2Br^-\rightarrow Br_2(2Br^+)+2e$	1.07 V
$3I^-\rightarrow I_3^-+2e$	0.54 V	$0.5Br_2+3H_2O\rightarrow BrO_3^-+6H^++5e$	1.52 V
$I^-+2OH^-\rightarrow IO^-+H_2O+2e$	0.49 V	$0.5I_2+3H_2O\rightarrow IO_3^-+6H^++5e$	1.20 V
		$IO_3^-+3H_2O\rightarrow H_5IO_6+H^++2e$	1.60 V

与金属媒质相比，非金属媒质的氧化态(Ox)，能使更多的有机官能团进行多种多样的变化。例如活性较低的胺与二硫化物的亲核反应，可用 Br^+/Br^- 为媒质，通过“间接电氧

化”法，可形成 C—S 杂健的化合物(见 7-63)。类似地，也可合成 C—P 杂健混合物(见 7-64)。

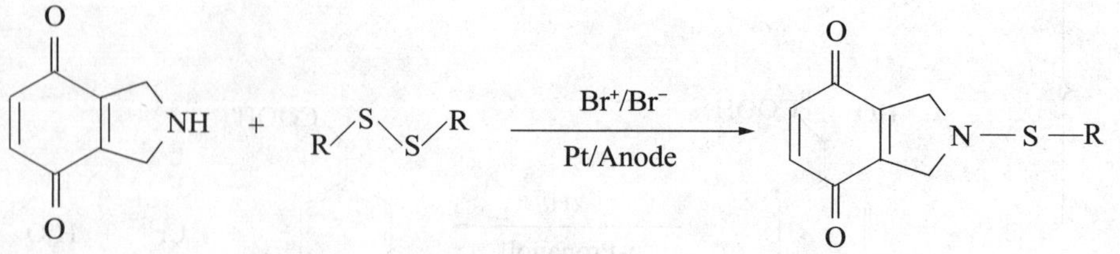

(7-63)

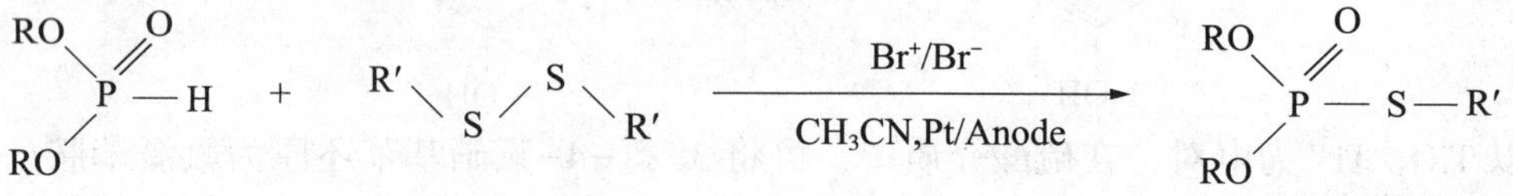

(7-64)

I^+/I^- 和 IO_4^-/IO_3^- 在间接电解反应中也是常常使用的氧化媒质。以 I^+/I^- 为氧化媒质，可将伯羟基氧化为羧基；将仲羟基氧化成对应的酮结构化合物(见 7.24)。

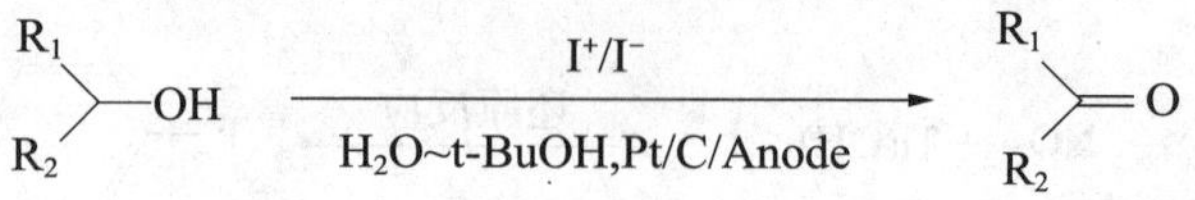

(7-65)

另一个典型的实例，就是采用 IO_4^-/IO_3^-(氧化)媒质，将淀粉中葡萄糖的 2，3-二羟基之间的 C—C 键氧化断裂生成醛基，为制取双醛淀粉提供了一种新的合成方法。采用槽内式间接电合成方式，电极选用 PbO_2/Pb 为阳极，以 5.0% 的硫酸作介质，pH 值控制在 0.7~2.0，这样 IO_3^- 可以定量地进行循环再生。电解过程的化学反应式可参见图 7-21。

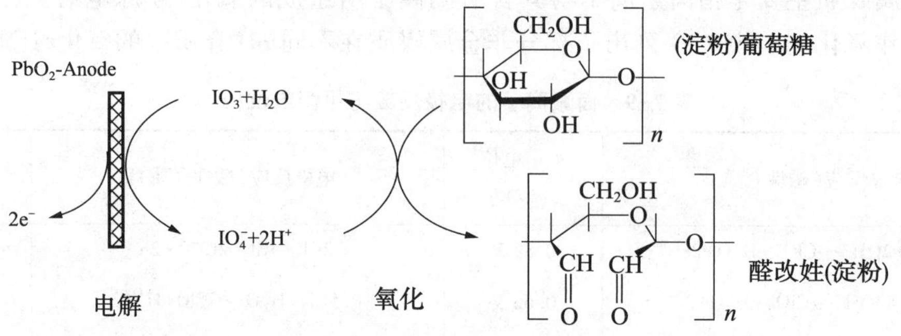

图 7-21 IO_4^-/IO_3^- 为媒质的淀粉间接电解氧化工艺示意图

7.3.3.3 其他媒质

在有机电合成研究中，除了上述介绍的两类氧化/还原媒质外，人们还发现了其他一些氧化/还原媒质，如有机叔胺($[p-Br-Ph]_3N^{+\cdot}/[p-Br-Ph]_3N^+$)、金属有机物($Ni(acac)_2/Ni^0$)、生物活性物等，这些媒质由于本身结构与活性的特殊，应用范围相对较小。在此仅介绍一个实例。

某些具有生物活性的有机化合物，往往可以作为氧化媒质。它们的还原态组分具有很强的还原能力。最具代表性的此类媒质就是酵素(Nicotinamide Adenine Dinuleotide)，缩写为 NAD。研究过程发现，NAD 不易在电极表面上直接进行还原反应，往往还需要与其他媒质共同组成“多媒质”的间接电解合成过程。据报道，NAD/NADH(还原态)与聚苯胺

$PAn^+/PAnH$ 电对可组成双媒质反应体系（见图 7-22），由它可间接电氧化乙醇以制备乙醛。

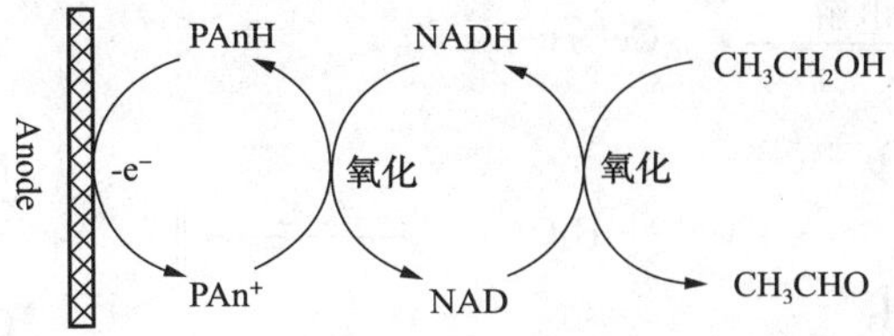

图 7-22　（NAD）与（PAn^+）双媒质电氧化反应示意图

7.3.4　其他电化学合成法

除了以上所述的直接与间接电化学合成方法外，本小节还将介绍一些新颖的电化学合成工艺与技术，如成对电合成法、SPE 电合成法、牺牲阳极法以及新反应介质等。鉴于其各自的独特点，它们为电合成方法的开发或新型材料的制备开拓了新的研究领域。

7.3.4.1　成对电化学合成法

所谓“成对电合成法”，就是指在阴极、阳极上同时发生有效的电化学反应，且得到所需的（电解）产物。所形成的产物可以是不同的或者是同一种有用的产物。“成对电合成”工艺的最明显特点就是电流效率（理论值为 200%）与时空效率可大幅度地提高。

成对电合成法也有直接与间接两种工艺方式。有机物的合成反应是直接在阴极、阳极上电解发生的，即“直接成对电合成法”，也称“无媒质成对电合成法”。

Horii 等以玻璃碳为正极、铂为负极，在无须添加支持电解液的情况下，电解呋喃和甲醇混合液就可制得 2，5-二甲氧基-二氢呋喃与氢气，控制最佳的电合成条件，可收到 98%的纯产物。电极上的反应如下：

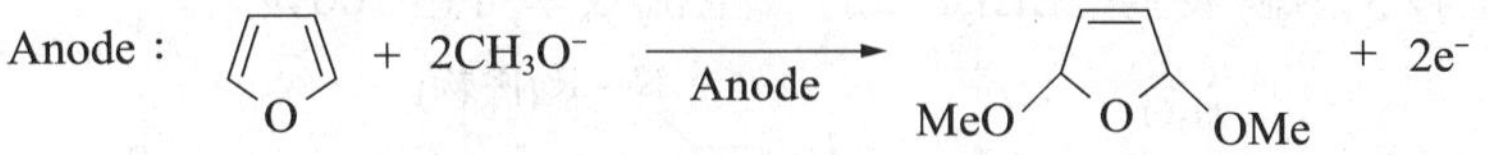
(7-66)

$$\text{Cathode：}2CH_3OH+2e^- \xrightarrow[\text{Cathode}]{} 2CH_3O^- +H_2 \qquad (7\text{-}67)$$

当一电极或双电极为媒质（或间接）电解反应，即为“媒质（或间接）成对电合成法”。Abraham 等用 Cl_2/Cl^- 为媒质，成对电解法合成了乙醛酸。它以铅为阴极、石墨为阳极，在最佳的条件下电解 25%的乙二醛溶液（阳极液）和饱和草酸与 6%的盐酸混合液（阴极液）。结果获得很好的收率和电流效率。反应原理如下：

$$\text{Anode：}\begin{cases} 2Cl^- \xrightarrow{\text{电解}} Cl_2+2e^- \\ \begin{matrix}CHO\\|\\CHO\end{matrix} +Cl_2+H_2O \longrightarrow \begin{matrix}CHO\\|\\COOH\end{matrix} +2Cl^-+2H^+ \end{cases} \qquad (7\text{-}68)$$

$$\text{Cathode：}\begin{matrix}COOH\\|\\COOH\end{matrix} +2H^+ +2e^- \longrightarrow \begin{matrix}CHO\\|\\COOH\end{matrix} \qquad (7\text{-}69)$$

另有文献报道了利用双媒质的作用，由邻-硝基甲苯的成对电合成法制得邻-硝基苯甲醛。阴、阳两极均用铂电极，阴极利用 V^{5+}/V^{4+} 媒质采用槽内式电解槽进行间接电解还原反应；阳极以Ce^{4+}/Ce^{3+}媒质，采用槽外式间接电解氧化法。实验结果显示阴、阳两极反应的邻-硝基苯甲醛选择性均很高。其反应原理可简单表示为：

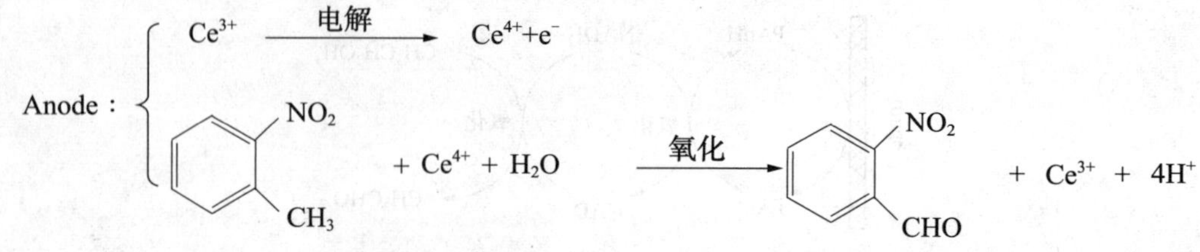

(7-70)

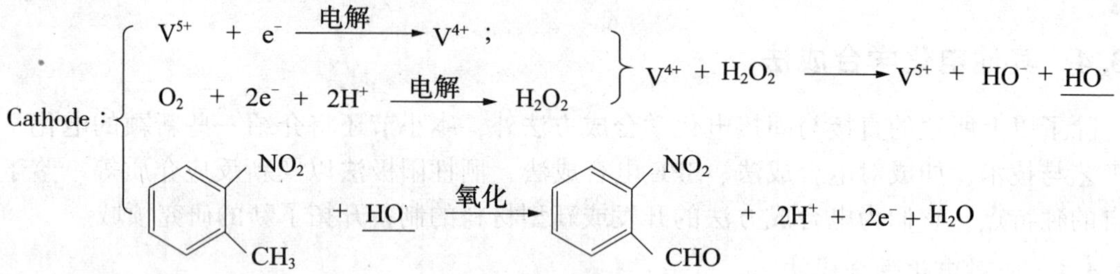

(7-71)

由上述的阴极电解反应可知，在一些金属离子(如Fe^{2+}、V^{4+}等)的存在下，H_2O_2能转化为氧化能力更强的HO·(氢氧自由基，即Fenton试剂)。但HO·的氧化选择性较差，应用受到了限制。但研究发现，H_2O_2可以将WO_4^{2-}、$VO(acac)_2$氧化成WO_5^{2-}和$VO(acac)_2OOH$，而WO_5^{2-}/WO_4^{2-}和$VO(acac)_2OOH/VO(acac)_2$电子媒对，则有着良好的反应选择性。

Nonaka等以石墨为阴极，DSA(Dimensional Stable Anode)或铂为阳极的H-型或流体型阳离子隔膜电解槽中电解硫脲液，阴极采用H_2O_2/O_2、WO_5^{2-}/WO_4^{2-}双媒质；阳极Cl_2/Cl^-媒质可将硫羰基转化为磺酸基(见图7-23)，电流效率可达100%。

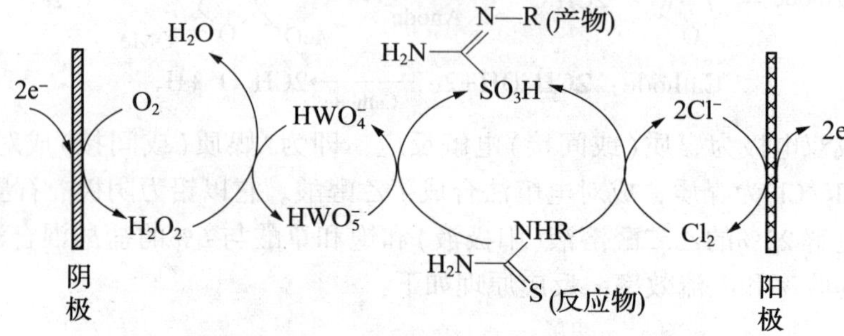

图7-23 多媒质成对电合成原理示意图

综上所述，成对电合成方法中，合适的催化媒质往往起着关键作用。目前在阳极使用的氧化媒质主要有：Br_2/Br^-、Ce^{4+}/Ce^{3+}、Ag^+/Ag、Os^{8+}/Os^{6+}等；阴极使用的还原媒质主要有$VO(acac)_2OOH/VO(acac)_2$、WO_5^{2-}/WO_4^{2-}、O_2/H_2O_2、Mn^{3+}/Mn^{2+}、Cu^{2+}/Cu^+。另外，研究表明电极材料的选择与改性将对电合成反应的选择性起着举足轻重的作用。

7.3.4.2 SPE复合电极合成法

对一般的电化学合成过程中而言，溶液中往往需添加支持电解质(如酸、碱、盐等)才能使电解反应顺利进行。但支持电解质的加入也会给电合成体系带来一些负面的影响，如降低了反应的选择性和电流效率；须采用隔膜分隔增加了膜电阻和溶液电阻，使槽电压和能耗增高；另外也会使产物分离困难，增加了工艺的复杂性和生产成本。

固体聚合物电解质（Solid Polymer Electrolyte，简称 SPE），是一种高分子离子交换膜。在膜的一侧涂上电催化剂或在膜中引入具有电催化活性的金属离子，这样就可制成 SPE 复合电极。由于 SPE 复合电极具有良好的化学和机械稳定性、优良的导电性及使用寿命长等优点。自 80 年代初开始，日本、法国等率先将 SPE 电极技术引入了有机电合成领域，使有机电合成技术有了新的变化。

SPE 复合电极是由多孔金属层与 SPE 膜构成（参见图 7-24）。其中表面的金属层作为电子导体或电催化剂；SPE 膜作为载体有两个作用：①起隔膜作用，将阴、阳二电极室隔开；②SPE 膜传递电子，起导电作用，电化学反应发生在（金属）表面层-电解液的相界面上。

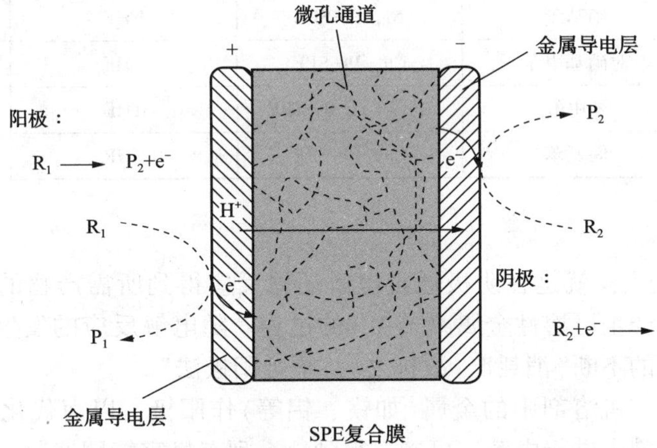

图 7-24　SPE 复合电极工作原理示意图

根据图 7-24 所示，SPE 复合膜将阴、阳二侧的电解液分割开来，两侧的金属导电层起电催化作用，分别发生阴、阳极的电化学反应；而电子、氢质子等的传送，则可通过 SPE 膜中的微孔通道完成，其作用相当于液体中的支持电解质。

在直接电解反应时，SPE 复合电极在体系内反应，电催化剂与反应物直接在界面上发生反应。如阳极室盛水，阴极室装有机物反应原料，当外线路在两极间施加电压时，阳极发生氧化反应（$2H_2O \rightarrow O_2+4H^++4e^-$），产生的 H^+ 通过 SPE 膜传输至阴极，并在阴极一侧发生电解还原反应（如产生 H_2 或参与有机电还原反应）。

间接电解反应时，首先是膜内的金属离子（制膜时已事先加入）进行电解氧化/还原，随后这些氧化/还原剂（也称电催化剂）再与有机反应物反应，得到有机产物；同时，电催化剂自身被“返回”至反应前的价态（如电催化剂 Mn^{4+} 反应后自身被还原到 Mn^{2+}），电解再生后可循环使用，这便构成了间接电解反应模式。

SPE 复合电极的主要优点是：①反应体系中不需要支持电解质，可避免副反应发生，且产物易于分离；②电极、电解质和隔膜的一体化，结构简单、紧凑，可大幅度降低槽电压，节约能耗。③电解反应的选择性高，有利于开发新的有机电合成生产路线。表 7-10

列出了近些年用SPE复合电极进行有机电合成反应的例子。

表7-10　不同SPE复合电极上各种氧化、还原反应示例

反应体系	反应物	SPE电极	溶剂	电解产物
官能团的电解(氧化)反应	环己醇	Pt-SPE		环己酮
	肉桂醇	Mn, Pt-SPE	THF	肉桂酸
	肉桂醇	PbO_2, Pt-SPE	THF	肉桂酸
	1, 3, 5-三甲基苯	PbO_2-SPE		三甲基对苯二酚
	抗坏血酸	Fe, Pt-SPE	H_2SO_4	脱氢抗坏血酸
	香叶醇	Mn, Pt-SPE		柠檬醛
官能团的电解(还原)反应	硝基苯	Pt-SPE	THF	苯胺、对氨基苯酚
	硝基苯	Cu, Pt-SPE	THF	苯胺
	硝基苯	Ni, Pt-SPE	THF	苯胺
	对硝基甲苯	Cu, Pt-SPE	THF	对硝基苯甲酸
	苯甲醛	Cu(Pb), Pt-SPE	THF	苯甲醇
	偶氮苯	Cu, Pt-SPE	THF	苯胺、苯胲

7.3.4.3　牺牲阳极法

所谓"牺牲阳极法"，就是在阴极通过电解还原反应得到所需产物的同时，金属阳极(M)发生电解氧化而产生可溶性金属离子 M^{n+} 的过程。随电解反应的发生，阳极金属不断溶解，即意味着阳极的不断"消耗"，故称之为"牺牲阳极法"。

选择能够溶解于有机溶剂中的金属(如镁、铝等)作阳极，以卤代化合物和 CO_2 为原料，在非质子极性溶剂中进行电解，可制备得到一系列有机官能团产物。其中三氟甲基苯甲酸的电合成制备即为典型的实例，反应式如下：

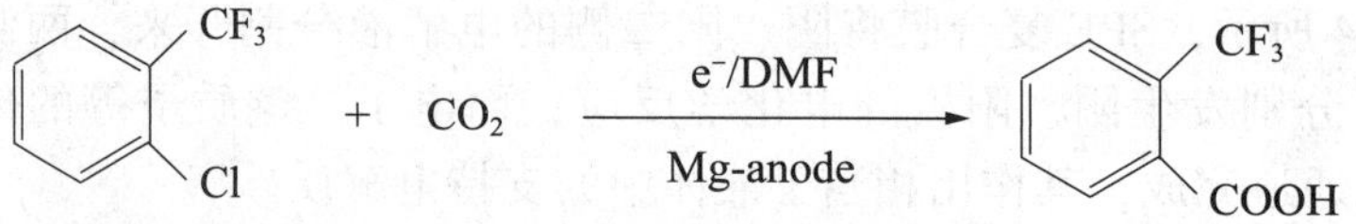

(7-72)

但需注意，因为需消耗金属电极，故生产成本相应较高，一般仅用于附加值高的有机官能团化合物的合成制备。

然近些年来，化学工作者利用"牺牲阳极法"的原理，在纳米材料的制备中得到了广泛的应用。一种简单的设想就是利用阳极溶解原理，即先通过电解产生金属离子，并在电解液中分散，再在阴极上重新还原析出。因预先电解液中含分散剂，且溶剂为非水介质，使(阴极)析出的金属粒子十分细小，平均粒径一般都达到<100nm的尺寸。若能同时溶解二种或以上金属，则可制得纳米合金粒子。此法对于昂贵的、相对稳定的金属非常有效。如Pd、Pt、Au等纳米粒子的制备，使它们在材料、工业催化等领域有着广泛的应用。

另外，采用"牺牲阳极法"，先在醇溶剂中电解制得金属醇盐[如 $Ti(OEt)_4$，$Cu(OBu)_2$等]，随后水解得到金属氧化物的胶体，最后煅烧获得纳米尺度的金属氧化物。同样，采用混合金属溶解法，可制备得到混合的金属氧化物(或金属氧化物酸盐)。有文献报道采用钛、镁片为(牺牲)阳极，在乙醇和乙酰丙酮混合溶液中，依次按一定电量进行电解，制得前驱体 $MgTi(EtO)_{(6-y)}(acac)_y$(acac 即乙酰丙酮基)，接着再用 sol-gel 法制备纳米 $MgTiO_3$。其电解反应的原理可简单表示为：

阳极：$Ti \xrightarrow{电解} Ti^{4+}+4e^-$；$Mg \xrightarrow{电解} Mg^{2+}+2e^-$

阴极：$2Hacac+2e^- \xrightarrow{电解} 2acac^-+H_2$；$EtOH+2e^- \xrightarrow{电解} 2EtO^-+H_2$

$y(acac)^-+(6-y)EtO^-+Mg^{2+}+Ti^{4+} \longrightarrow MgTi(EtO)(6-y)(acac)y$

以此方法得到的纳米离子，其平均粒径在 20nm 左右，且产品的纯度很高。用类似电解氧化的方法也可制得 Fe_2O_3 纳米粒子。

7.3.4.4　离子液体中的有机电合成

随着离子液体研究的不断深入，采用离子液体作为电解液介质，已成为电化学合成中一个新的研究热点。离子液体作为(化学)反应介质，在有机合成中早已有着广泛的应用，而应用于有机电合成反应，离子液体作为电解媒介至少有二大优势：①具有较宽的电化学窗口，表现出优异的电化学稳定性；②自身的离子特性，可免去支持电解质的使用，且使产物分离容易。

1. 电解还原

采用离子液体作为介质，可直接在阴极电解还原，实现有机物的官能团的转换。例如：

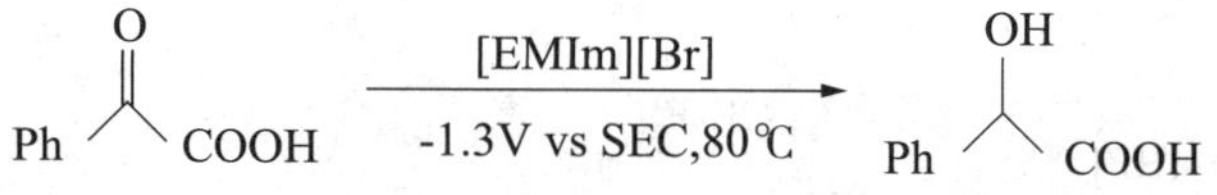

(产率：91%)
(电流效率：53%)　　(7-73)

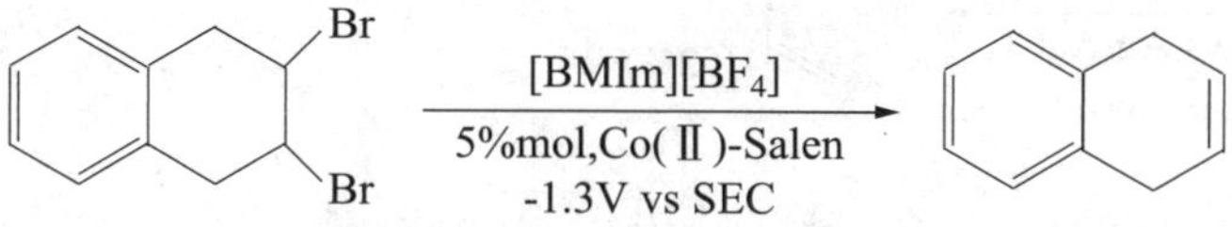

(产率：68%)　　(7-74)

式中$[EMIm]^+Br^-$与$[EMIm]^+[BF_4]^-$为咪唑啉型离子液体。据文献报道，(式 7-73)反应中的离子液体/催化剂体系，可多次循环使用而不失活性。

另外，通过电解还原，也可以形成双分子的偶合。Doherty 等研究发现，苯乙酮在阴极的电解为还原偶合反应，产物是双分子的偶合产物—片呐醇(式 7-74)。同时指出随离子液体的性能变化，还原偶合反应的收率与电流效率有很大的差异。选用$[BMIm][NTf_2]$时(注：$[NTf_2]$为复合阴离子$[(CF_3SO_2)_2N]^-$的英文缩写)，产率(Yield)是 92%，但电流效率(CE)仅为 6%；而当选用$[Et_3BuN][NTf_2]$、$[Me_3BuN][NTf_2]$时，则产物(片呐醇)的收率与电流效率值分别达到 82%、58%与 80%、54%。显然，离子液体的极性增加，电流效率显著提高。

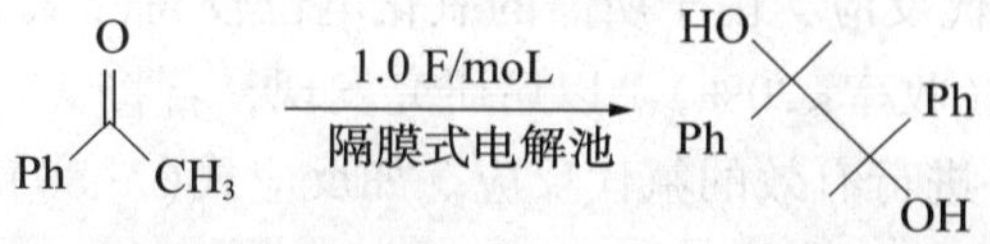

(7-75)

以溴苯或苄基溴为原料，在离子液体介质中则可电解(还原)，耦合形成相应的烃。

$$R—Br \xrightarrow[-1.4V\ vs\ Ag/AgCl]{[BMIm][NTf_2]/Ni(bpy)^{2+}} R—R \quad \begin{matrix} R=Ph，(产率：35\%) \\ R=Bz，(产率：75\%) \end{matrix} \qquad (7-76)$$

体系中的[Ni(bpy)]$^{2+}$是一种金属催化剂，通过单电子的转移，能形成阴离子自由基$R^{-\bullet}$，最终还原偶合生成 R—R。若将烯烃引入此反应，则可在烯烃分子中引入相应的R基。

(7-77)

需要说明：单独采用离子液体[OMIm][BF_4]为反应介质时，电解反应的效果很差，原因是[OMIm][BF_4]的黏度较大，导电性差。但若添加5%~10%(v/v)的DMF后，体系的导电性明显改善，反应效率可显著提高。有专家分析：采用这种离子液体/溶剂/金属催化剂的组合系统，通过电解偶合可方便地形成(新)C—C键，这将是一种很有发展前途、绿色环保的碳—碳(键)合成的新方法。

2. 选择性氟化

有机化合物的选择性电解氟化(即部分氟代)一直是人们关注与研究的热点。传统的电合成方法是以$Et_3N \cdot 3HF$或$Et_4NF \cdot 3HF$为氟化剂，在乙腈等有机溶剂中电解反应得到。但由于体系的电解电位较低(仅2 V vs Ag/Ag+)，本身易被(电解)氧化，故其应用受到了限制。以后研究发现，当采用如$R_4N \cdot mHF$(m>3.5)、$Et_3N \cdot$ 5HF的离子液体兼氟化剂的反应体系，就能大大改善稳定性，并可广泛地用于芳烃、羰基化合物的选择性氟化(式7-78~7-79)。

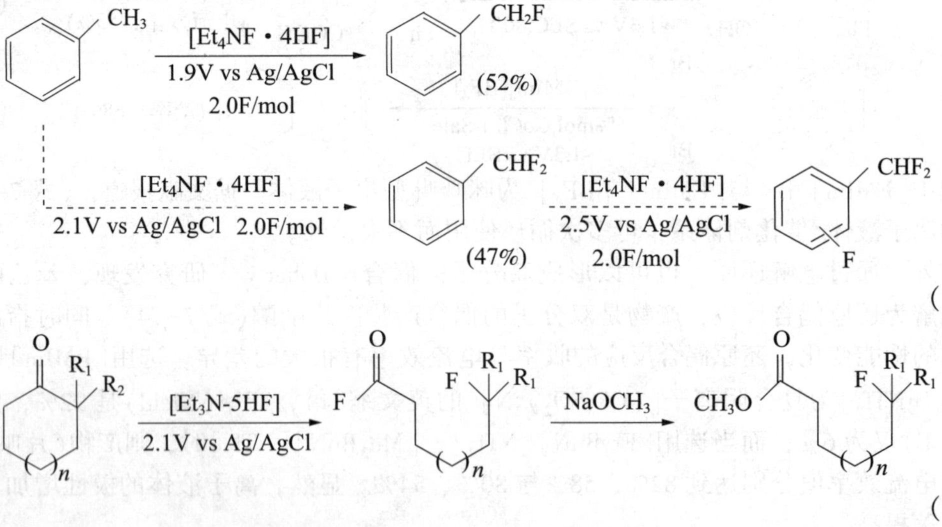
(7-78)

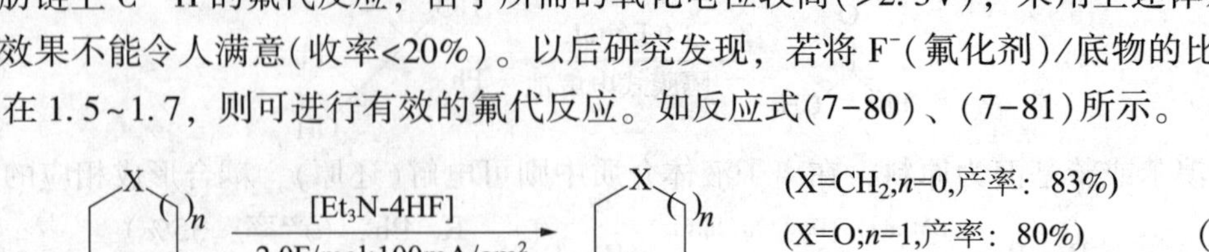
(7-79)

脂肪链上C—H的氟代反应，由于所需的氧化电位较高(>2.3V)，采用上述体系进行氟化则效果不能令人满意(收率<20%)。以后研究发现，若将F^-(氟化剂)/底物的比例(n/n)控制在1.5~1.7，则可进行有效的氟代反应。如反应式(7-80)、(7-81)所示。

(7-80)

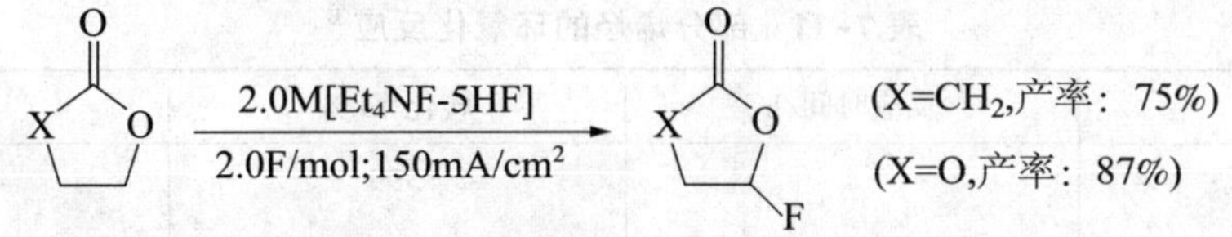

(7-81)

但有时遇到氧化电位更高时，如苯并呋喃酮氟化的氧化电位高达 2.86V vs SCE，则采用离子液体/$Et_3N\cdot5HF$(或 $Et_4NF\cdot5HF$)混合体系时，可取得较好的效果(见 7-82)。

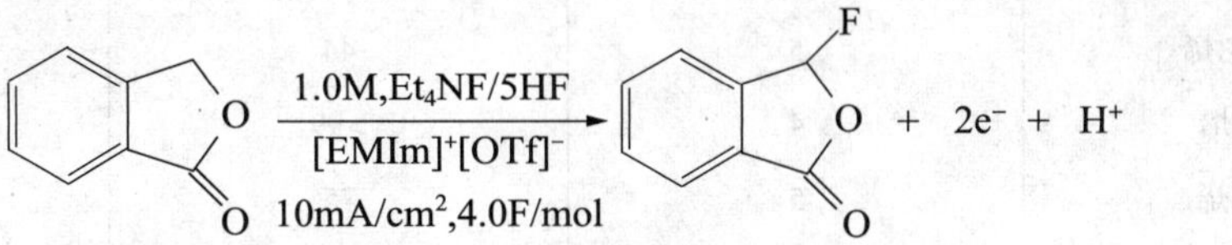

(7-82)

总之，通过离子液体的引入，使得有机氟代物的合成途径有了拓展，这对一些含氟的药物中间体合成具有重大的意义。

3. 烯烃环氧化

双氧水(H_2O_2)由于反应后仅产生水，被认为是一种绿色环保的氧化试剂，而深受化工行业的关注。以离子液体为介质，采用电化学方法可方便地制得具有活性的 H_2O_2，继而与烯烃反应可合成制得相应的环氧化合物。如苯基环氧乙烷的合成(7-83)。

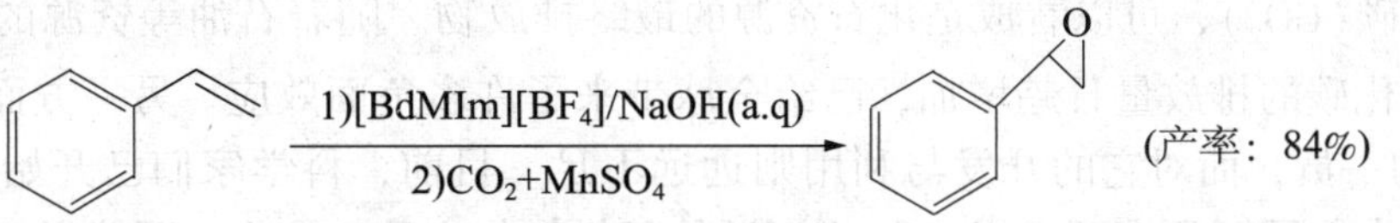

(7-83)

实际反应过程中，它包含二个步骤：①碱性条件下，O_2 在阴极发生电解：($O_2+2e^-\rightarrow O_2^{\cdot-}$)产生超氧自由基($O_2^{\cdot-}$)，继而在离子液体中发生歧化反应：($2O_2^{\cdot-}+2H^+\rightarrow H_2O_2+O_2$)产生活性氧化剂——双氧水；②在金属催化剂(如 Mn^{2+})作用下，活性双氧水对烯烃氧化生成对应的环氧物。图 7-25 是双氧水的电化学合成及烯烃的环氧化反应的原理图。其中 CO_2 的引入是为了降低体系的 pH 值，可减少环氧化的副反应；Mn(Ⅱ)是环氧化反应的催化剂。

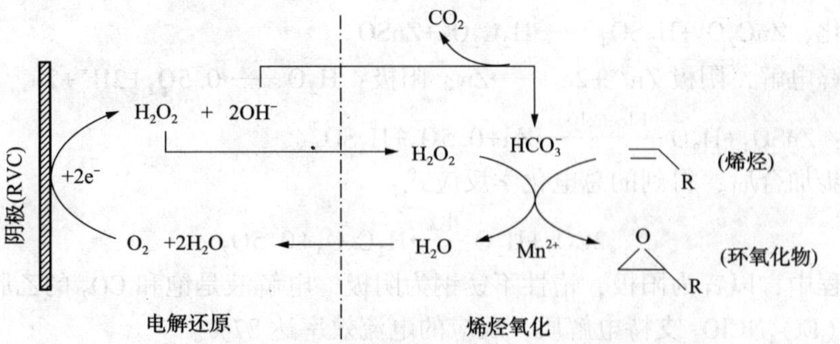

图 7-25　电化学制备双氧水及烯烃环氧化反应原理

Chen T. K. 等根据此原理，对多个烯烃的环氧化作了实验规模的应用研究，取得了良好的收效。具体实验结果及工艺方法参见表 7-11。

表 7-11 部分烯烃的环氧化反应①

烯烃	反应时间/h	转化率/%	产物收率/%
1，2-二氢萘	4	>99	83
苯乙烯	4	>99	84
α-甲基苯乙烯	5	95	83
β-甲基苯乙烯	5	81	71
二苯乙烯	5	44	42
环辛烯	4	>99	80
α-蒎烯	5	75	62
1-辛烯	5	0	0

①烯烃/H_2O_2 ≈1∶16(*n*/*n*)；$MnSO_4$0.41mol%；反应温度5℃，介质[bdmim][BF_4]/NaOH(aq)。

另外，实验还对离子液体的循环使用作了探索。据文献报道，反应后的离子液体-水混合液，只需用Na_2CO_3(aq)中和其中的Mn^{2+}后，离子液体便可得到回收再使用。实验结果表明离子液体循环使用5次后，环氧产物的收率依然维持在80%以上。

7.3.4.5 CO_2的电化学应用

二氧化碳(CO_2)，可以看成是化石资源的最终排放物。随着石油等资源的不断开发和应用，二氧化碳的排放量日趋增加，已给全球带来了许多负面效应。另一方面，CO_2也是C_1化学中的一员，而对它的开发与利用则远远不足。目前，科学家们已开始寻找CO_2的综合处理技术，同时研究开发以CO_2为资源的新材料与产品。这将对环境保护与资源节约具有着十分深远的意义。

1. 草酸的电合成

利用CO_2为原料合成化工产品一直是有机电合成所关注的课题。已取得成功的案例就是草酸的电化学合成，其合成制备的工艺路线大致为：

①草酸锌合成，阴极：$2CO_2+2e^- \longrightarrow C_2O_4^{2-}$；阳极：$Zn \longrightarrow Zn^{2+}+2e^-$

总反应：$2CO_2+Zn \xrightarrow{Electrolysis} ZnC_2O_4$

②硫酸化，$ZnC_2O_4+H_2SO_4 \longrightarrow H_2C_2O_4+ZnSO_4$

③硫酸锌电解，阴极 $Zn^{2+}+2e^- \longrightarrow Zn$；阳极：$H_2O \longrightarrow 0.5O_2+2H^++2e^-$

总反应：$ZnSO_4+H_2O \xrightarrow{Electrolysis} Zn+0.5O_2+H_2SO_4$

上述三步加合后，得到的总电化学反应式：

$$2CO_2+H_2O \xrightarrow{电解} H_2C_2O_4+0.5O_2 \tag{7-84}$$

生产过程中，以锌为阳极，惰性不锈钢为阴极，电解液是饱和CO_2的乙腈溶液，且含0.1mol/L的$(Et)_4NClO_4$支持电解质，反应的电流效率达87%。

2. 碳酸酯的电合成

有机氨基甲酸酯、碳酸酯是化工与生物化工领域中的重要中间体。传统化学法制备此类化合物时，通常需用光气(或异氰酸酯)，但它对于环境与人类健康的破坏十分严重。

1996 年 M. A. Casadei 在著名的有机化学期刊上，报道了用电化学方法通过超氧自由基活化的二氧化碳与有机胺反应合成制备氨基甲酸酯方的法。由于电化学方法不仅完全革除了有毒、有害的光气，且使二氧化碳的利用得到了新的开发。M. A. Casadei 所报道的合成路线，其基本反应(历程)可简单描述为：

①在极性的溶剂中，通过阴极还原制得 $O_2^{\cdot -}/CO_2$(活性二氧化碳)；

②活性电解液与相应的有机胺(或醇)反应，生成相应的氨基甲酸酯(或碳酸酯)。

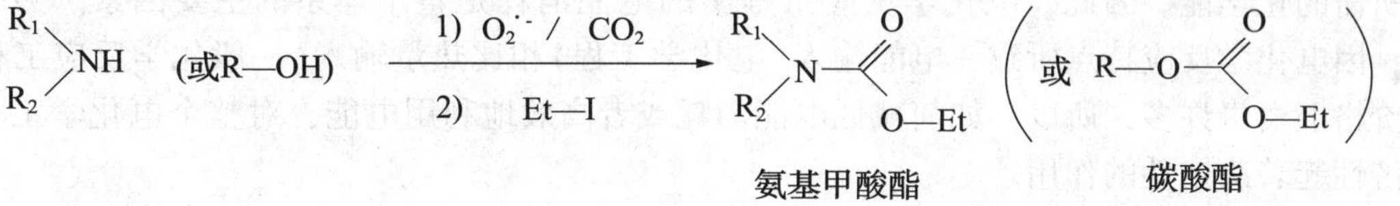

(7-85)

据文献报道，该方法中氧气(O_2)的还原电位(E=-1.0V vs SCE)，电解反应的溶剂为乙腈，碘乙烷作为烷基化试剂与有机胺(或醇)同时加入反应。最终产物的收率为 50%~90%。以后又将离子液体引入该方法，同样也获得了成功。

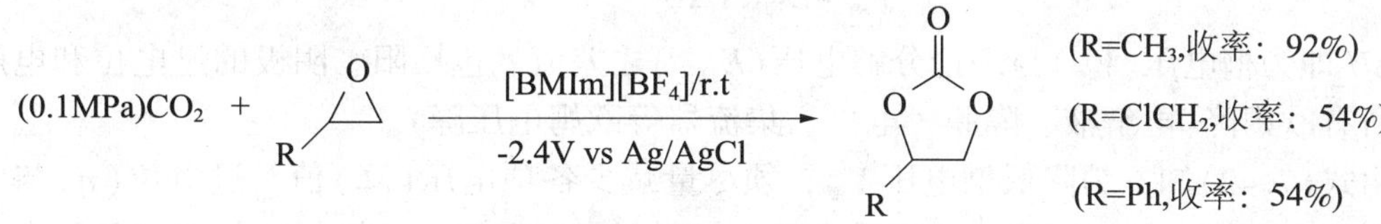

(7-86)

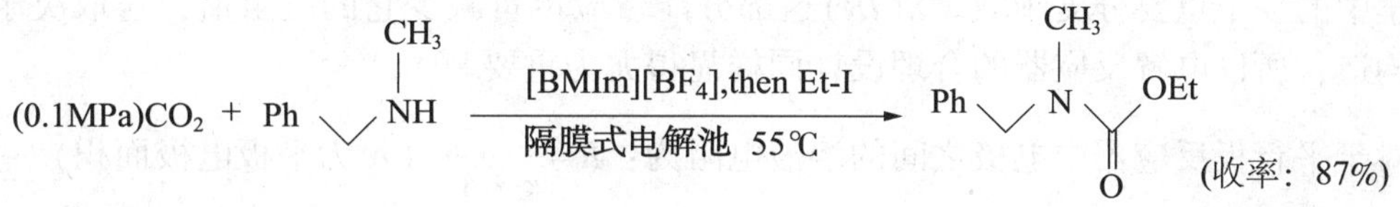

(7-87)

3. 电合成甲醇

近些年来，由于石油资源的大量开采和使用，寻找新能源或替代品已成为全球的热点问题。甲醇一直被认为是有效的、洁净的燃料替代品。如何利用 CO_2 资源，合成生产甲醇(两者均属 C_1 化工范畴)一直是化工行业中追求的目标。

有文献报道，采用电化学方法与超临界流体相结合的技术，开发了甲醇合成的新路线。其基本化学反应可表示为：

$$CO_2+6H^++6e^- \xrightarrow{\text{Electrolysis}} CH_3OH+H_2O \qquad (7-88)$$

电解反应以 Cu 作阴极，LiCl 为电解质，在 80℃，CO_2 压力为 6.8MPa 条件下进行。虽然，电流效率只有 40%，还无法满足工业化生产的要求。但其特别的方法已引起世界的关注。因为是在超临界 CO_2 状态下进行的电化学反应，CO_2 既是原料，又作反应介质，不存在传质阻力问题，且无需有机溶剂，被认为是很有发展潜力的绿色化工生产工艺。

7.4 电化学工程与工业应用

7.4.1 电化学工程基础

要进行工业电化学生产，就需从工程角度考虑。电解反应的实质就是将电能转化为反应所需的化学能。因此，电化学反应工程中的电能消耗是整个体系的主要因素。另一方面，因电化学反应特点所致，电能输入(电化学工程)相比热量输入(一般化学反应工程)，在价格上要贵许多，所以，如何减低电能消耗或者高效地利用电能，对整个电化学工程的经济性起着决定性的作用。

7.4.1.1 反应器槽电压

只有外电压达到一定值时，电极反应才能进行。根据上述第二节的分析：当电流通过电解槽时，其槽电压 V 为：

$$V_{槽}=E_{理论}+\eta_c+\eta_a+\sum IR$$
$$V_{槽}=E_{理论}+\Delta U \tag{7-89}$$

ΔU 即为槽电压($V_{槽}$)与理论分解电压($E_{理论}$)之差值。包括阳、阴极的过电位和电解槽内的所有欧姆降(电解液、隔膜、电极、集流器等欧姆电压降)。

由式(7.42)知，为降低槽电压 $V_{槽}$，须尽量减少各项电压(降)值。过电位(η)与电极材料属性、结构有关，因此，选择适合的电极材料至关重要；电极材料的研究与开发也是电化学中的一个重要分支领域。$\Sigma(IR)$这部分能量应尽量减少它的电阻值，这取决于反应器的构造，所以电解反应器的合理设计同样显得尤为重要。

对于平行板反应器中电极之间的溶液电阻为：$R=\dfrac{l}{\kappa\cdot A}$；(A 为平板电极面积)

圆柱状反应器中，两个同心圆筒电极之间的溶液电阻为：$R=\dfrac{1}{2\pi\kappa L}\left(\ln\dfrac{r_o}{r_1}\right)$，

式中：κ 电导率；l 电极间距；r_o，r_1 外筒、内筒的半径，L 圆筒长度。

由此可知；缩短电极的间距(l)可有效降低电解液的电压降。有时电解过程中有气体产生，一方面气泡覆盖电极表面，使有效反应面积减少；另一方面气泡分散在溶液中，使表观电导率 κ 降低，两者均使电阻增大，引起槽电压的增加。因此，减少残留在溶液中的气体量，也是降低能耗的一个有效措施。

对于有机电合成反应，由于电解液多为非水溶剂体系，电解液的电阻就相对较大，此时，往往是通过添加“支持电解质”(见第 7.3.1 节)来提高电解液的导电性，改善电解效果。

对于隔膜式电解槽(反应器)而言，还存在着“隔膜电压降”。若电流密度确定，则隔膜电压降由“膜电阻”决定。故膜的性质、结构、厚度等就直接会影响到膜电阻的大小。

7.4.1.2 电解反应能耗

为方便比较，化工生产中采用“比能量消耗率(w)”，即生产单位产品(1t/T)所需消耗

的能量来表示。对于电化学反应而言，主要能耗就是直流电能耗，故可表示为：

$$w=\frac{\text{所需的能量}}{\text{总产量}}=1000\times\frac{i\cdot t\cdot V_c}{\eta_i\cdot i\cdot t\cdot K}=\frac{1000\cdot V_c}{\eta_i\cdot K}(\text{kW}\cdot\text{h/T}) \tag{7-90}$$

式中：V_c 是槽电压；η_i 是电流效率；K 为电化当量，单位：kg/(kA·h)。实际上该式与前述(7-81)是完全一致的，只是比例系数的差异。运用式(7-43)即可作大致的能耗估算。

如电解氯气时，$V_c=3.5\text{V}$，$\eta_i=0.96$，则生产氯气的比能量消耗率 $w\approx 2800\text{kW}\cdot\text{h/T}$。如果电价时0.5元/kW·h，则生产1t氯气成本为1400元。采用同样方法可计算得到，电解铝的“比能量消耗率”$w\approx 12000\sim16000\text{kW}\cdot\text{h/T}$；而电解铜 $w=150\sim300\text{kW}\cdot\text{h/T}$。通过技术经济指标——“比能量消耗率”的比较，它们的生产经济成本一目了然。

7.4.2 电化学反应器

电化学反应器工业上称电解槽，与其他化工反应器的主要区别在于它有阴、阳两种电极，设计时要考虑电极上的电位、电流分布、电极过程动力学，以及电极材料、隔膜等材料的理化学性质以及其价格等多种因素。

7.4.2.1 电解槽结构及设计

电解槽是工业电合成中的关键设备，要设计合理的电解槽必须满足二个基本要求：①良好的物质传输性；②尽可能低的电压降。在这点上，设计者将重点放在缩短两极的间距上，而尽可能地降低阴、阳电极间的欧姆降。目前，已有采用零间歇原理设计而成的分隔式电解槽(见图7-26)。其特点是阴、阳极之间由1mm厚的离子交换膜作隔离；而电极的另一侧面与电解液直接接触，发生电解反应。这种构型的电解槽，特别适合于产生气体的反应。因为它可避免两电级间因产生气体而使电解液的导电性显著下降的现象。

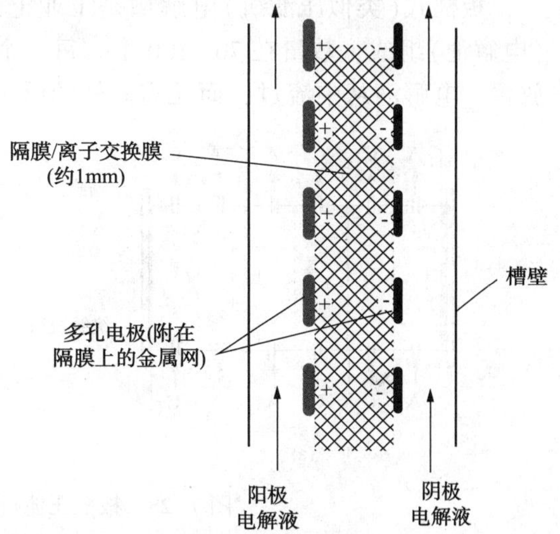

图7-26 采用零间隙原理设计分隔式电解槽结构示意图

电解槽由槽体、阳极和阴极组成，且多数用隔膜将阳极室和阴极室隔开，避免两者混合[参见图7-27(a)]。当直流电通过电解槽时，在阳极与溶液界面处发生(失电子)氧化反应，在阴极与溶液界面处发生(得电子)还原反应，以制取电解产品。

由于单个电解槽仅需几伏电压，而通常输送的电压>100V。为经济用电，工业上多采用“电解槽组”的结构形式。电解槽按电极的连接方式，可分为单极式和复极式两类(参见图7-28)。单极式电解槽中同极性的电极与直流电源并联连接，电极两(侧)面的极性相同，即同为阳极或同为阴极[图7-28(a)]。复极式电解槽两端的电极分别与直流电源的正负极相连，中间(各)电极的一面为阳极(中间绝缘隔断)，另一面为阴极，具有双极性。若将单个电解槽看作为一个电阻，则复极式连接，类似于电阻的串联连接，故电池组的总电压为 nE_c。显然，当电极总面积相同时，复极式电解槽的电流较小，电压较高，所需直

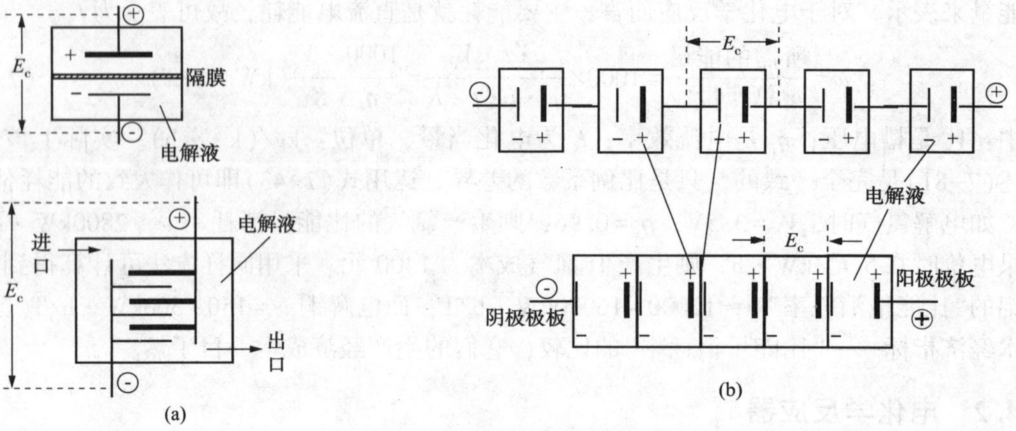

图 7-27　电解槽及组的连接方式

(a)单极式；(b)双(复)极式

流电源的投资比单极式要省。

板框式(类似压滤机)电解槽是工业上最常用的一种。此类电解槽由多个单元反应器(电解池)组成，数量在 70~100 个。每一个单元均包括有电极、板框与隔膜；电极多垂直放置，电解液从中流过，而无需另外的反应槽体(见图 7-28)。

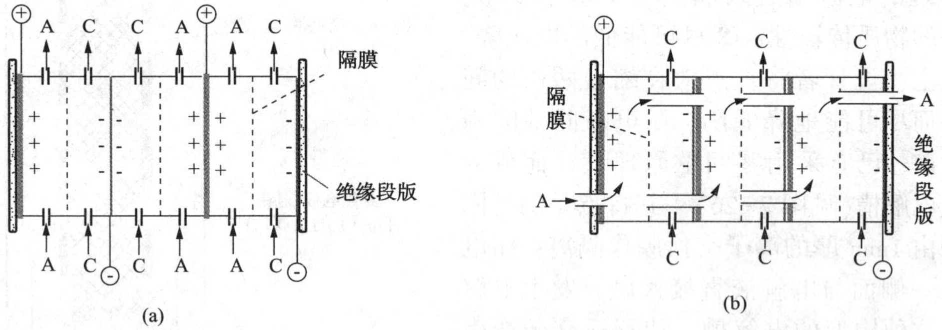

图 7-28　板框压滤机式电化学反应器(电解槽)

(a) 单极式；(b) 复极式

A—阳极电解液；C—阴极电解液

板框式电解槽的主要优点：①单元反应器的结构简单、易标准化，便于工业批量生产、维修或更换；②可根据生产任务，任意组合单元反应器的数量，以满足不同的需求；③电极材料、分隔膜材料选用十分广泛，可满足多种需求。另外，它的电位、电流分布均匀，强化传质及电解液流速的控制操作均十分方便，尤其适合于复极式连接。

除了常用的板框式电解槽外，一些结构特殊的电解槽，如颗粒状电极电解槽、毛细间隙电解槽、旋转电极电解槽等在此就不作介绍了，详细的内容可参见相关文献资料。

7.4.2.2　电解槽生产能力—时空产率

化工生产中的“生产能力”系指一个单元(可以是设备、装置、工厂)在单位时间内所能生产的产品量。对于电合成来说，“单元”即为电解槽，但反应真正的“场地”是电极表面，因此，在电解生产中常以“比电极面积”来衡量，即指单位体积电解槽内所拥有的活性电极的面积，以 A_v 表示，故有：$A_v=A/V_R$（A—活性电极面积，V_R—电解槽体积）。

电解槽的生产能力，也称“时空产率”，系指单位时间内，单位电解槽所生产的产品量：

$$\rho=\frac{m}{V_R \cdot t}=K \cdot \eta_i \cdot i \cdot A_v \tag{7-91}$$

式中　ρ——时空产率，$kg/(m^3 \cdot s)$；

m——产品质量，kg；

V_R——反应器体积，m^3；

t——反应时间，s；

K——电化当量，$kg/(kA \cdot h)$；

i——电流密度，A/m^2；

A_v——比电极面积，m^2/m^3。

有时我们将 $i \cdot A_v$ 的乘积成为“电流浓度”，因为它的物理量纲为 A/m^3。

显然，当体系内的电流密度、电流效率一定时，比电极面积 A_v 越大，则通过电极板的电流越大，生产能力（即时空产率）当然越大；反之，当反应器的总电流的明确，则 A_v 越大，电流密度 i 越小，这将有利于降低电极的极化电压和槽电压，使能耗减少。另外，从经济上考虑，希望任何电化学反应过程的时空产率（ρ）值要高，这就意味着反应器的比电极面积 A_v 值要高。对经典的板框压滤机式电解反应器而言，单极式电解槽的 A_v 值约为 $10^{-3}m^2/m^3$；复极式的 A_v 值约为 $10^{-2}m^2/m^3$。作为（类似）比较，一般固定床化学反应器的 A_v（催化剂的表面积/反应器体积）值为 $0.2m^2/m^3$，约为复极式的20倍。由此可知，设法提高电化学反应器的比电极面积 A_v 十分关键。

根据上述计算式，时空产率 ρ 与单位体积反应器内所通过的有效电流成正比，即与体系的电流密度、电流效率、比电极面积的乘积有关。时空产率值的高低，直接反映了电化学反应器设计的合理性及优劣性。

7.4.2.3　电极材料选择

作为电极材料必须具备优良的导电性、足够的电化学稳定性、良好的机械性及可加工性，同时还需有耐电解介质及电解产物的腐蚀，最后考虑价格是否可以接受。从工业生产情况来看，所用的电极可分为三类：

①性能长期稳定的电极，多用于简单的氧化还原反应、电极表面作为反应中间产物吸附位置的电化学过程和电结晶过程等。

②气体反应剂电极，一般具有多孔结构，用于氢、烃类和CO的电氧化（或 CO_2 的电还原）过程。

③在反应过程中电极材料不断消耗的电极，主要用于金属有机化合物的电化学制备。

由于阳极上发生的是失电子氧化反应，故它有可溶性和不溶性两类。在金属精炼工业中，金属阳极的溶解与电流效率高是很重要的；单在许多电解工业中，选择不溶性阳极则是十分重要的研究课题之一。

碳或石墨的导电性好，在许多化学环境下有良好的耐腐蚀性，并具有可实用的机械性能。直至金属氧化物覆盖的铁阳极被开发之前，石墨一直是盐水电解时使用的最好的阳极材料。在熔盐电解时，迄今碳及石墨仍是唯一的阳极材料。

金属及合金种类很多，在机械性能、电性能、化学性能和加工性能方面都很好，所以广泛用作阳极材料。但是与一般结构材料不同，在电解质中阳极极化的条件下，阳极材料必须不发生活性溶解和钝化，并能圆满地进行阳极反应。有些金属在电解质中阳极极化时，生成的表面氧化物具有很好的耐腐蚀性，从而阻止了其后阳极的进一步消耗，并且具有导电性，可作阳极使用。Perry 发明了被覆氧化钌的钛电极后，人们对氧化物阳极便有了新的认识。这种不溶性金属阳极，常称为形稳阳极(DSA)，它们的氯过电位低，并且耐腐蚀性优良。自发明后几十年来，超过总产量半数的氯，都使用这种方法制造的电极。

金属材料作为阴极往往可以防腐，即使在强腐蚀的环境中，所以与阳极相比，材料选择的自由度大。但要注意的是电解槽运转时，阴极被极化，不会被腐蚀；若运转停止，金属材料的电位慢慢达到稳定电位，如果此稳定电位处于材料活性溶解区内，就可使材料腐蚀。对于强腐蚀环境，必须考虑到运转停止时的防腐蚀措施。必要时应将阴极液抽出，就不致产生自发电池腐蚀。

阴极材料选择另一要点就是过电位特性。例如隔膜槽电解食盐水的阴极反应是水放电析出氢，降低氢的过电位就可使电能消耗下降，因此，研究开发具有低氢过电位的阴极材料十分必要。在有机电解过程中，阴极还原往往是重要的，反应受阴极电位及阴极材料的影响十分明显。例如，采用镍、铂一类氢过电位低的金属材料为阴极，使硝基苯进行还原，就可能生成中间体；但若用铅、汞一类氢过电位高的金属材料为阴极时，便生成了苯胺。

7.4.3 工业(有机)电化学合成

以上所述的合成方法或工艺绝大多数为实验室研究成果或小试规模的生产。实际上真正生产的电合成产品目前仍然不多，有的产品产量还很小，只是附加值高。目前世界上采用电合成手段生产有机化工产品的著名公司有：Monsanto、3M、Dow、BASF、Hoechst、Holiday、日本的旭化成公司、印度的中央电化学研究所以及前苏联的一些公司。为了开发更多、更绿色、更经济的电化学合成工艺，首先有必要对已有的产品的生产作基本了解。在此仅列举工业电化学生产最为典型的一个产品，即已二腈。

己二腈[$NC—(CH_2)_4—CN$]是生产尼龙的重要中间体，工业上生产方法有己二酸法、丁二烯氯化-氰化法、丁二烯直接氢氰化法和丙烯腈加氢二聚法等，其中最后一种方法就是通过电化学反应实现的。1965 年美国孟山都公司将这一方法实现了工业化，建成年产量达 100kt 的生产装置，取得了重大的经济效益。

1. 反应原理

$$\text{阴极反应：}2CH{=}CH—CN+2H_2O+2e^- \xrightarrow{\text{Electrolysis}} NC(CH_2)_4CN+2OH^-$$

$$\text{阳极反应：}H_2O \xrightarrow{\text{Electrolysis}} 0.5O_2+2H^++2e^- \qquad (7\text{-}92)$$

$$\text{总的反应：}2CH{=}CH-CN+2H_2O \xrightarrow{\text{Electrolysis}} NC(CH_2)_4CN+0.5O_2$$

除以上反应外，同时还会发生一系列的副反应，如生成三聚物的反应；羟基丙腈和双氰基乙基醚的产生(因阴极附近 pH 提高)；由于丙烯腈还原电位很负(相对饱和甘汞电极为-1.9V)，阴极可能发生析氢反应。为了提高产率，Baizer提出使用季铵盐作为电解质，其阳离子在阴极表面吸附，抑制了生成丙腈的副反应，同时还能有效提高丙烯腈在含水介质中的溶解度。

2. 工艺条件

早期工艺的特点：

①阴极液含有高浓度的丙烯腈(16%)和季铵盐(40%)，阳极液为5%的H_2SO_4，且用阳离子交换膜作为隔膜，防止阴极区物质进入阳极液中。

②采用析氢过电位高的(铅)阴极材料，以防止析氢。阳极采用Pb-Ag合金，可降低析氧的过电位，提高电极的耐腐蚀性。

③为避免阴极副反应的发生，需将OH^-尽快移出阴极区，采取阴极液高速(1~3m/s)流动。

另外，早期的孟山都电解槽采用板框压滤机型结构，采用阳离子交换膜隔膜和双极性电极，共有16组电解槽，每组包括24个单元槽。这一生产工艺的缺点是：①因采用隔膜和低电导率的阴极液，而导致能耗高。研究表明：槽电压中的70%是由这两部分压降构成的；②季铵盐用量大，且回收麻烦，成本高。③电解槽结构复杂，且需定时更换隔膜。为此，自70年代以来孟山都公司和其他厂家进行了大量研究工作，开发出第二代电解槽及生产工艺，降低了投资和能耗。改进后的工艺特点：

①由丙烯腈和含10%~15%的Na_2HPO_4支持电解质水溶液组成的乳浊液。水溶液中仅0.4%的季铵盐，而丙烯腈却在水溶液中达到饱和(7.0%)。

②由于采用无隔膜电解，阳极材料作了调整。孟山都公司采用了碳钢阳极，同时在溶液中加入2%的硼砂和0.5%的EDTA，使阳极腐蚀降低了95%。

③电解槽不用隔膜，结构简化，降低了投资和能耗。

电解槽为复极式压滤机型结构，乳浊液在贮槽和电解槽之间循环，并连续地抽出部分有机相分离产物。部分水相溶液需连续处理，以防止有机副反应产物的生成，并及时排出金属电极溶解的离子。表7-12为Monsanto公司第1代与第2代电合成己二腈工艺的比较。

表7-12 Monsanto公司第1、2代电合成己二腈工艺比较

工艺特点及指标	第1代(1965年) 用隔膜	第2代(1978年) 无隔膜
己二腈选择性/%	92	88
电极间距/cm	0.7	0.18
电解液电阻率/Ω·cm	38	12
电流密度/(A/cm^2)	0.45	0.2
理论分解电压估算值/V	2.5	2.5
过电位/V	1.22	0.87
电解液中欧姆压降/V	6.24	0.47

续表

工艺特点及指标	第1代(1965年) 用隔膜	第2代(1978年) 无隔膜
隔膜欧姆压降/V	1.69	
总和/V	11.65	3.84
能耗/(kW·h/t)	6，700	2，500
温度/℃	30~50	

与此同时，日本旭化成公司致力于电解质的改进，加入异丙醇防止丙烯腈和季铵离子在阳极的氧化，同时维持电解液的pH稳定，并可起助溶剂作用。其电解液组成：丙烯腈55%、异丙醇28%、水16%和季铵盐1%，己二腈的电解合成收率大于90%，且不用隔膜，槽电压及能耗大幅下降(3000kW·h/t)。德国的巴斯夫公司则在电化学反应器结构方面有所创新，提出复极式毛细间隙电解槽，电极间距降至0.2cm以下，结构紧凑，而电解液中的季铵盐降至0.5%以下，收率、能耗都达先进水平。每1电槽有100个圆盘电极，在电流密度为10A/dm^2下电解，12个电槽的产量达140t/月。

7.4.4 展望

进入21世纪以来，电化学合成的发展面临新的挑战和机遇。目前，各国已越来越重视电化学在能源、环境、材料、医药等各个部门的工业开发与大规模的工业化生产。

电化学合成，尤其是有机电合成的发展前景十分诱人。相信不久将来会有大批无污染、自动化生产的有机电化学合成工厂取代严重污染环境的传统有机合成；通过有机电化学方法将CO_2转化成液体燃料、氢燃料和化工原料；有机燃料(如甲醇)、大容量电池将作为机车或汽车的动力；通过有机电化学方法将太阳能转变为电能；大量的药品、氨基酸与蛋白质采用有机电化学方法生产；甚至打开生命奥秘，揭示细胞反应之谜等都与有机电化学相关。

习　题

1. 写出下列各电极过程，可能由哪些基本步骤组成。

(1)Sn^{4+}在铂电极上还原为金属锡；　(2)Cd^{2+}在汞电极上还原；

(3)氢在铂电极上氧化；　(4)银在氨水溶液中的阳极溶解。

2. 考虑电极反应$Ox+ne^-=Red$，已知$C_R=C_O=1$，$k_S=10^{-5}$cm/s(25℃)，$\alpha=\beta=0.5$，$n=1$。

(1)计算交换电流密度；(2)绘出在10 μA/cm^2前的阴极极化曲线，$i_K \sim \eta_K$；

(3)绘出在1mA/cm^2后的阴极化曲线，$\lg i_K \sim \eta_K$。　(答案：9.65×10^{-4}A/cm^2)

3. 电解水溶液，镍电极上的$\eta_K=0.35$V，当i_K增加到原来数值的8倍时，η的数值为多少？已知$\eta=a+b\cdot\lg i_K$中的b为0.12V。　(答案：0.46V)

4. 电解NaCl-KCl熔体中的$TiCl_4$，可产生Ti^{3+}，Ti^{2+}，Ti，(1)试求这些产物的电化当

量(计算时电量单位取 A · h)。Ti^{3+}，Ti^{2+} 也可继续还原为 Ti，(2)试求这两种离子各自还原为 Ti 的电化当量。

5. 电解碱性 KCl 溶液可制备 $KClO_3$，其电极反应：$Cl^- + 6OH^- \rightarrow ClO_3^+ + 3H_2O + 6e$。通电 10.9 小时后得到 10g $KClO_3$，试问电流效率为多少？　(答案：60%)

6. 计算电流为 610mA，电流效率为 95%，$10cm^3$ 体积的流化床槽中沉积银的空时产率。　[答案：$6.48\times10^{-5}g/(s\cdot cm^3)$]

7. 将下列反应拆写成对应的阳极氧化反应和阴极还原反应。

(1) $2KI(aq) + Cl(g) \longrightarrow 2KCl(aq) + I_2(aq)$；

(2) $3KI(aq) + Cl(g) \longrightarrow 2KCl(aq) + KI_3(aq)$；

(3) $K_2Cr_2O_7(aq) + 7H_2SO_4(aq) + 3Zn(s) \longrightarrow K_2SO_4(aq) + Cr_2(SO_4)_3(aq) + 3ZnSO_4(aq) + 7H_2O(l)$。

8. 用 1250A 电流电解 NaCl 溶液 10h 制备 NaOH，在这 10h 中连续从槽中取出共 140L 溶液，平均每升溶液中含 116.5g 的 NaOH，试求电流效率。　(答案：87.2%)

9. 在饱和草酸溶液中，用铅作电极电解还原草酸制取乙醛酸，电极面积为 $40m^2$，电流密度为 250 A/m^2，通电 3h。无添加剂时得到 2.90g 乙醛酸；用季铵盐(I)作添加剂时，得 3.14g；试计算电流效率。　(答案：70%；76%)

10. 根据下列氧化还原的有机反应，写出制备反应产物的电极反应。

(1) $RCH{=}CH_2 \xrightarrow{H_2O_2,\ OsO_4(trace)} RCH(OH)CH_2OH$

(2) $RCH{=}CH_2 \xrightarrow{Zn,\ HCl(aq.)} RCH_2RCH_3$

(3) $C_{10}H_8$(萘)$\xrightarrow{Cr_2O_7^{2-},\ H^+} C_6H_4C_2O_3$(邻苯二甲酸酐)

(4) $CH_3C_6H_5 \xrightarrow{MnO_4^-,\ OH^-} C_6H_5COO^-$(邻苯二甲酸酐)

(5) $HCHO \xrightarrow{Ag(NH_3)_2^+} CO_2$

(6) $C_2H_5OH \xrightarrow{Cr_2O_7^{2-},\ H^+} CH_3CHO$

(7) $>C(OH)—(OH)C< \xrightarrow{Pb_4^+} >C{=}O$

参考文献

[1] Michael A. Matthews Pure Appl Chem，2001，73(8)：1305-1308

[2] Carl Hamann，Andrew Hamnett，Wolf Vielstich 著．电化学．陈艳霞等译．北京：化学工业出版社，2017

[3] 马淳安著．有机电化学合成导论．北京：科学出版社，2002

[4] 张寒琦，张忆华、宋利珠等．实用化学手册．北京：科学技术出版社，2000

[5] 刘永辉．电化学测试技术．北京：北京航空学院出版社，1987

[6] Tiedemann W H，Bennion D N. J Electrochem Soc，1970，117，203

[7] 陈震，姚建年．电化学测定方法．北京：北京大学出版社

[8]杨绮琴，方北龙等，应用电化学．广东：中山大学出版社，2001
[9]J I Yoshida，et al. Chem Rev，2008，108(7)：2265-2299
[10]Degner D，Hannebaum H. DE-3，142，626，1983
[11]Nedenskov P，Elming N，Nielsen. J Acta Chem Scand，1995. 9，17
[12]Rogers T E，Jannson R E，Baizer M. US-4，457，813，1984
[13]Tilborg W，Smit C J，Engels R. EP-28，430，1981
[14]W，Smit C J，Engels R. BR-2，069，533，1982
[15]马淳安，张文魁，黄辉等．高校化学工程学报，2001，15(5)：453
[16]Conminellis Ch，et al. J. Electrochem Soc，1982，129(4)：749-752
[17]张积树等．精细化工，1989，6(6)：42-47
[18]王文英等．现代化工，1996(6)：33~35
[19]诸道葆等．电化学，1998，4(1)：54-59
[20]张彰等．上海大学学报(自然科学版)，2001，7(1)：73-76
[21]张彰等．高校化学工程学报，2002，16(2)：174
[22]孙治荣，胡翔．周定．高技术通讯，2001，2：98-102
[23]Marina Ingle´s，et al. Ind. Eng. Chem. Res，2000，39：1-6
[24]张礼霞，李伟善，孙保兴．广东化工，2007，34(10)：64-67
[25]Horii D，Atobe M，Fuchigami T. Electrochemistry communications，2005(7)：35-39
[26]Jalbout A F，Zhang S H. Acta Chim Slov，2002，(49)：917-923
[27]曾跃，姚素薇．化学工业与工程，2001，11(4)：21-23
[28]Li W，Nonaka T. Electrochimica Acta，1999(44)：2605-2612
[29]US 5，620，584，1995.
[30]L Rodrıguez-Sanchez，M C Blanco，et al. J Phys Chem B，2000，104：9683-9688
[31]Mihir M Wadkar，Vijay R Chaudhari，et，al. J Phys Chem B，2006，110，20889-20894
[32]周幸福，韩爱杰，褚道葆，林昌健．林华水安徽师范大学学报(自然科学版)，2001，24(3)：228-230
[33]朱传高，陈永红，褚道葆．无机化学学报，2005，21(6)：919-924
[34]朱传高，周幸福，褚道葆．华东理工大学学报(自然科学版)，2005，31(1)：106-109
[35]张彰．上海大学博士论文，2007
[36]Philippe Hapiot and Corinne Lagrost. Chem Rev，2008，108，2238-2264
[37]Doherty A P，Brooks C A Electrochim Acta，2004，49：3821
[38]Fuchigami T J. Electrochem Soc，2006，153，D162
[39]Kam-Piu Ho，Kwok-Yin Wong，Tak Hang Chan. Tetrahedron，2006，62：6650
[40]M A Casadei，F M Moracci，G Zappia. J Org Chem，1997，62：6754-6759
[41]J Li，G Prentice. J Electrochem Soc，1997，144(12)：4284-4288

第8章　绿色化工工艺实例

8.1　绿色无机化工工艺

无机化工的原料主要来源于自然矿产资源，是属于不可再生资源。无机化工产品主要是化肥、酸、碱、无机盐和金属及非金属氧化物。传统的无机化工工艺都比较落后，主要表现在生产原料消耗量大，能耗大，生产环境差，工艺简单且落后，对环境污染严重。

无机化工的原料主要是各种矿产品，其中有用的元素含量很低，一般需要经过煅烧、焙烧、烧结或熔融等预加工，才能得到可实际应用的无机化工产品。最常见的由天然矿石经煅烧、焙烧、烧结或熔融等加工方法而生产的产品是石灰、水泥、耐火材料、化学肥料、硫酸、磷酸、颜料以及各种无机盐和氧化物。无机化工工艺的绿色化，主要是节能减排，废物综合利用及构建物料和能源的闭路循环。

磷酸和磷酸盐工业是现代化学工业的重要组成部分。磷酸是生产磷酸盐的母体原料，由磷酸可以生产各种规格的磷酸盐。目前，全世界生产的磷酸盐品种总数达300种以上，年生产能力超过2000万吨，产量以年均近3%的速率增长。我国的磷酸和磷酸盐工业经过五十年来的建设和发展，尤其是近十年来的战略布局和产业结构的调整，得到了持续快速的发展，已成为我国化学工业的重要生力军，在国民经济建设中发挥越来越重要的作用。

磷酸的生产方法主要有两种：热法和湿法。热法是用黄磷燃烧并水合吸收所生成的P_4O_{10}来制备磷酸。热法磷酸浓度高，纯度好，而且不随矿石的杂质变化而变化，但能耗大，投资和生产成本较高。湿法系用无机酸来分解磷矿制备磷酸。根据所用无机酸的不同，又可分为硫酸法、盐酸法等。由于硫酸法技术成熟，操作稳定，分离容易，经济合理，因此它是制备磷酸最主要的方法，其产量在磷酸总产量中占有绝对优势，通常所说的湿法就是指硫酸法，基本工艺如下：

$$Ca_5F(PO_4)_3+5H_2SO_4+5nH_2O \longrightarrow 3H_3PO_4+HF+5CaSO_4 \cdot nH_2O$$

$$n=0、\frac{1}{2}、2$$

该工艺操作简单，能耗小，技术成熟，是目前通用工艺。但是，该工艺“三废”排放多，对环境污染严重。生产过程中产生的HF和磷石膏，很难处理，对环境压力大，形成湿法磷酸生产的瓶颈。近年来，应用绿色化学的基本原理，借助“绿色组装”新技术，通过相关化学反应的集成，构成闭路循环和资源综合利用的反应体系。通过工艺消化和生产过程的在线控制，最大限度地利用原料资源，提高化学反应的原子经济性，从根本上消除或减少“三废”的排放，形成湿法磷酸清洁生产新工艺，如图8-1所示。

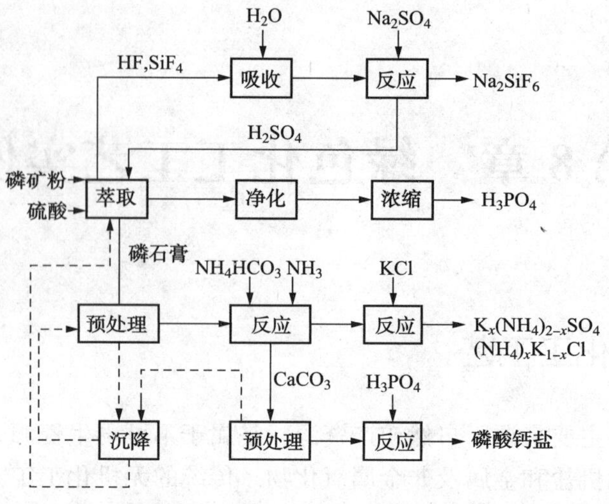

图 8-1　湿法磷酸清洁工艺流程

该工艺的特点：①在突出主要产品 H_3PO_4 制备的同时，通过“闭路循环”、工艺消化，实现资源的综合利用；②磷矿中的氟通过吸收和相关反应，可制备 Na_2SiF_6 等含氟产品。反应产生的 H_2SO_4 可返回系统，用于分解磷矿；③磷石膏和 NH_4HCO_3 反应，转化为硫酸铵，然后再与 KCl 反应，生成无氯钾肥 $K_x(NH_4)_{2-x}SO_4$ 和有氯钾肥 $K_x(NH_4)_{1-x}C1$。实验表明，磷石膏的转化率可达 95%以上，KCl 的转化率可达 80%以上。$K_x(NH_4)_{2-x}SO_4$ 可用于烟草、茶叶、药材等专用肥料，$K_x(NH_4)_{1-x}C1$ 可作为粮食作物的多元肥料；④磷石膏转化中产生的碳酸钙，通过进一步处理可作为微细碳酸钙材料，也可以通过净化处理，然后和磷酸反应生成磷酸钙盐，作为添加剂或助剂。

最近，杨仁春等针对铬酐生产中存在的严重环境污染问题，提出了一条绿色化生产工艺。铬盐在国民经济中占有重要地位，用途极广，需求量很大，但传统工艺能耗大，技术落后，污染严重，主要表现在铬铁矿的焙烧、重铬酸钠和铬酸酐的生产这三个过程。特别是铬酸酐的生产，其产量占整个铬盐产品总量的 60%，主要用于镀铬、金属钝化、制造催化剂、铬黄染料、氧化铬绿以及用作氧化剂、媒染剂等。目前，我国采用的工艺主要是硫酸和重铬酸钠熔融法，该工艺的硫酸利用率仅 50%左右，而且还排放世界公认的高毒重金属离子 Cr^{6+}，对环境污染严重，同时还会产生氯化铬酰、氯化氢和氯气等有害气体。该工艺反应温度较高，设备腐蚀严重，铬酸酐热分解而影响产品的收率和质量，因此，该工艺必需进行技术改造，开发新的绿色化工艺。新工艺以铬铁矿液相氧化所得的铬酸钠为原料，把钠离子转化成碳酸氢钠加以回收利用，大大提高了资源的有效利用率，同时避免了含铬芒硝的生成，对环境没有污染，符合清洁生产要求。

新工艺原理为以铬酸钠为原料，经过循环碳氨法制得铬酸铵晶体，将钠离子转化成碳酸氢钠回收利用。利用铬酸铵易受热分解转化的特点，经氧化钙苛化得到铬酸钙，将氨气全部回收循环使用。然后用硫酸处理铬酸钙，得到纯度大于 99.9%的铬酸酐，硫酸利用率达到 100%，无硫酸氢钠排放。主要化学反应为：

$$Na_2CrO_4+2NH_3+2CO_2 \longrightarrow 2NaHCO_3\downarrow+(NH_4)_2CrO_4$$

$$(NH_4)_2CrO_4+CaO \longrightarrow CaCrO_4+2NH_3\uparrow+H_2O$$

$$CaCrO_4+H_2SO_4 \longrightarrow H_2CrO_4+CaSO_4$$

总反应为：

$$Na_2CrO_4+CaO+2CO_2+H_2SO_4 \longrightarrow 2NaHCO_3+CrO_3+CaSO_4$$

新工艺流程见图 8-2。无机合成化学的发展使原来只能在高温、高压、高真空等苛刻条件下才能进行的反应，能够在常温、常压下实现。理论化学和计算机模拟的发展，已经可以对分子结构和性质进行预测，并实现新化合物的分子设计及分子裁剪和分子组装，产生了一门新兴学科——软化学，使人们根据需要和想象，随心所欲的设计、裁剪和组装分子成为可能。软化学与其说是一门新的学科，不如说是一种新的材料制备思路。在这种思路下产生了一系列新型的材料制备技术，主要有：先驱物法、溶胶-凝胶法、水热法、熔体法、局部化学过程法、低热固相反应法、流变相反应法等。这些方法有时并无严格界限，实际应用时可以相互交叉，这些方法同时也是节能减排和对环境友好的绿色无机合成方法。软化学过程是在较温和条件下实现的化学反应过程。因而，易于实现对其化学反应过程、路径、机制的控制。从而，可以根据需要控制过程的条件，对产物的组分和结构进行设计，进而达到裁剪其物理性质的目的。

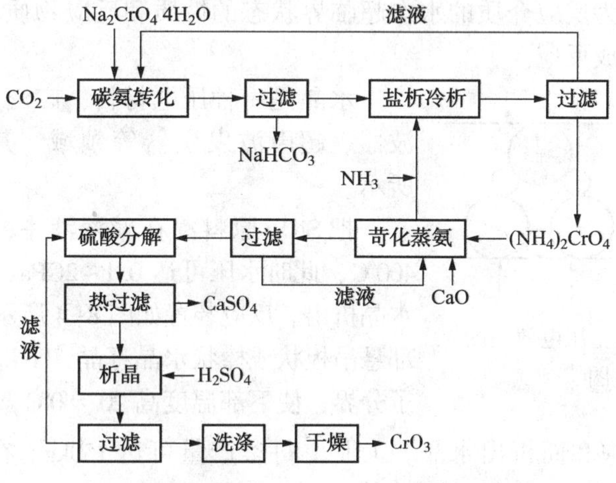

图 8-2　铬酸酐绿色化生产工艺流程

8.1.1　先驱物法

先通过准确的分子设计合成出具有预期组分、结构和化学性质的先驱物，再在软环境下对先驱物进行处理，进而得到预期的材料。其关键在于先驱物的分子设计与制备。在这种方法中，人们选择一些化合物如硝酸盐、碳酸盐、草酸盐、氢氧化物、含氰配合物以及有机化合物如柠檬酸等和所需的金属阳离子制成先驱物，在这些先驱物中，反应物以所需要的化学计量存在着，这种方法克服了制陶法中反应物间均匀混合的问题，达到了原子或分子尺度的混合。

复合金属配合物是一类重要的先驱物。其合成过程通常在溶液中进行，以对其组分和结构作很好的控制。这些化合物一般可在 400℃ 分解，形成相应的氧化物。这就为制备高质量的复合氧化物材料提供一个途径。另一类比较有用的先驱物是金属碳酸盐。它可用于制备化学组分高度均匀的氧化物固溶体系。此外，一些金属氢氧化物或硝酸盐的固溶体也可被用作先驱物，如利用金属硝酸盐先驱物制备出了高纯度的 $YBa_2Cu_3O_7$ 超导体。

尖晶石($ZnFe_2O_4$)的合成，利用锌和铁的硝酸盐配成 Fe : Zn = 2 : 1 摩尔比的混合溶液，与草酸溶液作用，得铁和锌的草酸盐共沉淀，生成的共沉淀是一固溶体，它所包含的阳离子已在原子尺度上混合在一起。将得到的草酸盐先驱物加热焙烧即得 $ZnFe_2O_4$。由于混合物的均一化程度高，反应所需温度可降低很多，约为 1000℃。

8.1.2 水热法

水热法是模拟自然界中某些矿石的形成过程而发展起来的一种软化学方法。这种方法通常以金属盐、氧化物或氢氧化物的水溶液(或悬浮液)为先驱物。一般在高于 100℃和一个大气压的环境中使先驱物溶液在过饱和状态下成核、生长，形成所需的材料。水热法是指在密闭体系中，以水为溶剂，在一定的温度下，在水的自生压强下，原始混合物进行反应的一种方法。所用设备通常为不锈钢反应釜，分为以下几类：①低温水热合成法，通常在 100℃以下进行。②中温水热合成法，通常在 100~300℃下进行。③高温高压水热合成法，通常在 300℃以上，0.3GPa 下进行。高温高压水热合成是一种重要的无机合成和晶体制备方法，它利用作为反应介质的水在超临界状态的性质和反应物质在高温高压水热条件下的特殊性质进行合成反应。

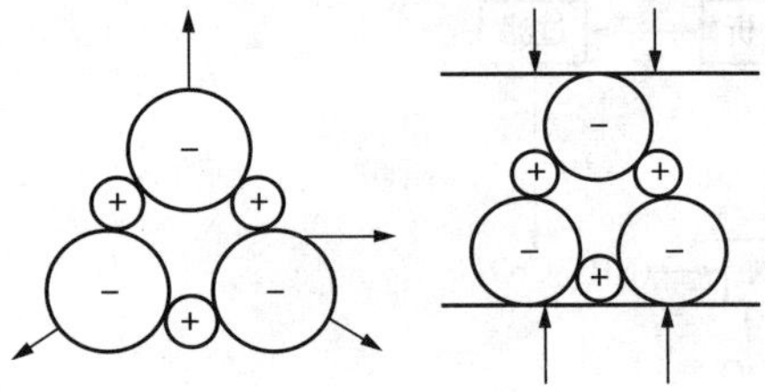

图 8-3　压电晶体产生压电效应的机制示意图

水晶是一种压电材料，广泛用于石英振荡器、滤波器、超声波发生器等领域。其压电效应如图 8-3 所示。

把 SiO_2 原料浸在碱溶液中，将温度加热到 350~400℃，此时水压可达 0.1~2GPa，这时原料 SiO_2 溶解，水晶析出。反应装置如图 8-4 所示。以挡板为交界，上部悬吊板状或棒状水晶籽晶，下部放置原料，挡板形成了分界，使下部温度高 20~80℃，使下部被饱和的水溶液上升，冷却成为过饱和而析出水晶。工业上每釜产量可达 150kg。在 380℃和 0.1GPa 下，SiO_2 在纯水中的溶解度为 0.16%，而在 0.5mol/L NaOH 溶液中的溶解度为 2.4%。

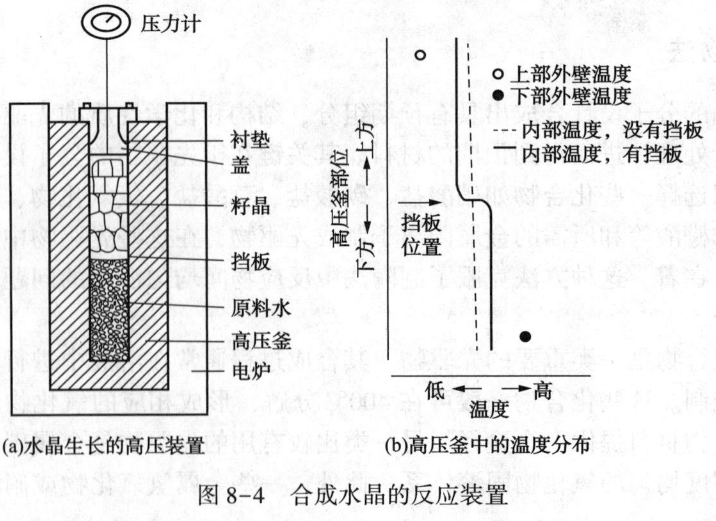

图 8-4　合成水晶的反应装置

8.1.3　溶胶-凝胶法

溶胶-凝胶过程是目前研究的最多的一种。溶胶是胶体溶液，其中反应物以胶体大小的粒子分散在其中。凝胶是胶态固体，由可流动的流动组分和具有网络内部结构的固体组分以高度分散的状态构成。这种方法通常包含了从溶液过渡到固体材料的多个物理化学步骤，如水解、聚合，经历了成胶、干燥脱水、烧结致密化等步骤。该过程使用的先驱物一般是易于水解并形成高聚物网络的金属有机化合物(如醇盐)。目前这类方法已广泛用于制备玻璃、陶瓷及相关复合材料的薄膜、微粉和块体。在溶胶-凝胶过程中，由分子级均匀混合的无结构的先驱物，经过一系列结构化过程，形成具有高度微结构控制和几何形状控制的材料。这是与传统固体材料制备方法的一大不同之处。

$YBa_2Cu_3O_{7-\delta}$超导氧化物膜的制备有两条不同的路线：一是以化学计量比的相关硝酸盐 $Y(NO_3)_3 \cdot 5H_2O$、$Ba(NO_3)_2$、$Cu(NO_3)_2 \cdot H_2O$ 作起始原料，将其溶于乙二醇中生成均匀的混合溶液，在 130~180℃下回流，并蒸发出溶剂，生成的凝胶在高温 950℃氧气氛下灼烧，即可获得纯相正交型 $YBa_2Cu_3O_{7-\delta}$。另一条路线是以计量比金属有机化合物为起始原料，将 $Y(OC_3H_7)_3$、$Cu(O_2CCH_3)_2 \cdot H_2O$ 和 $Ba(OH)_2$ 在加热和剧烈搅拌下溶于乙二醇，蒸发后得到凝胶，经高温氧气氛下灼烧后也可得到 $YBa_2Cu_3O_{7-\delta}$。如将上述制得的凝胶涂在一定的载体上，经高温灼烧、降温退火，可制得 10~100μm 厚度的均匀 $YBa_2Cu_3O_{7-\delta}$ 超导薄膜。

8.1.4　低热固相反应

所谓低热固相反应是指反应温度在 100℃以下的固相化学反应。低热固相反应一般有四个阶段：扩散-反应-成核-生长。与液相反应不同，固相反应的发生起始于两个反应物分子的扩散接触，接着发生化学作用，生成产物分子。此时生成的产物分子分散在母体反应物中，只能当作一种杂质或缺陷分散存在，只有当产物分子集积到一定大小，才能出现产物的晶核，从而完成成核过程。随着晶核的长大，达到一定的大小后出现产物的独立晶相。

苯甲酸钠是一种重要的制药产品，传统的制法是用 NaOH 来中和苯甲酸的水溶液，一个标准的生产工序由六步构成，生产周期为 60h，每生产 500kg 苯甲酸钠需 3000L 的水。然而改用低热固相法，将苯甲酸和 NaOH 固体均匀混合反应，生产同样 500kg 的产品只需 5~8h，根本不需要消耗大量的水，消除了污水对环境的污染，同时大大缩短生产周期。另一个类似的实例是水杨酸钠的工业制备。传统的生产过程需六道工序，生产周期为 70h，生产 500kg 的水杨酸钠需消耗 500L 的水和 100L 的乙醇。而换以低热固相反应法，将固体反应物均匀混合反应，同样生产 500kg 的产品仅需 7h，完全不用溶剂，其优点显而易见。水杨酸是合成 Aspirin 的重要原料之一，其合成一直采用低热固相法早为人们熟知。这是一个典型的气-固相反应，即在一定温度(120~130℃)和一定压力(0.7MPa)下，固体苯酚钠和气体 CO_2 反应生成邻羟基苯甲酸钠，再用酸中和便可得水杨酸。虽然该反应的机理仍不清楚，但工业上却一直在大规模地使用该合成反应。低热固相反应用于工业中，其吸引人之处不仅在于缩短生产周期，无需使用溶剂及减少对环境的污染，而且还在于反应选择性高，副反应少，产品的纯度高，使最后的产品分离、纯化操作大大简化。

8.1.5 流变相反应

所谓流变相反应，是指在反应体系中有流变相参与的化学反应。例如，将反应物通过适当方法混合均匀，加入适量水或其他溶剂调制成固体粒子和液体物质分布均匀的流变体，然后在适当条件下反应得到所需产物。将固体微粒和液体物质的均一混合物作为一种流变体来进行处理有很多优点：固体微粒的表面面积能有效利用，和流体接触紧密、均匀，热交换良好，不会出现局部过热，温度调节容易。在这种状态下许多物质会表现出超浓废现象和新的反应特性。它同时又是一种“节能、高效、减污”的绿色合成路线。

碱土金属苯甲酸盐配合物的制备：称取一定量的摩尔比为1：2的碳酸盐或氧化物和苯甲酸，将两者混合均匀，加水调成流变态，装入反应器，在100℃，反应10小时，将反应产物用乙醚洗涤3次，然后置于干燥箱中于240℃ 干燥，即得无水苯甲酸盐。其元素分析数据如表8-1所示。由表8-1可知，该化合物的化学式为$M(C_6H_5COO)_2$。

表8-1 碱土金属苯甲酸盐元素分析数据 %

物质名称	实验值			理论值		
	C	H	M	C	H	M
苯甲酸镁	63.52	3.97	8.93	63.09	3.78	9.12
苯甲酸钙	60.13	3.78	13.85	59.56	3.57	14.20
苯甲酸钡	44.54	2.84	35.69	44.30	2.66	36.18

锡铝磷复合氧化物纳米材料的制备：用1mol SnO（黑色），0.4mol $Al(OH)_3$，0.6ml $NH_4H_2PO_4$ 加适量水调成流变态，在80℃反应2h，120℃下烘干，在350℃分解，得非晶态锡铝磷复合氧化物纳米材料，用于锂离子电池的负极材料。

8.2 绿色有机化工工艺

苯甲醛是一种被广泛应用于合成染料、香料和药物等精细化学品的中间体。制备苯甲醛的传统工艺方法主要是甲苯氯化水解法，流程见图8-5。但该法需消耗大量的氯气和酸、碱，排出物对环境污染严重，且苯甲醛产品中含有毒成分氯，因此不能用作药品生产的原料。若用精馏方法去除微量的氯，则能耗大，故国内外已停止使用。

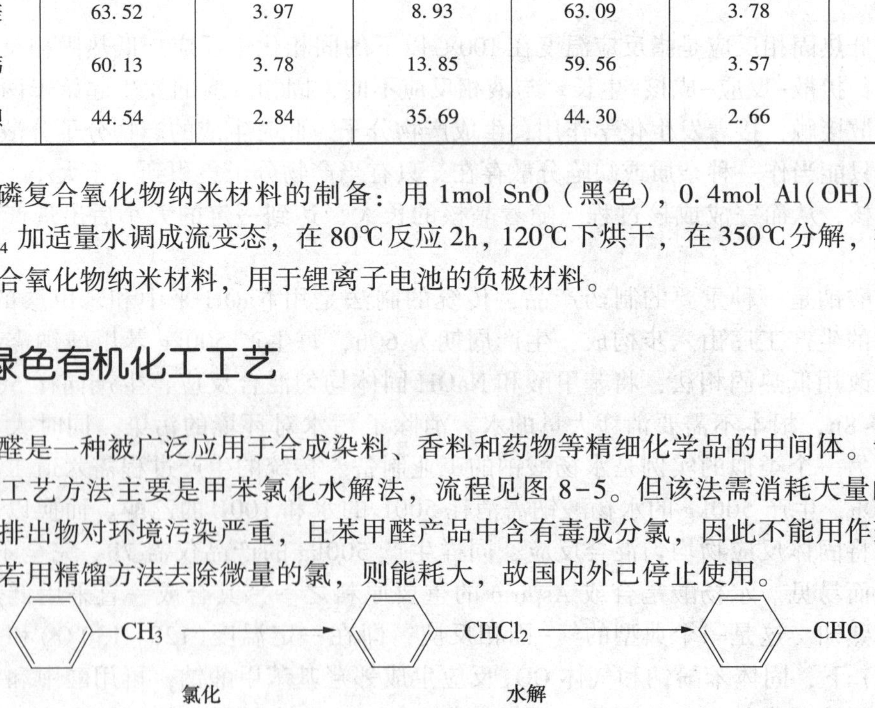

图8-5 传统苯甲醛生产工艺流程

在苯甲醛生产新工艺的开发方面，国内外都做了大量的研究工作，其中最重要的有以甲苯为原料的气相或液相氧化法、间接电解氧化法、三氧化二锰非均相氧化法、超(近)临界流体中氧化法和仿生催化氧化法。除此以外，还有苯甲醇氧化法或苯甲酸还原法，最近又有文献报道了在近临界水中肉桂醛水解法。

8.2.1　氧化法

1. 甲苯的气相氧化法

甲苯的气相催化氧化属于多相催化过程，产物主要有苯甲醛、马来酸、碳氢化物等。目前，文献报道的甲苯气相氧化反应采用固定床或流化床反应器，用空气、O_2 或 O_3 作氧化剂，在350~550℃之间进行，同时可适当提高空速或通惰性气体，以降低甲苯深度氧化程度，提高苯甲醛的选择性。它操作相对简单，不需要昂贵的化学原料，产物也不含氯。

迄今为止，人们对甲苯的气相氧化制苯甲醛的研究主要集中在催化剂的选择上，这些催化剂大致可分为简单氧化物催化剂和复合氧化物催化剂。

最早使用的金属氧化物催化剂是 V_2O_5，后来人们又对 Bi、Li、P、Zn、Zr、Co、Mo、Pb、Fe、Cu 等元素的氧化物对甲苯氧化反应的催化作用进行了研究。许多研究结果表明，简单氧化物作催化剂产率是很低的。

目前，对于甲苯选择性氧化制苯甲醛的催化剂，人们大都以复合型化合物的形式加以研究，氧化物之间的相互作用促使生成新的晶格，成为活性中心，或通过相互作用成为多功能催化剂，从而使催化反应连续进行。在众多复合型催化剂中，选择性较好的有：Ni-MoO_4、V-Ag-O、K_2SO_4-V_2O_5、U-Mo-O 等。

20世纪50~60年代，出现了钼-金属氧化物催化剂，如：Mo-Fe-O、Mo-Bi-O、Mo-Li-O、Mo-Cu-O、Mo-Zr-O、Mo-V-O 等，使催化氧化反应的选择性大大提高。1969年Reddy 等使用 Mo-W-O 催化剂，在500℃时苯甲醛的选择性可达到75%。1979年 Van Geem Paul C 等选用 B、V、Mo、W 等金属的二元复合氧化物作催化剂(并加入 TiO_2、CuO、MoO_3 等第三种物质作载体)，发现 V_2O_5-Bi_2O_3 是一种既具有活性又不乏选择性的催化剂。更有报道，一些含 Ag 的催化剂，如 Ag-Co-O、Ag-Ni-O、Ag-Pt、Ag-Pd 等，在4%的甲苯转化率时，苯甲醛的选择性最高可达100%。

此外，多组分的氧化体系如：Cu-Mo-W-O/SiO_2、Mo-Cu-Zr-Al/SiO_2 也为人们所广泛研究，使选择性大大提高。1983年 Kumar 对一系列 V 基催化剂进行了研究后发现加入30%~35%的 K_2SO_4 可以增加催化剂的活性，并且减弱催化剂表面的酸性，可防止甲苯的深度氧化。

甲苯气相氧化制苯甲醛仍存在不少问题，如反应条件苛刻、苯甲醛的选择性与甲苯的转化率之间始终无法得到很好的统一。另外，如何合理应用催化剂中的晶格氧参与反应，以及利用固定床、流化床和移动床提升管技术来优化反应生产条件等都是需要研究的课题。

2. 甲苯的液相氧化法

与气相氧化相比，甲苯的液相氧化不会产生 CO_2 气体，且空气中不会夹带甲苯，更适合于空气或氧气的循环，但有关操作方面的文献内容十分有限，且大多只在专利中才有所谈及。液相氧化甲苯的工艺过去大多用于羧酸的制备，虽然苯甲醛也是一个中间产物，但含量很低。Kamath 和 Chandalia、Fields 和 Meyerson、Kamiya 均指出：如果反应在醋酸介质中进行，并用醋酸钴作催化剂，溴化钠作助催化剂就有可能获得较高产量的苯甲醛。在此基础上，1984 年 Hemant 为了改进苯甲醛的生产工艺，提高苯甲醛的产率，以醋酸钴作催化剂，溴化钠作助催化剂对甲苯液相氧化的各种参数做了研究后得出：在适当的条件下，如果控制甲苯的转化率在 20%，便可以获得 40%的苯甲醛产率。此外，1988 年 Yogish 尝试用更高浓度的 Wilkinson 化合物($RhCl(PPh_3)_3$)作催化剂，并以甲苯为溶剂液相氧化苯乙烯制取苯甲醛，取得了较好的效果，也为甲苯液相氧化制备苯甲醛提供了新的方法。

3. 苯甲醇氧化法

通过苯甲醇的氧化来制备苯甲醛的方法较多地报道于 20 世纪 70~80 年代，方法从一开始的简单催化氧化，到现在着重为人们所研究的借助相转移催化剂和电解反应的方法。而后者由于相转移催化剂的加入，使得有机相和水相的反应更为充分，再加上电解反应的可循环性使整个工艺更有利于环境保护。这种方法不仅克服了有机相中直接电解耗能高、产率低等缺点，还因可循环易于控制从而大大降低了污染物的排放。

相转移催化剂通常为 TBAHS(Tetrabutylammonium Hydrogen Sulfate)，而氧化剂则可以是 ClO^-、BrO^-等，整个体系的反应机理如下。

阴极　　$2H_2O+2e^- \rightleftharpoons 2OH^- + H_2\uparrow$

阳极　　$2Br^- \rightleftharpoons Br_2 + 2e^-$

容器内　　$Br_2 + H_2O \rightleftharpoons HOBr + HBr$

离子配对　　$Bu_4NHSO_4 \rightleftharpoons Bu_4N^+ + HSO_4^-$

　　　　$HOBr \rightleftharpoons OBr^- + H^+$

氧化反应　　$Bu_4N^+ + OBr^- + C_6H_5CH_2OH \longrightarrow Br^- + Bu_4N^+ + C_6H_5CHO + H_2O$

8.2.2 还原法

一般以芳香酸或其酯(如苯甲酸或苯甲酸甲酯)为原料，在适宜的催化剂作用下进行选择性加氢还原反应。由于该工艺产品收率高、质量好，环境污染小且工艺流程简单，还原法开始得到了人们的重视，但因为生产成本较高，目前还不能与传统的生产方法进行商业竞争。还原法的反应式如下：

$$C_6H_5COOH + H_2 \xrightarrow{-H_2O} C_6H_5CHO$$

$$C_6H_5COOMe + H_2 \xrightarrow{-MeOH} C_6H_5CHO$$

1. 苯甲酸还原法

苯甲酸加氢使用的催化剂有 Ti、Yb、Mn/Al_2O_3、$Mn-Cu-An/Al_2O_3$ 等，其中 Ti 类催化剂转化率低，Yb 类催化剂成本较高，相比之下 Mn 类催化剂成本较低且制备方便，催化性能也较好。基于这一点，近年来，一些作者在有关 Mn 类催化剂用于苯甲醛的制备方面进行了较多的研究。

1997 年徐华龙等采用共沉淀法制备了以 $\gamma-Al_2O_3$ 为载体的一系列 MnO_x 催化剂，在考察了它们对苯甲酸加氢制苯甲醛的催化性能后指出：催化剂 Mn 载量为 10%-20%及反应温度为 693 K 时，苯甲酸转化率和选择性分别为 99%和 96%。此后，Huang Fenxing，等又以锰作为主要活性组分的催化剂，对苯甲酸加氢制苯甲醛的反应条件进行了优化。1999 年 Liu L. 等又对 Mn_2O_3 于载体 Al_2O_3 的分散阈值作了研究，从而确定了 Mn_2O_3/Al_2O_3 在苯甲醛制备中具有良好效果的理论依据。

2. 苯甲酸甲酯还原法

苯甲酸甲酯的催化加氢法由于操作较为简单，产品容易提纯，近年来受到人们较多的关注。同时，为综合利用对苯二甲酸二甲酯生产过程中副产苯甲酸甲酯，开发以苯甲酸甲酯为原料制苯甲醛新工艺，具有一定的现实意义，在经济上也是可行的。苯甲酸甲酯一般由苯甲酸与甲醇在浓硫酸催化下进行酯化反应制得，然后将制得的苯甲酸甲酯在固定床反应装置上进行催化加氢生成苯甲醛。在此过程中催化剂的选择尤为重要，现有的用于苯甲酸甲酯加氢合成苯甲醛的催化剂有 ZrO_2 系列、Cu-Cr 系列、Y_2O_3 系列和 $\gamma-Al_2O_3$ 系列等。1995 年，董文生等研究了 Mn、Cr、In、Co、Cu、Zn、Y 等金属改性 ZrO_2 催化剂对苯甲酸甲酯加氢的影响，得出 Mn 改性作用最显著；其次为 Cr、In；Zn、Y、Cu、Co。1999 年，杨永泰、徐华龙等又以 $\gamma-Al_2O_3$ 负载 Mn 作催化剂，在 400℃和一定的空速下用苯甲酸甲酯加氢制备苯甲醛，取得了很好的效果，得到的苯甲酸甲酯转化率和选择性分别为 97. 0%和 86. 6%，并且对加氢反应的机理进行了推测。

8. 2. 3　间接电氧化法

1. 工艺优化

该工艺利用 Mn^{3+} 能定向氧化甲苯得到苯甲醛的高度选择性，并构筑油、水二相闭路循环，达到无污染生产的目的。由于自然界不存在天然的 Mn^{3+}，因此电解氧化的技术关键是采用电氧化使 Mn^{2+} 在阳极氧化为 Mn^{3+}，工艺流程见图 8-6。必须强调的是，由于硫酸锰在硫酸溶液中的溶解度较小，因此电解产生的 Mn^{3+} 浓度很小，加之氧化反应中甲苯与 Mn^{3+} 的摩尔比为 1：4，所以反应结束后油相中苯甲醛的浓度很低。从经济核算和节能角度考虑，油相必须循环反应至苯甲醛达到一定含量后再进行蒸馏分离。

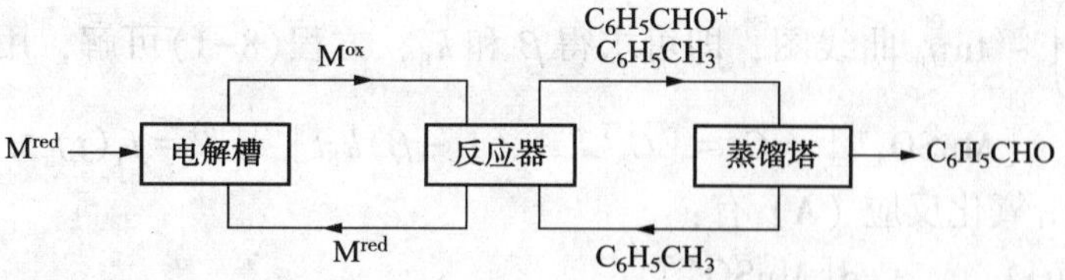

图 8-6　间接电氧化法生产苯甲醛工艺流程图

Mn^{3+}/Mn^{2+} 电解氧化工艺早在 20 世纪 50 年代由 Udupa 和他的合作者提出，但必须使整个反应循环才有实现工业化的价值。从这一方面来说，反应液如何恢复原状并能长期使用一直是一大难题。为此 Kramer 曾设计了一条同时含有电解设备和均相化学反应器的生产路线以求反应的循环进行。而后 Wendt 通过研究指出，化学反应器必须与电解池分离以防止有机物产生所导致的氧过电势降低和因此引起电流效率的下降。国内也有人作了这方面的研究，1996 年 Zhou Ding 等对非均相电解 $MnSO_4$ 作了系统的研究，提出了低酸度电解和高酸度反应的想法。为了防止因浓度差异无法循环而产生的废酸排放造成污染环境的问题，他们又通过选择优良的电极材料、优化反应条件和加入活性炭等方法使得电解和氧化都能在 60% 的 H_2SO_4 中循环进行。1996 年，王文英等采用无隔膜电解槽及非贵金属 PbO_2/Ti 作电极，用原料甲苯作萃取剂，使水相中有机物含量大大减少，母液可循环使用。此外，2001 年朱宪等提出了吸附处理循环水相的工艺方法，并对整个循环工艺进行优化，使电解液循环使用，获得了良好的效果。工艺优化结果如下：

最佳电解工艺：$MnSO_4$ 浓度 6.0mol/L；电流密度 100mA/cm^2；电量比 110%；电解温度 30℃ 。

最佳氧化反应工艺：$MnSO_4$ 浓度 7.0mol/L；反应温度 60℃；反应时间 4h。

最佳吸附工艺：吸附剂种类 糖炭；吸附温度 60℃；吸附剂用量 6g/100mL；吸附时间 30min。

在最优化条件下操作，苯甲醛的循环收率达到 90% 以上。

2. 氧化反应动力学

朱宪等根据实验结果提出 Mn^{3+}-甲苯的氧化反应体系可以看成是由两个平行反应组成：

$$MnSO_4^+ + \begin{cases} PhCH_3 + H_2O \xrightarrow{k_a} PhCHO + Mn^{2+} + HSO_4^- & \text{Oxidation} \quad (A) \\ H_2O \xrightarrow{k_b} Mn^{2+} + MnO_2 + H^+ + HSO_4^- & \text{Disproportionation} \quad (B) \end{cases}$$

由歧化反应(B)有：

$$\frac{d[MnSO_4^+]}{dt} = k_b\,[MnSO_4^+]^{\beta}\,[H_2O]^{\chi}\,[H^+]^{\gamma} \tag{8-1}$$

引入 $\eta_\theta = C_t/C_o$ 后，取对数得：

$$\ln(-d\eta_\theta/dt)_t = \ln k_b{}^+ (\beta-1)\ln C_o + \beta\ln\eta_\theta [k'_b = k_b\,[H^+]^g\,[H_2O]^c = \varphi([H^+])] \tag{8-2}$$

由 $\ln\left(-\dfrac{d\eta_\theta}{dt}\right) \sim \ln\eta_\theta$ 曲线图，即可求得 β 和 k'_b，方程(8-1)可解，用一般形式表达：

$$[MnSO_4{}^+] = C_t = [C_o{}^{1-\beta} - (1-\beta)k_b t]^{1/(1-\beta)} = f_T(t) \tag{8-3}$$

同样原理，由氧化反应（A）有：

$$\frac{d[phCHO]}{dt} = -\frac{1}{4}\frac{d[MnSO_4^+]}{dt} = k_a\,[MnSO_4^+]^{\alpha}\,[phCH_3]^{\varepsilon}\,[H_2O]^{\tau}\,[H^+]^{\sigma} \tag{8-4}$$

考虑 $\eta_o = 4C_X/(C_o - 2C_Y) = 4C_X/f_T(t)$，故式(4)修正为：

$$(d\eta_o/dt)f_T(t) + \eta_o f_T n(t) = k'_a[f_T(t)]^{\alpha}(1-\eta_o)^{\alpha}[H^+]^{\delta}(k'_a = k_a[phCH_3]^{\varepsilon}[H_2O]^{\tau}) \tag{8-5}$$

令 $F(t) = (d\eta_o/dt)f_T(t) + \eta_o f_T'(t)$；$X(t) = f_T(t)(1-\eta_o)$，(5)式可简化成对数形式：

$$\ln F(t) = \ln k'_a + \delta \ln [H^+] + \alpha \ln X(t) \tag{8-6}$$

在一定温度下，只要以 $\ln F(t)$ 对 $\ln X(t)$ 作图，即可由直线的斜率直接求得 α 值。在温度一定时，改变体系的酸度就可得到两条相互平行的 $\ln F(t) \sim \ln X(t)$ 直线，并由直线的截距得到下述方程组：

$$\begin{cases} \text{截距(1)} = \ln k'_a + \delta \ln [H^+]_1 \\ \text{截距(2)} = \ln k'_a + \delta \ln [H^+]_2 \end{cases}$$

求解上述方程组，即可得到 δ 值。同样，在一定酸度下，改变反应体系的温度，并按上述相同方法处理也能得到方程组，然后由直线的截距值 $\ln k_a + \delta \ln [H^+]$，分别求得不同温度下的 k'_a 值。最后再根据 Arrhenins 定理，即：$\ln k = \ln A - E_a/RT$，求得该氧化反应的活化能 E_a 值。动力学实验数据的处理结果表明，在一定的温度和酸度范围内，$[MnSO_4^+]$ 的歧化反应均为零级反应(即 $\beta=0$)。这样上述公式(3)就可简化为：

$$f(t) = [MnSO_4^+] = (C_o - k''_b \cdot t) = C_o(1 - k''_b \cdot t)\ (K''_b = k''_b / C_o) \tag{8-7}$$

当温度一定时，k''_b 只是酸度 $[H^+]$ 的函数，且可表示为：$k''_b = A + B/[H^+]$。表 8-2 为不同温度下 A、B 取值。

表 8-2　不同温度下 A、B 常数值

温度/K	A	B
313	-8.70×10^{-3}	6.16×10^{-2}
318	-9.66×10^{-3}	7.49×10^{-2}
323	-1.50×10^{-2}	1.21×10^{-1}
328	-2.40×10^{-2}	2.05×10^{-1}
333	-2.58×10^{-2}	2.50×10^{-1}

表 8-3　不同温度下 K 值

温度/K	截距，$\ln k'_a + \delta \ln [H^+]$	斜率，α	k'_a/[mol/(L · min)]
313	−5.087	1.485	1.883×10^{-5}
318	−4.301	1.535	4.108×10^{-5}
323	−3.248	1.562	1.182×10^{-4}
328	−2.409	1.457	2.736×10^{-4}
333	−1.799	1.523	5.035×10^{-4}

对氧化反应，不同温度下的 α 和 $\ln k'_a + \delta \ln [H^+]$ 值见表 8-3。根据 α、δ 的实际化学含义(表观反应级数)，并考虑到一定的实验误差，故取 $\alpha = 1.5$，$\delta = 2.0$，据此可得非均相 Mn^{3+}～甲苯氧化反应速率方程的微分形式：

$$\frac{d[phCHO]}{dt} = -\frac{1}{4}\frac{d[MnSO_4^+]}{dt} = k'_a [MnSO_4^+]^{1.5} [H^+]^2 \tag{8-8}$$

根据 Arrhenius 公式：$\ln k_a' = \ln A - \dfrac{E_a}{RT}$，以 $\ln k_a'$对$(-1/RT)$作图，由直线的斜率即得活化能 $E_a = 146.8\text{KJ/mol}$。如图 8-7 所示。

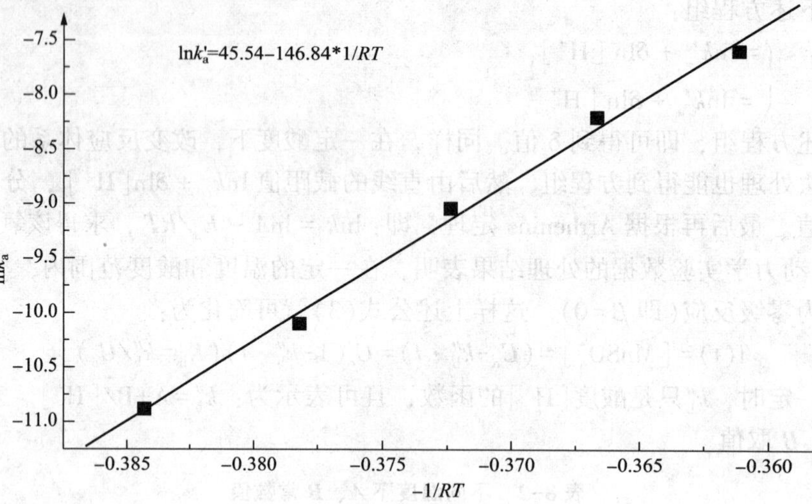

图 8-7　$\ln k_a'$对$(-1/RT)$作图

通过计算及实验考核，采用电氧化技术每生产 1t 苯甲醛至少需耗电 8500 度，这是该工艺工业应用的限制之一；另外，循环水相中微量苯甲醛的存在，使电解效率急剧下降，必需采用活性炭吸附，增加了生产成本，这也严重阻碍了该技术的工业推广。

8.2.4　三氧化二锰法

这是朱宪等首先提出的一种新工艺，其关键是采用非电解的方法获得三价锰离子，同时保留电氧化技术的闭路循环工艺。本工艺最初使用二氧化锰为起始原料，二氧化锰在 600℃下灼烧转变成三氧化二锰。由于循环水相不用进行电解，所以水相中的苯甲醛对工艺循环无影响，三相各自构成循环形成氧化法生产苯甲醛的绿色化生产工艺的框架。另外，本方法中 Mn^{3+}的浓度不受溶解度制约，因此氧化反应结束后，油相中苯甲醛浓度大为提高，可减少油相的循环次数。该工艺的主要缺点是消耗价格较贵的二氧化锰，以及副产物硫酸锰的出路。为此，作者对工艺进行了改进，采用硫酸锰与碳酸铵进行复分解反应，得到碳酸锰和硫酸铵(副产品，做氮、磷复合肥原料)，碳酸锰在 650℃下焙烧，转化成三氧化二锰。接下来的三相反应及油、水相的闭路循环虽然与前述工艺完全相同，但是三相反应的副产物硫酸锰可以循环使用，构成了固相的闭路循环，生产成本大大降低，工艺流程见图 8-8。

本工艺的最佳氧化反应条件为：氧化剂三氧化二锰 1g，浓度为 7.0mol/l 的硫酸溶液 60mL，甲苯 30mL，三相反应温度为 60℃，循环过程的甲苯转化率为 75%左右。用活性炭处理水相的条件为：每 50mL 水相用 1g 糖炭，在 60℃下处理 30min。处理后的水相需补充一定量的高浓度硫酸以保持一定的酸度。用活性炭处理油相的条件为：每 10mL 油相用 1g 果壳类活性炭，在 70℃下与反应后的油相一起搅拌 1h。按此工艺方法生产的苯甲醛的质量完全符合国家工业品质量标准 HGB 3353-60，见表 8-4。

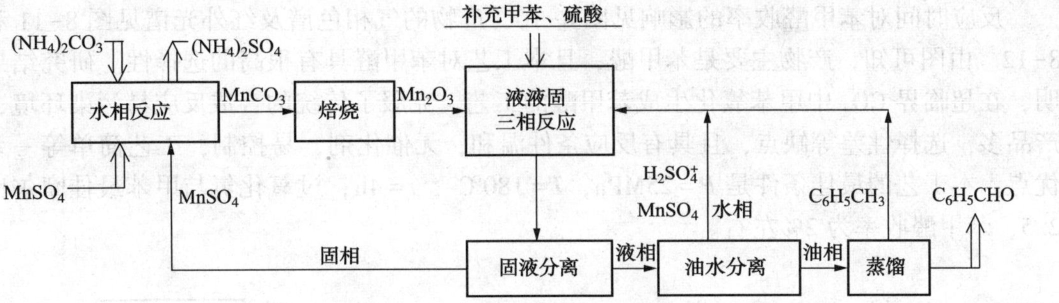

图 8-8　三氧化二锰工艺流程图

表 8-4　苯甲醛产物的质量

质量标准（HGB3353-60）	苯甲醛含量/%	相对密度(20℃)	沸点/ ℃	苯甲酸含量/%	氯化物含量/%
Ⅱ 级品	≥98.5	1.0460~1.0469	178.0~179.5	≤0.5	≤0.20
Ⅲ 级品	≥98.0	1.045~1.050	177.0~181.0	≤1.0	≤0.30
本产品	99.276	1.0421 (25℃)	177.0~179.0		0

8.2.5　超(近)临界流体法(SCF)

任何一种纯流体都有特定的临界点(T_c、P_c、V_c)，当流体的状态处于临界点以上时，被称为超临界流体，是一种气液不分的混沌态物质，它不但具有液体的高密度，强溶解性和高传热系数，而且具有气体的低黏度和高扩散系数，并且这些性质随温度和压力的变化而发生显著的突变。超临界流体内部的分子和原子处在激烈的高能量热运动状态，它能加速和促进反应物质在分子或原子水平上的化学和物理反应。最常用的超临界流体是二氧化碳和水，主要原因是这二种物质都是无毒，不燃烧，化学惰性，价廉易得，对环境相容性好，并且它们的临界状态容易实现，被国际学术界称为超级绿色技术。近年来，超临界流体中的化学反应已引起广泛关注，成为超临界流体研究前沿和热点。

1. 超临界二氧化碳法($SCCO_2$)

超临界二氧化碳具有适中的临界常数(T_c = 31.3℃，P_c = 7.39×10^6Pa)，对氧气、甲苯和苯甲醛均有较大的溶解度，二氧化碳无毒，对环境友好。因此，用 $SCCO_2$ 作为反应介质，可以使原来的非均相反应转变为均相反应，大大提高反应速率和反应效率。朱宪等研究了在无催化剂条件下，用过氧化氢作为氧源，甲苯在 $SCCO_2$ 中氧化生成苯甲醛的工艺条件(反应温度、反应压力、反应时间、过氧化氢用量)对苯甲醛收率的影响以及氧化反应动力学，以期能找到一种环境友好的直接合成苯甲醛的新方法，工艺流程见图 8-9。

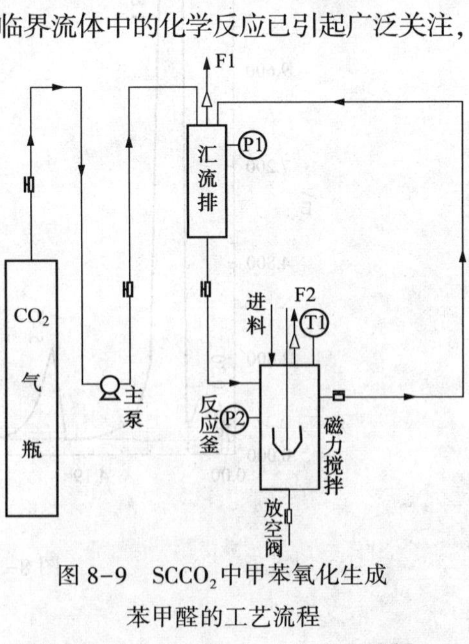

图 8-9　$SCCO_2$ 中甲苯氧化生成苯甲醛的工艺流程

反应时间对苯甲醛收率的影响见图8-10，产物的气相色谱及红外光谱见图8-11和图8-12。由图可知，产物主要是苯甲醛，且本工艺对苯甲醛具有很高的选择性。研究结果表明，在超临界 CO_2 中甲苯氧化生成苯甲醛的工艺，克服了传统的合成反应易污染环境，副产品多，选择性差等缺点，且具有反应条件温和，无催化剂，易控制，工艺简单等一系列优点。本工艺的最佳条件是 $P=25MPa$，$T=180℃$，$t=4h$，过氧化氢与甲苯最佳摩尔比为2.5，苯甲醛收率为2%左右。

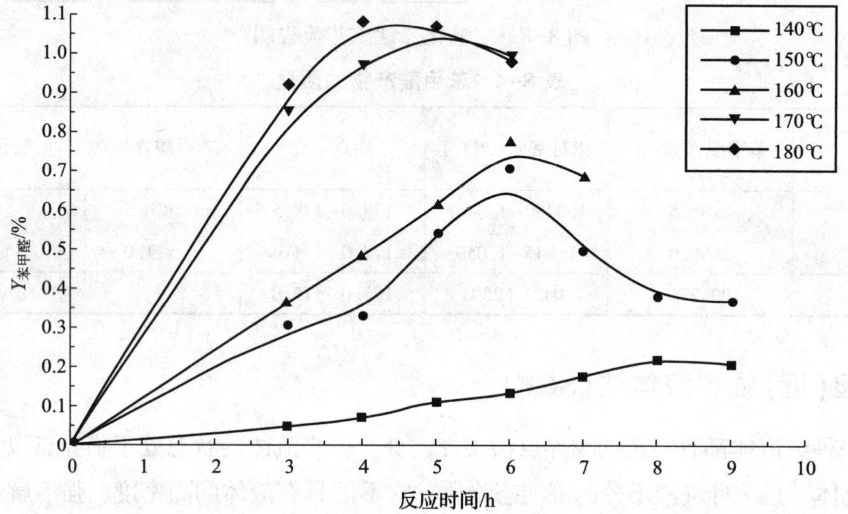

图8-10 反应时间对苯甲醛收率的影响

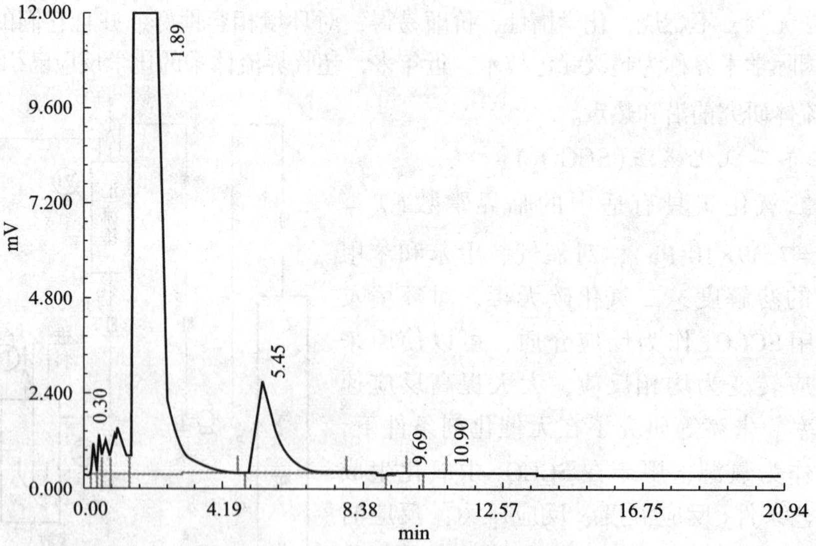

图8-11 产物的气相色谱图

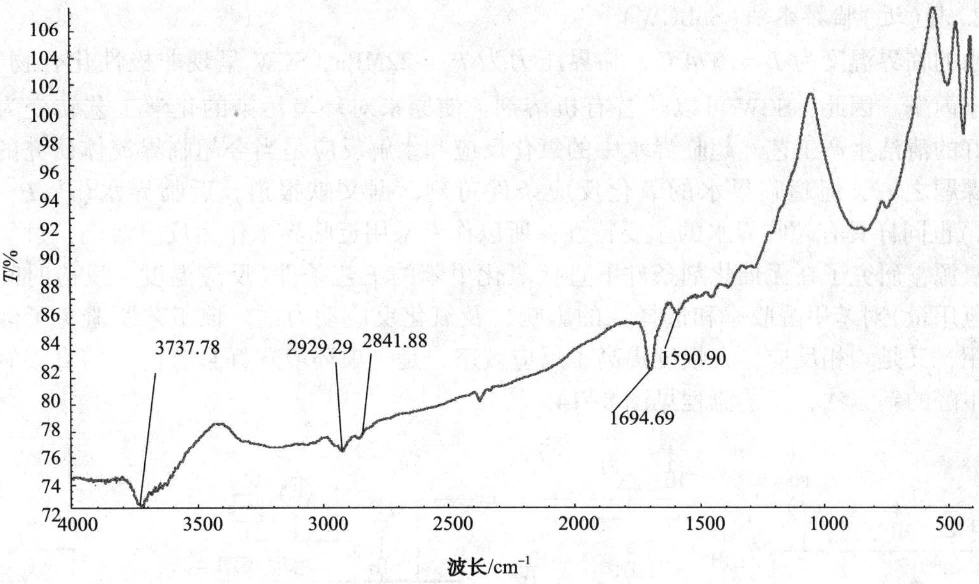

图 8-12　产物的红外光谱图

根据气相色谱数据，设想反应过程为连串反应：

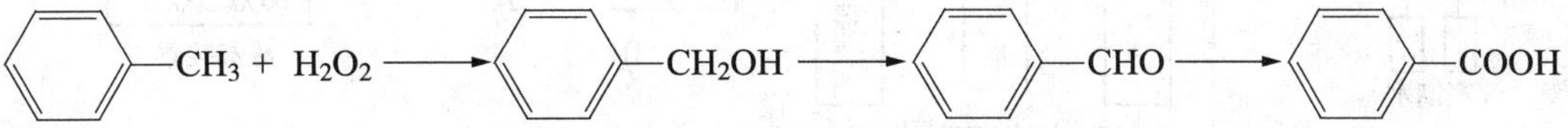

由图 8-10 可以看出，在温度较低的时候，反应的起始阶段有一诱导期，转化率增加十分缓慢，而温度较高时，氧化反应呈现零级反应的特征，而且温度越高，斜率越大。假设动力学方程为：

$$dc/dt = k = k_0 e^{-E_a/RT} \tag{8-9}$$

取对数

$$\ln(dc/dt) = \ln k_0 - E_a/RT \tag{8-10}$$

根据实验数据，作 $\ln(dc/dt) \sim 1/RT$ 得一直线，见图 8-13，直线的斜率为活化能 E_a，由此可计算出活化能 $E_a = 50.9kJ/mol$。

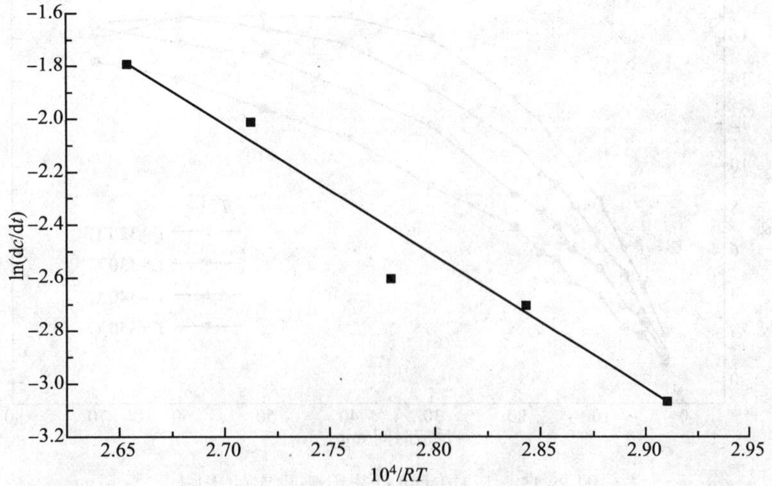

图 8-13　$\ln(dc/dt) \sim 1/RT$

2. 超(近)临界水法(SubCW)

水的临界温度为 $T_c = 374℃$，临界压力为 $P_c = 22MPa$，SCW 呈现非极性化合物特征，类似于丙酮。因此，SCW 可以代替有机溶剂，使原来对环境污染的化学工艺转变为对环境友好的清洁生产工艺。超临界水中的氧化反应和水解反应是当今超临界流体研究的前沿热点课题之一，但超临界水的氧化反应条件苛刻，据文献报道，近临界水($P>P^{\ominus}$，$T>300℃$)也同样具有超临界水的主要特性，所以作者采用近临界水作为反应溶剂，过氧化氢作为氧源，研究了在无催化剂条件下直接氧化甲苯的工艺条件(反应温度、反应时间和过氧化氢用量)对苯甲醛收率和选择性的影响，及氧化反应动力学。该工艺既避免了催化剂的使用，又是均相反应，大幅度提高了反应效率，是一项环境友好且有前景的直接氧化合成苯甲醛的新方法，工艺流程见图 8-14。

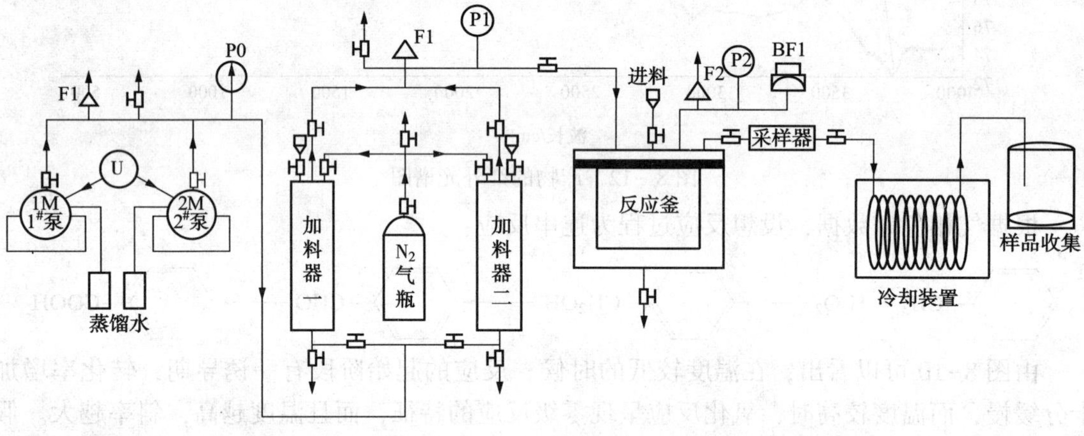

图 8-14　近临界水中甲苯氧化生成苯甲醛的工艺流程

图 8-15 为实验测得的不同反应温度下，反应时间对苯甲醛收率的影响。实验得到的最佳工艺条件为：反应时间 60min，$\eta = 3.5$，反应温度为 350℃，苯甲醛收率可达到 17.2%。而目前已工业化的甲苯液相氧化工艺的苯甲醛收率为 10%左右。

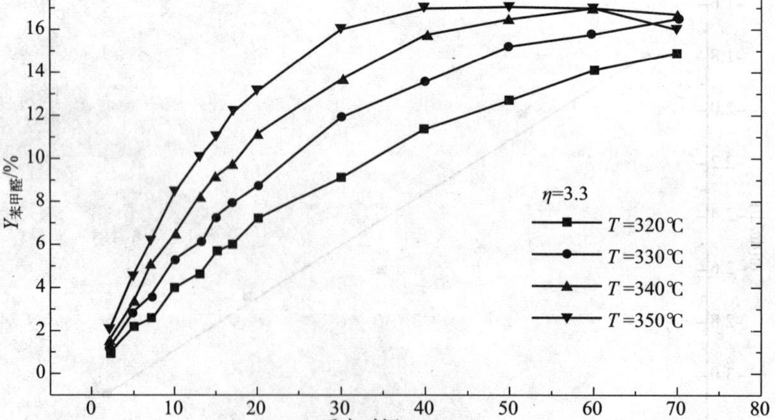

图 8-15　反应时间对苯甲醛收率的影响

实验结果表明，SCW 中氧化反应动力学方程可简化成下述连串反应：

$$\mathrm{T} \xrightarrow{k_1} \mathrm{BA} \xrightarrow{k_3} \mathrm{BAC} \tag{8-11}$$

图 8-16 所示为 330℃、340℃、350℃下甲苯的浓度与反应时间的关系。将图 8-16 所示数据进行数学处理后作图得到图 8-17，图中曲线明显表示出一级反应的特征。

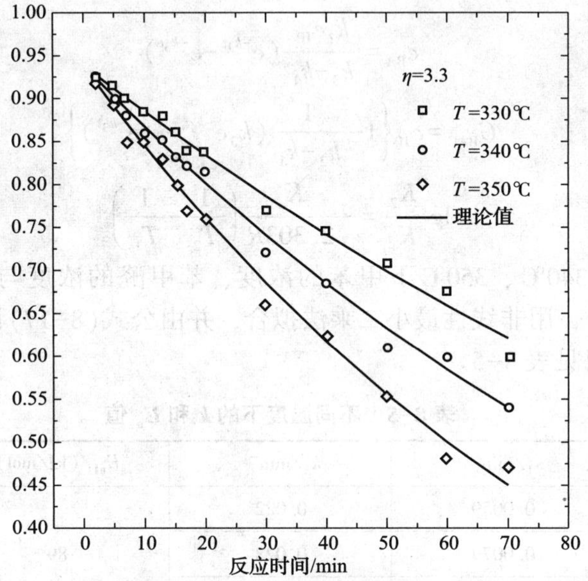

图 8-16　甲苯和反应时间的关系

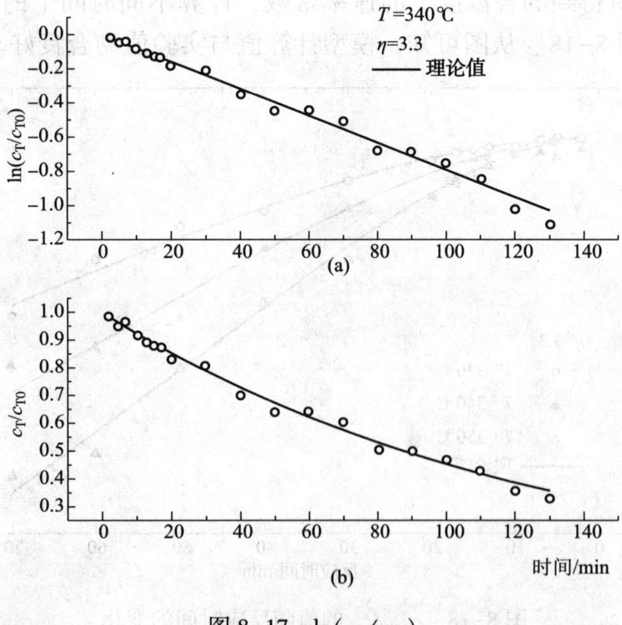

图 8-17　$\ln(c_T/c_{T0})$

(a)和 c_T/c_{T0}；(b)随反应时间的变化

对于苯甲醛生成苯甲酸的反应，我们先假设为一级反应，则在过氧化氢过量的情况下，得出动力学表达式为：

$$-dc_T/dt=k_1c_T \tag{8-12}$$

$$dc_{BA}/dt=k_1c_T-k_3c_{BA} \tag{8-13}$$

积分式(8-12)、式(8-13)得：

$$c_T=c_{T0}e^{-k_1t} \tag{8-14}$$

$$c_{BA}=\frac{k_1c_{T0}}{k_3-k_1}(e^{-k_1t}-e^{-k_3t}) \tag{8-15}$$

$$C_{BAC}=c_{T0}\left\{1-\frac{1}{k_3-k_1}(k_3e^{-k_1t}-k_1e^{-k_3t})\right\} \tag{8-16}$$

$$\lg\frac{K_2}{K_1}=-\frac{K_a}{2.303R}\left(\frac{1}{T_2}-\frac{1}{T_1}\right) \tag{8-17}$$

分别将330℃、340℃、350℃下甲苯的浓度、苯甲醛的浓度与时间的数据代入公式(8-14)、式(8-15)，用非线性最小二乘法拟合，并由公式(8-17)计算不同温度下的速率常数及活化能，结果见表8-5。

表8-5 不同温度下的 k 和 E_a 值

温度/℃	k_1/min^{-1}	k_3/min^{-1}	E_{a1}/(kJ/mol)	E_{a3}/(kJ/mol)
330	0.0059	0.022	89	76
340	0.0079	0.028		
350	0.0105	0.037		

用公式(8-16)对得到的各温度下的速率常数，计算不同时间下的 c_{BAC}/c_{T0} 值，并与实验值进行比较，见图8-18。从图可知，模型计算值与实验值吻合良好。

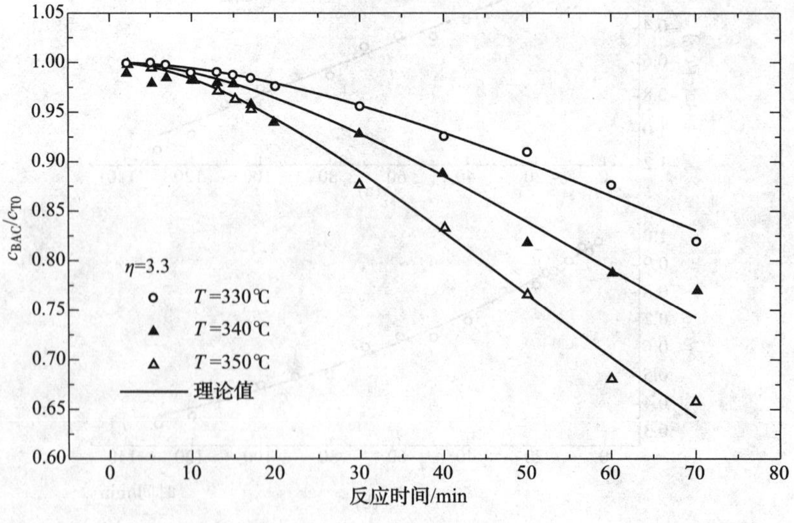

图8-18 c_{BAC}/c_{T0} 的值随反应时间的变化

通过对上述各种苯甲醛合成工艺的比较后可知：

①间接电解氧化法的苯甲醛收率最高，达到 90%以上，但耗电量大，需用浓硫酸作为电解质及催化剂，循环水相和油相均需活性炭吸附，成本高，目前还没有工业化。

②三氧化二锰非均相氧化法的苯甲醛收率较高，达到 75%以上，工艺较简单，但循环水相和油相均需活性炭吸附，氧化反应需浓硫酸催化，具有较好的工业应用前景。

③超临界二氧化碳法的工艺简单，成本低，无催化剂，对环境无污染，但苯甲醛收率太低，只有 2%左右，从目前来看，没有工业应用前景。

④近临界水法的苯甲醛收率达到 17%以上，无催化剂，工艺简单，生产成本低，对环境无污染，有较好的工业应用前景。

8.3　绿色制药工艺

8.3.1　薯蓣皂苷元

黄姜为薯蓣科植物盾叶薯蓣(Dioscorea Zingiberensis C. H. Wright)的根茎，有效成分主要为薯蓣皂苷(Dioscin)，其分子结构为以 β1-4 糖苷键结合的苷元和糖，见图 8-19。常与纤维素结合存在于细胞壁中，其水解产物——薯蓣皂苷元(Diosgenin)是合成甾体激素类药物和甾体避孕药的重要中间体。此外，黄姜还含有约 40%的淀粉和 50%的纤维素及其他微量化学成分。

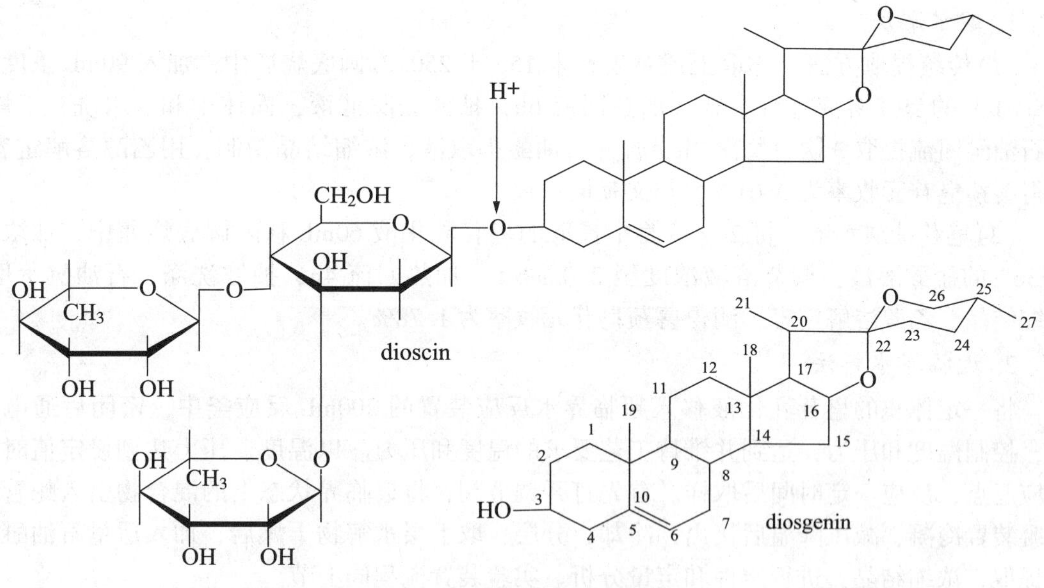

图 8-19　薯蓣皂苷分子结构

目前，薯蓣皂苷元的提取工艺是采用盐酸或硫酸水解法，断开皂苷中苷元与糖相连的 β1-4 糖苷键，使皂苷元游离出来，再用亲脂性溶剂将其提取出来。在薯蓣皂苷元提取新工艺的开发方面，国内外都做了大量的研究工作，如酶解法以及超临界 CO_2 萃取法，这些工艺的缺点是仍采用了盐酸或硫酸这样的强酸，水解时产品易脱水转变为 $\Delta^{3,5}$ - anhydrodiosgenin。若用盐酸则有羟基氯代发生，而且水洗中和时常浪费大量的水，同时环境污染严重。

水的临界温度为 $T_c=374.2℃$、临界压力为 $P_c=22.1MPa$。超临界水(Supercritical Water)和近临界水(SubCW $P>P^{\ominus}$，$T>200℃$)对大多数有机物有着非常好的溶解能力，而且还可通过温度和压力的调节，使SCW和SubCW的密度、介电常数、离子积、黏度等物理性质连续改变，从而调节其中的化学反应。在近临界水中，水的离子积 K_W 比常温下增大了 10^3 倍，并且随压力的升高继续呈指数倍增加，水本身离解释放出相当浓度的 H^+ 和 OH^-，有着良好的酸碱催化作用，因而可用于许多有机化合物的水解反应。同时，近临界水还具有黏度小、传质阻力小、扩散系数大、对环境无污染等优点。所以，本文以近临界水作为反应介质，在无催化剂条件下研究了从黄姜中提取的薯蓣皂苷直接水解为皂苷元的工艺。由于近临界水作为反应体系对环境友好，可以避免传统工艺中采用酸水解所带来的环境污染问题。

8.3.1.1　原料及预处理

采自甘肃天水的野生黄姜，除去杂质，晾干。将药材粉碎过40目筛后，60℃干燥10h，准确称取20g于500mL圆底烧瓶中，加入适量95%乙醇回流提取3次，每次3h。提取液减压蒸发回收乙醇后，所得浓缩液加入三倍的去离子水稀释，冷冻分层，上清液倾出后适当稀释，离心取沉淀，再加入适量去离子水乳化，得到皂苷乳化液。

8.3.1.2　实验方法

1. 酸水解法

(1)传统提取方法　称取上述黄姜粉末15g于250mL圆底烧瓶中，加入90mL浓度为2.5mol/L的HCl溶液进行水解，加热回流6h，抽滤去除滤液，固体中和、水洗、干燥，用石油醚回流提取3次，每次3h，合并石油醚提取液，浓缩结晶精制，用乙醇溶解定容，测得薯蓣皂苷元收率为2.01%，与文献值一致。

(2)皂苷盐酸水解　将20g黄姜中提取的皂苷乳化液60mL移入圆底烧瓶中，加浓度为36%的盐酸溶液，调节溶液浓度至2.0mol/L，加热回流4h，抽滤洗涤，石油醚萃取，浓缩结晶，乙醇溶解定容，测得薯蓣皂苷元收率为1.78%。

2. 近临界水解法

将一定体积的皂苷乳化液移入超临界水反应装置的200mL反应釜中，密闭后通电加热，控制温度和压力，达到并维持工艺要求的温度和压力。以温度、压力达到设定值时为反应起点，反应一定时间后取样。首先打开调节阀，将近临界状态下的混合物引入蛇管式冷凝装置冷凝，减压降温后接出，冷却，分层，取下层水解物干燥后，加入适量石油醚回流提取，浓缩结晶，进行定性和定量分析。实验装置流程同上节。

8.3.1.3　色谱条件

采用毛细管气相色谱法测定薯蓣皂苷元的产率，氢焰检测器(FID)，OV-17毛细柱(30m×Φ0.53mm×0.5μm)，柱温260℃，汽化室温度300℃，检测器温度300℃，载气(N_2)流速1.5mL/min。薯蓣皂苷元标准品与近临界水解产物的气相色谱图见图8-20。

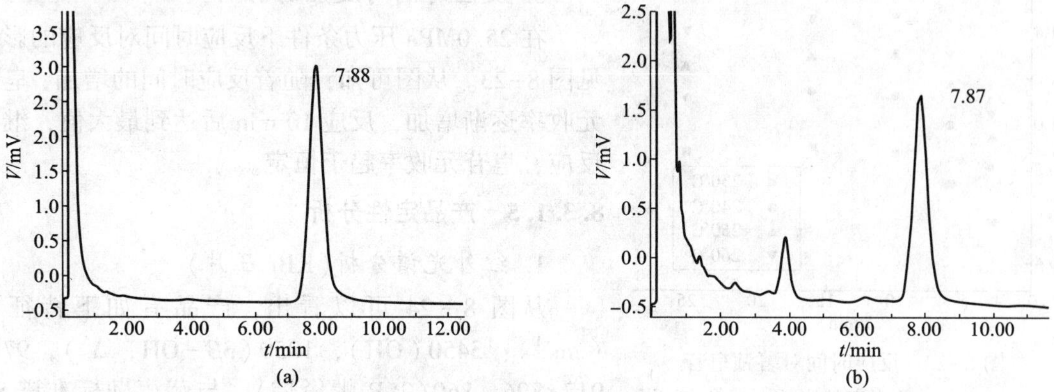

图 8-20　薯蓣皂苷元标准品(a)与近临界水解产物(b)的气相色谱图

8.3.1.4　结果与讨论

1. 温度对反应的影响

实验考察了反应时间为 10min 时不同温度对薯蓣皂苷元收率的影响。实验结果如图 8-21 所示，皂苷元的收率随温度升高而增加，当温度超过 260℃后，皂苷元的收率开始下降。近临界水的离子积 K_W 随着温度的升高、压力的增加而增大，当压力固定时，在一定温度下达到最大值。在 25MPa 压力下，260℃时 K_W 可以达到 $10^{-11.01}$左右，水中 H^+和 OH^-浓度的增大可以有效促进皂苷的水解；另一方面，较高的温度则会产生皂苷及皂苷元的进一步分解，使得产率有所降低。

2. 压力对反应的影响

图 8-22 为反应时间 10min 时反应压力对薯蓣皂苷元收率的影响。由图可知，皂苷元收率随着压力增加而增大，当压力超过 25MPa 后，收率有所下降，并且随着温度的升高逐渐明显。因为当温度一定时，水的离子积 K_W 以及介电常数 ε 随着压力的增加而增大，有利于水解反应的进行。但是，产物在较高的压力条件下会有脱水、F 环开裂等副反应的发生，从而使得收率有所下降。

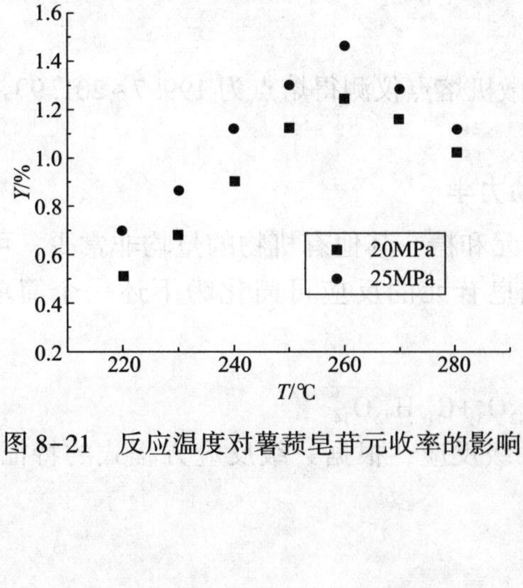

图 8-21　反应温度对薯蓣皂苷元收率的影响

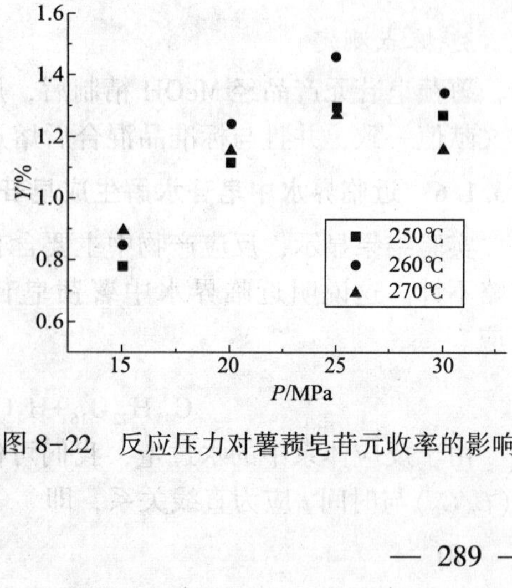

图 8-22　反应压力对薯蓣皂苷元收率的影响

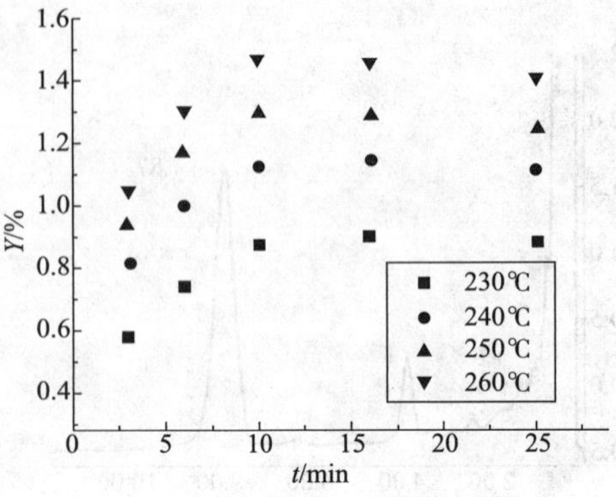

图 8-23　反应时间对薯蓣皂苷元收率的影响

3. 反应时间对反应的影响

在 25.0MPa 压力条件下反应时间对反应的影响见图 8-23。从图可知，随着反应时间的增加，皂苷元收率逐渐增加，反应 10 min 后达到最大值，继续反应，皂苷元收率趋于恒定。

8.3.1.5　产品定性分析

1. 红外光谱分析(KBr 压片)

从图 8-24 可以看出，产品有如下特征峰(cm^{-1})：3450(OH)，1050(3β-OH，Δ^5)，978、917<896、860(25R 螺甾烷)，与萨德勒标准谱 S-092Diosgenin 图一致。

2. 气-质联用分析

产品的 GC/MS 质谱图如图 8-25 所示，M/Z414(M^+)，139(基峰)、282、300、342、115。经数据库检索与 3β-ol-(25R)-5α-spirost-5-en 的质谱一致，分子量=414，分子式 $C_{27}H_{42}O_3$。

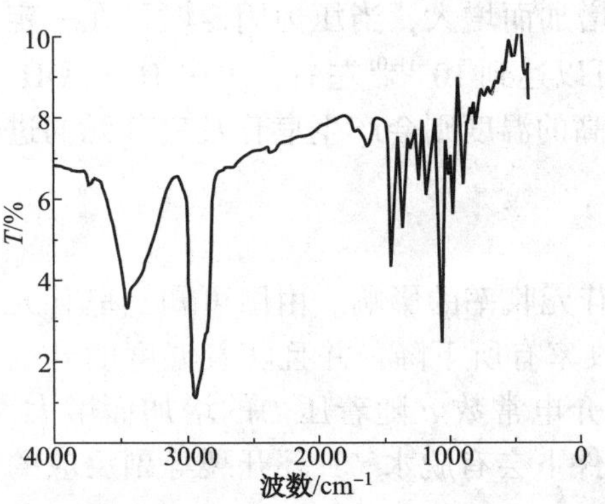

图 8-24　薯蓣皂苷元产品红外光谱图

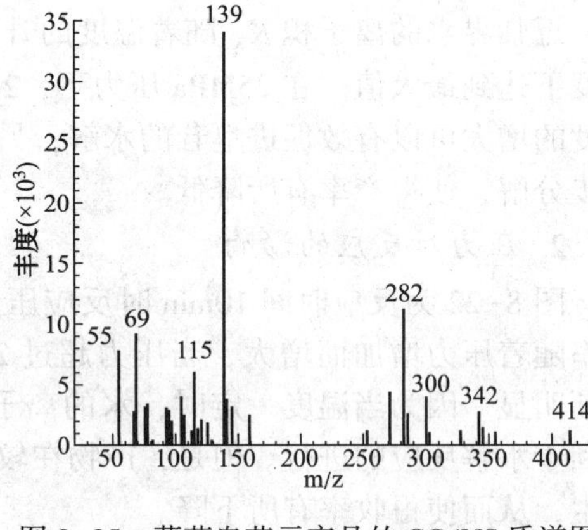

图 8-25　薯蓣皂苷元产品的 GC/MS 质谱图

3. 熔点测定

薯蓣皂苷元产品经 MeOH 精制后，用 WRS-2 微机熔点仪测得熔点为 199.7~201.9℃，与文献值一致，并且与标准品混合后熔点不下降。

8.3.1.6　近临界水中皂苷水解生成皂苷元的反应动力学

实验结果显示，反应产物中主要含有薯蓣皂苷元和糖，其他有机物的量均非常少，可忽略不计。这说明近临界水中薯蓣皂苷水解生成皂苷元的反应可简化为下述一个简单反应。

$$C_{45}H_{72}O_{16}+H_2O \xrightarrow{H_3O^+} C_{27}H_{42}O_3+C_{18}H_{32}O_{14}$$

由于反应体系中的水过量，我们可假设其为一级反应，根据一级反应方程式的特征，$\ln(C/C_0)$ 与时间 t 应为直线关系，即

$$\ln(C/C_0) = -k \cdot t$$

式中 C_0、C 是反应时间为 0、t 时的薯蓣皂苷浓度，k 为反应速率常数。

由图 8-23 数据作 $\ln(C/C_0) \sim t$ 关系图，利用 origin 最小二乘法得拟合曲线如图 8-26 所示，明显表示出一级反应的特征，并且实验数据与拟合数据基本符合，可以认定上述反应为一级反应。

由一级反应特点可知，图中各直线的斜率即为相应温度下的速率常数 k 值，列于表 8-6。

表 8-6　动力学速率常数

T/K	$k\times10^3/s^{-1}$	$\ln k$
503	0. 662	−7. 320
513	0. 875	−7. 041
523	1. 330	−6. 623
533	1. 881	−6. 276

根据 Arrhenins 定理

$$k = k_0 e^{-\frac{E_a}{RT}}$$

取对数

$$\ln k = \ln k_0 - \frac{E_a}{RT}$$

式中 k 为温度 T 下的反应速率常数，E_a 为反应的活化能。

根据实验数据，作 $\ln k \sim 10^4/RT$ 关系图，利用 origin 最小二乘法得出拟合直线，见图 8-27。该直线的斜率为反应活化能 E_a，由此可计算出活化能 $E_a = 76.7$kJ/mol。

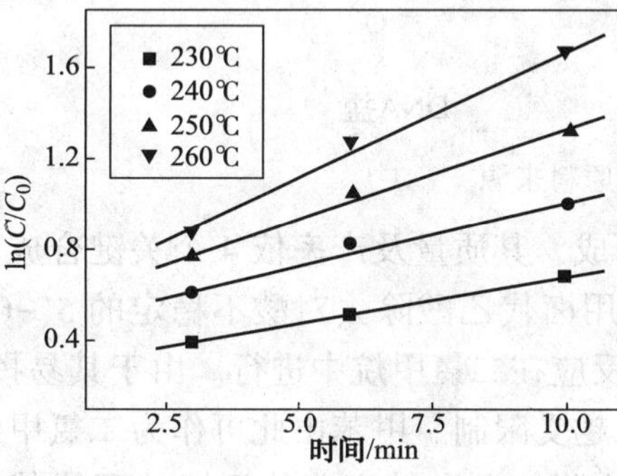

图 8-26　$\ln(C/C_0) \sim t$ 关系图

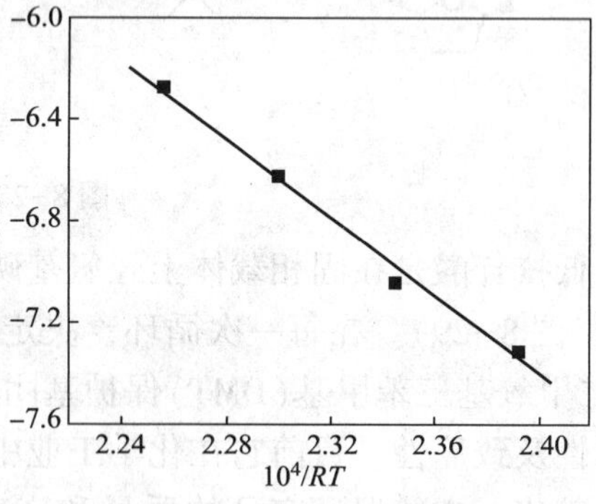

图 8-27　$\ln k \sim 10^4/RT$ 关系图

结论

①采用近临界水解法提取黄姜中薯蓣皂苷元的工艺，可以克服传统酸水解法需加碱中和，水消耗量大及环境污染严重等缺点，工艺较为简单，对环境友好。

②薯蓣皂苷在2.0 mol/L盐酸溶液中水解4 h时，薯蓣皂苷元收率为1.78%。

③薯蓣皂苷在近临界水中水解的较佳工艺条件是：$T=260℃$，$P=25$ MPa，$t=10$min，薯蓣皂苷元收率为1.46%。

④薯蓣皂苷在近临界水中水解是一级反应，在503 K、513 K、523 K、533 K下的反应速率常数分别为$0.662\times10^{-3}s^{-1}$、$0.875\times10^{-3}s^{-1}$、$1.330\times10^{-3}s^{-1}$和$1.881\times10^{-3}s^{-1}$，活化能为76.7kJ/mol。

8.3.2 低核苷酸药物

低核苷酸是一类具有广谱疗效的药物分子。其中已有商业化药物2′-脱氧低核苷酸。构成2′-脱氧低核苷酸的结构单元是2′-脱氧核苷，它由DNA盐酶解得到。而DNA来源于鱼脾，主要是鲑鱼(图8-28)。从100t鲑鱼脾可得到55kg四种2′-脱氧核苷(T，dC，dA和dG)。由于依赖于海洋DNA资源及其劳动密集型分离过程，2′-脱氧核苷价格居高不下。为了降低其价格及减小因药物生产对鲑鱼的需求影响，Sanghvi等开发了由核糖核苷转变为2′-脱氧核苷的2′-脱氧合作用。经典的核糖脱氧需要有毒性的锡试，他们则用环境友好的硅试剂代替锡试剂。同时，也有利用化学、酶催化等步骤由价廉的*D*-葡萄糖转化为2′-脱氧核苷的方法。由此，2′-脱氧核苷不再依赖于海洋DNA资源。

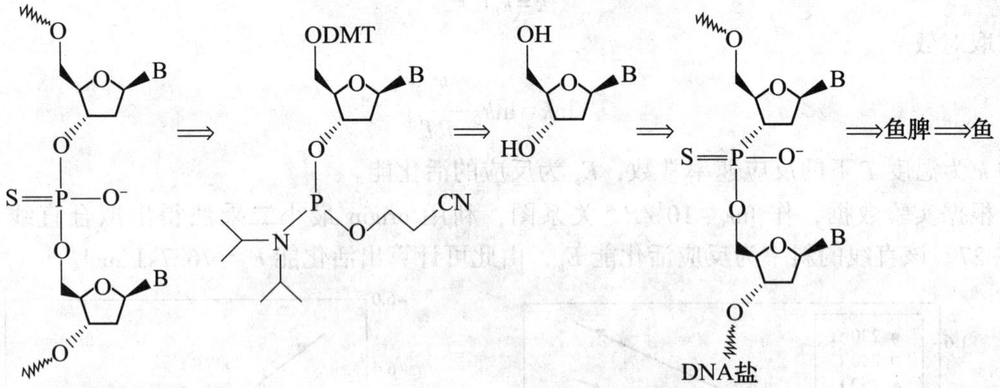

图8-28 低核苷酸的原料来源

低核苷酸是在固相载体上经氨基磷酸酯偶合而成，其质量及产率依4个关键合成步骤而定(图8-29)。在每一次循环，决定性的步骤是用卤代乙酸除去对酸不稳定的5′-0-4，4′-二甲氧基三苯甲基(DMT)保护基团。通常这一反应在二氯甲烷中进行。由于其易挥发，具毒性及致癌性，目前它在化学工业中的应用越来越受限制。甲苯由此可作为二氯甲烷的绿色替代。它能保证产品的质量和产率。且其较低蒸气压和较完善的环境处理使其更受欢迎。

合成的另一个关键步骤是由1H-四唑诱导的氨基磷酸酯与5′-OH形成亚磷酸三酯中间体。虽然1H-四唑在低聚核苷酸制备中广泛应用，但其爆炸性不容忽视。三氟乙酸吡啶嗡(PTFA)是比四唑更安全的缩合活化剂，且其在乙腈中有极好的溶解性。

虽然氨基亚磷酸酯化学过程的效率很高(99%)，但它仍有缺陷，这个过程产生了两个高分子量的废弃物(4)和(6)。4，4-二甲基三苯甲基(DMT)作为5′-羟基的保护基团，占

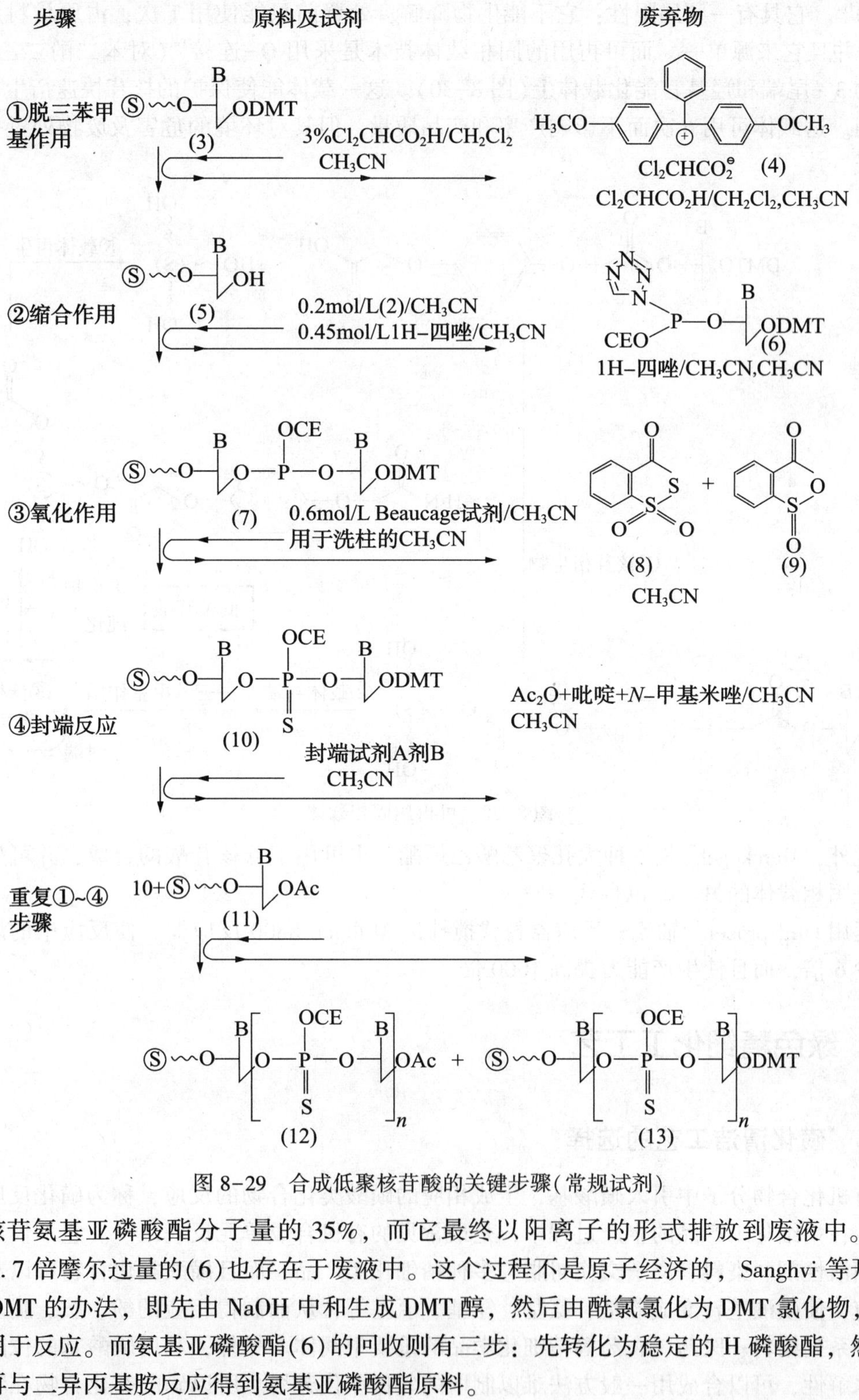

图 8-29　合成低聚核苷酸的关键步骤(常规试剂)

整个核苷氨基亚磷酸酯分子量的 35%，而它最终以阳离子的形式排放到废液中。而以 0.5~0.7 倍摩尔过量的(6)也存在于废液中。这个过程不是原子经济的，Sanghvi 等开发了回收 DMT 的办法，即先由 NaOH 中和生成 DMT 醇，然后由酰氯氯化为 DMT 氯化物，它可重新用于反应。而氨基亚磷酸酯(6)的回收则有三步：先转化为稳定的 H 磷酸酯，然后卤化，再与二异丙基胺反应得到氨基亚磷酸酯原料。

固相载体的选择对反应效率、产品成本及环境都有影响。目前应用的是聚苯乙烯珠

HL-30™。它具有一些局限性：它不能生物降解，处置前只能使用1次，占原材料成本的40%，并且它来源单一。而可再用的固相载体技术是采用Q-连接™(对苯二酚二乙酸)在核苷的3′-尾端和羟基官能化载体上(图8-30)。这一载体能使保护的核苷快速衍生化，并可再用。这载体可用6次而不影响产率和产品质量，但其对环境的危害及废物处置费用大大降低。

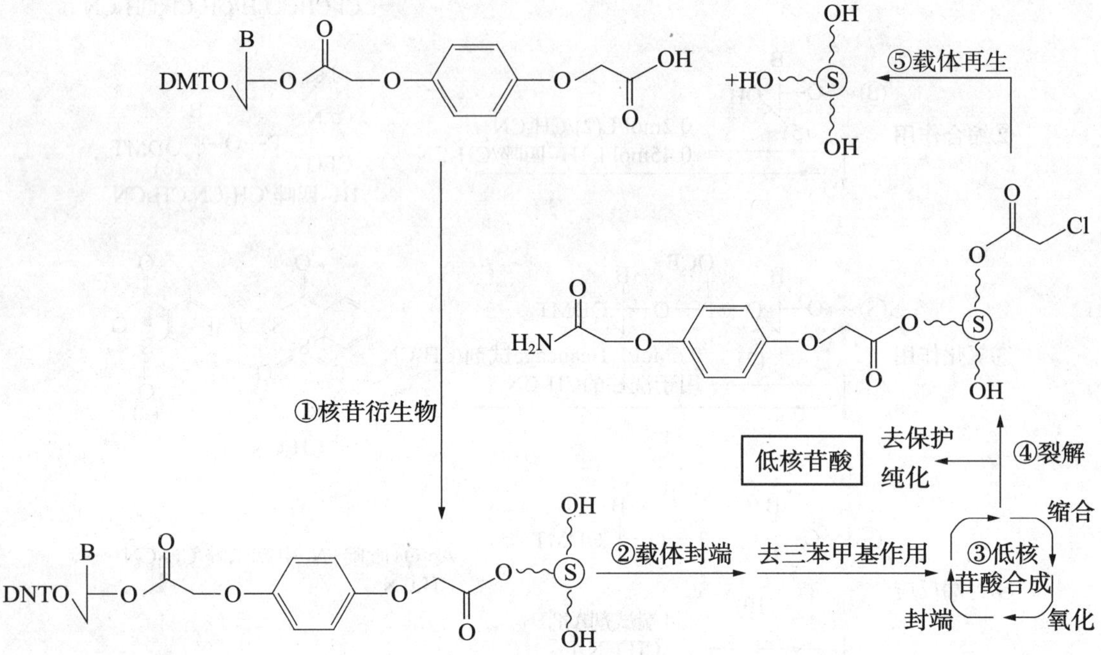

图8-30　可再用固相载体

此外，Merckogel™是一种大孔聚乙酸乙烯酯，也可用于低核苷酸的合成，并可生物降解，是固相载体的另一绿色替代。

运用Oligoprocen™轴流式反应器替代搅拌床Milligen 8800反应器，使反应中的溶剂消耗减少6倍，而且使生产能力提高1000倍。

8.4　绿色精细化工工艺

8.4.1　磺化清洁工艺的选择

有机化合物分子中引入磺酸基，生成相应的磺酸类化合物的反应，称为磺化反应。磺化反应在精细化工产品的生产过程中，是最常见的有机合成单元反应之一。它不仅用于合成表面活性剂、染料、离子交换树脂等多种精细化工产品，而且磺酸类化合物可以通过化学反应，使磺酸基转变成羟基、氨基、氰基、氯基等，从而制得相应的酚、胺、腈及卤化物等一系列染料、医药、农药等精细化学品的重要中间体。另外，利用磺酸基的位阻作用和易水解性，可以合成用一般方法难以制取的邻位取代芳烃。所以磺酸类化合物在精细化工生产中占有十分重要的地位。

工业上采用的磺化方法主要有以下几种：过量硫酸磺化法、共沸去水磺化法、三氧化硫磺化法、烘焙磺化法、氯磺酸磺化法、亚硫酸盐磺化法等。所用的磺化剂分别为各种浓度的硫酸（如 98%硫酸、92.5%硫酸即绿矾油等）、发烟硫酸（含游离三氧化硫为 20%~25%或 60%~65%）、三氧化硫、氯磺酸、亚硫酸盐等。如何正确地选择磺化工艺路线，实行清洁生产，发展无废、少废磺化工艺，降低物耗、能耗，提高反应的选择性和磺化产品的收率与质量，减少对人体和环境的危害，是当今世界化工行业必须解决的重要问题。

8.4.1.1　各种因素对磺化反应的影响

1. 被磺化物的结构影响

由于芳烃的磺化属于亲电取代反应，芳环上有给电子基团，有利于磺化反应的进行；芳环上吸电子基团的存在，则磺化反应较难进行。例如蒽醌、萘、苯、甲苯磺化反应活性顺序为：

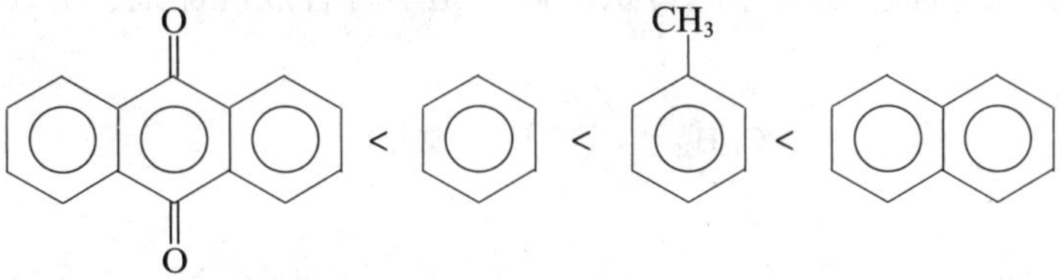

磺酸基—SO_3H 较大，芳环上取代基越大，反应的空间位阻效应也越大。

2. 磺化剂的影响

上述几种磺化剂的反应活性相差较大，三氧化硫最为活泼，呈瞬间反应，用量少，转化率高。用三氧化硫和发烟硫酸作为磺化剂，无水生成，反应不可逆，但反应选择性较差。硫酸作为磺化剂，反应速度馒，除了得到磺化产物外，还有水伴随产生，为可逆反应，因此硫酸用量大、废酸多，综合利用比较困难。发烟硫酸用作磺化剂，情况介于这两者之间。按清洁生产的目标要求，三者相比，三氧化硫路线占有明显的优势

3. 反应温度的影响

温度是影响磺化反应的主要因素之一，它不仅影响磺化反应速率，而且影响到磺酸基引入芳环上的位置和磺酸异构产品的比例。一般来讲，如果反应温度低，则磺化反应速度慢，反应时间长。对于带有给电子取代基的芳烃，低温有利于生成邻位磺酸，高温有利于对位磺化，甚至生成更稳定的间位产品。温度高，副反应增多，除了容易发生产物异构化外，还会发生多磺化、氧化、焦化甚至脱烷基等副反应，有多磺化物、砜、树脂状物及焦化物生成。以硫酸为磺化剂，在较高的温度下，生成的磺化产物容易发生水解反应而影响磺化反应的收率。

4. 助催化剂的作用

有些磺化反应，加入少量助催化剂，可以提高磺化反应的选择性，对副反应有明显的抑制作用。例如蒽醌用发烟硫酸进行磺化，加入少量汞盐，磺化产物以 α-蒽醌磺酸为主；不加汞盐则以 β-蒽醌磺酸产物为主，在过去相当一段时间里通过添加汞盐来改变反应的定位作用。在钯催化剂存在下，以三氧化硫为磺化剂、环丁砜为溶剂也可以提高 α-蒽醌

磺酸的选择性。不同的助催化剂对蒽醌磺化的定位选择性有较大的影响。又如以硫酸为磺化剂，进行萘酚的磺化反应，加入少量无水硫酸钠，可以抑制硫酸的氧化作用和芳砜的生成。

5. 反应工艺及搅拌器作用的影响

为了使两相反应物分子能够得到充分接触的机会，提高传质和传热效率，及时移走反应热，避免因局部浓度或温度过高而发生副反应，可以将反应分阶段进行，所以采用多个反应器串联的多段反应器及在反应装置中选择合适的搅拌器是十分重要的。一般来讲，液态反应物采用推进式搅拌器，黏稠态反应物宜用锚式搅拌器。例如三氧化硫与甲苯进行磺化反应制取对甲苯磺酸的反应，在三个串联的搅拌反应器中进行，可获得邻及间位副产物总量小于0.5%的对甲苯磺酸产品。

8.4.1.2 磺化工艺实例

1. 十二烷基苯磺酸的合成

十二烷基苯磺酸为棕色或浅棕色膏状液体，是一种合成洗涤剂，分子式及反应式：

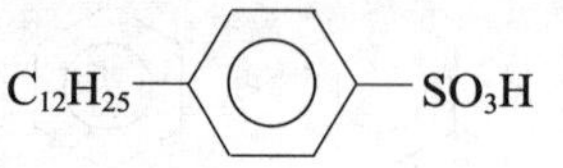

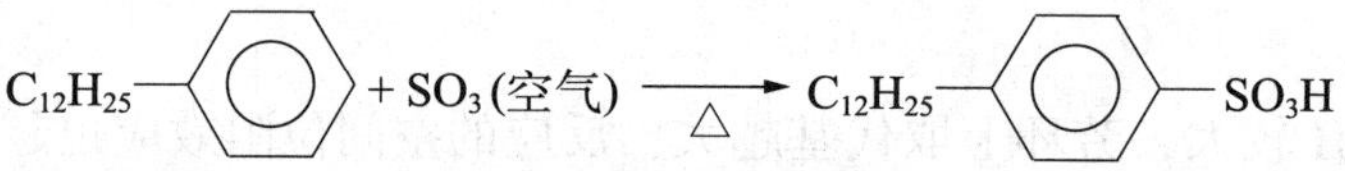

用比例泵将十二烷基苯打到列管式薄膜磺化反应器顶部分配区，使其形成薄膜沿反应器壁向下流动，与浓度低于10%的SO_3-空气混合气体接触反应，每摩尔十二烷基苯与1.03mol浓度为10%的SO_3反应。生成物流入反应器底部的气-液分离器，分出磺酸产物后的废气，经静电除雾，碱洗后尾气放空。磺酸产物经老化、水解，即得十二烷基苯磺酸。

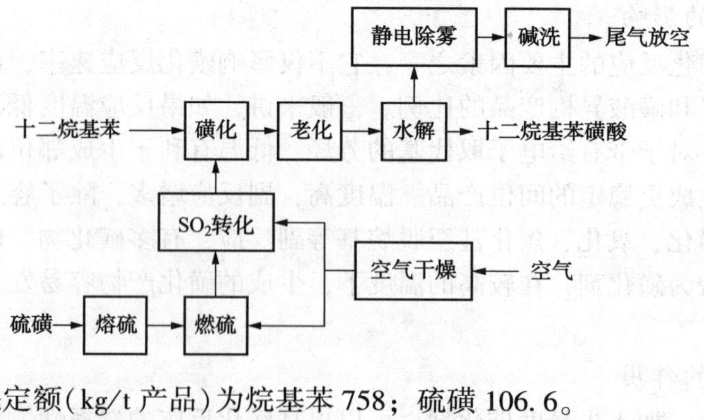

主要原料消耗定额(kg/t产品)为烷基苯758；硫磺106.6。

2. 对氨基苯磺酸钠的合成

对氨基苯磺酸钠为白色结晶。易溶于水，不溶于乙醇、乙醚和苯，是一种染料中间体，分子式及合成路线：

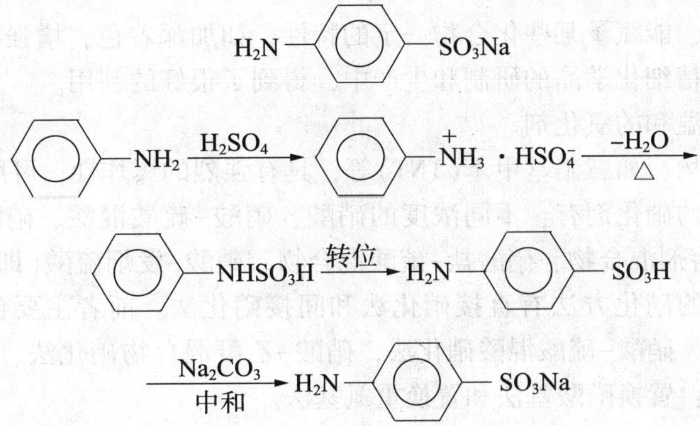

在转鼓反应器内加入 450kg 98%硫酸，转鼓转动后于 1h 内加入苯胺(含量 99%) 400kg。将炉温升至 160℃，开启喷射泵，使系统的真空度达 53.3kPa 以上。炉温再升至 200℃，保温 0.5h。继续升温至 260℃，保温至转位完全(以视镜出现黑粉，铁球发出响声即为反应终点)。降温，关闭喷射泵，回转 10min。排风，冷却至 80℃，加入 2500L 水，转动混合，放入地槽。

在地槽中，物料升温至 70~80℃，加入碳酸钠(约 230kg)，中和至 pH=7~7.5。转移到已装有 600L 上批母液的中和锅中，调整相对密度为 1.12 左右。加活性炭 4kg，加热至沸，搅拌 0.5h，趁热过滤。滤渣用热水洗涤，滤液蒸发浓缩到物料相对密度约为 1.18，放入结晶桶中，在 8h 内冷却至 30℃，离心过滤，滤液用作下批母液。滤饼即为对氨基苯磺酸钠，重约 850kg，总收率 86.5%。

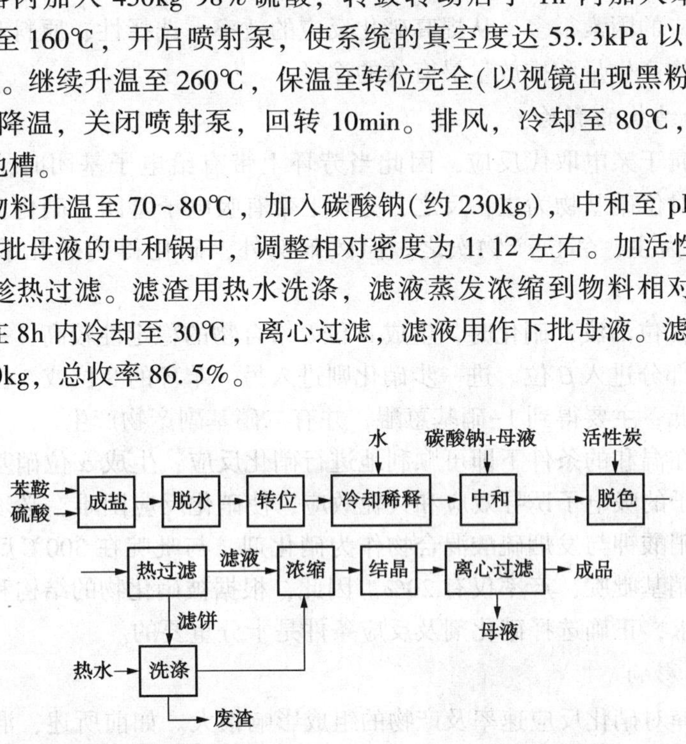

8.4.2　硝化清洁工艺的选择

在有机化合物分子中引入硝基的反应，被称为硝化反应。硝化反应有三种类型：第一种为有机化合物分子中，与碳(或氧、氮)原子相连的氢原子被硝基(—NO_2)取代；第二种是有机化合物分子中原有的取代基(例如卤素、磺酸基、酰基、重氮基等)被硝基置换；第三种是烯烃与硝酰氯的加成。第一种硝化反应在工业上应用最为普遍，特别是芳环上碳原子的硝化反应，是精细有机合成中极为常见的重要单元反应。

芳香族硝基化合物用途十分广泛，主要体现在以下几个方面：

①作为有机合成重要的中间体，用以生产相应的胺、偶氮化合吻、羟胺、酚等有机化

合物。

②硝基的引入，能赋予某些化合物一定的特性，如加深着色，增强药效等。因此在染料、医药、农药等精细化学品的研制和生产中，得到了很好的利用。

③用作溶剂或温和的氧化剂。

④多硝基化合物，如三硝基甲苯(TNT)等，具有强烈的爆炸性，可用作炸药。

工业生产所用的硝化剂有：不同浓度的硝酸、硝酸-硫酸混酸、硝酸-乙酸(乙酐)混合物、硝酸-有机溶剂混合物、硝酸盐-硫酸混合物、硝酸-发烟硫酸(即超酸硝化基)混合物等。工业上采用的硝化方法有直接硝化法和间接硝化法。前者主要包括：稀硝酸硝化法、浓硝酸硝化法、硝酸-硫酸混酸硝化法，硝酸-乙酐混合物硝化法、硝酸盐-硫酸硝化法；后者主要包括：置换磺酸基法和置换重氮基法。

8.4.2.1　各种因素对硝化反应的影响

影响硝化反应的因素很多，从提高硝化反应的效率、选择性、原料利用率等入手，是减少硝化反应废物产生量和排放量最有效的途径。

1. 被硝化物结构的影响

芳烃的硝化属于亲电取代反应，因此当芳环上带有给电子基团时，硝化反应速率较快，产物以邻、对位硝基物为主；反之，芳环上带有吸电子基团，硝化反应速度较慢，产物以间位硝基物为主，邻位产物次之。但卤苯例外，硝化得到的几乎都是邻、对位异构体。

奈环α位比β位活泼，硝化时，生成α位δ络合物的稳定性较高，一硝化反应硝基主要进入α位，少部分进入β位。进一步硝化则进入另一苯环的8位或5位。蒽醌的反应活性差，硝化产率低，主要得到1-硝基蒽醌，并有二硝基副产物产生。

噻吩、吡咯在温和的条件下即可顺利地进行硝化反应，生成α位硝基衍生物；而吡啶由于其环上氮原子的吸电子诱导效应和共轭效应，使硝化反应困难，必须在强烈的条件下进行。例如，用硝酸钾与发烟硫酸混合物作为硝化剂，与吡啶在300℃反应，硝基主要进入β位，制得β硝基吡啶，产率仅有20%。因此，根据被硝化物的结构和性质，以及对硝化产物的结构要求，正确选择硝化剂及反应条件是十分重要的。

2. 硝化剂的影响

硝化剂的选择对硝化反应速率及产物的组成影响很大。如前所述，混酸的硝化能力随其硫酸含量的增加而增强，反应速度亦加快。采用发烟硫酸或三氧化硫与无水硝酸混合剂(即超酸硝化剂)，其硝化能力更强，且速度更快，其反应产生的废酸量大大减少，可用于极难硝化物质的硝化。例如氰基乙酸在CCl_4介质中用HNO_3-SO_3硝化，得到三硝基乙腈等。但应注意的是，混酸的硝化能力越高，则反应位置的选择性越差，选择硝化剂时需加综合考虑。如乙苯的对位硝化反应，为了提高该反应的选择性，需在混酸中加入适量的水，使反应活性质点由NO_2^+转变为$NO_2-OH_2^+$，反应活性降低，且位阻增大，因而提高了对位异构体的生成比。

金属硝酸盐(一些容易水解的硝酸盐，如硝酸铋、硝酸汞、硝酸铝、硝酸银、硝酸锰、硝酸铜等)与水的混合物作为硝化剂，可对脂肪族化合物进行硝化。如对环已烷硝化，一硝基环己烷的收率可达 57%。

硝酸盐与质子酸(如硫酸)混合物作硝化剂适用于硝化芳香族化合物，反应速度比对应组成的混酸硝化法快，其硝酸盐中不同的阳离子对硝化速度影响大小次序为

$$Ag>Na>K>NH_4>H$$

金属硝酸盐与路易斯酸硝化芳香族化合物的特点是副反应少，没有氧化副反应，硝化产品的纯度高。

3. 添加剂的影响

添加剂的加入，可改变硝化异构体的比例。如在混酸中加入适量磷酸，由于溶剂化作用，也使活性质点体积变大，位阻增加，反应活性减弱，致使对位硝基物的收率增加。以甲苯为例，用不同五氧化二磷含量的混酸进行硝化，所得目的产物的邻、对位选择性 p/o 值也不相同。

随着混合酸中五氧化二磷含量的增加，对硝基甲苯含量继续上升，并可达到 $p/o=1.11$。用聚磷酸与无水硝酸进行甲苯的硝化反应，其 p/o 值可达 1.14。芳磺酸的存在也可提高甲苯硝化反应的 p/o 值。如以间苯二磺酸与硝酸混合物进行甲苯的硝化反应，其 p/o 值可达 1.48。当用间苯二磺酸与磷酸混合使用时，可以得到更高的 p/o 值的产物组成。但上述添加剂的加入，对提高硝化反应对位选择性还是有限的，因为邻位、对位在动力学性质上的差异不是很大。而且给硝化产物分离增添了困难，造成新的环境污染问题，因此实用价值不大。

4. 反应介质的影响

采用不同的反应介质，也会影响硝化异构体的分配比。对于带有强给电子基团的芳烃(如苯甲醚等)，在非质子溶剂中进行硝化时，生成较多的邻位异构体；而在质子溶剂中，则得到较多的对位异构体。通过介质的选择，可以起到一定的定向硝化的作用。

5. 温度的影响

硝化反应是强放热反应，温度的改变，不仅影响硝化反应速度和硝化异构产物的生成比例，而且过高的温度还会引起多硝化、氧化等副反应，使温度失控而造成硝酸的剧烈分解，产生大量的棕红色二氧化氮气体，不仅严重污染大气环境，甚至会有爆炸危险。为此，硝化反应器采用了夹套、蛇管双重冷却系统，用以提高传热效率。

6. 搅拌的影响

工业上硝化反应多数为非均相反应，充分搅拌，增加两相物料接触的机会，提高传热效率是非常必要的。尤其是在间歇硝化反应的开始阶段，停止搅拌会使大量活泼的硝化剂在酸相中积累。一旦重新开动搅拌器，激烈反应骤然爆发，瞬间释放出大量的热量，致使温度失控而造成严重的安全事故，因此必须加强预防措施。常用的搅拌器有桨式、推进式及涡轮式三种，有的还在反应器内设置挡板及导流筒等，以增加两相物料的混合效果，提高系统的传热效率。

7. 相比与硝酸比的影响

相比亦称酸油比，即混酸与被硝化物的质量比。对于非均相硝化反应，特别是反应初始阶段，适当增加相比，有利于提高传热效率，使反应平稳地进行。但相比不可过大，否

则设备生产能力下降。工业生产上常常是向硝化反应器中投加适量的硝化反应废酸，以获得良好的相比。

硝酸比是指硝酸与被硝化物的物质的量的比。以混酸为硝化剂，对于活泼的被硝化物，硝酸一般过量1%~5%；不活泼者，需过量10%~20%左右。70年代绝热硝化法问世，它用被硝化物过量来代替传统的硝酸过量法，降低了物耗、能耗及三废，已成为目前国际上最先进的硝化生产技术。

8. 副反应的控制

在硝化反应中，除了异构化副产物及多硝基取代反应引起硝化反应的选择性下降外，还常有氧化副反应、乙酰化副反应、硝基置换取代基(烷基、烷氧基、磺酸基、卤素、羰基)以及络合等副反应伴随发生，其中以氧化副反应最为多见。这些副反应的发生，与被硝化物结构特性及反应条件，特别是温度的控制密切相关。它是增加物耗及使工艺复杂化的主要原因，同时又增加了废物的产生量。因此深入地研究每个反应的最优化工艺条件，并在合成反应中严格加以控制，对于硝化反应的顺利进行是至关重要的。

8.4.2.2 硝化工艺实例

1. 邻硝基甲苯的合成

邻硝基甲苯为淡黄色油状液体，熔点-9.55℃，沸点221.7℃，相对密度1.1629，能与乙醇、乙醚、苯、氯仿和石油醚混溶，不溶于水。能随蒸汽挥发。是生产染料、涂料、塑料、医药等精细化学品的重要原料。分子式及反应式：

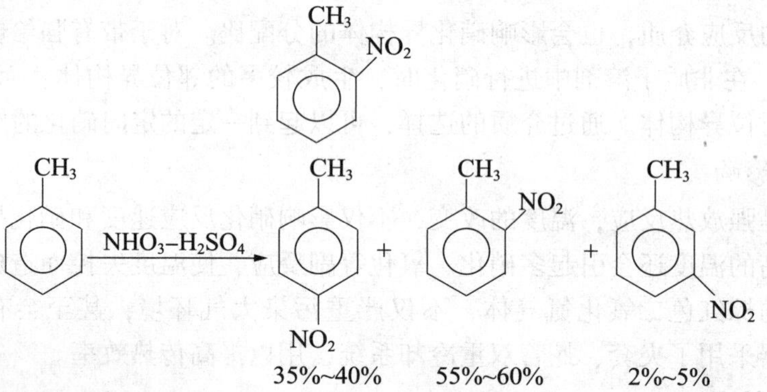

将甲苯加入硝化反应器中，冷却至25℃以下，加入配好的混酸(硝酸25%~30%，硫酸55%~58%，水20%~21%)，控制反应温度≤50℃，连续搅拌1~2h。然后静置6h，油水分层，分弃废酸。油相经水洗、碱洗，蒸去未反应的甲苯，即得硝基甲苯粗品，其中含邻硝基甲苯55%~60%，对位异构体35%~40%，间位异构体2%~5%。

粗产品经真空蒸馏，蒸出大部分邻硝基甲苯。再进一步减压蒸馏，馏出物经冷却、结晶，得到对位异构体。多批积累的蒸馏残液再精馏，可获得间位异构体。邻位和对位异构体纯度分别达98%和99%。

该工艺过程亦可采用两锅串联，反应温度主锅为40~45℃，次锅为50~55℃，混酸的组成为硝酸26%~28%，硫酸56%~57%，水16%~18%。

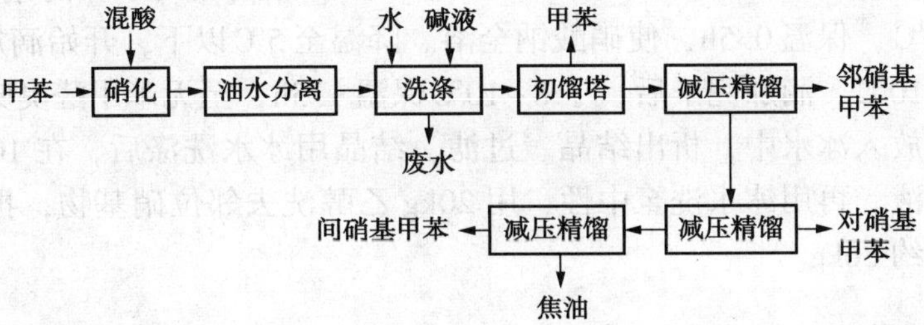

2. 间硝基苯甲醛的合成

间硝基苯甲醛为微黄色结晶，溶点 58~59℃，沸点 164℃/3.07kPa。能溶于醇、醚、氯仿、苯、丙酮，几乎不溶于水，能随蒸汽挥发，是染料、表面活性剂、医药等精细化学品的中间体。

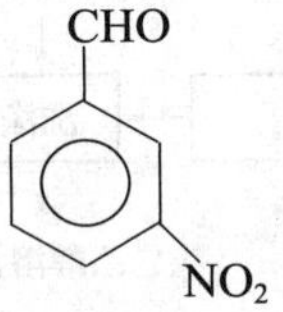

(1)硝酸-硫酸硝化法

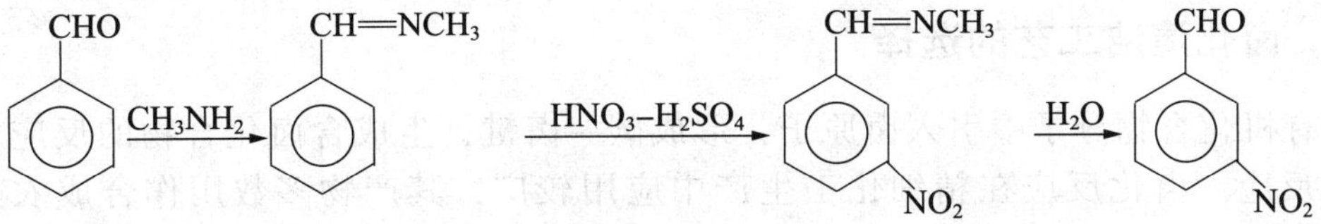

在搪玻璃反应釜中加入 530kg 工业苯甲醛，在搅拌下缓慢加入 103kg 30%的一甲胺水溶液，用气相色谱跟踪反应进程。当苯甲醛完全转化时，分出水层，油层用无水氯化钙干燥后，得苯甲醛缩亚甲胺中间体 550kg。

将苯甲醛缩亚甲胺油状物在搪玻璃釜中冷却至 20℃，搅拌下滴加 175kg 浓硫酸，保持温度在 20℃以下。加完后，再滴加 40kg98%的浓硫酸，控制滴加速度以保持反应温度在 20℃以下。加毕，继续搅拌 1h。将混合物倒入冰水中，得淡黄色结晶，过滤，乙醇洗涤，真空干燥，产品质量为 657kg，熔点 56~58℃，收率 87%。

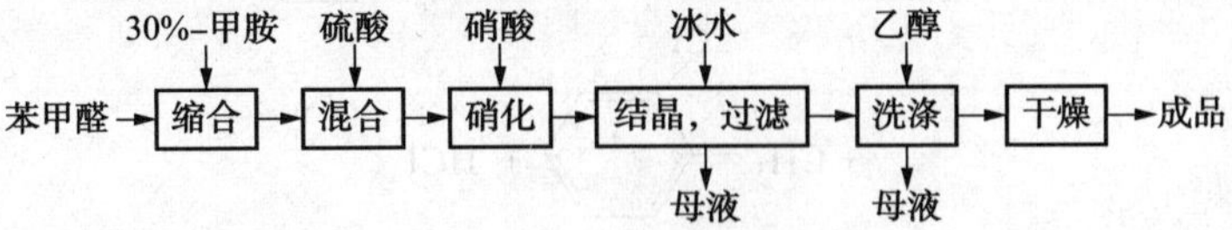

(2)硝酸钠-硫酸硝化法

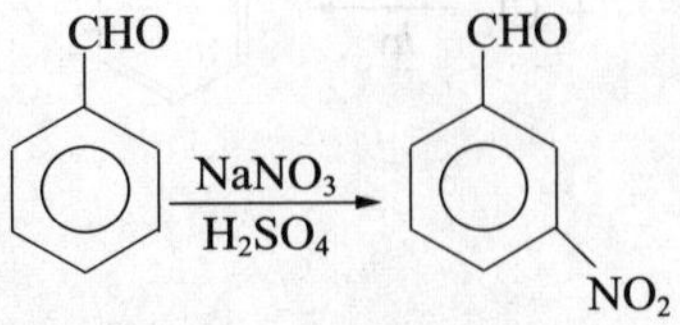

将相对密度为1.84的硫酸1330kg和硝酸钠132kg分别加到干燥的硝化反应釜中，搅拌升温至70~80℃，保温0.5h，使硝酸钠全溶。降温至5℃以下，开始滴加100kg苯甲醛，控制滴加温度≤10℃，滴加完毕后，于8~10℃保温1.5h，至无苯甲醛臭味即达反应终点。将硝化液缓缓地放入冰水中，析出结晶。过滤，结晶用冰水洗涤后，在10℃以下用5%碳酸钠溶液洗去残液。再用冰水洗至中性，用20kg乙醇洗去邻位硝基物，再在低温下干燥，得间硝基苯甲醛约86kg。

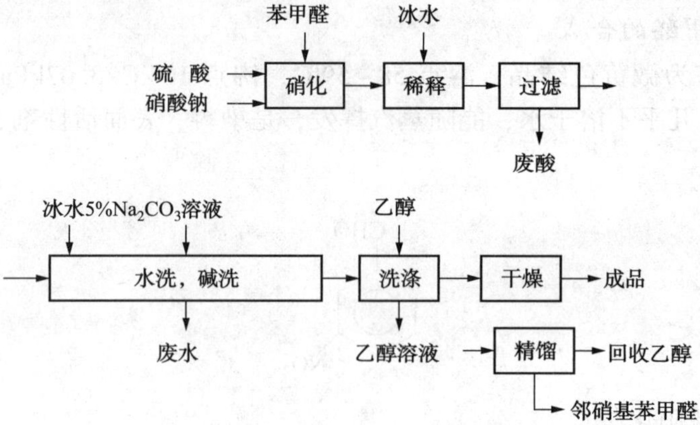

8.4.3 卤化清洁工艺的选择

在有机化合物分子中引入卤原子，形成碳—卤键，生成含卤化合物的反应，被称为卤化反应。卤化反应在精细化工生产中应用较广，其产物多数用作合成农药、医药、染料、香料、增塑剂、橡胶防老剂等化学品的重要中间体。有的即为最终产物，可直接用于某些领域，如用作阻燃剂、制冷剂、防霉剂及有机溶剂等。卤化反应在农药生产中使用最为广泛。卤化反应主要包括三种类型：取代卤化、加成卤化、置换卤化。

取代卤化

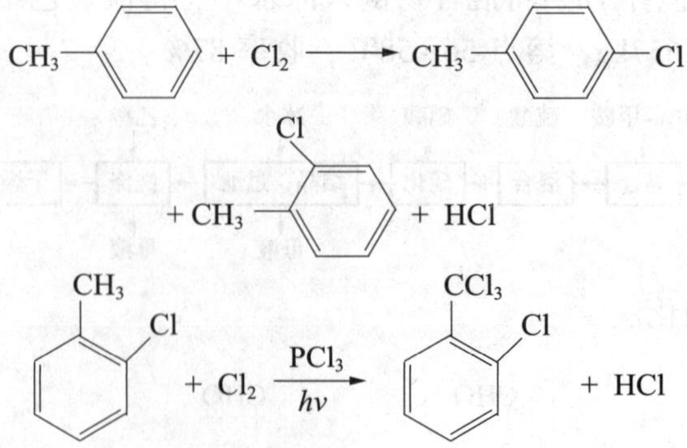

加成卤化

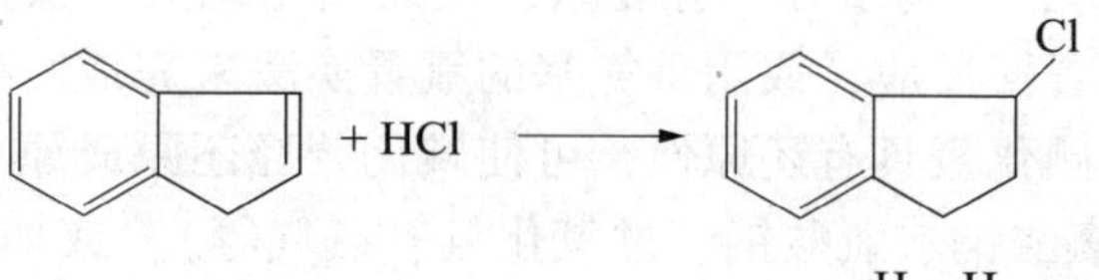

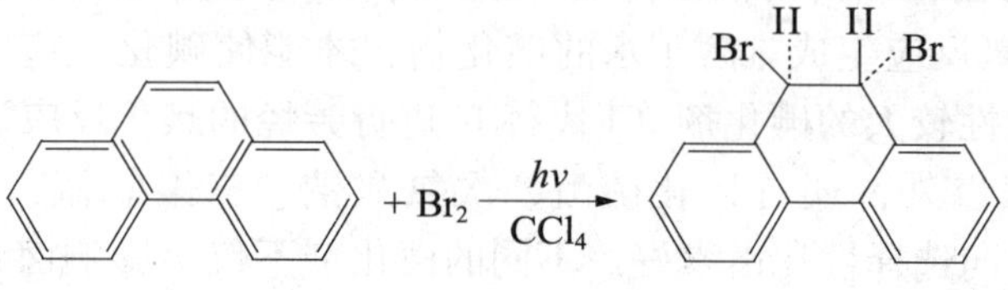

置换卤化

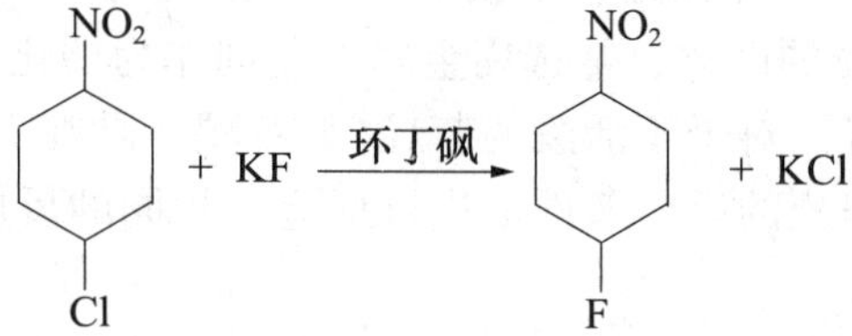

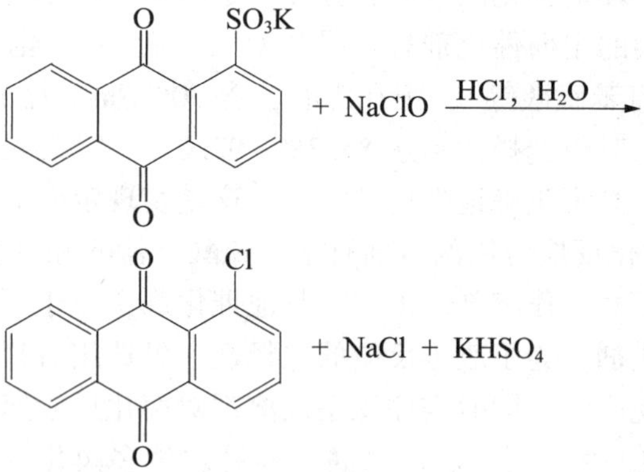

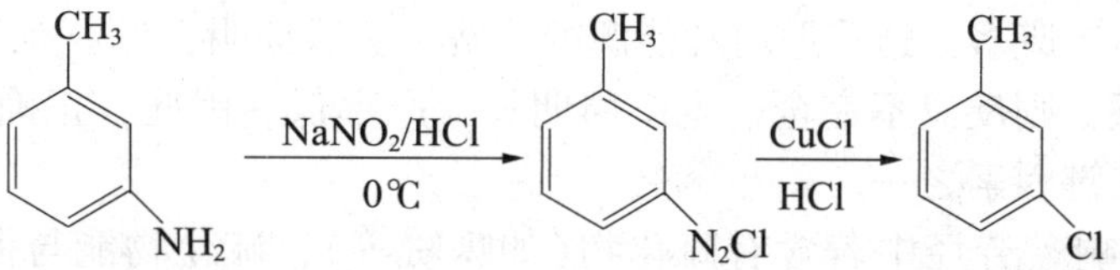

8.4.3.1　影响卤化反应的因素

1. 芳环上的取代卤化

(1)芳烃结构的影响　芳环上取代基的电子效应与空间效应，对芳烃卤化反应的难易及卤化位置均有很大影响。芳环上连有给电子基团，卤化反应容易进行，生成的产物主要为对位与邻位异构体，一般以前者为多，且有多卤化反应伴随发生。因此若要反应最大限度地获得一种卤化产物，正确选择和控制条件是十分重要的。

(2)卤化剂的影响　合成卤化芳烃最常用的卤化剂是卤素，其反应活性顺序为

$$Cl_2>BrCl>Br_2>ICl>I_2$$

由于氟太活泼，若直接用氟与芳烃反应，制取氟化芳烃，因反应猛烈，需在氩气或氮气稀释下，于-78℃进行，产物组分十分复杂，故无实用意义。氟化芳烃的制备是通过有机卤化物与氟化钾的卤置换反应，或用重氮基的氟置换法来完成。碘与氟正相反，碘的反应活性太低，且生成的碘化氢具有还原性，可使碘化芳烃还原成原料芳烃，所以需同时加入氧化剂(如硝酸、次氯酸钠、氯酸钠、过氧化氢、氯气等)，或加入金属氧化物(如氧化镁等)，让它与碘化氢反应生成难溶于水的碘化物，才能使碘化反应顺利进行。因此，在实际生产中，常用活性较大的碘化剂 ICl 代替 I_2 进行芳烃的碘化反应。

卤化剂除了卤素以外，还有氯化硫酰、次氯酸钠、三聚氯氰、*N*-溴代丁二酰亚胺(NBS)等，它们的定向选择性比卤素好。不同的卤化剂不仅会影响卤化反应的速度，有的还会影响卤化反应的方向和产物的组成。

(3)催化剂的影响　活泼芳烃(如酚、芳胺等)的卤化，一般不需要加催化剂。具有中等活性的芳烃(如苯、甲苯等)的卤化，常选用金属卤化剂作为催化剂，如三氯化铝、三氯化铁、二氯化锌、四氯化锡等。对于不活泼的芳烃(如蒽醌、吡啶等)，通常采用硫酸、碘或氯化碘作为催化剂，在较强烈的反应条件下进行反应。相同的反应，若选用不同的催化剂，往往会出现不同的结果。

近年来，为了提高芳环上卤化反应的选择性，定向催化技术得到了迅速的发展。以对二氯苯的合成为例，采用的定向催化剂有：混合型催化剂(如硫化亚铁-硅铝胶；氯磺酸-碘-三氯化铁；硫酸-对氯苯磺酸等)，细孔沸石，含 30%NaCl 的 Y 型沸石，钾碱长石，L 型沸石等，可使二氯苯的对位选择性高达 85.3%~92.6%。实践表明，要提高芳烃用氯气直接氯化的对位选择性，必须正确地选用催化剂，这是实现定向氯化的关键。

(4)溶剂的影响　卤化反应常用的溶剂有水、硫酸、盐酸和有机溶剂。对于活泼芳烃，卤化反应可用稀硫酸或稀盐酸作溶剂，不需加其他催化剂；对于不活泼芳烃，可用浓硫酸作溶剂，并加入适量催化剂。为了改善反应的选择性，可选用有机溶剂，但被选的有机溶剂必须在反应条件下呈现惰性，同时需注意不同溶剂对卤化反应速度和产物结构的影响。

(5)反应温度的影响　卤化反应温度过高，容易发生多卤化及其他副反应，甚至会有焦状物产生，因而三废多，造成原料和能源的浪费。实践证明，低温有利于一卤化反应的进行；但温度太低，则反应不完全，生产周期长，产率低。因此，正确地选择反应温度，亦是反应成功的关键因素之一。

(6)杂质的影响　芳烃中若含有硫化物(如噻吩等)，硫化物能与催化剂三氯化铁反应，生成黑色沉淀物沉积在催化剂的表面上，致使催化剂失活而使反应受阻。芳烃若预先未经除水干燥，水会使催化剂溶解，从而降低了芳烃中所含催化剂的浓度，也会影响反应的顺利进行。

2. 芳烃侧链上的取代卤化

(1)引发剂的影响　引发剂的存在可以加快侧链卤化反应速度，缩短反应平衡到达的时间。常用的引发剂有过氧化苯甲酰(BPO)、偶氮二异丁腈(AIBN)等。据报道一种新的引发剂，其化学结构为 $C1_3CCH(OOCOCH_3)_2$，它比前两种引发剂安全，对碰撞或摩擦不敏感，反应温度可降至60~70℃，氯化收率可达90%。

(2)氯化深度的影响　芳烃侧链直接用氯气氯化，反应不可能只停留在一氯化阶段。

产物的组成与氯化深度有关，氯化深度越高，多氯化物含量越高。若需要得一氯化产物，需严格控制烃氯比和反应液的相对密度。如甲苯侧链氯化至反应液相对密度达 1.06 左右，且烃氯比较大的情况下，其主要产物是一氯甲苯。当反应液相对密度上升到 1.28～1.29 时，则主要得二氯甲苯。若相对密度高达 1.38～1.39，产物便以三氯甲苯为主，所以严格控制氯化深度是十分重要的。

(3)取代基的影响　苄位及芳环邻、对位上若接有给电子基团，苯环的电子云密度加大，活性中间体碳自由基的稳定性增加，反应速度加快；反之，若接有吸电子基团，则反应受阻。

(4)卤化剂的影响　芳烃侧链上的取代卤化反应常用的卤化剂有氯、溴、氯化硫酰、次氯酸叔丁酯、NBS 等。后者反应温和，反应选择性高，副产物少。但卤素来源丰富、价廉、产物易分离。

氟太活泼，芳烃侧链的氟化往往采用卤置换工艺，即以三氟化锑或氟化氢为氟化剂，使三氯(或三溴)甲基芳烃转变为三氟甲基芳烃。

(5)杂质及添加物的影响　金属卤化物是芳环上卤化反应的催化剂，它们对侧链上的卤化反应有抑制作用，因此原料中不能夹带金属杂质。若有微量金属离子存在，可加入芳烃量的 0.015%～1%的酰胺、三苯基膦、醇胺等，以络合金属离子。反应器需选用搪玻璃或衬铅、镍、石墨的反应器。

原料中若含水、酚或含硫化合物，氯气中若含有氧，均会使反应受阻。但若在反应体系中添加少量三氯化磷或乌洛托品，以除去原料中的痕迹量水和杂质，可使反应加速。红磷、五氯化磷的加入，对芳烃侧链卤化亦有促进作用。

(6)返混现象的影响　在连续氯化反应过程中，由于物料不是同时进入反应器，以及氯气在液态物料中的不规则运动，再加上已生成的氯化产物又返回到反应区，从而导致返混现象，造成多氯化物含量增高和生产能力的下降。采用在反应器中加入填料和增设气体扩散管的办法，可使物料均匀分布，使氯化反应的转化率与选择性提高。

8.4.3.2　芳环及芳环侧链卤化工艺实例

1. 对氯甲苯的合成

对氯甲苯为无色液体，熔点 7.5℃，沸点 162～166℃，相对密度 1.065～1.067。可溶于乙醇、乙醚、丙酮、苯、氯仿等，不溶于水。本品为医药、农药、染料中间体和溶剂。

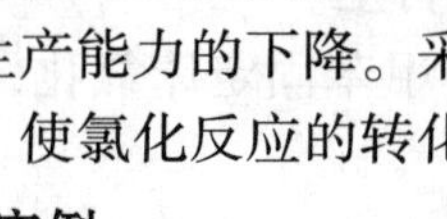

甲苯用氯气直接氯化，若单用 Lewis 酸或其前体作催化剂，对位选择性很低，仅为 24%～37%，间位异构体<1%，其余为邻位产物。这三种异构体沸点相近，很难用精馏方法分离开来。因此多年来一直用对氨基甲苯重氮化和卤置换的方法来合成高纯度的对氯甲苯。但是该法工艺路线长，劳动强度大，三废多，且中间体为致癌物质，毒性大，环境污染严重，所以目前多数厂家已不再采用。近年来，国内外对甲苯定向氯化及产品高效分离技术加强了技术开发研究，取得了多项可喜成果。

(1)采用30%氯化钠的Y型沸石作催化剂

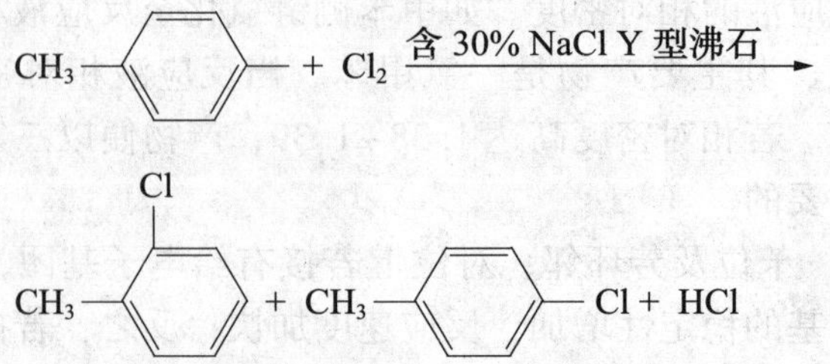

在含有30%氯化钠的Y型细孔沸石的催化下，氯气与氮气的混合气与甲苯进行液相催化氯化或固定床气相催化氯化。将所得产物冷却至-6℃，使对位产物结晶出来。然后缓慢升温至7℃，过滤，得到高纯度对氯甲苯，对位选择性为85%。

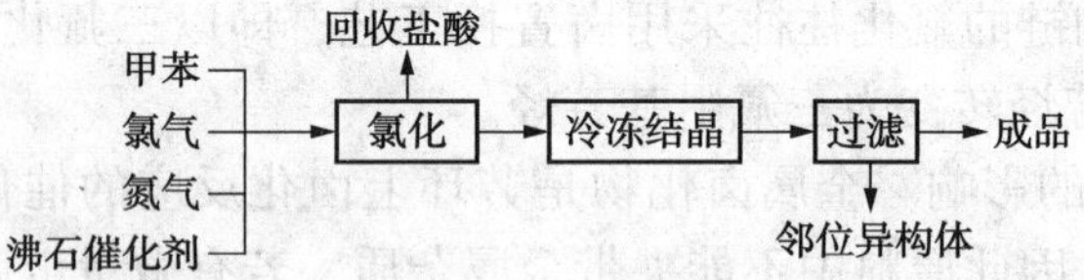

(2)采用混合催化剂　甲苯与氯气的反应若采用混合催化剂，也可提高对位产品的选择性。主催化剂大多选用Lewis酸，如铁、铝、钛等的氯化物。助催化剂以取代噻蒽类化合物效果突出，其中以二甲基四氯(或五氯、六氯)噻蒽最好。甲苯氯化产物中对/邻比为60∶40。

(3)采用三氯化铁作氯化剂　将甲苯蒸气通过100~120℃三氯化铁固定床反应器，压力0.005~0.014MPa，氯化深度70%以上，氯化产物中对氯甲苯含量为90%。三氯化铁反应后变成氯化亚铁，可于130℃通氯再生。

我国开发的YS-1氯化剂，用于甲苯固定床氯化，反应温度为100℃，甲苯转化率可达98.4%，对位选择性高达93.8%。

2.5，7-二碘-8-羟基喹啉的合成

5，7-二碘-8-羟基喹啉又名双碘喹啉，呈微黄色至黄棕色细微结晶性粉末，熔点约214℃(分解)。微溶于乙醇，几乎不溶于水，可用于合成肠道内抗阿米巴药、防腐剂、金属螯合剂等。分子式及反应式：

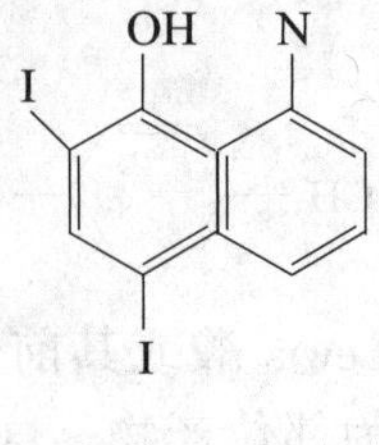

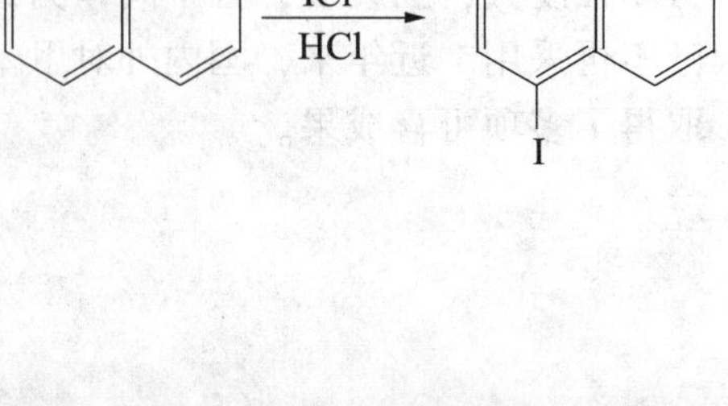

将 8-羟基喹啉与 6 倍质量的 10%盐酸混合，搅拌溶解。加入一氯化碘盐酸溶液，搅拌反应 2h 后，放置过夜。过滤，用 5%盐酸洗涤。滤饼用水调成浆状，通过 20 目筛流入水中。搅拌后加入亚硫酸氢钠，过滤，依次用水、2%亚硫酸氢钠水洗至中性。再用乙醇洗涤，干燥，制得产品，收率 81.45%。

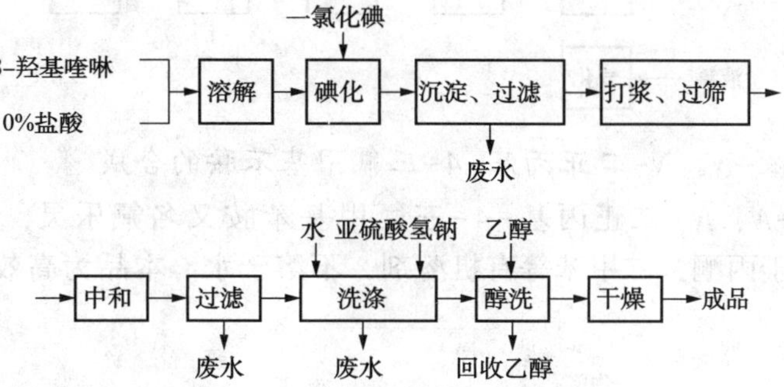

3. 对氯苯甲醛的合成

对氯苯甲醛为白色片状结晶，熔点 47.5℃，沸点 213～214℃，72～75℃(0.4kPa)，相对密度 1.196，闪点 87℃。易溶于乙醇、乙醚和苯，溶于水、丙酮。能随蒸汽挥发。本品为医药、农药、染料中间体。分子式及反应式：

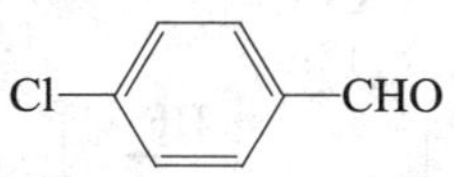

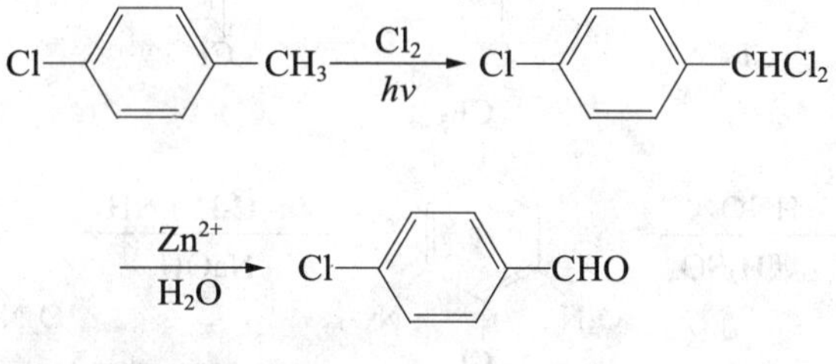

向氯化反应釜中投加 1000kg 对氯甲苯，加温至 120℃，打开光源进行光照，开始通入氯气。反应放热，温度逐渐上升，控制温度在 160～170℃。当通氯 850kg 以后，开始用气相色谱分析氯化液组分含量。当氯化液中对氯二氯甲苯含量达 45%时，停止通氯。将氯化液抽入装有陶瓷波纹板填料的搪玻璃精馏塔塔釜中，加入 0.1kg 吡啶，在真空度为-0.095MPa(表压)下减压精馏。前馏分为对氯甲苯与对氯氯苄的混合物，回收继续氯化，收集对氯二氯甲苯约 720kg，含量达 95%以上。

将对氯二氯甲苯抽至水解釜，搅拌升温至 120℃，加入 0.4kg $ZnCl_2$，控制反应温度为 120～125℃，向釜中滴加 0.5%的三氯化铁水溶液，不断用气相色谱跟踪反应进程。当二氯甲苯的含量小于 0.2%时，冷却至 90℃。加入 1kg 三乙胺搅拌 1h，滴加 20%的纯碱溶液至 pH=10，加热回流 3h。停止搅拌，静止分层，油层抽入精馏釜进行减压精馏，得精醛 370kg，纯度大于 99%。

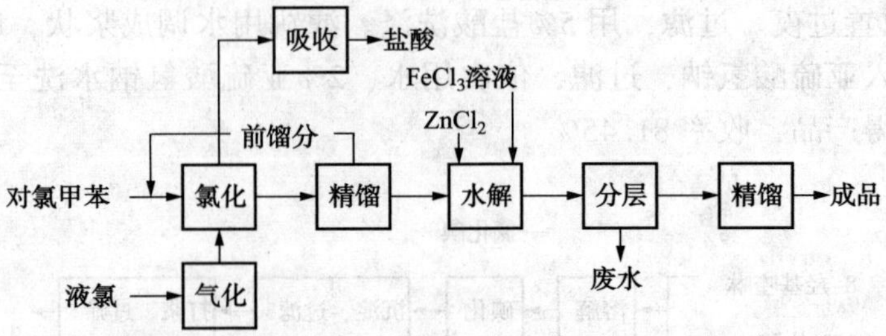

4.2，6-二硝基-N，N-二正丙基-4-三氟甲基苯胺的合成

2，6-二硝基-N，N-二正丙基-4-三氟甲基苯胺又名氟乐灵，橙色结晶体。熔点48.5~49℃。可溶于丙酮、二甲苯等有机溶剂，不溶于水。本品为高效芽前除草剂。分子式及反应式：

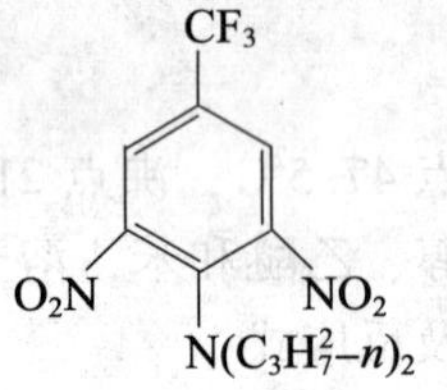

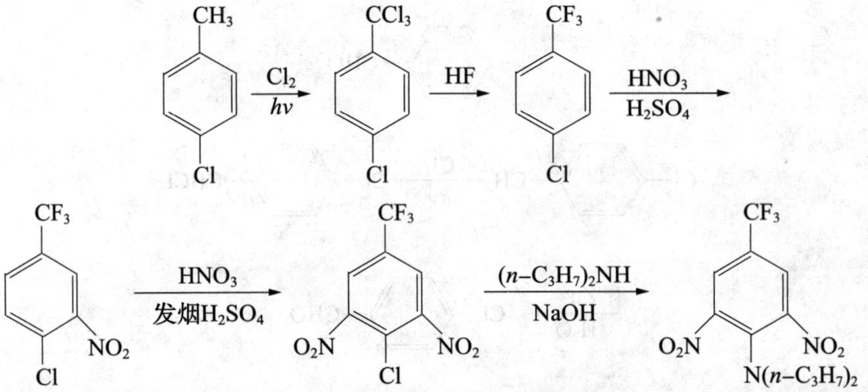

对氯甲苯在氯化反应器中于光照下与液氯反应，生成三氯甲基对氯苯。接着进入氟化器，与无水氟化氢反应，生成三氟甲基对氯苯。经两次硝化，生成2，6-二硝基-4-三氟甲基氯苯。然后在碱性条件下，与二正丙胺进行胺化反应，经过滤、洗涤、干燥，即得氟乐灵原粉，熔点48.5~49.0℃

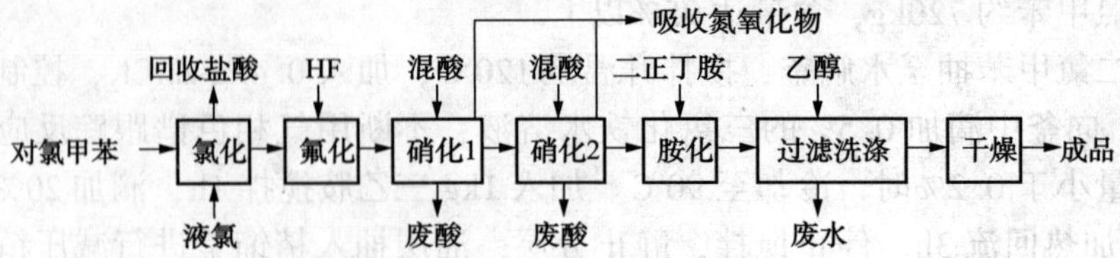

每吨产品原料消耗：

对氯甲苯(98%)590kg；液氯(≥99%)959kg；氟化氢(99.8%)369kg；

硝酸(98%)656kg；硫酸(96%)738kg；发烟硫酸(106%)2090kg；二正丙胺(99%)314kg。

8.5　绿色能源化工工艺

能源是国民经济发展的源动力，企业生产运行离不开能源，进行清洁生产必须使用绿色能源，或用清洁的方式使用能源。按利用方式，能源分为可从自然界直接获得的一次能源(如煤炭、石油)和由一次能源转化而得到的二次能源(如电力)。一次能源包括由动、植物经过多年演变形成的化石能源(含煤炭、石油、天然气等)、消耗后可从自然界补充或恢复得到的可再生能源(含生物质能、风能、太阳能、水电、地热能、海洋能等)以及其他新能源(如核电)。目前我国一次能源消费结构(2000 年)为：煤炭占 67%，石油占 23.6%，天然气占 2.5%，水电占 6.9%。煤炭是我国的主要一次能源。由于我国能源利用技术和设备普遍落后，大量煤炭作为终端能源直接利用，加上大量直接燃用含灰分和硫分偏高的煤炭，造成环境污染十分严重，必须尽快予以解决。

改进能源利用方式和提高能源技术水平的重要手段，就是改革生产工艺、改善管理、实行清洁生产，在包括能源开采、加工、转化、输送、分配到终端利用的全过程，提高技术水平、强化节能、减少污染，这与清洁生产强调全过程是完全一致的。目前我国能源效率普遍低下，每万元国内生产总值的能耗是世界平均水平 3 倍，主要耗能产品的单位能耗远远高于工业发达国家，平均能耗综合效率仅为 32%左右，比发达国家平均水平低近 10 个百分点，节能潜力很大。开展清洁生产是提高能源效率、强化节能的重要措施。

绿色能源主要是指对环境和社会可接受、技术上可行、经济上比较合理的能源，如石油轻制品、天然气、可再生能源等；也包括经洁净加工或处理，可很少产生污染物的能源技术，如洁净煤技术。由国家科技部和国家环保总局联合进行的国家清洁能源行动，将发展天然气、可再生能源和洁净煤技术列为主要工作内容。

所谓绿色能源，主要包括下述几种：

(1)天然气　在城市用天然气替代分散用煤，是解决环境污染的有效途径。

(2)可再生能源　可再生能源有以下特点：分布广泛，可就地开发利用，环境效果好，可供人类永续利用。但其能源密度低，开发利用通常需要较长的周期，初始投资高，推广应用受常规能源价格的影响较大。可再生能源主要有：

①水能是目前商业开发规模最大的可再生能源。我国水能资源居全球之冠，按照世界能源委员会 WEC 的计算标准，我国水能资源理论蕴藏量为 676GW，经济可开发资源量为 292GW，年发电量可达 1269TW · h，其中西南地区占 66.20%，中南地区占 16.3%，西北地区占 9.2%。著名的长江三峡水电站装机容量 18.2GW，1994 年 12 月开工，预计 2003 年首台机组发电，2009 年全部投产，成为世界最大水电站。

②生物质能，可作为能源使用的生物质主要有四类：林产品和木材加工残余物、农业残余物、动物粪便、能源作物。生物质能资源分布广、可再生、成本低、有许多技术可把

它转化为现代能源，且生产利用时不会增加 CO_2 排放。因此，许多发达国家和国际组织都把它作为可再生能源的首要选择。目前生物质能占世界一次能源消费量的10%~14%，其中发达国家占3%，主要用作生产蒸汽和居民采暖。生物质发电已占非水电可再生能源发电量的70%。今后几十年，我国生物质能的开发利用将大幅度增加，将生物质能从低效利用的“穷人的燃料”变成高品位的现代能源是清洁生产的主要任务。

③风能。一般指风力发电。当地面上方30m以上风力强度大于 $400W/m^2$ 时，风力资源才能被开发利用。风能的优点是规模可灵活选择，不排放任何有害气体和废弃物；缺点是占用土地、产生噪音、投资和发电成本较高。风力机按大小分为微型、小型与并网，微型风力机(容量100W~10kW)和小型风力机(容量10~200kW)独立运行，并网风力机容量通常超过150kW。世界能源委员会WEC估计，全球风能总量达 483×10^3 TW·h/a。我国风能技术可开发资源量为253GW，主要分布在西北、东北、华北的草原和戈壁，东部、东南部沿海及岛屿。

④太阳能。太阳能是指太阳能源的直接转化和利用，是取之不尽、用之不竭的绿色能源。其利用技术有多种，包括太阳能光伏电池，太阳能热利用(分高温、中温、低温热利用、被动式太阳房、热泵、太阳热发电等)、人工光合作用。UNDP估测，世界可利用的太阳能资源量相当于全球能源消费量的10倍。光伏发电已成为快速发展的新兴高技术产业，全世界已安装太阳能热水器5400多万平方米。

⑤地热。指储存在地下岩石和流体中的热能，分为四种：地热水或蒸汽、地压地热能、热干岩热能、岩浆地热能。迄今为止，只有热水型地热资源(分高温>150℃、中低温90~150℃和低温<90℃三类)已商业开发。全球地热能的经济可采量为500EJ/年。我国已探明的地热能储量达462.7Gtce，以中低温为主，可采储量估计为1854Mtce。目前中低温地热主要用于采暖、种植养殖、温泉浴和工业，利用容量1914MWt，年产能量4717GW·h，约0.4 Mtce；运行中的地热电站有5个，总装机容量27.78MW，技术还有待于进一步提高。

⑥海洋能。指海洋中蕴藏的可再生的自然能源，主要有潮汐能、波浪能、海水温差能、海流能和海水盐差能。特点是蕴藏量大、清洁，但能量分布随时空变化，投资大，有海水腐蚀，小生物附着，能量密度低等问题。潮汐发电与水力发电相似，是海洋能开采技术最成熟的，全世界潮汐电站总装机容量为256MW，技术已实用化。波浪发电总装机容量已超过8MW(主要用于海岛供电)与海流能发电均接近于实用，温差发电和盐差能技术尚处于实验阶段。我国已有小型潮汐电站7座，总容量5930kW，是世界上潮汐电站最多的国家。

(3)洁净煤技术　洁净煤技术是从煤炭开采到利用全过程中旨在减少污染和提高效率的煤炭加工、燃烧、转化和污染控制等一系列新技术的总称。煤炭占中国一次能源的67%，由于煤炭燃烧和利用技术比较落后，能源终端利用中煤炭所占比例过高及煤炭平均质量低等原因，煤炭的开采和利用引起严重的环境污染，发展洁净煤技术，可清洁、高效、合理地利用丰富的煤炭资源，改善能源终端消费结构，有效减少煤炭引起的环境污染。

8.5.1 洁净煤技术

我国是产煤和燃煤大国，虽然煤的储藏量居世界前列，但是人均占有量仅为世界人均煤炭占有量的1/2。我国一次性能源的开采量很高，我国的煤炭消费主要是发电，发电量占世界的8.6%，居世界第二位。据资料统计，世界一次能源消费结构中煤炭仅占26.7%，而我国煤炭要占71.6%以上，比世界平均值高45个百分点。因此，我国SO_2排放量居世界第一位，酸雨的覆盖面积已占国土总面积的40%。同样，CO_2的排放量仅次于美国，居世界第二位。即使如此，目前我国人均用能还处于较低水平，约1000kg/人·年，比美国的11000kg/人·年，日本、德国、俄罗斯等国的5000~6000kg/人·年，还有较大差距。可以预见，随着社会和技术的不断发展，以及人们对生活水平不断提高的企盼，人均用能量肯定要不断增加，据预测，2030~2050年间，我国人均用能将达2500~3000kg/人·年。也就是说，届时我国人均电力装机容量将比现在提高5倍，这也意味着到时候CO_2、SO_2、NO_x、TSP的排放量将急剧增加。对我国实际情况来说，到2030~2050年，不管按哪种情况分析，煤在一次能源中的比例总在50%以上，而且主要用于发电，估计占煤总产量的80%以上(目前用于发电的煤占煤总产量的33%)。因此，无论从SO_2、NO_x和悬浮颗粒的排放，还是从温室气体CO_2的排放角度看，目前的煤处理技术都是不可持续发展技术，尤其对我国来说，煤的预处理技术将是一个关系到21世纪环境生态保护的十分关键的技术。所以，从中国的现实出发，在一次能源以煤为主的情况下，如何构建资源、能源、环境整体化可持续发展能源系统，是从现在就要开始重点研究并逐步实施的战略性问题，也就是说，如何从国家多个行业集成的高度把清洁利用煤这篇大文章做好。

最近，倪维斗等提出以煤的气化为核心的多联产系统，将煤的清洁利用置于一个大系统工程之中，可谓是可持续发展能源系统的一个重要组成部分。目前，世界各国都已开始对此领域进行研究，寻求资源消耗少，能源转化率高，总体排放少的煤利用系统。美国能源部提出了展望21世纪能源系统，基本思想就是以煤的气化为龙头，利用合成气，一方面用以制氢供燃料电池汽车用，另一方面通过高温固体氧化物燃料电池和燃气轮机组成的联合循环转换成电能，能源利用效率可达50%~60%，排放少，经济性比现代煤粉炉高10%，流程见图8-31。

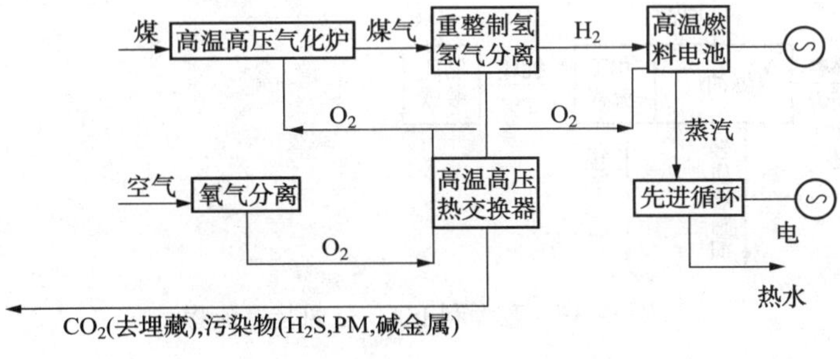

图8-31 21世纪能源展望系统

最近，Shell公司也提出了一个称为“合成气园”的煤气化利用的新概念，它以煤的气化或是以石油和渣油的气化为核心，所得的合成气用于IGCC发电、用一步法生产甲醇和化肥，并提供城市用煤气，流程见图8-32。

在石油化工企业中建立IGCC动力站，燃用厂内生产的廉价重质渣油、沥青、石油焦等，它既能为化工生产提供合成气，又能用于提供合成气生产所需的电能和蒸汽，使电能、热能的生产过程与化工过程有机地结合起来，化工生产和电能生产的成本降低，目

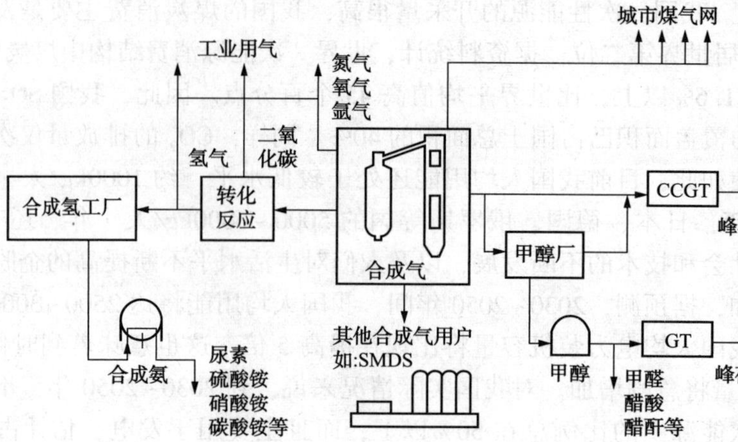

图 8-32 Shell 公司“合成气园”概念流程

前，世界上至少已有十几套该类装置在运转，其中最典型的是意大利 ISAB 公司的装置，其输出功率为 522MW，流程见图 8-33。

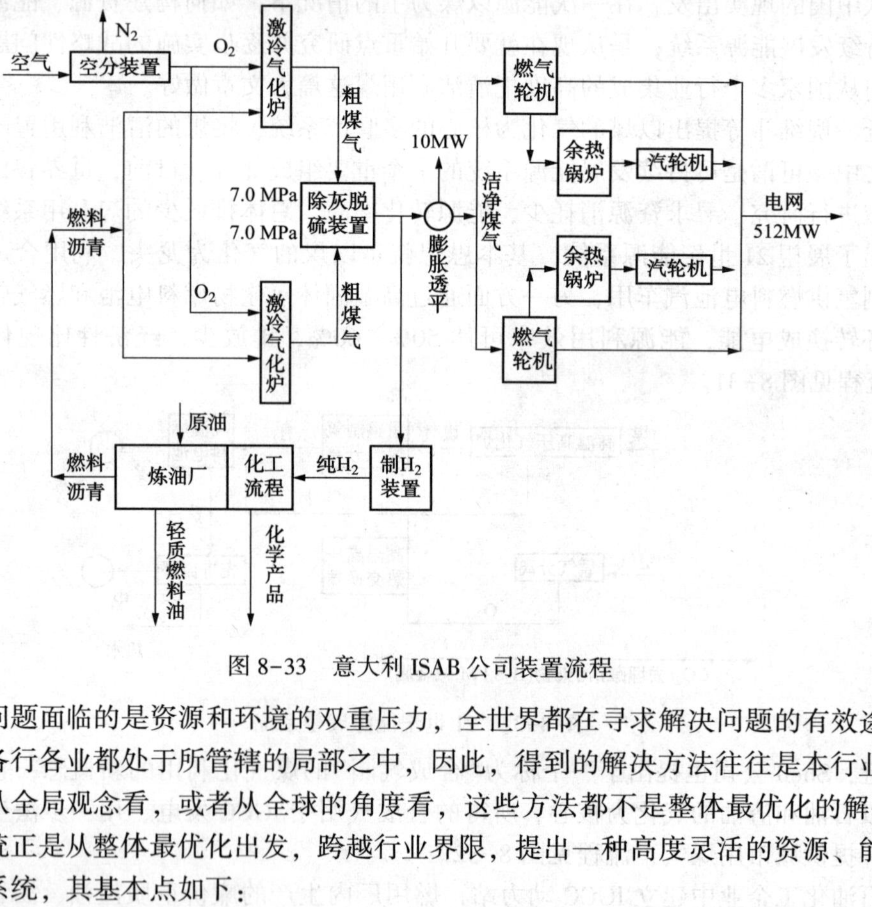

图 8-33 意大利 ISAB 公司装置流程

能源问题面临的是资源和环境的双重压力，全世界都在寻求解决问题的有效途径，但是，由于各行各业都处于所管辖的局部之中，因此，得到的解决方法往往是本行业内的最佳方案，从全局观念看，或者从全球的角度看，这些方法都不是整体最优化的解决方案。多联产系统正是从整体最优化出发，跨越行业界限，提出一种高度灵活的资源、能源、环境一体化系统，其基本点如下：

①以煤或石油焦或高硫重渣油为原料，用纯氧或富氧气化后生成的合成气，通过高温净化可得到高纯元素硫。

②合成气可用作城市煤气，大型发电，一步法生产甲醇，一步法生产液体燃料，生产合成氨、尿素、烯烃等化工原料，生产纯氢和纯二氧化碳。

整个框架思路可用图 8-34 来表述。

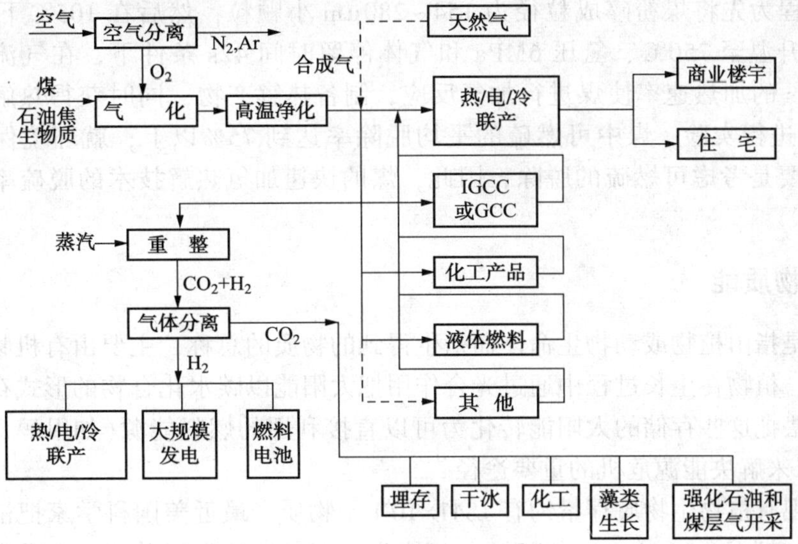

图 8-34　多联产系统框架流程

由图 8-34 可知，该系统的最核心部分是其产品——电、热、冷和化工产品，它们的生产过程在多联产系统中不是简单的叠加，而是有机的耦合和集成，从而比各自单独生产可以简化工艺流程，减少基本投资和运行费用，降低各个产品的价格，调节多个产品(尤其是发电)之间的“峰-谷”差，使得各流程优化运行。

框架图所示只是多联产系统的大框架，各相关系统之间的详细物质流、能量流、信息流以及多目标(技术、经济、资源利用、环境)优化，需通过复杂系统的研究，并根据当地的具体情况加以解决。

根据我国目前的情况，要实现煤的多联产系统还有许多工作要做，这涉及国家政策、各行业各部门利益以及总体规划，估计要有一段时间。因此，当前急需要做的是燃煤的清洁化，也就是我们常说的洁净煤技术。所谓洁净煤技术，就是将开采出来的煤经过一定程度的物理化学处理，使煤中有害物质的含量降低，以使煤在燃烧过程中排放的 SO_2 和 NO_x 大大减少，或者将煤转变成另一种形态，如水煤浆、气化或液化等，使燃烧更加充分。当然，在大力发展洁净煤技术的同时，还必须大力推广应用清洁燃烧技术，如循环流化床技术、超临界技术等。在当前，对一些在用燃煤设备，特别是大型火电厂，要做好烟气的脱硫工作。

最近，朱宏斌等报道了煤快速加氢热解脱硫技术，就是一种燃煤的预处理技术。我国煤矿的含硫量普遍较高，其中高硫煤产量超过 100Mt，煤的直接燃烧排放大量 SO_2 和 NO_x，是造成酸雨的直接原因，已成为环境污染的最突出问题之一。煤的快速加氢热解技术是以 10000℃/s 以上的升温速率加热煤，在 600~900℃和 3~10MPa 氢气中进行热解，在几秒钟内就能完成热解加氢，获得苯、甲苯和二甲苯等轻质芳烃，同时得到富甲烷的高热值煤气。该技术被称为介于煤气化和液化技术之间的第三种煤转化技术，在煤转化同时可以有效地同步脱除煤中有机硫和无机硫，使残留在热解半焦中的硫含量也显著降低。

工艺过程为先将煤粉碎成粒径为154~280μm小颗粒，然后在105℃下真空干燥2h脱除水分。升温至750℃、氢压6MPa和气体停留时间42s条件下，在气流床反应器中以10000℃/s的加热速率使煤进行加氢反应，制备热解产物，同时获得热解半焦。采用14种国产煤进行实验，煤中可燃硫的平均脱除率达到75%以上，就环境保护和生态建设而言，主要是考虑可燃硫的脱除，因此，煤的快速加氢热解技术的脱硫率应该是令人满意的。

8.5.2 生物质能

生物质是指由植物或动物生命体而衍生得到的物质的总称，主要由有机物组成，如树木与庄稼等。植物在生长过程中通过光合作用把太阳能以碳水化合物的形式存储起来，通过合适的方法把这些存储的太阳能转化为可以直接利用的燃料能源(如甲醇、乙醇、生物柴油等)是未来解决能源危机的重要途径。

地球上现有植物生物质存量约有1841×10^9t干物质，最近美国科学家把植物生物质资源称作“生物矿”(bio-ore)。这种“矿”年年再生，正是地球生态系统为人类准备的取之不尽，用之不竭的巨大能源库。

虽然人类利用生物质已有很长历史，但用作能源时，直接燃烧的热值和能量利用率都较低，而且污染环境。因此，人类要重新依靠生物质作能源，就绝不能重新使用长期以来使用的粗放型老方法，而必须采用既充分利用资源，又不污染环境的绿色化学方法。

8.5.2.1 醇类燃料

最初的内燃机曾用乙醇作燃料，后来才被汽油和柴油取代。20世纪70年代的石油危机重新唤起了国际上对醇类燃料的重视。它们不产生污染，不增加大气层中CO_2的数量，还可以用可再生的生物质大量生产。然而，用粮食生产乙醇的成本居高不下。美国从20世纪就开始研究使用非粮食类生物质，如快速生长的树木(即速生林)、草类和废弃的农作物秸秆等，把它们中的纤维素和半纤维素转化为乙醇和甲醇。可以预见，在不久之后，在保护生态的要求和巨大的商业利润趋动下，用非粮食类生物质生产的醇类燃料必将得到广泛使用。目前国际上已开发出两类用非粮食类生物质中的木质纤维素制乙醇和甲醇的新工艺，一类是生物技术(发酵法)，它在预处理后利用生物酶催化降解木素、纤维素和半纤维素，再把后两者转化为乙醇；另一类是热化学方法，即在一定温度、压力和时间控制条件下将生物质转化成气态或液体燃料(甲醇，乙醇或氢气)。

植物生物质主要是由纤维素、半纤维素和木质素构成。而纤维素和半纤维素由碳水化合物构成，木质素则是由碳水化合物通过一系列生物化学反应合成的。碳水化合物一般分为三类：单糖、低聚糖和多糖。

单糖：多羟基醛或酮，是一类不能再水解为更小分子的碳水化合物，如葡萄糖、果糖、阿拉伯糖等。它们是晶体，溶于水，绝大多数具有甜味。

低聚糖：水解时生成2~10个单糖分子的碳水化合物统称为低聚糖。如蔗糖是由一分子葡萄糖与一分子果糖构成的二糖。因此，蔗糖水解得到一分子葡萄糖和一分子果糖。

多糖：水解时生成 10 个以上单糖分子的碳水化合物。淀粉和纤维素都是多糖。纤维素是由数千个葡萄糖分子聚合而成的多糖。多糖没有甜味。

纤维素由 *D*–葡萄糖通过 1，4′–*β*–糖苷键形成(图 8–35)，数千个葡萄糖分子以这种方式构成一个大分子，不同的分子通过氢键形成大的聚集结构。

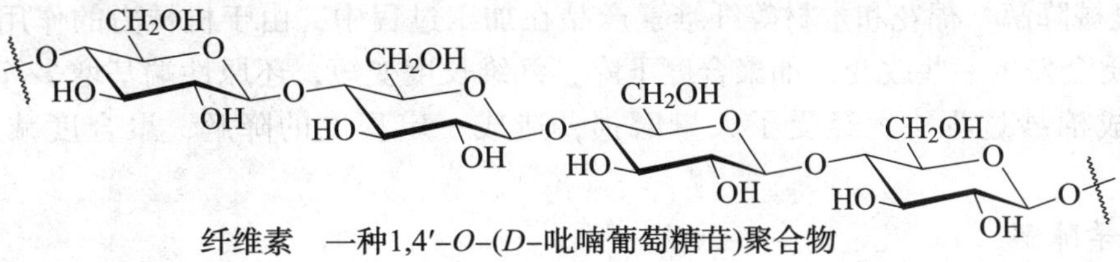

纤维素　一种1,4′-*O*-(*D*-吡喃葡萄糖苷)聚合物

图 8–35　纤维素

纤维素是由葡萄糖聚合而成，作为逆过程，纤维素降解会生成低聚糖、葡萄糖、乙醇等(图 8–36)。

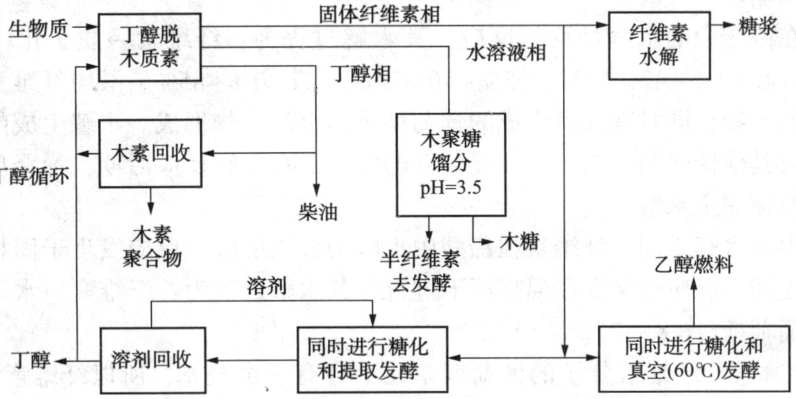

图 8–36　植物生物质的分解和降解

纤维素的降解有物理方法、化学方法和生物方法。物理方法主要包括：热降解、辐射降解和机械降解。化学方法主要包括：水解、氧化降解和光化学降解。生物方法主要是酶催化降解。

1. 物理降解

(1)热降解　纤维素及其衍生物在高温条件下，通过热反应生成各种小分子。纤维素在惰性气氛或真空条件下干馏，得到挥发性产物和油状产物。挥发性产物的组成受热解条件和加热速度的影响。如果先在 200℃以下预热，然后在 250～400℃加热，挥发物减少，油状物增加。如果迅速升温，并保持在 300℃以上，可得到左旋葡萄糖。如果迅速加热到 400℃以上，得到深度裂解的产物：水、二氧化碳、一氧化碳和其他小分子。

(2)辐射降解　当高能辐射作用于纤维素分子时，如果辐射量子的能量大于一个电子的结合能，纤维素分子中就会产生自由基，这个过程为辐射氧化。辐射氧化可引发分子链的断裂，从而使纤维素降解。辐射剂量越大，纤维素的降解也越完全。

用于纤维素降解的辐射源主要有γ-辐射源和电子束辐射源。常用的γ-辐射源是钴源(^{60}Co)。电子束辐射源主要包括各种加速器，如 van de Graff 加速器、直线加速器、Dynacote 加速器、Dynamitron 加速器等。

纤维素γ-辐照的降解产物主要有氢气、一氧化碳、二氧化碳、阿拉伯糖、葡萄糖、赤藓糖、葡萄糖酸、纤维素二糖、纤维素三糖、纤维素四糖、纤维素五糖、纤维素六糖、纤维素七糖、低聚糖等。

(3)机械降解　棉花和木材等纤维素产品在加工过程中，由于机械力的作用，其物理和化学性质会发生一些改变，如聚合度下降，纤维长度变短，还原性端基增多等。棉花纤维在加工成棉纱过程中，经受了大量磨损，造成一定程度的降解，聚合度减少了26%左右。

2. 化学降解

(1)水解　纤维素分子中的β-1，4′-糖苷键是缩醛结构，这类化学键在酸性条件下不稳定。在酸性水溶液中纤维素的糖苷键断裂，聚合度下降，还原性端基增加。这类降解反应被称为纤维素的酸性水解，纤维素的部分水解产物被称为水解纤维素，纤维素的完全水解产物是葡萄糖。

纤维素在浓酸中的水解是均相反应。其水解过程为：纤维素→质子化中间体→低聚糖→葡萄糖。在41%~42%盐酸，65%~70%硫酸，或80%~85%磷酸中纤维素水解，伴有葡萄糖分解的产物，同时有水解生成的葡萄糖重结合的产物形成。水解生成的单糖聚合成二糖、三糖或其他低聚糖。为了提高葡萄糖的收率，在水解反应后期，稀释反应液并升高温度，使低聚糖完全水解。

与浓酸中的水解不同，纤维素在稀酸中水解为多相反应。反应发生于固相纤维素与液相稀酸溶液之间，反应通常在高温高压下进行。其水解过程为：纤维素→水解纤维素→可溶性多糖→葡萄糖(图8-37)。

(2)氧化降解　纤维素分子的葡萄糖单元上含有三个羟基，所以纤维素容易被氧化，纤维素的氧化产物称为氧化纤维素。氧化纤维素的形式有：二醛、二酸、醛、羧酸、酮、二酮。氧化纤维素进一步反应，发生降解，可生成D-赤藓糖、乙二醛、酒石酸、醛酸等。

(3)光化学降解　纤维素的光降解分为直接光降解和光敏化降解两种。纤维素吸收光能使化学键断裂称为直接光解。引起纤维素分子中C—C键和C—O键断裂所需能量为80~90kcal/mol，打开C—H键所需能量为100kcal/mol。用频率为γ的单色光辐照样品时，其能量为$h\gamma$。根据计算，纤维素直接光解所需能量相当于$\lambda \leqslant 340$nm的紫外光。氧气的存在有利于直接光解，水蒸气的存在可抑制纤维素的直接光解。纤维素直接光解引起强度下降，聚合度下降，溶解度和还原性增加。光解产生的挥发性组分有氢气、一氧化碳和二氧化碳等。

酶催化降解

纤维素的化学降解大量使用酸、氧化剂、敏化剂等化学试剂，选择性差，降解过程有许多副产物产生，且降解反应条件较为苛刻，后处理困难。而酶催化将纤维素水解成葡萄糖，选择性高，反应条件温和，环境友好，是理想的洁净工艺。常用的葡萄糖水解酶主要有三种：内切-β-葡聚糖酶，外切-β-葡聚糖酶和β-葡糖苷酶。结晶纤维素被内切-β-葡

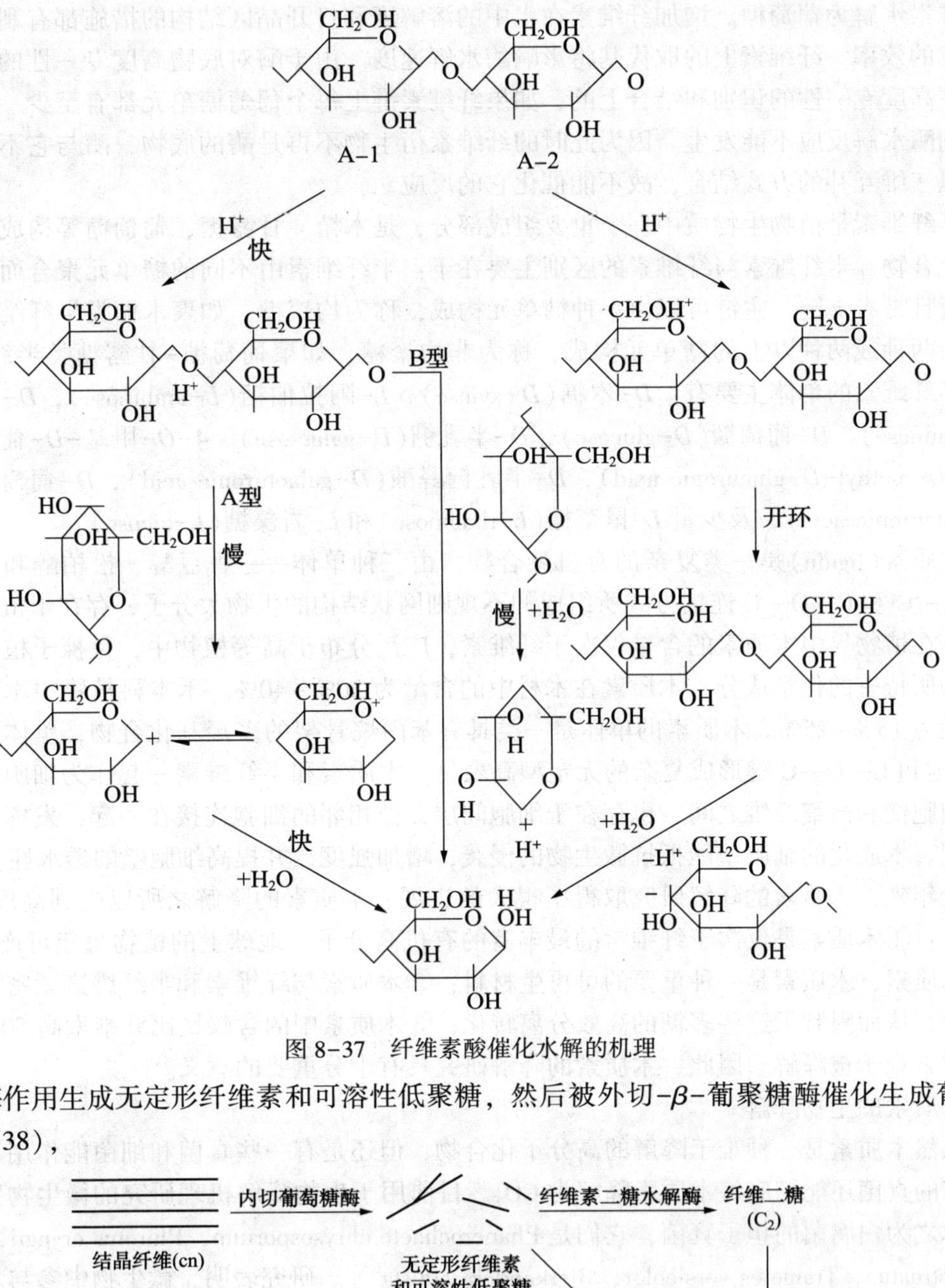

图 8-37　纤维素酸催化水解的机理

聚糖酶作用生成无定形纤维素和可溶性低聚糖，然后被外切-β-葡聚糖酶催化生成葡萄糖（图 8-38），

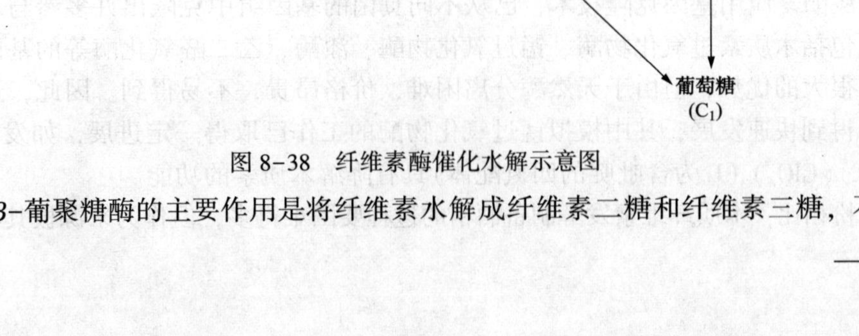

图 8-38　纤维素酶催化水解示意图

内切-β-葡聚糖酶的主要作用是将纤维素水解成纤维素二糖和纤维素三糖，不能直接

将纤维素水解为葡萄糖。增加纤维素在水中的溶解度和打开晶区结构的措施都有利于提高酶水解的效率。纤维素上的取代基将影响酶水解速度。由于酶对底物高度专一性的催化是建立在高度专一性的识别和结合上的，如果纤维素链上每个葡萄糖单元都有至少一个取代基，则酶水解反应不能发生。因为此时的纤维素衍生物不再是酶的底物，酶与它不能在空间上以三维互补的方式结合，故不能催化它的反应。

半纤维素是植物生物质中一个重要组成部分，是木糖、甘露糖、葡萄糖等构成的一类多糖化合物。半纤维素与纤维素的区别主要在于：半纤维素由不同的糖单元聚合而成，分子链短且带有支链，主链可以由一种糖单元构成，称为均聚糖，如聚木糖类半纤维素；也可以由两种或两种以上的糖单元构成，称为非均聚糖，如聚葡萄糖-甘露糖类半纤维素。构成半纤维素的单体主要有：*D*-木糖(*D*-xylose)，*L*-阿拉伯糖(*L*-arabinose)，*D*-甘露糖(*D*-mannose)，*D*-葡萄糖(*D*-glucose)，*D*-半乳糖(*D*-galactose)，4-*O*-甲基-*D*-葡萄糖醛酸(4-*O*-methyl-*D*-glucuronic acid)，*D*-半乳糖醛酸(*D*-galacturonic acid)，*D*-葡萄糖醛酸(*D*-glucuronic acid)，及少量*L*-鼠李糖(*L*-rhamnose)和*L*-岩藻糖(*L*-fucose)。

木质素(lignin)是一类复杂的有机聚合物，由三种单体——香豆醇、松柏醇和芥子醇通过C—C和C—O—C连接方式所组成的不规则网状结构的生物大分子，存在于植物细胞壁中。在植物界中木质素的含量仅次于纤维素，广泛分布于高等植物中，是裸子植物和被子植物所特有的化学成分，木质素在木材中的含量为20%~40%。禾本科植物中木质素含量一般为15%~25%。木质素的单体是一类具有苯丙烷骨架的多羟基化合物，单体间通过C—C键和C—O—C键形成复杂的无定型高聚物。木质素和半纤维素一起作为细胞间质填充在细胞壁和微细纤维之间，也存在于细胞间层，把相邻的细胞连接在一起，发挥木质化的作用。木质化的细胞壁能抵抗微生物的侵袭，增加强度，并提高细胞壁的透水性。

近年来，木质素的降解研究取得了很大的进展。木质素的降解之所以受到高度重视，是因为：①木质素是仅次于纤维素的最丰富的有机高分子，地球上的植物每年可产生250亿吨木质素，木质素是一种重要的可再生材料；②木质素与纤维素和半纤维素紧密地结合在一起，从而限制了这些多糖的高效分离转化；③木质素中的含碳量比纤维素高50%，而且木质素难于被降解。因此，木质素的降解研究具有十分重要的意义。

木质素的生物降解

虽然木质素是一种难于降解的高分子化合物，但还是有一些真菌和细菌能作用于木质素，有的真菌还能彻底将木质素降解为CO_2。目前用于生物降解机理研究的微生物主要是一类称之为白腐菌的担子真菌，它们是Phanerochaete chrysosporium，Plurotus eryngii，Pleurotus ostreatus，Trametes versicolor，Bjerkandera adusta等。研究表明，微生物中参与木质素降解的酶种类很多，其中最重要的酶有三类：木质素过氧化物酶(Lip)、锰过氧化物酶(Mnp)和漆酶。应用基因克隆技术，已从不同真菌的基因组中克隆出许多参与木质素降解的基因，包括木质素过氧化物酶、锰过氧化物酶、漆酶、乙二醛氧化酶等的基因。酶催化降解具有很大的优势，但由于天然酶分离困难，价格昂贵，不易得到。因此，近年来仿酶催化技术得到快速发展，其中模拟锰过氧化物酶的工作已取得一定进展，如发现$(L)Mn^{+3}O_2Mn^{+4}(L)(ClO_4)_3$(L为含吡啶的四氮配体)具有降解木质素的功能。

与淀粉相比，木质纤维素发酵制备酒精的过程要困难得多，但作为来源极其丰富的天然资源，以木质纤维素为原料通过发酵制备酒精的努力仍在不断进行着。过去二十年中，用发酵法把植物中的木质纤维素转化为糖类物质的工作进展迅速。它的主要难题是纤维素被难以降解的木质素所包裹，纤维素本身也存在复杂的结晶结构，使纤维素降解酶难以起作用。为此需要采取一些预处理措施，使木质纤维素的结构能适于随后的酶降解，如高压热水、稀酸、低温浓酸、酸催化的蒸汽水解、蒸汽爆碎、液氨爆碎、碱水解及使用非离子表面活性剂等。但是这些方法往往存在能耗大、成本高、催化剂不能循环利用、产生毒性副产物、污染环境等问题，而未能得到广泛采用。开发廉价高效的木质纤维材料预处理技术已成为新工艺成败的关键之一。近年来发展迅速的蒸汽爆碎、稀酸预处理等技术可高效破坏植物纤维结构，提高微生物的降解转化速率。通过优化处理条件，可使秸秆等纤维废物的酶解率超过 90%。图 8-39 为以生物质为原材料，通过发酵方法制备乙醇的工艺流程示意图。

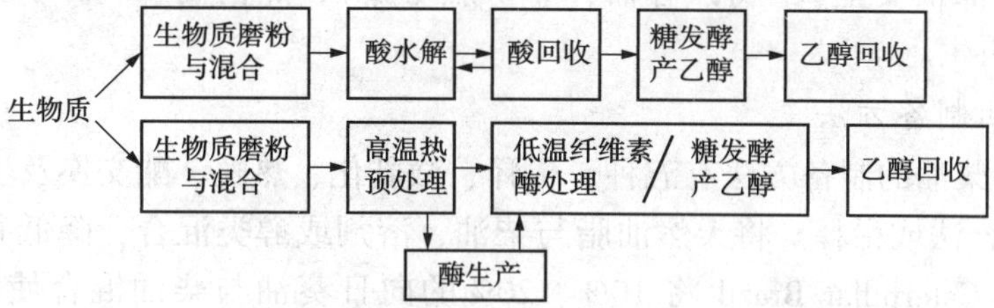

图 8-39　发酵法乙醇制备流程示意图

半纤维素通常占植物纤维原料的 10%~40%。半纤维素很容易被水解，其水解产物往往含大量戊糖(主要是木糖和少量阿拉伯糖)。戊糖一般不能被通常的酿酒酵母发酵成酒精。因此，戊糖的高效率发酵转化也是实现生物质转化工艺实用化的一个技术关键。自然界中存在一些能发酵木糖为酒精的菌(如管囊酵母 Pachysolen tannophilus、树干毕赤酵母 Pichia stipitis、休哈塔假丝酵母 Candida shehatae 等)，但这些菌株往往存在产酒精需要严格控制的微好氧条件、耐受高浓度酒精及预处理产生的毒性物质的能力差等弱点。因而，许多研究机构都开展了利用代谢工程手段构建高效木糖发酵菌的研究。在构建能发酵木糖的运动发酵单胞菌(Zymomonas mobilis)、大肠杆菌(E. coli)方面，都已有了成功的例子。工艺流程见图 8-40。

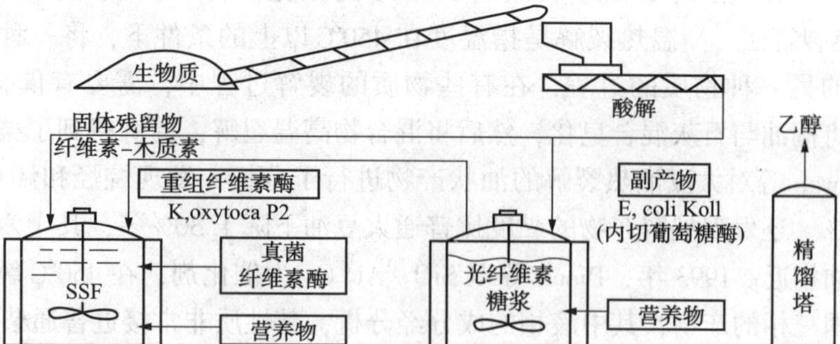

图 8-40　木质纤维素发酵生产乙醇工艺图

8.5.2.2 生物柴油

生物柴油是指以油料作物、野生油料植物和工程微藻等水生植物油脂，以及动物油脂、废餐饮油等为原料油通过酯交换工艺制成的甲酯或乙酯燃料，这种燃料可供内燃机使用。生物柴油(Biodiesel)因其环境污染物质释放量少、对环境污染少(相对矿物能源而言)、使用安全(相对核能而言)、使用范围广(相对风能、地热能而言)以及可进行生物降解，成为当今国际上新能源开发的热点。

除上述优点外，生物柴油还具有现实效益高的特点：①原料来源广泛，可利用各种动、植物油作原料；②生物柴油作为柴油代用品使用时柴油机不需作任何改动；③可得到经济价值较高的副产品甘油以供化工品、医药品等市场；④相对于石化柴油，生物柴油储存、运输和使用都很安全(不腐蚀容器，非易燃易爆)，热值高(一般可达石化燃料油的80%)，原料可再生。

1. 生物柴油制备方法

目前，生物柴油的制备方法有五种：稀释、微乳化、热解、酯交换及生物技术方法。

(1)直接混合法或稀释　将天然油脂与柴油、溶剂或醇类混合，降低其黏度，提高挥发度。1980年，Caterpillar Brazil将10%、20%的向日葵油与柴油混合使用获得了成功。1983年，Amans等将脱胶的大豆油与2#柴油分别以1∶1和1∶2的比例混合，在直接喷射涡轮发动机上进行600h的试验。当两种油品以1∶1混合时，会出现润滑油变浑以及凝胶化现象，而1∶2混合时不会出现这样的现象，可以作为农用机械的替代燃料。

(2)微乳液法　将动植物油与甲醇、乙醇等溶剂混合成微乳状液的研究，可以有效降低动植物油的黏度。微乳状液是一种透明的、热力学稳定的胶体分散系。1982年Georing等用乙醇水溶液与大豆油制成微乳状液，这种微乳状液除了十六烷值较低外，其他性质均与2#柴油相似。Neuma等使用表面活性剂(主要成分为豆油皂质、十二烷基磺酸钠及脂肪酸乙醇胺)、助表面活性剂(成分为乙基、丙基和异戊基醇)、水、炼制柴油和大豆油为原料，开发了可替代柴油的新微乳状液体系，其中组成为柴油3.160g，大豆油0.790g，水0.050g，异戊醇0.338g，十二烷基碳酸钠0.676g的微乳状液体系的性质与柴油最为接近。

(3)高温热裂解法　高温热裂解是指温度在450℃以上的条件下，将一种大分子物质裂解为较小分子的另一种物质的过程，在有些物质的裂解过程中，需要有催化剂。1947年，Wan和Chang将桐油与石灰混合皂化，然后将混合物高温裂解，提炼得到了柴油和少量的汽油及煤油。Schwab等对大豆油热裂解的油状产物进行了分析，发现烷烃和烯烃的含量很高，占总质量的60%。还发现裂解产物的黏度比普通大豆油下降了30%多，其十六烷值和热值等指标与普通柴油相近。1993年，Pioch等以SiO_2/Al_2O_3为催化剂，在450℃裂解椰油和棕榈油，得到气液固三相的产物，其中液相的成分经分析，其性质非常接近普通柴油。

(4)酯交换法　酯交换法是目前生产生物柴油的主要方法。各种天然的植物油和动物脂肪以及餐饮业的废弃油，都可以作为酯交换生产生物柴油的原料。甲醇是最常用于酯交换的醇，这是由于甲醇的价格低，碳链短、极性强，酯交换反应快，且碱性催化剂易溶于甲醇。酸和碱是最常使用的催化剂。油脂在酸、碱或脂肪酸酶的催化下能与甲醇发生如下反应：

$$
\begin{array}{l} CH_2OCOR_1 \\ | \\ CHOCOR_2 \\ | \\ CH_2OCOR_3 \end{array} + 3(CH_3OH) \longrightarrow \begin{array}{l} CH_2OH \\ | \\ CHOH \\ | \\ CH_2OH \end{array} + \begin{array}{l} R_1COOCH_3 \\ \\ R_2COOCH_3 \\ \\ R_3COOCH_3 \end{array}
$$

副反应为油脂与碱的反应：

$$
\begin{array}{l} CH_2—OCO—R \\ | \\ CH—OCO—R \\ | \\ CH_2—OCO—R \end{array} + 3NaOH \longrightarrow \begin{array}{l} CH_2—OH \\ | \\ CH—OH \\ | \\ CH_2—OH \end{array} + 3R—COONa
$$

原料油脂中如果含有脂肪酸，则发生下述反应：

$$R—COOH+CH_3OH \longrightarrow R—COOCH_3+H_2O$$

从反应的复杂程度来看，油脂与甲醇进行的酯交换反应过程较为简单，没有水的生成。由于脂肪酸与甲醇反应生成了水，在反应体系中，稀释了反应物甲醇的浓度。在甲酯化反应中，要保持反应速率，甲醇浓度是非常重要的。甲醇浓度降低会使甲酯产量大大降低，并使反应速度也随之降低，反应时间延长。因此，在反应中保持甲醇浓度在98%以上是很重要的。为了保证甲醇的浓度，需要把原料油中的脂肪酸除去。通过酯交换反应，可以使天然油脂(甘油三酸酯)的分子量降至原来的1/3，黏度降低到1/8，同时也提高了燃料挥发度。生产出来的生物柴油的黏度与普通柴油接近，十六烷值达到50。

传统的生物柴油生产工艺是两步法，即酯交换反应和产品提纯。酯交换反应中甲醇用量越多，产率越高，但产品分离困难。以精炼油脂为原料的生产工艺是：碱性催化剂，反应温度60~70℃、反应压力0.1MPa，醇油比为6∶1。反应产物经静置分层，上层为甲酯层，下层为甘油。如果采用毛油作原料，德国的Henkel公司采用高压工艺操作：将过量甲醇、毛油和催化剂预热至240℃，在压力为9MPa的反应器中进行反应，将反应产物中的甘油和甲酯进行分离。甘油相经过中和提纯后得到甘油，同时回收的甲醇可重新在酯交换过程中使用。甲酯相进行水洗，以除去残留的催化剂、溶解皂和甘油，然后再经过分离塔加以分离。随后以稀酸洗涤，除去残留皂。再经过蒸发，除去醇和皂化物等，最后得到成品。

(5)生物技术生产生物柴油　化学法合成生物柴油有以下缺点：工艺复杂，能耗高，产品色泽深、副产物难于回收、成本高、对环境有污染。生物技术采用生物酶合成生物柴油，即用动物油脂和低碳醇通过脂肪酶进行转酯化反应，制备相应的脂肪酸甲酯及乙酯。脂肪酶是一种很好的催化醇与脂肪酸甘油酯进行酯交换反应的催化剂。酶作为一种生物催化剂，具有高的催化效率和经济性，酶法合成生物柴油具有条件温和、醇用量小、无污染排放的优点。但目前最大的问题是：脂肪酶只对长链脂肪醇的酯化或转酯化有效，而对甲醇或乙醇等转化率低，一般仅为40%~60%。而且，甲醇、乙醇及酯交换反应的副产物甘油，都对脂肪酶呈现毒性，使酶的寿命缩短。

2. 酯交换制备生物柴油工艺

(1)催化剂选择　用于酯交换的催化剂主要有酸性催化剂、碱性催化剂及生物酶等。酸性催化剂活性小，破坏油脂。碱性催化剂主要有NaOH和KOH，价格便宜。生物酶在甲醇中容易变性失活，目前要在工业上应用也还比较困难。

(2)工艺流程　目前，大部分工厂均采用两步法工艺，并根据生产能力的不同，分间歇式和连续式两种生产方式。

①间歇式酯交换制备生物柴油工艺。间歇式酯交换制备生物柴油工艺分为四个步骤：酯交换、分离、甲醇的回收、甘油的回收，其工艺流程如图8-41所示。

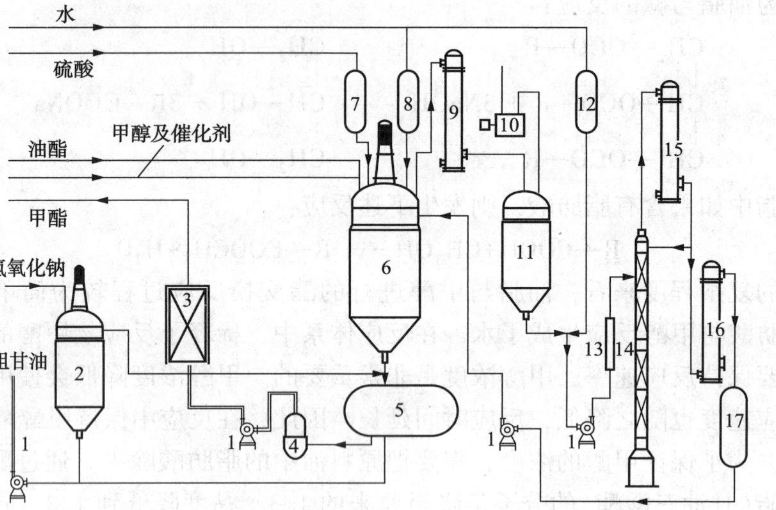

图8-41　间歇式酯交换制备生物柴油工艺流程图

1—泵；2—中和罐；3—过滤器；4—过滤器；5—沉淀罐；6—反应罐；7—计量罐；8—计量罐；9—计量罐；10—真空泵；11—甲醇罐；12—计量罐；13—加热器；14—精馏塔；15—冷凝器；16—冷凝器；17—甲醇罐

酯交换：

将经过计量的油脂、甲醇、催化剂装入反应罐，其中甲醇为油脂质量的12%~14%，催化剂为油脂质量的0.8%左右。物料在搅拌下加热，压力0.5~0.6MPa，温度到160℃时，反应2~3h。

分离：

反应物料降温到90~100℃，消除压力，加入为油脂质量0.8%~0.9%的硫酸，将产生的肥皂分解。在物料中加入一定量水，以促使甘油与甲酯分离。加入水后，让物料静置沉淀一段时间，将反应罐底部的甘油水排出，然后把甲脂放至沉淀罐。

甲醇的回收：

减压蒸发甲醇，甲醇蒸气在冷凝器中冷凝后回收入甲醇储罐，加入为油脂质量0.3%~0.4%的氢氧化钠中和甲醇中的酸性，然后甲醇用泵送到甲醇精馏塔精馏，分离出的水由精馏塔底部排出。

甘油的回收：

甘油的回收利用和油脂水解废水及制皂废水中的甘油回收工艺基本相同：

含甘油废水→废水净化→稀甘油水溶液浓缩→粗甘油精制→成品甘油

a. 净化：目前有化学法、离子交换法和电处理法，但化学法是工业生产中最常用的是废水→石灰乳处理→过滤→脱胶→过滤→碱处理→过滤→稀甘油水溶液工艺设备流程见图8-42。

b. 浓缩：经净化处理的溶液中甘油含量很低，还含有很多盐分，必需经过蒸发脱水浓缩，析出盐分，使溶液中甘油含量达到80%左右，成为粗甘油。工艺设备流程见图8-43。

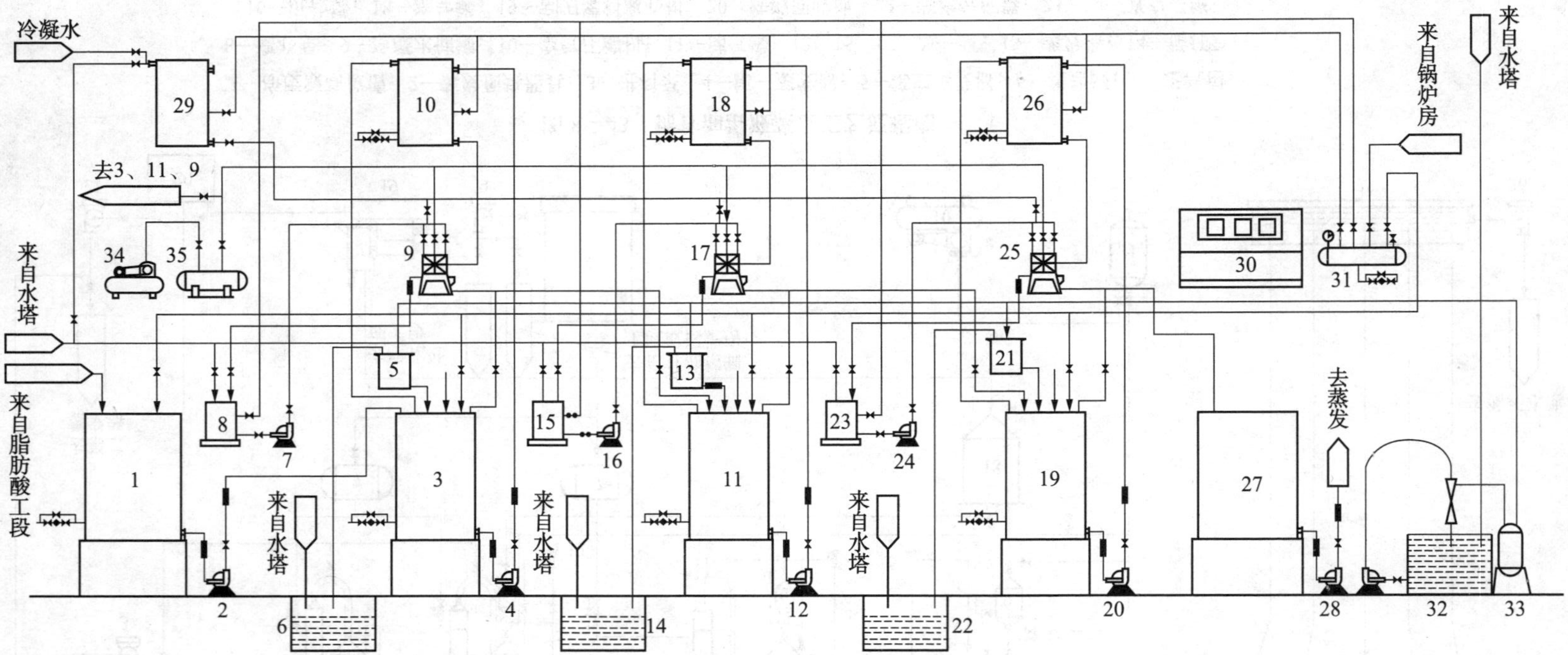

图 8-42　油脂水解废水净化处理

1—粗废液储罐；2，4，7，12，16，20，24，28—泵；3—脱酸罐；5—脱酸剂高位计量器；6—脱酸剂配备池；8—碱性回笼水罐；9，17，25—压滤机；10，18，26，29—高位储槽；11—脱胶罐；13—絮凝剂高位计量器；14—絮凝剂配备池；15—酸性回笼水罐；19—碱处理罐；21—高位计量器；22—配备池；23—回笼水罐；27—净化液储罐；30—工业洗衣机；31—蒸汽包；32—水喷射真空泵；33—真空平衡罐；34—空气压缩机；35—储气罐；

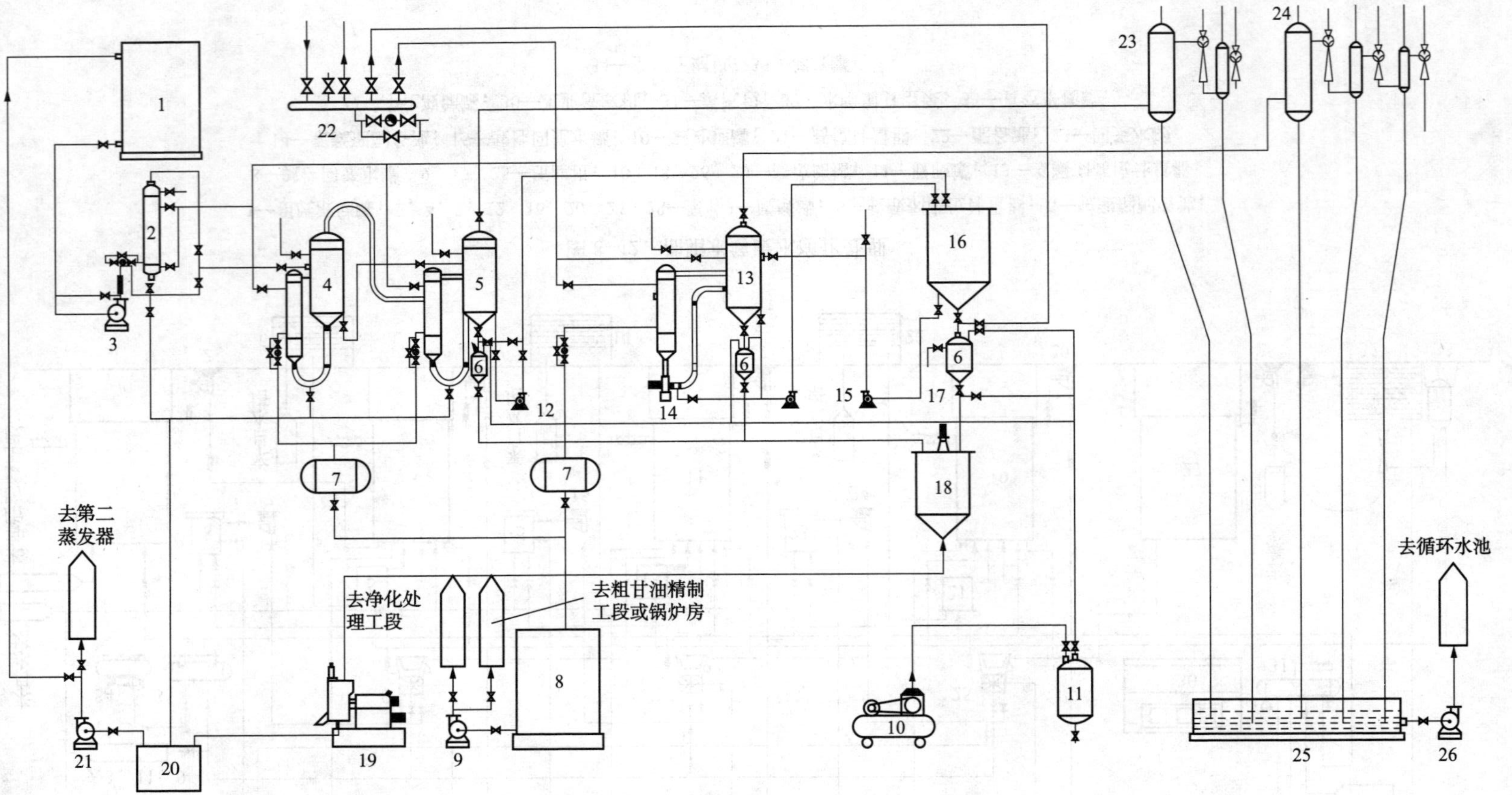

图 8-43　稀甘油溶液蒸发工艺流程图

1—净废液高位槽；2—蒸发预热器具；3—进料泵；4—第一蒸发器；5—第二蒸发器；6—集盐罐；6—乏汽包；8—离心泵；9—冷凝水储罐；10—空气压缩机；11—储气罐；12，15，17，21—泵；13—蒸发器；14—循环泵；16—沉盐罐；18—洗盐罐；19—刮刀罐料离心机；20—洗液回收池；22—蒸汽分配器；23，24—真空系统；25—水封池；26—循环水泵

c. 粗甘油精制：经过浓缩的粗甘油还含有少量水分及有机和无机杂质，必须进行精制。根据成品甘油的不同用途，可以采用不同的精制工艺。一般分为蒸馏、脱色精制、精馏、离子交换等。工业级甘油生产可采用蒸馏、脱色精制工艺。如果是生产食用级和药用级甘油，则必须增加离子交换工序，才能保证甘油符合质量标准。

图 8-44 是由 Herkel 公司开发的粗甘油精馏脱色工艺，该工艺能直接将低级粗甘油生产出药用级甘油。

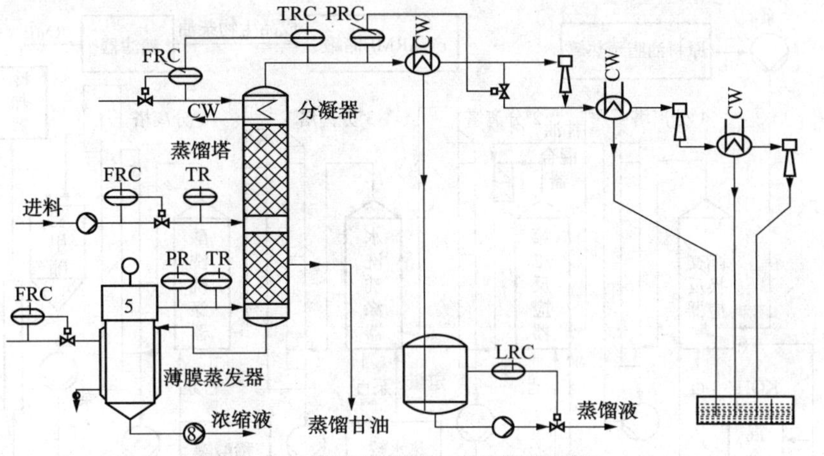

图 8-44　粗甘油蒸馏工艺设备流程图

图 8-45 是生产药用级甘油的连续蒸馏工艺。

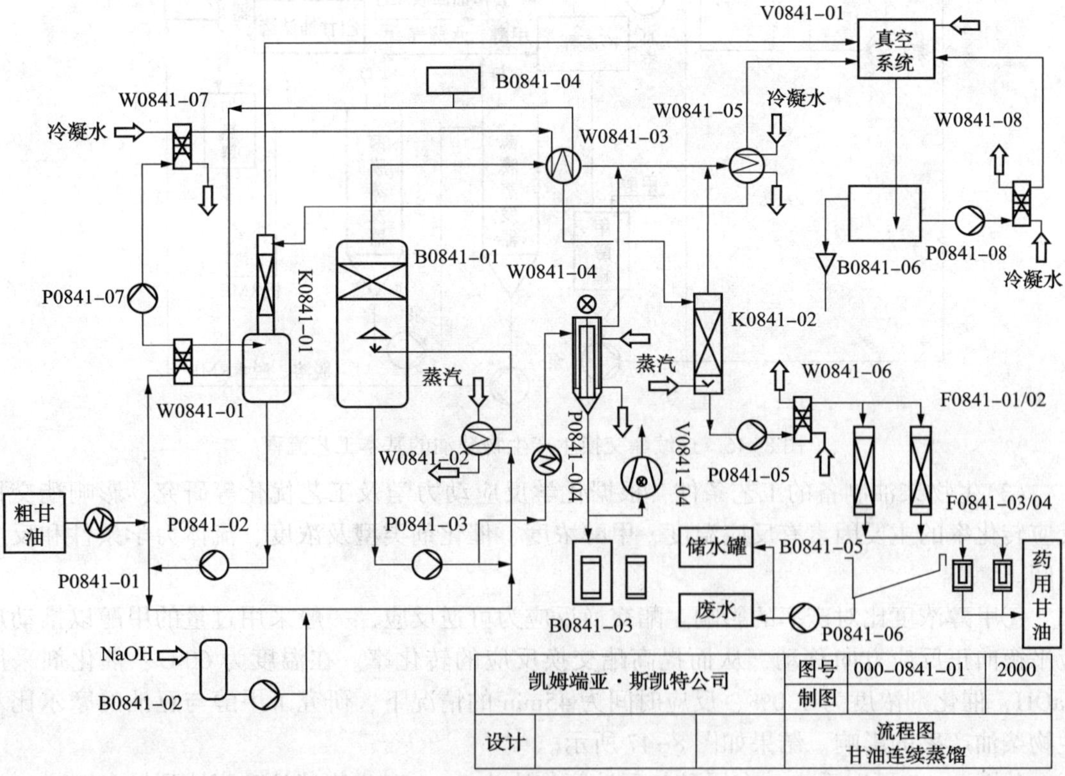

图 8-45　粗甘油连续蒸馏工艺简图

本工艺对原料要求：粗甘油中甘油含量≥80%，盐含量7%~10%，水约7%，皂含量1.5%~3%。产品甘油质量：纯度99.7%，相对密度(25℃/25℃)1.263，灰分<100mg/kg，重金属最大2mg/kg，氯化物最大10mg/kg。

②连续酯交换制备生物柴油工艺。连续酯交换制备生物柴油工艺是利用植物油通过酯交换法制备生物柴油的典型工艺，其产量大，能连续不断地生产生物柴油，基本工艺流程见图8-46。

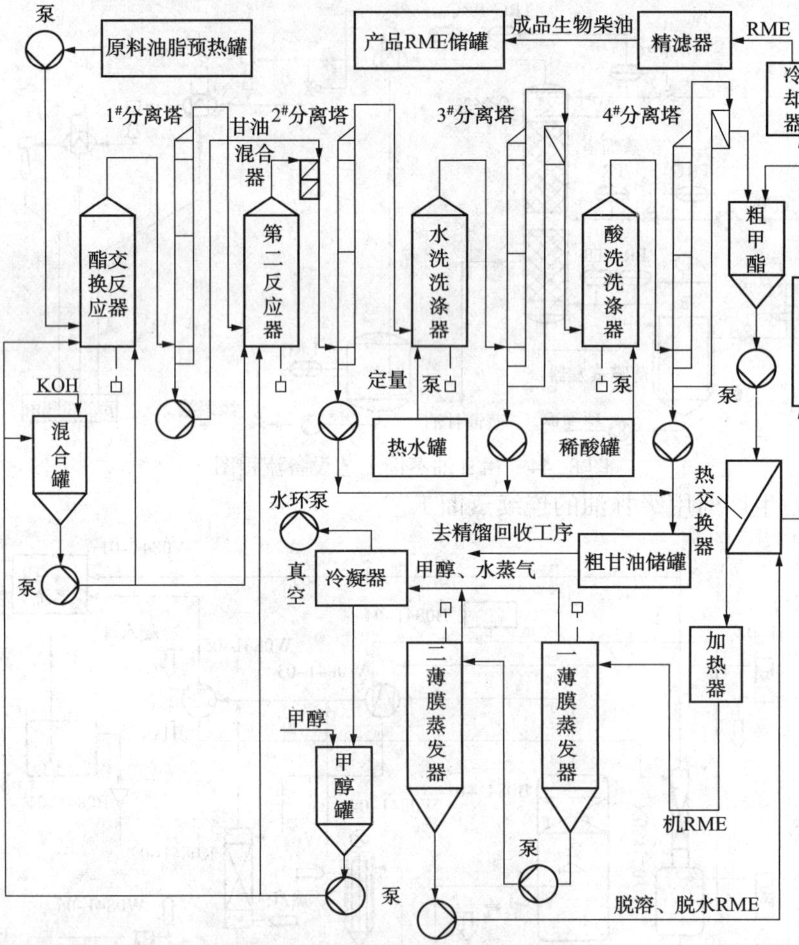

图8-46 连续酯交换生产生物柴油的基本工艺流程

(3)生物柴油制备的工艺条件 根据化学反应动力学及工艺优化等研究，影响酯交换反应转化率的主要因素有反应温度、甲醇浓度、催化剂类型及浓度、流体力学条件和反应时间。

①甲醇浓度比对产率的影响。酯交换反应为可逆反应，一般采用过量的甲醇以推动反应平衡向正反应方向移动，从而提高酯交换反应的转化率。在温度为60℃、催化剂采用NaOH，催化剂浓度为1.0%、反应时间为45min的情况下，研究了甲醇与豆油的摩尔比对生物柴油产率的影响。结果如图8-47所示。

从图8-47可以看出，在甲醇与豆油摩尔比为6：1时生物柴油产率达到最大85.0%。

②反应时间对生物柴油产率的影响。在甲醇/豆油的摩尔比在 6∶1、反应温度为 60℃时、以 NaOH 为催化剂，不同催化剂浓度下，生物柴油产率随反应时间的变化见图 8-48。

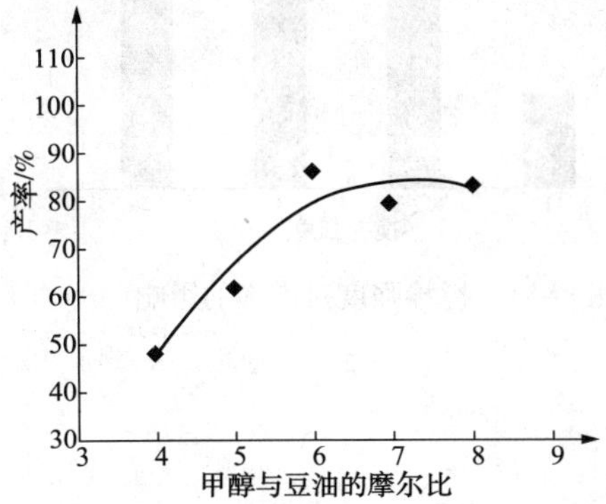

图 8-47　甲醇浓度对产率的影响

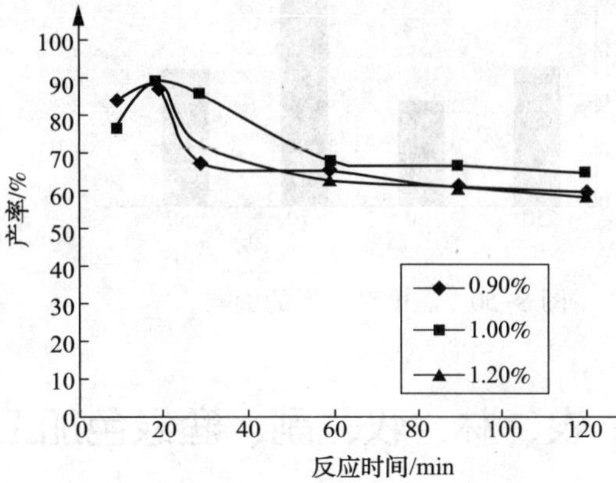

图 8-48　不同储化剂浓度下产率随反应时间的变化

从图可看出，在开始阶段，随着反应时间增加，产率明显的上升，但当反应时间超过 20min 以后，产率反而有所下降。随着反应时间的延长，产率逐渐趋于一个稳定值。因此，应当控制反应时间在 20min 左右。

③催化剂浓度对产率的影响。在反应时间为 20min、甲醇/豆油摩尔比为 6∶1、反应温度为 60℃，NaOH 为催化剂，在不同的催化剂浓度下，生物柴油的产率如图 8-49 所示。

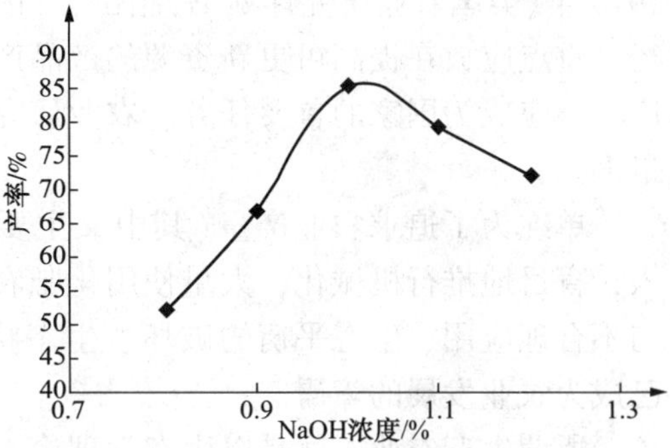

图 8-49　反应产率随催化剂(NaOH)浓度的变化

从图 8-49 可以看出，当催化剂 NaOH 的浓度在 0.8%~1.0%时，随着催化剂 NaOH 浓度的升高，生物柴油的产率也明显升高。但是当 NaOH 的浓度超过 1.1%之后，产率又有所降。因此，在实际应用中，催化剂 NaOH 浓度应保持在 0.95%~1.05%之间，以获得较高的产率。

④温度对反应产率的影响。酯交换反应存在一个最佳反应温度。温度低会使反应减慢，产率低；温度过高会使甲醇挥发加快，降低液相中的甲醇浓度，导致产率的降低。图 8-50 反映了不同反应温度下产率情况。

从图 8-50 可以看出，温度对生物柴油产率的影响并不是很大。因此，在实际的操作过程中可以选取较低反应温度，这样不仅不会对反应造成太大的影响，而且可有效地避免甲醇挥发而导致的产率降低，减少能量消耗。

⑤搅拌强度对产率的影响。搅拌强度增强，传质作用增强，产率明显增加，见图 8-51。

因此，最佳工艺条件为：强搅拌、NaOH 浓度 1.0%~1.2%，甲醇/豆油比(5∶1)~(6∶1)，反应时间 20~30min，反应温度 50~60℃。

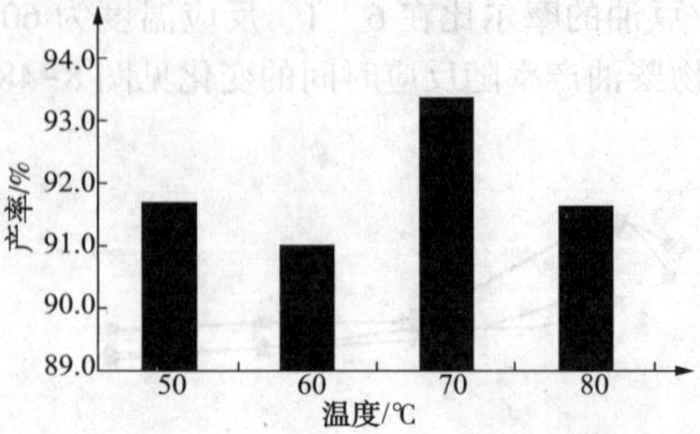

图 8-50　温度对产率的影响

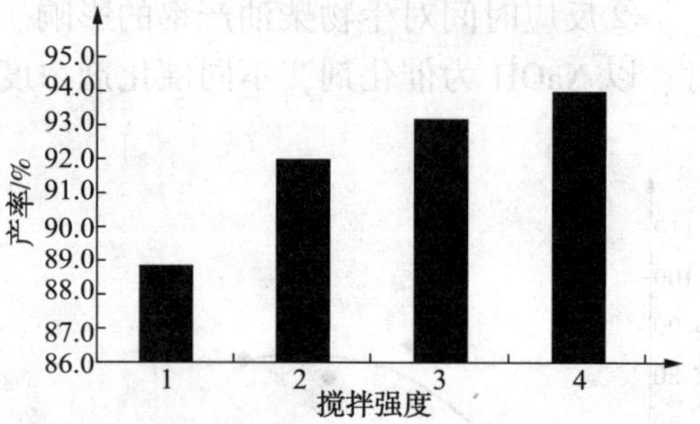

图 8-51　搅拌强度对产率的影响

8.6 农、林、牧、副、渔绿色加工工艺

8.6.1 生态农业

农业生产的根本目的，是生产出足够的粮食及其他副产品，以满足人类不断增长的需要，这是一个关系到人类吃饭、穿衣的大问题，是人类社会经济生活中最重要的一部分。1975 年《美国农业研究计划书》指出，“改造农业技术是世界大幅度提高粮食产量的唯一途径。重点应放在提高可更新资源的产品产量上，增加可更新资源对食物、饲料和工业的生产力，应成为国家的首要任务。农业研究上要求投入不可更新的资源最少，而获得的产量最多。”

单纯为了追求农业产量(其中又主要是粮食产量)，而片面地向农业进行高能量的输入，盲目地推行机械化，大量使用化肥农药由此造成的问题也相当严重。资源的超量开采与不合理应用、生态平衡的破坏、生态状况的恶化、环境污染等均达到十分严重的程度，已成为农业发展的障碍。

所谓生态农业，就是以生态学理论为依据，在某一定的区域内，因地制宜地规划、组织和进行农业生产。也可以说，生态农业就是要按照生态学原理，建立和管理一个生态上自我维持的低输入、经济上可行的农业生产系统，该系统能在长时间内不对其周围环境造成明显改变的情况下具有最大的生产力。生态农业以保持和改善该系统内的生态动态平衡为总体规划的主导思想，合理地安排生产结构和产品布局，努力提高太阳能的固定率和利用率，促进物质在系统内部的循环利用和多次重复利用，以尽可能减少燃料、肥料、饲料和其他原材料的输入，以求得尽可能多的农、林、牧、副、鱼产品及其加工制品的输出，从而获得生产发展、生态环境保护、能源的再生利用、经济效益四者统一的综合性效果。

生态农业基地不仅是能量转化效率较高的农业生产场所，而且能起到维护自然生态平衡、保护环境、净化污染、提高氧气库的作用，提高生物能的利用效率和物质循环利用的效率，从而创造一个优美、舒适、文明和高功能的生存环境，实现社会和经济的可持续发展。

生态农业必须符合下列最基本的生态学要求。第一，生产结构的确定、产品布局的安排等都必须切实做到因地制宜，与当地的环境条件相匹配；第二，在能量和物质的利用上，要做到有取有补，维护生态平衡；第三，在利用可更新资源的同时，不可超过其可更新程度，同时要注意抚育和增殖自然资源，使整个生产的发展走向良性循环；第四，对不可更新资源的利用，应减少到最低程度。

生态农业是全面规划，相互协调的整体农业。生态农业的出发点和落脚点都是着眼于系统的整体功能，而衡量整体功能的标准，最重要的有三条。一是经济效益，即生产要发展，农民要富裕；二是社会效益，要满足人民对农产品日益增长的各种社会需求；三是生态效益，即保持良好的生态环境。生态农业要考虑系统之内全部资源的合理利用，对人力资源、土地资源、生物资源和其他自然资源等进行全面规划，统筹兼顾，因地制宜，合理布局，并不断优化其结构，使其相互协调，协同发展，从而提高系统的整体功能。

我国是农业国，80%的人口居住于农村，如何充分、合理地利用自然资源，特别是农业废弃物的再资源化，在保护环境的同时发展农业生产，不但是当前农村经济发展的问题，也是我国农业现代化、实现农业可持续发展的大问题。

8.6.2　植物废弃物的绿色加工工艺

木质纤维素是世界上分布最广，产量最多的资源之一，主要包括纤维素、半纤维素和木质素等。纤维素是木质纤维素类生物质的主要组成部分，约占其组分的50%。常用的纤维素水解方法是酸水解和酶水解。目前稀酸催化水解纤维素的技术已经比较完善，可以得到较高的反应速率和得糖率。但酸对反应设备的严重腐蚀性、对环境污染性以及反应完成之后对酸的回收是该技术进一步推广应用的限制条件。酶法水解具有选择性高，反应条件温和，环境友好，设备简单等优点，但该法水解速度缓慢，酶价格昂贵，离大规模工业化生产仍有一定距离。因此探寻一种新型、高效、清洁的纤维素水解技术成为国内外专家学者们研究的热点。

超(近)临界流体(Super/Sub Critical Fluid)是温度和压力高于/接近临界值时的流体，亦即压缩到具有接近液体密度的气体。超(近)临界流体具有许多独特的性质，目前研究最多的超(近)临界流体有超临界二氧化碳($SC—CO_2$)、超(近)临界水、超临界甲醇、超临界丙烷等。超(近)临界水的溶解能力类似于常温常压下的丙酮，可以溶解极性有机物和大部分的非极性有机物。

1. 植物生物质在超(近)临界水中催化降解

催化剂的加入可以影响降解反应的速率以及产物分布。纤维素在超(近)临界水条件下降解时，常用的催化剂主要是无机酸、碱金属盐以及固体金属氧化物。纤维素在无机酸的催化下可得到较高的葡萄糖收率，但该技术由于酸的腐蚀性和对环境的污染性而受到限制。近年来以超低酸的方法水解纤维素日益受到重视。

超低酸水解是稀酸水解的一种新型工艺，以浓度低于0.1%的酸为催化剂，在200℃和稀酸饱和蒸汽压以上的压力条件下将纤维素水解成单糖和低聚糖。因酸浓度低，对反应器材质要求较低，水解液生成的废弃物较少，不需要酸液回收，因此超低酸水解经济性较好，符合绿色化工标准，而且具有稀酸水解反应速度快的固有优点。纤维素的水解产物主要包括两部分：富含单糖和可溶性低聚糖的液体产物和未能反应的固体残渣。

Mok 和 Antal 研究了在 190~225℃的稀酸溶液中，纤维素的水解随温度、酸浓度、反应时间的变化，并提出了水解反应的动力学模型，得出最佳工艺条件为：温度：215℃；压力：34.5MPa，反应时间：120min；硫酸的浓度：0.05%；葡萄糖的最大收率为71%。

庄新姝等在以滤纸为模拟纤维素的条件下，研究了纤维素的超低酸水解，获得 46.55% 的还原糖转化率和 55.07%的纤维素转化率。反应产物中低聚糖有纤维四糖、三糖和二糖；单糖有葡萄糖和果糖。其中葡萄糖含量最高，果糖次之，再次是纤维二糖、三糖和四糖，其反应路径如图 8-52 所示。

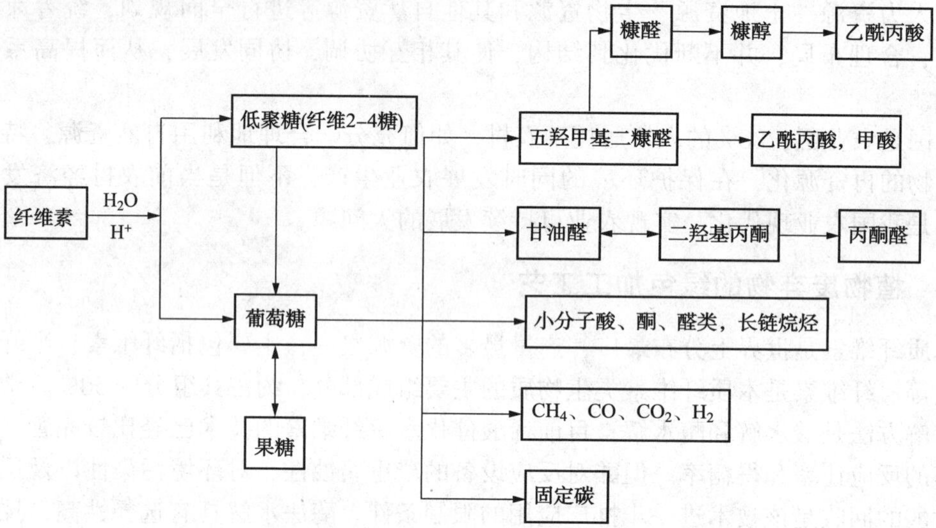

图 8-52　纤维素超低酸水解反应路径

在近临界水中加入 CO_2 可以提高体系的酸性，强化降解反应，降低反应温度，缓和反应条件，能够加速体系中纤维素的水解。反应结束后 CO_2 的分离也较为方便，不会对环境造成污染。张明等以 CO_2 为催化剂，采用间歇反应器系统研究了脱脂棉在近临界水中水解制取葡萄糖的过程。实验证明，CO_2 对脱脂棉水解具有明显的催化作用，反应速率主要由温度决定，在 200℃左右时，葡萄糖的收率最高，升高温度，葡萄糖的收率迅速减小。随着压力的增加，葡萄糖的选择性先升高后降低，在 10MPa 时达到最大值，高的 CO_2 压力增强了体系的酸度，一方面加速了纤维素的水解，有利于葡萄糖的生成，另一方面也降低了葡萄糖的稳定性。过长的反应时间不利于葡萄糖选择性的提高。高收率地获得葡萄糖需要综合考虑 CO_2 在水中的溶解度、温度和反应时间等因素。

Moreschi 等研究了 CO_2 促进的近临界水中生姜淀粉水解制备糖和其他化学物质，得到了 15MPa，176℃、188℃、200℃条件下的水解动力学和活化能。200℃、11min 还原糖最大产率可达 18.1%，15min 最大水解率可达 97.1%。

由于常用的无机酸对设备的腐蚀性较大，而水解过程中会生成少量的有机酸。因此，安宏等利用有机酸代替无机酸催化纤维素水解，并考察了酸的种类对水解反应的影响后发现：酸的种类对纤维素的转化率影响较小，但对还原糖的得率影响较大，比较马来酸与乙酸催化反应结果可发现，马来酸存在条件下，还原糖得率较高。

酸性催化剂能够促进脱水反应的发生，而碱性催化剂能够提高异构化及逆羟醛缩合反应的速率。Tomoaki 等在研究纤维素水热降解过程及催化剂 Na_2CO_3 对降解反应的影响时发现，无催化剂时，纤维素在 200℃时开始水解，240℃时，降解速率加快，开始生成油相产物，葡萄糖的收率在 260℃时达到最大值为 30%，油相产物收率在 280℃时达到最大值。体系中加入 Na_2CO_3 后，纤维素在低于 180℃就开始反应，此时多为水溶性产物，260℃时，纤维素降解速度加快，生成油溶性物质。他认为 Na_2CO_3 的存在能够抑制油相产物的二次降解，因此，油溶性物质收率的最大值出现在 320~340℃范围。Z. Fang 等认为 $NaCO_3$ 能够减小体系的离子积，因此，在反应体系中加入 $NaCO_3$ 后，水解反应速率下降。Watanabe 在研究非均相催化剂对降解反应的影响时发现，ZrO_2 能够提高葡萄糖到果糖的异构化反应，因此，ZrO_2 是一种碱性催化剂；而锐钛矿的 TiO_2 可同时提高异构化反应及脱水反应，同时表现出酸性及碱性催化剂的性质。

2. 植物生物质在超(近)临界水中无催化降解

通过温度和压力的调节，可使超临界水(SCW)和近临界水(SubCW)的密度、介电常数、离子积、黏度等物理性质连续改变，从而调节其中的化学反应。在近临界水中，水的离子积比常温下增大了 1000 倍，并且随压力的升高继续呈指数倍增加，水本身离解释放出相当浓度的 H^+和 OH^-，有着良好的酸碱催化作用，因而可用于许多有机化合物的水解反应。一些学者发现在没有催化剂的情况下，纤维素在超(近)临界水解反应中的转化率相当高，且转化速率可以通过改变水的温度和压力而加以控制。目前，这方面的研究主要集中在超(近)临界水中纤维素水解反应动力学和反应机理的研究上，主要目的是探索纤维素制取葡萄糖及其他小分子化合物的可行性。

Sassaki 等研究了纤维素、纤维二糖、葡萄糖、果糖等纤维素及其水解产物的模型化合物在超(近)临界水中的水解反应，并对反应产物分布、反应机理以及反应动力学进行了详细的分析。纤维素水解的主要产物是：葡萄糖、果糖、赤藓糖、乙醇醛、二羟基丙酮、甘油醛、丙酮醛以及一些低碳酸和醇。其水解反应的主要途径如图 8-53 所示。纤维素首先被分解为低聚糖和葡萄糖；葡萄糖脱水生成 1，6-苷键-脱水葡萄糖，同时葡萄糖异构化生成果糖；葡萄糖和果糖通过逆羟醛缩合反应继续降解生成赤藓糖和乙醇醛或者二羟基丙酮和甘油醛；二羟基丙酮又可异构化生成甘油醛；二羟基丙酮和甘油醛脱水生成丙酮醛；乙醇醛、赤藓糖和丙酮醛又可分解为更小的分子，主要是 1~3 个碳原子的酸、醛、醇等。在产品分析中，他们还发现了 5-羟甲基糠醛(5-HMF)的存在。吕秀阳等认为，5-HMF 主要是葡萄糖和果糖直接脱水产物，它可进一步脱羧生成乙酰丙酸和甲酸。由于糠醛能够抑制水解液的发酵，Sakaki 在研究水解液发酵制取乙醇时，利用活性炭吸附处理水解液去除糠醛，经吸附后的水解液发酵速率比吸附前明显加快。

纤维素在超(近)临界水中降解反应按操作方式的不同可分为两类：间歇式和连续式。不同的操作方式对纤维素超临界水解反应的结果会产生较大的影响。连续操作过程的预热、反应和冷却时间较短，可有效地减少热裂解产物的生成，产物中水解产物的总产率要比间歇操作过程的高，但是产物中葡萄糖的产率较间歇反应的要低。间歇反应由于停留时间较长以及超临界水具有较大的离子积促进了纤维素的水解，因而产物中葡萄糖的产率比连续反应的要高，同时也会产生较多的热裂解产物。

Z. Fang 利用高压锅及金刚石压腔原位反应装置研究了纤维素在 350℃以下的降解过

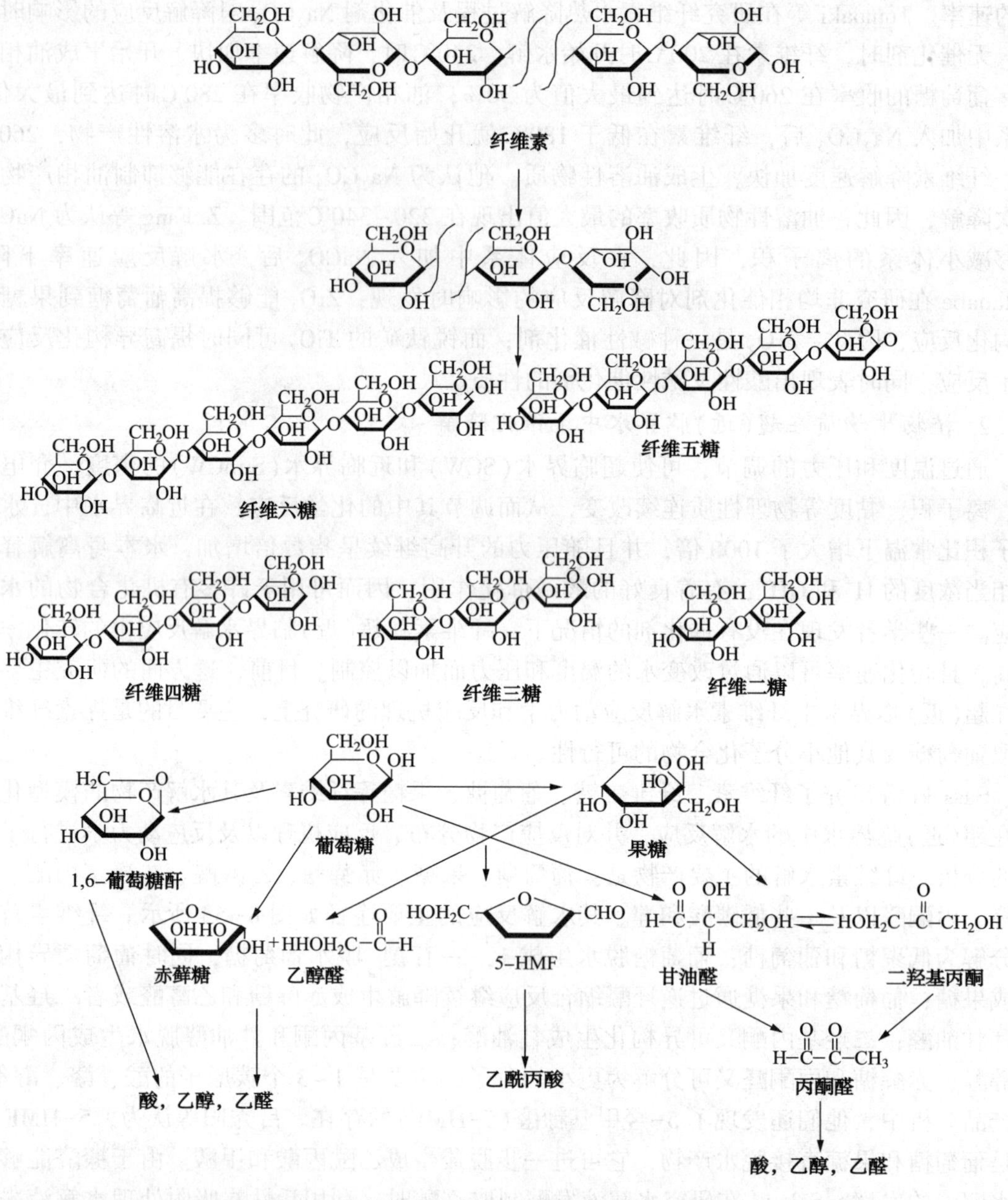

图 8-53　纤维素在超(近)临界水中的反应路径

程，改变升温速率，纤维素的降解过程也发生变化。在高压锅中，纤维素在220℃时开始缓慢分解，260℃时，水相产物达到最大值，其中葡萄糖的收率为17.5%，温度继续升高至300℃，水相产物收率降低至10%。由原位反应直接观察，在与高压锅反应相同的加热速率下，纤维素在285℃时发生颜色转变，部分纤维素晶体开始溶解。提高加热速率，产生颜色转变的温度升高。较高的离子积能促进水解反应的发生，在260℃左右，尽管纤维素溶解较少，体系仍然具有较高的水解速率。

朱道飞等研究了温度为340~420℃，压力为30~40MPa的实验条件下，近临界和超临界水中纤维素液化实验，发现反应温度和纤维素与水的质量比对纤维素液化转化率有很重要的影响，当反应温度为 380℃左右，液化转化率最高；纤维素和水的质量比为 1 : 15左右，转化率达到最大值。Matsunaga 也发现，改变固液质量比，会影响还原糖的收率。

吕秀阳等采用连续反应装置，系统研究了纤维素在近临界水中的分解动力学以及不同温度下停留时间对产品分布的影响。详细讨论了停留时间和温度对反应产物葡萄糖、果糖、糠醛、5-HMF 产率的影响。并在此研究基础上，提出了一条稻壳资源化的新工艺，考察了连续近临界水处理过程中温度和停留时间对液相分解产物的收率和残渣组成的影响，得到了较优的操作条件。通过加入双氧水调节体系中氧的初始浓度，考察氧浓度对近临界水中纤维素水解的影响。HPLC 分析结果显示：随着氧浓度的提高，可溶性多聚糖、葡萄糖和果糖等的峰面积下降，有机酸峰面积增加。

不同的分子结构在超(近)临界条件下的水解反应也不同，Ⅰ型和Ⅱ型纤维素具有相似的结构，其在超(近)临界条件下的水解反应区别不大。淀粉虽然也是由葡萄糖聚合而成的多糖，但其与纤维素具有不同的链接位置。淀粉的β-1，6-糖苷键比纤维素的β-1，4-糖苷键更易断裂，因此，淀粉比纤维素更易水解成单糖。Saka 研究表明淀粉在 3~5s 可水解获得葡萄糖和左旋葡萄糖，而Ⅰ型和Ⅱ型纤维素需要 5~10s。Toshinobu 在研究不同结构的二糖在近临界条件下水解后指出，由结构不同单元组成的二糖更易降解。

Makiko 等研究了由高温水中淀粉制备葡萄糖的可行性。淀粉水解主要产物为葡萄糖、不同聚合度的低聚糖、果糖、糠醛和 5-HMF。以碳平衡为基准，200℃、30min，葡萄糖最大产量为 630g/kg，有机碳损失为 50g/kg。如果温度进一步升高，则葡萄糖降解产物会增加。

甲壳素是一种天然高分子化合物，属于碳水化合物中的多糖，其学名是β-(1→4)-2-脱氧-*D*-葡萄糖，是由 *N*-乙酰氨基葡萄糖以β-1，4 糖苷键缩合而成的。壳聚糖是针对甲壳素 *N*-脱乙酰基的产物而言，当 *N*-乙酰基脱去 55%以上就可称为壳聚糖。高浩其等采用近临界水降解壳聚糖得到一系列具有生物活性的寡糖。在近临界水中，壳聚糖能够短时间内降解成小分子产物，寡糖产率随着压力的增大而增大。随着温度升高及时间的增加，寡糖的产率先增后减。壳聚糖在近临界水中降解的适宜压力为 25MPa，温度 250℃，时间为 5min。

薯蓣皂苷是薯蓣科植物盾叶薯蓣黄姜根茎的主要有效成分，其分子结构为以β-1，4 糖苷键结合的苷元和糖。薯蓣皂苷常与纤维素结合存在于细胞壁中，其水解产物薯蓣皂苷元是合成甾体激素类药物和甾体避孕药的重要中间体。朱宪等在近临界水中研究了薯蓣皂苷水解成薯蓣皂苷元的工艺和反应动力学，分别考察了反应温度、压力、时间等因素对薯蓣皂苷元收率的影响。实验结果表明，近临界水解法的较佳工艺条件为 260℃，25 MPa，反应时间为 10min。在此条件下，薯蓣皂苷元收率为 1.46%。动力学研究结果表明，薯蓣皂苷在近临界水中水解是一级反应，活化能为 76.7kJ/mol。

3. 植物生物质在超临界甲醇中的降解反应

由于纤维素在超临界水中水解获得葡萄糖的时间太短，在实际操作中较难获得较高且稳定的葡萄糖收率。Yoichi 等以超临界甲醇代替超临界水研究了微晶纤维素、棉花纤维及软木浆的分解。微晶纤维素在超临界甲醇中发生醇解，主要产物分别是甲醚化的纤维三糖、纤维二糖，甲醚化的纤维三糖和纤维二糖分解生成的 α-D-葡萄糖甲醚以及 β-D-葡萄糖甲醚，随着反应时间延长，葡萄糖甲醚继续分解成其他像 5-HMF 等小分子化合物，其反应路径如图 8-55 所示。

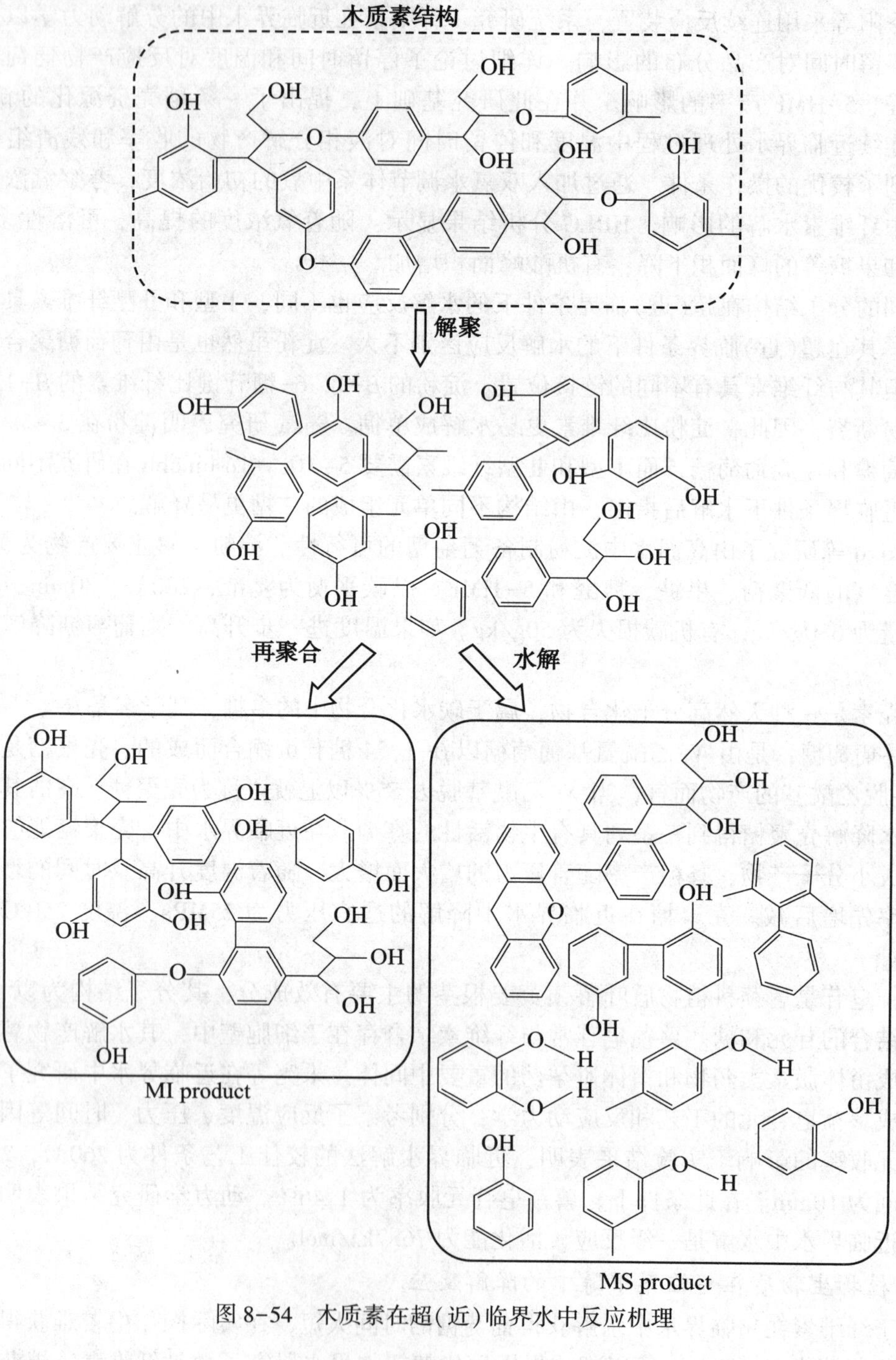

图 8-54　木质素在超(近)临界水中反应机理

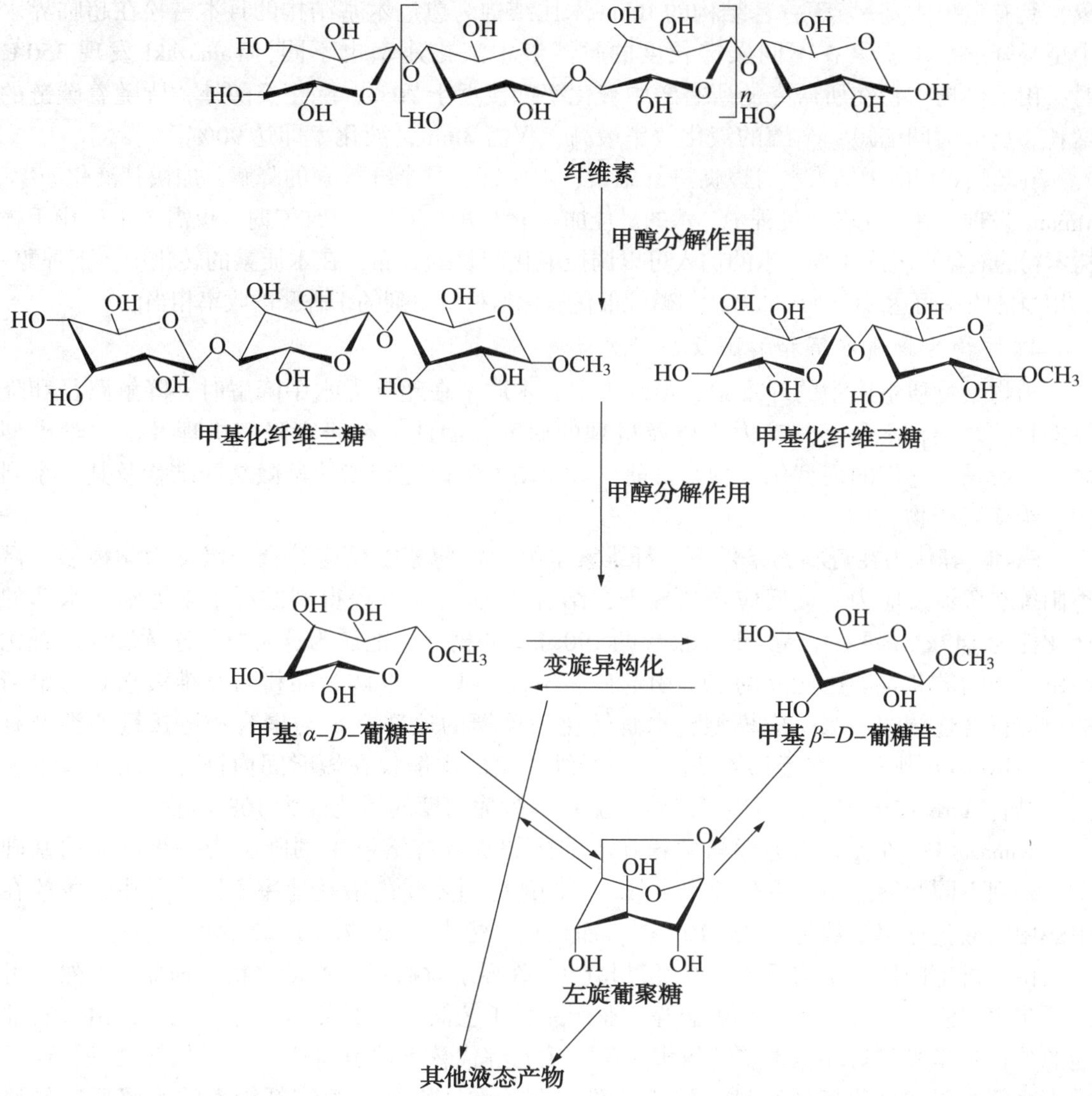

图 8-55　纤维素在超临界甲醇中的反应路径

由于葡萄糖甲醚比葡萄糖稳定，因此，相同条件下，葡萄糖甲醚的进一步降解要比葡萄糖慢。粉末状的微晶纤维素，在 350℃，42MPa 条件下，7min 时全部降解，而纤维状的软木浆和棉花纤维在反应 10min 时，仍剩余 65%和 40%。当温度在 370~380℃时，甲醇会发生热分解，因此，纤维素在超临界甲醇中发生分解反应的适用温度为 350℃。

Minami 等的研究表明，在各种不同类型木质素模型化合物中，以 5-5、β-1 型缩合键形式连接的模型化合物在超临界甲醇中较稳定，而以 β-O-4 及 α-O-4 等醚键结合的化合物在超临界甲醇中易发生醚键断裂反应。由于不同的生物质中木质素的结构不同，其在超临界甲醇中的降解速率也不同。在 270℃，27MPa 山毛榉树中木质素的降解速率常数是 $5.0\times10^{-3}s^{-1}$，日本雪松中木质素的降解速率常数为 $0.31\times10^{-3}s^{-1}$，这种差别是由于硬木和软木中的木质素结构不同造成的。Ehara 在研究超临界水降解木质素时也发现了同样的现象，具有愈疮木基-紫丁香基结构的Buna木比结构为愈疮木基结构的日本雪松在超临界水中更易降解。木质素在不同碳链长度的醇溶液中液化速率也不同，Yamazaki发现350℃时，山毛榉树木粉在所研究的所有醇中液化率都接近于90%，除正癸醇外，皆随着碳链的增长，反应时间缩短。辛醇的液化效率最高，仅需3min，液化率即达90%。

在超临界甲醇中加入水可以促进纤维素、木质素、及半纤维素的降解，加快其液化速率。Minami发现，在液化转化过程中，水的最佳加入量为10%(v/v)。350℃时，仅需5min，山毛榉树木粉的液化率就达95%。水的加入可以调控液化产物的分布，在木质素的转化中，丁香醇-β-甲醚的收率可达28.5%(w/w)，与碱性催化氧化木材所得到的丁香醛的收率相当。

4. *植物生物质水解和醇解反应动力学*

植物生物质组成中的纤维素、半纤维素、木质素在超临界水中降解时，降解路径和降解产物较复杂，不利于其动力学以及机理的研究。因此，在研究降解机理及动力学模型时，一般采用它们的模型化合物。目前，对于动力学研究较多的是微晶纤维素及其一系列的二级降解产物。

Sasaki等认为在近临界条件下，纤维素水解为葡萄糖的反应符合一级动力学模型。吕秀阳等在假设反应为一级反应的情况下，结合Arrhenius方程得到的纤维素近临界水解的活化能为147kJ/mol，比Adschiri报导的190kJ/mol稍低，他认为这是由于连续反应装置比间歇、半间歇装置能更充分的混合引起的。Rogalinski等也认为淀粉与纤维素水解为单糖的反应符合连续的一级反应模型，水解转化为单糖的速率常数与聚合物链接键的类型有关。Kabyemela则认为在近临界条件下，纤维二糖的水解仅在短时间内符合一级动力学模型，结合Arrhenius方程，得出了纤维二糖水解为葡萄糖的活化能为108.6kJ/mol。

Yamazaki等在假设山毛榉树木粉在不同的超临界醇溶液中的降解为一级反应的基础上，得到不同醇溶液中的液化速率常数。不同的醇对木粉的液化速率不同，其中，木粉在甲醇中的液化速率常数为$1.25\times10^{-3}s^{-1}$，而在正癸醇中为$28.7\times10^{-3}s^{-1}$。

由可再生的植物生物质资源，经过超(近)临界水解后可生产低聚糖、葡萄糖，然后可进一步生产酒精、有机醇、有机酸等工业产品，工艺简单，对环境友好。此外，由于石油能源的日趋紧张和对环境带来的较多污染，用乙醇代替汽油也将成为发展趋势之一，而纤维素水解主要产物葡萄糖经过发酵工艺可得到乙醇。因此，植物纤维素的水解反应的研究，至今是一个广泛关注的课题。我国秸秆等纤维素物质利用率很低，绝大部分地区都是采取焚烧的办法处理，随之排放出大量的有害气体，不仅污染大气环境，影响气候和生态系统，而且也是对可再生资源的浪费。因此，对纤维素类生物质的超(近)临界水解技术的研究是关系到可持续发展、替代能源及保护环境的一项重要内容。

8.6.3 动物废弃物的绿色加工工艺

水产、禽畜在加工过程中产生的废弃物，其重量约占加工原料的40%~50%，这些下脚料中除含有大量的蛋白质外，还含有多种生物活性物质。目前的处理方法不仅没有充分利用其中有价值的成分，造成了资源的浪费，而且还带来了严重的环境污染。朱宪等采用超(近)临界水技术，将动物废弃物水解成多种氨基酸、不饱和脂肪酸、油脂、多醣等高附加值的工业原料，该技术对环境友好，是一种典型的绿色工艺。

图 8-56(水产加工废弃物)、图 8-57(畜类加工废弃物)、图 8-58(禽类加工废弃物)和图 8-59(毛发)，显示了各种动物废弃物在超(近)临界水中水解后，产生的各种氨基酸样品谱和各种氨基酸标准谱的比较。图中各符号峰代表的氨基酸如下：a. arginine；b. lysine；c. alanine；d. threonine；e. glycine；f. valine；g. proline；h. serine；i. isoleucine；j. leucine；k. methionine；l. histidine；m. phenylalanine；n. glutamic acid；o. aspartate；p. cystine；q. tyrosine；r. tryptophan.

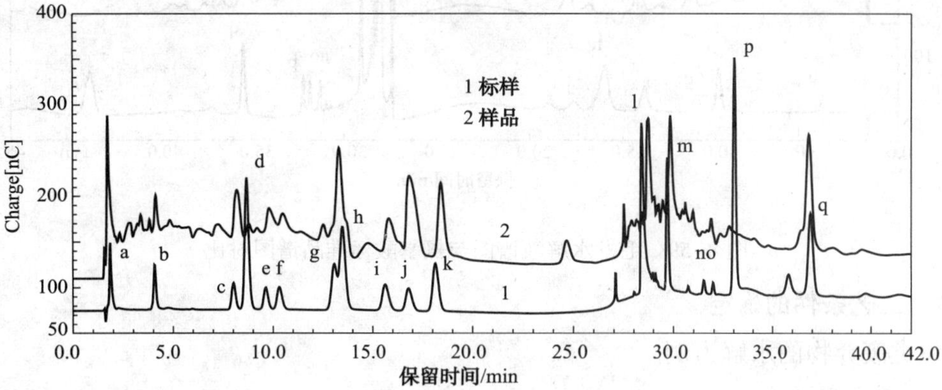

图 8-56　水产加工废弃物水解液谱图与氨基酸标准品谱图对比

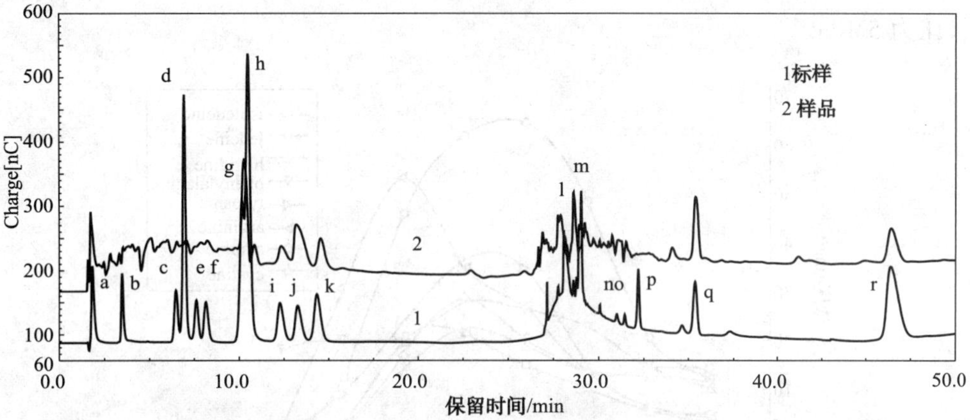

图 8-57　畜类加工废弃物水解液谱图与氨基酸标准品谱图对比

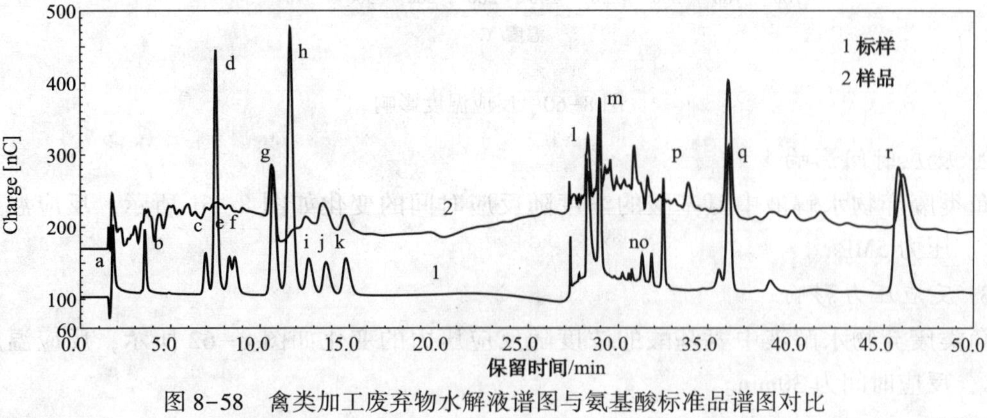

图 8-58　禽类加工废弃物水解液谱图与氨基酸标准品谱图对比

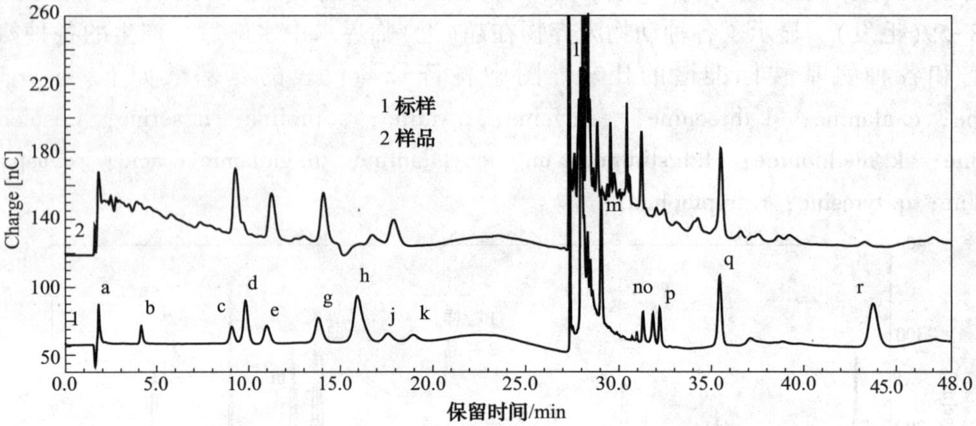

图 8-59　毛发水解液谱图与氨基酸标准品谱图对比

8.6.3.1　工艺条件的确定

以鱼类废弃物的水解为例。

1. 反应温度影响

鱼类废弃物水解液中氨基酸的浓度随反应温度的变化，如图 8-60 所示，反应时间为 30min，压力 5MPa。

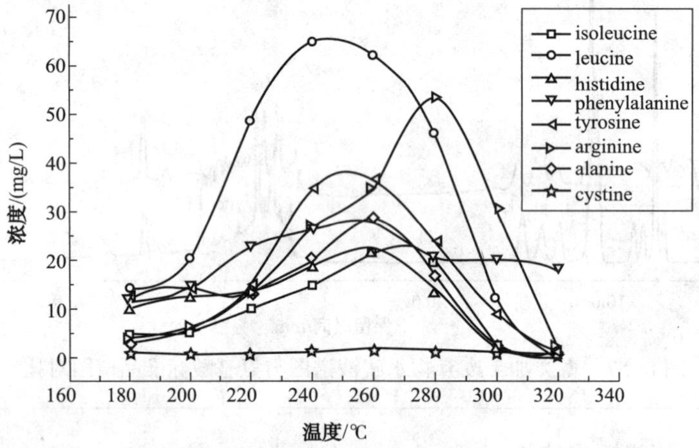

图 8-60　反应温度影响

2. 反应时间影响

鱼类废弃物水解液中氨基酸的浓度随反应时间的变化如图 8-61 所示，反应温度为 260℃，压力 5MPa。

3. 反应压力影响

鱼类废弃物水解液中氨基酸的浓度随反应压力的变化如图 8-62 所示，反应温度为 260℃，反应时间为 30min。

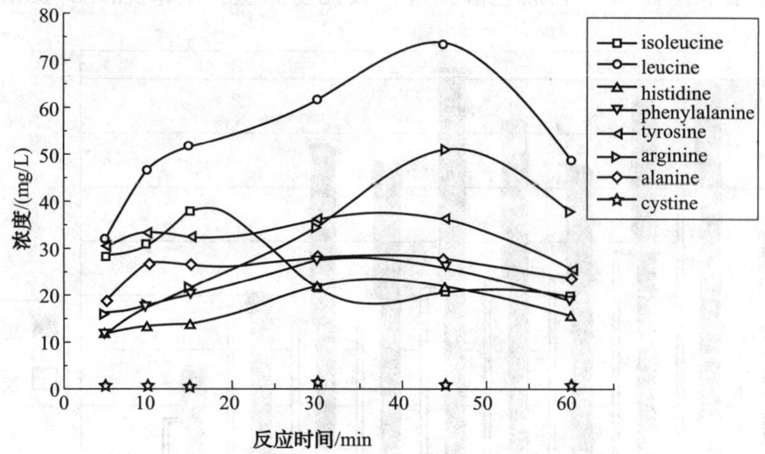

图 8-61　反应时间影响

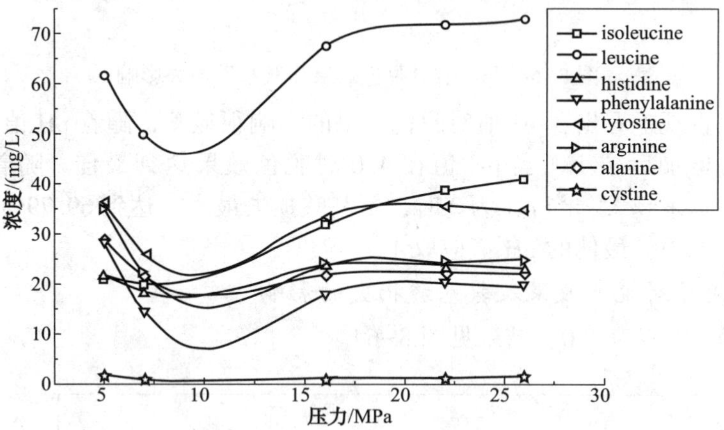

图 8-62　反应压力影响

4. 部分氨基酸的最佳工艺参数

鱼类废弃物水解产物中不同种类氨基酸的产率随反应温度、反应压力和反应时间的变化规律各不相同，水解产物中部分氨基酸达到最大产率时的工艺参数见表 8-7。

表 8-7　水解产物中部分氨基酸达到最大产率时的工艺参数

Amino acid	isoleucine	leucine	histidine	phenylalanine	tyrosine	arginine	alanine
温度/℃	270	245	257	255	250	282	260
反应压力/MPa	26	20	16	5	5	5	5
反应时间/min	17	43	36	34	37	46	12

8.6.3.2　水解液的脱色

1. 水解液 pH 值对脱色效果及氨基酸损失的影响

用活性碳作脱色剂，加入量为 2%(*w/v*)，即活性炭的质量(克数)= 水解液体积(毫升数)×2%，在室温下搅拌2h，得脱色液，进行吸光度测量，结果见图8-63。

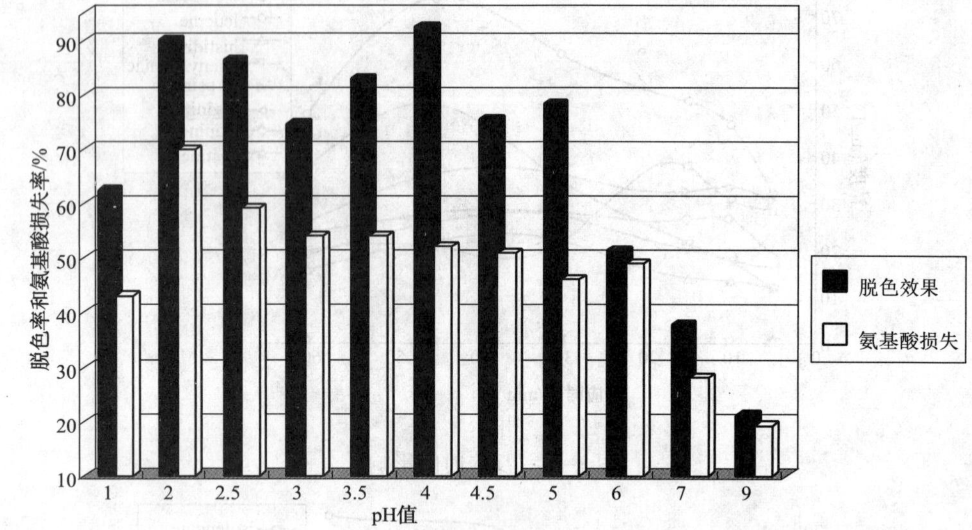

图8-63　pH值对脱色效果和氨基酸损失影响

从图中可以直观地看出，pH值对脱色效果的影响很显著，随着pH值的增加，脱色效果的总趋势是先增加后减小，当pH值在4.0时脱色效果达到最佳。随着pH值的减小，氨基酸的损失也越来越大，当pH为2时，氨基酸损失最大，达到69.79%。因此，综合脱色效果和氨基酸损失，最佳的pH值应取4。

2. 活性炭用量对脱色效果及氨基酸损失的影响

调节水解液pH值为4.0，结果见图8-64。

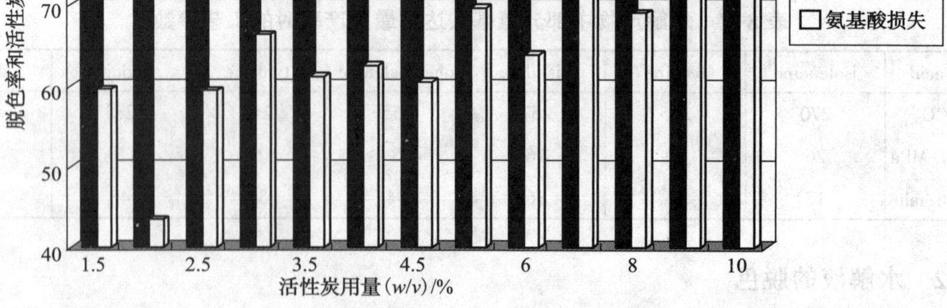

图8-64　活性炭用量对脱色效果和氨基酸损失影响

从图中可以直观地看出，活性炭用量在 1.5%~10%范围内，脱色效果平均为 92%左右，没有大的区别。在活性碳用量分别为 3%、5%、9%时，脱色率达到最大值 94%。但是，活性炭用量的增加，使氨基酸损失也随着增加，当活性炭用量为 2%时，氨基酸的损失率最小，为 43.49%，脱色率可达到 89.48%。因此，综合脱色效果和氨基酸损失，最佳的活性炭用量可确定为 2%。

3. 吸附时间对脱色效果及氨基酸损失的影响

调节水解液 pH 值为 4.0，固定活性碳用量为 2%，除吸附时间外，结果见图 8-65。

从图中可以直观地看出，吸附时间达到 25min，脱色率已达 96.20%，再增加吸附时间，脱色率不再增加，而吸附时间在 1~8h 范围内，脱色率反而下降。氨基酸损失率并不是随着吸附时间的延长而显著增加的，在 0~50min 范围内，氨基酸损失率随着吸附时间的延长而明显增强，在 40min 时，氨基酸损失率达到最大，说明，此时活性炭吸附氨基酸达到饱和。当吸附时间超过 40min，氨基酸损失率有所减小，这说明发生了解吸现象。单从氨基酸损失来看，吸附时间为 10min 时达到最小 56.41%。综合考虑脱色率和氨基酸损失率，吸附时间为 10min 时的脱色率为 92.07%，但是吸附时间为 25min 时的氨基酸损失率为 57.20%，与 56.41%很接近，脱色率为 96.20%。因此，取吸附时间为 25min。

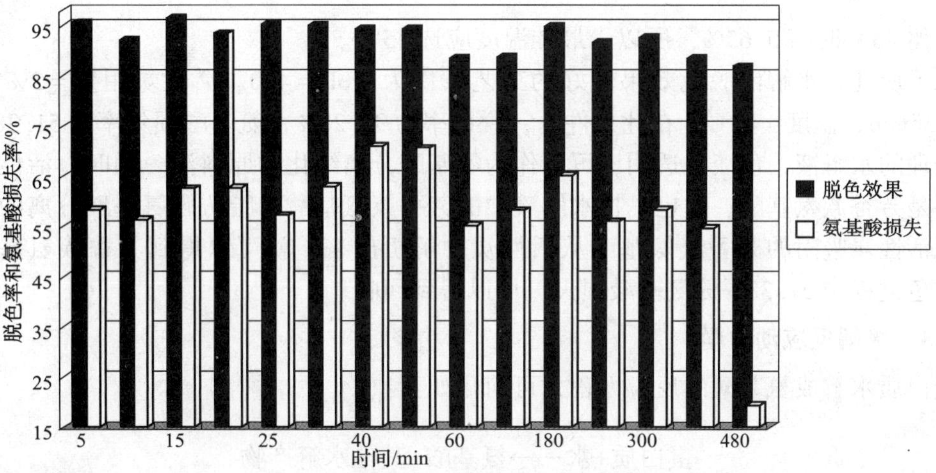

图 8-65　吸附时间对脱色效果和氨基酸损失影响

4. 温度对脱色效果及氨基酸损失的影响

调节水解液 pH 值为 4.0，固定活性炭用量为 2%，吸附时间为 25min，结果见图 8-66。

从图 8-66 中可以直观地看出，当温度为 70℃时，脱色率达到最大值 95.93%，因此，单就脱色率而言，合理温度为 70℃。从图中还可以直观地看出，当温度为 45℃时，氨基酸损失率最小，为 51.38%，因此，单就氨基酸损失而言，最佳温度是 45℃。综合考虑脱色率和氨基酸损失率，在 70℃时，氨基酸损失率为 69.05%，比 45℃时大 17.67%，而脱

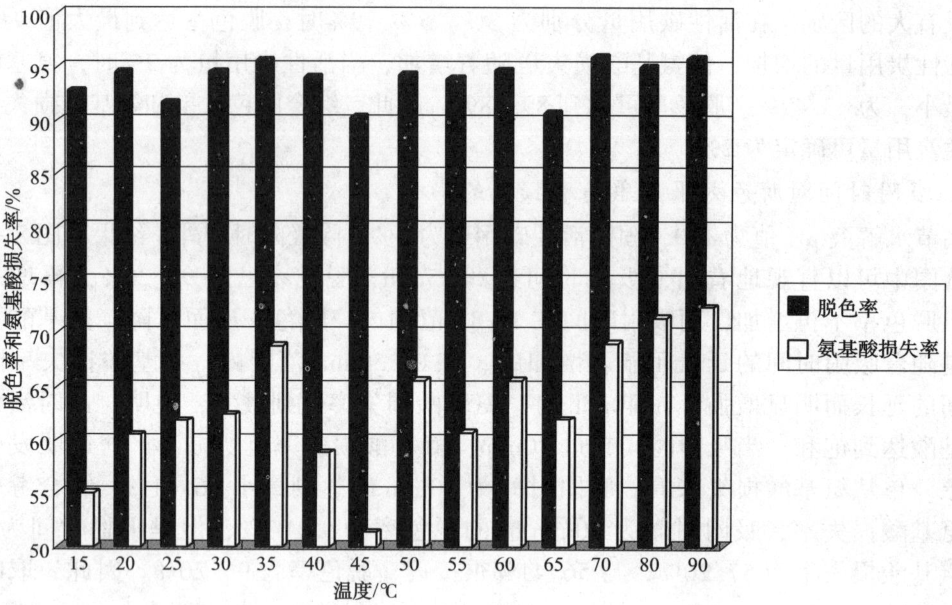

图 8-66 吸附温度对脱色效果和氨基酸损失影响

色率仅比45℃时高5.65%，所以，最佳温度应选45℃。

综上所述，水解液脱色效果较好的工艺条件为：pH=4.0、活性炭用量=2%(w/v)、时间=25min、温度=45℃。在此条件下，脱色率为90.28%，氨基酸损失率为51.38%。经脱色处理的水解液，色淡且透明，可以作为氨基酸分离纯化的原料液。同时，活性炭吸附的主要是芳香族氨基酸，这也是把水解液中的芳香族氨基酸与脂肪族氨基酸分离的关键一步。把活性炭吸附的芳香族氨基酸从活性炭中解析出来，就可以得到芳香族氨基酸，因此，脱色过程中51.38%的氨基酸损失，可以得到回收。

8.6.3.3 水解反应动力学

蛋白质水解成氨基酸的反应方程式可简化如下：

$$蛋白质+水 \xrightarrow{K} 氨基酸+其他水解产物$$

蛋白质的测量十分困难，代之以测量不同反应时间时水解所得氨基酸的总量，及其与鱼类废弃物完全水解时氨基酸总产量的比值来表示蛋白质的水解程度，方便易行。据此，可以定义氨基酸的生成率 X 为：

$$X=\mathrm{M}(a)_t/\mathrm{M}(a)_0$$

式中 $\mathrm{M}(a)_t$——水解中不同反应时间所得氨基酸总量；

$\mathrm{M}(a)_0$——为鱼类废弃物完全水解时氨基酸总产量。

则水解过程中蛋白质剩余率为：$1-X$

鱼类废弃物在不同水解温度下$(1-X)$值随时间的变化见表8-8。

表 8-8　不同温度下(1-X)值随时间的变化

水解时间/min	水解温度/220℃	水解时间/min	水解温度/240℃	水解时间/min	水解温度/260℃
	1-X		1-X		1-X
1	0.933	1	0.918	1	0.728
2	0.919	2	0.891	3	0.577
4	0.908	4	0.808	4	0.483
6	0.887	5	0.798	6	0.414
7	0.882	7	0.791	7	0.383
8	0.871	8	0.787	9	0.354
10	0.859	10	0.777	10	0.348
15	0.819	15	0.770	15	0.301
20	0.812	20	0.763	20	0.239
30	0.806	30	0.739	30	0.115

以蛋白质剩余率为准的水解反应动力学表达式为：

$$d(1-X)/dt=-K(1-X)^a[H_2O]^b$$

由于水是过量的，可以认为$[H_2O]^b$为一常数，则上式简化为：

$$d(1-X)/dt=-k(1-X)^a$$

利用 $t=0$ 时，$X=0$ 的初始条件，对上式进行积分可得：

$$X=1-[1-k(1-a)t]^{1/(1-a)}$$

根据 Arrhenins 定理：

$$\ln k=-E_a/RT+\ln A$$

用非线性回归分析可以得到反应级数 a 和速度常数 k，作 $\ln k \sim 1/RT$ 直线，可求得反应活化能 E_a 和前置因子 A。结果见表 8-9 及图 8-67。

表 8-9　不同温度下的 k、a、E_a、A 值

T/℃	k/s^{-1}	a	E_a/(kJ/mol)	A
220	0.0017	1.6147	145.125	9.4757×10^9
240	0.0045			
260	0.0097			

结果表明，鱼类废弃物在超(近)临界水中水解反应的反应级数为 1.6147，反应的速度常数随着温度的升高而增大，220℃，240℃，260℃下的反应速度常数分别为 0.0017，0.0045，0.0097。反应活化能为 145.125kJ/mol，前置因子为 9.4757×10^9

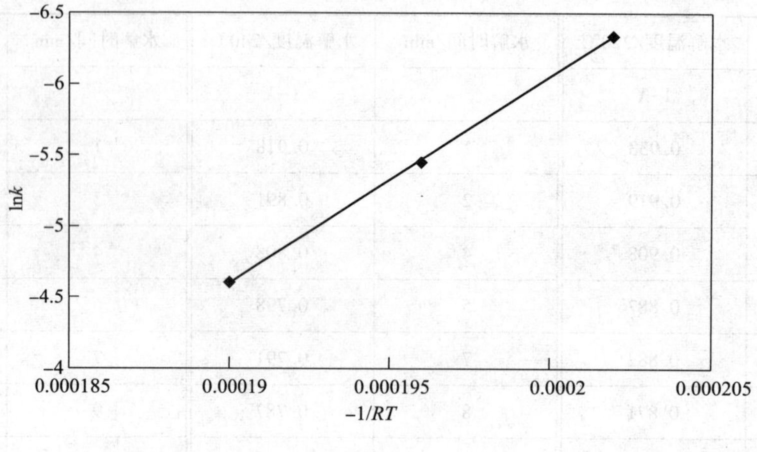

图 8-67　$\ln k \sim (-1/RT)$图

思　考　题

1. 绿色化学工艺的实施，其特征是物料循环、能源循环、废弃物资源化和减量化，请查阅最近几年发表的文献资料，对无机化工、有机化工、能源化工、精细化工，各举一个你认为最具代表性的绿色工艺。

2. 为什么说生物柴油燃烧是 CO_2 零排放？查阅最近几年有关酶法生产生物柴油技术的进展情况，并写出一份综述报告。

3. 植物生物质除了采用物理、化学和生物技术生产化工原料外，还能直接发电。请查阅这方面的文献资料，并写出调研报告。

4. 查阅文献资料，动物生物质水解产物中除各种氨基酸外，还会有什么主要的物质产生？

参 考 文 献

[1] Andersson S Lars T. Reaction network in the catalytic vapor-phase oxidation of toluene and xylenes J Catal, 1988, 98: 138-149

[2] Hemant V Borgaonka, Sanjay R Raverkar, Sampatraj B Chandalla. Liquid phase oxidation of toluene to benzaldehyde. Ind. Eng. Chem. Prod. Res. Dev., 1984, 23: 455-458

[3] Comninellis Ch, Plattner E. Electrochemical production of manganic sulfate in concentrated H_2SO_4. J Electrochem Soc, 1982, 129(4): 749-752

[4] 朱晨燕，朱宪．苯甲醛绿色生产新工艺．高校化学工程学报，2000，(5)：448-452

[5] 朱宪，王彬，缪伶，张彰，王芳．苯甲醛绿色化生产工艺的优化．石油学报(石油加工)，2004，20(4)：32-37

[6] 朱宪，缪伶，王彬，王芳．苯甲醛清洁生产工艺研究．环境科学，2004，25(SUP)：21-26

[7] 朱宪，王倩，蒋超．超(近)临界流体中甲苯氧化成苯甲醛的研究．化工学报，2004，55(12)：

2001-2007
[8] 李勇飞，郭灿城．金属卟啉仿生催化空气液相氧化甲苯制苯甲醛的研究．第一届全国化学工程与生物化工年会论文集．2004，D027
[9] Do Jing-shan, Do Young-long. Indirect anodic oxidation of benzyl alcohol in the presence of phase-transfer catalyst in a ester: kinetics of oxidation of benzaldehyde and effect of concentration of benzyl alcohol. Electrochimia Acta, 1994, 30(15): 2299-2309
[10] Liu L, Xu Hualong, et al. TG study of the dispersion threshold of Mn_2O_3 on γ-Al_2O_3. J Thermal Analysis and Calorimetry, 1999, 58: 309
[11] 高飞，何龙，李必富，吕秀阳．近临界水中苯甲醛绿色合成新方法．第一届全国化学工程与生物化工年会论文集．2004，F010
[12] Reddy K A, Doraiswamy L K. Controlling mechanisms in the selective oxidation of toluene to benzaldehyde. Chem Eng Sci, 1969, 24: 1415-1426
[13] Van Geem Paul C, Teunissen Antonius J J M. Catalytic gas phase oxidation of toluene to benzaldehyde and/or benzoic acid. US4137259, 1979/1/30
[14] Kumar Ray S, Mukherjee P N. Catalytic vapor phase oxidation of toluene to benzaldehyde. Indian J Technol, 1983, 21(4): 137-142
[15] Kamath S S, Chandalia S B. Liquid phase oxidation of cyclohexauone to adipic acid by air in acetic acid solution. J Appl Chem Biotechnol. 1973, 23: 469-478
[16] Fields E K, Meyerson S. Oxidation of zromatic hydrocarbons to alcohols and aldehydes. Advan. Chem. Ser., 1968, 76(2): 395-417
[17] Kamiya Y. Homogeneous catalysis of a multistep chain oxidation. ibid, 1968, 76(2): 207-225
[18] Hemant V Borgaonka, Sanjay R Raverkar, Sampatraj B Chandalla. Liquid phase oxidation of toluene to benzaldehyde. Ind. Eng Chem Prod Res Dev, 1984, 23: 455-458
[19] Yogish K, Sastri N V S. A kinetic study of liquid-phase catalytic oxidation of styrene to benzaldehyde with Wilkinson complex. Ind Eng Chem Res, 1988, 27: 909-915
[20] 徐华龙，刘金香．苯甲酸气相加氢合成无氯苯甲醛用 MnO_x/Al_2O_3 催化剂．催化学报，1997，18(5)：384-387
[21] Huang Fenxing, Liu Xiaohong, Ma Xiaorong, Selective hydrogenation of benzoic acid to benzaldehyde free of chloride. Petrochem Tech, 1999, 7: 429-431
[22] Liu L, Xu Hualong, et al. TG study of the dispersion threshold of Mn_2O_3 on γ-Al_2O_3. J Thermal Analysis and Calorimetry, 1999, 58: 309
[23] 董文生，牛玉琴等．苯甲酸甲酯催化加氢制苯甲醛．石油化工，1995，24：776-779
[24] 杨永泰，徐华龙等．苯甲酸甲酯加氢合成苯甲醛．催化学报，1999，20(5)：530-534
[25] Kramer K, Robertson P M, Ibl N. Indirect electrolytic oxidation of some aromatic derivatives. J Appl Electrochem, 1980, 100: 29-36
[26] Wendt H, Schneider H. Reaction kinetics and reaction techniques for mediated oxidation of methylarenes to aromatic ketones. ibid, 1986, 16: 134-146
[27] Zhou Ding, Sun Zhirong, Hu Wanli. A study on waste water minimization in indirect electrochemical synthesis of benzaldehyde. Wat Sci Tech, 1996, 34(10): 113-120
[28] 王文英，刘伟等．间接电氧化法合成苯甲醛．现代化工，1996，3：1-3，8
[29] 张彰，朱宪等．间接电氧化法合成苯甲醛工艺研究．上海大学学报(自然科学版)，2001，7(1)：73-76

[30]张彰，朱宪．非均相Mn(III)-甲苯氧化反应的动力学．高校化学工程学报，2002，(3)：224-228
[31]SONG Fa-jun. Research and production status of diosgenin from dioscorea plants of steroidal druggery fountainhead. Natural Product Research and Development，2002，14(3)：89-93
[32]Akiya N，Savage P E. Roles of Water for Chemical Reaction in High-temperature Water Chem Rev，2002，102(8)：2725-2750
[33]Mok W S L，Antal M J. Productive and Parasitic Pathways in Dilute Acid-Catalyzed Hydrolysis of Cellulose. Ind Eng Chem Res，1992，31(1)：94-100
[34] 庄新姝，王树荣，安宏等．纤维素低浓度酸水解制取液体燃料的试验研究．浙江大学学报(工学版)，2006，40(6)：997-1001
[35] 庄新姝，王树荣，袁振宏等．纤维素超低酸水解产物的分析．农业工程学报，2007，23(2)：177-182
[36] 庄新姝，王树荣，骆仲泱等．纤维素低浓度酸水解试验及产物分析研究．太阳能学报，2006，27，(5)：519-524
[37] Rogalinski T，Liu K，Albrecht T etal. Hydrolysis kinetics of biopolymers in subcritical water. J Supercrit Fluids，2007，in press
[38]张明．高温液态水中CO_2催化棉纤维水解制取葡萄糖的研究．山东理工大学硕士学位论文，2007
[39] Moreschi S R M，Petenate A J. Hydrolysis of Ginger Bagasse Starch in Subcritical Water and Carbon Dioxide. J. Agric Food Chem，2004，52(6)：1753-1758
[40] 安宏．纤维素稀酸水解制取燃料酒精的试验研究．浙江大学硕士论文，2005
[41] Watanabe M，Aizawa Y，Iida T，et al. Glucose reactions with acid and base catalysts in hot compressed water at 473 K. Carbohydrate Research，2005，340：1925-1930
[42] Tomoaki M，Zhen F，Tomoko O，et al. Decomposition of cellulose and glucose in hot-compressed water under catalyst-free conditions. J of Chem Eng of Jap，1998，31(1)：131-134
[43] Tomoaki M，Zhen F，Tomoko O. Liquefaction of cellulose in hot compress-ed water using sodium carbonate. Part2：thermogravimetric-mass spectrometric study of the solid residues. J of Chem Eng of Jap，1997，30(1)：186-190
[44] Piroska S，Tomoaki M，Tomoko O. Liquefaction of cellulose in hot compressed water using sodium carbonate. Products distribution at different reaction temperatures. J of Chem Eng of Jap，1998，31(4)：571-576
[45] Zhen F，Tomoaki M，Smith R L，et al. Liquefaction and Gasification of Cellulose with Na_2CO_3 and Ni in Subcritical Water at 350℃. Ind Eng Chem Res，2004，43：2454-2463
[46] 朱自强，曾建青．近临界或超临界水中的有机合成反应．China J Org Chem，2001，21(12)：1095-1100
[47] Sasaki M，Kabyemela B，Malaluan R M，et al. Cellulose hydrolysis in subcritical and supercritical water. J Supercrit Fluids，1998，13：261-268
[48] Sasaki M，Zhen F，Fukushima Y，etal. Dissolution and Hydrolysis of Cellulose in Subcritical and Supercritical Water. Ind Eng Chem Res，2000，39(8)：2883-2890
[49] Kabyemela B M，Adschiri T，Malaluan R M，et al. Rapid and Selective Conversion of Glucose to Erythrose in Supercritical Water. Ind Eng Chem Res，1997，36(12)：5063-5067
[50] Kabyemela B M，Adschiri T，Malaluan R M，et al. Degradation Kinetics of Dihy-droxyacetone and Glyceraldehyde in Subcritical and Supercritical Water. Ind Eng Chem Res，1997，36(6)：2025-2030
[51] Kabyemela B M，Adschiri T，Malaluan R M，et al. Kintics of Glucose Epimeri-zation and Decomposition in Subcritical and Supercritical Water. Ind Eng Chem Res，1997，36(5)：1552-1558

[52] Kabyemela B M, Takigawa M, Adschiri T, et al. Mechanism and Kinetics of Cellobiose Decomposition in Sub-and Supercritical Water. Ind Eng Chem Res, 1998, 37(2): 357-361
[53] Kabyemela B M, Adschiri T, Malaluan R M, et al. Glucose and Fructose Decomposition in Subcritical and Supercritical Water: Detailed Reaction Pathway, Mechanisms and Kinetics. Ind Eng Chem Res, 1999, 38(8): 2888-2895
[54] Aida T M, Yukiko S, Watanabe M, et al. Dehydration of d-glucose in high temperature water at pressures up to 80Mpa. J Supercrit Fluids, 2007, 40: 381-388
[55] 蔡磊，吕秀阳，何龙等．高温液态水中果糖无催化分解反应动力学．化工学报，2005，56(4)：677-680
[56] Sakaki T, Shibata M, Miki T, et al. Reaction Model of Cellulose Decomposition in Near Critical Water and Fermentation of Products. Bioresource Technology, 1996, 58: 197-202
[57] Kruse A, Gawlik A. Biomass Coversion in Water at 330-410℃ and 30-50MPa. Identification of Key Compounds for Indicating Different Chemical Reaction Pathways. Ind Eng Chem Res, 2003, 42: 267-279
[58] Ehara K, Saka S. Decomposition behavior of cellulose in supercritical water, subcritical water, and their combined treatments. J Wood Sci, 2005, 51: 148-153
[59] Ehara K, Saka S. A comparative study on chemical conversion of cellulose between the batch-type and flow-type systems in supercritical water. Cellulose, 2002, 9: 301-311
[60] 朱道飞，王华，包桂蓉．纤维素亚临界和超临界水液化实验研究．Energy Engineering. 2004(5)：6-10
[61] Masahiro M, Hiroaki M, Yoshiki O, et al. Chemical conversion of wood by treatment in a semi-batch reactor with subcritical water. J Supercrit Fluids, 2008, 44(3): 364-369
[62] 吕秀阳，追田章义，铃木基之．纤维素在近临界水中的分解动力学和产物分布．化工学报，2001，52(6)：556-559
[63] 吕秀阳，夏文莉，刘田春等．稻壳资源化新工艺的研究．农业工程学报，2001，17(2)：132-135
[64] 吕秀阳，Sakoda A，Suzuki M. 氧浓度对近临界水中纤维素分解的影响．太阳能学报，2002，23(4)：467-471
[65] Saka S. Chemical conversion of various celluloses to glucose and its derivatives in supercritical water. Cellulose, 1999, 6: 177-191
[66] Oomori T, Khajavi S H, Kimura Y, et al. Hydrolysis of disaccharides containing glucose residue in subcritical water. Biochemical Engineering Journal, 2004, 18: 143-147
[67] Makiko N, Toshitaka F. Glucose Production by Hydrolysis of Starch under Hydrothermal Conditions. J Chem Technol Biotechnol, 2004, 79(3): 229-233
[68] Hiroki A, Tsuyoshi S, Tetsuro K, et al. Decomposition Behavior of Plant Biomass in Hot-Compressed Water. Ind. Eng Chem Res, 2000, 39(10): 3688-3693
[69] Wahyudiono, Sasaki M, Motonobu G. Recovery of phenolic compounds through the decomposition of lignin in near and supercritical water. Chem Eng and Pro, 2007
[70] Yokoyama C, Nishi K, Nakajima A, et al. Thermolysis of organosolv lignin in supercritical water and supercritical methanol. Sekiyu Gakkaishi, 1998, 41: 243-250
[71] Motofumi S, Takafumi S, Masaru W, et al. Conversion of Lignin with Supercritical Water-Phenol Mixtures. Energy & Fuels, 2003, 17: 922-928
[72] 高浩其，徐良峰，杨建平等．壳聚糖在近临界水中降解及其工艺研究．西北大学学报(自然科学版)，2004，34(4)：436-438

[73] 朱宪，王振武，郭晓亚．近临界水中薯蓣皂苷水解生成薯蓣皂苷元的工艺研究．高校化学工程学报，2007，21(1)：122-125
[74] 朱宪，朱宁，王振武，等．近临界水中薯蓣皂苷的水解反应．化学反应工程与工艺，2006，26(6)：502-506
[75] Ishikawa Y，Saka S. Chemical conversion of cellulose as treated in supercritical methanol. Cellulose，2001，8：189-195
[76] 张明，巩玉红，崔洪友，等．葡萄糖在超(近)临界水/甲醇中的稳定性研究．可再生能源，2007，25(2)：13-16
[77] Minami E，Kawamoto H，Saka S. Reaction behavior of lignin in supercritical methanol as studied with lignin model compounds. J Wood Sci，2003，49：158-165
[78] Ehara K，Saka S，Kawamoto H. Characterization of the lignin-derived products from wood as treated in supercritical water. J Wood Sci，2002，48：320-325
[79] Yamazaki J，Minami E，Saka S. Liquefaction of beech wood in various supercritical alcohols. J Wood Sci，2006，52：527-532
[80] Minami E，Saka S. Decomposition behavior of woody biomass in water-added supercritical methanol. J Wood Sci，2005，51：395-400
[81] Khajavi S H，Kimura Y，Oomori T，etal. Degradation kinetics of monosaccharides in subcritical water. Journal of Food Engineering，2005，68：309-313
[82] Hiroyuki Yoshida，Msaaaki Terashima，Yohei Takahashi. Production of organic Acids and Amino Acids from fish meat by sub-critical water hydrolysis. Biotechnol Prog，1999，15：1090-1094
[83] Mitsuru Sasaki，Momoko Furukawa. Kinetics and mechanism of cellobiose hydrolysis and retro-aldol condensation in sub-critical and supercritical water. Ind Eng Chem Res，2002，41(6)：6642-6649
[84] Tim Rogalinski，Sonja Herrmann，Gerd Brunner. Production of amino acids from bovine serum albumin by continuous sub-critical water hydrolysis. J of Supercritical Fluids，2005，36：49-58
[85] Marshall W L，Frank E U. Ion product of water substance，0-1000℃，1-10，000 bars. New international formulation and its background. J Phys Chem Ref Data，1981，2(10)：295-304
[86] 穆杰，徐阳春，沈其荣．Technology for chemical degradation of chicken feathers. 农村生态环境，2005，21(2)：77-80
[87] Savage P E. Organic chemical reactions in supercritical water. Chemical Review，1999，99(2)：603-621
[88] 胡凌飞．浅谈我国水产品加工业的发展趋势．食品与发酵工业．1999，25(1)：61
[89] 胡智政．我国水产品加工业的现状及发展方向．江西水产科技．2003，1
[90] 刘伟民，马海乐，李国文．鱼油生理活性物质 EPA 和 DHA 分离进展．食品科学，2002，23(10)：125
[91] 赵占西，朱天宇，杨祥花，邢西哲．我国淡水水产品加工业的现状与前景展望．河海大学常州分校学报，2001，15(4)：30-34
[92] 龚钢明，顾慧，蔡国宝．鱼类加工下脚料的资源化与利用途径．中国资源综合利用，2003，7：23-24
[93] 刘红．酶水解加工鱼头的工艺探讨．水产科学，2001，9(2)：31-32
[94] 余杰，陈美珍．酶法制备水解鳗鱼头蛋白及其应用的研究．中国海洋药物，2000，19(5)：50-54
[95] 杨萍等．青鳞鱼下脚料水解蛋白的制取及营养评价．海洋科学，2002，26(7)：54-58
[96] 黄志勇等．酶法提取烤鳗下脚料中水解动物蛋白的研究．食品科学，2002，23(10)：76-78
[97] Hiroyuki Yoshida，Msaaaki Terashima，Yohei Takahashi. Production of organic Acids and Amino Acids

from fish meat by sub-critical water hydrolysis. Biotechnol prog，1999，15：1090-1094

[98] Yoshida，Takahashi，Terashima，Masaaki. A simplified reaction model for production of oil，amino acid，and organic acids from fish meat by hydrolysis under sub-critical and supercritical conditions. Journal of Chemical Engineering of Japan，2003，36：441-448

[99]刘惠宾，赖其法，金承涛．活性炭对鱼蛋白水解液脱色效果的研究．食品科学，1998，19(7)：18-20

[100]孙淑斌．活性炭对氨基酸混合液吸附脱色的研究．中国生化药物杂志，1995(4)：17-19

[101]Hongbin Cheng，Xian Zhu，Chao Zhu，Jing Qian. Hydrolysis technology of biomass waste to produce amino acids in sub-critical water. Bioresource Technology，2008，99(9)：3337-3341

[102]程洪斌，朱宪，朱超，朱宁，胡治国．鱼蛋白在近临界水中水解及水解液脱色研究．化学工程，2007，35(9)：70-74

[103]程洪斌，朱宪，朱宁，胡治国，朱超．低值鱼肉在近临界水中水解成氨基酸工艺研究．高校化学工程学报，2007，21(5)：826-831

[104]朱宪．绿色化学工艺．北京：化学工业出版社，2001

[105]钱汉卿．化工清洁生产及其技术实例．北京：化学工业出版社，2002

[106]陈金龙，陈群．精细化工清洁生产工艺技术．北京：中国石化出版社，1999

[107]李昌珠，蒋丽娟，程树棋．生物柴油—绿色能源．北京：化学工业出版社，2005

[108]贡长生，张克立．绿色化学化工实用技术．北京：化学工业出版社，2002

[109]卞有生．生态农业中废弃物的处理与再生利用．北京：化学工业出版社，2000

[110]朱清时，阎立峰，郭庆祥．生物质洁净能源．北京：化学工业出版社，2002

[111]朱宪，万雪亮，朱广用，樊琪．超(近)临界流体技术在环境科学中的应用．化学工程，2010，38(10)：9-13

[112]马艳华，朱宪，樊琪，刘晓磊，朱广用，万雪亮，蒋俊辉，申怡菁，钱晶．近临界水中禽类废弃物超低酸水解成氨基酸．化学工程，2010，38(9)：34-37

[113]马艳华，朱宪，万雪亮，姬文琦，田玲．金属氯化物对亚临界水中纤维素水解反应的影响．高校化学工程学报，2010，24(4)：608-613

[114]朱宪，钱晶，马艳华，朱广用，万雪亮．近临界水中禽类废弃物超低酸水解加工制备氨基酸的工艺优化．高校化学工程学报，2010，24(1)：112-116

[115]Yanhua Ma，Xian Zhu，Ling Tan，Lei Yang，Xiaolei Liu，Yijing Shen. The Technology Optimum and Reaction Dynamics of the Simulative Explosive Industrial Wastewater Degradation in Supercritical(Sub-Critical)Water. 2010 4th international conference on bioinformatics and biomedical engineering. Issue Date：18-20 June 2010

[116]朱广用，朱宪，马艳华，万雪亮，樊琪，姬文琦．超(近)临界水中原位反应技术研究进展．化学进展，2010，22(6)：1212-1220

[117]朱广用，马艳华，朱宪．纤维素在超临界水中的反应．有机化学，2010，30(1)：142-148

[118]Guang-Yong Zhu，Xian Zhu，Xue-Liang Wan，Qi Fan，Yan-Hua Ma，Jing Qian，Xiao-Lei Liu，Yi-Jing Shen，Jun-Hui Jiang. Hydrolysis technology and kinetics of poultry waste to produce amino acids in subcritical water. Journal of Analytical and Applied Pyrolysis，2010(88)：187-191

[119]Zhu Guangyong，Zhu xian，Fan Qi，Liu Xiaolei，Shen Yijing，Jiang Junhui. Study on production of amino acids from bean dregs by hydrolysis in sub-critical water. Chinese Journal of Chemistry，2010，28(10)：2033-2038

[120]朱宪，万雪亮，马艳华，朱广用．花生壳在近临界水中催化水解反应及其动力学．化学反应工程与

工艺，2010，26(6)：565-569

[121] Guang-Yong Zhu，Xian Zhu，Xue-Liang Wan，Qi Fan，Yan-Hua Ma，Jing Qian，Xiao-Lei Liu，Yi-Jing Shen，Jun-Hui Jiang. Hydrolysis technology and kinetics of poultry waste to produce amino acids in subcritical water. Journal of Analytical and Applied Pyrolysis，2010，88：187~191

[122] Guangyong Zhu，Xian Zhu，Zuobing Xiao，Fengping Yi，Yanhua Ma，Wenqi Ji. Kinetics of glucose production from cellulose by hydrolysis in sub-critical water. Advanced Materials Research，2012，347-353，2672-2678

[123] Guangyong Zhu，Xian Zhu，Qi Fan，Xueliang Wan. Kinetics of amino acid production from bean dregs by hydrolysis in sub-critical water. Amino Acids，2011，(40)：1107-1113

[124] Guangyong Zhu，Xian Zhu，Qi Fan，Xueliang Wan. Production of reducing sugars from bean dregs waste by hydrolysis in subcritical water. Journal of Analytical and Applied Pyrolysis，2011，90：182-186

[125] Guangyong Zhu，Xian Zhu，Qi Fan，Xueliang Wan. Recovery of biomass wastes by hydrolysis in sub-critical water. Resources，Conservation and Recycling，2011，55：409-416

[126] Guangyong Zhu，Xian Zhu，Qi Fan，Xueliang Wan . Raman spectra of amino acids and their aqueous solutions. Spectrochimica Acta Part A，2011，78：1187-1195

[127] Guangyong Zhu，Xian Zhu，Zuobing Xiao，Fengping Yi. Study of cellulose pyrolysis using an in situ visualization technique and thermogravimetric analyzer. Journal of Analytical and Applied Pyrolysis，2012，94：126-130

[128] 朱宪，樊琪，朱广用，万雪亮．大豆渣在近临界水中水解反应工艺．化学工程，2011，39(4)：79-83

[129] Zhu Guang-Yong，Zhu Xian，Qian Jing. Research on hydrolysis technology and reaction kinetics for amino acids production from fish waste in sub-critical water. Amino acids，2009，(37)：93-93

[130] 朱广用，朱宪，马艳华，万雪亮，樊琪，姬文琦．超(近)临界水中原位反应技术研究进展．化学进展，2010，22(6)：1212-1220

[131] 朱广用，马艳华，朱宪．纤维素在超临界水中的反应．有机化学，2010，30(1)：142-148

[132] Guangyong Zhu，Xian Zhu，Zuobing Xiao，Rujun Zhou，Nienie Feng，Yunwei Niu. A review of amino acids extraction from animal waste biomass and reducing sugars extraction from plant waste biomass by a clean method. Biomass Conv. Bioref，2015(5)：309-320

[133] Yanhua Ma，Wenqi Ji，Xian Zhu，Ling Tian，Xueliang Wana Effect of extremely low $AlCl_3$ on hydrolysis of cellulose in high temperature liquid water. Biomass and Bioenergy，2012，39：106-111

[134] Guangyong Zhu，Xian Zhu，Zuobing Xiao，Rujun Zhou，Fengping Yi Pyrolysis characteristics of bean dregs and in situ visualization of pyrolysis transformation. Waste Management，2012，32：2287-2293

[135] Guangyong Zhu，Zuobing Xiao，Xian Zhu，Fengping Yi，Xueliang Wan. Reducing sugars production from sugarcane bagasse wastes by hydrolysis in sub-critical water. Clean Techn Environ Policy，2013，15：55-61

[136] Guangyong Zhu，Xian Zhu，Zuobing Xiao，Rujun Zhou，Yalun Zhu，Xueliang Wan. Kinetics of peanut shell pyrolysis and hydrolysis in subcritical water. J Mater Cycles Waste Manag，2014，16：546-556